I0131578

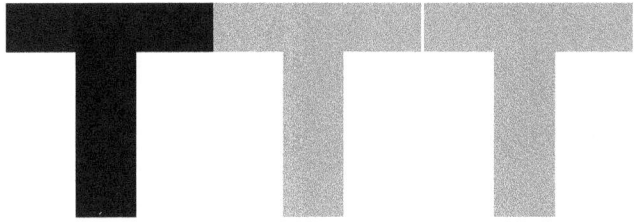

Temes de Transport i Territori
Temas de Transporte y Territorio

13

Infraestructuras ferroviarias

Andrés López Pita

CENIT
Centre d'Innovació del Transport
UNIVERSITAT POLITÈCNICA DE CATALUNYA

UPC Edicions UPC
UNIVERSITAT POLITÈCNICA DE CATALUNYA

Este libro fue galardonado con el premio extraordinario
TALGO 2005 a la innovación tecnológica

Primera edición: septiembre de 2006
Reimpresión: septiembre de 2009

Diseño de la cubierta: Edicions UPC
Fotografía de coberta: Ernest Castelltort
Diseño y compaginación: Addenda
Precompaginación: David Pablo

©   Andrés López Pita, 2006

©   Edicions UPC, 2006
        Edicions de la Universitat Politècnica de Catalunya, SL
        Jordi Girona Salgado 31, 08034 Barcelona
        Tel.: 934 016 883   Fax: 934 015 885
        Edicions Virtuals: www.edicionsupc.es
        E-mail: edicions-upc@upc.es

Producción: LIGHTNING SOURCE

Depósito legal: B-39339-2006
ISBN: 978-84-8301-877-4

Quedan rigurosamente prohibidas, sin la autorización escrita de los titulares del copyright, bajo las
sanciones establecidas en las leyes, la reproducción total o parcial de esta obra por cualquier medio o
procedimiento, comprendidos la reprografía y el tratamiento informático, y la distribución de ejemplares de
ella mediante alquiler o préstamo públicos.

A Jorge Miarnau Banús,
por su contribución empresarial
a la modernización del ferrocarril español
y a la formación de ingenieros en este modo de transporte.

A Jorge Miarnau Montserrat,
por su apoyo incondicional y continuado
a la investigación ferroviaria en el ámbito universitario
y a la difusión del conocimiento.

PRESENTACIÓN

En las últimas tres décadas, se ha asistido al renacer del ferrocarril europeo en los servicios interurbanos de viajeros, gracias a la construcción de nuevas infraestructuras y a la implementación de servicios de alta velocidad.

En consecuencia, en este período de tiempo se han realizado progresos notables en el conocimiento de los diversos ámbitos que configuran el ferrocarril como modo de transporte. Estos progresos han hallado reflejo en publicaciones técnicas a cuya lectura y análisis los profesionales del sector y, sobre todo, los nuevos ingenieros que se incorporan a este modo no siempre pueden dedicar el tiempo necesario.

Sin embargo, cada día resulta más imprescindible conocer los avances que hacen posible una ingeniería técnicamente más factible y económicamente más interesante. A título indicativo, hace apenas dos décadas no tenían la relevancia que presentan en la actualidad los problemas relacionados con la resonancia en los puentes de ferrocarril, la estanqueidad de los trenes en los túneles de alta velocidad o las vibraciones ocasionadas por el material en la capa de balasto.

Por ello, en el marco de la Cátedra de Empresa que COMSA apadrina en la Escuela Técnica Superior de Ingenieros de Caminos, Canales y Puertos de Barcelona, pensamos que sería de interés para la comunidad científica disponer de un libro que reflejara el estado actual de conocimientos en el ámbito de las infraestructuras ferroviarias. Este documento va destinado, pues, a quienes tienen esta disciplina como actividad profesional del día a día, pero también a cuantos desean formarse en ella.

Deseo agradecer al profesor López Pita que haya aceptado asumir la elaboración de este libro, que ha comportado un trabajo excepcional.

El libro no es una reproducción, más o menos afortunada, de los conocimientos existentes, sino una publicación estructurada y ordenada sobre la base de un criterio personal del autor, y constituye una novedad por el enfoque adoptado.

Estamos convencidos que, gracias a su originalidad y a su aportación al conocimiento, será una obra de utilidad para el sector del ferrocarril.

Jorge Miarnau Montserrat
Presidente del Grupo COMSA
Barcelona, 2006

PRÓLOGO

Andrés López Pita, Ingeniero de Caminos, Canales y Puertos y catedrático de Infraestructuras del Transporte en la UPC, presenta en esta obra el resultado de un trabajo de gran envergadura que, personalmente, considero es tan arduo como imprescindible: escribir y publicar un magnífico Curso de ferrocarriles.

Arduo, por cuanto la elaboración de esta ambiciosa obra ha requerido un esfuerzo ingente, puesto que si bien las leyes de la física son universales, las soluciones adoptadas por el ferrocarril a escala mundial han sido el reflejo claro de las particularidades propias de los distintos países.

Las motivaciones principales de las distintas soluciones existentes en ellos se han derivado de la pasión de los ingenieros por desarrollar tecnologías propias y del deseo de proteger los mercados nacionales, en un esfuerzo común de operadores e industriales.

En este contexto de monopolios nacionales, la Unión Internacional de Ferrocarriles (UIC) se ha esforzado, desde su creación hace ya más de ochenta años, para que las realizaciones nacionales sean máximamente compatibles entre ellas, con objeto de configurar un sistema de transportes sin limitaciones operativas al pasar de un país a otro.

Pero el trabajo realizado por el profesor López Pita ha sido, además de arduo, también imprescindible, por dos motivos. Por una parte, porque si bien la técnica ferroviaria es materia de enseñanza en algunas escuelas de ingenieros o universidades, esta enseñanza es rara y fragmentada. Y, por otra parte, porque en la actualidad, a causa de la apertura del ferrocarril europeo a la competencia, las empresas del sector se han multiplicado, de modo que las necesidades de formación han aumentado. Por lamentablemente, no se dispone de documentos de referencia completos donde hallar respuesta a las necesidades de conocimiento.

Por tanto, cabe destacar la oportunidad temporal de la aparición de esta publicación pues se trata de una obra prácticamente exhaustiva y científicamente muy detallada. En síntesis, un verdadero libro de referencia.

Como ingeniero mecánico-eléctrico que soy, habría deseado, naturalmente, ver plasmada en el libro una mayor atención a estos aspectos, que me son más cercanos, pero entiendo la predilección especial de mi amigo el profesor López Pita por los temas de la infraestructura propiamente dicha, como corresponde lógicamente a la actividad de los ingenieros civiles. Sea como fuere, me congratulo del trabajo llevado a cabo.

Muchas gracias, Andrés, por haber puesto este excelente libro a nuestra disposición.

Luc Aliadiere
Director general de la Unión Internacional de Ferrocarriles
París, 2006

AGRADECIMIENTOS

Una de las misiones de la universidad es transmitir a la sociedad los conocimientos que en ella se generan y hacer partícipes de los mismos a cuantos profesionales o estudiosos deseen estar al día del progreso. En este caso, del ferrocarril como modo de transporte.

Convencidos de esta obligación que tenemos quienes trabajamos en el ámbito universitario, hace más de dos décadas prepararamos una obra, integrada por varios volúmenes, que agrupamos bajo la denominación de "Curso de ferrocarriles".

Desde entonces, numerosos han sido los avances experimentados en distintas áreas ferroviarias. Por tanto, hemos pensado que podría ser interesante preparar, con un enfoque adaptado a las necesidades actuales, una nueva publicación que permitiera al lector acercarse y profundizar en este campo renovado que constituye el ferrocarril del siglo XXI.

El volumen que ahora aparece está dedicado a las "Infraestructuras ferroviarias" y le seguirá un segundo volumen, en fase de preparación, que tratará de la "Explotación de las líneas de ferrocarril".

En el camino recorrido hasta la publicación de este primer volumen, me han ayudado numerosas personas, con las que me siento en deuda por su colaboración desinteresada. Aunque no resulta posible mencionarlas a todas explícitamente, me gustaría que se sintiesen reflejadas en estas palabras.

Deseo que mis primeras palabras de agradecimiento vayan dirigidas a los que me abrieron las puertas del mundo del transporte, especialmente del ferrocarril, y paralelamente me brindaron su apoyo. Sin ellos, mi discurrir profesional no me habría conducido a la universidad. Especialmente artífices de esta orientación fueron, en el ámbito personal, Fernando Oliveros y, en el empresarial, Renfe.

Pero también quisiera destacar la aportación de Jorge Miarnau Banús, que desde los años setenta del siglo pasado, siendo yo un joven profesor, me animó a poner a disposición de los alumnos de ingeniería un texto que les sirviese de incentivo hacia el ferrocarril. Su impulso durante tantos años, que posteriormente se plasmaría en la creación de la Cátedra COMSA en la Escuela Técnica Superior de Ingenieros de Caminos, Canales y Puertos de Barcelona (ETSECCPB), fue sin duda decisivo para que este libro vea hoy la luz. Jorge Miarnau Montserrat continuó y extendió la tarea iniciada por su padre, y siempre recibí de él todas las ayudas necesarias para perseverar en la investigación ferroviaria, en la formación de ingenieros y en la difusión del conocimiento. Gracias.

En el ámbito académico, el profesor Francesc Robusté fue el mejor compañero de viaje que pude tener para impulsar, conjuntamente, la creación del Centro de Innovación del Transporte (CENIT), que se materializó gracias al apoyo decidido de la Generalitat de Catalunya y la UPC, y que me ha permitido publicar este libro. El contenido del mismo se ha beneficiado por sus comentarios y por las observaciones derivadas de su creatividad y dinamismo, que resultan difíciles de superar. Gracias.

Otras muchas personas me han ofrecido, a lo largo de mi trayectoria profesional, la posibilidad de participar en actividades de gran interés, o bien han facilitado mi proceso de formación, gracias al cual he podido llevar a cabo, años más tarde, la redacción de este libro. Mi más sincero agradecimiento a todas ellas.

A Ana Pérez le debo mi gratitud por su eficacia profesional y por su actitud, siempre abierta y receptiva para modificar, sin reparos, una y otra vez, las sucesivas versiones del manuscrito inicial. Su paciencia ha sido gratificante para mí.

A Edicions UPC, en las personas de Ana Martí, por su colaboración en la solución de los problemas derivados de una documentación gráfica tan profusa, y Montse Mañé, por la cuidada edición del libro.

Y, por encima de todos, el agradecimiento a mi mujer Maite y a mis hijos Silvia, Laura y Andrés, que aceptaron con el mejor agrado y comprensión mis largas ausencias para dedicar tiempo al libro y no a ellos. Su apoyo para concluir un trabajo especialmente difícil y prolongado ha resultado imprescindible para la preparación de esta publicación. En estas ocasiones, la palabra gracias no refleja completamente el verdadero sentimiento.

A. López Pita

ÍNDICE

1

DESARROLLO DE LAS REDES FERROVIARIAS

1.1 INFRAESTRUCTURAS FERROVIARIAS EN EL MUNDO

La red ferroviaria mundial se extiende, en la actualidad, de acuerdo con las últimas estadísticas publicadas por la Unión Internacional de Ferrocarriles (UIC), a través de más de 900.000 km, tal como muestra el cuadro 1.1.

CUADRO 1.1. DISTRIBUCIÓN GEOGRÁFICA DE LA RED FERROVIARIA MUNDIAL

Zona Geográfica	Longitud de líneas (km)	Porcentaje respecto al total (%)
Europa	352.450	38,18
–Unión europea	197.842	(21,44)
–Resto países de Europa	154.608	(16,74)
África y Medio Oriente	176.970	8,34
América	296.690	32,14
Asia y Oceanía	196.812	21,34
Total	922.922	100

Fuente: UIC (noviembre 2004) y elaboración propia

La distribución geográfica de la citada red pone de relieve que el continente europeo y el continente americano absorben más del 70% de su longitud. África y el Medio Oriente apenas representan algo más del 8% de la red ferroviaria mundial. Por lo que respecta al interior de Europa, los países que configuran la Unión Europea disponen del 56% de la red ferroviaria existente en el conjunto de Europa.

Es práctica corriente referir la extensión de la red ferroviaria a la superficie en la que se inserta y a la población más directamente afectada por la citada red. De este modo se obtienen dos indicadores de densidad: longitud de red ferroviaria por kilómetro cuadrado de superficie y longitud de red por millón de habitantes. Ambos indicadores proporcionan, globalmente, una perspectiva más adecuada sobre el desarrollo del ferrocarril en un continente o en un país dado.

Con este enfoque, los resultados que se obtienen conducen a los datos indicados en el cuadro 1.2. Se constata:

1. La densidad de líneas de ferrocarril respecto a la superficie de cada zona geográfica oscila en el intervalo de 3 a 50 km/miles de km^2. El mayor valor corresponde a los países de la UE, y el valor inferior a África y el Medio Oriente. La figura 1.1 muestra la variación de este indicador en los distintos continentes.

2. La densidad de líneas de ferrocarril respecto a la población de cada zona geográfica se sitúa en el intervalo comprendido entre 65 y 813 km/millón de habitantes. El límite superior corresponde a América y el inferior a Asia y Oceanía. La zona europea se encuentra en la media del intervalo ($\approx$443 km/millon de habitantes).

Debe señalarse que, a nivel mundial, en las últimas décadas se han ido cerrando numerosas líneas de ferrocarril, aquellas que por sus características geométricas perdieron interés para mantener por ellas servicios comerciales. La construcción de nuevas infraestructuras, en general dedicadas a la explotación de servicios de alta velocidad, no ha permitido compensar, en extensión, el referido cierre de líneas.

CUADRO 1.2. DENSIDAD DE LÍNEAS DE FERROCARRIL POR SUPERFICIE DE TERRITORIO Y POBLACIÓN EN LAS PRINCIPALES ÁREAS GEOGRÁFICAS DEL MUNDO

ZONA GEOGRÁFICA	SUPERFICIE (Miles de km^2)	POBLACIÓN (Millones de habitantes)	LONGITUD DE LÍNEAS DE F.C. (km)	LONGITUD DE LA RED FERROVIARIA POR (km)	
				MILES DE km^2	MILLÓN DE HABITANTES
EUROPA	23.685	794,6	352.450	15	443
- UNIÓN EUROPEA	3.988	453,9	197.842	50	436
- RESTO PAÍSES DE EUROPA	19.697	340,7	154.608	8	453
AFRICA Y ORIENTE MEDIO	21.710	756.6	76.970	3	102
AMÉRICA	21.292	364,6	296.690	14	813
ASIA Y OCEANIA	28.833	3.007,60	196.812	7	65

Fuente: UIC (noviembre 2004) y elaboración propia

DENSIDAD DE LA RED FERROVIARIA EN EL MUNDO

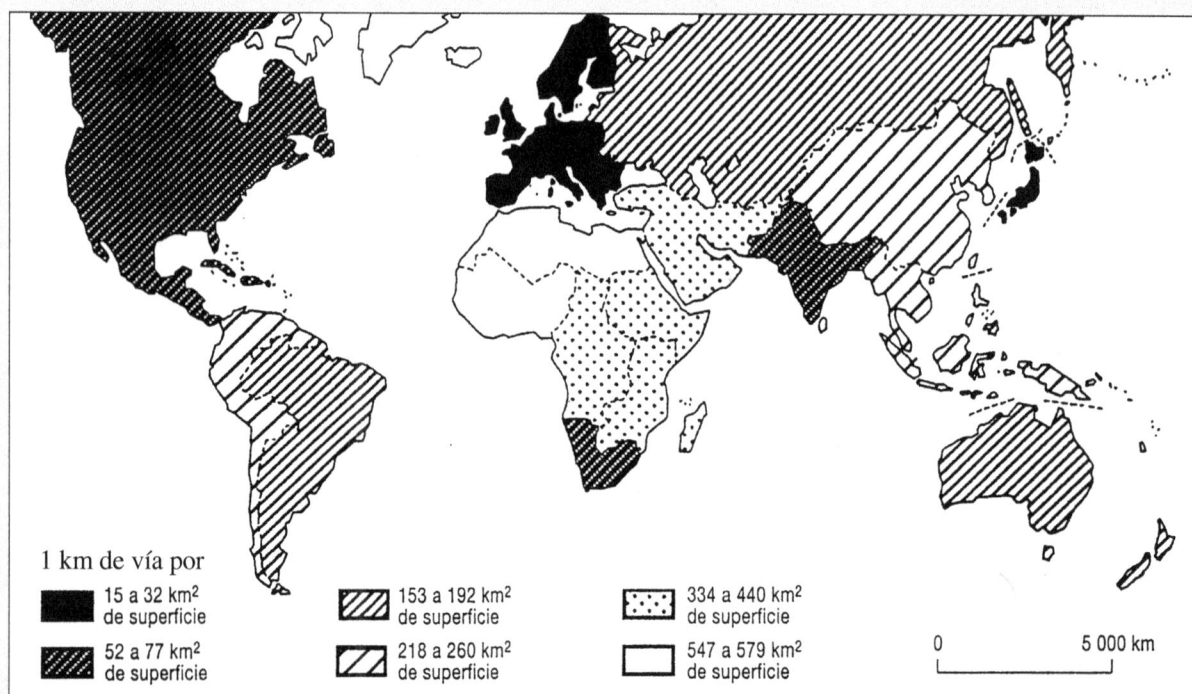

1 km de vía por

■ 15 a 32 km² de superficie
▨ 52 a 77 km² de superficie
▧ 153 a 192 km² de superficie
◿ 218 a 260 km² de superficie
⋯ 334 a 440 km² de superficie
☐ 547 a 579 km² de superficie

0   5 000 km

Fuente: S. Lerat (1984)

Fig. 1.1

1.2 INFRAESTRUCTURAS FERROVIARIAS EN EUROPA

Si se focaliza la atención en la situación existente en los principales países europeos, la observación de los datos del cuadro 1.3 permite destacar los siguientes aspectos.

a) La densidad de líneas de ferrocarril referida a la superficie de cada país presenta unos valores máximos que corresponden a la República Checa y a Bélgica, con 120 y 114 km/miles de km^2 de superficie, respectivamente.

b) Los valores mínimos se encuentran en Finlandia, Grecia y Estonia, con valores comprendidos entre 17 y 21 km de red ferroviaria/miles de km^2 de superficie.

c) El valor medio se encuentra próximo a 57 km de red/miles de km^2 de superficie, cercano al cual se sitúa Italia (54). Alemania tiene un indicador de 101, Francia 53, Luxemburgo 92 y España 28.

d) La densidad de líneas de ferrocarril referida a la población muestra un intervalo comprendido entre 174 km de líneas por millón de habitantes, valor que corresponde a Holanda y los 1.125 km que corresponden a Finlandia, seguida de Suecia con 1.098 km.

e) El valor medio se sitúa en 562 km de líneas de ferrocarril por millón de habitantes. Alemania y Francia se encuentran por debajo de esta referencia con 489 y 436 km respectivamente. España tiene una extensión de 348 km por millón de habitantes.

Si se adopta como indicador más representativo, la densidad de líneas de ferrocarril por habitante, se observa que la red ferroviaria española se encuentra en la parte inferior de la media europea (con 348 km/millón de habitantes), junto a Bélgica (338) y por encima del Reino Unido (288) y Portugal (271).

CUADRO 1.3. EXTENSIÓN DE LA RED FERROVIARIA EN LOS PRINCIPALES PAÍSES EUROPEOS

PAÍS	SUPERFICIE (miles de km^2)	POBLACIÓN (Millones de habitantes)	DENSIDAD DE POBLACIÓN (hab/km^2)	LONGITUD DE LA RED FERROVIARIA (km)	LONGITUD DE LA RED FERROVIARIA (km) POR	
					Miles de km^2	Millón de habitantes
AUSTRIA	84	8,2	97,6	5.787	69	706
BÉLGICA	31	10,4	335,5	3.521	114	338
R. CHECA	79	10,2	129,1	9.501	120	931
DINAMARCA	43	5,4	125,6	2.273	53	421
ESTONIA	45	1,4	31,1	959	21	685
FINLANDIA	339	5,2	15,3	5.851	17	1.125
FRANCIA	552	59,8	108,3	29.269	53	489
ALEMANIA	357	82,6	231,4	36.054	101	436
GRECIA	132	11,0	83,3	2.414	18	219
HUNGRIA	93	10,1	108,6	7.950	85	787
IRLANDA	70	4,0	57,1	1.919	27	480
ITALIA	302	57,2	189,4	16.288	54	285
LETONIA	65	2,3	35,4	2.270	35	987
LITUANIA	65	3,5	53,8	1.774	27	507
LUXEMBURGO	3	0,5	166,7	275	92	550
HOLANDA	41	16,2	395,1	2.812	69	174
POLONIA	324	38,6	119,1	19.900	61	515
PORTUGAL	92	10,4	113	2.818	31	271
ESPAÑA	507	41,3	81,5	14.387	28	348
ESLOVAQUIA	49	5,4	110,2	3.657	75	677
ESLOVENIA	20	2,0	100	1.229	61	615
SUECIA	450	9,0	20	9.882	22	1.098
REINO UNIDO	245	59,2	241,6	17.052	70	288
NORUEGA	324	4,6	14,2	4.077	13	886
SUIZA	41	7,3	178	3.231	79	443

Fuente: UIC (Noviembre 2004) y elaboración propia.

1.3 LA RED FERROVIARIA EUROPEA EN RELACIÓN CON LA RED VIARIA

Con anterioridad se ha indicado que los países que en la actualidad constituyen la EU25 disponen de una red ferroviaria que alcanza una extensión total próxima a 200.000 km. De forma comparativa, cabe mencionar que la red viaria de la EU25 se compone de más de 360.000 km de carreteras principales (sin incluir 54.000 km de autopistas), a los que habría que sumar más de 1,3 millones de kilómetros de carreteras secundarias o regionales.

En el ámbito de las infraestructuras viarias y ferroviarias de mayores prestaciones, es decir, las que corresponden respectivamente a autopistas y líneas de alta velocidad, las diferencias son también muy significativas entre ambos modos de transporte. En efecto, a comienzos de la década de los años 80, del pasado siglo (momento en el que el ferrocarril europeo construyó su primera línea de alta velocidad), la EU15 contaba ya con más de 30.000 km de autopistas.

CUADRO 1.4. INFRAESTRUCTURAS VIARIAS Y FERROVIARIAS EN LA EU (2000)

Infraestructuras viarias	EU 15	EU 25
–Longitud de autopistas (km)	51.768	54.631
–Longitud de red principal (km)	273.270	360.550
Infraestructuras ferroviarias		
–Longitud de líneas de alta velocidad (km)	2.366	—
–Longitud de red principal (km)	151.781	201.778

Fuente: Eurostat (2004) y elaboración propia

CUADRO 1.5. COMPARACIÓN DE DISTANCIAS KILOMÉTRICAS EN LOS PRINCIPALES ITINERARIOS NACIONALES DE ALGUNOS PAÍSES EUROPEOS POR MODOS DE TRANSPORTE

País	Distancia (km) por ferrocarril respecto a		Índice relativo	
	Carretera	Aviación	Carretera	Aviación
Alemania	+42	+160	54	91
España	+78	+176	100	100
Francia	+68	+163	87	92
Italia	+36	+108	46	61

Fuente: A. López Pita (1994)

Veinte años después, de forma precisa en el año 2002, la red de autopistas de EU15 era de 52.914 km (55.776 km en la EU25), mientras que la red de alta velocidad por ferrocarril no alcanzaba los 3.000 km. De forma sucinta, el cuadro 1.4 resume la dotación de infraestructuras viarias y ferroviarias en la Unión Europea.

Por otro lado, resulta útil comprobar como las distancias por ferrocarril y carretera, entre dos poblaciones dadas, son notablemente diferentes en ambos modos, tal como muestran los datos indicados en el cuadro 1.5. Nótese como el ferrocarril ha debido hacer frente a mayores distancias de recorrido que la carretera y especialmente más que el modo aéreo.

1.4 PRINCIPALES ITINERARIOS DE LA RED FERROVIARIA EUROPEA

La red ferroviaria europea se configura básicamente en torno a las líneas que enlazan, en el interior de cada país, los principales núcleos de población, así como a través de los itinerarios que permiten conectar dos o más países. El mapa de la figura1.2 muestra la red principal de ferrocarriles en Europa, por lo que respecta a itinerarios internacionales.

Resulta un hecho bien conocido que la mayor parte de las líneas de ferrocarril fueron construidas durante el siglo XIX, en una época donde los equipos mecánicos y las técnicas de realización de obras lineales estaban lejos de alcanzar el grado de desarrollo que en la actualidad presentan.

Consecuencia de tal situación fue el principio, implícitamente admitido, de diseñar trazados que necesitasen del menor movimiento posible de tierras, procurando adaptar la traza de las citadas líneas a la orografía del terreno para evitar, de este modo, obras de fábrica de especial importancia, lo que no siempre se consiguió, como es sabido.

El resultado fue la existencia de itinerarios con curvas en planta de radios comprendidos entre 300 y 600 m y rampas con magnitudes que alcanzaban, en ocasiones, el 20 ‰, con mayor o menor extensión de trayectos de estas características, según la administración ferroviaria considerada.

Prescindiendo del efecto rampa, los datos en planta citados condicionan la velocidad máxima de los trenes más rápidos, al no poderse superar, con los criterios habituales de cálculo y los vehículos convencionales, 100/110 km/h. Debe significarse, no obstante, la existencia de algunos tramos particularmente aptos para el desarrollo de altas velocidades, tal como sucede, a título indicativo, con:

- La línea francesa de Las Landas, donde se encuentra una alineación recta que alcanza más de 40 km de longitud (Fig. 1.3).
- Menos espectacular, pero con un trazado favorable para la alta velocidad, es la relación ferroviaria alemana que discurre entre Munich y Augsburg.

PRINCIPALES LÍNEAS DE FERROCARRIL EN EUROPA

SITUACIÓN CORRESPONDIENTE AL ÚLTIMO TERCIO DEL SIGLO XX

Fuente: UIC

Fig. 1.2

- Los ferrocarriles británicos tienen, asimismo, en su línea desde Londres a Edimburgo, trayectos continuados de hasta 70 km donde se puede circular a 160/200 km/h de velocidad máxima.
- Los ferrocarriles italianos disponen también de una alineación cuasi recta de casi 38 km entre las estaciones de Vilanova San Pancracio y Suzzara (Fig. 1.4).

La existencia de estos tramos con características favorables para conseguir velocidades elevadas no constituye, sin embargo, más que una excepción a los condicionantes geométricos de base que, con carácter general, hemos indicado precedentemente.

Sin embargo, la experiencia práctica, así como los numerosos estudios y encuestas realizadas, ponían de manifiesto que alcanzados y mantenidos ciertos niveles de referencia en algunos de los factores que conforman la calidad de la oferta ferroviaria, en los servicios diurnos interurbanos de media y larga distancia (regularidad, frecuencia y confort) era el tiempo de viaje empleado por el ferrocarril en recorrer una distancia dada, es decir, la velocidad comercial obtenida, la que desempeñaba el papel fundamental en la captación de tráfico por este modo de transporte.

Por esta razón, las principales administraciones ferroviarias emprendieron de forma sistemática, hace más de tres décadas, una actividad permanente de progresivo y paulatino incremento de sus velocidades máximas de circulación en explotación comercial sobre los trazados construidos en el siglo XIX. Actividad basada en introducir significativas mejoras en su geometría, bien por rectificación de sus curvas, o bien por ejecución de variantes locales en el caso de dificultades técnicas o económicas que impidiesen o desaconsejasen la solución anterior.

EJEMPLOS DE ITINERARIOS APTOS PARA LA CIRCULACIÓN A ALTA VELOCIDAD EN FRANCIA E ITALIA

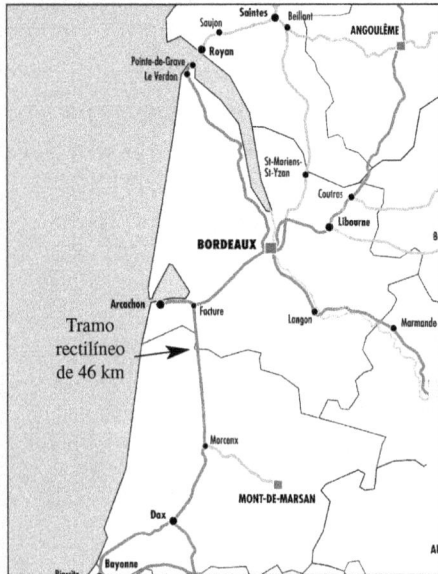

Fuente: Le Train   *Fig. 1.3*

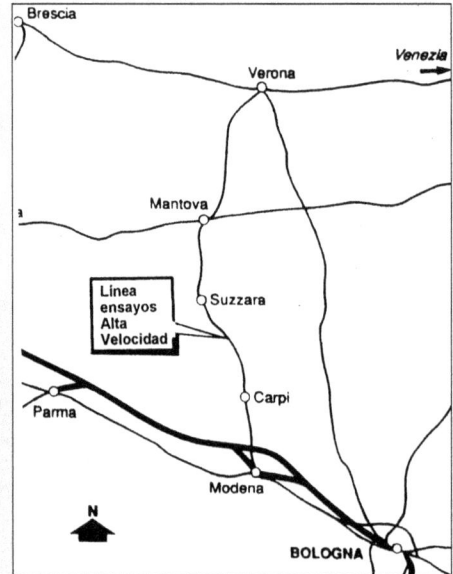

Fuente: FS   *Fig. 1.4*

SECCIONES DE LÍNEAS CONVENCIONALES APTAS PARA CIRCULAR A 160/200 KM/H

FRANCIA

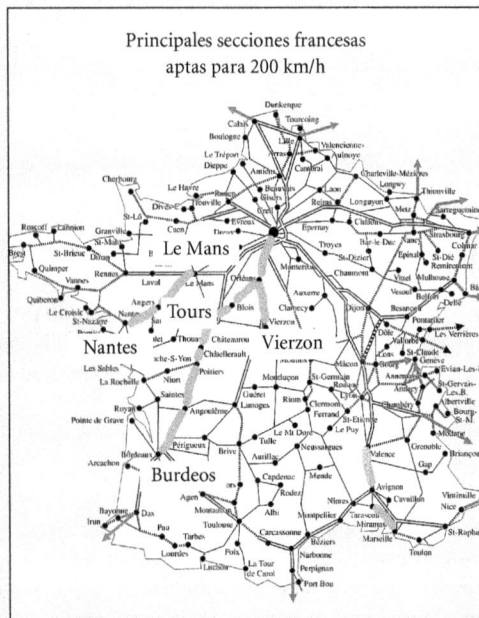

Fuente: SNCF   *Fig. 1.5*

ALEMANIA

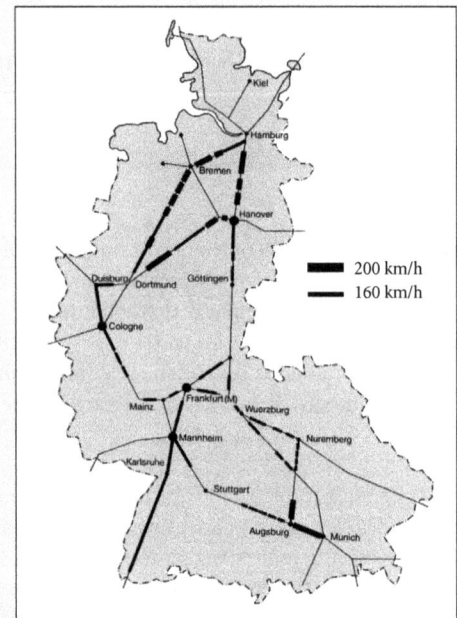

Fuente: DB (1986)   *Fig. 1.6*

Las figuras 1.5 y 1.6 recogen algunas de las secciones ferroviarias que, a través de los trabajos de modernización llevados a cabo en las últimas décadas, pero sobre todo por contar con una geometría particularmente favorable, permiten alcanzar velocidades máximas de hasta 200/220 km/h. Se llegó a lograr, de este modo, los niveles de servicio que se indican en el cuadro 1.6.

Resulta de interés destacar que las principales dificultades orográficas con las que se enfrentaron las primeras líneas de ferrocarril fueron, lógicamente, la superación de los Pirineos y de los Alpes. La figura 1.7 refleja, la problemática que presentó el enlace por ferrocarril entre España y Francia por Puigcerdá y Canfranc. Nótese la existencia, en ambos itinerarios, de túneles helicoidales para poder ganar altura con las limitadas rampas que permite la explotación ferroviaria.

CUADRO 1.6. AÑO DE INTRODUCCIÓN DE VELOCIDADES MÁXIMAS DE 160/200 KM/H EN ALGUNAS REDES FERROVIARIAS EUROPEAS

Red (País)	Velocidad máxima en explotación comercial (km/h)	Año de introducción
SNCF (Francia)	200	1967
DB (Alemania)	200	1973
BR (Gran Bretaña)	200	1976
FS (Italia)	180	1970
SJ (Suecia)	160	1985
RENFE (España)	160	1986

Fuente: A. López Pita (1986)

PRINCIPALES DIFICULTADES EN LOS ENLACES POR FERROCARRIL ENTRE ESPAÑA Y FRANCIA

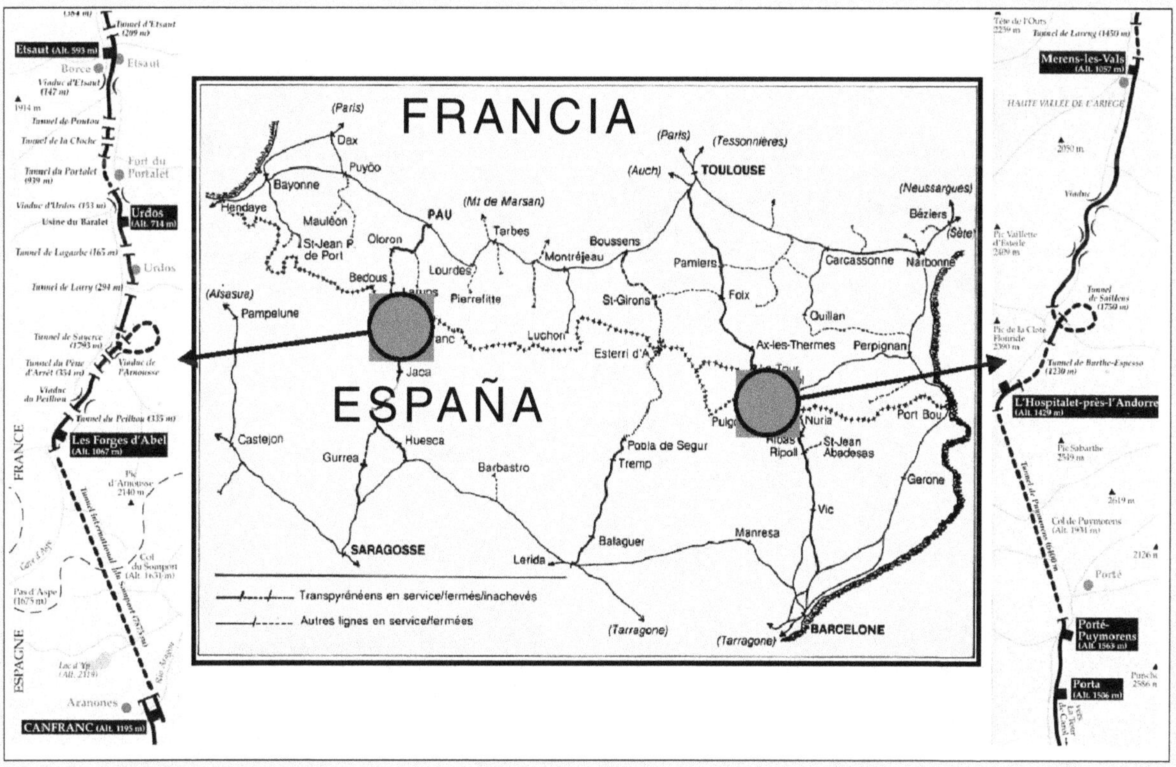

Fuente: A. López Pita (2004)

Fig. 1.7

La figura 1.8, ubica, geográficamente, algunos de los túneles de mayor longitud que fue necesario construir para enlazar los países que se articulan en torno al macizo de los Alpes. Destaca el túnel del Simplón con más de 19 km de longitud. A continuación le siguen los túneles de: Apeninos (18,7 km), San Gotardo (15 km), Lotschberg (14,5 km) y Arlberg (10,2 km), entre otros, en el continente europeo.

1.5 CARACTERÍSTICAS DE LA RED FERROVIARIA ESPAÑOLA

El análisis de la orografía de la península ibérica y la inserción en ella de los trazados ferroviarios pone de relieve las importantes dificultades que las primeras líneas en España tuvieron que superar; de forma especial en los itinerarios que enlazaron el centro con el norte del país, tal como muestra la figura 1.9.

Debe destacarse, por otra parte, la existencia de un cierto número de trayectos donde confluyen, en zonas localizadas, los valores extremos más negativos de los radios de curva en planta y de las rampas en alzado. Esta situación se da, entre otros lugares, en los accesos desde la Meseta Central a zonas litorales como Vizcaya, Asturias, Cantabria y Guipúzcoa. En relativamente pocos kilómetros (30 a 50) se salvan desniveles de 300 a 700 m. Además, en planta, los radios medios ponderados se encuentran próximos a 300 m. Resultan, por tanto, trayectos especialmente difíciles para la explotación ferroviaria, al disponer incluso, algunos de ellos, de tan sólo una vía.

Un rápido repaso al cuadrante noroccidental de España permite visualizar algunas de las secciones que más limitan las prestaciones comerciales del ferrocarril. Nótese (Fig. 1.10) como el itinerario que desde Madrid se dirige hacia el norte, a través de Ávila, presenta un sinuoso trazado, en el que las velocidades máximas de circulación se sitúan entre 90 y 110 km/h (tramo El Escorial – Ávila).

Más hacia el norte, los accesos a Galicia por La Puebla de Sanabria y Orense (Fig. 1.11) constituyen, posiblemente, uno de los iti-

---

PRINCIPALES TRAVESÍAS ALPINAS DE LA RED FERROVIARIA EUROPEA

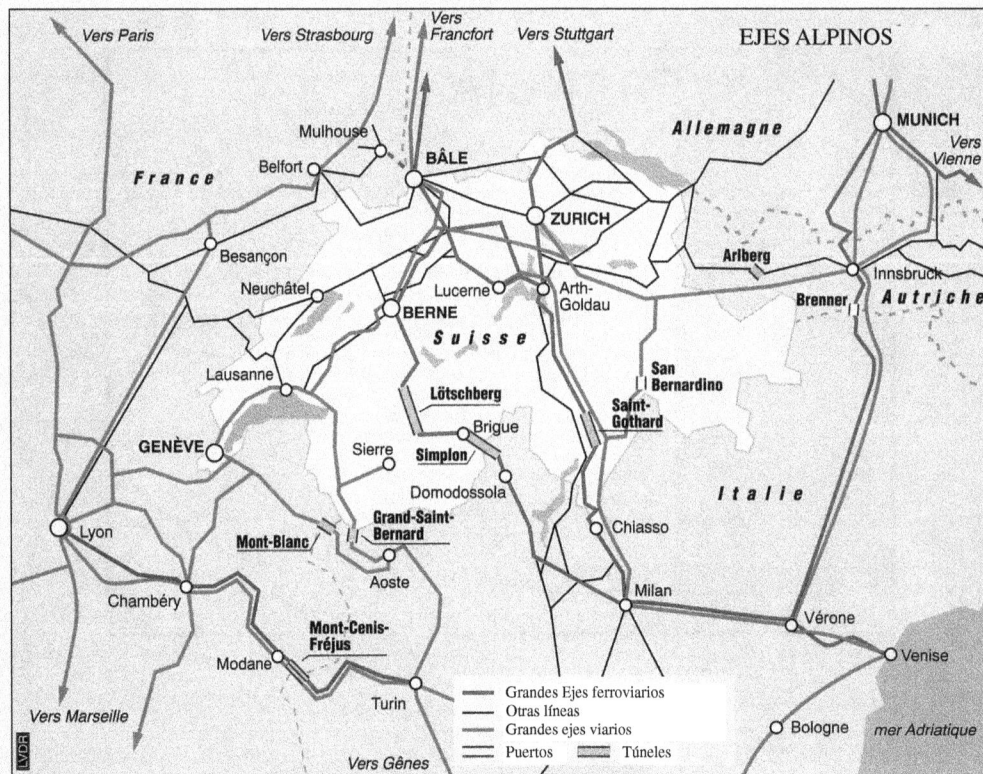

Fuente: La vie du rail (1994)

Fig. 1.8

CARACTERÍSTICAS DE ALGUNOS TRAMOS FERROVIARIOS EN ESPAÑA CON DESNIVELES RELEVANTES

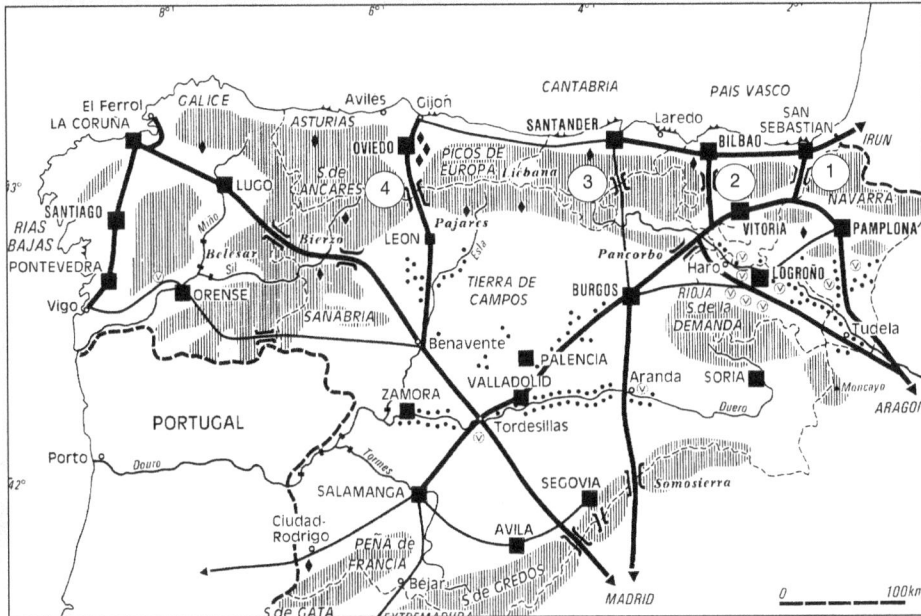

TRAMO	DIS-TAN-CIA (km)	DES-NIVEL (m)	TIPO DE VÍA	RAMPA MÁX. (⁰/₀₀)	RAMPA PONDE-RADA (⁰/₀₀)	RADIO MEDIO PONDE-RADO *
Cegama – Beasain (1)	36	450	Doble	15,7	13,6	324
Izarra – Orduña (2)	27	333	Única	14,3	12,5	300
Pozazal – Barcena (3)	44	696	Única	20,7	14,7	300
Busdongo – Pte. De los Fierros (4)	43	731	Única	20,0	17,3	300

* metros

Fuente: RENFE

RAMPA DE ACCESO A PAJARES DESDE LEÓN

Fuente: Elaboración propia y Todays Railways

Fig. 1.9

TRAZADO EN PLANTA DEL ITINERARIO EL ESCORIAL-ÁVILA (1)

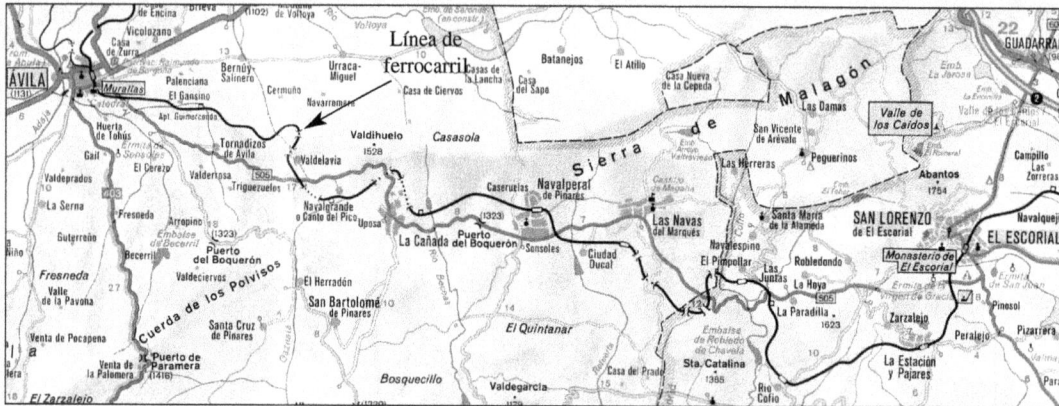

Fuente: Plaza-Janés

Fig. 1.10

TRAZADO PARCIAL EN PLANTA DEL ITINERARIO PUEBLA DE SANABRIA-ORENSE (2)

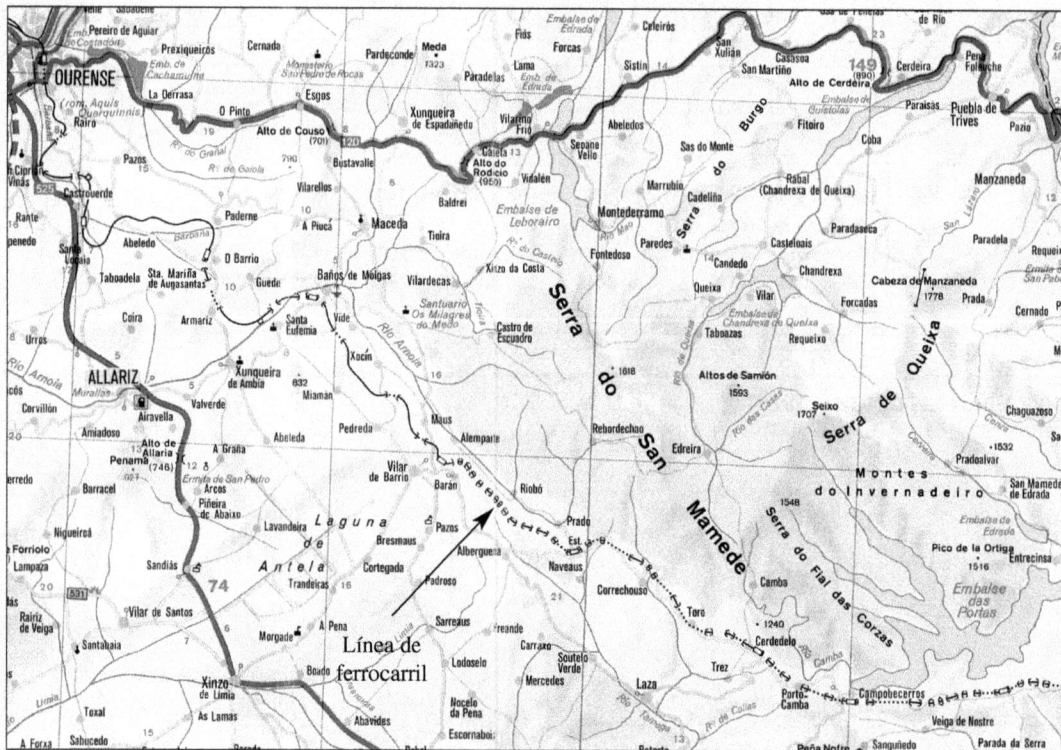

Fuente: Euroliber, S.A.

Fig. 1.11

(1) En el trayecto El Escorial-Ávila (70 km) la velocidad máxima preponderante por trazado es inferior a 100 km/h.
(2) En el trayecto visualizado en la figura 1.11, la velocidad máxima se situa en torno a 105 km/h.

nerarios más tortuosos y con mayor densidad de túneles. A este hecho cabe añadir el estar dotado de vía única, lo que incrementa las dificultades de explotación de la línea.

Al itinerario entre León y Oviedo, a través del puerto de Pajares, nos referiremos al abordar el capítulo destinado a los túneles de ferrocarril.

La llegada desde la Meseta Central hasta Santander se produce por Reinosa, en donde se inicia el puerto de Pozazal. Véase (Fig. 1.12) el desarrollo geométrico que efectúa el ferrocarril para pasar de los 982 metros de altitud del citado puerto, a los 285 metros de la población de Bárcena.

La figura 1.13 muestra la planta del trazado que desde Miranda de Ebro enlaza con Orduña para acceder a Bilbao. Nuevamente aquí, el ferrocarril efectúa un amplio desarrollo para poder descender desde los 616 m de la población de Izarra hasta los 283 m de Orduña.

Finalmente, y por lo que respecta al acceso a San Sebastián, la figura 1.14 muestra la sección comprendida entre Alsasua y Beasain. El prolongado giro hacia la izquierda, en relación con el trazado de la carretera, determina que la distancia por ferrocarril entre ambas poblaciones (44 km) sea claramente superior a la que permite la carretera ($\approx$ 24 km).

Si nos dirigimos hacia el este, en la línea que enlaza las dos poblaciones con mayor número de habitantes, Madrid y Barcelona, pueden encontrarse, al menos, tres zonas significativas del trazado:

1. La sección Ricla-Calatayud, que discurre siguiendo el río Jalón, y que a lo largo de sus 36 km no permite superar, en general, 100 a 105 km/h. La figura 1.15, muestra el itinerario tradicional y el recientemente puesto en explotación comercial, con motivo de la construcción de la nueva línea de alta velocidad entre Madrid y Zaragoza.
2. La sección Zaragoza-Lleida, a causa de su recorrido, superior en 50 km al que presenta la carretera (Fig. 1.16). Nótese como el trazado ferroviario a la salida de Zaragoza se desvía hacia el norte en dirección a Tardienta.
3. La sección Montblanc-San Vicente de Calders (Fig. 1.17), itinerario en vía única del tramo Lleida-Barcelona. Cabe destacar, en particular, el recorrido entre Montblanc y La Plana de Picamoixons (9 km), donde la velocidad máxima desciende a 110 km/h, e incluso hasta 70 km/h, al paso por esta última población.

En dirección hacia el sur, los itinerarios más singulares por las dificultades de su trazado son, principalmente:

a) El paso, en vía única, por Despeñaperros (Fig. 1.18), que enlaza Castilla La Mancha con Andalucía. La nueva línea entre Madrid y Sevilla permitió superar esta dificultad para la explotación comercial.
b) La línea, en vía única, que permite acceder al Puerto de Algeciras. La figura 1.19 muestra la dificultad en planta del traza-

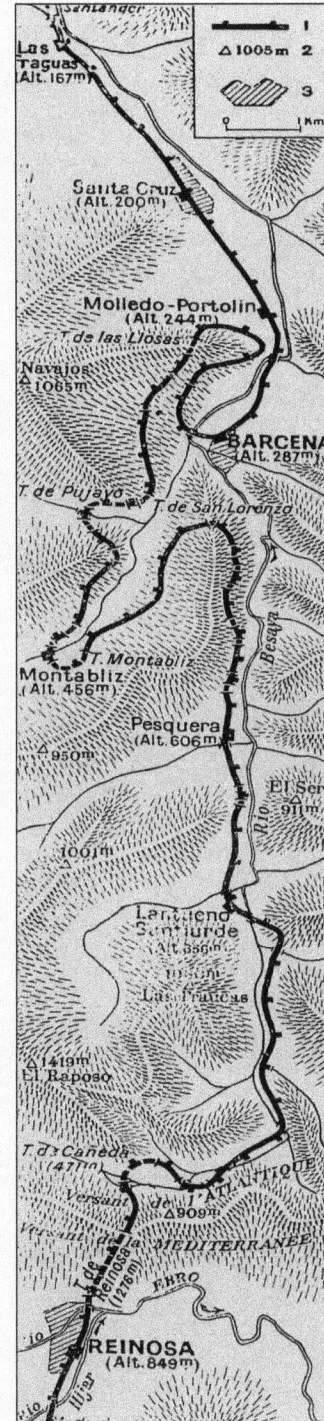

ACCESO FERROVIARIO A SANTANDER POR REINOSA

Fuente: Vía Libre

Fig. 1.12

ACCESO FERROVIARIO A BILBAO POR ORDUÑA

Fuente: Firestone

Fig. 1.13

ACCESO FERROVIARIO A SAN SEBASTIÁN POR ALSASUA

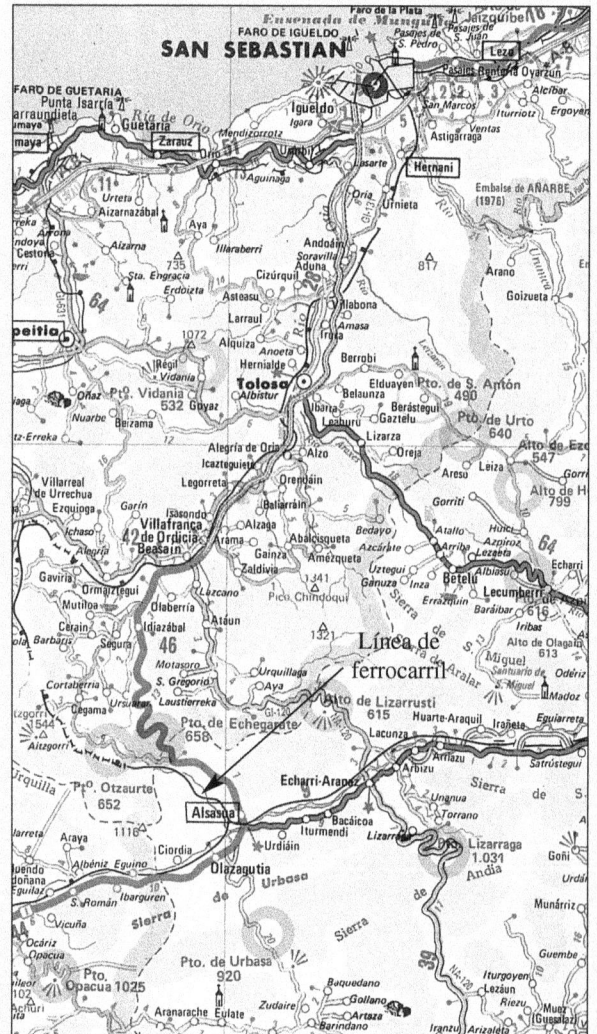

Fuente: Ministerio de Fomento

Fig. 1.14

TRAZADO CONVENCIONAL Y EN ALTA VELOCIDAD DE LA SECCIÓN RICLA-CALATAYUD

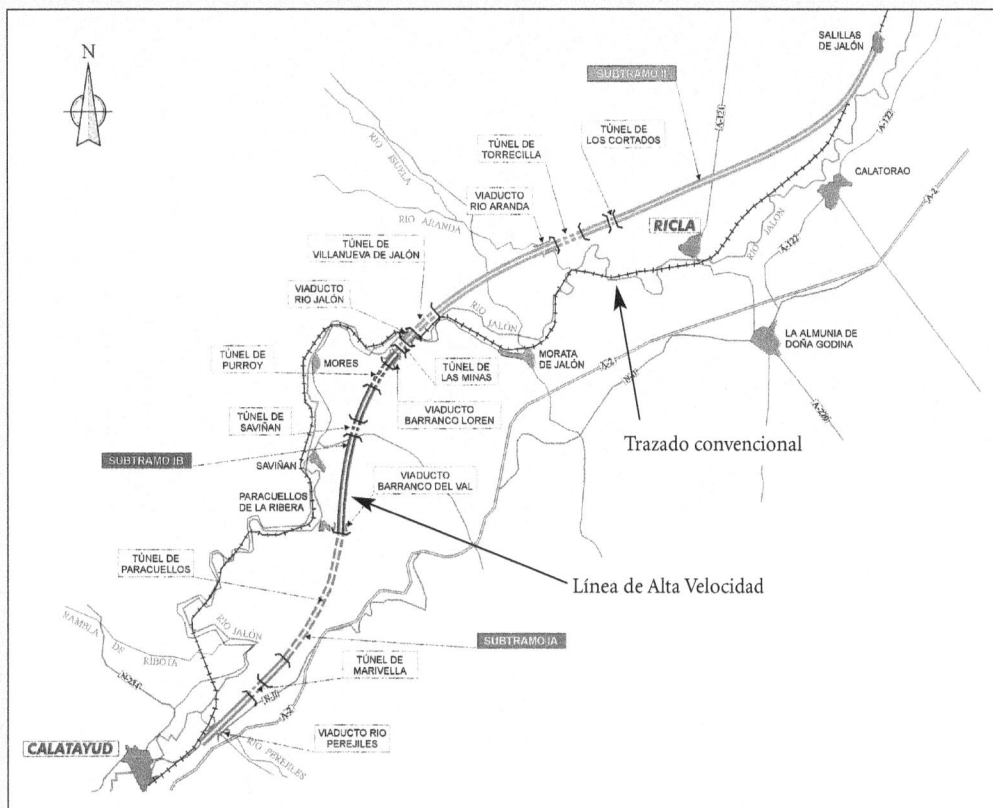

Fig. 1.15

TRAZADO CONVENCIONAL Y EN ALTA VELOCIDAD DE LA SECCIÓN ZARAGOZA-LLEIDA

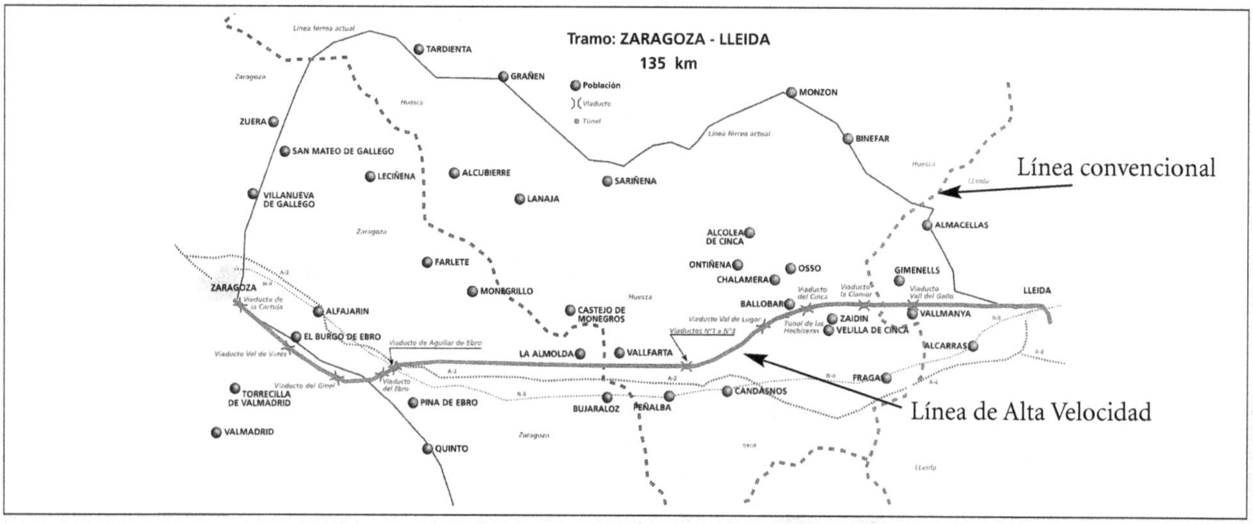

Fuente: GIF

Fig. 1.16

TRAZADO EN PLANTA DE LA SECCIÓN MONTBLANC-VALLS-S. VICENTE DE CALDERS

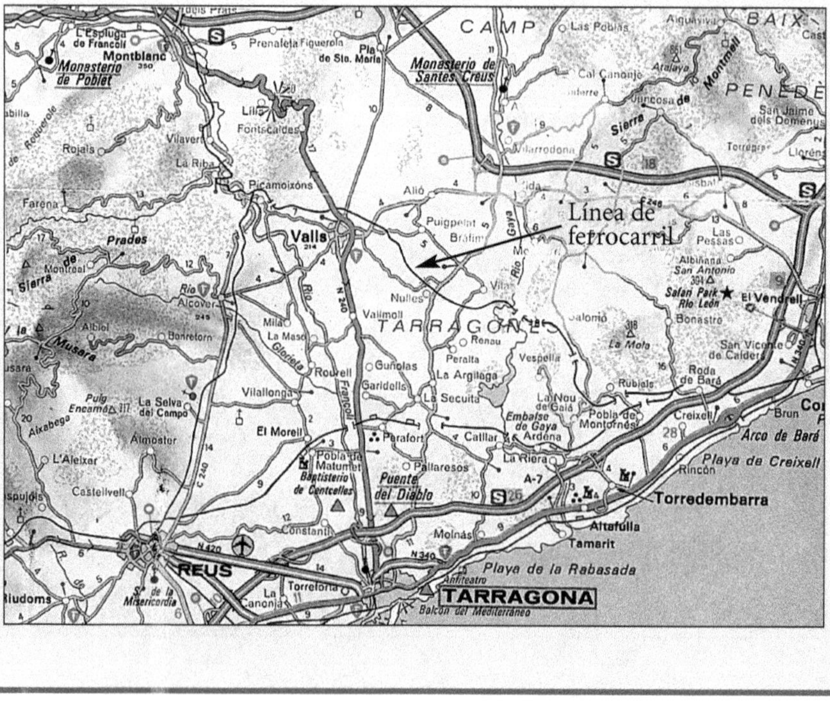

Fuente: Firestone

Fig. 1.17

LÍNEA DE FERROCARRIL EN LA ZONA DE DESPEÑAPERROS

Fig. 1.18

ACCESO POR FERROCARRIL A ALGECIRAS

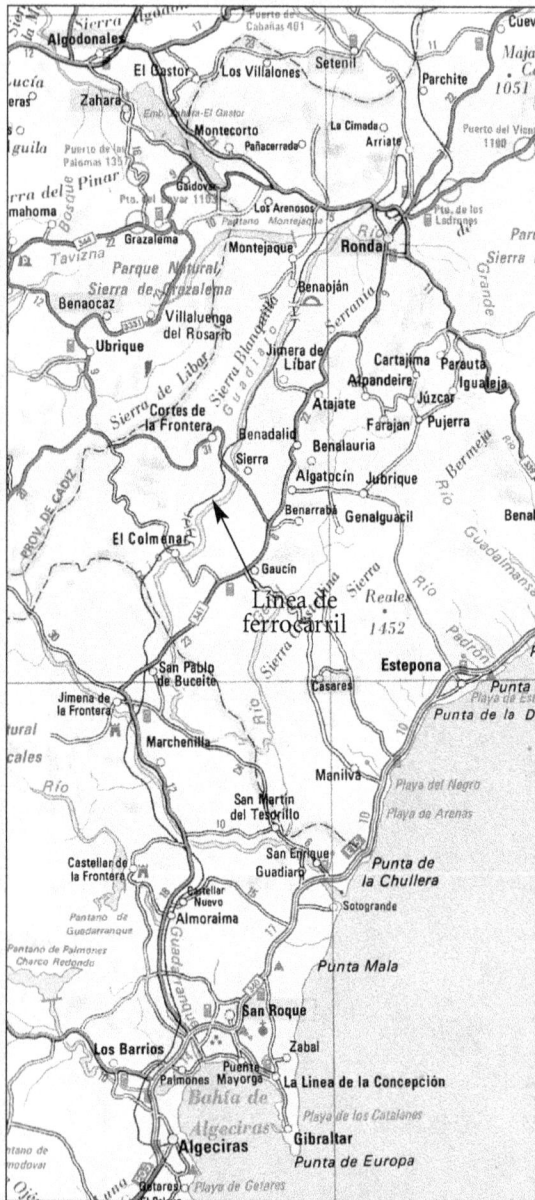

Línea de ferrocarril

Fig. 1.19

do desde la población de Ronda. La velocidad comercial no alcanza los 100 km/h.

c) El acceso a la ciudad de Málaga (Fig. 1.20) por el desfiladero de los Gaitanes, en particular en el tramo comprendido entre Bobadilla y Málaga (≈ 100 km). La nueva línea de alta velocidad, actualmente en avanzado estado de construcción, supondrá una mejora sustancial de la calidad de la oferta por ferrocarril.

Para concluir con los tramos de mayor dificultad, las figuras 1.21 y 1.22 muestran de forma esquemática el perfil longitudinal de los itinerarios Norte/Sur y Este/Oeste de mayor distancia en España.

En el ámbito opuesto, es decir, en relación con las secciones más aptas para alcanzar prestaciones comerciales elevadas, cabe mencionar los tramos indicados en la figura 1.23.

1.6 INDICADORES DE LA DIFICULTAD DE EXPLOTACIÓN DE UNA INFRAESTRUCTURA FERROVIARIA

Las características básicas de la infraestructura ferroviaria condicionan notablemente las posibilidades de configurar, a través de ellas, una oferta comercial de calidad.

Desde la perspectiva del transporte de viajeros, la velocidad practicable por los distintos itinerarios es, sin duda alguna, el factor más relevante. Dado que la velocidad máxima depende del radio de las curvas, la magnitud de este parámetro representa un indicador útil para medir la dificultad de un trazado.

Desde la óptica del transporte de mercancías, una de las variables de referencia es la capacidad de carga remolcable en una línea dada. Pero resulta intuitivo que las rampas existentes en un itinerario condicionan la carga que el material motor puede remolcar. En consecuencia, la inclinación de un trazado es un indicador de particular interés para evaluar la mayor o menor dificultad de un trayecto ferroviario.

Si se adopta como referencia la expresión aproximada que relaciona el radio de una curva (R) y la velocidad de circulación (V).

$$V \approx 4,5\sqrt{R}$$

se deduce que, para V=100 km/h (velocidad mínima normalmente existente en los itinerarios principales de una red ferroviaria), el radio mínimo de la curva en planta, debería situarse en el entorno de 500 m.

Por otro lado, las rampas ferroviarias alcanzan valores máximos, en condiciones normales, de hasta 20‰. En determinadas secciones orográficamente difíciles, la citada magnitud puede llegar a ser de hasta 35 o 40‰, refiriéndonos siempre a las líneas construidas en el

ACCESO POR FERROCARRIL A MÁLAGA DESDE BOBADILLA

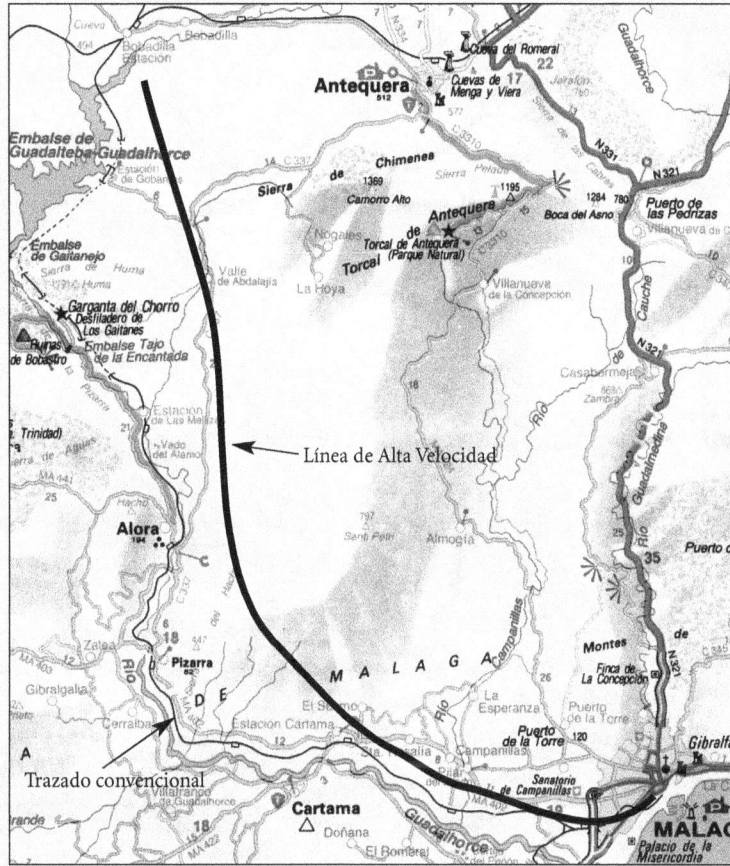

LÍNEA DE FERROCARRIL CÓRDOBA-MÁLAGA EN EL DESFILADERO DE LOS GAITANES

Fuente: Firestone y RENFE

Fig. 1.20

PERFIL LONGITUDINAL DEL EJE FERROVIARIO ALGECIRAS-FRONTERA FRANCESA

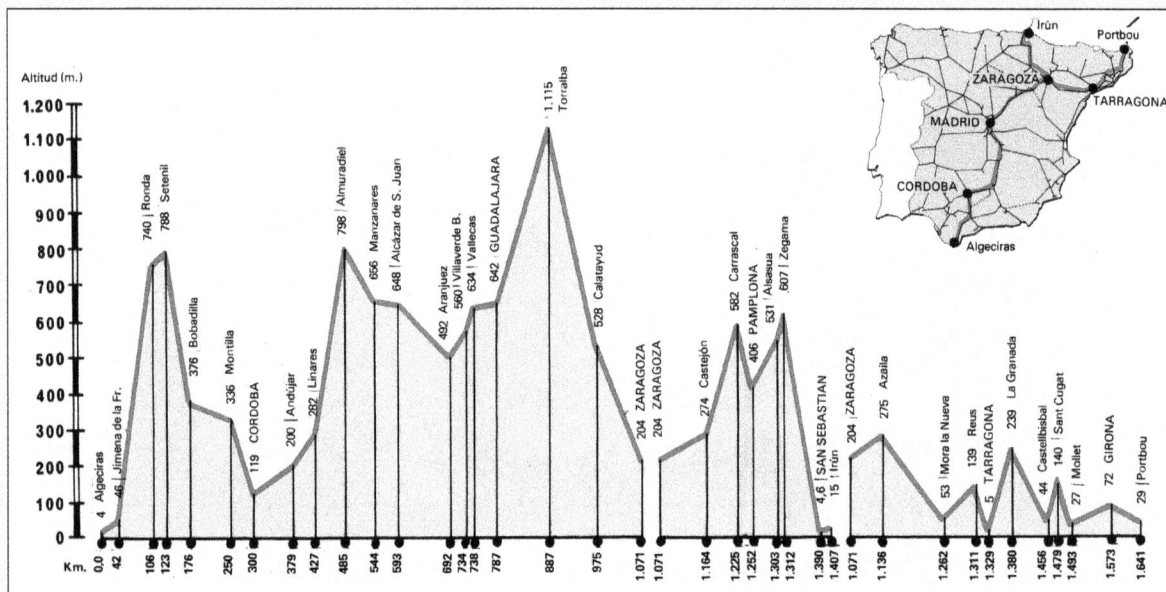

Fuente: RENFE

Fig. 1.21

PERFIL LONGITUDINAL DEL EJE FERROVIARIO GALICIA-CATALUÑA (1)

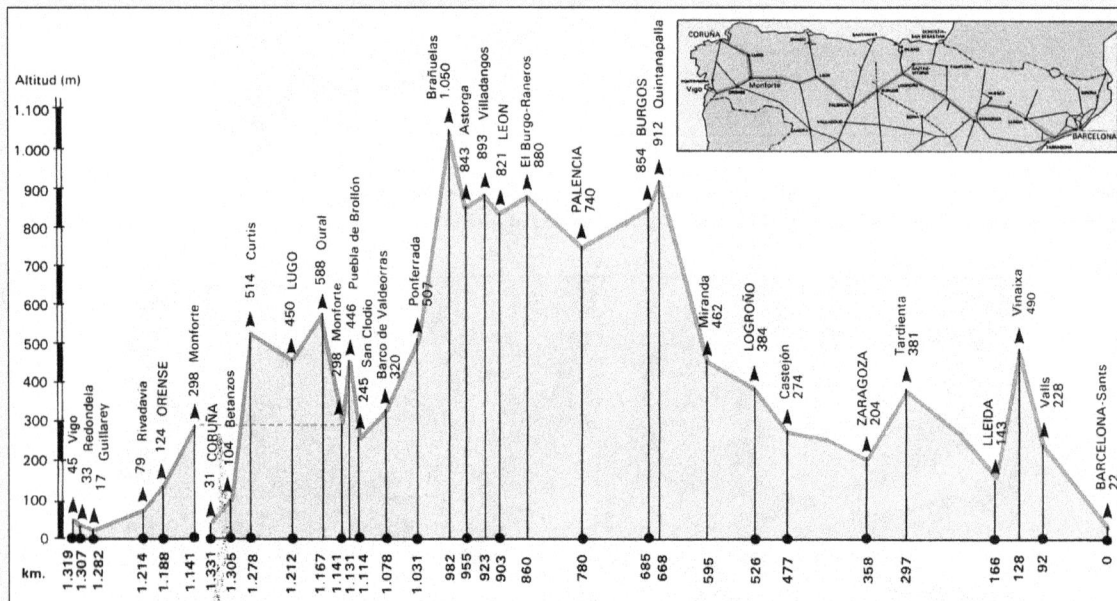

Fuente: RENFE

Fig. 1.22

(1) Las dificultades de este trazado, tanto en planta como en alzado, limitan notablemente las velocidades de circulación. Por esta causa no es posible alcanzar en esta relación completa velocidades comerciales que superen los 90 km/h.

SECCIONES MÁS APTAS PARA EL DESARROLLO DE VELOCIDADES MÁXIMAS DE 160/200 KM/H EN EL FERROCARRIL ESPAÑOL

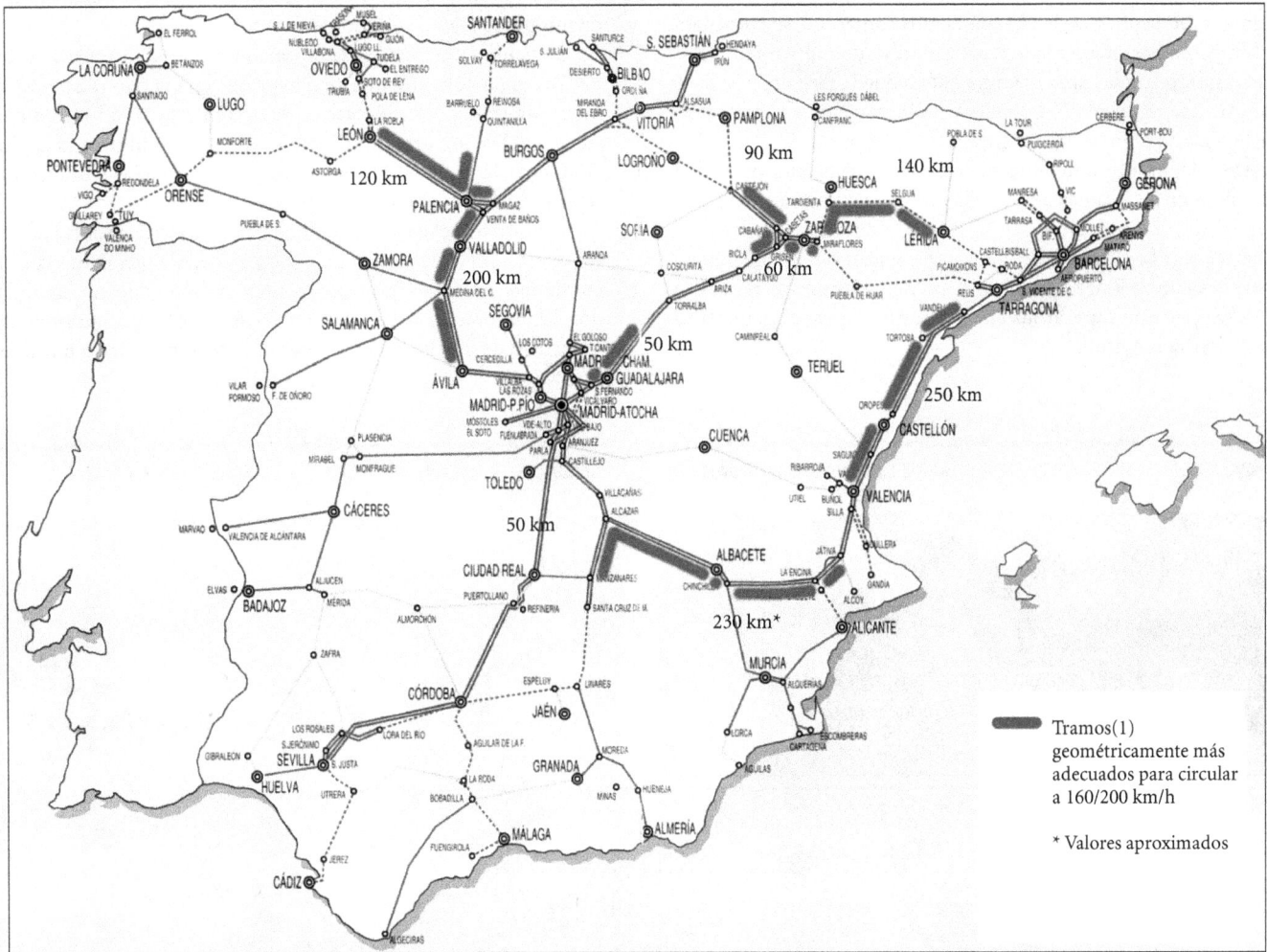

Fuente: Dirección Técnica de RENFE y elaboración propia

Fig. 1.23

(1) En base al ADIF (Administrador de Infraestructuras Ferroviarias) en la red ferroviaria española se pueden alcanzar las siguientes velocidades máximas: Tramos con velocidad superior a 200 km/h (656 km); con V = 200 km/h (675 km); con 140 < V < 160 km/h (4.529 km); con V ≤ 140 km/h (6.948 km).

siglo XIX y principios del siglo XX. Probablemente, a nivel mundial, una de las líneas con mayores dificultades sea la que discurre en Ecuador en la zona denominada "La nariz del diablo" (Fig. 1.24). En la misma figura se reproduce el trazado de otra línea de ferrocarril de especial dificultad, Canyon Valley, en Canadá.

En la práctica diaria de la explotación comercial, se considera que rampas superiores a 10‰ representan ya una dificultad notable en relación con la carga máxima que se puede remolcar. Se hace notar que una rampa de 10‰ supone un incremento en la resistencia al avance de un tren de 10 kg/tonelada transportada.

Se señala, no obstante, que en algunas líneas de alta velocidad construidas en las últimas décadas, la rampa máxima alcanzó 35‰ (línea París-Lyon) e incluso 40‰ (línea Colonia-Frankfurt) para limitar o evitar la presencia de túneles, que encarecen notablemente el coste de la inversión. La potencia de las ramas de alta velocidad (≥ 8000 kW) permite superar las citadas rampas, que se encuentran acotadas en su longitud.

A partir de las consideraciones precedentes, no sorprende que se haya tratado de conocer el posicionamiento relativo de la red ferroviaria de cada país respecto a los dos indicadores precedentemente explicitados: porcentaje de la red con radios de curva inferiores a 500 m; porcentaje de la red ferroviaria con tramos dotados de rampas iguales o superiores a 10‰.

La figura 1.25 muestra la ubicación de la red ferroviaria principal en los países europeos de mayor relevancia con relación a este modo de transporte. Nótese como la red española junto a la red suiza son las que presentan una mayor dificultad para la explotación ferroviaria. En el extremo opuesto se sitúan las redes ferroviarias de Holanda y Polonia.

Por último, cabe mencionar que tanto para el transporte de viajeros como para el de mercancías, la capacidad de una línea expresada en número de trenes que pueden circular diariamente es un indicador del mayor interés. En este ámbito cabe señalar que, aun cuando la capacidad de una línea viene determinada por un cierto número de

TRAZADO DEL FERROCARRIL DE «LA NARIZ DEL DIABLO» (ECUADOR)

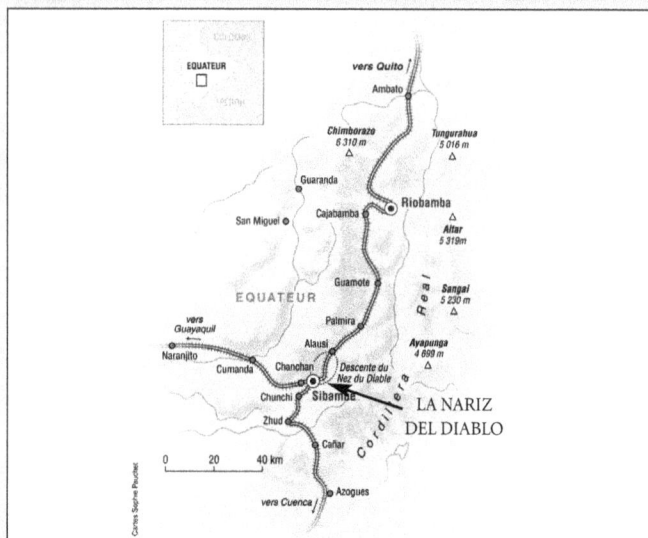

Fuente: GEO

TRAZADO FERROVIARIO «CANYON VALLEY» EN CANADÁ

Fuente: La vie du rail (1995)

Fig. 1.24

DIFICULTADES DE LAS LÍNEAS DE FERROCARRIL EN ALGUNOS PAÍSES EUROPEOS

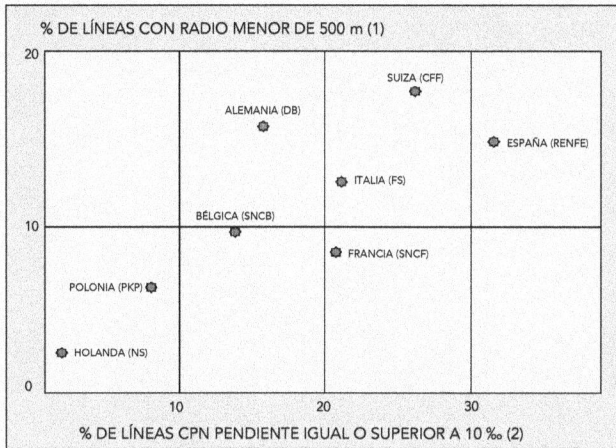

% DE LÍNEAS CON RADIO MENOR DE 500 m (1)

SUIZA (CFF)
ALEMANIA (DB)
ESPAÑA (RENFE)
ITALIA (FS)
BÉLGICA (SNCB)
FRANCIA (SNCF)
POLONIA (PKP)
HOLANDA (NS)

% DE LÍNEAS CPN PENDIENTE IGUAL O SUPERIOR A 10 ‰ (2)

Fuente: Plan de Transporte Ferroviario (Ministerio de Fomento)   *Fig. 1.25*

PRESTACIONES DE LA RED PRINCIPAL DE FERROCARRILES DE ALGUNOS PAÍSES EUROPEOS

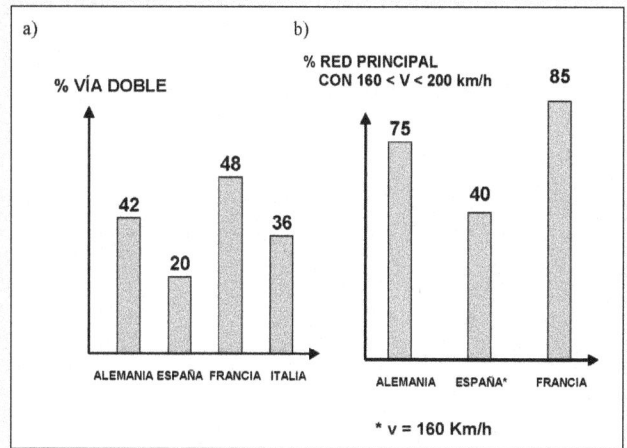

a)

% VÍA DOBLE

42
20
48
36

ALEMANIA ESPAÑA FRANCIA ITALIA

b)

% RED PRINCIPAL
CON 160 < V < 200 km/h

75
40
85

ALEMANIA ESPAÑA* FRANCIA

* v = 160 Km/h

Fuente: A. López Pita (1994)   *Fig. 1.26*

variables, no es menos cierto que el porcentaje de tramos de vía doble constituye el parámetro de mayor influencia. A título indicativo, una línea con vía única y en función del tipo de señalización que disponga puede llegar a admitir 70/80 trenes/día. En una línea dotada con vía doble, la capacidad puede llegar a superar los 240 trenes/día.

Bajo esta perspectiva, la figura 1.26a muestra el porcentaje de tramos dotados de vía doble en algunos países europeos. Se obser-

van las dificultades del ferrocarril español para configurar una oferta de calidad al disponer de tan sólo el 20% de líneas en vía doble, frente a más del 40% en Alemania y Francia. Este hecho encuentra mayor refrendo aún si se observa (Fig. 1.26b), el porcentaje de la red ferroviaria española donde pueden alcanzarse velocidades máximas de 160/200 km/h. Tan sólo en el 40% de dicha red frente al 75% en Alemania y el 85% en Francia.

---

(1) En las líneas principales de cada país, la velocidad mínima de circulación no suele ser inferior a 100 km/h, lo que significa, en condiciones normales, que el trazado tenga curva con radios en planta ≥ 500 m.
(2) Por encima de 10 a 12‰ se considera que un trazado es difícil para permitir cargas remolcadas elevadas.

2

2.1 CONFIGURACIÓN GENERAL

De una manera sucinta se suele describir una vía como un emparrillado formado por carril, traviesa y sujeción que se apoya en un lecho elástico constituido por el balasto y la plataforma.

En la figura 2.1 se muestra la sección transversal de una línea de ferrocarril en tres configuraciones típicas: sobre infraestructura natural, en el interior de un túnel o sobre infraestructura rígida, caso de los puentes metálicos, y de hormigón. Los esquemas se refieren a la línea de alta velocidad Madrid-Sevilla. La citada figura 2.1 permite apreciar como el carril se apoya en la traviesa y ésta se encuentra asentada en la capa de balasto. La inclinación de la capa de balasto (4%) en el contacto con la plataforma permite evacuar el agua de lluvia hacia las cunetas de desagüe, evitando o reduciendo su efecto sobre la infraestructura. Nótese como el espacio ocupado por una vía doble se sitúa entre 13 y 14 metros, como orden de magnitud. En la figura 2.1c se precisan las zonas de limitación al uso de los terrenos colindantes con el ferrocarril.

Por convenio, se define como *ancho de vía* la distancia entre las caras internas de los dos carriles que configuran la vía, medida a 14 mm por debajo de la superficie de rodadura del carril (Fig. 2.6). El ancho de vía más habitual es el conocido como *ancho de vía europeo*, que corresponde a 1.435 mm. En España, el ancho de vía es de 1.668 mm. La figura 2.2 permite visualizar la distribución de los diferentes anchos de vía en Europa. Nótese como el ferrocarril de la antigua Unión Soviética dispone de una ancho de 1.520 mm. Se señala que algunos ferrocarriles regionales o locales cuentan con anchos de vía inferiores a los mencionados, siendo el más habitual entre ellos el ancho métrico.

Cuando una línea está dotada de vía doble se define como *entre-vía* a la distancia existente entre ejes de vía (en el caso de la figura 2.1a, la entrevía es de4.30 m). La magnitud necesaria para la entrevía viene determinada, en primer lugar, por el gálibo del material ferroviario. De este modo, la entrevía de las líneas convencionales, construidas en general en el siglo XIX y el siglo XX, oscila entre 3,5 y 3,8 metros (Fig. 2.3). A medida que se incrementa la velocidad de circulación, aparece un nuevo condicionante: los fenómenos aerodinámicos que se desarrollan al cruzarse dos trenes. Con la llegada de la alta velocidad al ferrocarril (circulaciones iguales o superiores a 250 km/h), la entrevía ha ido incrementándose de forma paralela. La figura 2.3 muestra los criterios adoptados en algunas de las líneas de alta velocidad construidas en las últimas décadas. Se observa que la entrevía alcanza valores de 4,7 m e incluso 5 m.

El corte en sección longitudinal de una vía (Fig. 2.4) refleja como las traviesas se colocan a una cierta distancia (constante) bajo el carril proporcionándole el apoyo necesario. Por convenio, se define la distancia entre traviesas consecutivas como la separación existente entre sus respectivos ejes (no entre las caras internas de las traviesas). Su magnitud oscila entre 50 y 70 cm, aun cuando el valor más habitual es 60 cm (en ocasiones 63 cm).

Los carriles se fijan a las traviesas mediante las sujeciones (Fig. 2.5), elementos que presionan al patín del carril y evitan el movimiento longitudinal y lateral del mismo, así como su giro, a causa de los esfuerzos transversales y verticales transmitidos por los vehículos.

Por razones relacionadas con la estabilidad lateral de los vehículos durante su circulación por la vía, los carriles no ocupan una posición horizontal, sino que se encuentran inclinados hacia el centro de la vía (Fig. 2.6), en un ángulo de valor normal 1/20, que en algunos países como Alemania se reduce a 1/40.

Como se observa en la figura 2.5, el carril no se coloca directa-

SECCIÓN TRANSVERSAL TIPO DE UNA LÍNEA DE FERROCARRIL

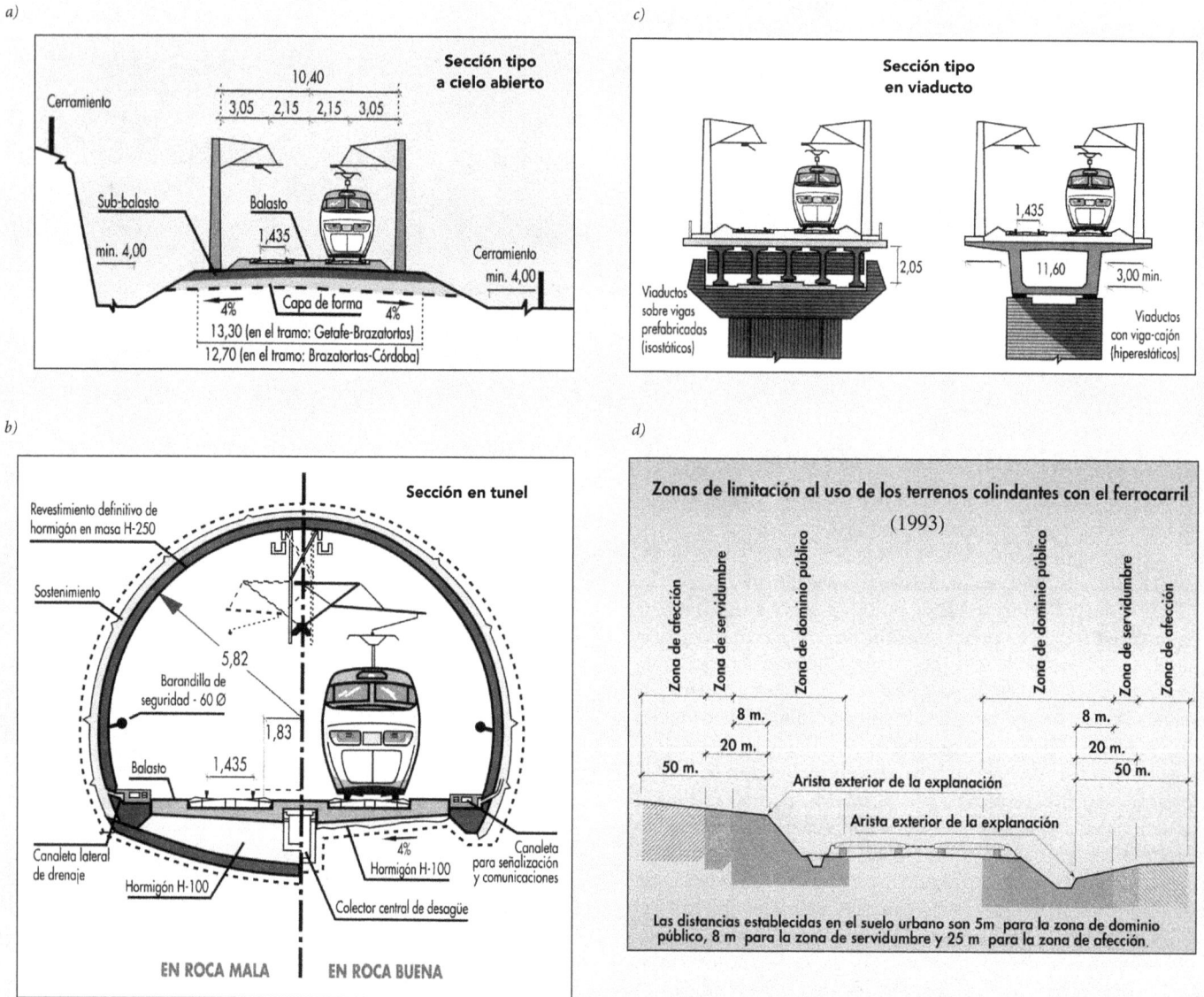

a)

Sección tipo
a cielo abierto

Cerramiento

10,40

3,05 2,15 2,15 3,05

Sub-balasto

Balasto

1,435

min. 4,00

Cerramiento
min. 4,00

4%   Capa de forma   4%

13,30 (en el tramo: Getafe-Brazatortas)

12,70 (en el tramo: Brazatortas-Córdoba)

c)

Sección tipo
en viaducto

1,435

2,05

11,60

3,00 min.

Viaductos
sobre vigas
prefabricadas
(isostáticos)

Viaductos
con viga-cajón
(hiperestáticos)

b)

Sección en tunel

Revestimiento definitivo de
hormigón en masa H-250

Sostenimiento

5,82

Barandilla de
seguridad - 60 Ø

1,83

1,435

Balasto

1,435

Canaleta lateral
de drenaje

Hormigón H-100

4%

Hormigón H-100

Colector central de desagüe

Canaleta
para señalización
y comunicaciones

EN ROCA MALA   EN ROCA BUENA

d)

Zonas de limitación al uso de los terrenos colindantes con el ferrocarril

(1993)

Zona de afección

Zona de servidumbre

Zona de dominio público

Zona de dominio público

Zona de servidumbre

Zona de afección

8 m.

20 m.

50 m.

8 m.

20 m.

50 m.

Arista exterior de la explanación

Arista exterior de la explanación

Las distancias establecidas en el suelo urbano son 5m para la zona de dominio
público, 8 m para la zona de servidumbre y 25 m para la zona de afección.

Fuente: Ministerio de Fomento

Fig. 2.1

ANCHOS DE VÍA EN EUROPA

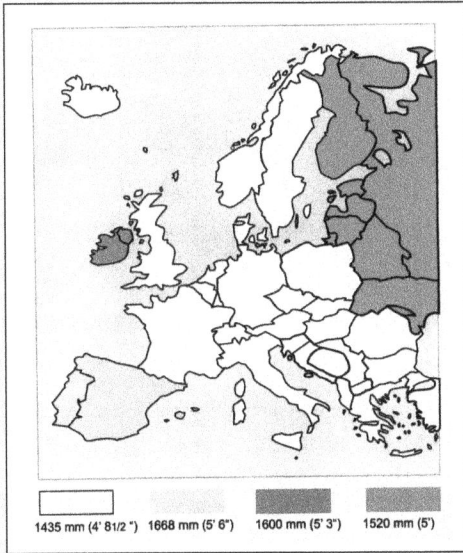

1435 mm (4' 81/2 ")   1668 mm (5' 6")   1600 mm (5' 3")   1520 mm (5')

Fuente: UIC

Fig. 2.2

ESQUEMA DE LA SECCIÓN LONGITUDINAL DE UNA VÍA

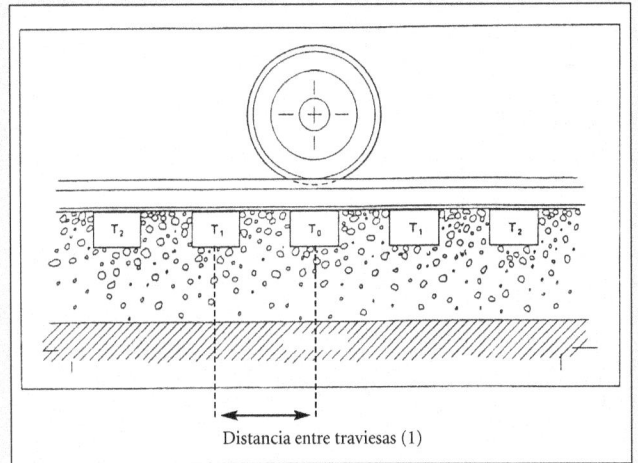

Distancia entre traviesas (1)

Fuente: A. Zarembski

Fig. 2.4

LA ENTREVÍA DE UNA LÍNEA Y SU RELACIÓN CON LA VELOCIDAD

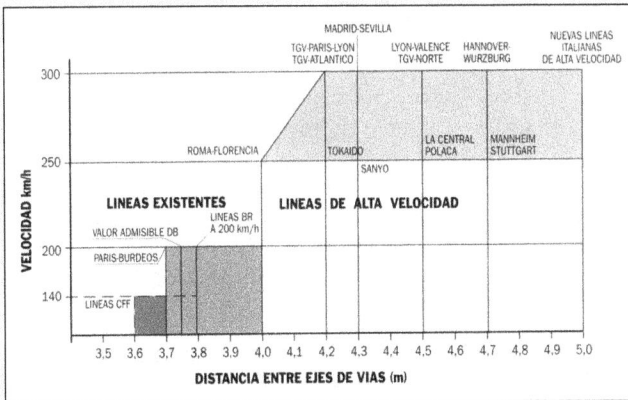

Fuente: A. López Pita (1993)

Fig. 2.3

DETALLE DEL SISTEMA CARRIL-TRAVIESA-SUJECIÓN

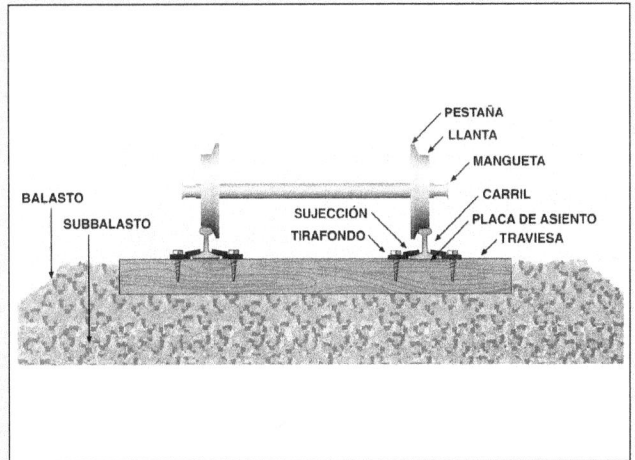

Fuente: El libro del Tren. (P. Lozano)

Fig. 2.5

---

(1) La distancia habitual entre traviesas es de 60 cm (en ocasiones 63 cm cuando su longitud es del orden de 2,8 metros). El intervalo de variación viene dado, en su límite inferior, por 50 cm y en su límite superior por 70 cm.

mente sobre la superficie de la traviesa de madera, para evitar su rápido deterioro por la acción del acero del carril. Entre ambos elementos, carril y traviesa, se interpone una placa rígida denominada *de asiento*, que incrementa el área de apoyo a través del cual el patín del carril transmite los esfuerzos a la traviesa. Por lo tanto, la incli-

nación del carril puede lograrse cajeando las traviesas de madera y utilizando placas de asiento planas (Fig. 2.7a), o bien utilizando placas de asiento con la inclinación deseada (Fig. 2.7b).

2.2 CARRIL

De los elementos que configuran el emparrillado de la vía, el carril es el encargado de soportar directamente el peso de los vehículos y las acciones dinámicas generadas por la velocidad y el estado de conservación de vía y vehículo.

Los diferentes tipos de carriles existentes se reconocen por su distinto peso por metro lineal, que se encuentra estandarizado en algunos valores de referencia: 45 kg/ml, 49 kg/ml, 54 kg/ml y 60 kg/ml (Fig. 2.8). Es importante señalar, como se verá en capítulos posteriores, que uno de los parámetros del carril de mayor relevancia es su momento de inercia respecto al eje horizontal. Los valores que corresponden a los dos últimos tipos de carriles (los más utilizados en la actualidad) son respectivamente: 2.346 cm^4 y 3.055 cm^4.

En un carril se diferencian tres partes: cabeza, patín y el alma que los une. Como se observa en la figura 2.8, las dimensiones de un carril se sitúan en el intervalo de los 7 cm de la cabeza, los 15 cm de la base (o patín) y los 17 cm de su altura.

La experiencia práctica existente en la actualidad permite afirmar, con carácter indicativo, que:

- El carril de 45 o 49 kg/ml se utiliza en líneas secundarias y en vías de estaciones.
- El carril de 54 kg/ml se emplea en las líneas de las redes por donde se circula a velocidades de hasta 140/160 km/h.
- El carril de 60 kg/ml es el habitual para velocidades superiores a 160 km/h, incluyendo las líneas de alta velocidad.

La fabricación de un carril es el resultado de un conjunto de operaciones relativamente complejo que condicionan de forma determinante la calidad del producto final. En el proceso completo de fabricación se distinguen tres fases principales: la fabricación del acero, la operación de acabado, que incluye el corte a la longitud estándar, y el enderezado y refrentado de los extremos (Fig. 2.9).

Hace ya tiempo se observó que, a la salida de fábrica, los carriles presentan una serie de tensiones internas residuales cuya distribución respecto a magnitud y dirección es compleja en todo el volumen de la pieza. Se puede aceptar, sin embargo, que las tensiones más importantes son las paralelas al eje longitudinal del carril. Estas tensiones se producen por el enfriamiento posterior a la laminación y por el enderezado del carril en frío en la máquina de rodillos. La magnitud máxima de la tensión (Fig. 2.10) se sitúa en el entorno de 8 a 10 daN/mm^2.

Cuando se aborda el dimensionamiento del carril, se consideran estas tensiones internas como un componente más del conjunto de

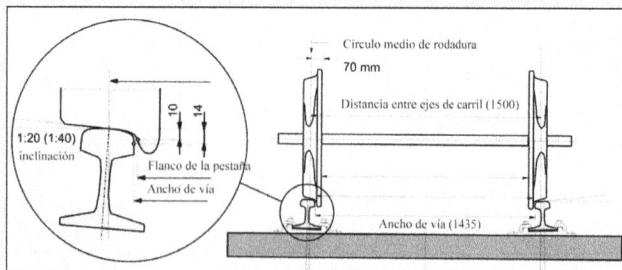

DETALLE DEL CONTACTO RUEDA-CARRIL

Fuente: Tomada de C. Esveld

Fig. 2.6

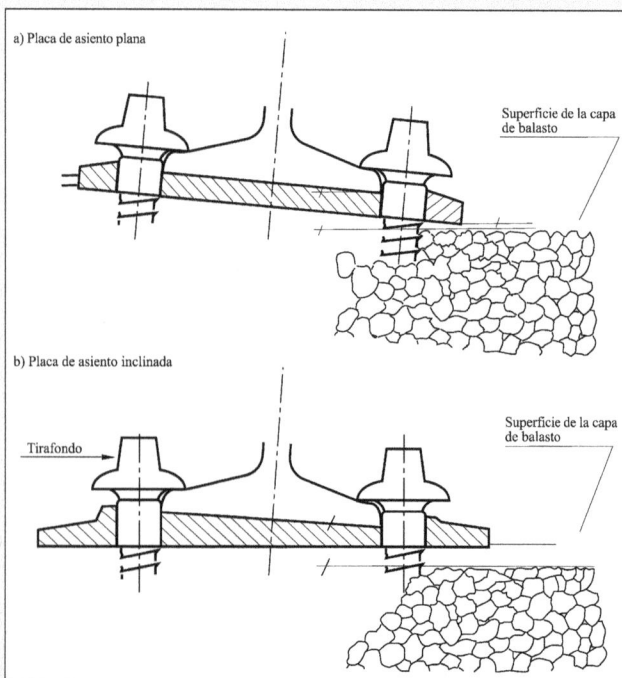

TIPOLOGÍA DE PLACAS DE ASIENTO RÍGIDAS

a) Placa de asiento plana

Superficie de la capa de balasto

b) Placa de asiento inclinada

Tirafondo

Superficie de la capa de balasto

Fuente: F. Oliveros et al. (1977)

Fig. 2.7

PRINCIPALES CARACTERÍSTICAS DE ALGUNOS TIPOS DE CARRILES
(DIMENSIONES EN MM)

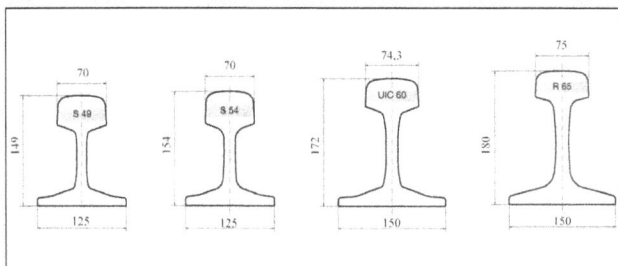

Fuente: D. Ebersbach et al. (1998)   Fig. 2.8

PROCESO DE FABRICACIÓN DE UN CARRIL

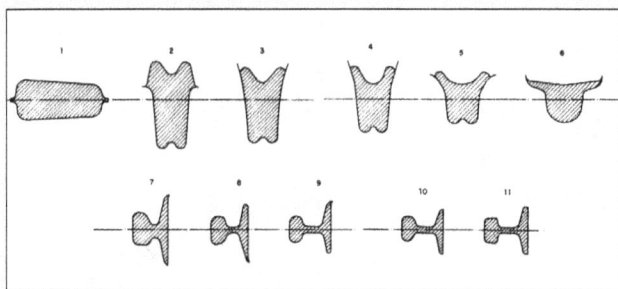

Fuente: M. Megía et al. (1977)   Fig. 2.9

TENSIONES INTERNAS (RESIDUALES) EN LOS CARRILES

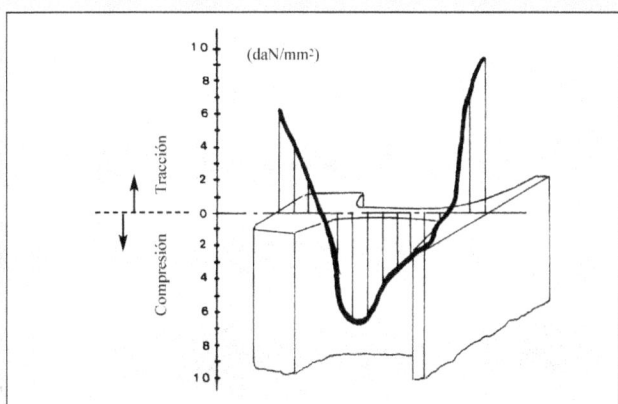

Fuente: Tomada de Alias. (1987)   Fig. 2.10

solicitaciones normales que actúan sobre este elemento del emparrillado de la vía. La suma de todas ellas (flexión, causas térmicas y proceso de fabricación) deberá ser inferior a la tensión admisible por el carril.

A estos efectos se subraya que los carriles utilizados en las líneas comerciales de ferrocarril se caracterizan (Fig. 2.11) por tener un límite de rotura situado en el intervalo de 70 a 80 daN/mm². Existen, no obstante, otros tipos de carriles, denominados *naturalmente duros*, cuyo límite de rotura alcanza 80 a 100 daN/mm². Finalmente, los carriles formados con aceros de aleación (basados en los efectos de adición al acero de elementos como el cromo y el silicio, entre otros) pueden llegar a tener límites de rotura de 110 a 120 daN/mm².

2.3 TRAVIESAS Y SUJECIONES

Desde los orígenes del ferrocarril se empleó la madera como elemento soporte del carril. Las propiedades físicas y mecánicas de la misma, y la abundancia de recursos naturales en esta materia prima en la mayoría de los países hizo aconsejable su empleo. Cuando más tarde se llegó a un mejor conocimiento de los esfuerzos y condiciones de trabajo a que se ve sometida la estructura de la vía, quedó confirmada la elección de la madera como apoyo del carril.

En paralelo, se desarrollaron dos tipos de sujeciones que adquirieron relevante notoriedad: las escarpias (Fig. 2.12) y los tirafondos (Fig. 2.13). Las primeras, son más utilizadas en Estados Unidos, y las segundas, generalizadas en Europa. Bajo la acción del tiempo y de los esfuerzos de fatiga, las traviesas de madera perdían sus propiedades y el agrietamiento de las mismas provocaba el aflojamiento de las mencionadas sujeciones (Fig. 2.13), dejando de cumplir su función de fijar y mantener la posición del carril. Como durante muchos años (hasta la década de los años 60 del siglo XX) no se generalizó el uso del carril continuo soldado, en las zonas de las juntas que enlazaban dos carriles consecutivos se solían colocar dos traviesas de madera (Fig. 2.14) para reducir el mayor asiento vertical de la vía que de forma natural se produciría en este punto débil.

Aun cuando con las traviesas de madera se utilizaron ya en su día sujeciones elásticas que eliminaban los problemas de aflojado indicados para las sujeciones rígidas (escarpias y tirafondos), tal como sucedió con la célebre sujeción (K) empleada ampliamente en Alemania, la introducción de las traviesas de hormigón generalizó el uso de sujeciones elásticas.

La aparición del hormigón y las posibilidades que ofrecía este material para la fabricación de traviesas determina-

LÍMITE ELÁSTICO Y DE ROTURA DE LOS CARRILES

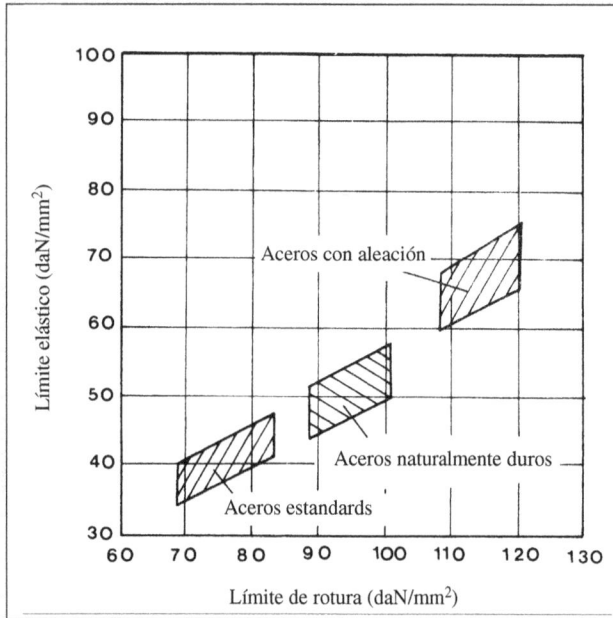

Fuente: Tomada de Alias (1987)   *Fig. 2.11*

SUJECIONES POR ESCARPIAS

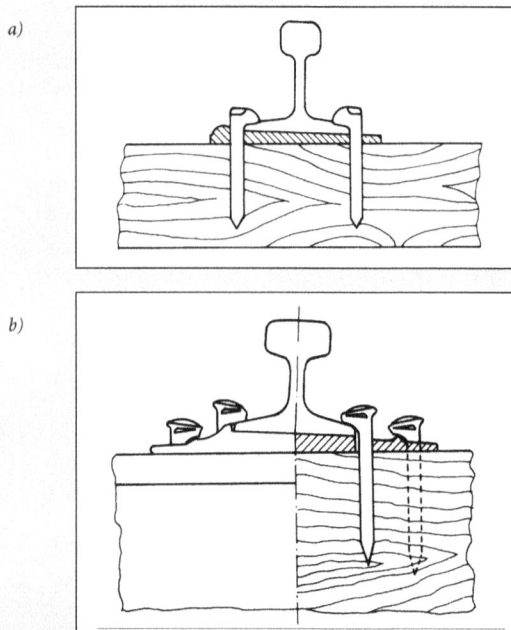

Fuente: Oliveros et al. (1977)   *Fig. 2.12*

SUJECIÓN POR TIRAFONDOS

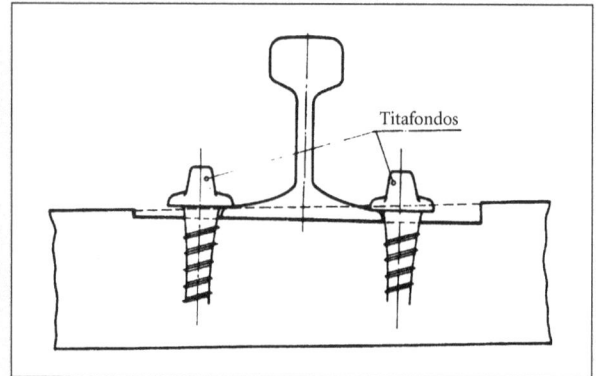

AFLOJADO DE LA SUJECIÓN RÍGIDA (TIRAFONDO)

Fuente: Renfe   *Fig. 2.13*

DISPOSITIVO DE COLOCACIÓN DE TRAVIESAS DE MADERA EN ZONA DE VIA CON JUNTAS

Fuente: Tomada de C. Esveld (2001)   *Fig. 2.14*

ron un importante aumento del interés por este tipo de traviesas, especialmente en Inglaterra, Francia, Italia y Alemania. Las investigaciones realizadas tanto en laboratorio como en vía pusieron de relieve que las traviesas de hormigón podrían: tener una elevada duración en servicio, del orden de dos a tres veces la de las traviesas de madera; mantener a lo largo de toda su vida una práctica constancia de sus condiciones físicas y proporcionar una mayor resistencia lateral a la vía frente a esfuerzos transversales. Su mayor peso: 180 a 350 kg, frente a los 80 kg de las traviesas de madera, dificultaba, no obstante, su manejo.

En el ámbito de las traviesas de hormigón, hasta fechas recientes (apenas 15 años) se encontraban dos tipologías generales: una, que correspondía a la traviesa formada por dos dados de hormigón unidos por una riostra (Fig. 2.15a), conocida familiarmente como *traviesa RS* en honor a su creador, el ingeniero francés Roger Sonneville, y utilizada preferentemente en Francia; la segunda tipología se asociaba a las traviesas con forma análoga a las traviesas de madera pero fabricadas con hormigón pre o postensado (Fig. 2.15b) empleadas en el Reino Unido, Alemania e Italia, a título indicativo. Recientemente se han comenzado a emplear, con carácter experi-

mental, otro tipo de traviesas, a las que nos referiremos con posterioridad.

Las variables más importantes de una traviesa son: sus dimensiones, que influencian el área de apoyo disponible para reducir las presiones que transmite a la capa de balasto, y el peso, que contribuye a proporcionar una mayor estabilidad longitudinal y transversal a la vía. El cuadro 2.1 sintetiza el orden de magnitud de las citadas variables para las traviesas utilizadas en algunos países europeos.

Por lo que respecta a las sujeciones, de entre las distintas tipologías existentes en la figura 2.16 se muestran las sujeciones denominadas: VOSSLOH (muy utilizada en Alemania y en España, entre otros países); NABLA, desarrollada y extendida en la red francesa, incluyendo las líneas de alta velocidad, y la sujeción Fastclip de Pandrol, que formará parte de la nueva línea TGV-Est (París-Estrasburgo).

2.4 PLACAS DE ASIENTO

La función primordial de este elemento de la estructura de la vía es reducir la presión específica transmitida por el carril a la traviesa de madera, protegiendo a ésta de las acciones que el carril ejerce sobre ellas; en el caso de las traviesas de hormigón, debe proporcionar al conjunto de la vía una mayor elasticidad vertical (Fig. 2.15c), para reducir los efectos dinámicos de los vehículos sobre la vía, especialmente a alta velocidad. Sobre esta relevante cuestión volveremos posteriormente.

2.5 BALASTO

La capa de material granular que se coloca bajo las traviesas desempeña un importante papel en el comportamiento de una vía frente a las acciones tanto verticales como transversales ejercidas por el material ferroviario, así como frente a las acciones climáticas.

En el ámbito de los esfuerzos verticales, el balasto debe cumplir tres funciones principales:

a) Contribuir a proporcionar elasticidad y amortiguamiento a la vía, para reducir la magnitud de las solicitaciones dinámicas ejercidas por los vehículos.

b) Disminuir el nivel de presiones que llegue a la superficie de la plataforma, para evitar que supere su capacidad resistente.

c) Soportar la abrasión que las partículas pueden tener como consecuencia de su contacto con infraestructuras rígidas, tal como sucede en las vías que discurren sobre puentes de hormigón.

CUADRO 2.1. PRINCIPALES CARACTERÍSTICAS DE ALGUNAS TRAVIESAS DE HORMIGÓN

TRAVIESA	UTILIZADA PRINCIPALMENTE EN	DIMENSIONES (cm)			PESO (kg)
		LONGITUD	ANCHO	CANTO	
RS Bibloque	Francia (línea convencional) U31	768	29	25,7	180
	Francia (líneas alta velocidad) U41	84	29	26,1	
Monobloque	Italia (línea convencional)	230 a 240	30 30	19 a 21	250 a 300
	Italia (líneas alta velocidad)	260	30	26,4	380
Monobloque	Alemania (línea convencional) B55	230	30	17,5	229
	Alemania (líneas alta velocidad) B70	260	30	17,5	304

Fuente: A. López Pita (2002)

TRAVIESAS BIBLOQUE Y MONOBLOQUE

a) Traviesa bibloque

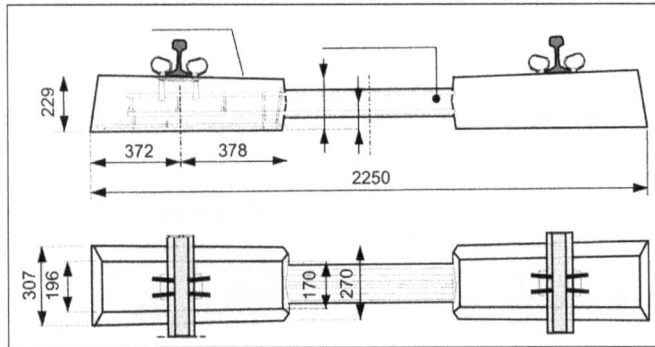

b) Traviesa monobloque

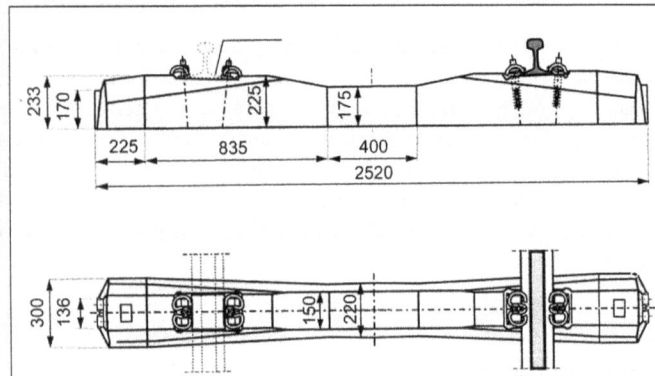

c) Detalle de la placa de asiento elástica

Fuente: Esveld, Renfe y Giannakos

Fig. 2.15

EJEMPLOS DE SUJECIONES ELÁSTICAS UTILIZADAS EN LAS VÍAS MODERNAS

a) Traviesa bibloque

b) Sujeción Nabla

Detalle de la colocación
de la sujeción Nabla

c) Sujeción SKL 12 Vossloh

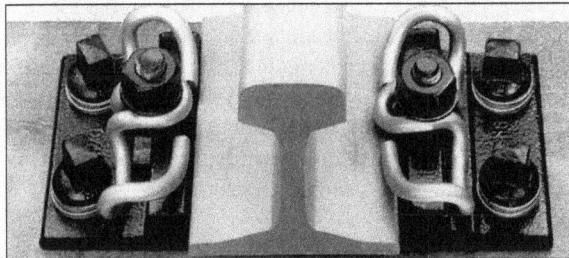

Posición de premontaje   Posición definitiva

Para cumplir con las funciones a) y b), es necesario disponer de un cierto espesor de balasto. Como se verá con posterioridad, esta magnitud se sitúa entre 25 y 35 cm. Con valores inferiores no se lograría el objetivo perseguido y con valores superiores se incrementaría el asiento de la vía y previsiblemente el aumento también de los defectos geométricos. Para hacer frente a la abrasión, función c), se exige que el balasto tenga un cierto valor del coeficiente Deval. En general ≥ 15.

Uno de los procedimientos para efectuar el montaje de una vía es colocar inicialmente el emparrillado de la vía y hacer circular sobre él los vagones tolvas que descargan el balasto sobre la infraestructura (Fig. 2.17a) Para que el balasto proporcione el apoyo requerido a las traviesas es necesario que las partículas que configuran dicha capa, experimenten un proceso de compactación mediante la realización de una operación que recibe el nombre de *bateo de la vía*.

Esta operación consiste, básicamente, en la introducción bajo la cara inferior de las traviesas de unos bates vibratorios (Fig. 2.17b) que llevan a cabo la citada compactación del balasto. El ferrocarril dispone para ello, de las denominadas máquinas bateadoras, un ejemplo de las cuales se muestra en la figura 2.17c. Para que el bateo sea posible y eficaz, es preciso que las partículas de balasto tengan unas ciertas dimensiones que faciliten el bateo y una determinada dureza para evitar que se rompan por la acción de los bates. Desde el punto de vista práctico, la experiencia ha puesto de relieve la idoneidad de disponer partículas de balasto con tamaños comprendidos entre 20 y 60 mm. En la figura 2.18 se muestra el huso granulométrico del balasto de categoría A según la norma europea.

En paralelo, se obliga a reducir al mínimo la presencia de partículas lajosas, tanto por la dificultad que presenta su bateo, como por su tendencia al deslizamiento. Para cumplir con la condición de dureza antes indicada, se exige que la roca de origen de las partículas de balasto tenga una resistencia dada a la compresión simple. La norma del ferrocarril español (año 2000) obliga a que la citada resistencia sea como mínimo de 1.200 kg/cm^2.

Cuando el eje de un vehículo se desplaza a lo largo de la vía, se producen en ésta dos fenómenos simultáneos: el primero una flexión vertical que, en función de la capacidad vertical resistente, afecta a una mayor o menor longitud de vía (3 a 4 metros); el segundo, el levantamiento de una parte delantera de la vía en la dirección del movimiento.

La deflexión vertical presenta un valor máximo bajo el punto de aplicación de la carga (eje del vehículo) que suele oscilar entre 1,5 y 2 mm bajo la acción de una carga por rueda de 10 toneladas. La magnitud de la onda de levante suele ser de aproximadamente 1/10 de la deflexión vertical, es decir, de 0,15 a 0,20 mm. Aun cuando la pequeña elevación de la vía y su posterior anulación al continuar el movimiento de los vehículos pudiera parecer no tener influencia práctica, la realidad es distinta.

En efecto, el sucesivo golpeteo de las traviesas sobre el balasto, correspondiente a los sucesivos ejes que pasan por una vía (el paso de un solo tren de mercancías puede representar el efecto de más de 150 ejes) y el cada vez mayor uso de traviesas pesadas (300 a 380 kg) frente a las primitivas traviesas de madera (80 kg de peso), pueden ocasionar un rápido deterioro de las partículas de balasto. Se exige, por ello, que este material tenga un coeficiente de Los Ángeles (CLA) inferior a un cierto valor. Los criterios de referencia se sitúan en los siguientes magnitudes: CLA $\leq$ 15 para líneas con velocidades máximas iguales o superiores a 200 km/h, y CLA $\leq$ 18 para las líneas convencionales (norma española).

Con ocasión de la construcción de líneas de alta velocidad en Europa, los ferrocarriles franceses establecieron, para el balasto, el denominado *coeficiente de dureza global* (DR), que agrupa los coeficientes anteriormente indicados: coeficiente Deval y coeficiente de Los Ángeles (Fig. 2.19). Para las líneas principales con velocidades de hasta 200 km/h y fuerte tráfico, el coeficiente de dureza global deseable se sitúa en el entorno de 17. Para líneas de alta velocidad, el valor requerido es de 20.

Nótese en la citada figura 2.19 como para el primer grupo de líneas (V $\leq$ 200 km/h) un DR de 17 corresponde a un coeficiente de Los Ángeles de 20 y un coeficiente Deval superior a 15. Para líneas de alta velocidad, en donde DR=20, los coeficientes de resistencia al choque (Los Ángeles) y de resistencia a la abrasión (Deval) se sitúan en el entorno de 17 y 20 respectivamente.

Con carácter de síntesis, en la figura 2.20 se expone un esquema de referencia para deducir las funciones que cabe exigir a los materiales utilizables como balasto, incluyendo también las variables de resistencia, tamaño o forma que permiten verificar el mayor o menor cumplimiento de las citadas funciones.

DESCARGA DE BALASTO SOBRE LA VÍA

a)

b)

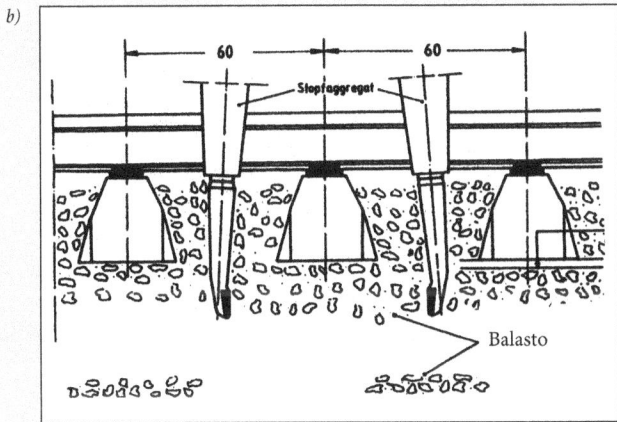

MÁQUINA DE BATEO DE LA CAPA DE BALASTO

c)

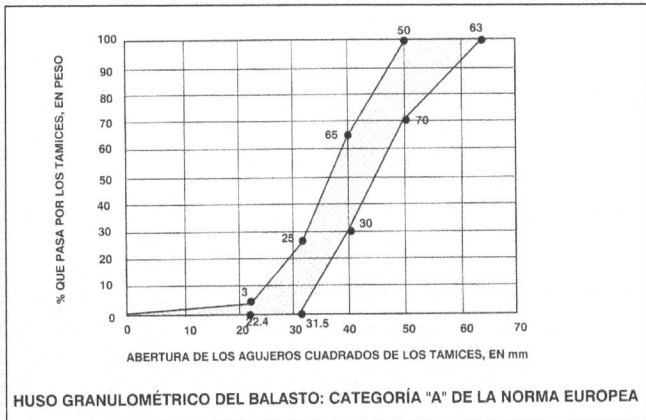

Fuente: C. Esveld   *Fig. 2.17*

COEFICIENTE DE DUREZA GLOBAL EXIGIDO AL BALASTO

Fuente: SNCF   *Fig. 2.19*

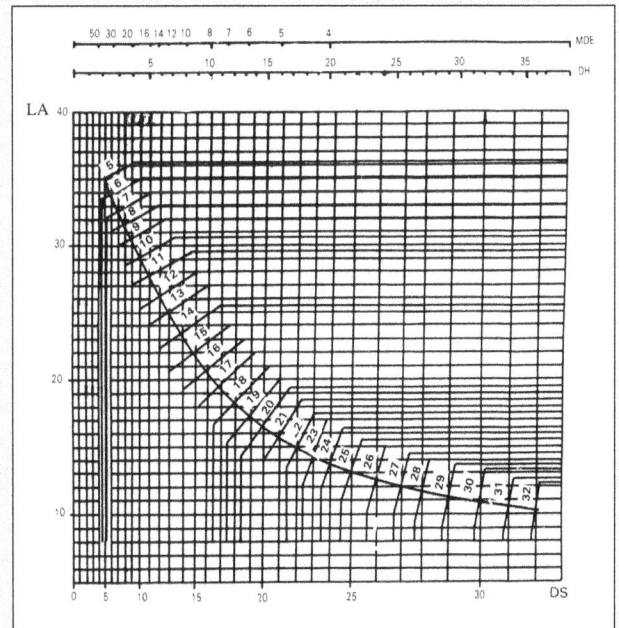

HUSO GRANULOMÉTRICO DEL BALASTO: CATEGORÍA "A" DE LA NORMA EUROPEA

Fuente: Renfe   *Fig. 2.18*

ESQUEMA DE REFERENCIA PARA EL ESTABLECIMIENTO DE LAS FUNCIONES Y CARACTERÍSTICAS DEL BALASTO

ELEMENTO QUE DESENCADENA LA FUNCIÓN	ESQUEMA DE ACTUACIÓN	EXPRESIÓN MATEMÁTICA	FUNCIÓN DEL BALASTO	FACTOR CONMENSURABLE
ACCIONES VERTICALES	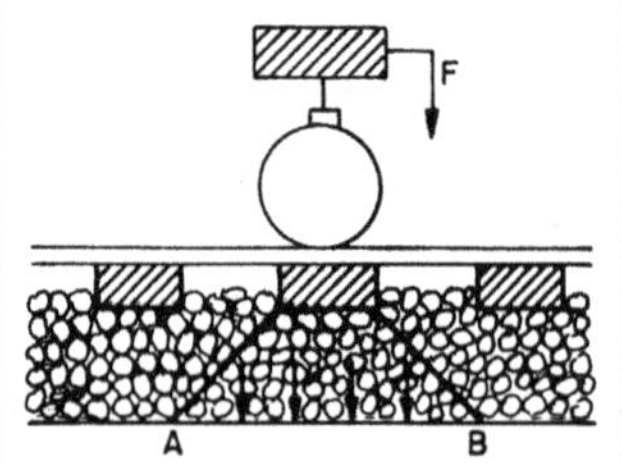	$F = f(\sqrt{\kappa},\varepsilon)$	PROPORCIONAR ELASTICIDAD Y AMORTIGUAMIENTO	ESPESOR DE BALASTO
		—	RESISTENCIA A LA ABRASION	COEFICIENTE DEVAL
		$AB=\varphi(h,Eb,Ep)$	DISMINUCION DE LAS PRESIONES SOBRE LA PLATAFORMA	ESPESOR DE BALASTO
	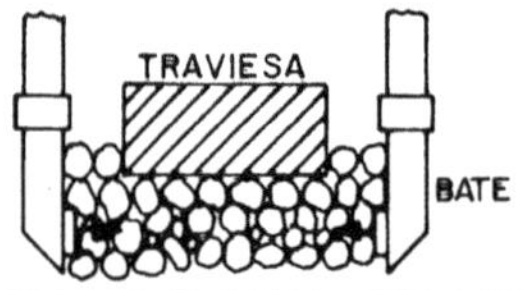	—	DIMENSIONES DUREZA	TAMAÑOS GRANULOMETRIA RESISTENCIA A COMPRESION DE LA ROCA
	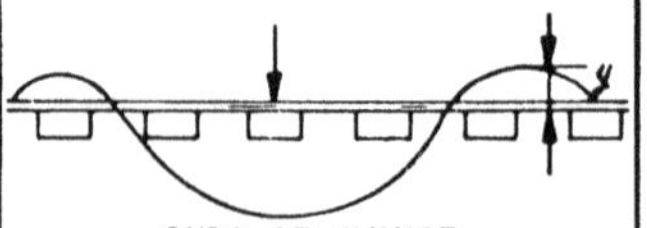	$y = \delta(ji)$	RESISTENCIA AL CHOQUE	COEFICIENTE DE LOS ANGELES
ACCIONES HORIZONTALES	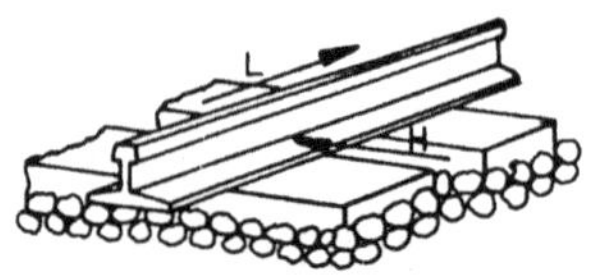	—	DIMENSIONES COMPACTACION	TAMAÑOS GRANULOMETRIA
ACCIONES CLIMATICAS	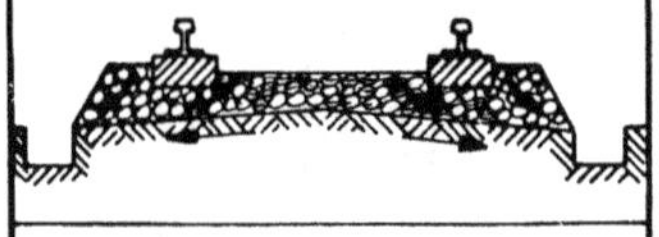	—	FILTRACION RESISTENCIA AL HIELO	GRANULOMETRIA RESISTENCIA A LOS SULFATOS

Fuente: A. López Pita (1984)

Fig. 2.20

3

CARACTERÍSTICAS FUNDAMENTALES DEL MATERIAL MOTOR

De un modo tradicional, el material ferroviario ha sido clasificado en tres grupos: el primero corresponde al material que proporciona la tracción al tren; el segundo, el que permite el traslado de viajeros; finalmente, el tercero, el dedicado al transporte de mercancías. Desde la perspectiva de los objetivos que pretende lograr este libro, sólo consideraremos los aspectos del material que tienen una incidencia relevante por su acción sobre la vía.

3.1 CONFIGURACIÓN GENERAL DE UNA LOCOMOTORA

Si nos referimos, en primer lugar, al material motor convencional, puede decirse que una locomotora (Fig. 3.1 y Fig. 3.2) está formada por una caja que constituye el esqueleto sobre el que se instalan los equipos necesarios para la tracción y el frenado, fundamentalmente.

La caja consta de un bastidor definido por largueros laterales sobre los que está montada la caja propiamente dicha. A su vez, el bastidor reposa sobre dos o tres carretones llamados *bogies*, constituidos cada uno de ellos por dos o tres ejes. En general, en la actualidad, se habla preferentemente de locomotoras del tipo BB, dos *bogies* de dos ejes cada uno (Fig. 3.3a) o de locomotoras del tipo CC, configuradas por dos *bogies* de tres ejes cada uno (Fig. 3.3c). En la figura 3.3b la locomotora tiene tres bogies de dos ejes cada uno, en una disposición no habitual.

Un *bogie* dispone de un bastidor que une el conjunto de los ejes que le configuran. Entre el eje del *bogie* y el bastidor del mismo, se disponen elementos de suspensión y amortiguación que se agrupan bajo la denominación de *suspensión primaria*. A su vez, entre el bastidor del *bogie* y el bastidor principal de la locomotora, los elementos de suspensión y amortiguación se agrupan bajo la denominación de *suspensión secundaria* (Fig. 3.4).

A la distancia existente entre los ejes consecutivos de un mismo *bogie*, se la denomina *empate*. En una locomotora del tipo BB, el empate es del orden de 2,6 a 2,8 metros, mientras que en una locomotora del tipo CC, el empate se reduce a 1,5/1,6 metros. El empate de un *bogie* influye en la posible superposición de los esfuerzos generados en un punto dado de la vía por cada rueda, así como en la estabilidad transversal del *bogie* durante su movimiento, como se expondrá posteriormente.

Las locomotoras tienen un peso total comprendido entre 80 y 120 toneladas, lo que da como resultado pesos máximos por eje de 20 a 22,5 toneladas. Como se justificará más adelante, no sólo es el peso total de un vehículo el que afecta al deterioro de la geometría de la vía, sino también la distribución de dicho peso entre el denominado *peso no suspendido* y el *peso suspendido*. Se reconoce como *peso no suspendido* a la parte del peso del material que actúa sobre la superficie del carril sin interposición de ningún elemento elástico (Fig. 3.5). Se trata, por tanto, del peso propio del eje, de las ruedas y de aquella parte del material que se apoye sobre estos elementos. Se designa como *peso suspendido* la parte del peso del material que actúa sobre la superficie del carril por intermedio de algún elemento elástico (que reduce su impacto sobre la vía). En este contexto, es del mayor interés disponer de material con el menor peso no suspendido posible.

Desde el punto de vista de la dinámica vertical y transversal de una locomotora sobre una vía, resulta útil conocer la distribución estructural de los motores, por la incidencia que puede tener en los esfuerzos transmitidos a la vía.

VISIÓN GLOBAL DE UNA LOCOMOTORA

1 Cabina de conducción.
2 Silbato.
3 Pantógrafo.
4 Pararrayos.
5 Seccionador pantógrafo.
6 Grupo motor alternador (GMA).
7 Motor del GMA.

9 Espejo retrovisor plegable.
9 Tubería de conexión de mando múltiple.
10 Arenero.
11 Bogie.
12 Resistencias principales.
13 Cámara de alta.
14 Cámara de alta.

15 Entrada de aire ventilación.
16 Cofre con útiles de dotación.
17 Disyuntor extrarrápido.
18 Bomba de vacío.
19 Ventilador motor tracción.
20 Compresor principal.
21 Cable calefacción eléctrica.
22 Tubería freno por vacío.
23 Tubería aire comprimido.
24 Pupitre de mando.

Fuente: Tomada de «El libro del tren» P. Lozano

Fig. 3.1

LOCOMOTORA 12X

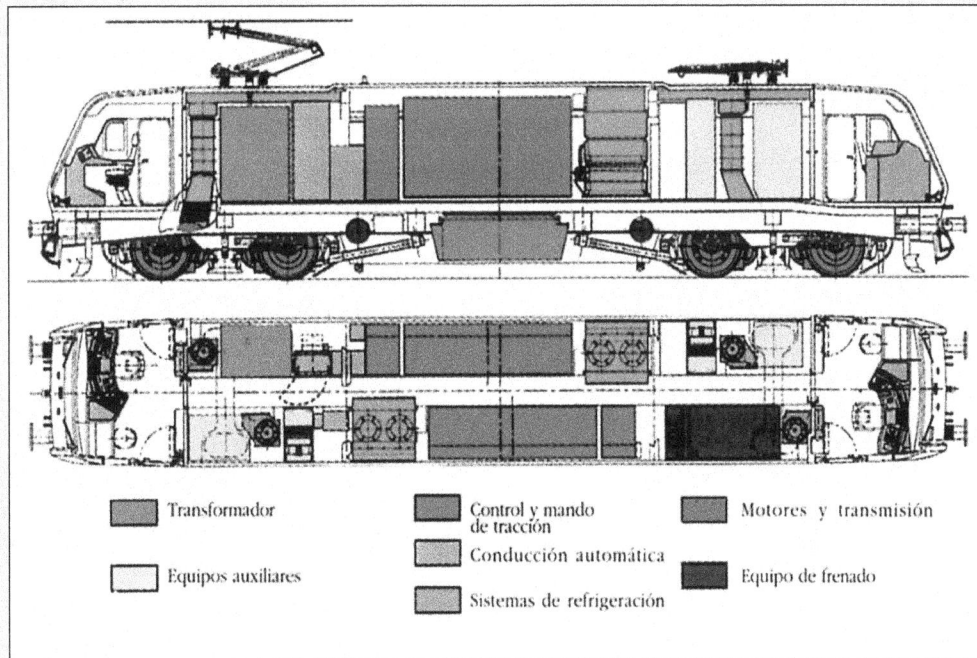

	Transformador		Control y mando de tracción		Motores y transmisión
	Equipos auxiliares		Conducción automática		Equipo de frenado
			Sistemas de refrigeración		

Fig. 3.2

TIPOLOGÍA DE LOCOMOTORAS ELÉCTRICAS POR EL NÚMERO DE EJES DE CADA *BOGIE*

a)

b)

c)

Fuente: Diversas publicaciones   *Fig. 3.3*

BOGIE DE LA LOCOMOTORA EUROTÚNEL

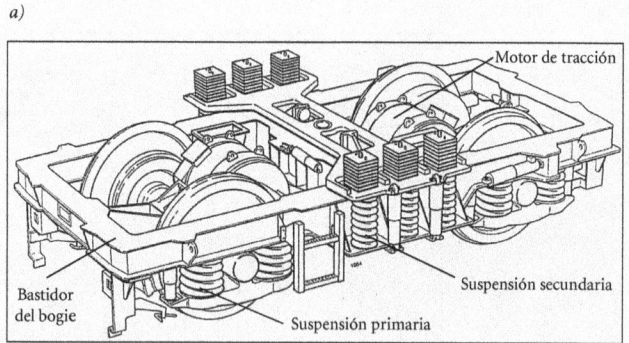

a)

BOGIE DE LA LOCOMOTORA E 412 DE LOS FERROCARRILES ITALIANOS

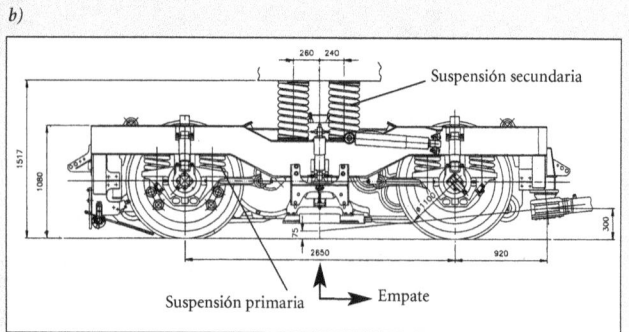

b)

c)

Fuente: Y. M. Tassin (1994); L. Morisi (1995)   *Fig. 3.4*

PESO SUSPENDIDO Y NO SUSPENDIDO DE UN VEHÍCULO FERROVIARIO

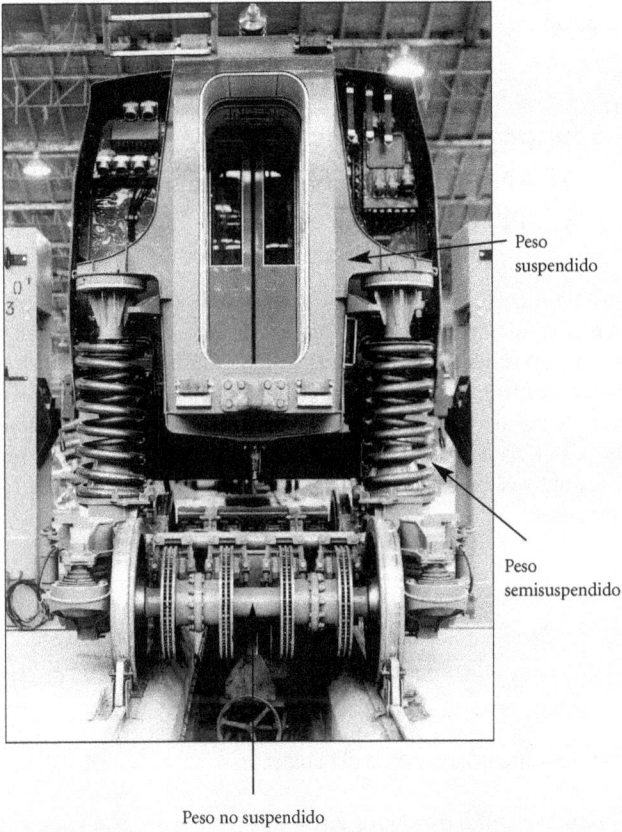

Peso suspendido

Peso semisuspendido

Peso no suspendido

Fig. 3.5

ESQUEMA DE UN MOTOR FORMANDO PARTE DEL PESO NO SUSPENDIDO DE UN VEHÍCULO

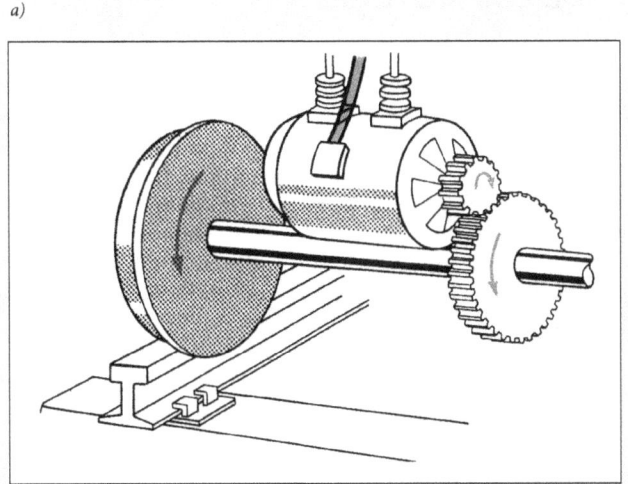

a)

ESQUEMA DE UN MOTOR SUSPENDIDO POR LA NARIZ

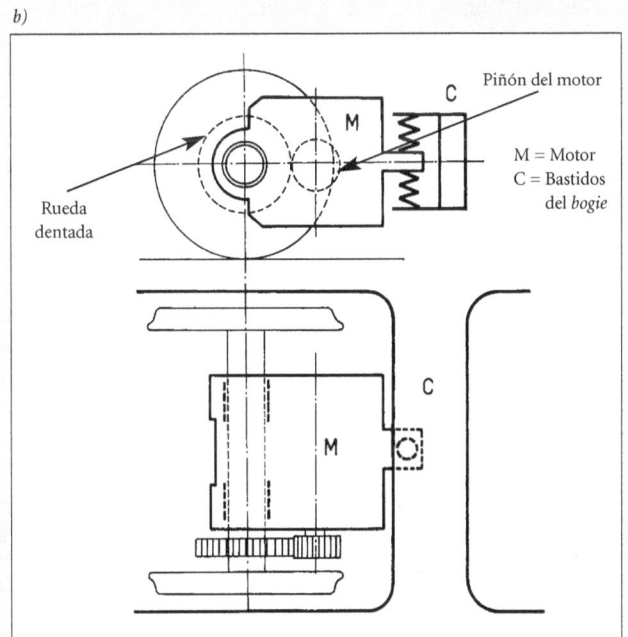

b)

Piñón del motor

M = Motor
C = Bastidos del *bogie*

Rueda dentada

Fig. 3.6

3.2 INCIDENCIA EN LA DINÁMICA VERTICAL DE LA DISPOSICIÓN DE LOS MOTORES

Para comprender mejor la disposición estructural de los motores en las locomotoras modernas, resulta aconsejable exponer, al menos sucintamente, las diversas realizaciones que se han desarrollado en el transcurso del tiempo.

La disposición indicada en la figura 3.6a permite comprobar como en esta solución el motor y los engranajes formarían parte en su totalidad del peso que con anterioridad se denominó como "peso no suspendido". En consecuencia se producirían dos efectos no deseables:

1. Aumento del peso no suspendido del vehículo y por tanto de los esfuerzos verticales ejercidos por el material sobre la vía.
2. Acción directa sobre el motor de los efectos derivados del impacto soportado por el eje del vehículo al paso por algunas zonas singulares de la vía (juntas, aparatos de vía, etc.). Por tanto, un prematuro deterioro del motor.

Para resolver este problema se recurrió a la disposición conocida bajo la denominación de *motor suspendido por la nariz*, esquema mostrado en la figura 3.6b. En esta solución, el motor se apoya en dos puntos del eje del vehículo, por intermedio de rodamientos, y en un punto del bastidor del *bogie*, a través de un elemento elástico. Como se observa en la citada figura 3.6b, el eje del motor y el eje del vehículo se mantienen siempre paralelos.

La tercera disposición consiste en instalar el motor en el chasis del *bogie* (Fig. 3.7), con lo cual todo su peso se comporta como peso suspendido, reduciendo su acción sobre la vía. El problema se traspasa ahora al ámbito de la transmisión que debe ser capaz de absorber las desalineaciones que van a producirse entre el motor y los ejes del vehículo.

Una transmisión, entre las diferentes existentes, fue la denominada *Alsthom*. Como se ve en la figura 3.8, la rueda dentada (ver figura 3.6) estaba calada a un eje hueco que, por medio de rodamientos, se unía al motor.

La rueda dentada tenía dos bielas A_1 y A_2, diametralmente opuestas, que atravesaban la rueda de rodadura. Ésta llevaba también dos bielas B_1 y B_2. La transmisión del esfuerzo desde las bielas de la rueda dentada A_1 y A_2, hasta las bielas B_1 y B_2, de la rueda de rodadura, se efectuaba por medio de un *anillo de enganche* (Fig. 3.8). Las articulaciones de las bielas estaban provistas de elementos de caucho que proporcionaban elasticidad a la transmisión.

Con carácter de síntesis, puede decirse que la evolución experimentada por los *bogies* motores, en relación con la disposición estructural de éstos, fue paralela al incremento de las velocidades de circulación de los vehículos. A título indicativo:

- Suspensión por la nariz (V < 120 km/h)
- Suspensión completa (V ≥ 120 km/h)

En términos temporales y para el espacio europeo, la colocación de los motores sobre el bastidor del *bogie* se remonta a los años 50 del pasado siglo.

3.3 REPERCUSIÓN DE LA DINÁMICA TRANSVERSAL EN EL DISEÑO CONSTRUCTIVO

El movimiento de un vehículo a lo largo de una alineación recta no es sólo un desplazamiento rectilíneo, sino que va acompañado de un movimiento de tipo sinusoidal (también llamado *movimiento de lazo*). Si se asimila el esfuerzo transmitido por un *bogie* sobre la vía al transmitido por dos fuerzas de valor F, situadas a una distancia a (igual al empate del bogie) (Fig. 3.9.), el teorema de las fuerzas exteriores conduce a las siguientes expresiones bien conocidas:

$$M = F. \; a/2$$

M = Momento de las fuerzas exteriores

$$M = I. \; w$$

I = Momento de inercia del bogie

w = Velocidad angular de giro

$$I = m. \; \rho 2$$

ρ = radio de giro

Luego:

$$F.a/2 = I.w = m.\rho^2 . \frac{V}{a/2}$$

V = velocidad lineal

$$F = \frac{4m\rho^2}{a^2} V$$

De la expresión precedente se infiere que para reducir el valor del esfuerzo F aplicado por el bogie sobre la vía, a medida que aumenta la velocidad V de circulación del vehículo, resulta deseable:

LOCOMOTORA CC 7001

ESQUEMA DE LA LOCOMOTORA CC 7100

Fuente: D. Redoutey (2003)   *Fig. 3.7*

PRINCIPIO DE LA TRANSMISIÓN ALSTHOM

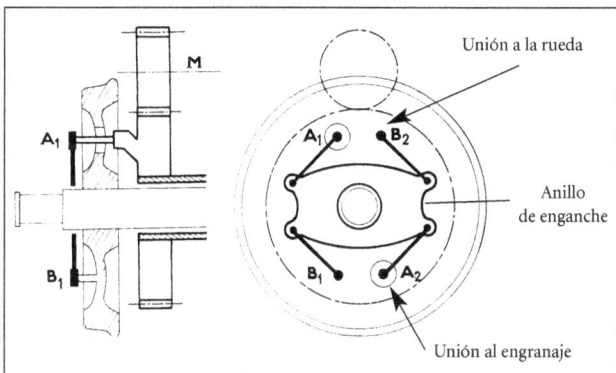

Fuente: M. Garreau (1965)   *Fig. 3.8*

ESQUEMA DE BASE PARA DEDUCIR LA IMPORTANCIA DEL TÉRMINO $4m\rho^2/a^2$ EN UN *BOGIE*

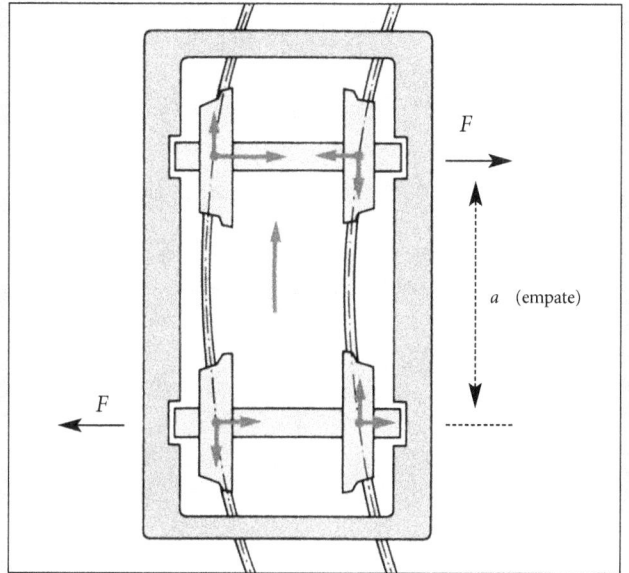

Fuente: M. Tessier (1978)   *Fig. 3.9*

EVOLUCIÓN DEL PARÁMETRO $4m\rho^2/a^2$ EN FUNCIÓN DE LA TIPOLOGÍA Y DISTRIBUCIÓN DE LOS MOTORES

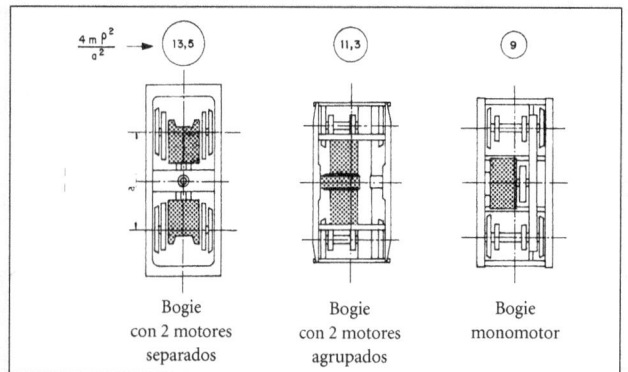

Fuente: M. Tessier (1978)   *Fig. 3.10*

• Reducir la masa (m) del *bogie*.
• Disminuir el radio de giro (ρ) alrededor del eje vertical.
• Incrementar el empate del *bogie* (a)

Se deduce, de este modo, el interés por disminuir el valor del término

$$\left(\frac{4m\rho^2}{a^2} \right)$$

Ya desde los años 50 del pasado siglo se hicieron esfuerzos de diseño para limitar el citado término. Las decisiones que se adoptaron fueron en la dirección que, esquemáticamente, muestra la figura 3.10. Es decir, concentrando los motores hacia el centro del *bogie*. Se llegó de este modo de forma natural a la solución denominada *bogie* monomotor. En esta solución, un solo motor accionaba el conjunto de los ejes de un *bogie*. Nótese en la citada figura 3.10 la reducción del término

$$\left(\frac{4m\rho^2}{a^2} \right)$$

a medida que disminuía la separación entre los motores de un mismo *bogie*.

Por lo que respecta al *bogie* monomotor, un ejemplo del cual puede verse en la figura 3.11, cabe destacar que entre sus ventajas se encontraba también una significativa reducción de peso y un mejor comportamiento frente a los esfuerzos transversales ejercidos sobre la vía. Por lo que respecta a este último aspecto, la figura 3.11c muestra los resultados obtenidos a comienzos de los años 70 del pasado siglo con *bogies* monomotores del tipo BB y CC, así como los correspondientes a locomotoras del tipo BB con transmisión individual de esfuerzos.

Se constata como, para una velocidad de referencia (a título indicativo 200 km/h), el esfuerzo resistente máximo pedido a la vía en el plano transversal fue para los *bogies* monomotores sensiblemente inferior al solicitado por la locomotora con un motor accionando cada eje.

3.4 SITUACIÓN ACTUAL Y TENDENCIAS RESPECTO A LA CONCEPCIÓN DE LOCOMOTORAS

Si se avanza en el tiempo, la década de los años 90 del pasado siglo supuso un importante progreso en la configuración de un parque moderno de locomotoras, a nivel europeo, aptas para circular a velocidades máximas de hasta 230 km/h y dotadas de una potencia superior a 7.000 kw. En el cuadro 3.1, se sintetizan algunas de sus principales características respecto a las acciones verticales y transversales sobre la vía.

En general, se trata de locomotoras equipadas con motores individuales para cada eje, completamente suspendidos (Fig. 3.12a). No obstante, la locomotora Sybic (Fig. 3.12b) dispone de *bogies* monomotores, y la locomotora BB 427000, (Fig. 3.12c) destinada al tráfico de mercancías, consta de motores suspendidos por la nariz aptos para la velocidad máxima de 140 km/h.

CUADRO 3.1.   PRINCIPALES CARACTERÍSTICAS DE ALGUNAS MODERNAS LOCOMOTORAS EN EUROPA

Ferrocaril	Denominación	Peso por eje (t)	Velocidad máxima (km/h)	Disposición (1)
Austriaco	Rh 1016	21,5	230	BoBo
Alemán	E 101	21,7	220	BoBo 4 motores
Francés	BB 26000 (Sybic)	22,5	200	BB 2motores (*bogies* monomotores)
Alemán	E 152	21,5	140	BoBo 4 motores
Francés	BB 36000 (Astride)	22	220	BoBo 4 motores
Italiano	E 402 B	21,7	220	BoBo 4 motores
Suizo	Re 4/4 465	21	230	BoBo 4 motores
Español	S 252	22	220	BoBo 4 motores

(1) Como se indicó, la letra B se reserva para los ejes motores que se agrupan de dos en dos. Cuando en cada grupo el eje funciona individualmente, sin estar acoplado, se le añade una "o" minúscula después de cada letra

Fuente: A. López Pita (1999)

LOCOMOTORA CON BOGIES MONOMOTORES

a)

BOGIE MONOMOTOR

b)

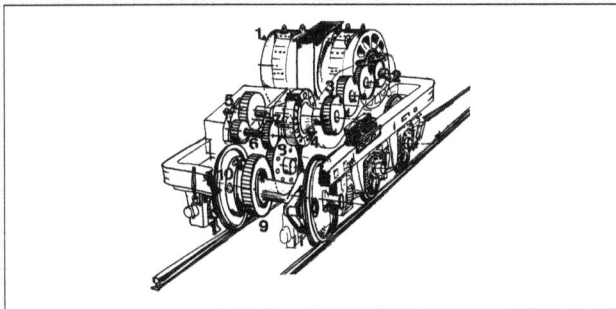

Fuente: Y. Machefert Tassin

ESFUERZO TRANSVERSAL SOBRE LA VÍA DE LOCOMOTORAS CON BOGIES MONOMOTORES

c)

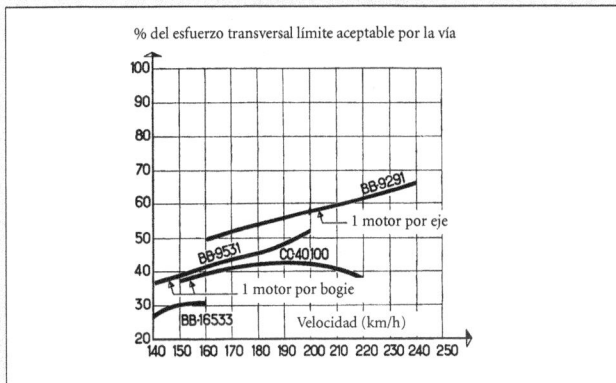

Fuente: F. Nouvion et al. (1967)

Fig. 3.11

LOCOMOTORAS MODERNAS PARA TRENES DE VIAJEROS Y MERCANCÍAS

a)

b)

c)

Fuente: G. Mathieu (2003) y Voies Ferrees

Fig. 3.12

LOCOMOTORA 252 DEL FERROCARRIL ESPAÑOL

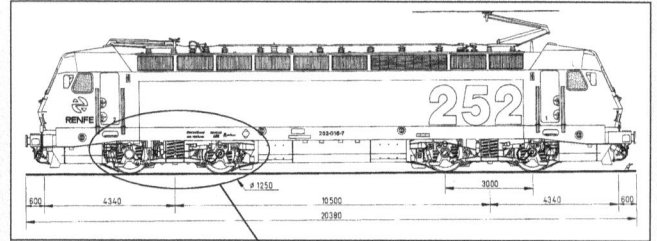

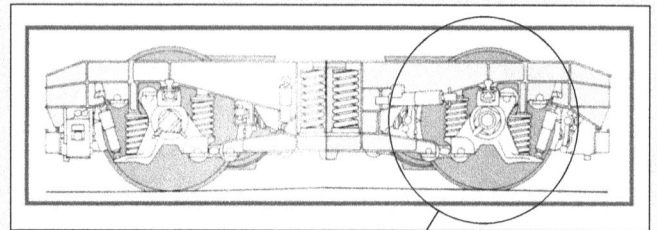

Eje montado con la corona de dentado doble para el accionamiento motor, árbol hueco y bieletas articuladas entre esta y la rueda.

Fig. 3.13

En todo caso resulta de interés subrayar la evolución experimentada en el ámbito de los motores de tracción. Si, inicialmente, se imponía el motor en corriente continua, la posterior utilización de motores síncronos y asíncronos alcanzó carácter predominante. A los efectos que nos ocupan, el cuadro 3.2 pone de relieve la repercusión práctica, en términos de peso, de la citada evolución de los motores de tracción y su favorable impacto respecto a su agresividad sobre la vía.

En España la locomotora moderna por excelencia es la 252 (Fig. 3.13), que desde el año 1992 remolca los principales trenes de viajeros tanto en líneas convencionales como de alta velocidad. Su peso por eje es de 21,5 t lo que determina un peso total de 86 toneladas, en la versión monocorriente. Dispone de 2 *bogies* de dos ejes cada uno. La masa de cada *bogie* es de 18 t y cada eje con motor 6,5 t. El accionamiento de cada eje es individual por un motor trifásico asíncrono de 1400 kw. En la figura 3.13 se muestran diferentes vistas de distintas partes de la locomotora.

El parque actual (año 2004) de locomotoras en Renfe está formado por un total de 645 unidades para recorridos en línea (no de maniobras). De ellas, 411 son locomotoras eléctricas y el resto diesel. El conjunto tiene una valoración estimada superior a dos mil quinientos millones de euros. Los ferrocarriles alemanes y franceses son, en Europa, los que disponen del mayor parque de locomotoras, que incluyendo las de maniobra alcanza la cifra de 4950 y 4670 locomotoras respectivamente.

CUADRO 3.2.   EVOLUCIÓN DEL PESO DEL MOTOR EN ALGUNAS LOCOMOTORAS EUROPEAS

Locomotora	Años de fabricación	Peso del motor (kg)	Velocidad máxima (km/h)
BB 22.200 (*Bogie* monomotor)	1976 – 1986	7.100 (motor de corriente continua)	160
BB 26.000 (*Bogie* monomotor)	1988 –1998	6.400 (motor síncrono)	200
BB 36.000 (*Bogies* bimotores)	1997 – 2002	(motor asíncrono) (< 2.500 (por motor) (< 5.000 por bogie)	200

Fuente: P. Hagnier, J. Defournier y A. López Pita

4

4.1 VEHÍCULOS CONVENCIONALES Y COCHES TALGO

La mayor parte de los coches de viajeros utilizados en el ferrocarril están formados por una caja apoyada sobre un bastidor que, a su vez, reposa sobre dos *bogies* de dos ejes cada uno (Fig. 4.1). Sin embargo, en el ámbito del ferrocarril español, en determinadas relaciones internacionales y en algunos corredores alemanes, circulan también los denominados coches TALGO (Fig. 4.2), que hicieron su aparición a mediados del siglo XX en los trazados de la Península Ibérica. Como se observa en la citada figura 4.2, los coches TALGO presentan, entre otras, dos características diferenciadoras respecto a los coches dotados de *bogies*: la caja de los vehículos va soportada por "ejes" y sobre un "eje" se apoyan dos cajas consecutivas.

Por lo que respecta a los coches con *bogies*, se destaca que, desde el punto de vista de su comportamiento en la vía (y prescindiendo del acondicionamiento interior de la caja), las principales diferencias entre los distintos coches se sitúan en el ámbito de la tipología de *bogies* que utilizan.

En un *bogie* para coches de viajeros se distingue, de forma análoga a como se expuso con respecto al material motor, la suspensión primaria entre el eje del vehículo y el bastidor del *bogie*, y la suspensión secundaria, entre el bastidor del *bogie* y la caja del vehículo. No es nuestro objetivo presentar el conjunto de *bogies* existentes, sino más bien destacar los principales aspectos de los más utilizados y las tendencias en su diseño.

4.2 EL *BOGIE* COMO ELEMENTO DE REFERENCIA DE UN VEHÍCULO

Desde una perspectiva histórica cabe mencionar que, inicialmente y hasta comienzos del siglo XX, los coches de viajeros estaban constituidos básicamente por vehículos con dos ejes a pesar de que el *bogie* había aparecido ya en el ferrocarril americano en el primer tercio del siglo XIX. De acuerdo con Lamming (2002), el rechazo o las reticencias de los ingenieros europeos a la utilización del *bogie* en los coches de viajeros se encontraba, fundamentalmente, en los siguientes argumentos:

1. La mayor calidad geométrica de las vías europeas respecto a las americanas
   En efecto, se consideraba que, en la medida en que las redes ferroviarias habían invertido ampliamente para disponer de trazados favorables (curvas de gran radio) y dedicaban también notables recursos para el mantenimiento de la calidad geométrica de la vía, se podía evitar el recurso a la utilización de materiales costosos en materia de rodadura y de suspensión.

2. La posible inestabilidad del *bogie*
   Los ingenieros europeos pensaban en la generación de movimientos parásitos que podían afectar a la estabilidad del *bogie* (fenómeno que efectivamente se da, como se expondrá posteriormente), respecto al comportamiento de un vehículo a ejes (Fig. 4.3). Nótese, en efecto, como en el caso de un vehículo a *bogies* la presencia de un defecto en la vía desencadena un movimiento del *bogie* respecto a su eje transversal.

COCHE DE VIAJEROS CONVENCIONAL

Fuente: SNCF

Fig. 4.1

COCHES TALGO

Fuente: Talgo

Fig. 4.2

COMPARACIÓN DEL EFECTO DE UNA IRREGULARIDAD EN LA VÍA EN VEHÍCULOS A EJES Y A BOGIES

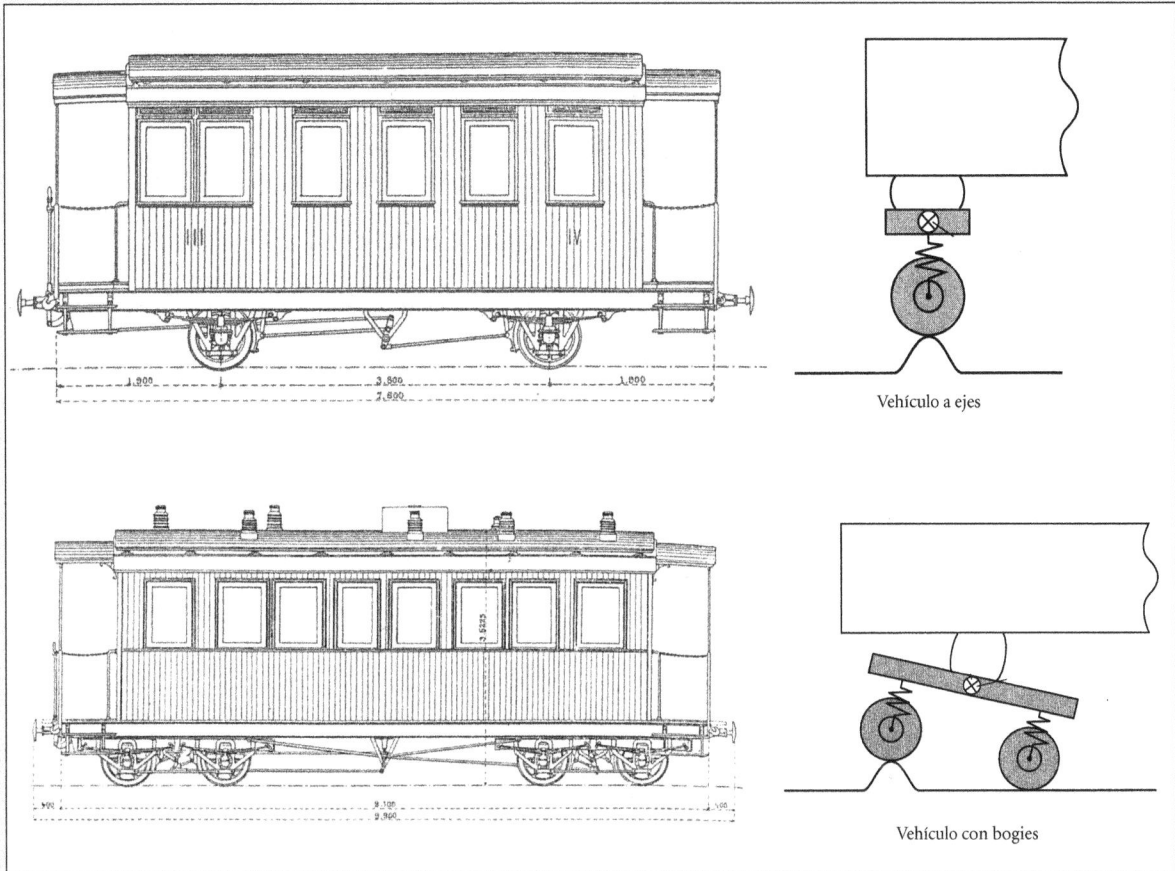

Vehículo a ejes

Vehículo con bogies

Fuente: Isao Okamoto (1998) y L. Charuc (2005)

Fig. 4.3

IMPORTANCIA DEL BOGIE EN RELACIÓN CON OTROS COMPONENTES DE UN TREN

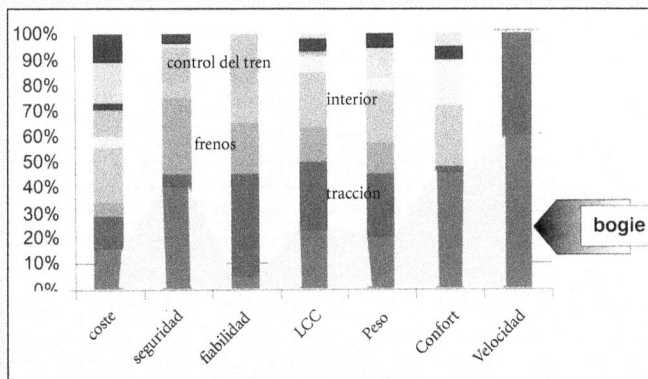

Fuente: R. Wasmer et al (2004)

Fig. 4.4

3. El incremento del peso sobre la vía

Resulta, en efecto, intuitivo que la existencia de dos *bogies* bajo la caja de los vehículos representaba aumentar el peso sobre la vía en más de 10 toneladas. Aumento relevante si se considera que los coches de viajeros de la época pesaban del orden de 15 toneladas en total. A este hecho se unía la inexistencia de locomotoras con potencia suficiente para hacer frente al arrastre de trenes de mayor longitud como consecuencia del incremento de la demanda por ferrocarril.

Sea como fuere, el uso del *bogie* se fue generalizando en el ferrocarril europeo con el comienzo del siglo XX, y en la actualidad tiene un importante impacto en relación con otros elementos de un tren, respecto a variables tales como: coste, seguridad, fiabilidad, ciclo de vida, peso, confort y velocidad (Fig. 4.4).

4.3 EVOLUCIÓN DE LOS PRINCIPALES TIPOS DE *BOGIES*

Siguiendo a Mathieu (2000), la diversidad de *bogies* que surgieron en el ámbito ferroviario puede sintetizarse en cuatro grupos principales:

- Wagons-Lits (1885 – 1930)
- Pennsylvania (1908 – 1970)
- Milwaukee (1950 – 1966)
- *Bogie* Y28 y derivados del mismo (1967 – 1990)

Antes de describir sucintamente sus características más relevantes, se señala que los *bogies* para coches de viajeros se designan con la letra Y seguida de un número par correlativo (impar si se trata de *bogies* para vagones de mercancías). En la figura 4.5 se muestra el *bogie* Pennsylvania con un peso alrededor de 5 a 6 toneladas y un empate de 2,5 metros. El *bogie* tipo Milwaukee debió su nombre a la red ferroviaria americana, que lo utilizó por primera vez. En la figura 4.6, pueden verse las versiones Y24 e Y26, aptas para circular a 160 km/h la primera, y hasta 200 km/h, la segunda. En el Y26, el peso es inferior a 5 toneladas.

4.4 LA NUEVA GENERACIÓN DE *BOGIES* PARA 160/200 KM/H

Los *bogies* de nueva generación corresponden a los designados como Y28 y siguientes, siendo destacable el Y32, por ser uno de los más utilizados en la actualidad. Una de las variantes del Y28, apta para circular a 200 km/h, disponía de un freno electromagnético de patín, tal como se aprecia en la figura 4.7. El peso total del *bogie* supera las 6 toneladas.

Por lo que respecta al *bogie* Y32, la figura 4.8, pone de manifiesto el paralelismo existente con el *bogie* Y28. A diferencia de éste, el Y32 no dispone de frenos de zapata y cuenta, por el contrario, con 2 discos de freno calados sobre cada eje (incrementando por tanto el peso no suspendido del bogie). El peso total se aproxima a 6 toneladas.

Es de interés destacar que en el ferrocarril, como en otros muchos ámbitos, no todas las decisiones que se adoptan tienen repercusiones favorables en todos los campos. En efecto, la utilización de frenos de disco evita el deterioro de la superficie de rodadura de la rueda, a causa de la actuación de las zapatas de freno, pero, por el contrario, como se ha visto, afecta negativamente al peso no suspendido de un vehículo.

Un *bogie* que merece ser citado también es el Y30P (Fig. 4.9), utilizado por los ferrocarriles franceses para algunos coches de cercanías. Se observa como la suspensión secundaria es de tipo neumático, que se presta bien a las grandes variaciones de carga que se presentan en este tipo de servicios, en función del número de viajeros que transporta.

Un aspecto a destacar es la existencia en algunos *bogies*, en particular cuando se circula a velocidades próximas a 200 km/h, del denominado *amortiguador antilazo* (Fig. 4.10), que pretende controlar y amortiguar los movimientos transversales de los vehículos.

Un análisis general de la evolución experimentada por los *bogies* para coches de viajeros refleja el progresivo incremento de la flexibilidad vertical de la suspensión total con objeto de aumentar el confort del viajero (cuadro 4.1). En el plano transversal, la flexibilidad del *bogie* Y32 es de 29 mm/tonelada.

El peso total de un coche de viajeros se sitúa entre 40 y 50 toneladas, lo que determina un peso por eje comprendido entre 10 y 12,5 toneladas.

Dado que otros paises como Alemania e Italia utilizan otro tipo de *bogies* que los indicados en el cuadro 1, en la figura 4.11 se visualizan los esquemas correspondientes a los *bogies* utilizados en los mencionados paises. Su velocidad máxima se situa en el intervalo de 160/200 km/h.

En el cuadro 4.2 se sintetizan algunas de sus principales caracteristicas, especialmente las referidas a la flexibilidad de la suspensión (valor total de 14/15 mm/t) con objeto de poder compararla con la mostrada en el cuadro 4.1.

4.5 COCHES TALGO

En cuanto a los coches Talgo, cabe señalar que entraron en servicio en España en 1950 y supusieron un cambio radical respecto a la concepción clásica de los coches de viajeros. De forma concreta, los trenes Talgo estaban constituidos por coches remolques relativamente cortos (en relación con los coches convencionales), apoyados en un juego de dos ruedas que eran comunes a dos coches consecutivos (Fig. 4.12a). Las ruedas no tenían un eje común, razón por la cual

BOGIE PENNSYLVANIA

a)

b)

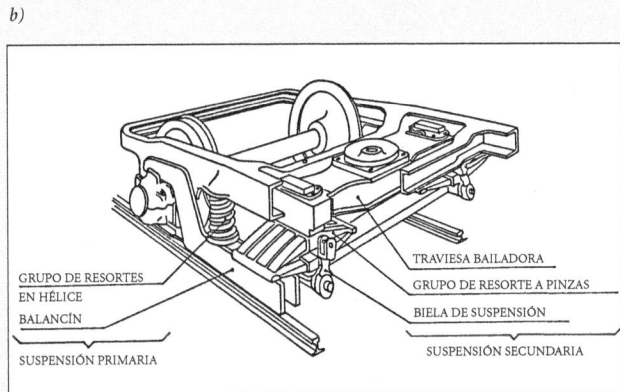

GRUPO DE RESORTES EN HÉLICE

BALANCÍN

SUSPENSIÓN PRIMARIA

TRAVIESA BAILADORA

GRUPO DE RESORTE A PINZAS

BIELA DE SUSPENSIÓN

SUSPENSIÓN SECUNDARIA

c)

Fuente: Le Train; A. López Pita y A. Guizol

Fig. 4.5

BOGIE Y24 (160 KM/H)

a)

BOGIE Y26 (160/200 KM/H)

b)

Fuente: G. Mathieu

Fig. 4.6

BOGIE Y28F-R (200 KM/H)

Fig. 4.7

ESQUEMA DETALLADO DEL BOGIE Y32

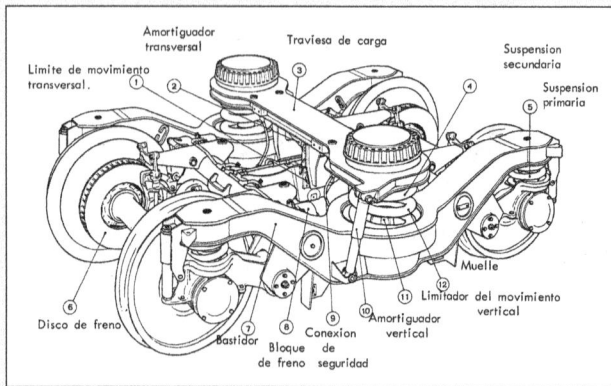

Amortiguador transversal

Traviesa de carga

Suspension secundaria

Limite de movimiento transversal.

Suspension primaria

Muelle

Limitador del movimiento vertical

Disco de freno

Amortiguador vertical

Bastidor

Bloque de freno

Conexion de seguridad

Fuente: SNCF

Fig. 4.8

BOGIE Y30P PARA COCHES DE CERCANÍAS

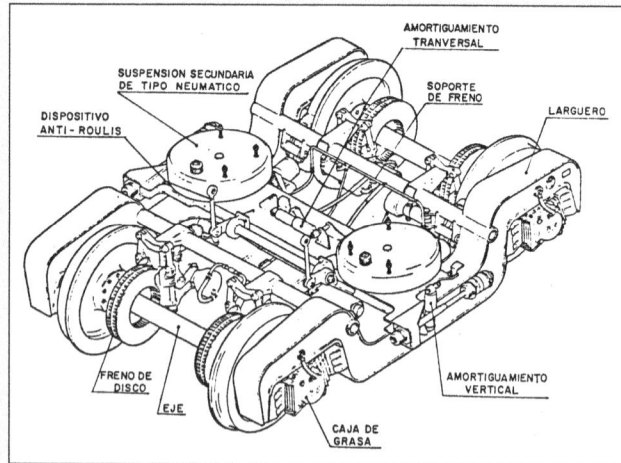

AMORTIGUAMIENTO TRANSVERSAL

SUSPENSION SECUNDARIA DE TIPO NEUMATICO

SOPORTE DE FRENO

LARGUERO

DISPOSITIVO ANTI-ROULIS

FRENO DE DISCO

EJE

CAJA DE GRASA

AMORTIGUAMIENTO VERTICAL

Fuente: G. Mathieu

Fig. 4.9

DISPOSITIVO ANTILAZO INSTALADO EN EL BOGIE Y32

Antilazo

Fuente: SNCF (2000)

Fig. 4.10

CARACTERÍSTICAS DE ALGUNOS *BOGIES* UTILIZADOS EN ALEMANIA E ITALIA

BOGIE Y0270   ITALIA   BOGIE F75

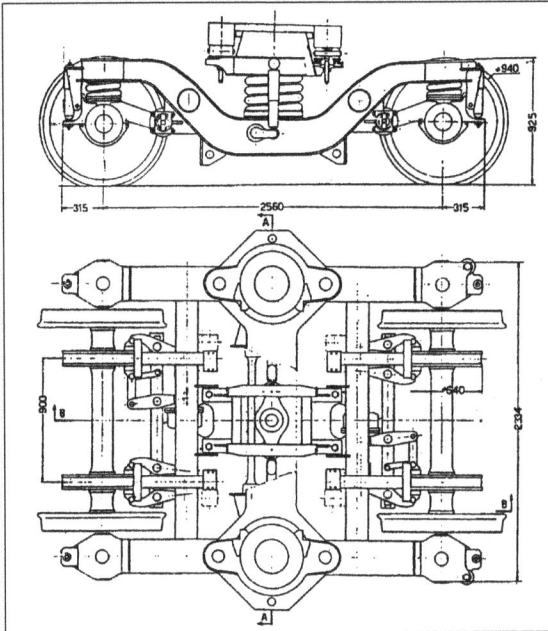
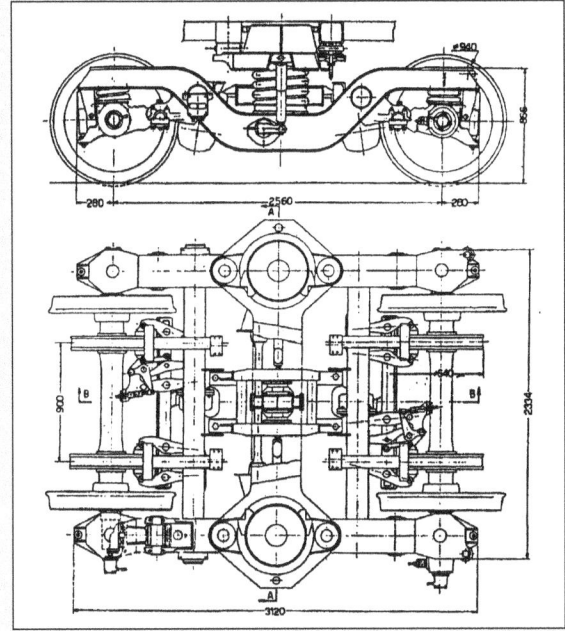

BOGIE MINDEN DEUTZ   ALEMANIA   BOGIE MD252

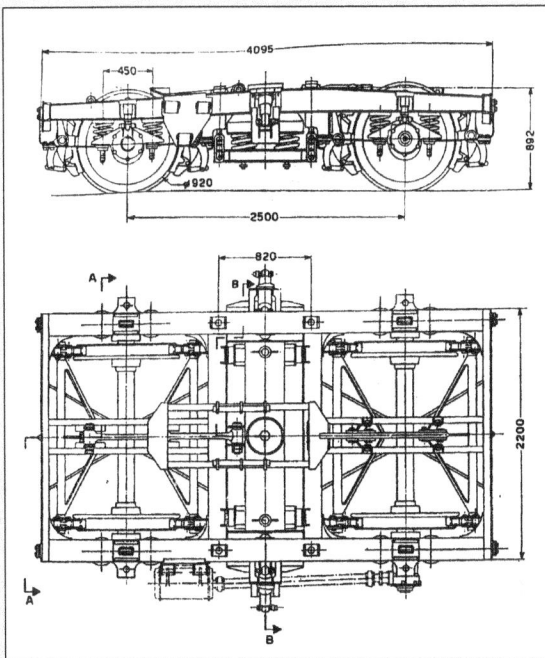
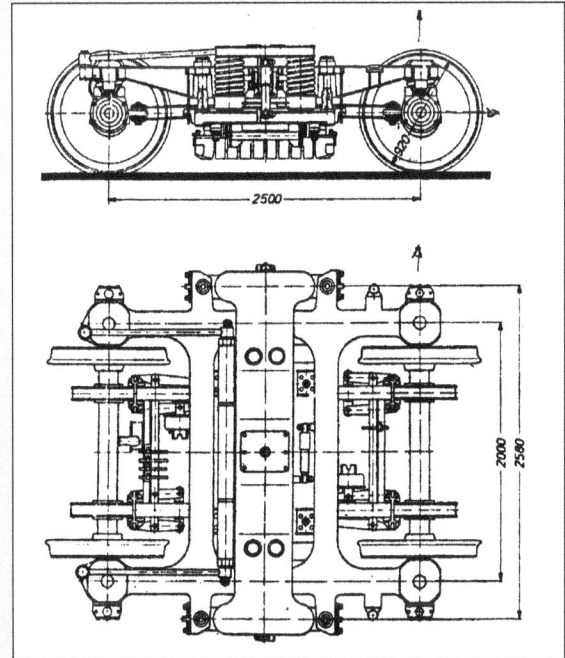

Fuente: Adaptado de R. Panagin (2004)

Fig. 4.11

CUADRO 4.1. ALGUNAS CARACTERÍSTICAS DE DETERMINADOS BOGIES PARA COCHES DE VIAJEROS EN FRANCIA

Veloc. Max. (km/h)	Bogie de desarrollo	Periodo temporal del bogie	Peso (kg)	Empate (m)	Primaria	Flexibilidad de la suspensión (mm/t) Secundaria	Total
140	Pennsiylvania Versión inicial Versión posterior	1908 – 1970	5000 a 6000	2,5 2,5	2,5 4,5	4 5,5	6,5 10
160/200	Y 26	1966	4930	2,5	2	10	12
160/200	Y 28	1967 – 1990	4850	2,56	2	11	13
160/200	Y 32	1967 – 1990	5980	2,56	4	12	16

Fuente: A. López Pita (1983) y G. Mathieu (2000)

CUADRO 4.2. ALGUNAS CARACTERÍSTICAS DE DETERMINADOS BOGIES PARA COCHES DE VIAJEROS EN ALEMANIA E ITALIA

Parámetro	Minden Deutz (Alemania)	Y 0270 (Italia)	MD 522 (Alemania)	F 75 (Italia)
Velocidad máxima (km/h)	160	160	200	200
Carga por eje (t)	14 – 16	14 – 16	14 – 16	14 – 16
Peso (kg)	6.270	7.200	6.400	7.100
Empate (m)	2,50	2,56	2,50	2,56
Flexibilidad de la suspensión (mm/t)				
– Primaria	4,1	4,0	3,3	4,0
– Secundaria	8,7	10,6	11	10,6
– Total	12,8	14,6	14,3	14,6

Fuente: R. Panagin (2004)

podían girar cada una independientemente de la otra (Fig. 4.12b). Su bajo peso, al estar fabricado con aleaciones de aluminio, les confería una ventaja adicional, al reducir los esfuerzos estáticos sobre la vía.

Con el paso del tiempo, los trenes Talgo fueron incorporando sucesivas mejoras, pero quizás los dos hechos más relevantes serían: la fabricación de los denominados *Talgo pendulares* (Fig. 4.13), capaces de inclinar automáticamente la caja de los vehículos hacia el interior de las curvas (mejorando el confort del viajero o posibilitando mayores velocidades de circulación) y la puesta a punto del denominado tren *Talgo de rodadura desplazable*, capaz de superar sin detenerse el diferente ancho de vía que separa la Península Ibérica del resto de Europa. En su configuración última, los coches Talgo pueden circular (y de hecho lo hacen por la nueva línea Madrid – Sevilla) a 200 km/h. Las características de este tipo de vehículos de rodadura desplazable serán expuestas en el siguiente apartado.

Por lo que respecta a los coches Talgo pendulares, nótese en la figura 4.14, como a diferencia de los coches no pendulares la caja de los mismos está colgada de los muelles de la suspensión en un nivel muy superior al de su centro de gravedad, con lo que se consigue una disposición de masas semejante a un péndulo y de ahí su nombre.

El plano de sustentación de la suspensión del Talgo pendular se encuentra situado 1,6 metros por encima del centro de gravedad de la caja. Para ello los muelles de aire de tipo diafragma de la suspensión se montan sobre unas torretas cilíndricas apoyadas sobre las mesetas del yugo de rodadura. El éxito del sistema se encuentra en su funcionamiento fiable y en su economía de fabricación y mantenimiento.

4.6 VEHÍCULOS APTOS PARA CIRCULAR POR VÍAS DE DIFERENTE ANCHO

El diferente ancho de vía que ha caracterizado históricamente al ferrocarril español, supuso siempre una importante dificultad técnica (con negativa repercusión económica) para la circulación entre la península ibérica y el resto de Europa.

ALGUNAS CARACTERÍSTICAS DE LOS COCHES TALGO

a) Estructura triangular articulada

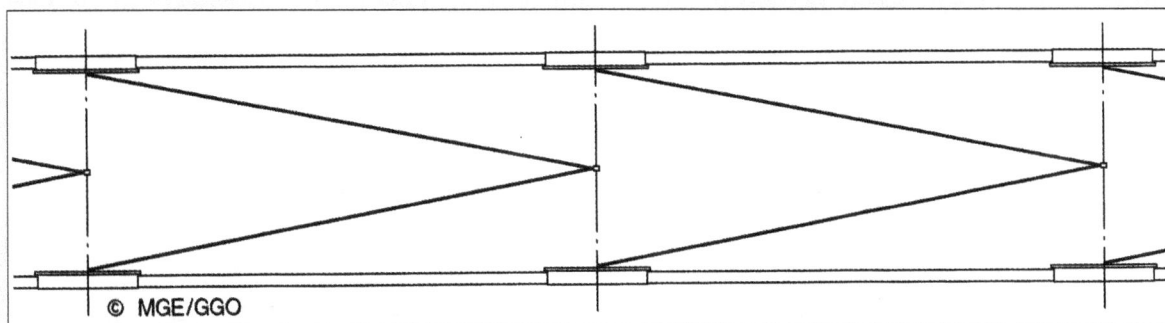

© MGE/GGO

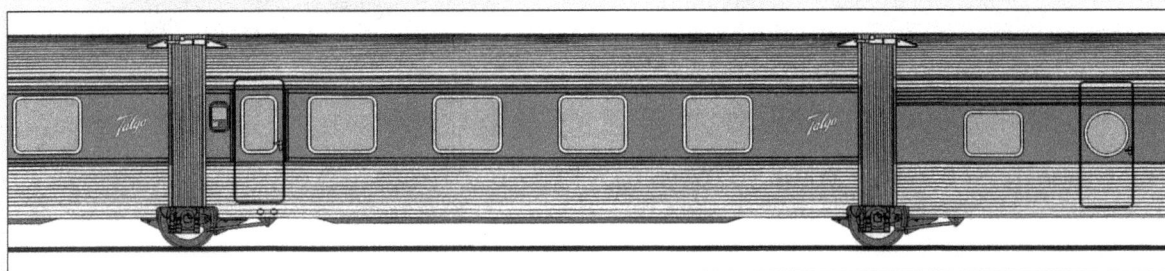

b)

Fuente: Talgo

Fig. 4.12

TREN TALGO PENDULAR

ESQUEMA DE GUIADO DEL TALGO PENDULAR

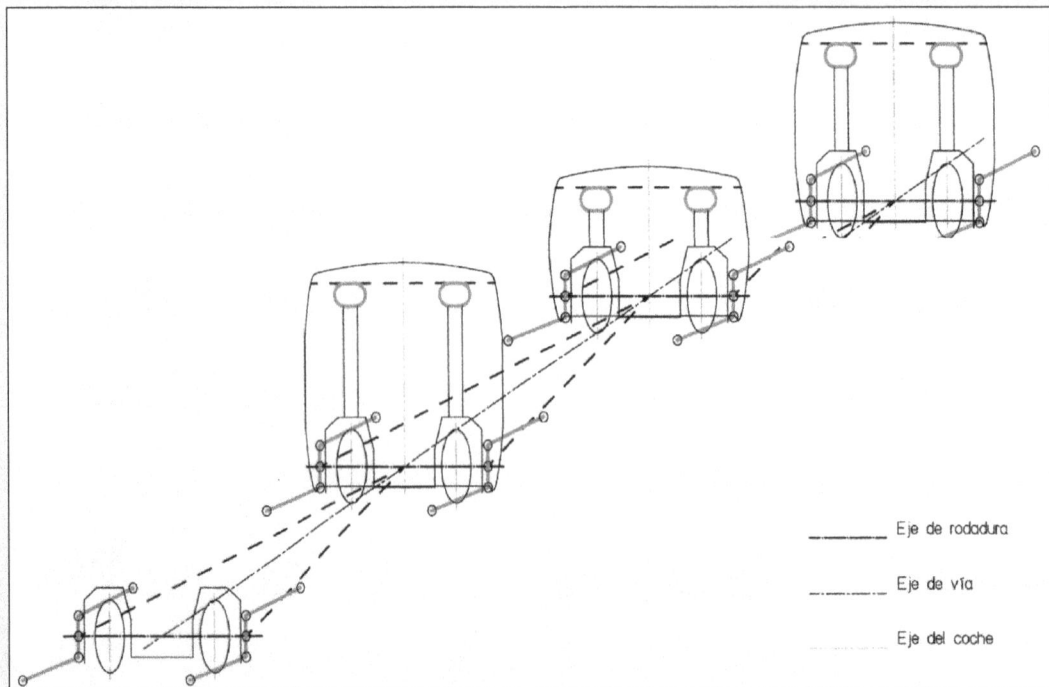

Eje de rodadura

Eje de vía

Eje del coche

Fuente: Talgo

Fig. 4.13

TREN TALGO CONVENCIONAL Y TREN TALGO PENDULAR

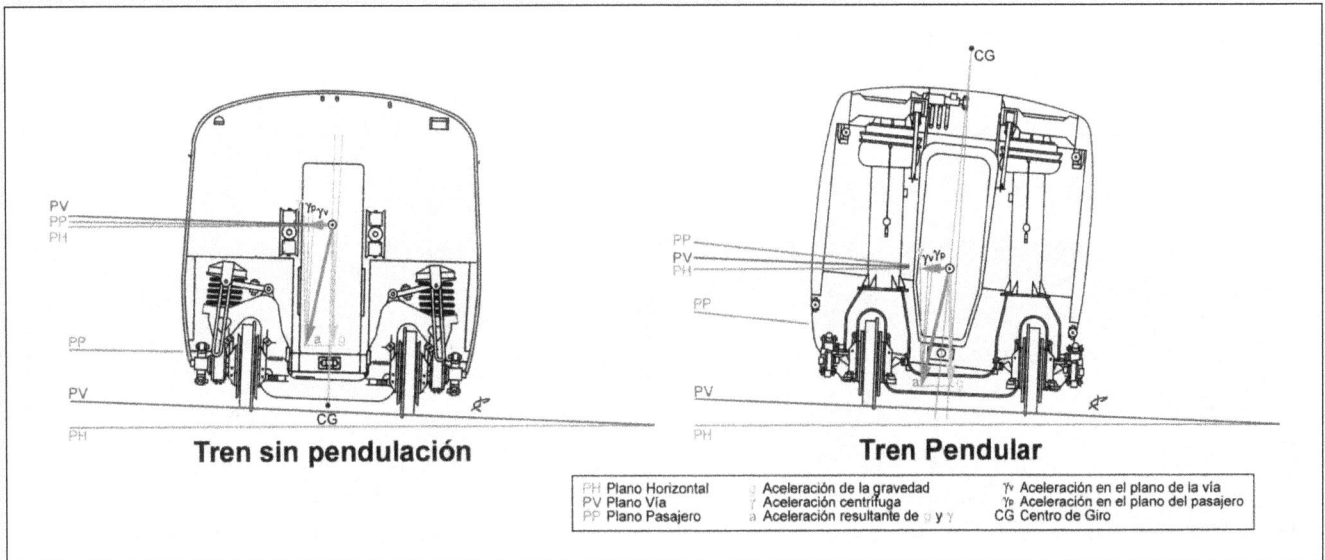

PH Plano Horizontal	Aceleración de la gravedad
PV Plano Vía	Aceleración centrífuga
PP Plano Pasajero	Aceleración resultante de g y γ
	Yv Aceleración en el plano de la vía
	Yp Aceleración en el plano del pasajero
	CG Centro de Giro

Tren sin pendulación — **Tren Pendular**

Fuente: Manuel Galán y Gabriel Galán (2004)

Fig. 4.14

El citado impacto se redujo, parcialmente, con la fabricación y puesta en servicio comercial de los coches Talgo equipados con el sistema de rodadura desplazable, en junio de 1969, y en la relación Barcelona-Ginebra. Como se observa en la figura 4.15 el cambio de ancho se realiza a través de una instalación fija existente en la frontera, circulando a velocidad reducida ($\approx$ 10/15 km/h). En la citada figura 4.15 se muestra también el proceso de cambio de ancho.

Para los coches de viajeros convencionales el sistema adoptado en 1969, fue el de proceder a la sustitución, en la frontera de Irún/Hendaya, de los *bogies* de ancho español por los *bogies* de ancho internacional y viceversa, tal como se muestra en la figura 4.16. Cabe señalar que este sistema no fue utilizado por la frontera mediterranea, en donde siempre se empleó la solución Talgo.

Desde finales de los años 60 y hasta fechas muy recientes, el único sistema disponible para realizar de forma automática el cambio de ancho de vía fue el ideado para los coches Talgo. Sin embargo, en los últimos años, otra empresa española, CAF, logró poner a punto el denominado *bogie Brava* (*bogie* de rodadura de ancho variable autopropulsado) (Fig. 4.17a). En una instalación fija (Fig. 4.17b) se efectúa el cambio de ancho.

Este *bogie* se encuentra hoy día completamente operativo. De hecho forma parte de los trenes regionales TRD, que operan entre Zaragoza y Huesca por vía de ancho internacional y continúan desde esta última ciudad hasta Jaca por ancho español. Además equipan los trenes de la serie E120 adquiridos por Renfe para servicios de viajeros a media distancia con velocidades de hasta 250 km/h.

Como consecuencia del desarrollo de nuevas infraestructuras de altas prestaciones y de ancho internacional en España. se han instalado en diferentes puntos, sistemas de cambio de ancho de vía, para aprovechar las posibilidades de reducción de tiempo de viaje, ofrecidas por las nuevas líneas. En la actualidad dichas instalaciones de cambio se encuentran ubicadas en: Madrid, Córdoba, Majarabique (Sevilla), Plasencia de Jalón (Zaragoza), Lleida, Irún y Portbou, para la tecnología Talgo, y en Majarabique, Plasencia de Jalón y Huesca, para la tecnología CAF.

La técnica Talgo, de cambio de ancho de vía, estuvo reservada históricamente, como se ha indicado, a los coches Talgo, razón por la cual resultaba obligado el cambio de locomotora que arrastraba dichos trenes al pasar de una vía de un ancho a otro. Sin embargo, a finales de la década pasada, Talgo desarrolló un sistema de cambio de ancho para los *bogies* motores, denominados BT (*bogie* Talgo), logrando disponer del primer tren pendular autopropulsado del mundo capaz de circular por vía de anchos diferentes.

DISPOSITIVO PARA CAMBIO AUTOMÁTICO DE VÍA POR LOS TRENES TALGO

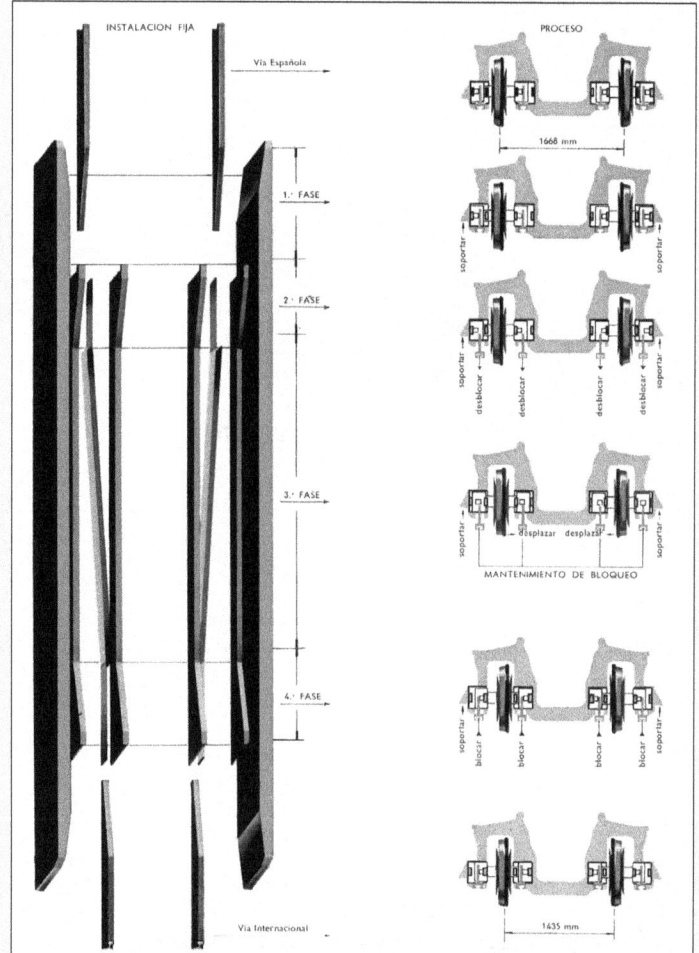

Fuente: Talgo

Fig. 4.15

SISTEMA DE CAMBIO DE BOGIES PARA COCHES CONVENCIONALES DE VIAJEROS EN LA FRONTERA DE IRÚN-HENDAYA

Fuente: M. Barberon — Fig. 4.16

LOCOMOTORA TALGO DE ANCHO VARIABLE

Fuente: Talgo — Fig. 4.18

BOGIE BRAVA PARA COCHES CONVENCIONALES

a)

INSTALACIÓN PARA CAMBIO DE ANCHO DE VÍA CON BOGIES BRAVA

b)

Fuente: CAF — Fig. 4.17

A esta nueva locomotora se la denominó Talgo XXI, y estaba equipada con tracción diésel. A finales del año 2004, salió de fábrica el prototipo TRAV-CA L9202 (tracción de alta velocidad y cambio de ancho) (Fig. 4.18). Se trata de la primera locomotora eléctrica de ancho variable, que alcanza, en vías de ancho Renfe y bajo corriente continua, una velocidad máxima de 220 km/h. Esta prestación se eleva hasta 260 km/h, en vías de ancho internacional, bajo corriente alterna a 25 Kv y 50 Hz.

5

RAMAS AUTOPROPULSADAS

5.1 NUEVOS AVANCES EN RELACIÓN CON LA REDUCCIÓN DEL PESO NO SUSPENDIDO

En el capítulo 3 se ha expuesto la evolución experimentada por el material motor con el aumento de la velocidad: cómo se pasó de la suspensión del motor por la nariz a la suspensión total del motor en el *bogie*. La llegada de la alta velocidad al ferrocarril supuso un nuevo avance en el deseo de reducir los efectos dinámicos sobre la vía, al colocar el motor bajo la caja del vehículo y no en el *bogie* (Fig. 5.1). De esta manera se redujo aún más el peso no suspendido de las ramas de alta velocidad. Como referencia, pueden indicarse los valores que se muestran en el cuadro 5.1. En el cuadro 5.2 se visualiza la distribución de pesos en dos vehículos modernos: la locomotora de la serie 252, utilizada por el ferrocarril español en la línea de

alta velocidad Madrid-Sevilla, arrastrando el tren TALGO, y la rama ICE-1, empleada por los ferrocarriles alemanes para los servicios de alta velocidad.

CUADRO 5.2. DISTRIBUCIÓN DE MASAS EN LA LOCOMOTORA E120 Y EN EL ICE

Elementos de la suspensión	Locomotora	Cabeza motriz ICE
Masas suspendidas en secundaria	62%	76%
Masas suspendidas en primaria	26%	13%
Masas no suspendidas	12%	11%

Fuente: DBAG

CUADRO 5.1. CARACTERÍSTICAS DE ALGUNOS VEHÍCULOS CONVENCIONALES Y DE ALTA VELOCIDAD EN CUANTO A SU DISTRIBUCIÓN DE MASAS

Tipo de vehículo	Carga nominal por rueda (t)	Carga no suspendida por rueda (t)	Carga suspendida por rueda (t)
Locomotora BB 9100	10,50	1,60	8,90
Locomotora CC 2100	10,25	1,60	8,65
Vagón de mercancías	10,00	0,60	9,40
Coche moderno de viajeros	6,30	0,60	5,70
TGV Sud-Est	8,15	0,80	7,35

Fuente: Elaboración propia

BOGIE MOTOR DEL TGV-SUDESTE

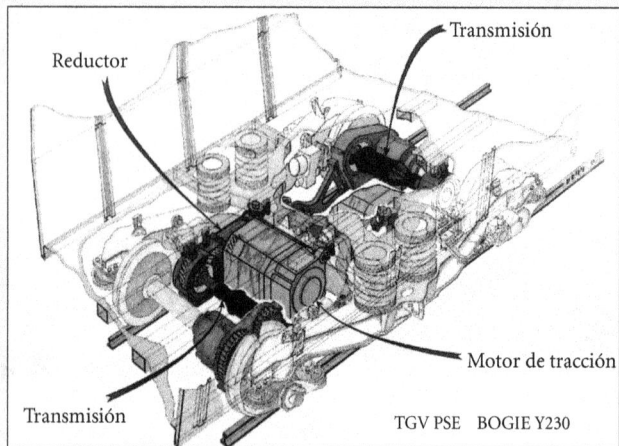

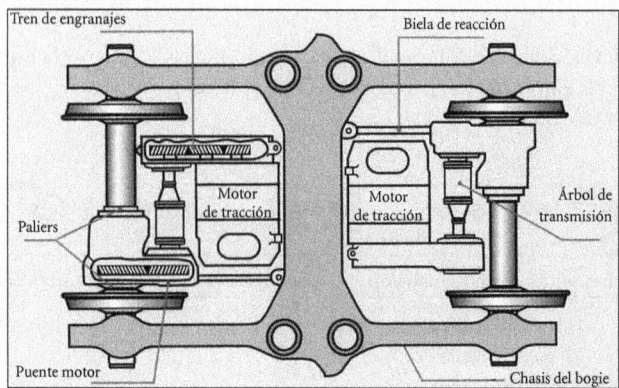

Reductor
Transmisión
Motor de tracción
Transmisión

TGV PSE   BOGIE Y230

Tren de engranajes
Biela de reacción
Motor de tracción
Motor de tracción
Árbol de transmisión
Paliers
Puente motor
Chasis del bogie

Fuente: C. Soulié y J. Tricoire

Fig. 5.1

RAMAS DE ALTA VELOCIDAD CON TRACCIÓN CONCENTRADA Y DISTRIBUIDA

Rama con tracción concentrada

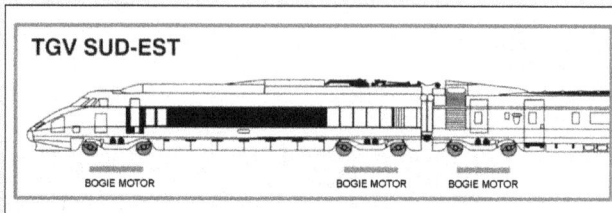

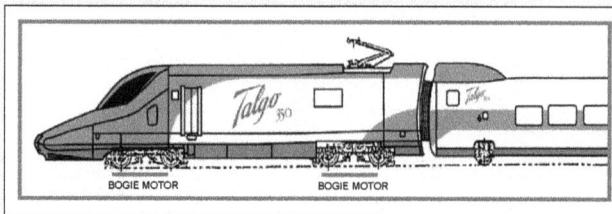

TGV SUD-EST

BOGIE MOTOR   BOGIE MOTOR   BOGIE MOTOR

BOGIE MOTOR   BOGIE MOTOR

Rama con tracción distribuida

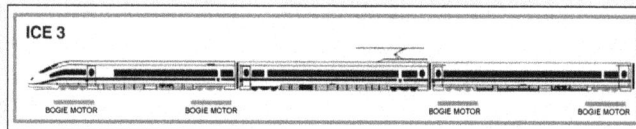

ICE 3

BOGIE MOTOR   BOGIE MOTOR   BOGIE MOTOR   BOGIE MOTOR

Fuente: A. López Pita (2004)

Fig. 5.2

ALGUNAS RAMAS DE ALTA VELOCIDAD EMPLEADAS EN JAPÓN

Tracción distribuida

Series 700
1999
48 motores/rama

Series 300
1992
40 motores/rama

Series 100
1985
48 motores/rama

Series 0
1964
64 motores/rama

Fuente: Central Japan Railway Company

Fig.5.3

5.2 TRACCIÓN CONCENTRADA Y TRACCIÓN DISTRIBUIDA

Es de interés destacar que aun cuando los primeros trenes de alta velocidad en Europa fueron todos con tracción concentrada, el desarrollo posterior del tren alemán de alta velocidad ICE dio paso a la tracción distribuida. El significado práctico de ambos conceptos puede sintetizarse indicando que, en el primer caso, sólo los bogies bajo la tractora transmiten esfuerzos (o en todo caso en el primer bogie del primer coche remolcado). Son ejemplos de ello el AVE, el ETR 500 y el TALGO 350, entre otros. En la segunda opción, los bogies tractores se distribuyen, total o parcialmente, a lo largo del tren, tal como sucede con el ICE 3 (Fig. 5.2). Los trenes japoneses de alta velocidad son de tracción distribuida (Fig. 5.3).

La figura 5.4 permite apreciar las diferencias existentes entre los bogies para locomotoras y para ramas de alta velocidad.

5.3 BOGIES PARA RAMAS DE ALTA VELOCIDAD

Por lo que respecta a los bogies utilizados en las primeras ramas de alta velocidad: MD 530 del ICE1; Y231 del TGV y ETR-500 del tren italiano del mismo nombre, en el cuadro 5.3 se explicitan sus principales características constructivas referidas a su peso por eje y empate, así como a los valores de la flexibilidad vertical de la suspensión primaria y secundaria.

La observación de los datos del cuadro 5.3 pone de relieve que, con relación a los bogies utilizados para circular a velocidades de 160/200 km/h, las principales diferencias son: incremento del empate (de 2,5 a 3 m) y aumento de la flexibilidad vertical total (hasta 19 mm/t).

En las figuras 5.5, 5.6 y 5.7 se muestran los bogies citados precedentemente.

VISUALIZACIÓN DE LOS BOGIES PARA LOCOMOTORAS Y PARA RAMAS DE ALTA VELOCIDAD

a) Locomotora 36001

b) Rama TGV-ATLÁNTICO

Fuente: Elaboración propia a partir de imágenes de la Vie du Rail (1990) y (1996)

Fig. 5.4

BOGIE Y231 PARA RAMAS DE ALTA VELOCIDAD EN FRANCIA

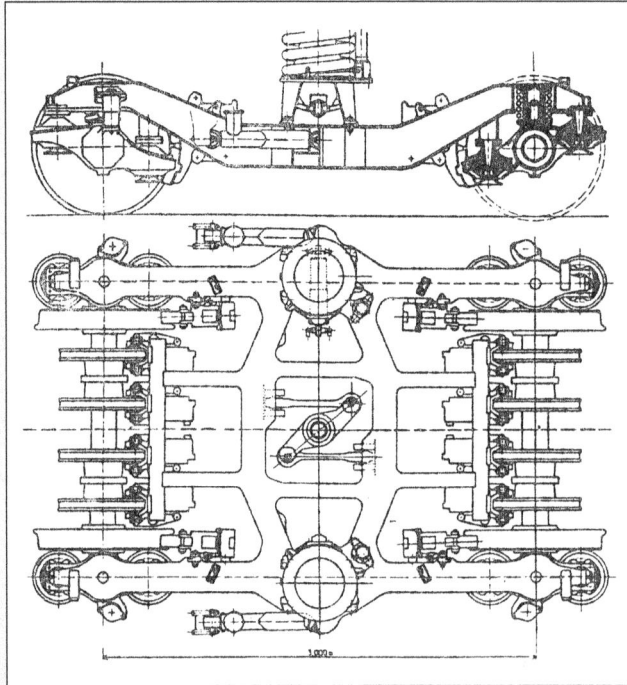

Fuente: SNCF

Fig. 5.5

BOGIE MD-530

Fuente: D. Riechers (2004)

Fig. 5.6

BOGIE ETR 500

Fuente: FS

Fig. 5.7

CUADRO 5.3. PRINCIPALES CARACTERÍSTICAS DE LOS BOGIES
UTILIZADOS EN RAMAS DE ALTA VELOCIDAD

Parámetro		Bogie	
	MD 530	Y 231	ETR 500
Peso máximo por eje (t)	11 – 12	17	11 – 12
Peso del bogie (t)	S.D.	7.800	6.500
Empate (m)	2,8	3,0	3,0
Flexibilidad de la suspensión (mm/t)			
primaria	S.D	2,94	3,03
secundaria	S.D	16	13,5
total	S.D	18,94	16,53

Fuente: Adaptado de R. Panagin (2004)

Con el paso del tiempo y la entrada en servicio comercial de nuevas ramas mas avanzadas, se han incorporado bogies que han sustituido a los de la primera generación. Como referencia, la figura 5.8 muestra los bogies motores y portadores del tren de alta velocidad ICE 3.

Finalmente, y como se observa en la figura 5.9, en el ámbito europeo pueden identificarse seis grandes áreas para la industria ferroviaria, agrupadas en torno a las tres empresas líderes: Alstom, Bombardier y Siemens. Junto a ellas, en España, deben mencionarse CAF y Talgo, que tienen un importante papel en el suministro de material al ferrocarril español, bien sea como fabricante único o bien en colaboración con alguna de las empresas líderes mencionadas con anterioridad. Los distintos sectores ferroviarios en los que participan abarcan los servicios de cercanías, regionales, grandes líneas y alta velocidad.

BOGIE MOTOR Y PORTADOR DEL ICE 3

Fuente: H. Kurz (2002)

Fig. 5.8

PRINCIPALES CENTROS DE FABRICACIÓN DE MATERIAL FERROVIARIO EN EUROPA

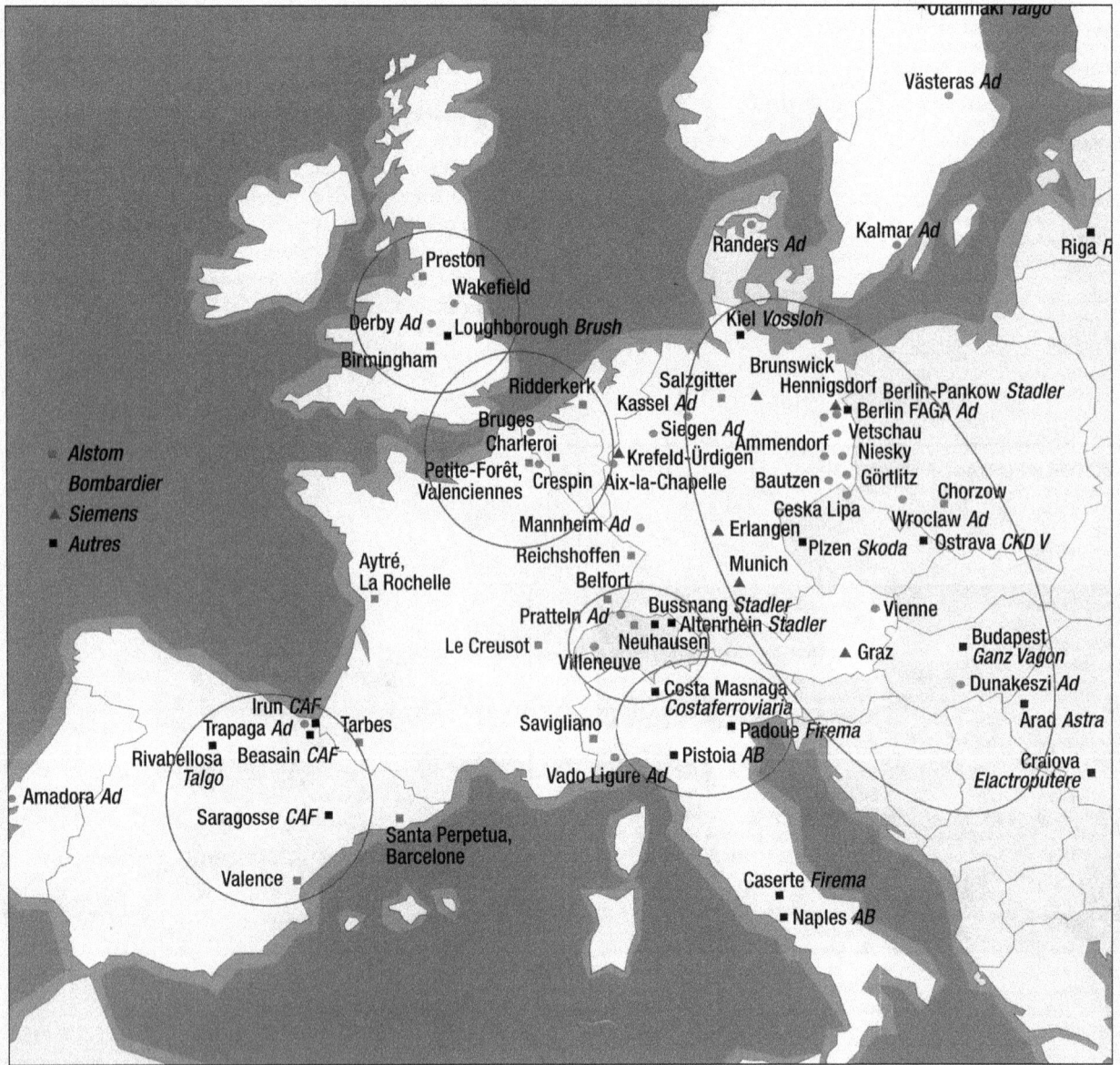

Legend:
- ● Alstom
- ● Bombardier
- ▲ Siemens
- ■ Autres

Map labels:
Otanmaki *Talgo*
Västeras *Ad*
Kalmar *Ad*
Riga *R*
Randers *Ad*
Kiel *Vossloh*
Preston
Wakefield
Derby *Ad*
Loughborough *Brush*
Birmingham
Ridderkerk
Salzgitter
Brunswick
Hennigsdorf
Berlin-Pankow *Stadler*
Kassel *Ad*
Berlin FAGA *Ad*
Bruges
Siegen *Ad*
Vetschau
Charleroi
Ammendorf
Niesky
Petite-Forêt, Valenciennes
Krefeld-Ürdigen
Crespin
Aix-la-Chapelle
Bautzen
Görtlitz
Chorzow
Mannheim *Ad*
Ceska Lipa
Wroclaw *Ad*
Erlangen
Plzen *Skoda*
Ostrava *CKD V*
Reichshoffen
Munich
Belfort
Aytré, La Rochelle
Bussnang *Stadler*
Vienne
Pratteln *Ad*
Altenrhein *Stadler*
Le Creusot
Neuhausen
Graz
Budapest *Ganz Vagon*
Villeneuve
Costa Masnaga *Costaferroviaria*
Dunakeszi *Ad*
Irun *CAF*
Trapaga *Ad*
Tarbes
Savigliano
Padoue *Firema*
Arad *Astra*
Rivabellosa *Talgo*
Beasain *CAF*
Pistoia *AB*
Craiova *Elactroputere*
Amadora *Ad*
Vado Ligure *Ad*
Saragosse *CAF*
Santa Perpetua, Barcelone
Valence
Caserte *Firema*
Naples *AB*

Fuente: La Vie du Rail (2004)

Fig. 5.9

6

VAGONES DE MERCANCÍAS

6.1 CONFIGURACIÓN GENERAL

A diferencia de los coches de viajeros, los vagones de mercancías pueden ser vehículos a ejes o vehículos a *bogies*, dependiendo básicamente de la carga que se deba transportar. La figura 6.1 muestra un ejemplo de vagón a ejes y de diversos vagones a *bogies*. Aun cuando hay una amplia variedad de tipos de vagones, acordes con las mercancías que transportan, las dimensiones longitudinales orientativas son del orden de 14 m en los vagones a ejes y de 20 m en los vagones a *bogies*.

En la figura 6.2a pueden observarse los elementos del sistema de rodadura. En la rueda de un vehículo se distinguen tres zonas: cubo, velo y superficie de rodadura propiamente dicha, que constituye la parte esencial para asegurar la estabilidad transversal del vehículo durante su marcha. La parte de la superficie de rodadura que sobresale recibe el nombre de *pestaña* y es el elemento fundamental para evitar el descarrilamiento de los vehículos. Su altura suele ser del orden de 3 cm. Por su importancia, en la figura 6.2b se detallan las distintas zonas de la superficie de rodadura.

En la figura 6.3a se muestran los elementos de la suspensión. La caja de grasa es el elemento que permite la unión entre el eje del vehículo y la suspensión primaria, transmitiendo los esfuerzos y permitiendo el giro del propio eje. Inicialmente, en el interior de las cajas de grasa se disponían (Fig. 6.3b) cojinetes lisos y un lubricante para evitar el contacto directo entre ambas piezas: eje del vehículo y cojinete. La zona del eje sobre la que se apoya el cojinete recibe el nombre de *mangueta*. Desde hace varias décadas, sin embargo, los cojinetes lisos se han sustituido por cojinetes de rodillos (Fig. 6.3c y 6.3d), que proporcionan una menor resistencia al avance de los vehículos. La suspensión primaria (y única) está formada por mue-

lles de ballesta, es decir, constituidos por láminas de acero superpuestas y de longitud creciente de abajo hacia arriba.

6.2 BOGIES MODERNOS PARA VAGONES

Una diferencia sustantiva de los vagones a *bogies* en relación con los coches de viajeros es la ausencia de suspensión secundaria. Este hecho, debido a que el transporte de mercancías no requiere el mismo confort que el transporte de viajeros, reduce el coste de adquisición y de mantenimiento de los *bogies* para vagones de mercancías. A este respecto, merece la pena recordar que los ferrocarriles nacionales de la EU25 disponen de algo más de 101.000 coches frente a más de 533.000 vagones de mercancías.

De entre los *bogies* existentes para vagones de mercancías, mencionaremos el Y25 (Fig. 6.4a) apto para circular a 120 km/h; los *bogies* Y31 (Fig.6.4b) Y 35 (Fig. 6.5a), que son capaces de circular a 140 km/h, y el Y37 (Fig. 6.5b) que puede circular a 160/200 km/h. Durante marchas de ensayo, este último *bogie* alcanzó una velocidad máxima de casi 282 km/h (1997).

Por otro lado, la figura 6.6 muestra el *bogie* utilizado por los ferrocarriles alemanes para circular a 160 km/h con vagones portacontenedores y el vagón a ejes, especialmente equipado para circular a la citada velocidad.

Es del mayor interés subrayar la importancia que desempeñan los amortiguadores en la estabilidad de la circulación de los vagones, de forma análoga a como se indicó para los coches de viajeros (Fig. 4.10). Nótese, en efecto, la repercusión de los citados amortiguadores en la aceleración lateral medida en la caja del vagón, a distintas velocidades de circulación (Fig. 6.7). Se recuerda que la

TIPOLOGÍA DE ALGUNOS VAGONES UTILIZADOS EN EL FERROCARRIL

a) Vagón para el transporte de pequeñas mercancías

b) Vagón de gran capacidad de carga

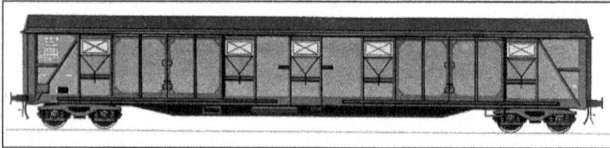

c) Vagón para el transporte de mercancías susceptibles de descarga por gravedad

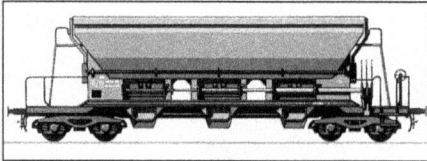

d) Vagón para el transporte de contenedores y cajas móviles

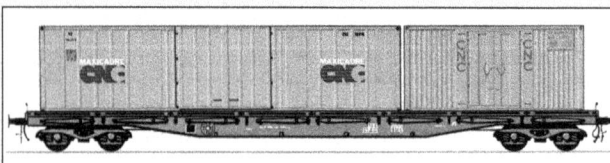

Fuente: SNCF   *Fig. 6.1*

ELEMENTOS DEL SISTEMA DE RODADURA DE UN VEHÍCULO FERROVIARIO

a)

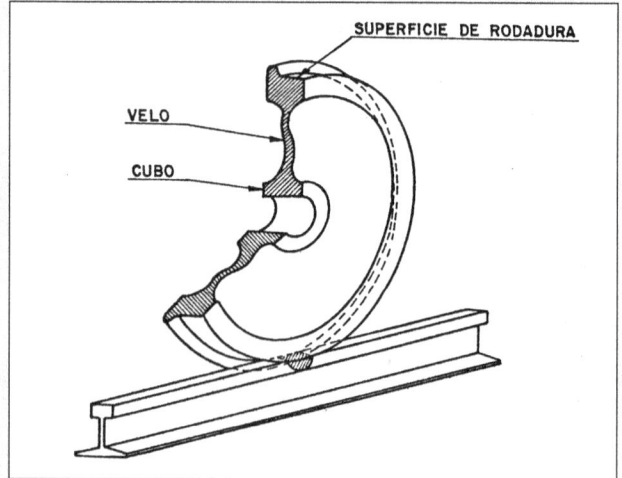

b)

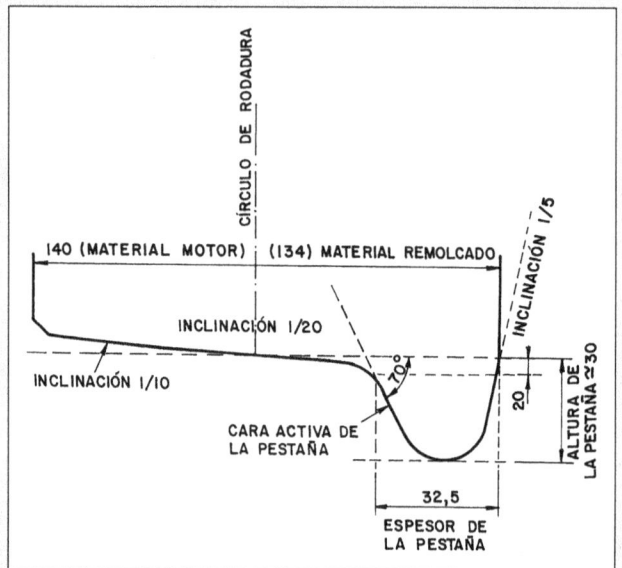

Fuente: Elaboración propia   *Fig. 6.2*

ELEMENTOS DE RODADURA Y SUSPENSIÓN DE UN VAGÓN A EJES Y A BOGIES

a)

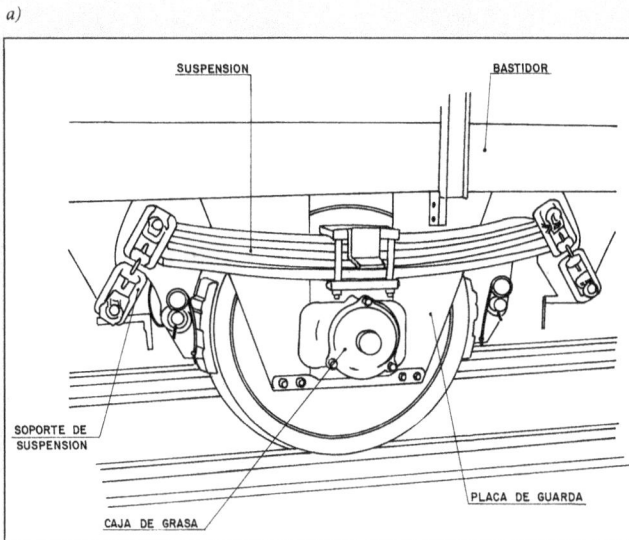

c)

COJINETE LISO

COJINETE DE RODILLOS

b)

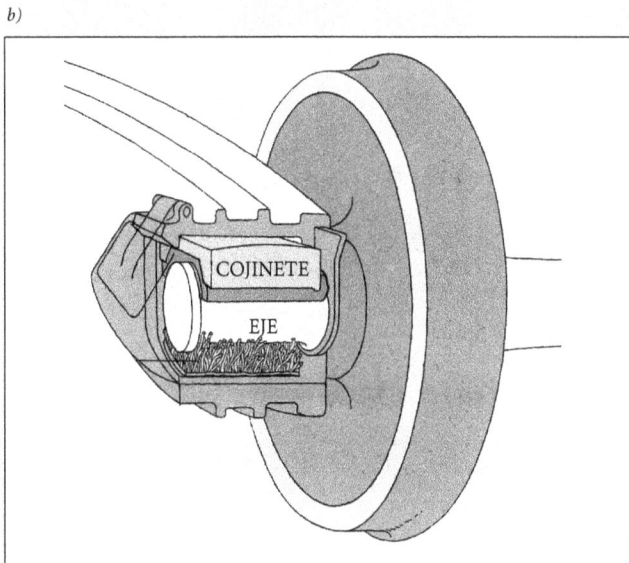

d)

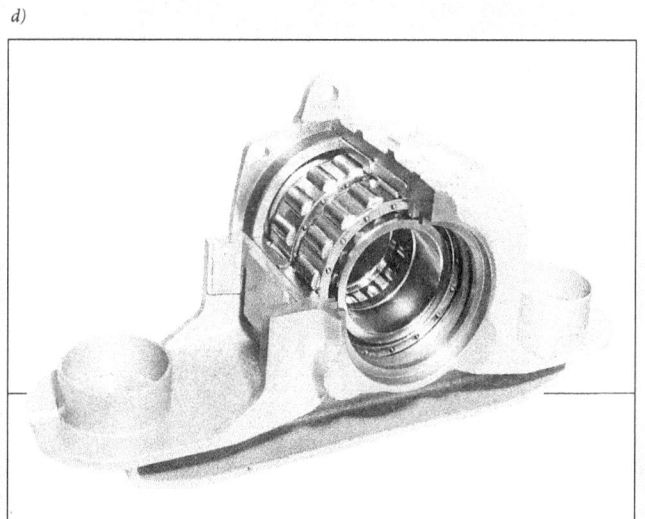

Fuente: A. López Pita (1982)

Fig. 6.3

VISUALIZACIÓN DE LOS BOGIES Y25 E Y31

a) Bogie Y25

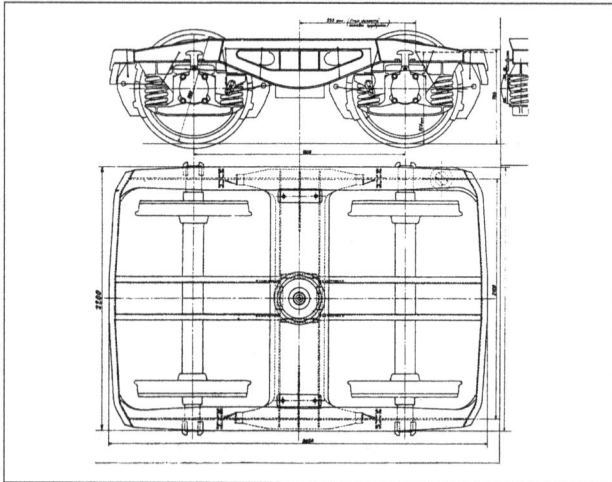

b) Bogie Y31

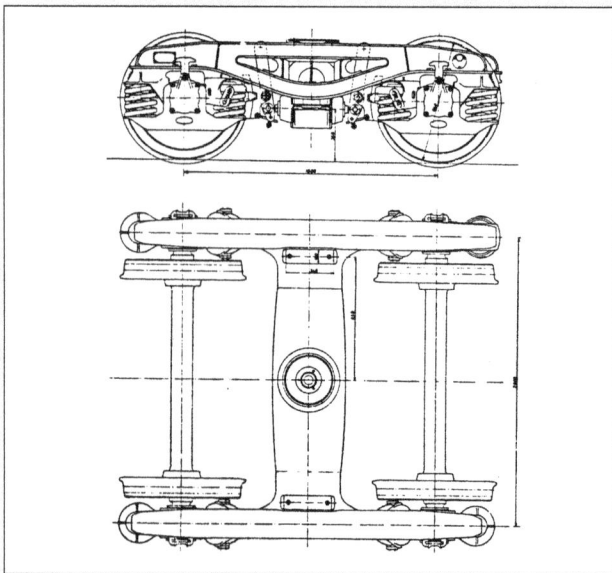

Fuente: SNCF   *Fig. 6.4*

VISUALIZACIÓN DE LOS BOGIES Y35 E Y37

a) Bogie Y35

b) Bogie Y37

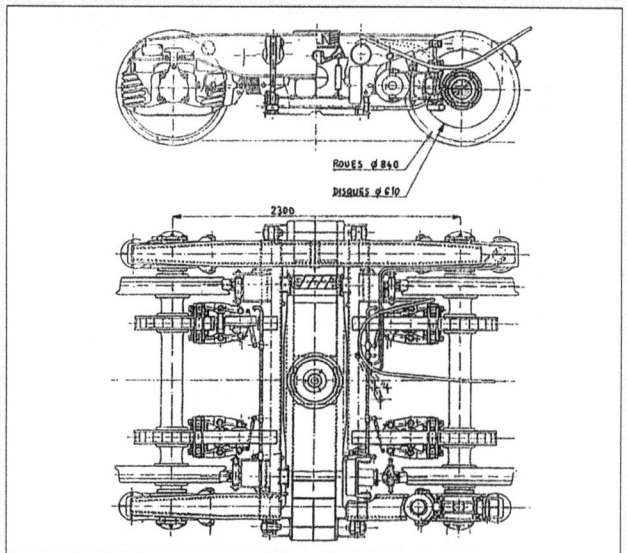

Fuente: SNCF   *Fig. 6.5*

BOGIES Y EJES APTOS PARA CIRCULAR A 160 km/h

BOGIE APTO A 160 km/h (DBAG)

EJE APTO A 160 km/h (DBAG)

Fuente: Kramer, U. et al. (1992)

Fig. 6.6

INFLUENCIA DE LOS AMORTIGUADORES EN LA ESTABILIDAD TRANSVERSAL DE UN VAGÓN DE MERCANCÍAS

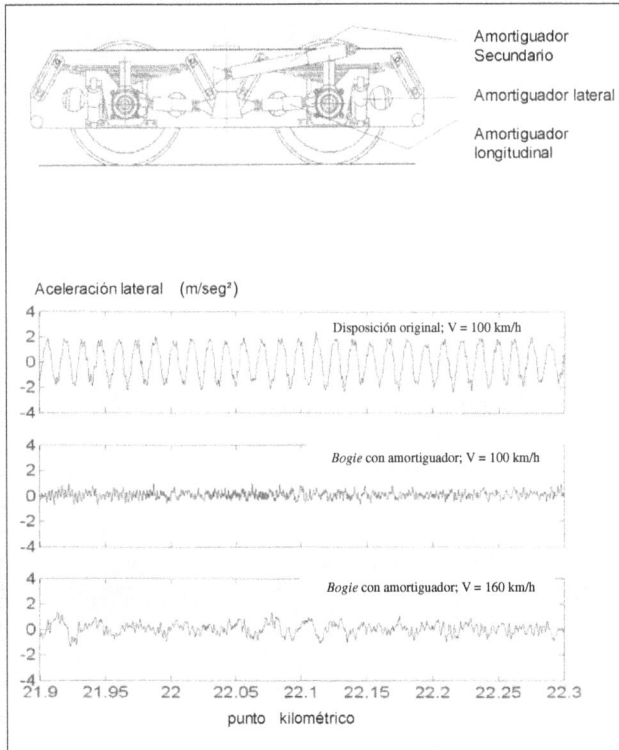

Amortiguador Secundario

Amortiguador lateral

Amortiguador longitudinal

Aceleración lateral   (m/seg²)

Disposición original; V = 100 km/h

Bogie con amortiguador; V = 100 km/h

Bogie con amortiguador; V = 160 km/h

punto   kilométrico

Fuente: F. Andersson, et. al (2005)

Fig. 6.7

NUEVO BOGIE «LEILA» PARA VAGONES DE MERCANCÍAS

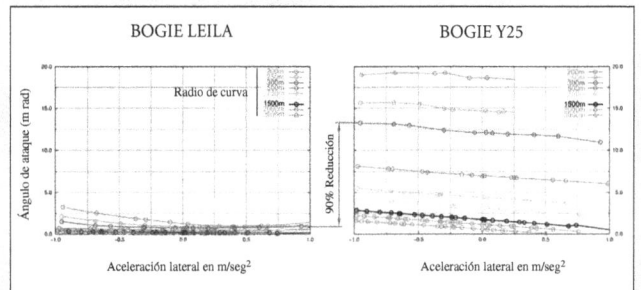

Empate: 1,8 m

BOGIE LEILA

BOGIE Y25

Radio de curva

Ángulo de ataque (m rad)

90% Reducción

Aceleración lateral en m/seg²

Aceleración lateral en m/seg²

Fuente: M. Hecht (2005)

Fig. 6.8

ficha UIC 518 establece 4m/seg^2 como límite admisible para la aceleración en un vagón, en el rango de frecuencias de 0,4 a 10 Hz.

En los últimos años, la atención principal en relación con el diseño de los *bogies* para vagones se ha centrado en tratar de:

a) reducir el ruido producido durante su marcha
b) disminuir la tara de los vagones

En relación con el primer objetivo se recuerda [Hecht (2002)] que los *bogies* convencionales, circulando a 80 km/h, generan a una distancia de 7,5 metros de la vía un nivel sonoro del orden de 96 dB(A). Si se tiene en cuenta la proximidad de las vías de ferrocarril a zonas habitadas y, por otro lado, el hecho de que la circulación de los trenes de mercancías tiene lugar en Europa preferentemente, durante la noche, se comprende la incomodidad que el citado nivel de ruido puede provocar en ciertos ámbitos de población.

En cuanto al segundo objetivo, la disminución de la tara de los vagones, se señala que a igualdad de carga total de los vagones sobre la vía, cuanto menor sea su tara, mayores serán las cargas de pago. Los *bogies* convencionales tienen un peso comprendido entre 4,7 y 5,4 toneladas.

En los dos ámbitos indicados, la industria alemana trabaja en la puesta a punto de un nuevo *bogie*, denominado Leila, acrónimo de *bogie*, ligero y de bajo ruido para vagones de mercancías. En la figura 6.8 se muestra el prototipo del citado bogie que durante el año 2006 será experimentado en líneas convencionales. De forma cuantitativa, se pretende lograr una reducción de 18 dB (A) en el nivel de ruido, precedentemente indicado, y un peso del *bogie* igual o inferior a 4 toneladas. Nótese la sensible reducción del ángulo de ataque de este *bogie* respecto a la vía en relación con el *bogie* Y25, lo que incide positivamente en el desgaste rueda-carril, así como en la interacción entre ambos elementos.

6.3 CONDICIONES EN LA CIRCULACIÓN DE LOS VAGONES. CLASIFICACIÓN DE LÍNEAS UIC

Cada vagón, en función de sus características constructivas, puede transportar teóricamente una determinada carga. Sin embargo, no todas las líneas ferroviarias disponen de la misma estructura en cuanto a tipo de carril, traviesas, separación entre ellas, etc. En consecuencia, surge de modo natural la utilidad de disponer de una clasificación de líneas que establezca, para cada una de ellas, los pesos máximos admisibles por eje y por metro lineal. De ahí se podrá deducir la carga máxima de transporte de un vagón.

En este contexto la Unión Internacional de Ferrocarriles publicó ya en 1953 la primera edición de lo que en la actualidad se conoce como ficha UIC 700. Como referencia, a mediados de la década de los 80 del siglo XX, la clasificación de líneas vigente respondía a

CUADRO 6.1. CLASIFICACIÓN DE LÍNEAS (UIC)

a) desde enero 1984

Categoría de la línea	Características de los vagones más pesados que son admitidos en cada línea	
	Carga por eje (tm)	Carga por metro lineal (tm/m)
A	16	4,8
B 1	18	5
B 2	18	6,4
C 2	20	6,4
C 3	20	7,2
C 4	20	8

Fuente: Ficha UIC 700 (enero 1984)

b) a partir de noviembre 2004

Categoría de la línea	Carga máxima por	
	Eje (tm)	Unidad de longitud (tm/m)
A	16	4,8
B 1	18	5,0
B 2	18	6,4
C 2	20	6,4
C 3	20	7,2
C 4	20	8,0
D 2	22,5	6,4
D 3	22,5	7,2
D 4	22,5	8,0
E 4	25	8,0
E 5	25	8,8

Fuente: Ficha UIC 700 (noviembre 2004)

los criterios indicados en el cuadro 6.1a. Es decir, que las líneas de la categoría C4, la de mayor nivel, aceptaban cargas por eje de hasta 20 t y cargas por metro lineal de hasta 8 t.

Con el transcurso del tiempo, se ha producido un aumento de la carga por eje admisible hasta 22,5 t, magnitud que corresponde también al peso máximo que tienen algunas locomotoras. De esta forma surgió un nuevo grupo de líneas, denominado D. Finalmente, en la última edición de la ficha UIC 700 (noviembre 2004) aparece un nuevo grupo de líneas, bajo la denominación E, con cargas por eje de 25 t y de 8,8 t/m, en previsión de que en un plazo razonable de tiempo se autorice en Europa la circulación de vehículos con esos niveles de carga. En el cuadro 6.1b, se recoge la nueva clasificación de líneas. Conocidas las dimensiones de cada vagón (a ejes o a *bogies*), resulta posible determinar la carga que puede transportar en función de la línea por la que debe circular.

6.4 ELEMENTOS DE ENGANCHE Y TRACCIÓN

Para la formación de trenes, resulta evidente la necesidad de que los vehículos se encuentren unidos entre sí. A este respecto existen diversos tipos de soluciones. El denominado *enganche convencional* (Fig. 6.9) forma parte del parque principal de material de las diferentes administraciones ferroviarias, y afecta tanto al material motor como a los coches de viajeros y a los vagones de mercancías.

Como se observa en la citada figura 6.9, está formado por topes amortiguadores encargados de absorber los choques y de empujar los vehículos. Adoptan diversas formas: rectangulares, rondas, o rectangulares con la extremidad exterior en semicírculo. Suele ser, esta última, la solución adoptada para los coches de viajeros y el material motor. La forma rectangular equipa normalmente los vagones de mercancías a *bogies*, mientras que los amortiguadores redondeados equipan los vagones de mercancías a ejes.

En el centro del vehículo se encuentra el enganche propiamente dicho. Éste consta de dos elementos: el gancho de tracción y el tensor (Fig. 6.9). Desde hace años se dispone también del denominado *enganche automático* (Fig. 6.10) que facilita enormemente la formación de trenes. Las ramas de alta velocidad y algunas composiciones

ELEMENTOS DE ENGANCHE Y TRACCIÓN CONVENCIONALES

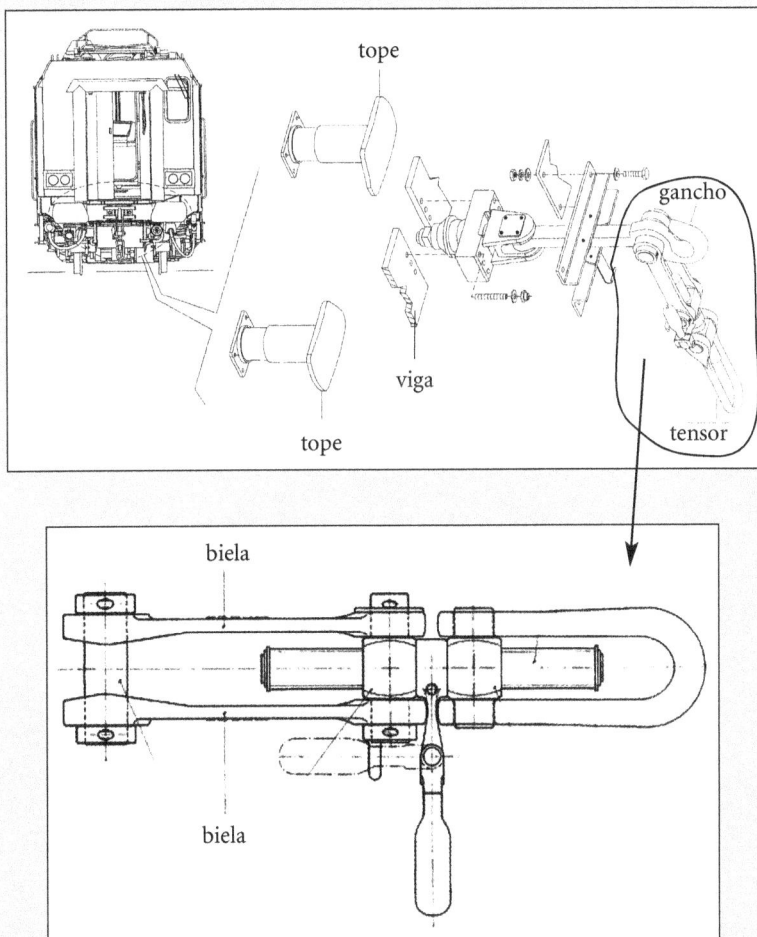

Fuente: Rail Passion y F. Bartumioli (2004)

Fig. 6.9

ENGANCHE AUTOMÁTICO DE VEHÍCULOS FERROVIARIOS

a)

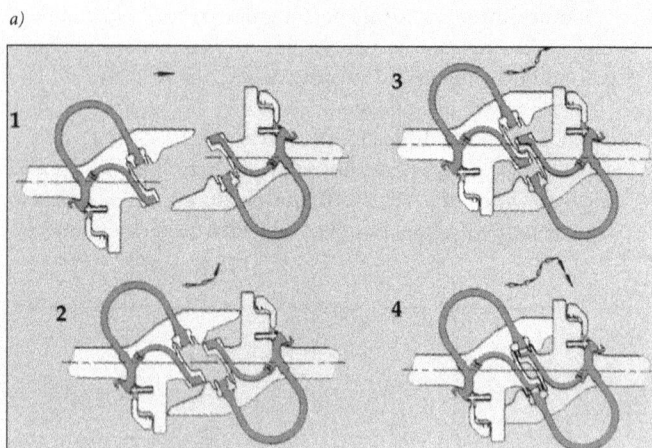

b)

c)

Fuente: DBAG (2000)

Fuente: SAB-WABCO (2001)

Fig. 6.10

de viajeros van dotadas de este tipo de enganche. La generalización del enganche automático en todos los vehículos existentes en Europa representa un esfuerzo económico y humano tan importante que hasta el momento ha impedido la transformación del enganche convencional en enganche automático, especialmente por lo que respecta a los vagones de mercancías.

6.5 VAGONES APTOS PARA CIRCULAR POR VÍAS DE DIFERENTE ANCHO

En forma análoga a como se indicó al referirnos a los coches de viajeros, el problema del diferente ancho de vía entre la península ibérica y el resto de Europa se resolvió, parcialmente, para los vagones de mercancias a mediados de la década del pasado siglo. En efecto, la sociedad Transfesa instaló en Hendaya (1951) y, posteriormente, en Cerbere (1953), el sistema de cambio de ejes (Fig. 6.11 y 6.12)

que con las lógicas evoluciones de mejora se mantiene en la actualidad en ambos puestos fronterizos.

Desde entonces numerosos han sido los intentos de poner a punto una tecnología de cambio de ancho de vía, adaptada a este tipo de vehículos. Los primeros trabajos de investigación fueron los realizados en la antigua URSS a partir de mediados de los citados años 50. La materialización de los referidos trabajos permitió la fabricación de distintos prototipos que circularon con carácter experimental. Cabe destacar el concurso convocado en 1966, por la Unión Internacional de Ferrocarriles (UIC) que dio lugar a la presentación de 43 proyectos. El sistema Vevey (Fig. 6.13) fue retenido como ganador, pero no llegó a implantarse en la práctica comercial.

En la actualidad, según Saliger (2000) los progresos realizados en este ámbito se concretan en: el sistema RAFIL-V desarrollado en Alemania, y el propuesto por Talgo (Fig. 6.14). Sin embargo, la pertinencia técnico-económica de ambos sistemas, no ha alcanzado el mismo nivel que el indicado para los vehículos dedicados al transporte de viajeros.

INSTALACIÓN DE CAMBIO DE EJES EN CERBERE

Fuente: TRANSFESA

Fig. 6.11

SISTEMA DE CAMBIO DE EJES PARA VAGONES DE MERCANCÍAS EN CERBERE

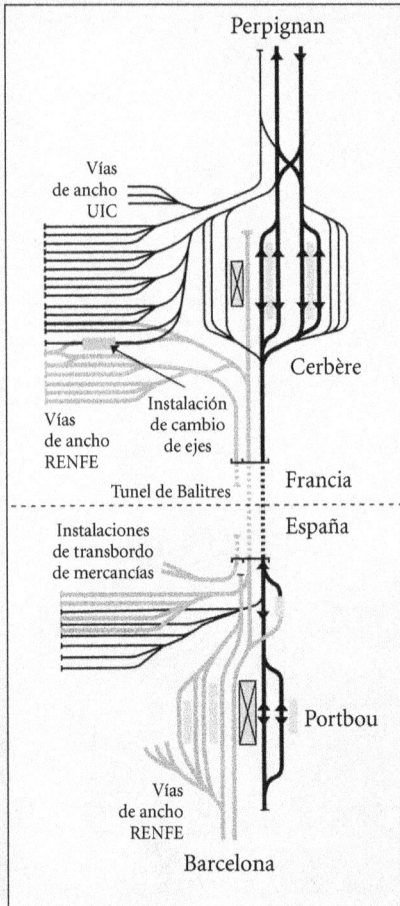

Fig. 6.12

SISTEMA VEVEY

Fuente: La vie du rail (2000)

Fig. 6.13

SISTEMA TALGO DE CAMBIO AUTOMÁTICO DE ANCHO DE VÍA

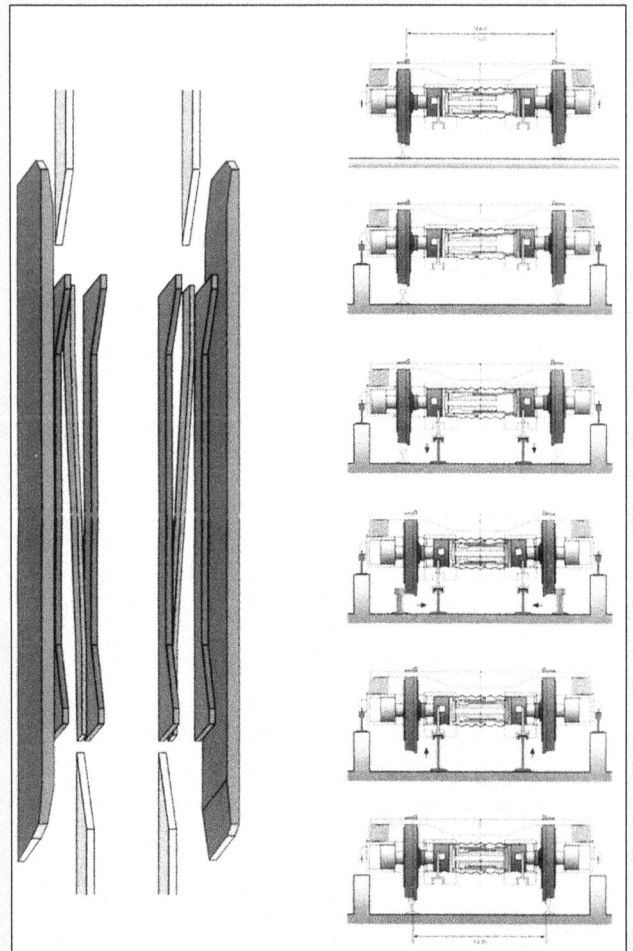

Fuente: Talgo

Fig. 6.14

7

7.1 CONTORNO DE REFERENCIA

La circulación segura de los vehículos de ferrocarril por una vía obliga a que se respeten ciertas dimensiones en los primeros y determinadas disposiciones en la segunda. Surge de este modo, en el ámbito ferroviario, el concepto de gálibo, que se suele definir como "un contorno de referencia con unas reglas de aplicación". Resulta posible por tanto hablar de gálibo de material motor, gálibo de material remolcado, gálibo de carga, gálibo de puentes, gálibo de túneles, etc. Los dos primeros tipos de gálibo (motor y móvil) afectan a la construcción del material, es decir, a las dimensiones que deben respetarse en su proyecto. El gálibo de carga afecta al cargue de los vagones abiertos y el resto de los gálibos se refieren a la construcción de los distintos tipos de obras y a la situación de las instalaciones fijas. Desafortunadamente cada administración ferroviaria adoptó unos criterios diferentes para la definición numérica de los gálibos, de manera que el problema de su unificación se inició con el establecimiento de servicios internacionales. Unificación que sólo afectaba al material remolcado, porque el material motor no pasaba de un país a otro en los primeros tiempos.

7.2 UNIDAD TÉCNICA

Por Unidad Técnica (UT) de ferrocarriles se entiende el conjunto de reglas a las que deben responder las vías, los vehículos, los cargamentos y el material motor para el tráfico internacional.

La idea de establecer un acuerdo internacional sobre las variables precedentemente indicadas nació de los ferrocarriles suizos en el momento (año 1878/79) en el que se preveía, a corto plazo, la apertura a la explotación comercial de los célebres túneles de San Gotardo (1882), l'Alberg (1883) y Simplón (1906).

La estratégica situación geográfica de Suiza invitaba a pensar en la necesidad de facilitar el tránsito internacional (viajeros y mercancías) a través de los citados túneles, por lo que era de vital importancia que en términos de gálibo no existiese ninguna limitación.

Por este motivo, en diciembre de 1880, Suiza se dirigió a las administraciones ferroviarias más directamente interesadas en el tema, para proponerles unas normas comunes. En lo que respecta al gálibo de carga, el acuerdo se logró en 1913, (entrada en vigor el 01/1/1914) a través de la definición del gálibo denominado PPI (*passe-partout international*), que precisaba el galibo de carga estática, para la posición de parada de un vehículo, y en situación centrada en una alineación recta de vía. Ligeras modificaciones introducidas en algunas dimensiones darían lugar a que en 1931 el gálibo PPI fuese el indicado en la figura 7.1a.

Cabe señalar que después de la segunda guerra mundial, las principales redes ferroviarias del centro, norte y este de Europa se pusieron de acuerdo en disponer de gálibos de carga más generosos que los representados por el PPI.

Con el tiempo (hacia 1956) se constató que las suspensiones de los vehículos eran más elásticas para aumentar el confort de los viajeros, lo que ocasionaba desplazamientos más importantes de la caja de los vehículos; las velocidades máximas se habían incrementado (pasando de 100 a 140 km/h) y, finalmente, los transportes excepcionales eran cada vez más numerosos. Surgió de este modo el denominado *gálibo cinemático* (Fig. 7.1b), que tenía en cuenta los desplazamientos geométricos y dinámicos a los que están sometidos los vehículos; geométricos, a causa de la curvatura de la vía y al juego de los ejes en la vía; dinámicos, a causa de la flexibilidad de

GÁLIBO PPI

GÁLIBO CINEMÁTICO

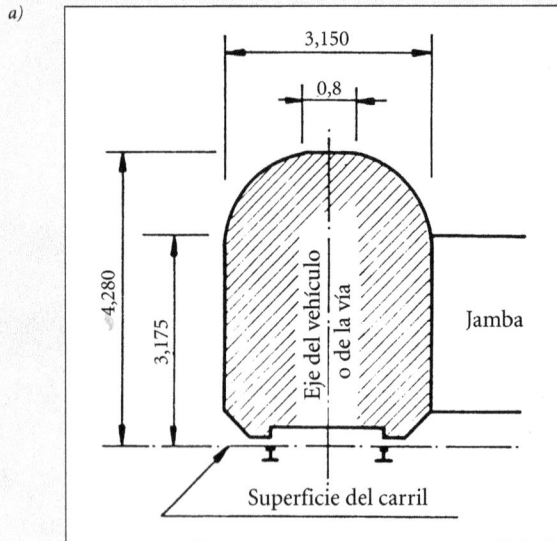

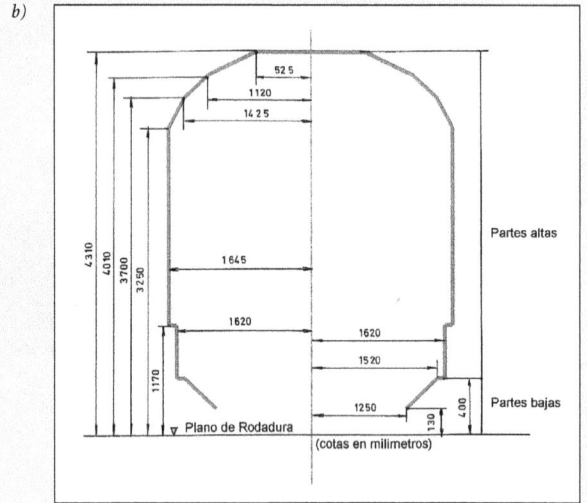

a)

3,150

0,8

4,280

3,175

Eje del vehículo
o de la vía

Jamba

Superficie del carril

b)

52 5

1120

14 2 5

1645

1620

1620

1520

1250

4 310

4010

3700

3 250

1170

130

400

Partes altas

Partes bajas

Plano de Rodadura

(cotas en milímetros)

GÁLIBO DE CARGA A, B Y C

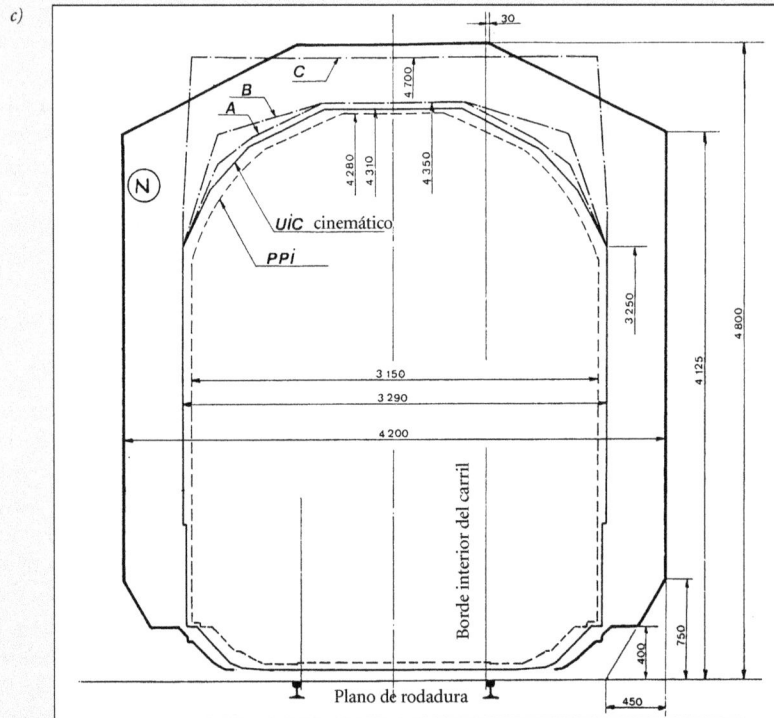

c)

30

C

B

A

4 700

4 280
4 310

4 350

N

UIC cinemático

PPi

3 250

4 125

4 800

3 150

3 290

4 200

Borde interior del carril

750

400

450

Plano de rodadura

Fuente: UIC

Fig. 7.1

las suspensiones. Una vez que el gálibo cinemático fue fijado, los responsables de la vía establecieron los correspondientes márgenes de seguridad para obtener el gálibo límite de implantación de obstáculos.

7.3 GALIBOS A, B, C Y DERIVADOS

La complementariedad en el transporte de mercancias entre el ferrocarril y la carretera estuvo siempre presente, tanto en el sentido de llevar camiones sobre vagones como al revés, especialmente, en recorridos terminales.

La aparición del contenedor, y de la caja móvil, en particular, supuso un nuevo impulso al desarrollo de las técnicas de transporte combinado. La llegada a Europa de los denominados *grandes contenedores marítimos* a mediados de los años 60 del siglo XX, procedentes de EE.UU., generó nuevos problemas con el gálibo de carga disponible en las principales líneas europeas de ferrocarril. Los esfuerzos para facilitar el transporte de las unidades de carga antes mencionadas se orientaron en dos direcciones: la utilizacion de vagones especiales (a título indicativo, en la figura 7.2 se muestran algunas de las técnicas utilizadas: «kangouru» y «prise par pinces») y la definición de galibos de carga mayores.

En efecto, en 1973, por tanto hace poco más de treinta años, la UIC definió tres tipos de gálibos, designados por las letras A, B, y C (Fig. 7.1c). Las diferencias esenciales entre los citados gálibos eran las distintas posibilidades que ofrecían para el transporte de mercancías, tal como se muestra en el cuadro 7.1. Con posterioridad, en 1985/86, los ferrocarriles franceses definieron el gálibo B+, que con relación al gálibo B permitía el transporte de cajas móviles de 2,6 m de ancho por 3 m de alto y semiremolques sobre vagones poche de $2,6 \times 3,9$ m. El ferrocarril español, al tener un ancho de vía distinto, definió una adaptación del gálibo C, reconocido por la designación C'. Se destaca que los ferrocarriles británicos, en sus líneas convencionales, disponen de un gálibo incluso inferior al definido en la unidad técnica.

La situación actual (año 2001) del gálibo B+ de los principales itinerarios para el transporte de mercancias por ferrocarril, en los países situados al otro lado de los Pirineos, se muestra en la figura 7.3.

Este gálibo es el más pequeño de los que permiten, técnicamente, inscribir un camión de 4 metros de alto. [Las principales dimensiones del 80% del parque europeo de camiones son: anchura (2,55 m) y altura (4 m).] Nótese las dificultades que se presentan con esta galibo ferroviario conocido en Francia como B+ y en el resto de Europa como B1, cuando se desea transportar un camión de 2,6 m de ancho. En todo caso se necesita que la cara superior del suelo del vagón no supere los 10 a 18 cm por encima de la superficie del carril.

Un sistema tradicionalmente utilizado en Centro-Europa, para soslayar las dificultades que se presentarían con el uso de vagones tradicionales (cuya altura del piso sobre el carril es claramente superior a la magnitud anteriormente indicada), ha sido la utilización del sistema denominado *route roulante*. En él se utilizan (Fig. 7.4) vagones especiales con ruedas que disponen de un diámetro del orden de 36 cm, frente al de las ruedas habituales de los vagones, que es de 72 a 92 cm. Se ha constado que las ruedas de pequeño diámetro tienen un desgaste acelerado del perfil de rodadura y además pueden dar lugar a problemas de seguridad al pasar por los aparatos de vía.

Recientemente se ha probado, un nuevo sistema de vagones para el transporte de semirremolques, denominado «Modalohr». Como se observa en la figura 7.5, dispone de ruedas de diámetro normal, pero cuenta con un piso rebajado que además es giratorio, lo que permite la carga y descarga simultánea de cada vagón. Esta es una gran diferencia (además de la del tamaño de las ruedas) respecto a la «route roulante», que requiere efectuar el embarque o desembarque de los vagones en el sentido longitudinal del tren, incrementando, por tanto, el plazo de carga y descarga.

CUADRO 7.1. PRINCIPALES CARACTERÍSTICAS Y POSIBILIDADES DE CARGA DE LOS GÁLIBOS A, B Y C

Gálibo	Ancho y alto del gálibo (m)		Posibilidades de carga	Ancho y alto de la carga (m)	
A	3,15	4,32	Grandes contenedores sobre vagones porta-contenedores.	2,44	2,61
			Semiremolques sobre vagones poche	2,50	3,57
B	3,15	4,32	Cajas móviles sobre vagones portacontenedores normales.	2,50	2,90
			Semiremolques sobre vagones poche	2,50	3,80
C	3,15	4,65	Semiremolques y camiones con gálibo de carretera sobre vagones rebajados	2,60	4,00 m

ALGUNAS TÉCNICAS DE TRANSPORTE COMBINADO EN LOS AÑOS 1960-1970

a) Sistema KANGOUROU

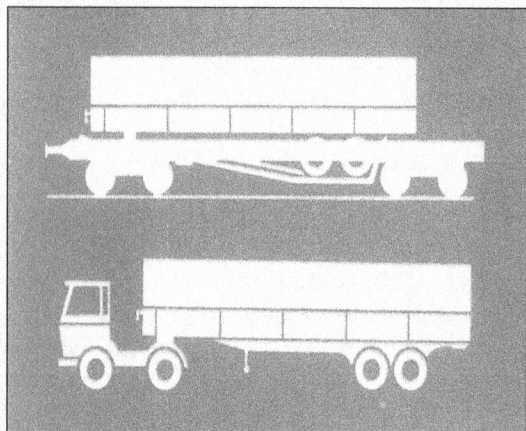

b) Sistema «PRISE PAR PINCES»

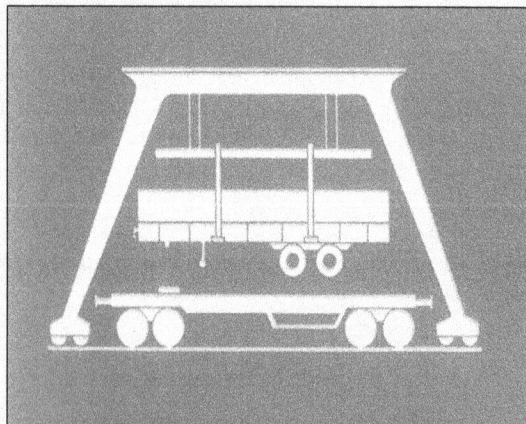

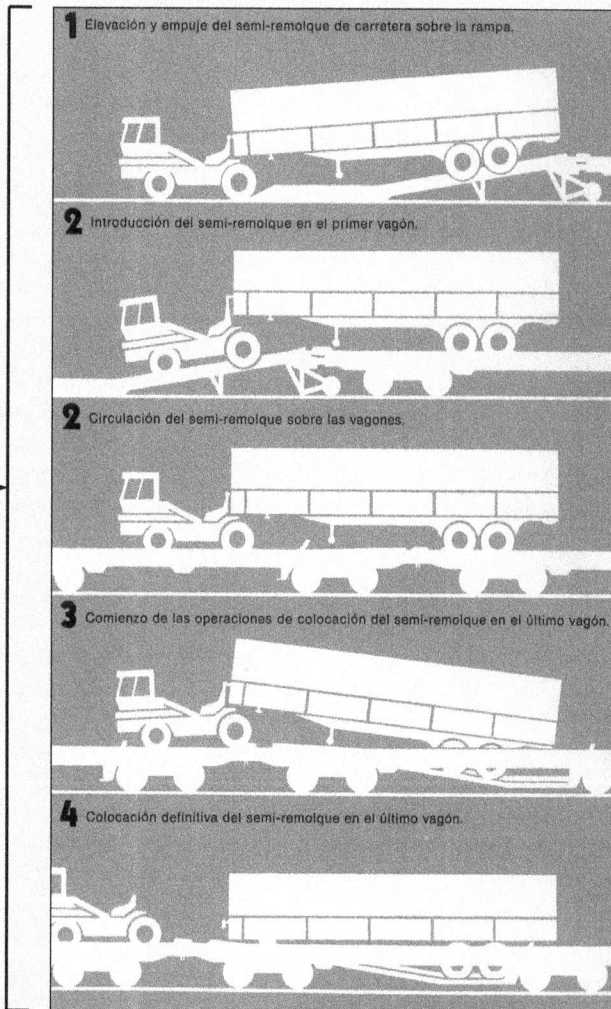

1 Elevación y empuje del semi-remolque de carretera sobre la rampa.

2 Introducción del semi-remolque en el primer vagón.

2 Circulación del semi-remolque sobre las vagones.

3 Comienzo de las operaciones de colocación del semi-remolque en el último vagón.

4 Colocación definitiva del semi-remolque en el último vagón.

Fuente: Novatrans

Fig. 7.2

PRINCIPALES LÍNEAS EUROPEAS CON EL GÁLIBO B⁺ = B1 Y POSIBILIDAD DE TRANSPORTE DE CAMIONES

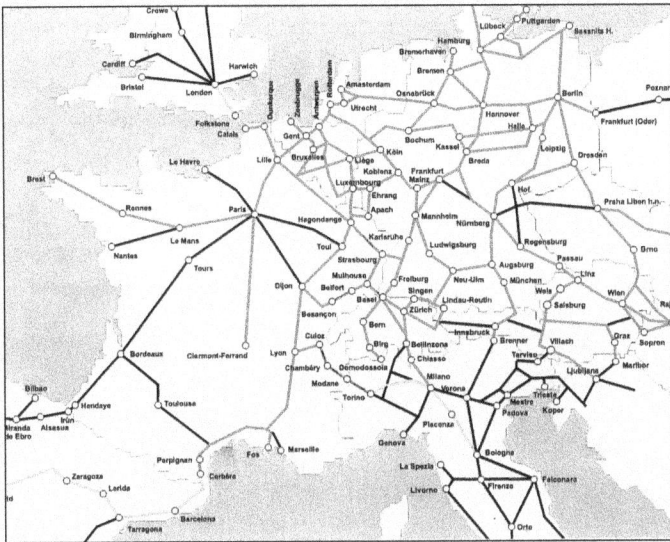

Líneas con gálibo B1 (año 2001)
Líneas nuevas con gálibo B1 (año 2006)
Líneas de futuro
Líneas que necesitan trabajos para tener gálibo B1

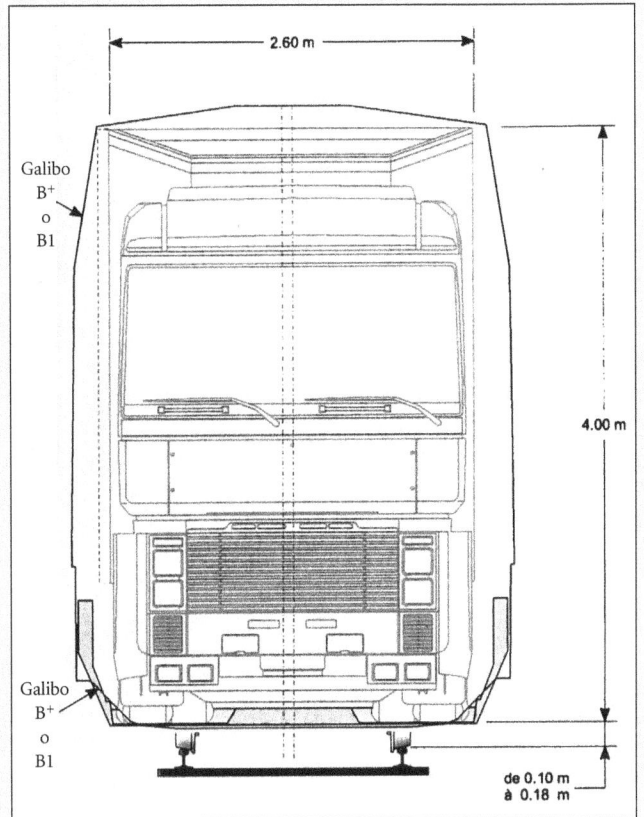

Galibo B⁺ o B1

Galibo B⁺ o B1

2.60 m

4.00 m

de 0.10 m à 0.18 m

Fuente: Modalohr (2001)

Fig. 7.3

SISTEMA «ROUTE ROULANTE» PARA EL TRANSPORTE DE CAMIONES POR FERROCARRIL

Fuente: HUPAC y La vie du rail

Fig. 7.4

SISTEMA MODALOHR

Fuente: Modalohr   Fig. 7.5

Para las líneas de nueva construcción se dispone el gálibo C, y para aquellas infraestructuras donde está prevista una explotación en tráfico mixto (alta velocidad en viajeros y trenes de mercancías), se dispone un gálibo superior [autopista ferroviaria (AF)] (Fig. 7.6) para permitir el transporte de camiones sobre vagones convencionales.

GÁLIBO C Y GÁLIBO AUTOPISTA FERROVIARIA

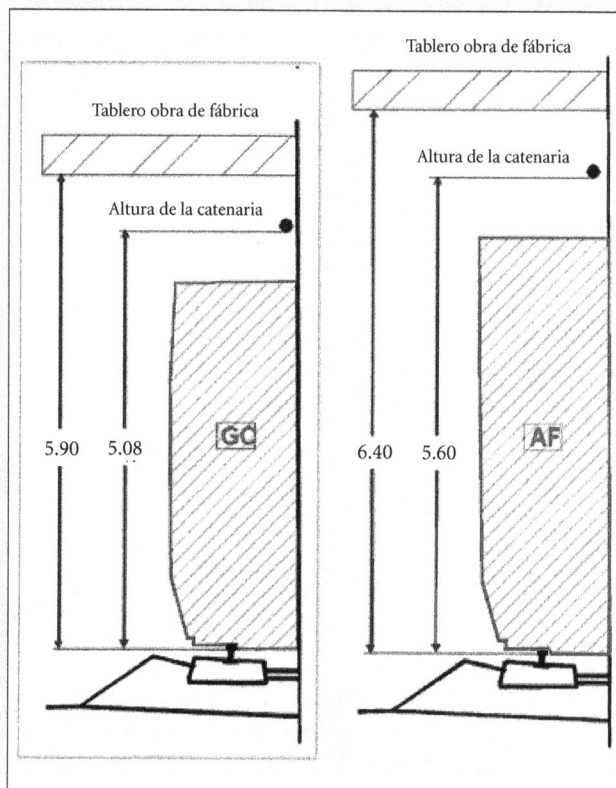

Fuente: RFF   Fig. 7.6

8

ESTABILIDAD DE MARCHA DE UN VEHÍCULO Y CONFORT DE LOS VIAJEROS

8.1 ÍNDICE DE SPERLING PARA EVALUAR LA ESTABILIDAD DE MARCHA DE UN VEHÍCULO

El diseño de los vehículos ferroviarios tiene como finalidad principal lograr que, a la máxima velocidad de circulación prevista para cada uno de ellos, su movimiento sea estable, particularmente en el plano transversal. Esta situación hará posible que los esfuerzos ejercidos por el material sobre la vía queden en el intervalo de aceptación admisible y, además, que los viajeros no experimenten un nivel de incomodidad inaceptable.

Para evaluar la calidad de marcha de un vehículo dado, es decir, su aptitud para circular por una vía, a mediados del siglo XX se introdujo, en Alemania, el denominado *índice W_z*, propuesto por Sperling, de donde procede su designación. Matemáticamente:

$$W_Z = 0,896 \sqrt[10]{\frac{a^3}{f}} \qquad (8.1)$$

siendo:

a = valor máximo de la aceleración medida (cm/seg^2) en la dirección considerada, en la caja del vehículo.

f = frecuencia de oscilación (H$_z$)

De acuerdo con la definición realizada, se deduce que podría hablarse de dos índices de Sperling: uno en dirección transversal, y otro en dirección vertical para un vehículo dado. El autor alemán mostró que existía una buena correlación entre el valor obtenido por la expresión 8.1 y la aptitud del vehículo para circular establemente. Dicha relación queda reflejada en el cuadro adjunto

Índice W_z	Calidad de marcha
1	Muy buena
2	Buena
3	Satisfactoria
4	Aceptable para circular
4,5	Inadecuada para la circulación
5	Peligrosa para el servicio

8.2 ÍNDICE DE SPERLING PARA EVALUAR EL CONFORT DEL VIAJERO

Desde una cierta perspectiva cabría pensar que la expresión 8.1 podría utilizarse también para evaluar el confort que el viajero experimentaría cuando circulase en el interior de un vehículo dado con un cierto índice W_z. Sin embargo, la sensibilidad del ser humano a una cierta aceleración depende del valor de la frecuencia con que se aplica. En consecuencia, se estableció el índice de Sperling para evaluar el confort del viajero a través de la expresión:

$$W_Z = 0,896 \sqrt[10]{\frac{a^3}{f} F(f)} \qquad (8.2)$$

Es decir, el índice W_z utilizado para cuantificar la calidad de marcha de un vehículo, afectado por un coeficiente $F(f)$ que dependía de la frecuencia y variaba también según se tratase de aceleraciones verticales o transversales. En función del valor obtenido para W_z mediante la aplicación de la expresión 8.2, se estableció la siguiente correlación para el confort del viajero (ver cuadro adjunto).

Índice W_z	Confort: nivel percibido de las vibraciones mecánicas
1	Ligeramente perceptible
2	Netamente perceptible
2,5	Soportable y todavía no desagradable
3	Fuertemente perceptible, poco agradable pero todavía soportable
3,25	Fuertemente incómodo
3,5	Extremadamente incómodo y no soportable mucho tiempo
4	Extremadamente desagradable y perjudicial en caso de exposición prolongada

8.3 NUEVA FORMULACIÓN DEL ÍNDICE DE SPERLING

Con posterioridad, la formulación matemática del índice de Sperling varió ligeramente y adoptó la forma:

$$W_Z = \sqrt[10]{a^3 \ \beta^3} \qquad (8.3)$$

siendo β el coeficiente de ponderación en frecuencia (f) de las aceleraciones. Por tanto, $\beta = \varphi(f)$, en donde j adoptaba una expresión matemática algo compleja. En todo caso, se constató que el factor de ponderación β respecto a vibraciones horizontales era aproximadamente, a igualdad de frecuencia, un 25% superior al correspondiente a vibraciones verticales.

Más recientemente se introdujo en la formulación del índice de Sperling el hecho de que las aceleraciones medidas en la caja de un vehículo no contienen una sola frecuencia, sino todo un espectro, en el que aparecen las frecuencias propias características de cada vehículo. En consecuencia, se imponía una descomposición espectral de la aceleración medida. Para cada una de las diferentes frecuencias se determina el índice W_z, según la expresión 8.2, y a conti-

FACTOR DE PONDERACIÓN

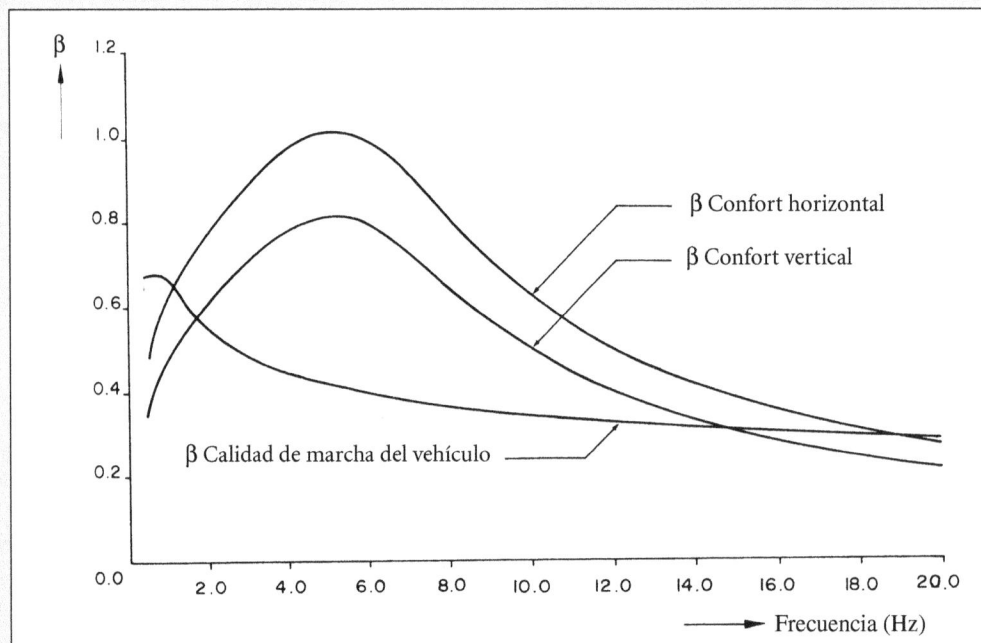

β Confort horizontal

β Confort vertical

β Calidad de marcha del vehículo

Frecuencia (Hz)

Fuente: U.I.C

Fig. 8.1

nuación el índice W_z, suma de los índices parciales. Dado que el espectro vibratorio no será, en general, una función discreta, sino una función continua de la frecuencia, matemáticamente se tendrá:

$$W_Z = \sqrt[10]{\int_{0,5}^{30} a^3 \ \beta^3 \ df} \tag{8.4}$$

La integración entre $f = 0,5$ y $f = 30$ Hz se corresponde con el intervalo de frecuencias sensibles al confort del viajero. En la figura 8.1 se muestran los valores del coeficiente de ponderación β, en función de la frecuencia, para aceleraciones verticales y transversales establecidos en Alemania.

8.4 EL ÍNDICE DE SPERLING Y SU INCIDENCIA EN EL DISEÑO DE LOS VEHÍCULOS

Es del mayor interés deducir, a partir de la expresión 8.1 para aceleraciones verticales, las orientaciones constructivas que pueden hacer un vehículo confortable. En efecto, siguiendo a Panagin (1997), si se considera una oscilación sinusoidal, se sabe que la aceleración viene dada por la expresión:

$$a = (2\pi f)^2 \cdot \eta \tag{8.5}$$

siendo f la frecuencia de oscilación y η el valor máximo de la amplitud de la oscilación. Si se sustituye la expresión 8.5 en 8.1 resulta:

$$W_Z = \wp \ \sqrt[10]{f^5 . \eta^3} \tag{8.6}$$

siendo $\wp$ la constante que engloba los coeficientes numéricos que aparecen en 8.1 y 8.5.

Por otro lado, la frecuencia propia de oscilación de la caja de un vehículo viene dada por la relación:

$$f = \frac{1}{2\pi} \sqrt{\frac{K}{M}}$$

siendo K la rigidez vertical de la suspensión secundaria y M la masa de la caja. Por tanto, la expresión 8.6 adoptaría la forma:

$$W_Z \approx \wp' \sqrt[4]{\frac{K}{M}} \cdot \sqrt[10]{\eta^3} \tag{8.7}$$

La experiencia práctica ha puesto de relieve, según los ensayos experimentales realizados, que la aceleración vertical sobre la caja de los vehículos varía con la velocidad (V) en la forma:

$$a = \delta \cdot V^\gamma$$

siendo δ una constante y variando γ entre 1,5 para una línea nueva y 2 en una línea convencional. Si se adopta este último valor, la expresión 8.7 quedaría de la manera siguiente:

$$W_Z \approx \wp'' \sqrt[4]{\frac{K}{M}} \cdot \sqrt[10]{V^6} \tag{8.8}$$

En consecuencia, de la expresión 8.8 se deduce que para disponer de un vehículo estable resulta conveniente que la rigidez vertical de la suspensión secundaria sea lo más baja posible y que, paralelamente, la masa de la caja tenga el valor más elevado. Es importante destacar que este criterio para diseñar (K y M) no es el único, al intervenir otros fenómenos diferentes. Por ejemplo, el aumento de la masa de los vehículos no es deseable desde la perspectiva de su acción vertical sobre la vía. En todo caso y como se sabe, la elección final de cualquier magnitud suele ser el resultado de un compromiso entre lo deseable y lo posible. Con carácter indicativo, en el cuadro adjunto, se muestran los valores típicos de algunos vehículos respecto a K y M.

Parámetro	Locomotora E 444	Coche TGV	Coche Eurofima	ETR 450
Carga por eje (t)	20	17	12	11
Rigidez vertical de la suspensión secundaria da N/mm	472	190	179	141
Masa de la caja (t)	33	28,4	37,2	33,2
$\sqrt[4]{\dfrac{K}{M}}$	3,46	2,85	2,63	2,55

Fuente: R. Panagin (1997)

Un razonamiento algo más complejo permite, al considerar la expresión 8.1 para las aceleraciones transversales, deducir también conclusiones de interés en relación al diseño de los vehículos.

8.5 EL ÍNDICE DE SPERLING Y SU RELACIÓN CON LA CALIDAD DE VÍA Y LA VELOCIDAD DE CIRCULACIÓN

Por la propia definición del índice W_z resulta evidente que su magnitud dependerá, además de las características constructivas de cada vehículo, de la calidad geométrica de la vía por la que circule y de la velocidad de marcha a la que se efectúe el registro de las aceleraciones.

Por lo que respecta al primer ámbito, la calidad de vía, la experiencia disponible muestra que la aceleración lateral en la caja del vehículo, causada por los defectos geométricos de la vía, se incrementa con la velocidad de circulación con un exponente 1,2 en vías de nueva construcción y con un exponente 1,66 para las líneas convencionales. En consecuencia, parece claro que el índice W_z sólo tendrá verdadero significado si se le asocia a una cierta calidad de vía. En cuanto a la velocidad de circulación, ensayos realizados en Alemania con un coche de viajeros, [Zottmann (1976)] pusieron de relieve, para ese caso concreto, que el hecho de circular a 180 km/h significaba obtener, en una misma vía, un $W_z = 3,0$, frente a un índice de Sperling de 2,4 para una velocidad de 140 km/h.

Mas recientemente R. Cheli et al. (1993), con ocasión de los ensayos de velocidad realizados con el ETR 500, dedujeron la siguiente variación para el Wz (vertical):

Wz	Velocidad (km/h)
1,87	200
2,11	250
2,18	265
2,56	300

En cuanto a la influencia de la calidad de la vía en el Índice de Sperling (W_z) vertical, los citados autores encontraron la siguiente relación de dependencia:

$$W_z \approx (2,4 \text{ a } 2,7)\, \sigma^{0,3}$$

siendo σ los defectos de nivelación longitudinal y dependiendo los valores numéricos precedentes de que se considerasen coches de viajeros o ramas motrices.

A manera de síntesis, en el cuadro adjunto se indican los valores del índice W_z para distintos vehículos y velocidades de circulación

ALGUNOS VALORES DEL ÍNDICE WZ PARA DIFERENTES
VEHÍCULOS DE FERROCARRIL Y VELOCIDADES DE CIRCULACIÓN

Material	Velocidad (km/h)	Índice W_z	
		Vertical	Lateral
Locomotora E 444 (FS)	200	2,65	3,40
Coche de viajeros	200	2,09	2,50
ETR 450 (basculante FS)	250	2,36	2,75
TGV 1ª generación	260	2,60	2,98

Fuente: R. Panagin (1997)

8.6 LA RESPUESTA DEL SER HUMANO A LAS VIBRACIONES

De una manera general, el confort de un viajero en cualquier modo de transporte queda configurado por un conjunto de factores, entre los que cabe destacar: el espacio físico disponible, que da lugar al denominado confort espacial; la temperatura y la humedad en el interior del vehículo, que determina el confort ambiental; el nivel de ruido percibido, que conduce al confort acústico y, finalmente, el nivel de vibraciones a que se encuentra sometido el viajero, que determina el confort vibratorio. Este último aspecto está directamente relacionado con la calidad de marcha de un vehículo.

Por este motivo, el ferrocarril ha tratado desde hace mucho tiempo de conocer la forma en que los viajeros se veían negativamente afectados por las características de las vibraciones a que fuesen sometidos durante su desplazamiento en este modo de transporte.

8.6.1 Nota de confort ORE

Las investigaciones realizadas durante mucho tiempo con diferentes personas, tanto en los ferrocarriles franceses como alemanes, permitieron que en la década de los años 50 del siglo XX se dispusiese de las curvas representadas en la figura 8.2 y 8.3. Ambas curvas mostraban la influencia de la frecuencia de aplicación de una determinada aceleración, dando así lugar a las denominadas *curvas de igual confort* para aceleraciones verticales y transversales. Cada una de las curvas obedecía a una relación del tipo:

$$\frac{a_v}{(f - 5,2)^2 + 24,8} = K \tag{8.9}$$

para las vibraciones verticales situadas entre 1 y 7 H_z. La amplitud de la vibración venía dada por el parámetro a_V.

Para las vibraciones transversales, la expresión matemática fue:

$$\frac{a_t}{(f - 5,2)^2 + 24,8} = \frac{K}{\sqrt{2}} \tag{8.10}$$

A partir del conocimiento precedente, se estableció el procedimiento para evaluar el tiempo de fatiga de un coche de viajeros.

Para ello se comienza registrando las aceleraciones (verticales y transversales) en el pivote del bogie de un vehículo circulando por una vía con características geométricas de calidad conocida y a la velocidad máxima prevista para su explotación comercial. El filtrado de las aceleraciones para trabajar en la gama de 0,5 a 5 H_z, que como se vio (Fig.8.2 y 8.3) es el más sensible al confort, permite

CURVAS DE IGUAL CONFORT PARA ACELERACIONES VERTICALES (1955)

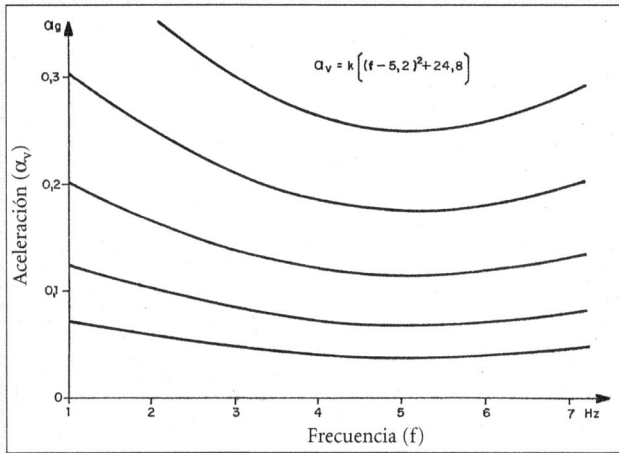

$$a_v = k\left[(f - 5,2)^2 + 24,8\right]$$

Fuente: ORE

Fig. 8.2

CURVAS DE IGUAL CONFORT PARA ACELERACIONES TRANSVERSALES (1955)

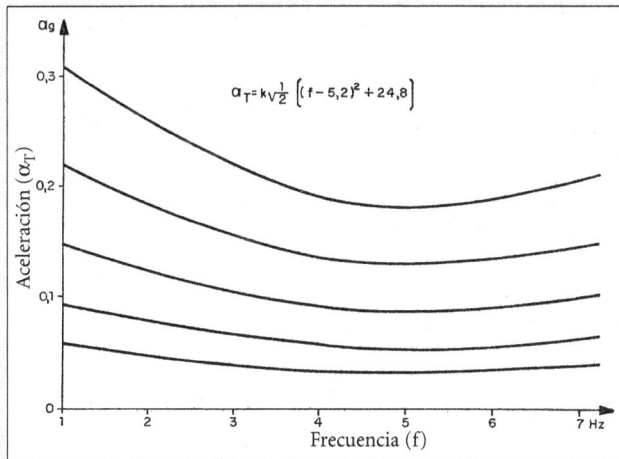

$$a_T = k\sqrt{\frac{1}{2}}\left[(f - 5,2)^2 + 24,8\right]$$

Fuente: ORE

Fig. 8.3

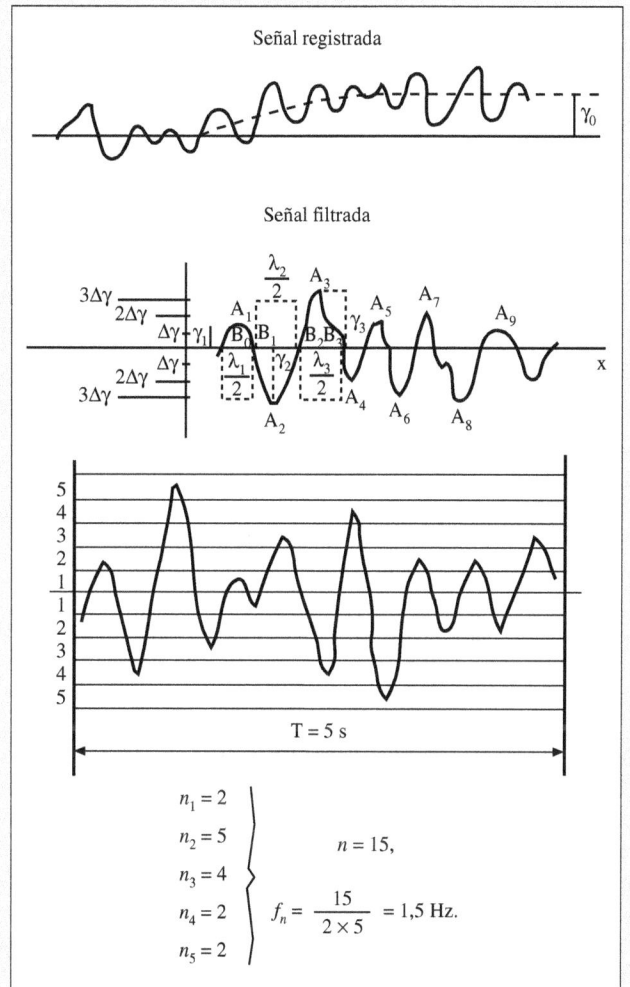

$$n_1 = 2$$
$$n_2 = 5$$
$$n_3 = 4 \qquad n = 15,$$
$$n_4 = 2 \qquad f_n = \frac{15}{2 \times 5} = 1,5 \text{ Hz.}$$
$$n_5 = 2$$

Fuente: ORE / UIC

Fig. 8.4

obtener un histograma en valores máximos (Fig. 8.4), considerados no en valores absolutos, sino con relación al valor medio de la señal.

Si se divide el eje de ordenadas en $\Delta\gamma$ (de pequeña magnitud; por ejemplo, intervalos iguales a 0,033g), se obtienen los siguientes resultados:

Entre 0 y $\Delta\gamma$ .... n_1 puntos
Entre $\Delta\gamma$ y $\Delta 2\gamma$ .... n_2 puntos
Entre $\Delta (n-1)\gamma$ y $\Delta\gamma n$ .... n_n puntos

La frecuencia media se determina a partir del número de medidas durante el tiempo considerado, tal como se ilustra en la figura 8.4.

Para cada clase de histograma, que comporta n_i medidas, el tiempo de confort parcial T_i se determina a partir de las curvas de igual confort indicadas en las figuras 8.2 y 8.3. El tiempo de confort global se obtiene mediante la expresión:

$$\frac{n_1}{T_1} + \frac{n_2}{T_2} + ... + \frac{n_n}{T_n} = \frac{n}{T}$$

Es decir, se pondera la fatiga producida por cada aceleración por el número de puntos medidos en cada intervalo.

Como referencia, cabe señalar que el confort de un vehículo se consideraba bueno si se obtenía un valor de T igual o superior a 10 h en sentido transversal e igual o superior a 20 h en sentido vertical.

8.6.2 Método de la norma ISO 2631 (1974)

En 1974 la norma ISO estableció una metodología para evaluar el tiempo de fatiga según las curvas de igual confort que se muestran en las figuras 8.5a y 8.5b. Se comprueba que para bajas frecuencias la sensibilidad del ser humano a las vibraciones horizontales es superior a la sensibilidad frente a vibraciones verticales. Esta situación relativa se invierte para las frecuencias más elevadas, Nótese que por debajo de frecuencias de 1 Hz se establece una línea de puntos para reflejar la dispersidad de las medidas obtenidas al asociarse a fenómenos de mareo. La explotación de estas curvas en el caso real que corresponde a vibraciones complejas no es inmediata, dado que las citadas curvas fueron obtenidas a partir de ensayos realizados con vibraciones sinusoidales puras.

8.6.3 Guía para evaluar el confort vibratorio (Ficha UIC 513) (Norma UNE-ENV 12299)

Las limitaciones señaladas para los métodos precedentes que pueden resumirse de la manera siguiente: empirismo del índice de Sperling y simplicidad respecto a la realidad, de la Nota de Confort ORE y la norma ISO 2631, en versión 1974, condujeron al Comité B153 del ORE a realizar un amplio estudio sobre la evaluación de los efectos de las vibraciones mecánicas en el ser humano. Durante el período 1979 – 1988 las investigaciones efectuadas permitieron establecer la ficha UIC 513 (1994).

El contenido de esta ficha, con carácter de recomendación, proporcionaba una nueva manera de evaluar el confort vibratorio a partir de la medida de ciertas aceleraciones, obtenidas en condiciones análogas a las existentes en servicio comercial.

Con carácter preliminar se señala (Laurik's, 2003) que la incomodidad proviene de las vibraciones mecánicas en un entorno particular (el asiendo de los vehículos) que afecta al cuerpo humano. Eso significa que las vibraciones deben ser medidas según muestra la figura 8.6. Con las aceleraciones actuando según los ejes X, Y y Z, se derivan las siguientes reflexiones:

a) *En relación con X".* Las experiencias disponibles muestran que la aceleración longitudinal de la espalda del asiento es un factor importante para describir la incomodidad, a pesar de la dificultad de su medida.
b) *En relación con Y".* A menudo se considera como la principal causa de incomodidad, especialmente en trazados sinuosos.
c) *En relación con Z".* Los asientos blandos pueden amplificar la aceleración vertical a ciertas frecuencias.

Los análisis del Comité B153 pusieron de relieve que el confort vibratorio es apreciado de forma diferente según la persona que se considere. En la mayor parte de los casos, el confort se representa en ordenadas y el nivel de aceleraciones en abscisas. Un buen confort se sitúa generalmente en la parte inferior del gráfico y el confort malo en la parte superior, obteniéndose la ley de variación de la figura 8.7a.

La zona A se corresponde con las condiciones en que normalmente se desarrollan los ensayos de apreciación del confort. Por el contrario, la zona B se identifica más con el paso de los vehículos por zonas singulares de una vía: entrada en las curvas de transición, entrada por vía desviada en los aparatos de vía, etc.

Si se considera un cierto nivel de vibración (a_1), la heterogeneidad de las respuestas en términos de confort puede ser visualizada en la forma que gráficamente muestra el esquema de la figura 8.7b. No resulta posible por tanto encontrar una escala de apreciación única válida para cada persona.

La comodidad de marcha es por tanto, para un viajero, una sensación compleja producida por los movimientos de la caja del vehículo ferroviario y transmitida a todo el cuerpo a través de los asientos. En esta sensación se distingue, habitualmente, la llamada "sensación promedio", basada en la vibración aplicada durante un período prolongado de tiempo (al menos varios minutos) y la denominada "sensación instantánea" derivada de una modificación repentina de la sensación media, debido a un evento de corta duración (cambio de valor de la aceleración transversal media, etc).

CURVAS ISO DE IGUAL CONFORT

a)

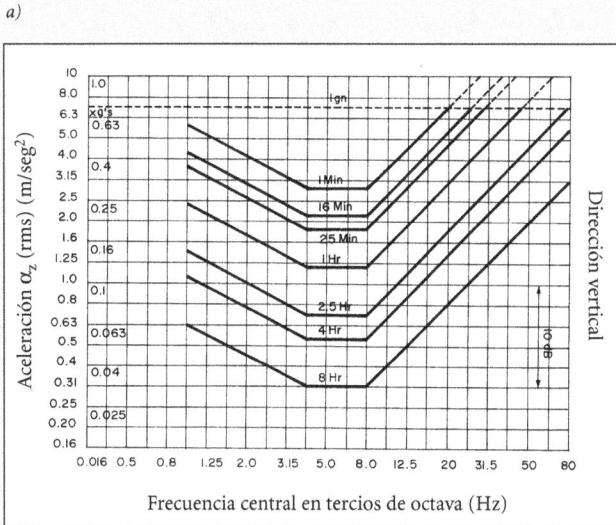

b)

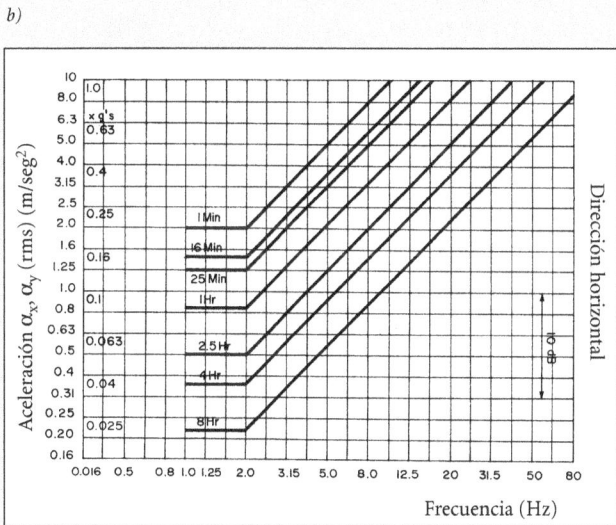

Fuente: ISO (International Standards Organization)   *Fig. 8.5*

MEDIDA DE LAS ACELERACIONES EN EL ASIENTO DE LOS VEHÍCULOS

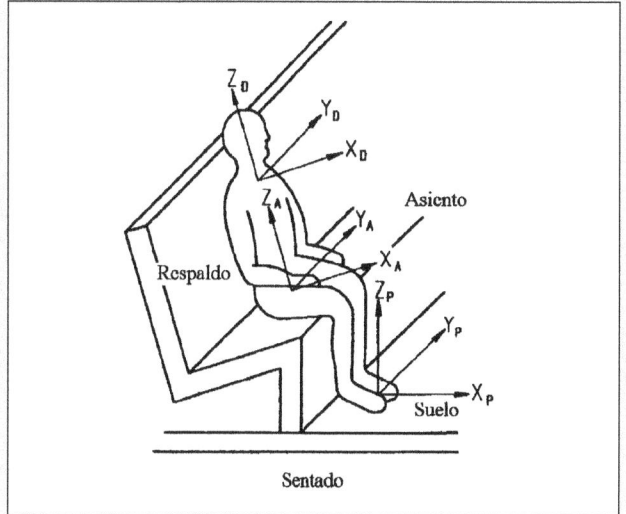

Fuente: UIC   *Fig. 8.6*

REPRESENTACIÓN GENERAL DEL CONFORT EN FUNCIÓN DE LOS RESULTADOS DE ENSAYOS

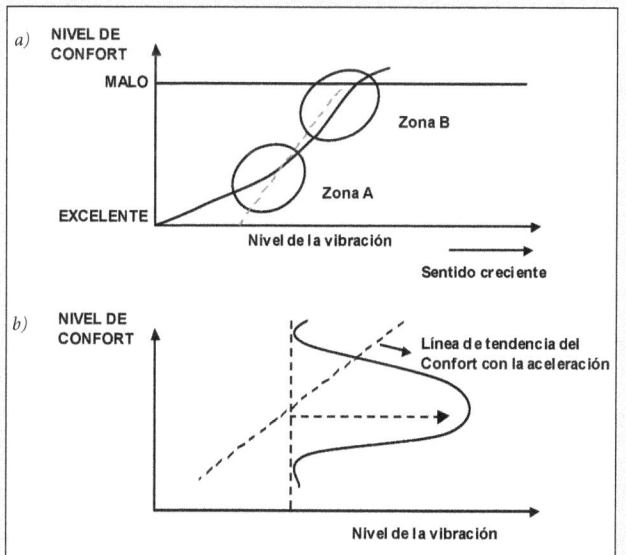

Fuente: UIC   *Fig. 8.7*

Cuando se calcula la "comodidad media" se tienen en cuenta tanto la sensación promedio como la sensación instantánea. Cuando se evalua la comodidad en las curvas de transición, solo se considera la sensación instantanea. Análogamente cuando lo que se pretende es evaluar la comodidad en eventos discretos (por ejemplo, oscilación transitoria en recta).

Para la medida de la comodidad media, la norma UNE ENV 12299 (1999) establece dos procedimientos:

1. *Simplificado*, basado en la medición de la aceleración sobre el suelo, que permite calcular el índice de comodidad (N_{MV})
2. *Completo*, basado en la medición de la aceleración en la interfaz entre los viajeros y el vehículo. Permite evaluar los índices de comodidad: N_{VA} (para viajeros sentados) y N_{VD} (para viajeros de pie).

El cálculo del índice de comodidad (N_{MV}) se efectua a través de la expresión:

$$N_{MV} = 6 \sqrt{\left(a_{XP95}^{W_{ad}}\right)^2 + \left(a_{YP95}^{W_{ad}}\right)^2 + \left(a_{ZP95}^{W_{ab}}\right)^2}$$

siendo (a) el valor eficaz de la aceleración, en m/seg^2, sobre un período de 5 segundos.

Los índices que aparecen en la expresión precedente tienen el siguiente significado:

W_i = superíndice que se refiere a los valores de frecuencia ponderados conforme a la curva de ponderación de cada eje.

P = interfaz con el suelo

95 = indica el centil utilizado

En función de los valores obtenidos para N_{MV} se establece la siguiente escala.

$N \le 1$	Muy buen confort
$1 < N \le 2$	Buen confort
$2 < N \le 4$	Confort aceptable
$4 < N \le 5$	Mal confort
$N > 5$	Muy mal confort

Para calcular el indicador N_{VA} la expresión matemática a utilizar es:

$$N_{va} = 4 \cdot \left(a_{ZP95}^{W_b}\right) + 2 \cdot \sqrt{\left(a_{YA95}^{W_d}\right)^2 + \left(a_{ZA95}^{W_b}\right)^2} + 4 \cdot \left(a_{XD95}^{W_c}\right)$$

siendo:

N_{VA} = índice de confort para un viajero sentado

95 = Para el 95 centil

a = Valor eficaz de la aceleración según el eje X, Y o Z

W_i = Valor de ponderación en frecuencia según cada eje (b = vertical; d = horizontal; c = espalda del asiento)

A = Para asiento
P = Para plataforma
D = Para espalda

La expresión para un viajero de pie es la siguiente:

$$N_{VD} = 3 \sqrt{16\left(a_{XP50}^{W_d}\right)^2 + 4\left(a_{YP50}^{W_d}\right)^2 + \left(a_{ZP50}^{W_b}\right)^2 + 5\left(a_{YP95}^{W_d}\right)}$$

siendo:

N_{VD} = índice de confort para un viajero de pie

50 = para el 50 centil.

Las expresiones precedentemente indicadas tienen por finalidad obtener un indicador representativo del confort medio; corresponden por tanto a la denominada zona A de la figura 8.7. Para situaciones singulares, como sucede con las curvas de transición, se dispone de las siguientes expresiones:

$$P_{CT} = (A.y'' + By''' - C) + D.\theta'^E$$

siendo:

P_{CT} = porcentaje de viajeros insatisfechos con el confort experimentado

y'' = valor máximo de la aceleración lateral expresada en porcentaje de la aceleración de la gravedad

y''' = valor máximo de la variación de la aceleración lateral con respecto al tiempo, expresado en porcentaje de la aceleración de la gravedad

θ'^E = velocidad angular de giro de la caja expresada en grados/segundo

Las figuras 8.8 y 8.9 visualizan las variables precedentes.

Las constantes A, B, C, D y E dependen de la posición del viajero (sentado o de pie) y adoptan los siguientes valores indicados a continuación:

INTERPRETACIÓN DE LOS TÉRMINOS Y" E Y''' EN LA FÓRMULA DE P_{CT}

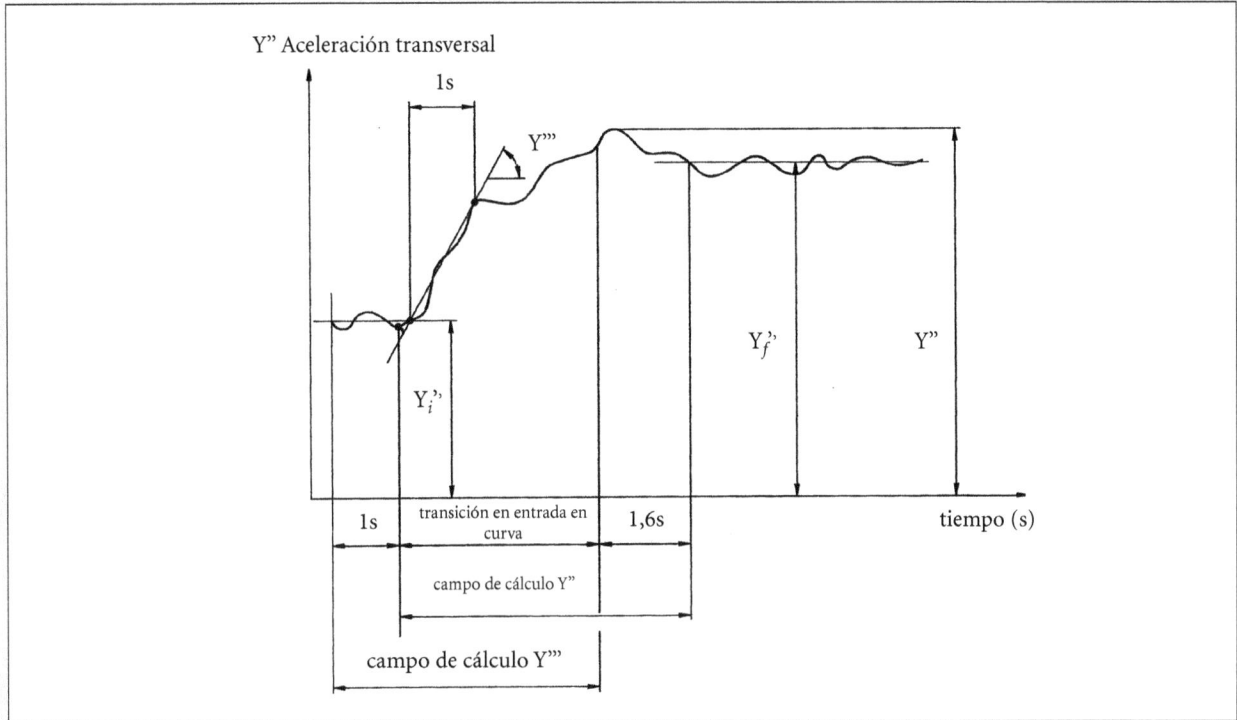

Fig. 8.8

INTERPRETACIÓN DEL TÉRMINO Θ' EN LA FÓRMULA DE P_{CT}

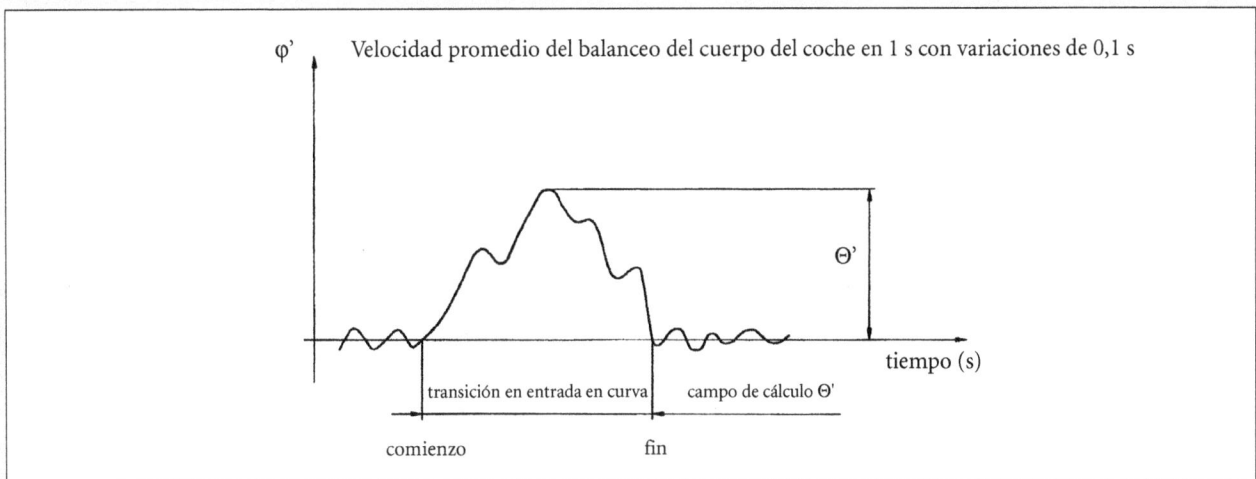

Fig. 8.9

Posición	Valores de				
del viajero	A	B	C	D	E
Sentado	0,80	0,95	5,9	0,12	1,62
De pie	2,80	2,03	11,1	0,18	2,28

Fuente: CEN ENV (1999)

En la figura 8.10 se muestran los resultados obtenidos para PCT durante viajes de prueba efectuados en la línea Roma – Milán, con trenes convencionales, aceptando una aceleración máxima sin compensar en el plano de la vía, de 1 m/seg², y con trenes de caja inclinable aceptando 1,8 m/seg² de aceleración sin compensar.

El análisis de los resultados muestra que el índice P_{CT} calculado para viajeros sentados es mejor en el caso de trenes de caja inclinable que en el caso de trenes convencionales, lo que se explica por el comportamiento de aquellos respecto a los términos de la expresión que permite cuantificar P_{CT} (F. Candela, 2005).

Finalmente, para cuantificar la comodidad en eventos discretos, la norma mencionada establece la expresión:

$$P_{DE} = A\ddot{y}_p + B\ddot{y}_m - C$$

teniendo A, B y C los valores adjuntos:

Posición del viajero	A	B	C
Sentado	8,46	13,05	21,7
De pie	16,62	27,01	37,0

y expresando $\ddot{y}_p$ e $\ddot{y}_m$ en m/seg². Ambas variables tienen el siguiente significado: $\ddot{y}_p$ (diferencia entre el valor máximo y el valor mínimo de la aceleración) e $\ddot{y}_m$ (valor medio de la señal).

INDICADOR DE CONFORT P_CT EN LA LÍNEA ROMA-MILÁN

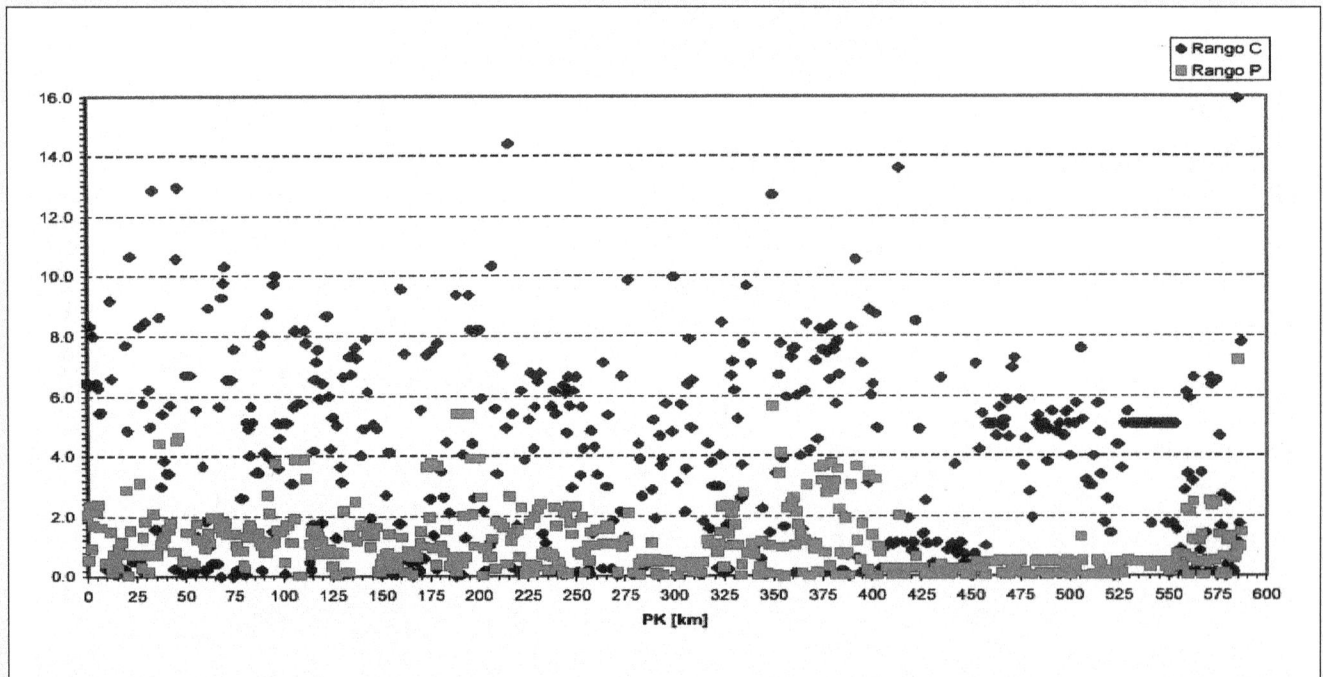

Fuente: F. Candela et. al (2005)   Fig. 8.10

9

9.1 PERALTE

Una parte importante de la longitud de las redes ferroviarias discurre por alineaciones curvas de mayor o menor radio en planta (Fig. 9.1). Conocer las circunstancias en que se produce la interacción vía-vehículo en dichas secciones resulta imprescindible para determinar la velocidad de circulación posible a lo largo de las mismas, sin que el viajero experimente una sensación de incomodidad.

Para tratar de compensar la acción de la fuerza centrífuga, el ferrocarril proporciona en las curvas un cierto peralte a la vía mediante la elevación del carril exterior al colocar mayor espesor de balasto bajo las traviesas en dicha zona (Fig. 9.2).

El esquema de fuerzas que actúan en plena curva (ver esquema adjunto), peso del vehículo y fuerza centrífuga, puede descomponerse según un plano paralelo al de la vía. Se trata de cuantificar el valor de la aceleración que recibiría el viajero y obligar a que este valor no supere su límite de confort.

Matemáticamente:

$$F_t = F \cos \alpha - P \operatorname{sen} \alpha \qquad (9.1)$$

Dado que el ángulo máximo de la vía respecto a la horizontal no suele superar, como se justificará posteriormente, los 5 a 6º, se puede suponer:

$$\operatorname{sen} \alpha \approx \operatorname{tg} \alpha; \quad \cos \alpha \approx 1; \quad \operatorname{tg} \alpha = \frac{h}{S}$$

h = peralte de vía
S = distancia entre ejes de carriles

Considerando que se trate de una vía con carril de 54 kg/ml, cuya cabeza mide 70 mm y para ancho internacional (1.435 mm), se tiene:

$$S = 35 \text{ mm} + 1.435 \text{ mm} + 35 \text{ mm} = 1.505 \text{ mm}$$

La expresión 9.1 puede expresarse en la forma:

$$F_t = \frac{MV^2}{R} - \frac{Ph}{S}$$

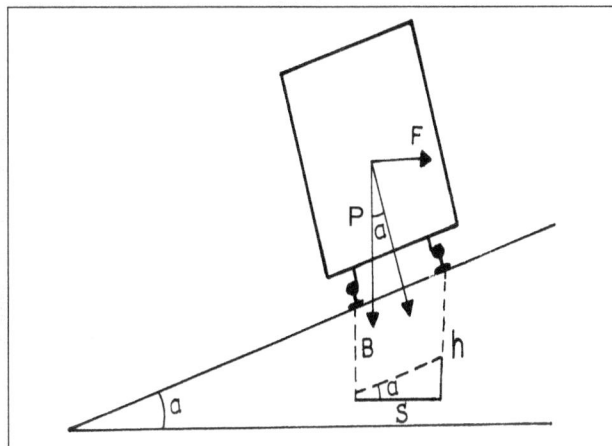

VISUALIZACIÓN DE ALGUNOS TRAZADOS DIFÍCILES DEL FERROCARRIL

a) Viaducto de Landwasser en la línea del Bernina (Suiza)

Fuente: La Tecnica Professionale

b) Línea León-Gijón

Fuente: RENFE

c) Trazado de una línea alemana convencional

Fuente: EK (Eisenbahn Kurier)

d) Trazado Cerbere - Perpignan

Fuente: La vie du rail

Fig. 9.1

SECCIÓN TRANSVERSAL DE UNA VÍA

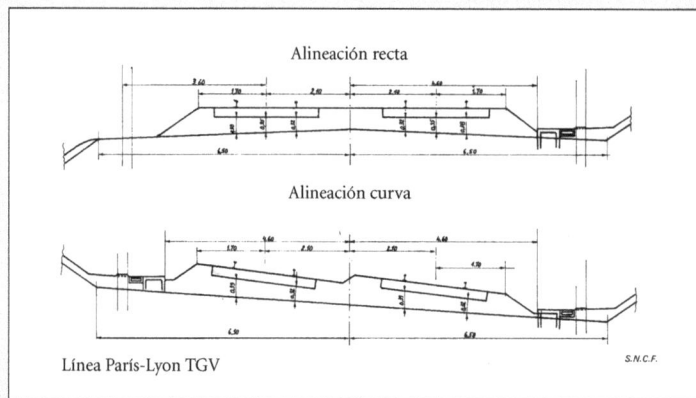

Alineación recta

Alineación curva

Línea París-Lyon TGV

S.N.C.F.

Fuente: Chemins de Fer

Fig. 9.2

o bien

$$F_t = \frac{P.V^2}{gR} - \frac{Ph}{S}$$

Como

$$F_t = \frac{P}{g}\gamma sc$$

se deduce:

$$\gamma sc = \frac{V^2}{R} - \frac{h}{S}g \qquad (9.2)$$

Para que el viajero no experimentase aceleración (γ sc = 0), debería colocarse en la vía un peralte (h_T) de valor:

$$h_T = \frac{V^2}{R}.\frac{S}{g} \qquad (9.3)$$

A este peralte se le llama *peralte teórico* (h_T), es decir, el peralte que haría nula γ sc.

Si se adoptan unos valores de referencia para la velocidad comprendidos entre 100 y 300 km/h, así como unos radios en planta razonables, se deducen los valores correspondientes del peralte teórico (Cuadro 9.1).

CUADRO 9.1. PERALTE TEÓRICO PARA DETERMINADAS VELOCIDADES DE CIRCULACIÓN Y RADIOS DE CURVA

Parámetro	Velocidad (km/h)				
	100	140	200	250	300
Radio (m)	500	1.000	1.500	2.000	3.000
Peralte teórico (mm)	274	268	356	557	802

Cabe preguntarse si existe un límite práctico para el peralte teórico. Pueden explicitarse al menos tres argumentos para justificar la existencia de dicho límite. El primero, la dificultad para los viajeros de desplazarse a lo largo del tren, en caso de elevados peraltes. El segundo, la dificultad para arrancar de los trenes de mercancías, en caso de parada en curva, por causa del rozamiento de las pestañas de las ruedas con el hilo interno de los carriles. Finalmente, la inestabilidad del talud natural de la capa de balasto para elevados valores del peralte. En síntesis, la experiencia ha situado el valor máximo del peralte teórico en el intervalo comprendido entre 160 y 200 mm.

En consecuencia, de la observación de los datos del peralte teórico mostrados en el cuadro 9.1 se deduce que, en general, siempre se producirá sobre el viajero una cierta aceleración sin compensar.

9.2 ACELERACIÓN CENTRÍFUGA SIN COMPENSAR. INSUFICIENCIA DE PERALTE Y COEFICIENTE DE SOUPLESSE

Una forma de expresar este hecho (la aceleración que actúa sobre el viajero) en términos matemáticos es:

$$I = h_T - h_p \qquad (9.4)$$

Siendo I la insuficiencia de peralte y h_p el peralte práctico realmente existente en la vía.

Sustituyendo 9.3 en 9.4 se obtiene:

$$I = \frac{V^2}{R}.\frac{S}{g} - h \qquad (9.5)$$

por tanto, al considerar 9.2 y 9.5 se deduce:

$$I = \gamma sc.\frac{S}{g} \qquad (9.6)$$

que relaciona la aceleración sin compensar con la insuficiencia de peralte.

Nótese que resultaría indiferente hablar de aceleración centrífuga sin compensar y de insuficiencia de peralte. Sin embargo, la distancia entre ejes de vía (S) es el factor de corrección para pasar de una variable (γ_{sc}) a otra (I).

De la observación de la expresión 9.2 podría inferirse que γ_{sc} sería la aceleración realmente percibida por el viajero a causa de la fuerza centrífuga sin compensar. Sin embargo, la realidad es diferente. En efecto, como muestra el esquema de la página siguiente, debido a la fuerza centrífuga la caja del vehículo se inclina hacia el exterior de la curva, de modo que para el viajero el plano de referencia es inferior, en inclinación, al del peralte de la vía.

La experiencia pone de manifiesto que la aceleración realmente soportada por el viajero (γ_v) puede relacionarse con (γ_{sc}) a través de la expresión:

$$\gamma_v = \gamma_{sc}(1 + \theta)$$

siendo θ el denominado *coeficiente de flexibilidad* que oscila entre 0,2 y 0,3. Aumenta a medida que la elasticidad de las suspensiones se ha ido incrementando para mejorar el confort de los viajeros.

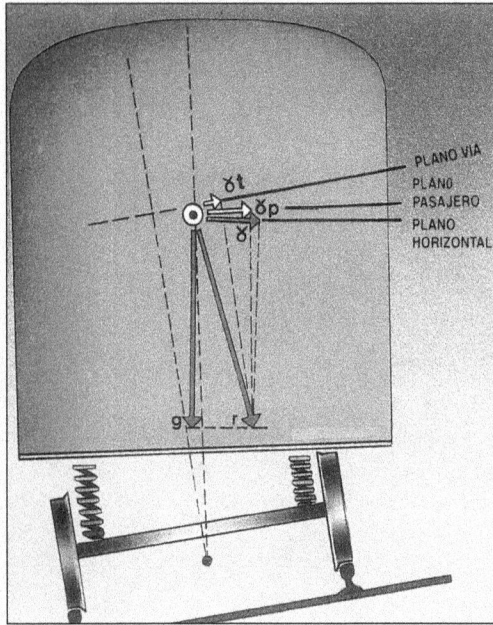

En consecuencia, la ecuación 9.6 puede adquirir la forma:

$$I = \frac{S}{g} \frac{\gamma_V}{(1+\theta)} \qquad (9.8)$$

Las reflexiones efectuadas hasta el momento provienen de la consideración exclusiva de la acción de la fuerza centrífuga. Sin embargo, la existencia de defectos en la geometría de la vía es generadora de aceleraciones suplementarias que afectan también al confort del viajero.

En consecuencia, de una manera general, cabe establecer que la aceleración transversal total que actúa sobre un viajero durante la circulación de un vehículo por tramos curvos vendría dada por la relación:

$$\begin{array}{ccc} \gamma \text{ Total} & \gamma \text{ Debida a la} & \gamma \text{ Debida a los} \\ \text{sobre el} = & \text{fuerza centrífuga} + & \text{defectos existentes} \\ \text{viajero} & \text{sin compensar} & \text{en la vía} \end{array}$$

$$\qquad (9.9)$$

Matemáticamente:

$$\gamma \text{ TOTAL} = \left(\frac{V^2}{R} - \frac{h}{S}g\right)(1+\theta) + \gamma \text{ DEFECTOS}$$

No ha sido posible obtener todavía ninguna expresión que permita cuantificar, para todos los vehículos, el valor de la aceleración provocada por los defectos de la vía, en función de la magnitud de éstos. Se deduce, por tanto, de la expresión anterior que cuanto mejor sea la calidad geométrica de una vía, mayor velocidad podrá permitirse por ella.

Por otro lado, de acuerdo con las experiencias de los ferrocarriles franceses (hace ya más de tres décadas), los valores de la aceleración transversal soportable por los viajeros corresponden a los niveles de confort indicados en el cuadro 9.2

CUADRO 9.2. VALORES DE LA ACELERACIÓN TRANSVERSAL SOPORTABLE POR LOS VIAJEROS

Nivel de Confort	Posición del viajero Sentado	De pie
Muy bueno	1 m/seg^2	0,85 m/seg^2
Bueno	1,2 m/seg^2	1,00 m/seg^2
Aceptable	1,4 m/seg^2	1,20 m/seg^2
Aceptable Excepcionalmente	1,5 m/seg^2	1,40 m/seg^2

Con posterioridad, Leander (1993), con ocasión de la introducción del tren X2000 de caja inclinable en las líneas de ferrocarril suecas, publicó los resultados de los ensayos realizados para determinar la aceleración lateral máxima aceptable por los viajeros.

Se constató en los citados ensayos como, para la posición de sentado, tan sólo el 10% de los viajeros se sentirían incómodos cuando la aceleración lateral alcanzase niveles en el entorno de 1,2 m/seg^2. Coincidían, por tanto, básicamente, los criterios de los ferrocarriles franceses y suecos.

En este contexto resulta de interés sintetizar las recientes experiencias de los ferrocarriles japoneses, [H. Suzuki et al. (2000)] sobre los límites de aceleración soportables por los viajeros. La figura 9.3a muestra el porcentaje de personas (fue analizada la respuesta de 293 viajeros) que presentaba un grado de confort inaceptable en función de:

a) la aceleración centrífuga sin compensar estacionaria en la curva circular
b) la posición del viajero: sentado o de pie

Se comprueba que, efectivamente, para un viajero sentado, una aceleración transversal constante en curva de hasta 1,2 m/seg^2, sólo provoca incomodidad en un 5% de los viajeros. Por el contrario, para un viajero de pie el valor de la aceleración que afectaría negativamente a igual porcentaje de personas se situaría en torno de 0,9 m/seg^2. En consecuencia, a la luz de los ensayos en Japón, podría señalarse la coincidencia con el criterio francés, en los niveles de confort bueno y muy bueno.

EXPERIENCIAS JAPONESAS SOBRE LOS NIVELES DE ACELERACIÓN ACEPTABLES POR LOS VIAJEROS

a)

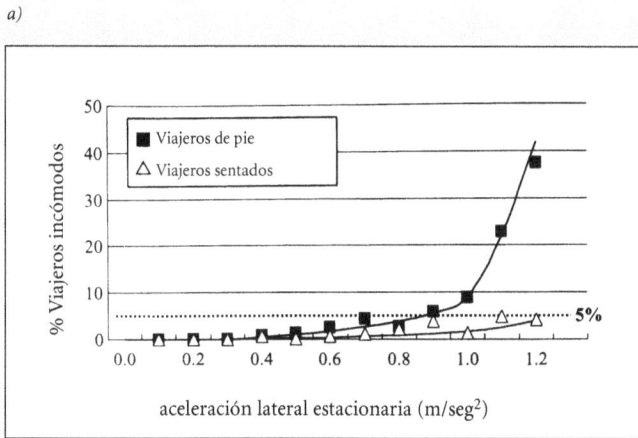

b)

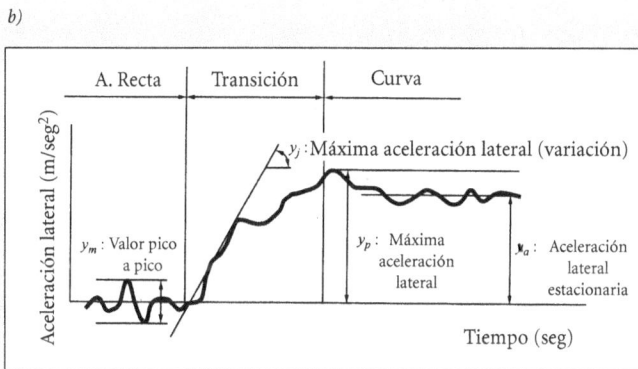

c)

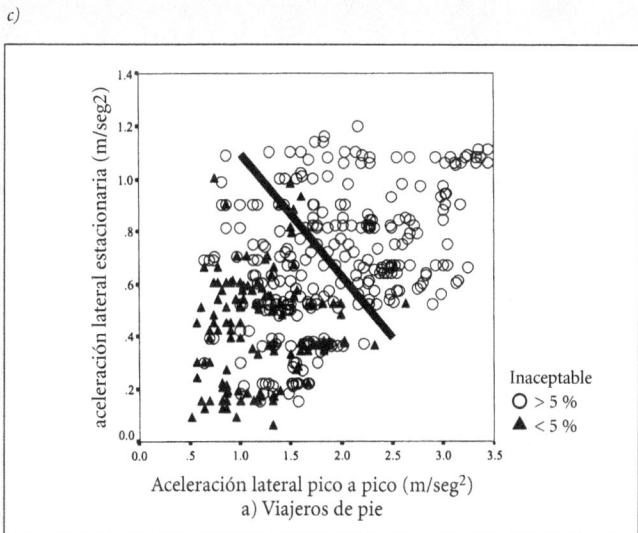

d)

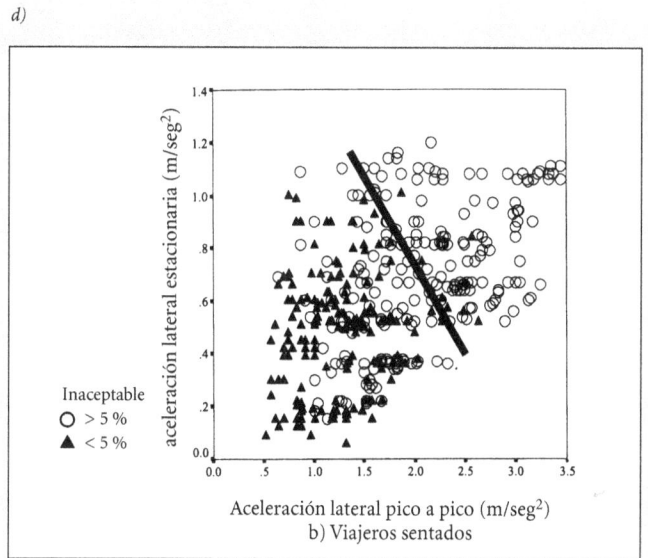

e)

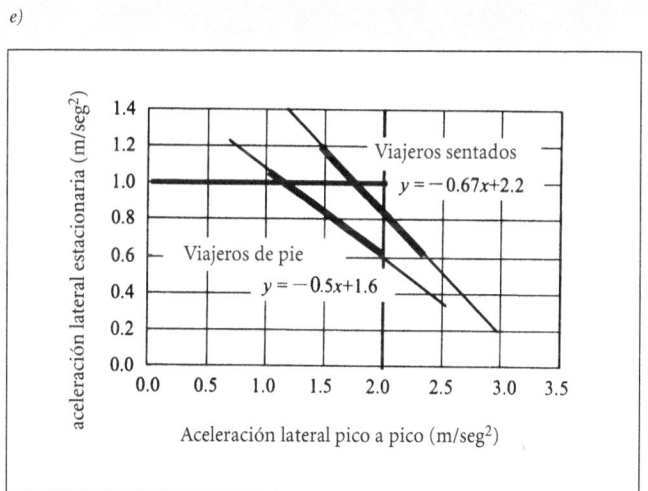

Fuente: H. Suzuki et al. (2000)

Fig. 9.3

En todo caso resulta de interés profundizar en el hecho de que el viajero no sólo se ve sometido a una aceleración estacionaria, sino que, como se muestra en la figura 9.3b, experimenta aceleraciones superiores durante el proceso de circulación tanto en alineación recta como en curva de transición o en curva circular.

Las experiencias realizadas con viajeros han permitido obtener los gráficos de las figuras 9.3c y 9.3d, que relacionan la aceleración lateral estacionaria con la aceleración lateral pico a pico. La recta de ambas figuras indica la frontera que provoca incomodidad en más del 5% de los viajeros. Sus ecuaciones respectivas (Fig. 9.3e) son:

$Y = - 0,67x + 2,2$ (para viajeros sentados)

$Y = - 0,5x + 1,6$ (para viajeros de pie)

Siendo (Y) = aceleración lateral estacionaria

(x) = aceleración lateral pico a pico.

A partir de los citados ensayos, se han propuesto los estándares siguientes para viajeros sentados.

Aceleración lateral estacionaria (m/seg^2)	Aceleración pico a pico (m/seg^2)
0,6	2,0
0,8	1,6
1,0	1,2

Si se supone que la calidad geométrica de una vía es buena (γ debida a los defectos de vía $\approx 0,2$ m/seg^2), la aplicación del criterio de confort "muy bueno" ($\gamma = 1$ m/seg^2) conduce a la siguiente relación derivada de (9.9):

$$0,8 = \left(\frac{V^2}{R} - \frac{h}{S}g \right)(1+\theta)$$

y adoptando un coeficiente de flexibilidad de $\theta = 0,2$, resulta:

$$0,66 = \frac{V^2}{R} - \frac{h}{S}g$$

Para una vía con el peralte máximo normalmente utilizado en líneas convencionales (h = 160 mm), se obtiene la conocida relación:

$$V \approx 4,5\sqrt{R} \qquad (9.10)$$

que permite, con carácter orientativo, evaluar la velocidad de circulación de un vehículo por una curva de radio R en las hipótesis que

han servido para su establecimiento. Se observan de este modo los siguientes valores de referencia:

V (km/h)	R (m)
78	300
100	500
142	1.000
201	2.000

9.3 VEHÍCULOS DE CAJA INCLINABLE

Dado que el confort del viajero limita la velocidad de circulación en curva, desde el primer tercio y especialmente desde la segunda mitad del siglo XX (Cuadro 9.3) numerosos fueron los intentos realizados para lograr disponer de vehículos dotados de caja inclinable, es decir, de vehículos que en las curvas, bien de forma natural, o bien de forma forzada, inclinasen su caja hacia el interior de la curva, incrementando de este modo el peralte realmente existente para el viajero y permitiendo una mayor velocidad de circulación. De manera abreviada, su comportamiento sería el contrario al de los vehículos convencionales.

Dos son los tipos de vehículos de caja inclinable que se encuentran operativos en la actualidad:

1. Los vehículos correspondientes a los coches TALGO, denominados *pendulares*.
2. Los vehículos correspondientes a una inclinación forzada de la caja, denominados *basculantes*. A este grupo corresponden, entre otros, los trenes ETR 450, ETR 460 y ETR 470, y sus derivados, junto al X 2000, SIG y el ICE-T.

Por lo que respecta al primer tipo de vehículos, *pendulares*, puede observarse en la figura 9.4a como la ubicación del centro de rotación de los coches TALGO hace que éstos se comporten, a su paso por las curvas, como si fuesen un péndulo. Es decir que de forma natural se inclinan hacia el interior de la curva bajo la acción de la fuerza centrífuga y recuperan su posición cuando esta fuerza desaparece. Para este tipo de vehículos el ángulo de inclinación respecto a la perpendicular al eje de la vía se sitúa en el entorno de 3º.

En el segundo grupo de vehículos *basculantes* un dispositivo especial con el que van dotados los coches (Fig. 9.4b y 9.4c) inclina en las curvas la caja del vehículo hacia el interior de la vía en el ángulo deseado. Ángulo que no debe dar lugar a problemas de interceptación del gálibo disponible en la vía. En general resultarían factibles ángulos de hasta 8°, pero valores de este nivel provocarían sensación de mareo en buena parte de los viajeros. Por esta razón el ángulo máximo de inclinación no suele superar los 5°.

CUADRO 9.3. DESARROLLO HISTÓRICO DE LOS PRIMEROS ESTUDIOS SOBRE MATERIAL FERROVIARIO DE CAJA INCLINABLE

País	Período temporal	Referencia	Aplicación práctica
EE. UU.	Años 30	Pacific Railway Equipment Co.	—
	Años 50	United Aircraft Corporation	Línea Chesapeake-Ohio
Canadá	Años 70	Ferro. Canadienses	Vehículo LRC
Francia	Años 50	Ferro. Franceses	Autorail RGP
Alemania	Años 60	Ferro. Alemanes	ET 403
Gran Bretaña	Años 60/70	Ferro. Británicos	APT
Suecia	Años 70	Ferro. Suecos	X 15
Suiza	Años 70	Ferro. Suizos	SIG
Japón	Años 60	Ferro. Japoneses	Tren pendular Serie 381
Italia	Años 60	Ferro. Italianos	ETR 401
España	Años 70	Ferro. Españoles	TALGO pendular

Fuente: Elaboración propia a partir de datos de Antolín Heriz (1985)

Si se exceptúa el caso del tren Talgo, en el resto de los sistemas de basculación mencionados, es decir, en los vehículos de basculación activa, su actuación necesita del reconocimiento en tiempo real de las necesidades de compensación de la aceleración lateral experimentada por los viajeros. Siguiendo a F. García (2003), puede afirmarse que el funcionamiento del sistema de basculación necesita del conocimiento de la señal obtenida de sensores instalados en el vehículo, que determinan las aceleraciones laterales o las velocidades angulares en algunos puntos específicos del vehículo.

La utilización de la citada señal como modo de hacer actuar el sistema de inclinación de la caja, obliga a un filtrado de la misma que elimine la respuesta dinámica y retenga exclusivamente la parte de señal correspondiente al movimiento de seguimiento del trazado. Este filtrado induce a un retraso que se suma al de la propia respuesta dinámica del vehículo en el seguimiento del trazado. La suma de ambos retrasos, más el asociado al propio sistema de actuación, puede dar lugar a una basculación retrasada respecto a la necesidad real definida por la posición de cada vehículo en el trazado.

El retraso asociado al filtrado será tanto mayor cuanto más elevado sea el nivel de respuesta dinámica del vehículo, que a su vez depende del estado de la calidad geométrica de la vía. En consecuencia, si la citada calidad no es muy elevada, se pueden producir retrasos significativos en la actuación de los sistemas de inclinación de la caja de los vehículos.

Esta situación puede también darse en el caso de trazados, en donde, aun siendo buena la calidad geométrica de la vía, se presenten sucesiones de curvas con transiciones cortas, lo que exigirá al sistema de actuación de la basculación reacciones muy rápidas que pueden ser origen de respuestas dinámicas en la suspensión del vehículo, no debidas a la excitación que proviene de la vía, sino al propio sistema de basculación. El resultado es el mismo para el viajero que el indicado precedentemente: ausencia de confort.

Para tratar de superar estas limitaciones, en la década de los años noventa del pasado siglo, la empresa CAF (ver Fig. 9.4d) comenzó a desarrollar el sistema que en la actualidad se conoce con el nombre de SIBI (sistema inteligente de basculación integral), que se encuentra ya operativo en los trenes regionales de Renfe.

El sistema de basculación SIBI se basa en el conocimiento previo del recorrido del tren. Para ello consta de cuatro subsistemas:

- SPD: sistema de detección de la posición del tren en el trazado. Es el responsable de identificar el trayecto que se está recorriendo y de determinar en cada instante la velocidad y el punto kilométrico del vehículo sobre la vía.
- UCB: unidad de control de basculación. Es la responsable de generar la señal para que actúen los equipos de basculación.
- Visualizador de cabina: el maquinista es capaz de conocer el estado de la basculación.
- Sistema de actuación: encargado de convertir las señales recibidas en inclinación de la caja de los vehículos respecto a los *bogies*.

La bondad del sistema ha sido comprobada en numerosos ensayos. El criterio de bondad es el conocimiento de los valores del indicador P_{CT} anteriormente indicado; es decir, el porcentaje de viajeros insatisfechos con el confort percibido. Como en el caso de la figura 8.10, el valor de P_{CT} es inferior en tres o seis veces al obtenido cuando el sistema de basculación no se activa.

VEHÍCULOS DE CAJA INCLINABLE

a) Talgo pendular

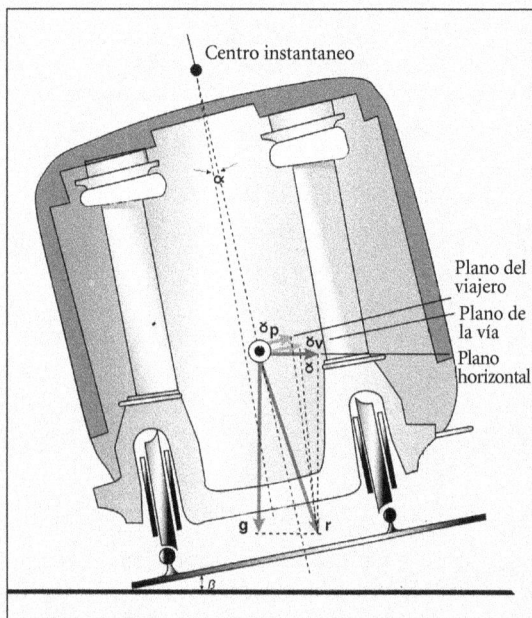

Fuente: Talgo

b) Trenes basculantes, FIAT (1970)

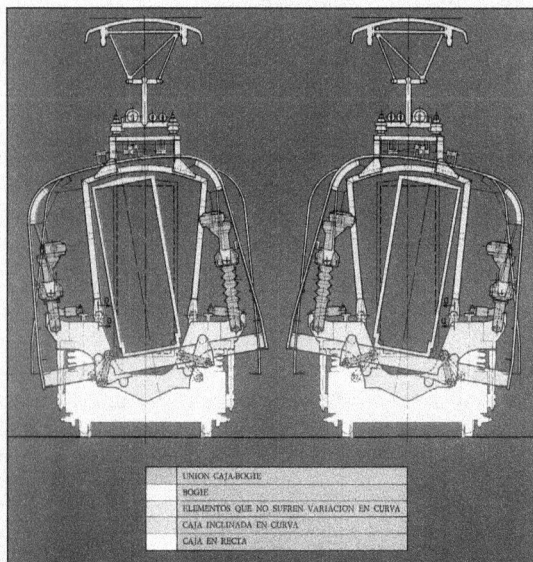

Fuente: RENFE

c) Alstom (2001)

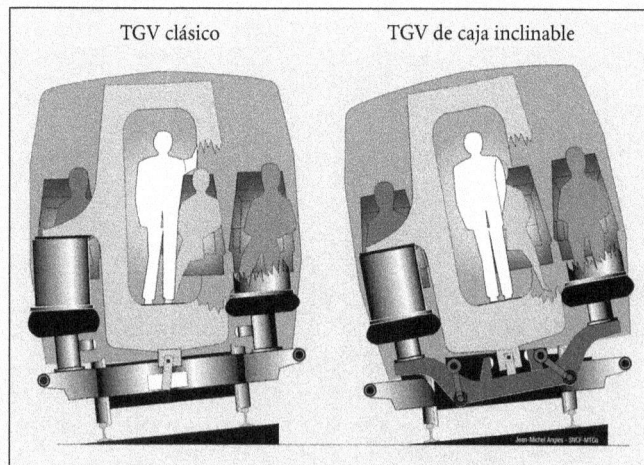

Fuente: Alstom

d) Sistema SIBI (CAF)

Fuente: RENFE

Fig. 9.4

9.4 REPERCUSIÓN PRÁCTICA DE UTILIZAR VEHÍCULOS DE CAJA INCLINABLE

La experiencia pone de relieve la bondad práctica de utilizar las siguientes expresiones como referencia:

a) Vehículos convencionales

$$\gamma_{sc} = \frac{V^2}{R} - \frac{h}{S}g$$

$$\gamma_V = \gamma_{sc}(1+\theta)$$

b) Vehículos de caja inclinable

$$\gamma_{sc} = \frac{V^2}{R} - \frac{h}{S}g$$

$$\gamma_V = \gamma_{sc}/(1+\theta)$$

o bien, las relaciones más rigurosas siguientes:

$$\gamma_{sc} = \frac{V^2}{R} - \frac{h}{S}g$$

$$\gamma_V = \frac{V^2}{R} - \frac{(h+h_{equiv})}{S}g \tag{9.11}$$

siendo h equivalente el peralte al que equivaldría la inclinación hacia el centro de la curva de la caja del vehículo en un cierto ángulo β.

Con objeto de tratar de cuantificar la repercusión práctica de los vehículos de caja inclinable, en la velocidad de circulación por una curva dada, resulta de interés ver en qué forma se modifica la ecuación 9.10, es decir:

$$V \approx 4,5\sqrt{R}$$

en presencia de vehículos pendulares y basculantes, respetando las hipótesis que condujeron a la referida expresión, que, como se recordará, fueron:

$$\gamma\text{viajero}(1 m/\text{seg}^2); \gamma_{sc} = 0,66 \text{ m/seg}^2$$
$$\theta = 0,2; \quad h = 160 \text{ mm}$$

Con carácter aproximado, la aplicación de la expresión 9.11, para determinados valores del ángulo de inclinación de los vehículos proporciona las siguientes relaciones:

a) Para vehículos pendulares

$$V \approx 5,4\sqrt{R} \tag{9.12}$$

b) Para vehículos basculantes

$$V \approx 5,8\sqrt{R} \tag{9.13}$$

Es indudable que los coeficientes 5,4 y 5,8 de las relaciones anteriores dependen del ángulo de inclinación considerado para la caja de ambos sistemas, y pueden, por tanto, tomar otros valores.

No obstante, la aplicación práctica de las expresiones 9.10, 9.12 y 9.13 precedentes conduce a los resultados orientativos que se muestran en el cuadro 9.4 para una serie de radios de curva comprendidos entre 300 y 1.000 m.

CUADRO 9.4. ÓRDENES DE MAGNITUD DE LAS VELOCIDADES DE CIRCULACIÓN DE TRENES CONVENCIONALES, PENDULARES Y BASCULANTES POR CURVAS DE DIVERSO RADIO

R (m)	Velocidad (km/h) TREN		
	Convencional	Pendular	Basculante
300	78	93	100
400	90	108	116
500	100	120	130
600	110	132	142
700	119	143	153
800	127	152	164
900	135	162	174
1.000	142	171	183

Fuente: A. López Pita (1990)

Si se examina, por su simplicidad numérica, el caso de una curva de radio 500 m, podría decirse que los vehículos pendulares posibilitan velocidades superiores a las de los trenes convencionales en un 15 a 20%, mientras que los vehículos basculantes podrían incrementar su velocidad entre un 25 y un 30%. Sin embargo, de las reflexiones anteriores no puede concluirse que el tiempo de viaje entre dos puntos dados se reduce en la misma proporción. Volveremos posteriormente sobre esta importante cuestión.

Cabe también destacar el hecho de que la utilización de vehículos de caja inclinable, al permitir mayores velocidades de circulación, puede dar lugar a mayores esfuerzos transversales sobre la vía. Esta importante cuestión será analizada al abordar la resistencia lateral de la vía y su posible ripado. En la figura 9.5 y 9.6 se muestran algunas realizaciones de trenes de caja inclinable.

TRENES DE CAJA INCLINABLE (I)

a) Tren Talgo

Fuente: Talgo

b) Tren X2000

Fuente: IRJ. (2001) Tren X2000

c) Tren ETR450

d) Tren ETR460

Fuente: J. L. Poggi. (1997)

e) Tren Cisalpino

Fuente: M. Lavertu. (1997)

Fig. 9.5

TRENES DE CAJA INCLINABLE (2)

a) Coches suizos SIG

Fuente: Esenbahn Ingenieur. (1999)

b) Tren suizo ICN

Fuente: Regis Chessum. (2000)

c) Tren ICT

Fuente: Siemens

d) Prototipo TGV-P

Fuente: Alstom. (1998)

Fig. 9.6

9.5 DETERMINACIÓN DEL PERALTE PRÁCTICO EN CURVA. INSUFICIENCIA Y EXCESO DE PERALTE

A excepción de determinadas líneas singulares, como es el caso de ciertas líneas de alta velocidad, lo habitual es que por un trazado dado concurran durante la explotación comercial de la línea composiciones ferroviarias de distintas características.

Como referencia pueden coincidir:

- Trenes rápidos de viajeros a velocidades máximas de 180/200 km/h (Servicios Intercity)
- Trenes de viajeros a 140/160 km/h (servicios regionales)
- Trenes rápidos de mercancías (140/160 km/h)
- Trenes ordinarios de mercancías (100/120 km/h)

La cuestión que se plantea es determinar el radio (R) y el peralte (h) más idóneos. En efecto, un peralte insuficiente daría lugar a una aceleración transversal sobre el viajero superior a la deseada. Por otro lado, un peralte elevado podría ocasionar un prematuro desgaste de los carriles interiores de la curva, dado que la gravedad y el peralte harían que el contacto de la rueda y el carril interior de la curva fuese superior al usual.

La búsqueda de la solución se efectúa a partir de las dos restricciones siguientes:

1. Limitar la aceleración sin compensar sobre el viajero (o la insuficiencia de peralte I asociada).
2. Limitar el exceso de peralte (E) para los trenes más lentos.

Matemáticamente, ambas restricciones se plasman en la forma:

$$I = \frac{V_V^2 \cdot S}{R.g} - h \leq Iadmisible \tag{9.14}$$

$$E = h - \frac{V_M^2 \cdot S}{R.g} \leq Eadmisible \tag{9.15}$$

En la primera ecuación se considera, lógicamente, el tren de mayor velocidad, que en general corresponderá a un tren de viajeros (V_V). En la segunda ecuación, se introducirá la velocidad del tren más lento, normalmente, un tren de mercancías (V_M).

Para determinar el valor de (I) admisible, basta recordar la expresión 9.8. Adoptando como criterio de referencia γ_{total} sobre el viajero= 1m/seg²; γ_{debida} defectos de vía = 0,2 m/seg² y θ = 0,2, se deduce:

$$I \approx 115 \text{ mm}$$

En cuanto al exceso de peralte admisible, la experiencia práctica ha permitido acotar su valor al intervalo comprendido entre 30 y 90 mm. El límite inferior corresponde al caso en que la proporción de trenes lentos respecto a los trenes rápidos es elevada ($\approx$ > 30.000 t/dia). El límite superior corresponde a la situación contraria, es decir, a la caracterizada por la predominancia de trenes rápidos sobre trenes lentos ($\approx$ < 10.000 t/dia). En consecuencia:

$$E \leq 30 \text{ a } 90 \text{ mm}$$

Conocidos los valores límites de I y E, pueden deducirse de 9.14 y 9.15 las magnitudes de R y h buscadas.

En ocasiones, ha sido habitual, para líneas ya construidas, y por tanto con R fijado, adoptar un peralte práctico equivalente a 2/3 del peralte máximo (160 mm).

En los cálculos anteriores se ha señalado un valor de I en el entorno de 115 mm, deducido a partir de ciertas premisas sobre la calidad geométrica de la vía. Es de interés, no obstante, destacar que no todas las administraciones ferroviarias tienen el mismo criterio respecto al valor máximo de I. Así, mientras los ferrocarriles franceses admiten valores máximos de I de hasta 160 mm (excepcionalmente 180 mm) en el resto de países europeos I se mueve en el intervalo de 110 a 155 mm. La explicación se encuentra en la diferente atención que se dedica al mantenimiento de la vía.

9.6 ACUERDOS VERTICALES

El perfil longitudinal de una vía está formado por un conjunto de rasantes rectas unidas entre sí por curvas de acuerdo. La máxima inclinación teórica de las rasantes está condicionada por la capacidad adherente de la rueda al carril, resultando un valor próximo a 60‰. Sin embargo las condiciones de explotación comercial de una línea (potencia disponible en el material motor, carga remolcable y velocidad de marcha, entre otras) limitan la inclinación práctica de las rasantes a valores, en general, iguales o inferiores a 20‰. En los trazados que discurren por zonas montañosas pueden encontrarse algunas secciones con rampas de hasta 35 o incluso 40‰. Sin embargo, son situaciones poco habituales.

Por lo que respecta a los enlaces entre rasantes diferentes, pueden realizarse por medio de arcos de circunferencia o por medio de parábolas cuya curvatura va a tener un máximo en el vértice, decreciendo hacia los puntos de tangencia con las rectas que enlaza. Las curvas verticales introducen una aceleración centrífuga en su plano, que es especialmente molesta para el viajero en los acuerdos convexos (ver esquema adjunto).

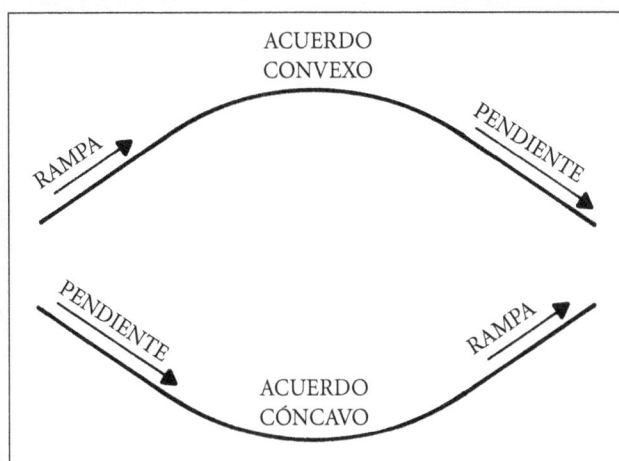

El estudio de la relación entre la aceleración, velocidad y radio vertical, se desarrolla en forma análoga al proceso que se ha seguido en la consideración de la aceleración horizontal:

$$\gamma_v = \frac{V^2}{R_v}$$

donde γ_v es la aceleración en el plano vertical, R_v es el radio de curvatura de la curva vertical y V la velocidad de circulación.

Si se expresa g_v (m/seg^2), V (km/h) y R (m) se obtiene:

$$\gamma_v = \frac{V^2}{12,96R}$$

Por criterios de confort del viajero, las experiencias disponibles aconsejan para γ_v valores máximos situados en el intervalo de 0,2 a 0,4 m/ seg^2. De donde se deduce:

$$R \approx \frac{V^2}{2} \quad o \quad R \approx \frac{V^2}{4}$$

El valor de 0,4 m/ seg^2 debe considerarse como un límite a no superar. Para velocidades de 200 km/h, se requieren, por tanto, acuerdos verticales con radios de alrededor de 20.000 metros.

9.7 CURVAS DE TRANSICIÓN

Durante algún tiempo los enlaces entre alineaciones rectas y curvas en el ferrocarril se hicieron sin colocar entre ambas las alineaciones que hoy día conocemos como *curvas de transición*. Las soluciones adoptadas fueron diversas en relación con la colocación del peralte. En una de ellas se iniciaba el peralte en la propia alineación recta, de modo que variando de forma progresiva se alcanzase el valor máximo del peralte al comenzar la curva circular. Otra alternativa consistía en colocar parte del peralte en la alineación recta y parte en la curva. Finalmente, la tercera alternativa consistió en iniciar el peralte con el comienzo de la curva circular.

Sea como fuere, lo que pretendía evitar el ferrocarril era la brusca aparición de los negativos efectos que generan las alineaciones curvas. La introducción de una curva de transición proporcionaba la mejor respuesta a esa deseable variación gradual de los efectos de la fuerza centrífuga.

En relación con el tipo de curva de transición a utilizar, cabe señalar que esta temática fue ampliamente analizada por las distintas administraciones ferroviarias durante muchos años, y se volvió de nuevo a reabrir la discusión con la construcción de las primeras líneas de alta velocidad en Europa (planificadas durante la década de los años 70 a los años 80 del siglo XX).

Dos son los aspectos que destacan en la reflexión:

1. Dado que a lo largo de la curva de transición se necesita disponer de un cierto peralte, para evitar incomodidades al viajero, se plantea la cuestión de saber cuál debe ser la forma (ley) de variación del peralte a lo largo de la citada curva de transición.
2. Teniendo en cuenta que el referido peralte debe lograrse, en la práctica, mediante la adecuada disposición de la capa de balasto, el segundo interrogante es cómo puede realizarse la implementación del peralte de la forma más precisa y económica posible.

Desde esta doble perspectiva, con práctica unanimidad se adoptó una relación lineal entre la curvatura (1/r) de la curva de transición y el peralte h en cada punto de la misma.

Por otro lado, para obtener los distintos tipos de curvas de transición se fijó una ley de variación del peralte a lo largo de la transición. Para esta ley se propusieron, entre otras, las siguientes expresiones.

1. Variación lineal del peralte
2. Variación consinusosidal del peralte
3. Variación parabólica del peralte

En relación con la primera hipótesis, se tiene:

$$i = \frac{h}{L} \tag{9.16}$$

siendo i la rampa de peralte.

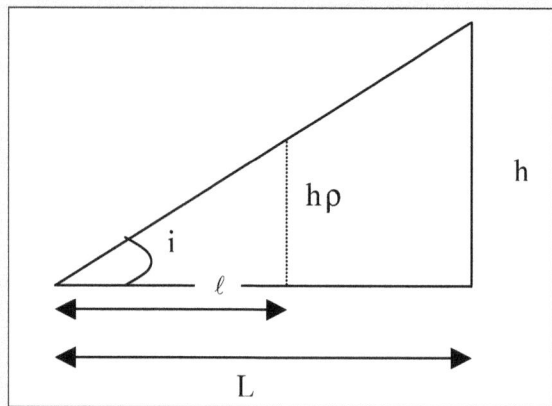

Del esquema adjunto, se deduce:

$$\frac{h\rho}{\ell} = \frac{h}{L} \qquad (9.17)$$

y puesto que:

$$h\rho = \frac{V^2 . S}{\rho . g}$$

$$h = \frac{V^2 . S}{R . g}$$

se infiere:

$$\rho . h_\rho = R . h$$

que junto a 9.17 proporciona la expresión:

$$\rho \cdot \ell = R \cdot L$$

que corresponde a la ecuación de la clotoide. Curva que aumenta su curvatura linealmente con su longitud.

En cuanto al diagrama cosinusoidal de variación del peralte, su expresión matemática es:

$$h_x = \frac{h}{2}\left(1 - \cos\frac{\pi}{L}x\right)$$

La ecuación de la curva de transición a la que corresponde es la llamada *cosinusoide de Bloss*.

De forma análoga, en la hipótesis de variación del peralte según la expresión:

$$h_x = \frac{h}{2}\left(\frac{2x}{L} - \frac{1}{\pi}\text{sen}\frac{2\pi}{L}x\right)$$

se obtiene la curva de transición denominada sinusoide de Klein.

Finalmente, si se adopta una variación parabólica para el peralte del tipo:

$$h_x = \frac{2h}{L^2}x^2$$

se obtiene la curva de transición estudiada por Schramm.

De un modo tradicional, la curva de transición más usada ha sido la parábola cúbica, que no es más que la primera aproximación en el desarrollo en serie de la clotoide. Debe subrayarse que las diferencias entre ambas curvas dentro del área normal de aplicación son muy pequeñas.

9.8 LONGITUD DE LAS CURVAS DE TRANSICIÓN

Para evaluar la longitud que debe darse a la curva de transición deben tenerse en consideración las siguientes restricciones:

1. Limitación de la velocidad de subida de la rueda a lo largo de la curva de transición

Una rápida elevación de la rueda exterior de un vehículo podría dar lugar a una descarga de rueda y de este modo incrementar el riesgo de descarrilo del vehículo.

A partir del esquema adjunto:

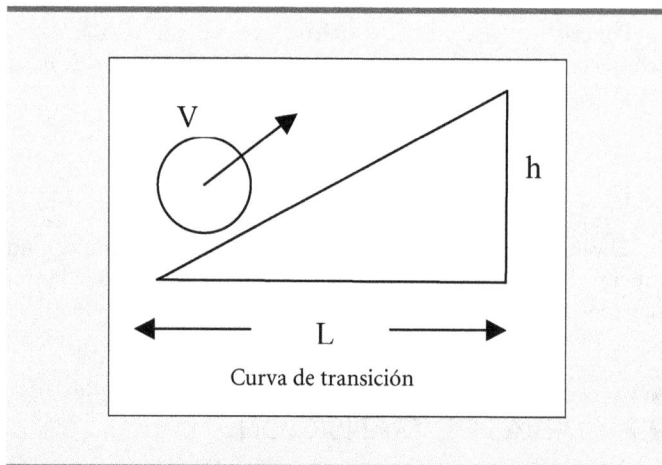

Curva de transición

se verifican las siguientes relaciones:

a) $L = V.t$

siendo t el tiempo transcurrido en recorrer la curva de transición a velocidad constante V.

b) $h = w \cdot t$

siendo w la velocidad de subida de la rueda por causa del peralte.

Las experiencias llevadas a cabo durante largo tiempo mostraron la pertinencia de limitar la velocidad de subida (w) a los valores siguientes:

$$w = \frac{1}{8} \text{ a } \frac{1}{10} \text{ km/h}$$

En consecuencia, se obtiene:

$$L = 8 \text{ a } 10 \text{ Vh}$$

$$(L = m), (V = \text{km/h}) \text{ y } h \ (m)$$

(9.19)

2. Limitación a la rampa de peralte

La visualización del esquema de la página anterior y de la figura 9.7 permite establecer las siguientes relaciones:

$$i = \frac{h}{L}; \quad i = \frac{\Delta h}{d}$$

siendo d el empate de un *bogie* (2 a 3m), o de un vehículo a ejes (7 a 10 m).

Por otro lado Δh debe ser inferior a la altura de la pestaña de la rueda (25 a 36 mm), para evitar el descarrilamiento de la rueda.

En consecuencia:

$$L = \frac{h.d}{\Delta h} \text{ con } \Delta h < 25 \text{ a } 36 \text{ mm}$$

Para asegurar la estabilidad de los vehículos en las curvas de transición, la rampa de peralte (i) se limita en función de la velocidad de circulación. Con carácter aproximado se utiliza la expresión:

$$i = \frac{a}{V}$$

en donde i (mm/m), V (km/h) y a una constante (variable de una red a otra) comprendida entre 100 y 216. El intervalo de variación de i suele estar definido por los valores extremos 0,78 y 1,28 mm/m.

3. Limitación de la variación de la aceleración centrífuga sin compensar con respecto al tiempo

Se persigue evitar que el viajero pase bruscamente de la aceleración en alineación recta (que será función de la calidad geométrica de la vía pero que normalmente es reducida) a valores en la curva como los indicados anteriormente, de 0,7 a 0,8 m/seg².

La experiencia pone de relieve el interés de limitar la variación de la aceleración con el tiempo, a lo largo de la curva de transición, a valores comprendidos entre 0,3 y 0,85 m/seg³, según se muestra en el cuadro 9.5.

CUADRO 9.5. CRITERIO DE VARIACIÓN DE LA ACELERACIÓN SIN COMPENSAR RESPECTO AL TIEMPO

Criterio	Variación de la aceleración sin compensar (m/seg³)
Muy bueno	0,30
Bueno	0,45
Aceptable	0,70
Excepcionalmente aceptable	0,85

Fuente: G. Bono et al. (1997)

Si se tiene en cuenta que a lo largo de la curva de transición se verifica:

$$\gamma\rho = \frac{V^2}{\rho} - \frac{h\rho}{S}g$$

se obtiene:

$$\frac{d\gamma\rho}{dt} = -\frac{V^2}{\rho^2}\frac{d\rho}{dt} - \frac{g}{S}\frac{dh\rho}{dt}$$

(9.20)

De 9.18 se deduce:

$$\rho\frac{d\ell}{dt} + \ell\frac{d\rho}{dt} = 0$$

y por tanto,

$$\frac{d\rho}{dt} = -\frac{\rho}{\ell}V$$

Por otro lado, de 9.17 se deduce:

$$\frac{dh\rho}{dt} = \frac{h}{L}\frac{d\ell}{dt} = \frac{hV}{L}$$

LIMITACIÓN DE LA RAMPA DE PERALTE

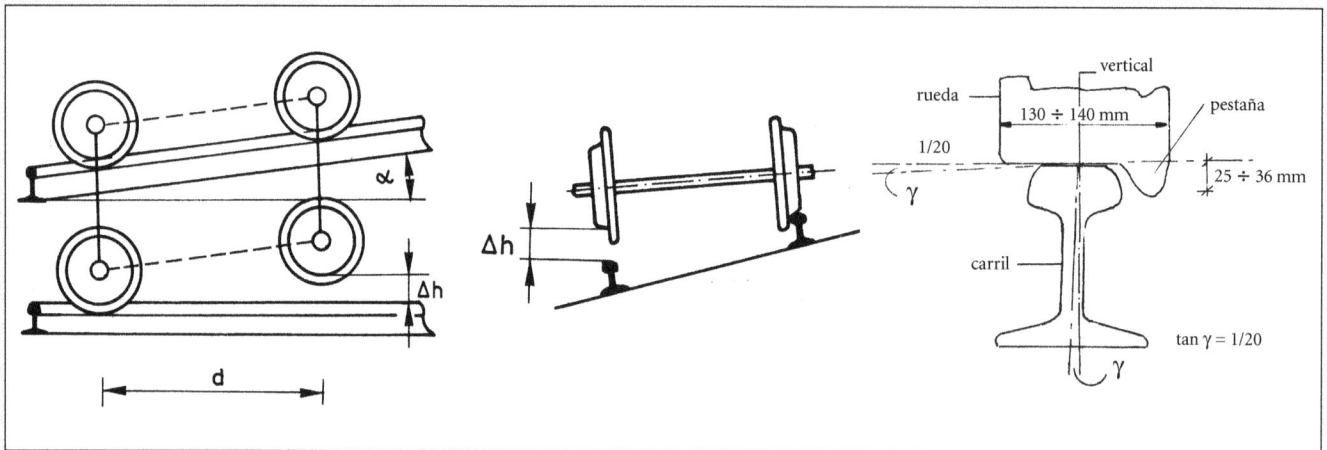

Fuente: J. Megyeri (1993) y C. Esveld (2001)

Fig. 9.7

En consecuencia 9.20 queda en la forma:

$$\frac{d\gamma\rho}{dt} = \frac{V^3}{\rho.\ell} - \frac{ghV}{SL}$$

o bien:

$$\frac{d\gamma\rho}{dt} = \frac{V^3}{R.L} - \frac{ghV}{S.L}$$

Si se desprecia el segundo término, se obtiene:

$$\Psi = \frac{d\gamma\rho}{dt} = \frac{V^3}{RL}$$

Puesto que Ψ debería ser $< 0,3$ a $0,8$ m/seg³, se infiere que la longitud de la curva de transición vendrá determinada por la condición:

$$L > \frac{V^3}{(0,3 \text{ a } 0,8)R} \qquad (9.21)$$

La justificación aproximada de despreciar el término ghV/SL, puede efectuarse a partir de la expresión 9.19.

$$\frac{ghV}{SL} \approx \frac{g.h.V}{S(8 \text{ a } 10) \ V.h} \approx \frac{g.}{S(8 \text{ a } 10)} \approx 0,6$$

La experiencia pone de relieve que la condición más restrictiva, de las tres mencionadas anteriormente, corresponde a la expresión 9.19. Como referencia, para una velocidad de 200 km/h, en una curva de radio 2.000m, la longitud de transición sería de alrededor de 320 m.

9.9 PARÁMETROS DE DISEÑO DE LÍNEAS DE ALTA VELOCIDAD

Una de las principales actividades de los ferrocarriles europeos en la actualidad es la construcción de nuevas infraestructuras aptas para la introducción de servicios de alta velocidad. El diseño geométrico de sus trazados se basa en los criterios expuestos en apartados anteriores y la obtención numérica de los valores de las variables (radio de las curvas, peralte, longitud de la curva de transición, etc.) es el resultado de su aplicación a las velocidades previstas, en general 300 km/h o incluso niveles superiores.

Para las líneas reservadas exclusivamente a la circulación de trenes de viajeros, la experiencia francesa permite sintetizar los conocimientos disponibles.

a) Peralte, exceso de peralte, e insuficiencia de peralte

Para velocidades comprendidas entre 230 y 350 km/h, el peralte normal y el peralte excepcional se sitúan en 180 mm.

Para el intervalo de velocidades de 230 a 300 km/h, el exceso de peralte admitido a nivel normal es de 100 mm, aceptándose con carácter excepcional los 110 mm.

En relación con la insuficiencia de peralte, se dispone de los siguientes criterios:

Velocidad (km/h)	Insuficiencia de peralte (mm)	
	Normal	Excepcional
230	110	140
270	100	130
300	85	100
350	65	85

b) Radio de las curvas en planta

En este ámbito se suele hacer referencia a las siguientes precisiones: radio mínimo aconsejable, radio mínimo normal y radio excepcional. Los valores numéricos (redondeados) asociados a cada concepto son los indicados a continuación:

Velocidad (km/h)	Radio (mm)	
	Mínimo aconsejable	Radio excepcional
230	2.500	2.200
270	3.850	3.150
300	4.600	4.000
350	7.200	5.600

La magnitud del radio mínimo normal puede aproximarse al valor medio de los radios mínimos aconsejables y excepcionales.

Cuando el diseño de la línea se efectúa para tráfico mixto (viajeros y mercancías) se dispone de la siguiente recomendación:

RADIOS MÍNIMOS NORMALES EN PLANTA PARA NUEVAS LÍNEAS CON TRÁFICO MIXTO

Velocidad (km/h)	Radio mínimo necesario (m)
200	1.500
250	2.800
300	5.400

Es de interés señalar que dada la rigidez que impone la infraestructura a su modificación ulterior, en los últimos años existe la tendencia de adoptar criterios de diseño en planta suficientemente amplios como para no condicionar una explotación futura a mayores velocidades comerciales.

La figura 9.8 muestra la evolución experimentada en el diseño en planta de las líneas de alta velocidad en Francia.

EVOLUCIÓN DEL RADIO DE LAS CURVAS EN PLANTA DE LAS PRIMERAS LÍNEAS FRANCESAS DE ALTA VELOCIDAD

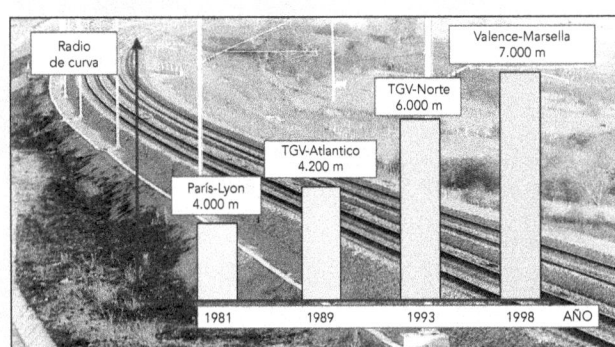

Fuente: A. López Pita (2003)   Fig. 9.8

c) Rampa de peralte

Es intuitivo pensar que a medida que aumente la velocidad de circulación disminuya la inclinación de la rampa de peralte. Para velocidades máximas de 230 km/h, la magnitud de i se sitúa, normalmente, entre 0,3 y 0,8 mm/m, pudiendo admitirse un valor excepcional próximo a 0,94 mm/m. Para velocidades de 300 km/h, el valor máximo normal es de 0,6 mm/m y el máximo excepcional de 0,72 mm/m como referencia.

d) Variación de la insuficiencia de peralte

Como se ha indicado con anterioridad, la variación de la aceleración centrífuga sin compensar respecto al tiempo, se sitúa, en general, por criterios de confort, en el entorno de 0,2 a 0,3 m/seg³. En consecuencia, dada la relación 9.6, y para líneas de ancho internacional (S = 1500 mm), tomando g ≈ 9,8 m/seg², resulta: (dl/dt) ≤ 30 a 50 mm/seg.

e) Longitud de la curva de transición

Si se adopta el peralte máximo de 180 mm, la longitud de la curva de transición para V = 230 km/h, sería de unos 240 m. Para velocidades de 300 km/h (con un radio mínimo de 4000 m), se obtendría una longitud de 300 m.

10

FACTORES SOBRE LOS QUE ACTUAR PARA INCREMENTAR LA VELOCIDAD DE CIRCULACIÓN EN CURVA

10.1 MARCO GENERAL

Resulta bien conocido que el tiempo de viaje constituye uno de los atributos más valorados en todo modo de transporte. En las últimas décadas, a medida que se producía el desarrollo de la red viaria de cada país, incluyendo la construcción de autovías y autopistas, se generalizaba el uso del reactor en la aviación, y ambos modos de transporte se volvían más atractivos.

En este contexto de concurrencia, el ferrocarril ha tratado de reducir los tiempos comerciales de viaje, mediante la implementación de distintos tipos de actuaciones. En una secuencia gradual y lógica, pueden distinguirse, entre otras, las actuaciones sintetizadas en el cuadro 10.1.

CUADRO 10.1. PRINCIPALES FACTORES SOBRE LOS QUE ACTUAR PARA INCREMENTAR LA VELOCIDAD DE CIRCULACIÓN EN CURVA

1. Reducción de las aceleraciones aleatorias.
2. Elevación del peralte existente en la vía.
3. Utilización de una suspensión transversal activa
4. Utilización de vehículos de caja inclinable
5. Modificación del radio en planta de las curvas
   – Realización de ripados selectivos
   – Construcción de variantes locales
6. Construcción de nuevas infraestructuras con geometría apta para elevadas prestaciones.

Fuente: A. López Pita (1986)

En lo que sigue, destacaremos algunos de los aspectos más relevantes de cada una de ellas.

Como se indicó con anterioridad, la velocidad máxima de circulación en curva viene determinada por el hecho de que la aceleración transversal recibida por el viajero no supere su límite de confort. De acuerdo con la ecuación 9.9, un incremento de la velocidad pasaría por actuar sobre algunos de los parámetros indicados en el cuadro 10.1 en el orden de menor a mayor grado de complejidad.

10.2 REDUCCIÓN DE LA ACELERACIÓN DEBIDA A LOS DEFECTOS GEOMÉTRICOS DE LA VÍA

En la medida en que debido a un mantenimiento importante de la calidad geométrica de la vía, se disminuya la componente aleatoria de la aceleración que actúa sobre el viajero, mayores serán las posibilidades de circular a velocidades superiores sin superar el confort del mismo.

En este ámbito cabe recordar que la insuficiencia de peralte (equivalente a la aceleración sin compensar en el plano de la vía) aceptada por los ferrocarriles franceses puede llegar a ser de 160/180 mm, frente a los 110/150 mm habituales en otras redes ferroviarias. En consecuencia, resulta posible aprovechar mejor las posibilidades de velocidad ofrecidas por los trazados convencionales.

10.3 MODIFICACIÓN DEL PERALTE EXISTENTE EN LA VÍA

Esta actuación tendría por finalidad elevar el peralte existente en las curvas de un trazado. Su implementación práctica requeriría colocar una capa de balasto de mayor espesor bajo el hilo exterior de la curva. De este modo se podría incrementar la velocidad de circulación, entre ciertos límites, sin afectar al confort del viajero.

La ficha UIC 703 limita actualmente el peralte a un valor máximo de 160 mm, para tener en cuenta la coexistencia de trenes con diferentes velocidades de circulación. Un grupo de trabajo creado por la UIC analizó recientemente (1998 – 2003) la factibilidad técnica y económica de elevar dicho límite hasta 180 mm. La necesidad de un estudio específico sobre el tema se derivaba, básicamente, de dos aspectos:

1. La modificación del peralte afectaría a la longitud de la curva de transición, sobre la que sería preciso también actuar, si fuese técnicamente posible (se recuerda L ≈ 10 Vh).
2. La posible modificación del peralte debe tener además en cuenta su repercusión en los trenes más lentos, que podrían encontrarse con un indeseado incremento del exceso de peralte.

En relación con el primer aspecto, cabe mencionar que el mantenimiento de la misma rampa de peralte obligaría a una mayor longitud de la curva de transición. Sin embargo, la experiencia práctica pone de relieve que la implementación de esta mayor longitud no suele ser posible sin importantes costes económicos (adquisición de nuevos terrenos, etc), cuando no técnicamente imposible por causa de la existencia de puntos fijos en la vía (puentes, túneles, etc.) que no permiten modificación alguna.

En consecuencia, el citado grupo de trabajo de la UIC centró sus reflexiones en dos ámbitos:

a) Disponer de una rampa homogénea, manteniendo la longitud de la curva de transición, lo que tendría una negativa influencia en la seguridad contra el descarrilamiento de los vehículos.
b) Disponer de dos rampas de valor diferente en la curva de transición (Fig. 10.1) con el objetivo de mantener la seguridad de las circulaciones. La primera rampa sería de mayor valor que la segunda.

Es indudable que la implementación práctica de esta segunda solución podría realizarse con una inversión económica razonable.

En cuanto a la influencia que podría tener la modificación del peralte en la seguridad de los vehículos frente al descarrilamiento, es de interés recordar que, en general, la elevación del peralte presenta tanto más interés cuanto menor es el radio de las curvas.

Por este motivo, conviene señalar que en una curva de pequeño radio, la rueda delantera exterior de un vehículo está sometida a diversas acciones: la fuerza centrífuga no compensada; el movimiento de la carga debido al fuerte peralte y, finalmente, la propensión de la rueda a remontar el carril (Fig. 10.2).

En este contexto, la UIC llevó a cabo diversas simulaciones con los vagones más susceptibles de verse influenciados negativamente por el aumento del peralte, para analizar el riesgo de descarrilamiento bajo diferentes condiciones geométricas de la vía (peralte y alabeo). En paralelo, en la línea francesa Frasne – Vallorbe (≈ 25 km) (Fig. 10.3a) que presenta curvas con radios comprendidos entre 650 y 700 m (Vmáx = 130 km/h), modificó el peralte existente elevándolo hasta 180 mm.

El resultado tanto de los cálculos teóricos como de la observación de la evolución de la geometría de la citada línea durante dos años puso de manifiesto la factibilidad técnico-económica de proponer que, para radios de curva comprendidos entre 420 y 1000 m, el peralte puede ser elevado hasta 180 mm. Para radios iguales o superiores a 1000 m, resultaría factible un peralte de 200 mm.

10.4 UTILIZACIÓN DE UNA SUSPENSIÓN TRANSVERSAL ACTIVA

Con anterioridad se ha indicado que a causa de la fuerza centrífuga, la caja de los vehículos se inclina hacia el exterior de la curva. Este hecho ocasiona sobre el viajero una aceleración superior a la que recibiría si la caja permaneciese paralela al plano de rodadura. Como se ha señalado este fenómeno se cuantifica por intermedio del denominado *coeficiente de souplesse*, que en los vehículos modernos tiene valores de 0,20 a 0,25.

Para reducir este efecto, existe la posibilidad de disponer de la denominada *suspensión transversal activa* (STA), un dispositivo hidráulico o neumático que compensa parcial o totalmente la inclinación de la caja hacia el exterior de la curva, de tal modo que la caja se mantiene, aproximadamente, paralela al plano de doradura. Los ensayos llevados a cabo han mostrado (Fig. 10.3b) la bondad de la solución. Sin embargo, los problemas económicos derivados de su implementación práctica han impedido, por el momento, su desarrollo a escala comercial.

10.5 EMPLEO DE VEHÍCULOS DE CAJA INCLINABLE

Agotadas las posibilidades que ofrecen los enfoques precedentes, puede analizarse el interés de introducir, en la explotación comercial, vehículos de caja inclinable, bien sean de características pendulares o de características basculantes. Como han mostrado las rela-

ESQUEMA PARA AUMENTAR EL PERALTE EN UNA CURVA

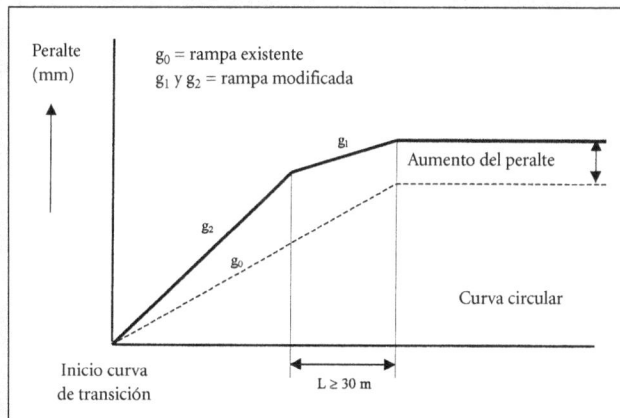

g_0 = rampa existente
g_1 y g_2 = rampa modificada

Peralte (mm)

g_1

Aumento del peralte

g_2

g_0

Curva circular

Inicio curva de transición

$L \geq 30$ m

Fuente: UIC

Fig. 10.1

ACCIONES SOBRE LA RUEDA EXTERIOR EN CURVA

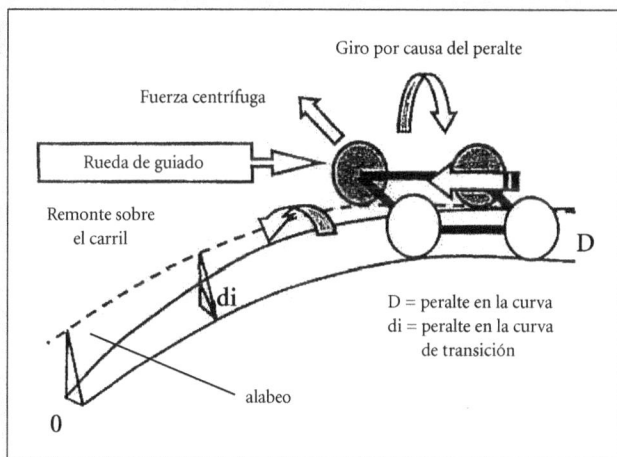

Giro por causa del peralte

Fuerza centrífuga

Rueda de guiado

Remonte sobre el carril

D

di

alabeo

0

D = peralte en la curva
di = peralte en la curva de transición

Fuente: UIC

Fig. 10.2

LÍNEA DE ENSAYO FRASNE - VALLORBE

a)

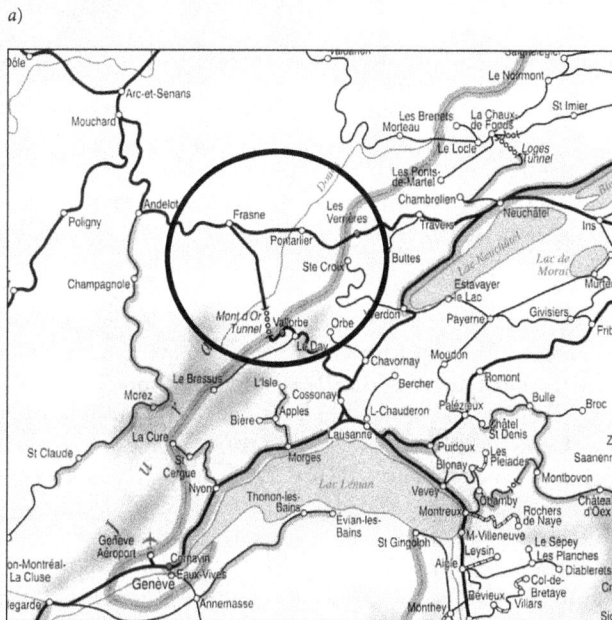

EFECTO DE LA SUSPENSIÓN LATERAL ACTIVA

b)

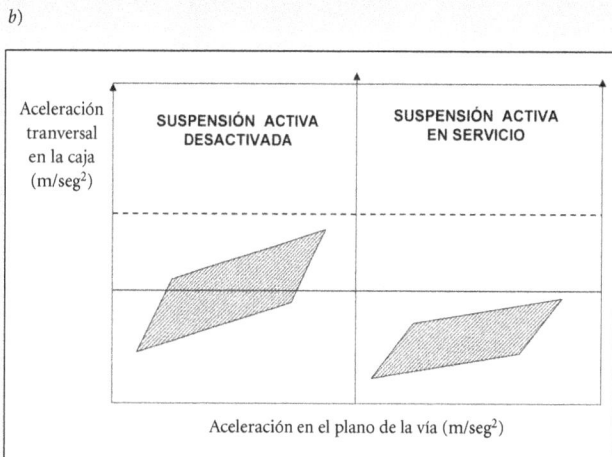

Aceleración tranversal en la caja (m/seg²)

SUSPENSIÓN ACTIVA DESACTIVADA

SUSPENSIÓN ACTIVA EN SERVICIO

Aceleración en el plano de la vía (m/seg²)

Fuente: UIC

Fig. 10.3

ciones aproximadas 9.12 y 9.13, su empleo puede tener una favorable repercusión en el aumento de la velocidad.

Sin embargo, debe llamarse la atención sobre dos aspectos de interés:

1. La reducción del tiempo de viaje, en una relación dada, no puede obtenerse directamente a través del cociente entre los coeficientes que preceden a la raíz cuadrada del radio de la curva.
2. La introducción de vehículos de caja inclinable puede necesitar llevar a cabo ciertas inversiones en la línea (además de la propia adquisición del material de caja inclinable).

Por lo que concierne al primer aspecto, reducción del tiempo de viaje, diversos factores pueden impedir que se obtengan, en la práctica, la totalidad de las teóricas ventajas de este tipo de vehículos. Como referencia, la imposibilidad, por falta de aceleración o espacio suficiente, de alcanzar la velocidad teóricamente posible en un tramo dado o por exigencias de tipo legal, como sucede con la normativa que limita la velocidad máxima al transitar por un paso a nivel, con independencia de las posibilidades ofrecidas por la vía y los vehículos.

Es imprescindible, por tanto, llevar a cabo pruebas específicas sobre cada línea, para evaluar los ahorros comerciales de tiempo que realmente se pueden obtener con un vehículo de caja inclinable dado. A título indicativo, la experiencia disponible en España, con el tren TALGO de caja inclinable, sitúa el ahorro de tiempo, en unos 5

minutos cada 100 km, para las condiciones en que esta técnica ha sido utilizada.

En cuanto a la experiencia derivada de la utilización de cajas basculantes en Italia, el cuadro 10.2, sintetiza el porcentaje de ahorro de tiempo logrado. Es importante diferenciar el origen de los respectivos ahorros de tiempo. Así, en un itinerario internacional, la posible supresión del cambio de tracción en la frontera (por utilizar un tren autopropulsado de caja inclinable respecto a una composición tradicional formada por locomotora y coches) significará un ahorro de tiempo que no debe ser atribuido a la caja inclinable.

En lo que concierne al segundo aspecto (inversiones asociadas al uso de vehículos de caja inclinable), la experiencia francesa, derivada de los intentos por verificar el interés de esta tecnología, ha permitido obtener, como órdenes de magnitud, para dicho ferrocarril y relaciones consideradas, los valores indicados en el cuadro 10.3. Valores que permiten disponer de una base de referencia. Resulta de utilidad consultar la ficha UIC 705 (agosto 2003) relativa a la "Infraestructura para los trenes de caja inclinable".

10.6 MODIFICACIÓN DEL RADIO EN PLANTA DE LAS CURVAS

Es evidente que el radio de las curvas condiciona de forma importante la velocidad de circulación, de acuerdo con la expresión ya

CUADRO 10.2. REDUCCIÓN DEL TIEMPO DE VIAJE CON VEHÍCULOS DE CAJA INCLINABLE BASCULANTES EN ALGUNAS RELACIONES EUROPEAS

Relación (km)	Tiempo de viaje		Ahorro de tiempo	
	Trenes convencionales	Trenes basculantes	Minutos	%
Roma – Milán (624)	5h 10	4h 30	40	13
Roma – Venecia (573)	5h 30	4h 30	60	18
Roma – Reggio Calabria (690)	6h 50	6h 00	50	12
Roma – Bari (512)	5h 00	4h 15	45	15
Milán – Zurich (293)	4h 30	3h 50	40	15
Milán – Ginebra (372)	4h 10	3h 20	50	20
Milán – Basilea (419)	4h 50	4h 00	50	17

Fuente: Elaboración propia a partir de datos de PIRO (1988) y METER (1995)

CUADRO 10.3. PRINCIPALES CONCLUSIONES DERIVADAS DE LOS PRIMEROS ANÁLISIS EFECTUADOS EN FRANCIA SOBRE LA CIRCULACIÓN DE MATERIAL DE CAJA INCLINABLE

1) La velocidad de circulación puede ser elevada del 10 al 15% respecto al material convencional.

2) La caja inclinable puede permitir ganar de 5 a 7' por hora de recorrido. En el mejor de los casos 10'.

3) En una distancia de 400 km el ahorro de tiempo puede ser del orden de 20'.

4) La adaptación de la vía al material basculante requiere una inversión media de 150.000 a 200.000 euros por km.

5) La supresión de los pasos a nivel para circular con V > 160 km/h, supone una inversión media por paso de unos 750.000 a 1.000.000 de euros.

6) La inversión resultante para lograr un ahorro de un minuto de tiempo se sitúa entre 1,5 y 4,5 millones de euros para velocidades inferiores a 160 km/h.
   Para velocidades superiores los recursos necesarios son de 9 a 21 millones de euros.

7) El sobrecoste anual de mantenimiento de la vía se estima no superará el 5%.

8) El coste del material basculante tipo ETR 460 es del orden de 12 millones de euros. Lo que representa un coste por plaza de unos 30.000 euros.

9) El sobrecoste de mantenimiento del material basculante es del 10 al 15%.

Fuente: Elaboración propia a partir de datos de Larane (1996), y Dumont et al. (1996/97).

indicada de $V \approx 4,5\sqrt{R}$. El desplazamiento lateral de la vía para incrementar el radio de la curva es por tanto deseable, aunque no siempre posible; especialmente por causa de las instalaciones, ferroviarias o no, situadas en las proximidades de la vía de referencia.

En el mejor de los casos, los citados desplazamientos suelen oscilar entre algunos centímetros y tres o cuatro metros. En ocasiones, no obstante, fueron posibles movimientos laterales excepcionales de la vía. Tal fue el caso de los trabajos efectuados en la línea Le Mans - Nantes, donde se llevaron a cabo ripados de vía de hasta 35 m (Fig. 10.4). Muy probablemente fueron los ferrocarriles franceses quienes en la década de los 70 del pasado siglo hicieron los mayores esfuerzos en Europa para modernizar sus trazados y también sus instalaciones (como la catenaria, los pasos a nivel, etc.), logrando que en el 50% de sus líneas se pudiese circular a velocidades máximas iguales o superiores a 150 km/h (cuadro 10.4) en 1976. Como ejemplo concreto, en la figura 10.5 se muestra el diagrama de velocidades máximas autorizadas (1993) en las líneas que desde París se dirigían hacía el sudoeste francés.

Cuando las limitaciones de velocidad son importantes en algunas secciones concretas (Fig. 10.6a), lo normal es recurrir a realizar pequeñas variantes de trazado. La longitud de dichas variantes se encuentra normalmente por debajo de 20 km. Cabe considerar en este proceso de mejora de la velocidad de circulación una actuación por fases, como muestra el ejemplo de la relación Londres - Newcastle (Fig. 10.6b). En la figura 10.7 se muestra la variante Las Palmas - Oropesa realizada recientemente en el Corredor Mediterráneo, para permitir circular a velocidades de 200 km/h.

10.7 CONSTRUCCIÓN DE UNA NUEVA LÍNEA

La decisión de disponer de una nueva infraestructura es el resultado de la consideración de diversos aspectos, no todos ellos relacionados con la velocidad de circulación. A título indicativo, la falta de capacidad en un itinerario dado suele ser uno de los principales motivos para desencadenar el interés de analizar la conveniencia de una nueva línea.

En el cuadro 10.5, se indican los datos de tráfico (expresados en números de trenes por día) en los itinerarios donde se construyeron las primeras líneas de alta velocidad en Europa. Si se recuerda que una línea con señalización avanzada permite de 240 a 260 circulaciones por día, se infiere la problemática existente en los itinerarios que figuran en el citado cuadro.

Es evidente, sin embargo, que en trazados con importantes limitaciones para configurar una oferta de calidad, en términos de tiempo de viaje, esta variable suele ser el desencadenante para el análisis de la factibilidad técnico-económica de una nueva línea. En esta situación se insertan las líneas convencionales existentes entre Hannover – Würzburg; Manheim – Stuttgart y Würzburg - Nürnberg (Fig. 10.8) que presentaban un diagrama de velocidades en forma de dientes de sierra de difícil aprovechamiento para la explotación comercial.

Por otro lado, debe tenerse en cuenta que el coste económico de una nueva infraestructura ferroviaria, con características aptas para desarrollar elevadas prestaciones, se sitúa en el intervalo de 10 a 26 millones de euros por kilómetro (cuadro 10.6), pudiendo alcanzar 40 millones de euros en situaciones difíciles, como es el caso de la

MODERNIZACIÓN DE LA LÍNEA LE MANS-NANTES

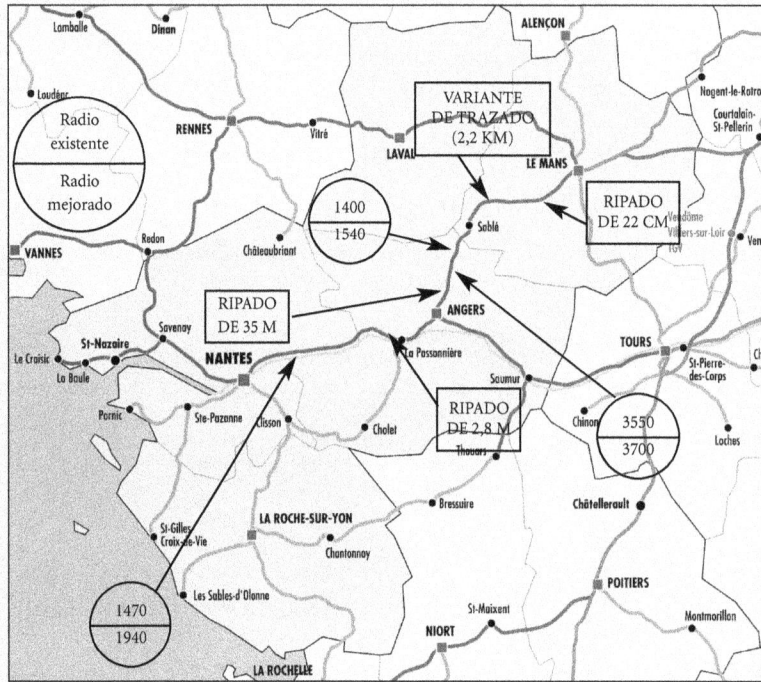

Fuente: La vie du rail, Le Train y A. L. Pita

Fig. 10.4

CUADRO 10.4. EVOLUCIÓN DE LAS VELOCIDADES MÁXIMAS DE CIRCULACIÓN EN LA RED FRANCESA DE FERROCARRILES (1970-1976)

VELOCIDAD MÁXIMA (km/h)	LONGITUD DE VÍA (km)					
	1970	1971	1972	1974	1975	1976
150	6,058	6,127	6,581	7,287	7,610	8,430
160	3,831	4,227	4,477	5,076	5,550	6,387
170	-----			886	886	950
		>	1,117	1,340		
180	-----			798	816	880
200	236	533	560	773	779	838
TOTAL V≥150 km/h	10,125	12,004	12,958	14,882	15,641	17,485
% SOBRE TOTAL RED	29%	34%	37%	43%	45%	50%

Fuente: A. López Pita (1997) a partir de datos SNCF.

DIAGRAMA DE VELOCIDADES MÁXIMAS AUTORIZADAS PARA LAS RAMAS TGV-ATLÁNTICO

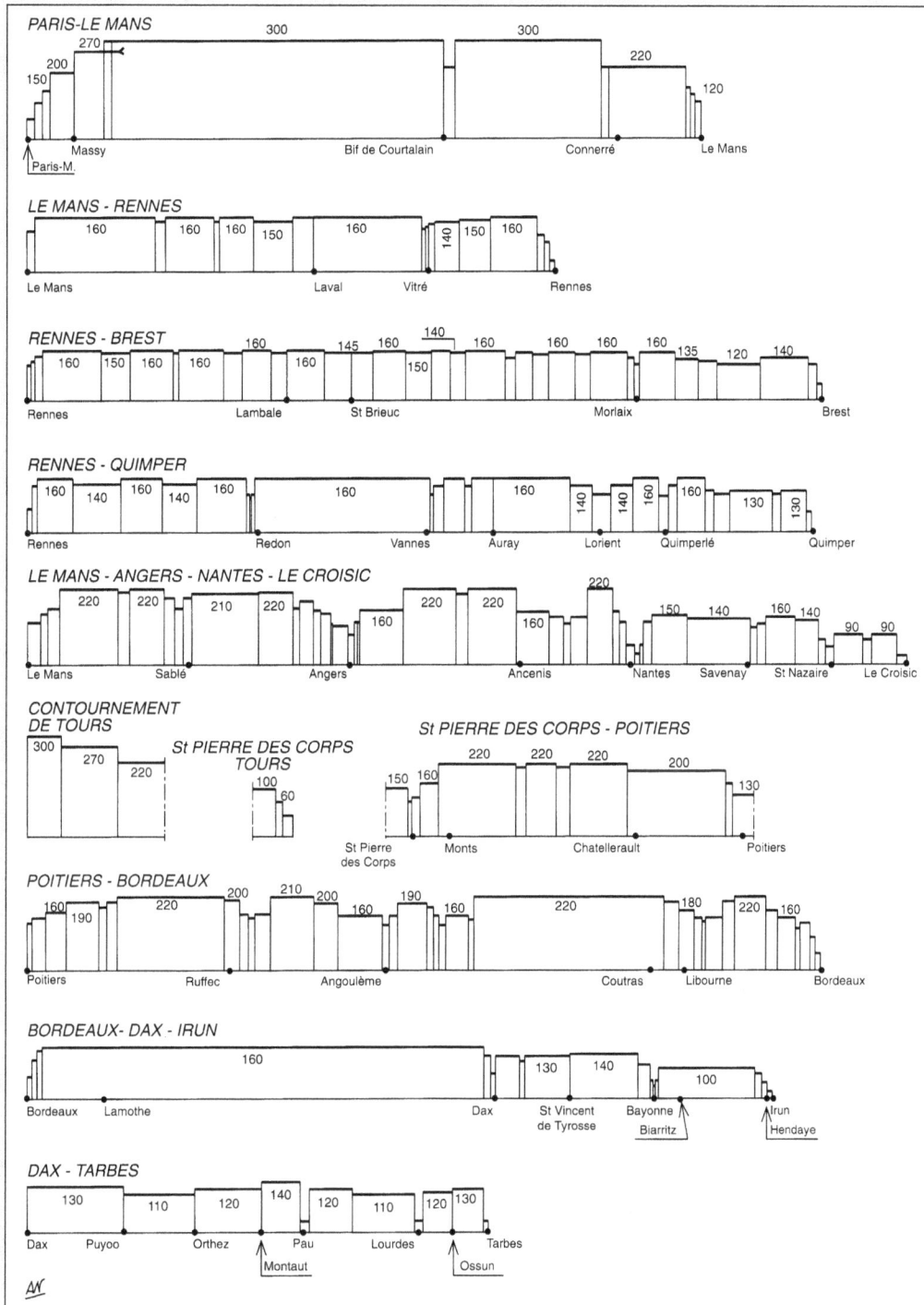

PARIS-LE MANS

150 200 270 300 300 220 120

Paris-M. Massy · Bif de Courtalain · Connerré · Le Mans

LE MANS - RENNES

160 160 160 150 160 140 150 160

Le Mans · Laval · Vitré · Rennes

RENNES - BREST

160 150 160 160 160 160 145 160 150 140 160 160 160 135 120 140

Rennes · Lambale · St Brieuc · Morlaix · Brest

RENNES - QUIMPER

160 140 160 140 160 160 160 140 140 160 160 130 130

Rennes · Redon · Vannes · Auray · Lorient · Quimperlé · Quimper

LE MANS - ANGERS - NANTES - LE CROISIC

220 220 210 220 160 220 220 160 220 150 140 160 140 90 90

Le Mans · Sablé · Angers · Ancenis · Nantes · Savenay · St Nazaire · Le Croisic

CONTOURNEMENT DE TOURS

300 270 220

St PIERRE DES CORPS TOURS

100 60

St PIERRE DES CORPS - POITIERS

150 160 220 220 220 200 130

St Pierre des Corps · Monts · Chatellerault · Poitiers

POITIERS - BORDEAUX

160 190 220 200 210 200 160 190 160 220 180 220 160

Poitiers · Ruffec · Angoulême · Coutras · Libourne · Bordeaux

BORDEAUX- DAX - IRUN

160 130 140 100

Bordeaux · Lamothe · Dax · St Vincent de Tyrosse · Bayonne · Biarritz · Irun · Hendaye

DAX - TARBES

130 110 120 140 120 110 120 130

Dax · Puyoo · Orthez · Pau · Montaut · Lourdes · Ossun · Tarbes

AN

Fuente: Chemins de Fer. (1993)

Fig. 10.5

DIAGRAMA DE VELOCIDADES MÁXIMAS AUTORIZADAS ENTRE LONDRES Y BRISTOL

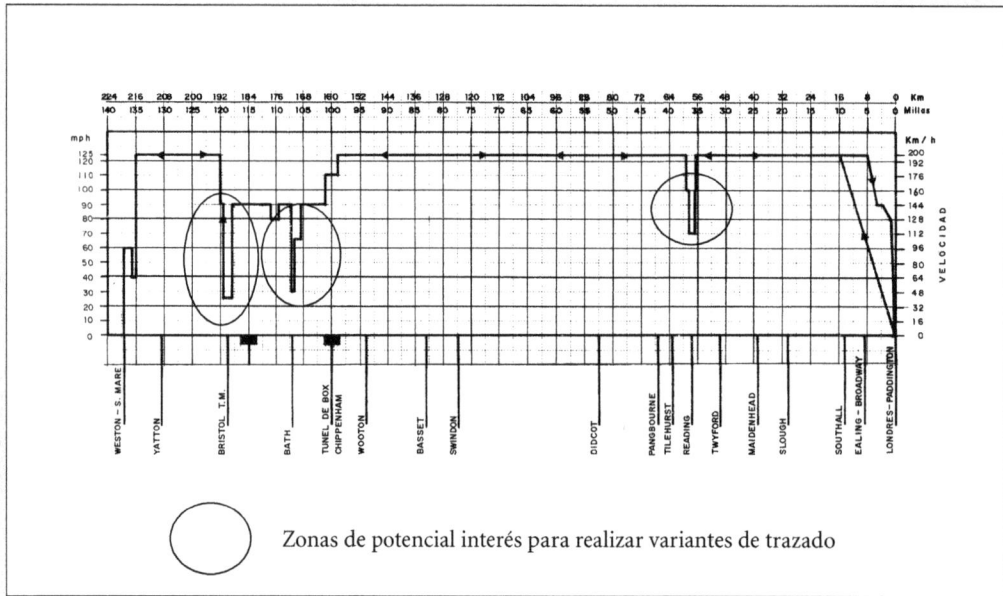

Zonas de potencial interés para realizar variantes de trazado

Fuente: BR.(1979)

Fig. 10.6a

MODERNIZACIÓN POR ETAPAS DE LA LÍNEA LONDRES-NEWCASTLE

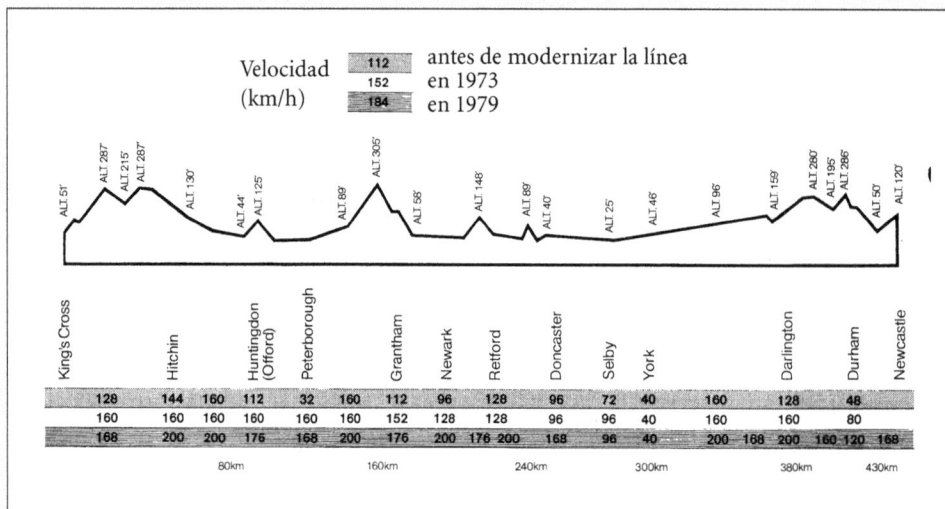

Velocidad (km/h)

112	antes de modernizar la línea
152	en 1973
184	en 1979

	128	144	160	112	32	160	112	96	128	96	72	40	160	128	48
	160	160	160	160		160	152	128	128	96	96	40	160	160	80
	168	200	200	176	168	200	176	200 176 200	168	96	40	200 168	200	160 120 168

King's Cross — Hitchin — Huntingdon (Offord) — Peterborough — Grantham — Newark — Retford — Doncaster — Selby — York — Darlington — Durham — Newcastle

80km   160km   240km   300km   380km   430km

Fuente: I. M. Campbell. (1979)

Fig. 10.6b

TRAZADO INICIAL Y VARIANTE DE BENICÀSSIM

a)

b)

VARIANTE DE BENICÁSSIM

c)

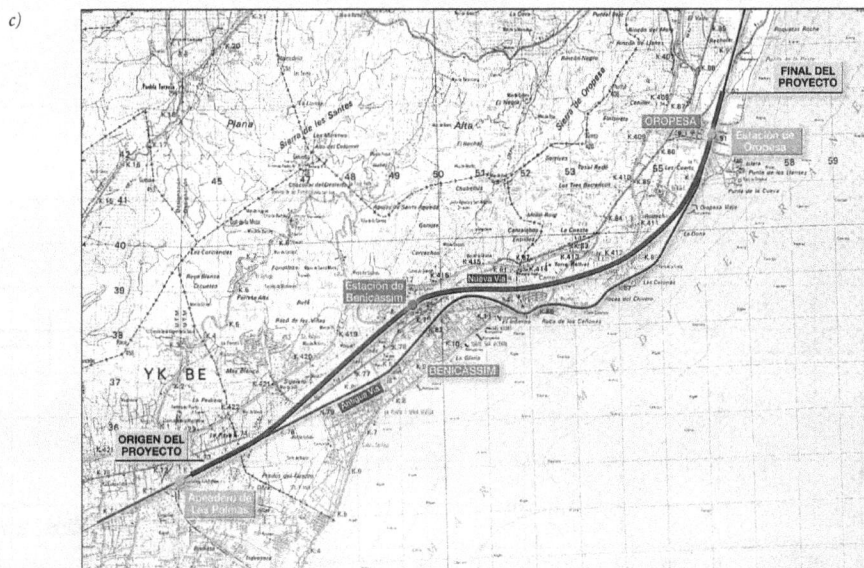

Fuente: Renfe y Ministerio de Fomento

Fig. 10.7

VELOCIDADES MÁXIMAS POR TRAZADO EN LAS LÍNEAS HANNOVER-WURZBURG, MANNHEIM-STUTTGART Y WURZBURG- NURNBERG

a)

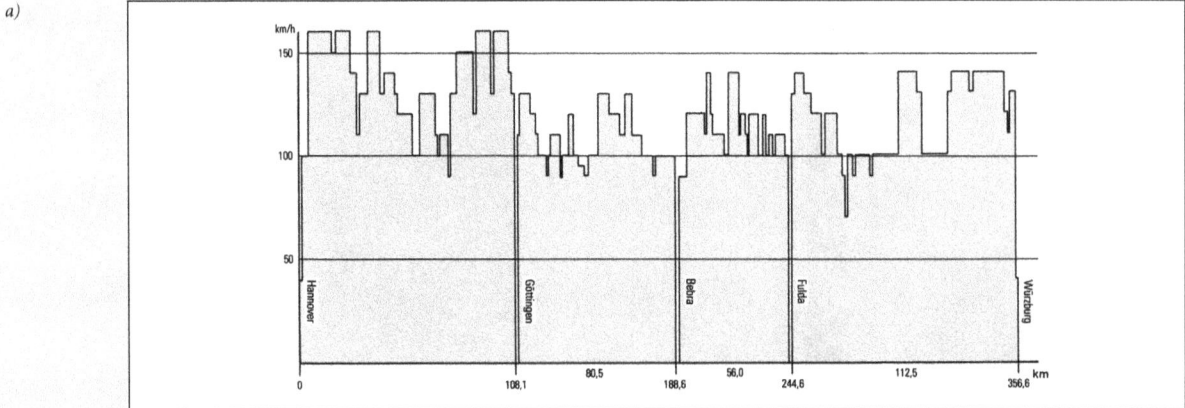

b)

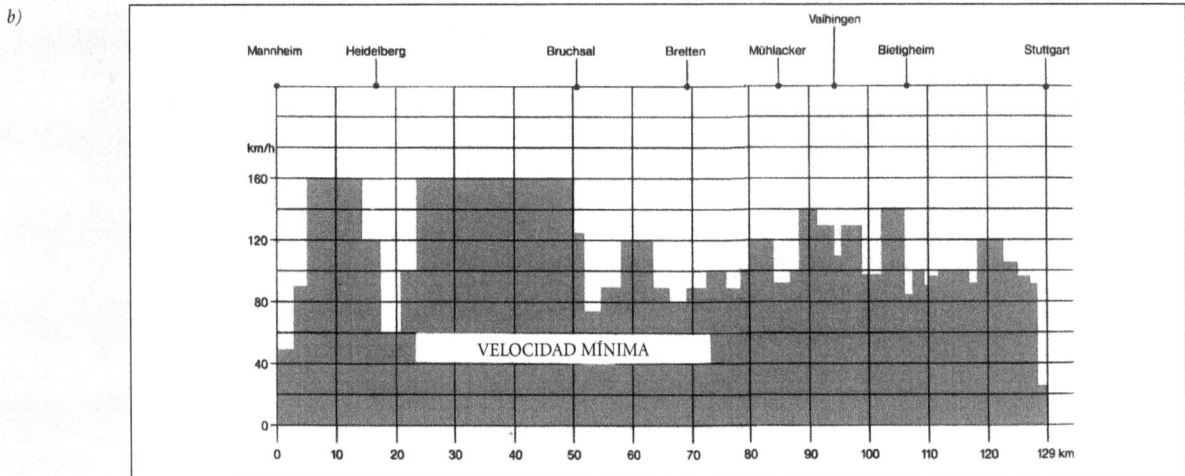

c)

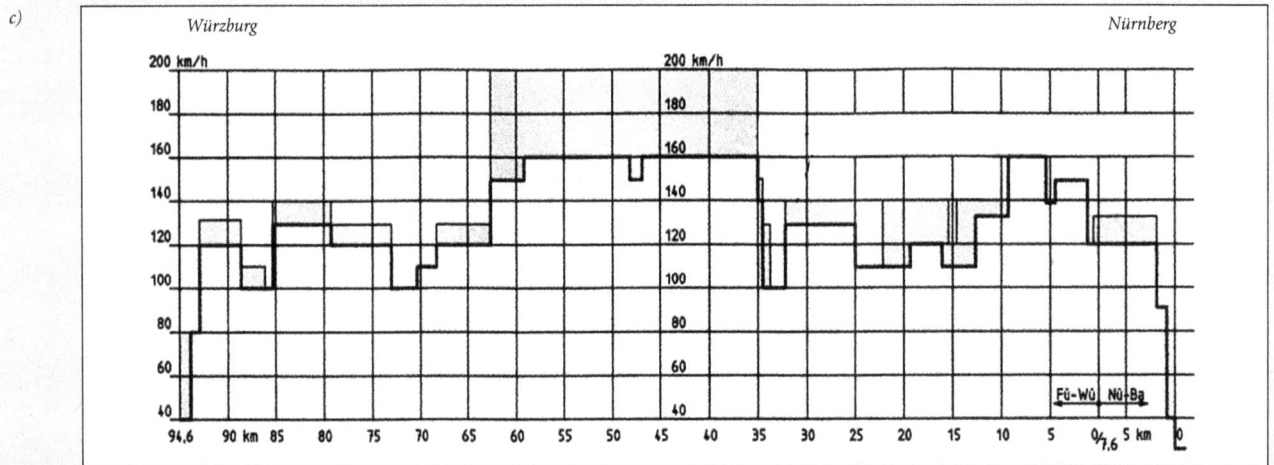

Fuente: I. M. Willigens (1985) y C. Lorenzen et al. (1999)

Fig.10.8

CUADRO 10.5. CARACTERÍSTICAS DE TRÁFICO Y TRAZADO EN ALGUNOS ITINERARIOS EUROPEOS CON ANTERIORIDAD
A LA CONSTRUCCIÓN DE NUEVAS LÍNEAS

Línea	Trazado	Características de Tráfico	Observaciones
París -Lyon	Vía doble	Entre St. Florentin y Dijon se alcanzaban 250 circulaciones/día.	Dificultades orográficas complicaban la introducción con estándares geométricos elevados de una nueva doble vía paralela a la existente.
Paris-Sudoeste	Vía cuadruple	Entre Juvisy y Savigny circulaban 573 trenes/día. Entre Versailles y Str. Cyr, 486 trene/día	—
Roma-Florencia	Vía doble	Tramo más cargado: 220 trenes/día. Tráfico bruto: 96.000 trenes/día	Durante el 45% del recorrido la velocidad máxima posible por trazado no supera los 90/105 km/h.
Hannover-Würzburg	Vía doble	Tráfico en días punta: 370 trenes/día	El 37% del trazado se encuentra en curva de pequeño radio.
Mannheim-Suttgart	Vía doble	Tráfico en días punta: 300 trenes/día	La velocidad de 160 km/h sólo puede autorizarse en pocos kilómetros. En algunos tramos Vmáx = 60/70 km/h.

Fuente: A. López Pita (1988)

nueva línea entre la salida del túnel del Canal de la Mancha y Londres. Eso hace que, en ocasiones, se opte por una solución mixta, es decir, mejora del trazado existente y construcción de nuevas secciones (Fig. 10.9) y (Fig. 10.10).

CUADRO 10.6. ÓRDENES DE MAGNITUD DEL COSTE DE CONSTRUCCIÓN DE NUEVAS LÍNEAS DE FERROCARRIL

País	Línea	Coste por km (Millones de euros)*
Alemania	Colonia-Frankfurt	26
Francia	Valence-Marseille	14
España	Madrid-Barcelona	10

• Condiciones económicas año 2000

10.8 LA INEXISTENTE DUALIDAD ENTRE VEHÍCULOS DE CAJA INCLINABLE Y LÍNEAS DE ALTA VELOCIDAD

Como se ha indicado en el cuadro 10.6, la construcción de una nueva infraestructura de ferrocarril apta para la circulación a alta velocidad supone una inversión económica relevante. No sorpren-

de, por tanto, que se haya tratado de analizar si otras alternativas, entre las cuales cabe destacar el empleo de vehículos dotados de caja inclinable, podrían ser también de interés.

De los numerosos estudios realizados en Francia sobre las características asociadas a una y otra tecnología, fue posible deducir, a finales de la década pasada, los valores de referencia indicados en el cuadro 10.7.

CUADRO 10.7. ALGUNOS ELEMENTOS DE LA TECNOLOGÍA DE TRENES DE CAJA INCLINABLE Y DE ALTA VELOCIDAD

Elemento	Tren de caja inclinable	Nueva línea TGV
Vmáx. (km/h)	220	320/350
Ahorro de tiempo respecto al material clásico	9 al 15%	50%
Inversión por minuto ganado	V < 160 km/h 1,5 a 5 Meuros V > 160 km/h 9 a 18 Meuros	≈ 35 Meuros

Fuente: Dumont y Herissé (1997)

La conclusión que se deduce del referido cuadro es evidente: la inversión necesaria para ganar un minuto en el tiempo de viaje

MEJORA DEL TRAZADO Y CONSTRUCCIÓN DE NUEVAS SECCIONES EN LA RELACIÓN VIENA-UDINE

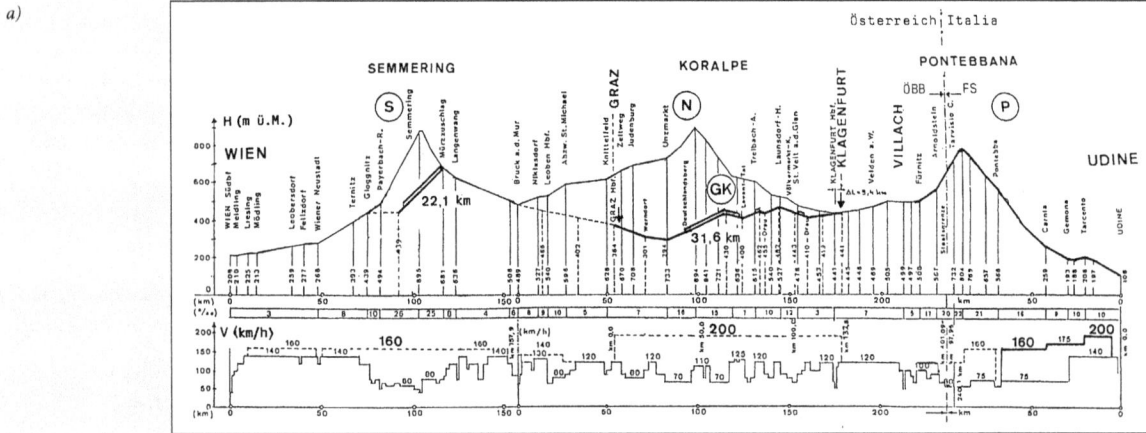

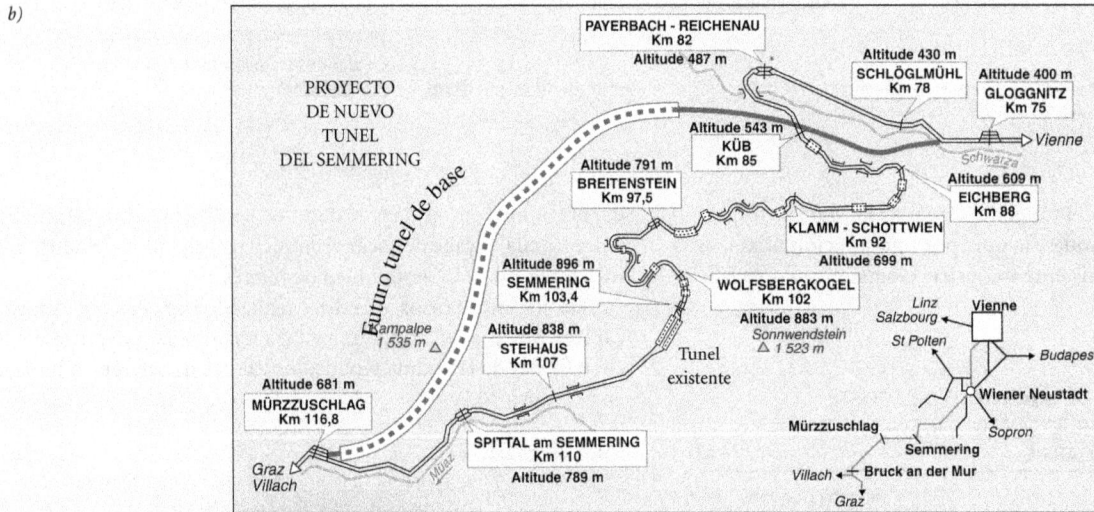

Fuente: R. Jaworski (1997) y B. Collardey (1998)

NUEVA LÍNEA ENTRE MATTSTETTEN Y ROTHRIST (47 KM) EN LA RELACIÓN BERNA-ZURICH

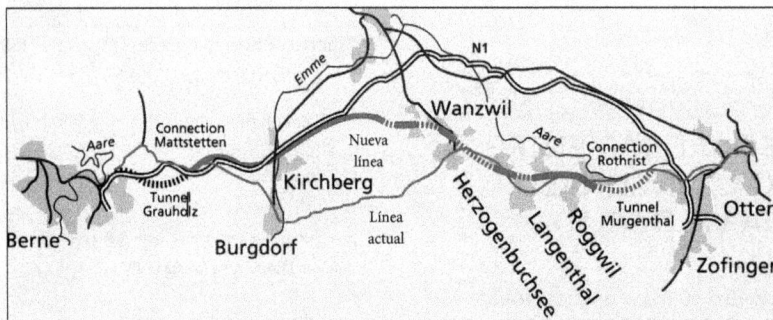

Fuente: S. Meillasson (2002)

Fig. 10.9

TRABAJOS DE MODERNIZACIÓN DE LA LÍNEA LONDRES-GLASGOW

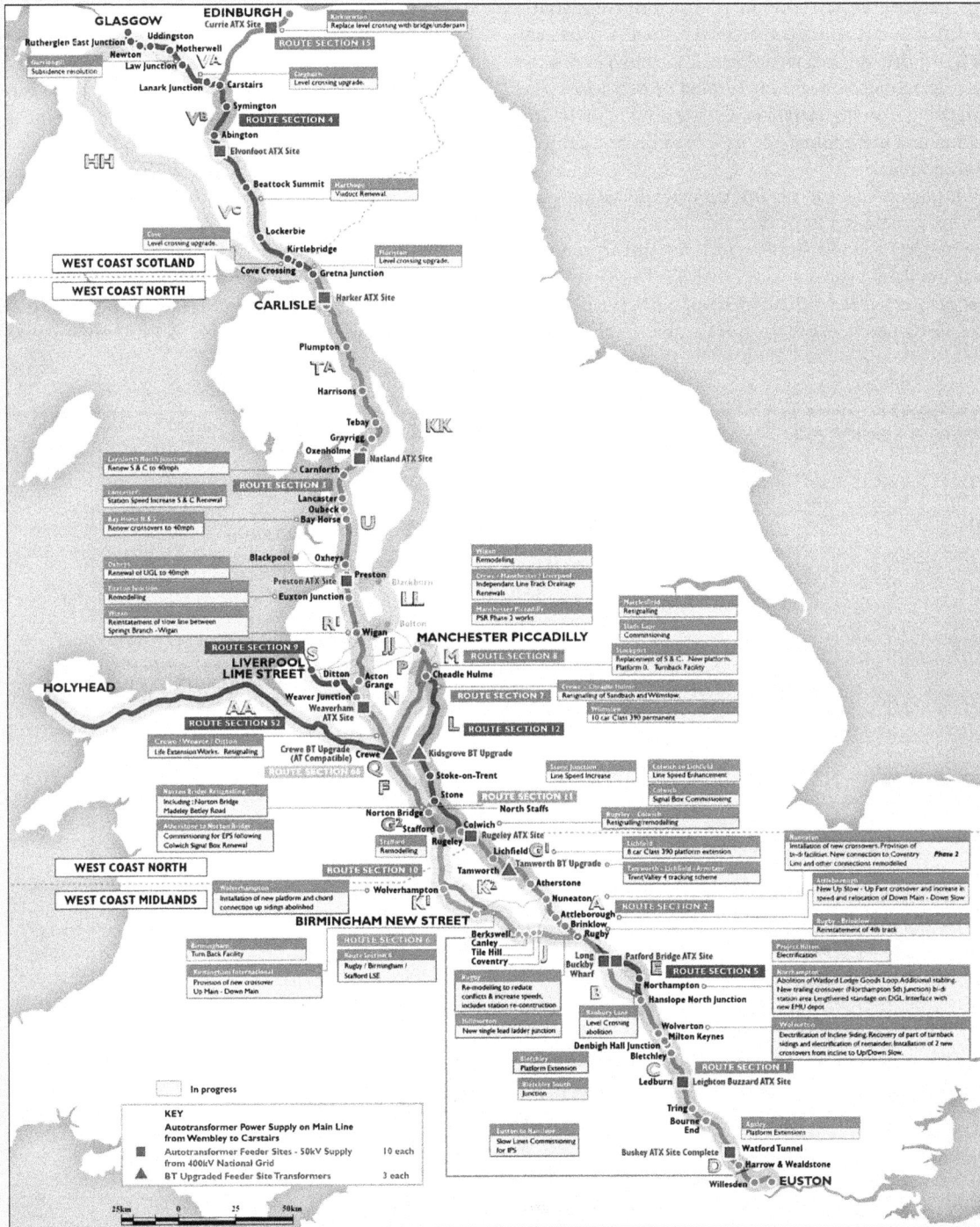

Fuente: R. Spoors and J. Martin (2005)

Fig. 10.10

existente en una relación dada, mediante la construcción de una nueva línea, es de 2 a 25 veces superior a la que se necesitaba con el material basculante.

Sin embargo, parece obligado incorporar al análisis comparativo de ambos sistemas la incidencia comercial de la nueva oferta en la demanda de transporte de cada tecnología. El objetivo es disponer de un balance económico que facilite la toma de decisiones o la sitúe en un contexto global de referencia. En este ámbito, la figura 10.11 proporciona una metodología de base para llevar a cabo el citado balance económico.

Dos ejemplos permiten señalar la importancia de no adoptar planteamientos apriorísticos a favor de una u otra tecnología. El primero correspondería a la relación París-Clermont Ferrand y el segundo a la relación París-Lyon.

En el primer caso, el ferrocarril, con un tiempo de viaje de 3h19 para los 420 km de distancia existente entre ambas poblaciones,

disponía de una cuota de mercado, respecto al conjunto de los modos de transporte, del 40% a finales de la década de los años 80 del siglo XX. Los análisis realizados mostraron que con una inversión moderada, el empleo de trenes basculantes, permitiría reducir el tiempo de viaje a 2h50. Tan sólo 18 minutos más que le tiempo que haría factible la construcción de una nueva línea, con una inversión de dos a tres veces superior. Para esta relación concreta, la idoneidad de los vehículos dotados de caja inclinable parecería clara.

En el segundo caso, la relación París – Lyon, pueden efectuarse las siguientes reflexiones:

a) Si en el momento de la decisión de construir una línea de alta velocidad entre ambas poblaciones (1976) la tecnología de la caja inclinable hubiese estado disponible (no estuvo operativa hasta 1988) (Fig. 10.12), el tiempo de viaje con este sis

---

PROPUESTA METODOLÓGICA PARA ANALIZAR EL INTERÉS DE UTILIZAR MATERIAL DE CAJA INCLINABLE

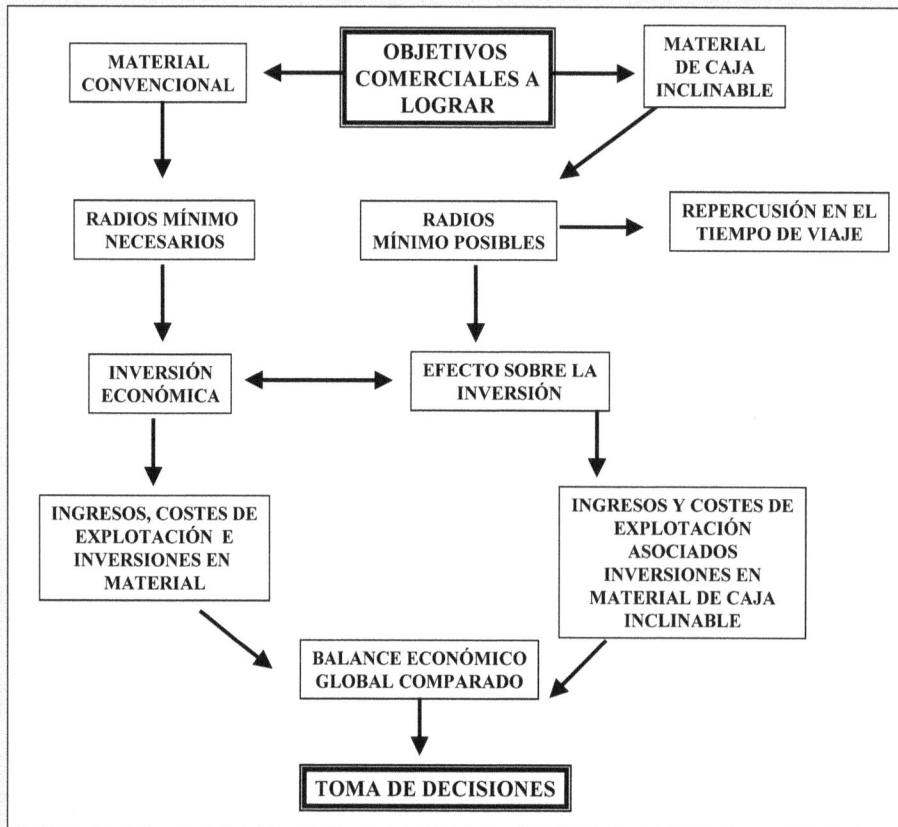

Fuente: A. López Pita (2001)

Fig. 10.11

DESARROLLO HISTÓRICO DE LOS SISTEMAS DE CAJA
INCLINABLE

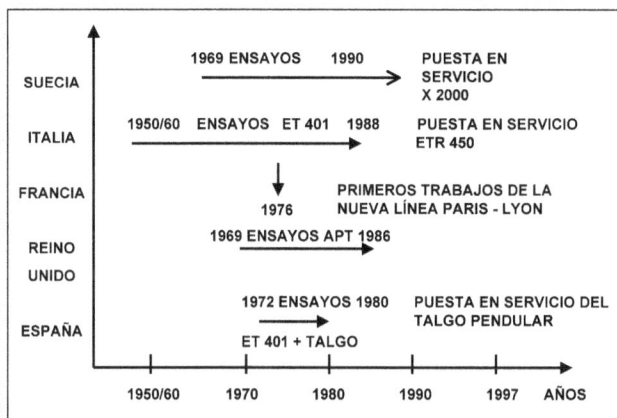

Fuente: A. López Pita (2001)   *Fig. 10.12*

tema hubiese pasado de 3h 45 (con los trenes convencionales) a 3h10.

b) Si se recuerda que, con motivo de la entrada en servicio comercial de la primera fase de la línea de alta velocidad, el tiempo de viaje se redujo a 2h40; si se tiene presente que el ferrocarril tan sólo captó 150.000 viajeros al avión (aproximadamente el 15% de la demanda por este modo) (Cuadro 10.8), resulta posible deducir el prácticamente nulo impacto comercial que hubiese tenido la utilización de trenes de caja inclinable.

Se estima, por tanto, que no debe establecerse un debate en términos de contraponer un sistema a otro y de proceder a la elección de uno de ellos con carácter apriorístico. En realidad, las citadas tecnologías son instrumentos con los que el ferrocarril cuenta para dar la respuesta técnica, comercial y económicamente más adecuada al problema del transporte en cada relación.

CUADRO 10.8. EVOLUCIÓN DEL TRÁFICO AÉREO
EN LA RELACIÓN PARÍS - LYON (1980 – 1984)

Año	Tiempo de viaje por F.C.	Tráfico aéreo	Observaciones
1980	3h 45	967.900	
1981	2h 40*	954.810	* tiempo desde septiembre 1981
1982	2h 40	806.917	
1983	2h 40	754.145	
1984	2h*	525.229	* desde septiembre 1983

Fuente: Elaboración propia con datos de diversas fuentes

LA CALIDAD GEOMÉTRICA DE UNA VÍA

11.1 PARÁMETROS QUE CARACTERIZAN LA CALIDAD GEOMÉTRICA DE UNA VÍA

La experiencia alcanzada a través de la explotación de líneas de ferrocarril ha puesto de manifiesto que, en relación con la calidad de la vía, como camino de rodadura, era posible obtener información suficiente si se conocía y cuantificaba la magnitud de los siguientes parámetros:

- Nivelación longitudinal de cada hilo de carril
- Nivelación transversal entre ambos hilos de carril
- Ancho de vía
- Alineación de cada uno de los dos carriles
- Alabeo

Se establecen las siguientes definiciones asociadas a cada uno de los términos indicados anteriormente y se visualizan en la figura 11.1

Nivelación longitudinal

Parámetro que define las variaciones de cota de la superficie de rodadura de cada hilo de carril, respecto a un plano de comparación.

Nivelación transversal

Parámetro que establece la diferencia de cota existente entre las superficies de rodadura de los hilos de carril en una sección normal al eje de la vía.

Ancho de vía

Parámetro que determina la distancia existente entre las caras activas de las cabezas de los carriles, a 14 mm, por debajo de la superficie de rodadura.

Alineación

Parámetro que, para cada hilo de carril, representa la distancia en planta respecto a la alineación teórica.

Alabeo

Parámetro que representa la distancia existente entre un punto (P) de la vía y el plano formado por otros tres puntos (ABC).

Como se verá posteriormente, y con carácter de síntesis, puede decirse que los defectos de nivelación longitudinal, medidos en mm, afectan al movimiento de galope de los vehículos. Los defectos de nivelación transversal afectan al balanceo de los vehículos. Las irregularidades existentes en el ancho de vía inciden en el movimiento transversal (o de lazo) de los vehículos, así como los defectos de alineación. Finalmente, los defectos de alabeo en una vía pueden ser la causa del descarrilamiento de los vehículos ferroviarios.

En relación con este último parámetro, el alabeo, la figura 11.1 visualiza la importancia del mismo en relación con el citado fenómeno de descarrilo. Nótese como el valor del alabeo depende de la distancia entre los puntos considerados para definir el plano, es decir, de la denominada "base de medida". Para hacer comparables las medidas efectuadas con distintas bases, el alabeo, es decir, la distancia existente entre una rueda y el plano definido por las otras tres, se divide por la longitud de la base de medida. Se expresa, por tanto, en mm/m.

PARÁMETROS QUE DEFINEN LA CALIDAD GEOMÉTRICA DE UNA VÍA

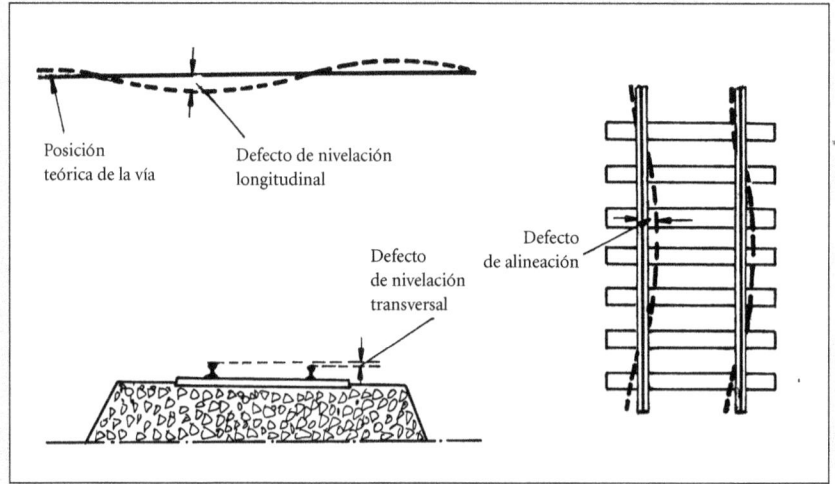

Posición teórica de la vía

Defecto de nivelación longitudinal

Defecto de nivelación transversal

Defecto de alineación

Ancho de vía

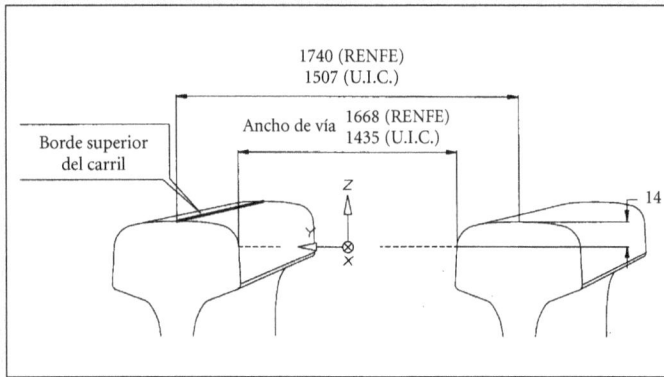

Defecto de Alabeo

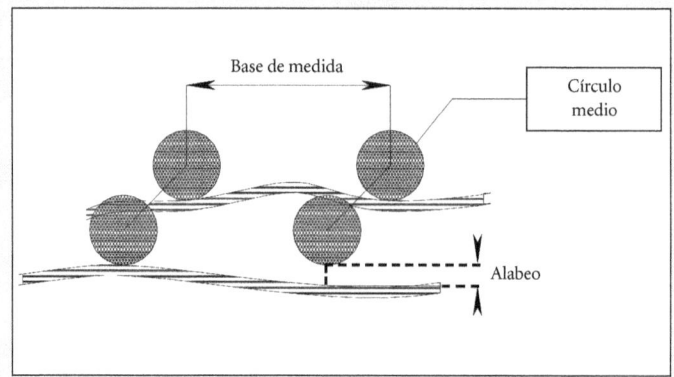

1740 (RENFE)
1507 (U.I.C.)

Ancho de vía   1668 (RENFE)
1435 (U.I.C.)

Borde superior del carril

14

Base de medida

Círculo medio

Alabeo

Como referencia cabe recordar que si consideramos la influencia que el alabeo podría tener en el descarrilamiento de un bogie, la base de medida se situaría entre 2,3 y 3 metros (valores correspondientes al empate de los distintos bogies). Por el contrario, si se analizase el caso de un vagón de mercancías a ejes, la base de medida se correspondería con el valor del empate en este tipo de vehículos, es decir, 6 a 9 metros.

11.2 MEDIDA DE LOS PARÁMETROS DE CALIDAD GEOMÉTRICA

Es indudable que para localizar en cada momento la posición exacta de los dos carriles de una vía, el recurso a una "base absoluta" de referencia proporcionaría los defectos de cada parámetro con la precisión que los equipos de medida permitiesen. Sin embargo, la lentitud de esta metodología por un lado y, por otro, su elevado coste hicieron inviable su generalización al ámbito ferroviario en el momento de la aparición de este modo de transporte.

Por esta causa, históricamente, se han utilizado vehículos ferroviarios especiales, equipados inicialmente con palpadores para medir la calidad geométrica de las vías; en todos los casos, a través de la consideración de una base relativa de medida, como se verá con posterioridad.

Los citados vehículos autopropulsados o remolcados fueron incrementando la velocidad a la cual podían registrar la geometría de la vía, en paralelo a las velocidades máximas de circulación de los servicios comerciales. En la figura 11.2 se muestra la tipología de algunos de los vehículos de registro, que en su configuración más sencilla reciben el nombre de *dresinas*.

En el ámbito de los vehículos de auscultación de la geometría de la vía, resulta obligado reconocer que el denominado *coche Mauzin*, en honor del ingeniero francés que desarrolló el sistema, fue durante muchos años referencia obligada. La figura 11.3 muestra una visión general del proceso que efectúa el coche de registro, desde la obtención de los datos sobre la geometría de la vía hasta su representación gráfica para la cuantificación de la magnitud de los defectos.

En el ámbito específico del ferrocarril español, se señala que en principio contó con las correspondientes dresinas de auscultación, pero ya desde los años 70 del pasado siglo incorporó un coche de control geométrico de la vía (denominado LLV-1001), basado en la filosofía Mauzin. Siguiendo a Villarroya (1978), a continuación se realiza una síntesis de las principales características del referido vehículo (Fig. 11.4a).

Para realizar las medidas en el plano horizontal, el vehículo consta de una serie de ruedas palpadoras (Fig. 11.4b) que se apoyan en las caras internas de las cabezas de los carriles, a 14 mm por debajo de la superficie de rodadura. Las ruedas palpadoras van montadas sobre un bastidor situado en el centro de cada uno de los bogies. Este bastidor estaba concebido de forma que fuese independiente de las deformaciones del chasis del bogie. En la figura 11.4c puede verse un detalle del sistema de palpadores horizontales.

En cuanto al palpado vertical, se realizaba a través de las propias ruedas del vehículo, tomando como plano de comparación el bastidor del mismo. La medida de la nivelación longitudinal se efectuaba de forma independiente para cada uno de los dos hilos de carril, a partir de los desplazamientos verticales de las seis ruedas que circulan por él. Se mide la diferencia entre el desplazamiento vertical de la rueda correspondiente al eje número 4, calculado mediante interpolación lineal de los desplazamientos de las seis ruedas del mismo lado y el desplazamiento real de dicha rueda medido directamente.

Los movimientos de los dispositivos de palpado vertical y horizontal se convierten en señales eléctricas, representativas del desplazamiento de los puntos de medida. Estas señales van a una mesa de registro produciendo en unas plumillas de dibujo desplazamientos proporcionales a las amplitudes de las diferentes medidas (Fig. 11.3). De esta forma se obtiene para cada parámetro un registro gráfico representativo de la medida del mismo (Fig. 11.5). También quedan marcadas en el registro señales representativas de las referencias kilométricas y físicas, de modo que permiten localizar los defectos sobre la vía.

El uso de los vehículos de auscultación de la geometría de la vía se lleva a cabo mediante su incorporación, como un coche más, a las composiciones comerciales de viajeros (Fig. 11.6). De tal modo que durante su recorrido, a lo largo de un trayecto dado, se realiza el control de su geometría.

11.3 VEHÍCULOS DE AUSCULTACIÓN GEOMÉTRICA SIN PALPADORES CON CONTACTO

Los palpadores mecánicos, por su propia naturaleza, son elementos sometidos al desgaste, incrementándose en este caso los errores de las medidas. En general se acepta que la velocidad límite a la que es aconsejable su uso se sitúa en torno a 120/160 km/h. Este hecho, unido a las cada vez mayores velocidades de circulación de los trenes comerciales, aconsejó el empleo de los denominados palpadores sin contacto. Con estas nuevas técnicas, los registros de la geometría de la vía pueden realizarse a velocidades de hasta 250 km/h (Fig. 11.2)

A esta filosofía pertenece el nuevo coche de control geométrico de la vía, incorporado por RENFE en el año 2001. Vehículo que puede efectuar la auscultación de la vía a velocidades máximas de 200 km/h (Fig. 11.7a). El coche dispone de unos sensores inerciales y ópticos sin contacto con la vía.

Como referencia, la medida de los defectos de nivelación longitudinal se efectúa según el siguiente principio: dado que el contacto

TIPOLOGÍA DE VEHÍCULOS DE AUSCULTACIÓN GEOMÉTRICA DE LA VÍA

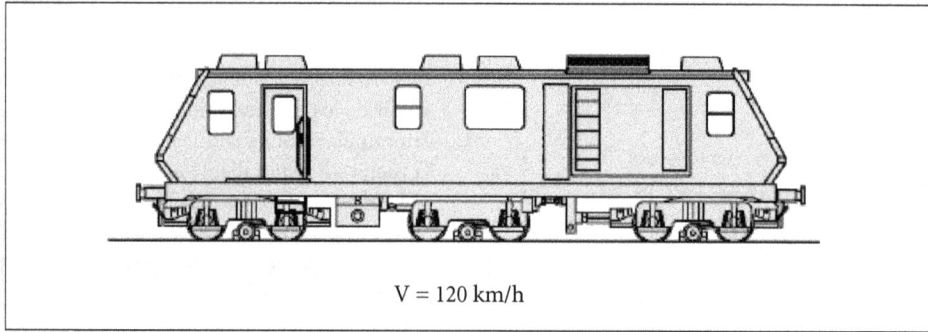

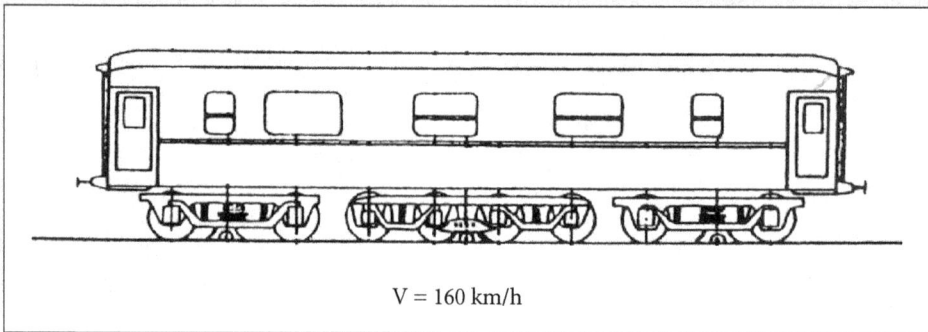

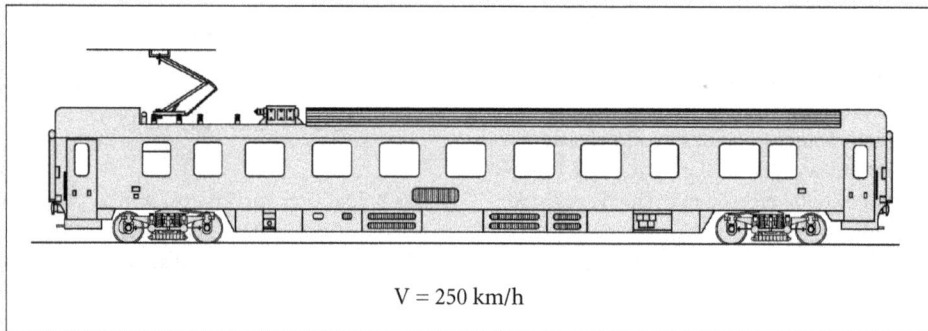

V = 120 km/h

V = 160 km/h

V = 250 km/h

Fig. 11.2

PROCESO DE AUSCULTACIÓN DEL ESTADO GEOMÉTRICO DE UNA VÍA

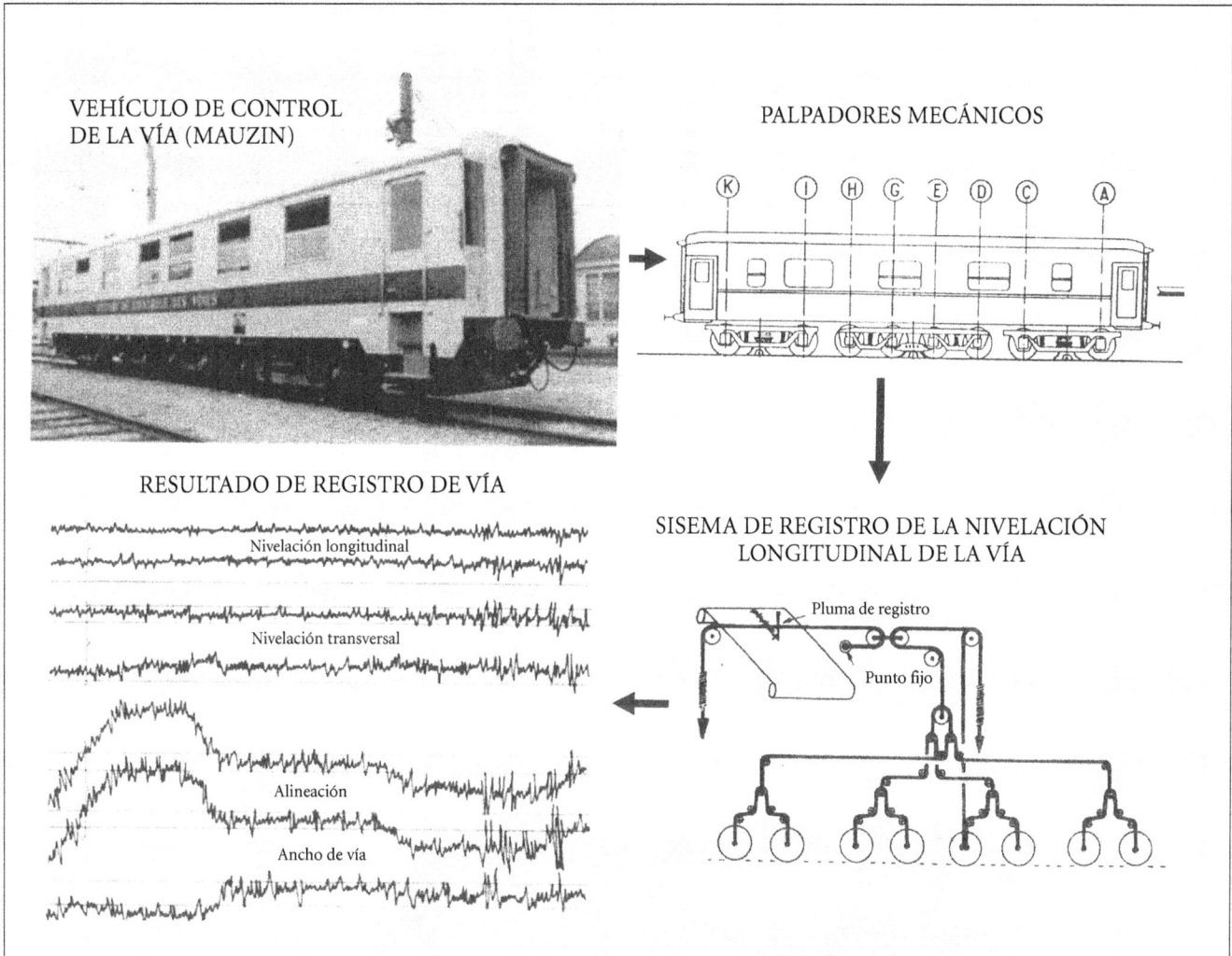

VEHÍCULO DE CONTROL
DE LA VÍA (MAUZIN)

PALPADORES MECÁNICOS

K I H G E D C A

RESULTADO DE REGISTRO DE VÍA

Nivelación longitudinal

Nivelación transversal

Alineación

Ancho de vía

SISEMA DE REGISTRO DE LA NIVELACIÓN
LONGITUDINAL DE LA VÍA

Pluma de registro

Punto fijo

Fuente: A. López Pita. (2003)

Fig. 11.3

COCHE DE CONTROL GEOMÉTRICO LLV-1001 (RENFE)

a)

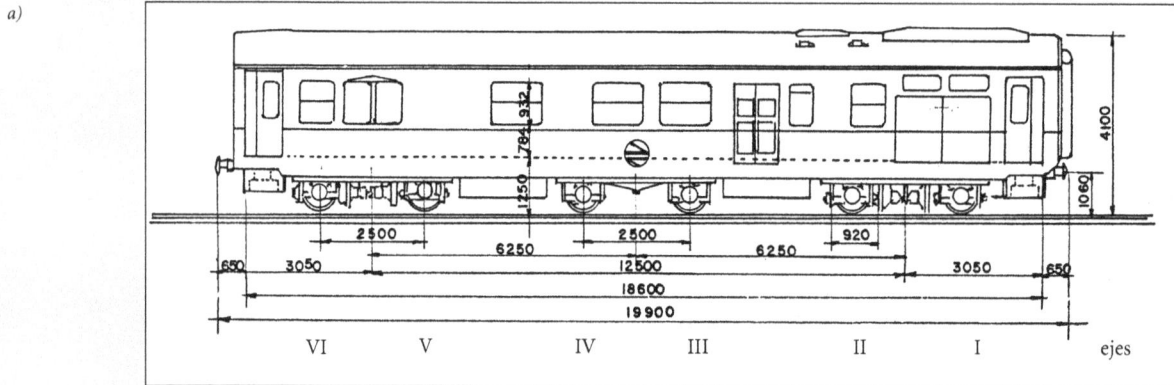

b)

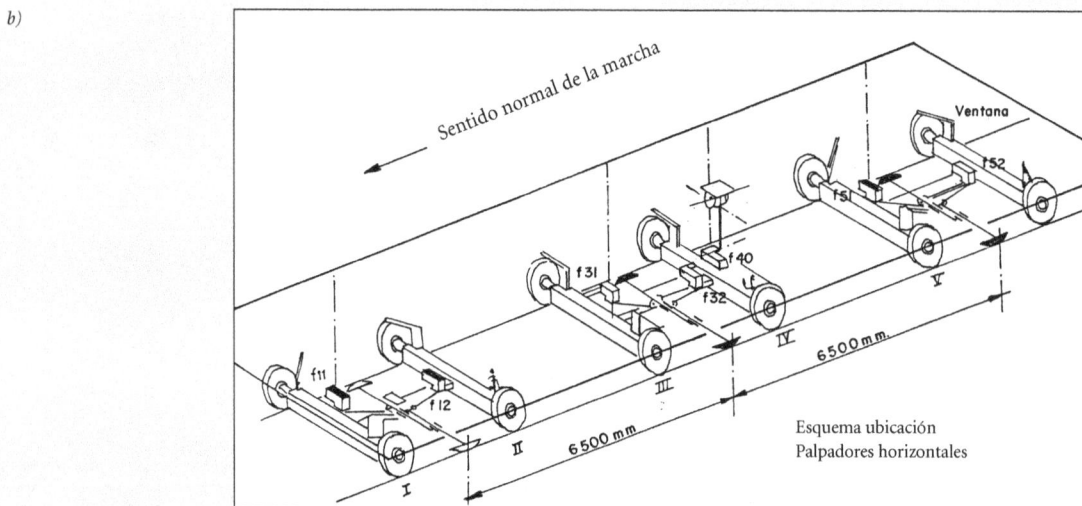

Esquema ubicación
Palpadores horizontales

c)

Detalle
palpador
horizontal

Fuente: RENFE

Fig. 11.4

IMPRESIÓN GRÁFICA DE LOS RESULTADOS DE AUSCULTACIÓN GEOMÉTRICA DE UNA VÍA

Fuente: RENFE

Fig. 11.5

COCHE DE CONTROL GEOMÉTRICO DE LA VÍA INCORPORADO A UN TREN COMERCIAL

Fuente: S. Meillason. (2004)

Fig. 11.6

entre el carril y las ruedas es continuo en dirección vertical, los desplazamientos verticales de los ejes coinciden con las irregularidades del carril bajo carga. Por tanto, resulta posible medir los defectos verticales por doble integración de las aceleraciones verticales de la caja (mediante la colocación de un acelerómetro en ella), (Fig. 11.7b) a través de la determinación, por un captador colocado al efecto (Fig. 11.7c), del desplazamiento entre la caja y el eje del propio vehículo. Integrando dos veces la aceleración y restando el citado desplazamiento relativo, se puede obtener la posición longitudinal de la vía. Este sistema permite medir los defectos de onda larga de la vía, de particular importancia durante la circulación a alta velocidad.

Cabe señalar que no resulta posible llevar a cabo directamente, por doble integración de las aceleraciones, la medida de los defectos de alineación. Es necesario un proceso más complejo, que no se detalla.

En cuanto a los sensores ópticos, se destaca el procedimiento utilizado en base a la utilización de rayos láser. Como se observa en la figura 11.8, el funcionamiento se produce a través de la emisión de un rayo láser que se refleja en un espejo de posición variable y se proyecta sobre uno de los carriles. Una cámara registra la distancia entre el punto de luz generado por la proyección del rayo láser sobre la superficie del carril y su centro de visión, proporcionando la medida del ancho de vía.

11.4 CUANTIFICACIÓN NUMÉRICA DE LA CALIDAD GEOMÉTRICA

A partir de los registros obtenidos para cada parámetro, los distintos defectos pueden ser clasificados por grupos en función de que se consideren:

a) Los valores límites de los defectos desde la perspectiva de la calidad geométrica exigida a la vía en el momento de recepcionar trabajos realizados en ella.
b) Los valores de los defectos que servirán como referencia para efectuar la conservación de la vía.
c) Los defectos que necesitarían, en razón de su magnitud, ser eliminados a corto plazo.

Puede decirse que los límites de los valores de los defectos (también llamados *tolerancias*) se establecen teniendo en cuenta que se trate del momento en que se efectúa la construcción de una vía, o bien, con ocasión de realizar operaciones de mantenimiento. En este última situación se comprende que, por el desgaste y degradación de los materiales de vía, no es posible exigir la misma precisión que en el montaje. En el cuadro 11.1 se muestran los criterios vigentes (años 60 del siglo XX) en algunas líneas o ferrocarriles para los itinerarios donde se circulaba a velocidades máximas

situadas en torno a 200 m/h. y en función de que se tratase del montaje de la vía o de su conservación. En todo caso, es de interés destacar que en los primeros años de explotación comercial de líneas de alta velocidad no se consideró necesario disponer de vías de mayor calidad geométrica que la exigida a los itinerarios donde se circulaba a 200 km/h. La diferencia principal respecto a los criterios precedentemente indicados fue la incorporación de tres tipos de tolerancias:

- Defecto corriente
- Defecto aislado
- Desviación media de la señal en tramos de vía de aproximadamente 200 a 300 m

Sólo en este último ámbito, desviación media de la señal, se elevó el nivel de exigencia para circular a 300 km/h. A mediados de la década de los años 80 (siglo XX), los ferrocarriles franceses disponían de los criterios establecidos en el cuadro 11.2.

Por lo que respecta a las líneas convencionales, las decisiones de mantenimiento de la vía se han basado, tradicionalmente, en la observación visual de los gráficos (Fig. 11.3) proporcionados por los coches de registro. Observación que se llevaba a cabo de manera obligadamente subjetiva por parte de personal especializado de cada administración ferroviaria. Con objeto de representar numéricamente los resultados de las apreciaciones de los citados expertos, se incorporaron a los vehículos de registro del estado geométrico de la vía analizadores electrónicos de las señales. El objetivo final era obtener una escala de unidades objetiva y unificar la calidad de la vía, para poder fijar el momento técnica y económicamente óptimo de llevar a cabo las operaciones de mantenimiento.

De este modo las señales analógicas continuas representativas del estado de cada parámetro (nivelación longitudinal, alineación etc.) se registraban, transformándose los valores extremos de las señales en valores numéricos (11.9a). Estos eran agrupados en clases (Fig. 11.9b) según su importancia. Las referidas clases se establecían dependiendo de los criterios límites establecidos. Por ejemplo:

- Valores de los límites de calidad de la vía en el momento de la recepción de trabajos
- Valores de referencia para el mantenimiento
- Valores que obligarían a una intervención inmediata

La suma de los valores aislados obtenidos para cada parámetro de vía, referida a una longitud de referencia homogénea (L) permitía definir un indicador S_i del estado del parámetro (i). Matemáticamente,

$$Si = \frac{b_{i1} + b_{i2} + ... + b_{in}}{L} \qquad (11.1)$$

DETALLE DE LOS SISTEMAS INERCIALES DE REGISTRO DE LA CALIDAD DE UNA VÍA

a) Coche de registro RENFE

Fuente: Renfe

c) Transductor para medida de desplazamiento caja-eje

Fuente: C. Esveld

b) Sistema inercial de registro

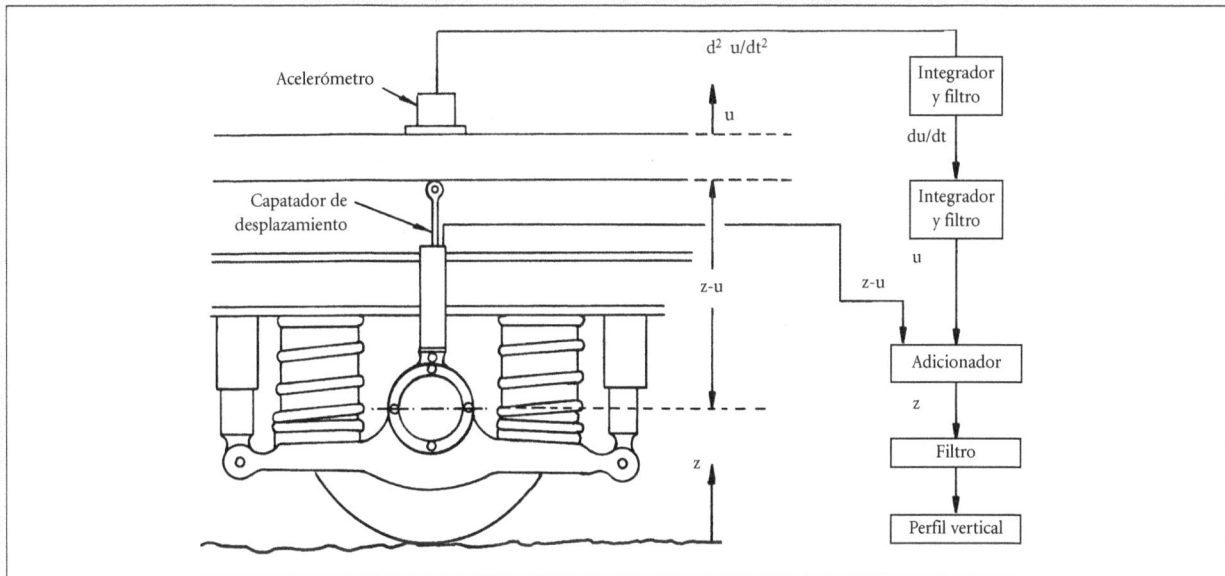

Fuente: ORE

Fig. 11.7

SENSORES ÓPTICOS DE AUSCULTACIÓN DE VÍA

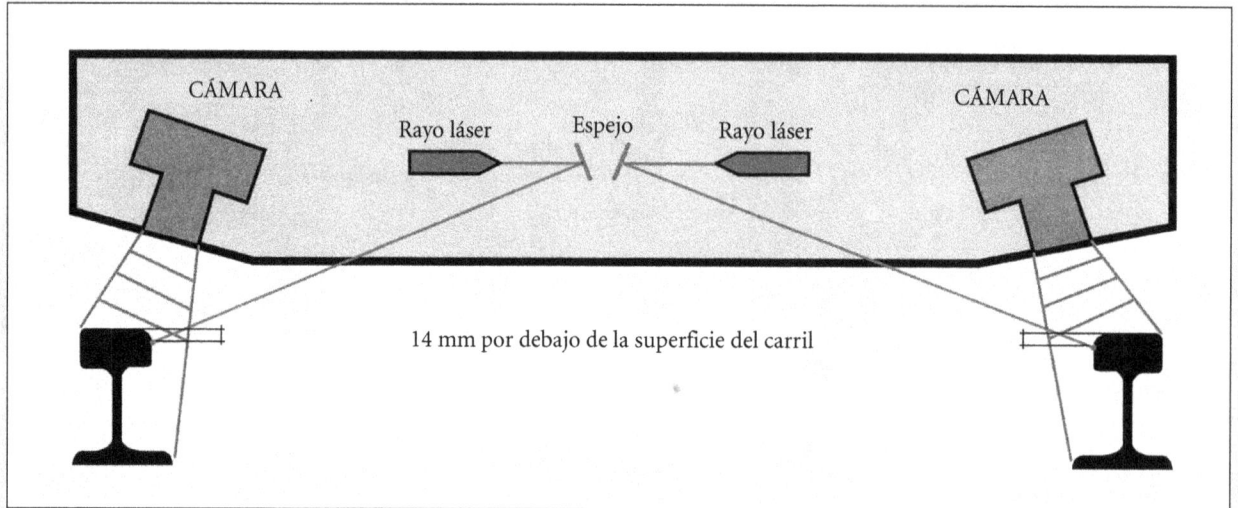

CÁMARA   Rayo láser   Espejo   Rayo láser   CÁMARA

14 mm por debajo de la superficie del carril

Fuente: Plasser

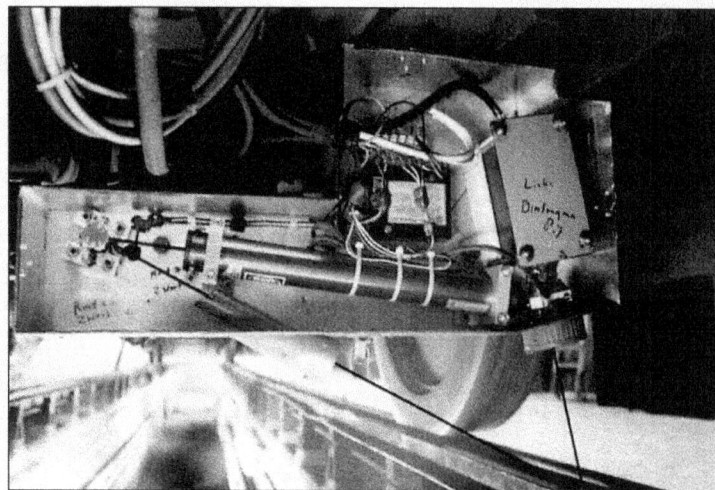

Fuente: C. Esveld

Fig. 11.8

CUADRO 11.1. TOLERANCIAS PARA MONTAJE DE VÍA NUEVA Y PARA CONSERVACIÓN DE VÍA (VMAX= 200 KM/H)

FERROCARRIL O LÍNEA	PARÁMETRO				
	ANCHO	NIVELACIÓN TRANSVERSAL	NIVELACIÓN LONGITUDINAL	ALINEACIÓN EN CURVA	ALABEO
Tokaido					
- Montaje	+ 2 mm	--	+ 4 mm en 1o m	+ 3 mm en 10 m	2 mm en 2,5 m
- Conservación	+ 5 mm	--	+ 7 mm en 10 m	+ 4 mm en 10 m	3 mm en 2,5 m
SNCF					
- Montaje	--	+ 3 mm	--	+ 1 mm en 10 m	1 mm en 3 m
- Conservación	--	+ 5 mm	--	+ 4 mm en 10 m	2 mm en 3 m
DB					
- Montaje	--	+ 2 mm	+ 2 mm en 5 m	+ 2 mm en 16 m	--
- Conservación	+ 3 mm	+ 5 mm	--	--	--
FS					
- Montaje	+ 2 mm	+ 4 mm	+ 4 mm en 10 m	+ 3 mm en 10 m	1 mm en 3 m
- Conservación	--	--	--	--	--

Fuente: F. Birmann. (1968)

CUADRO 11.2. CALIDAD GEOMÉTRICA EXIGIDA EN FRANCIA PARA LÍNEAS A 200 Y 300 KM/H

Defecto	Líneas a 200 y 300 km/h		Desviación media de la señal sobre 300 m de vía (mm)	
	Valor corriente máximo (mm)	Defecto máximo aislado (mm)	Líneas a 200 km/h	Líneas a 300 km/h
Nivelación longitudinal[1]	2,5	5	0,7	0,6
Nivelación transversal	2,0	4	0,5	0,4
Alineación[2]	3,5	6	1,0	0,9
Ancho	2,5	5	—	—

(1) Sobre base de 12,20 m
(2) Sobre cuerda de 10 m
Fuente: Adaptado de J. Alias (1984)

CUANTIFICACIÓN NUMÉRICA DE LOS DEFECTOS GEOMÉTRICOS DE UNA VÍA (1)

a)

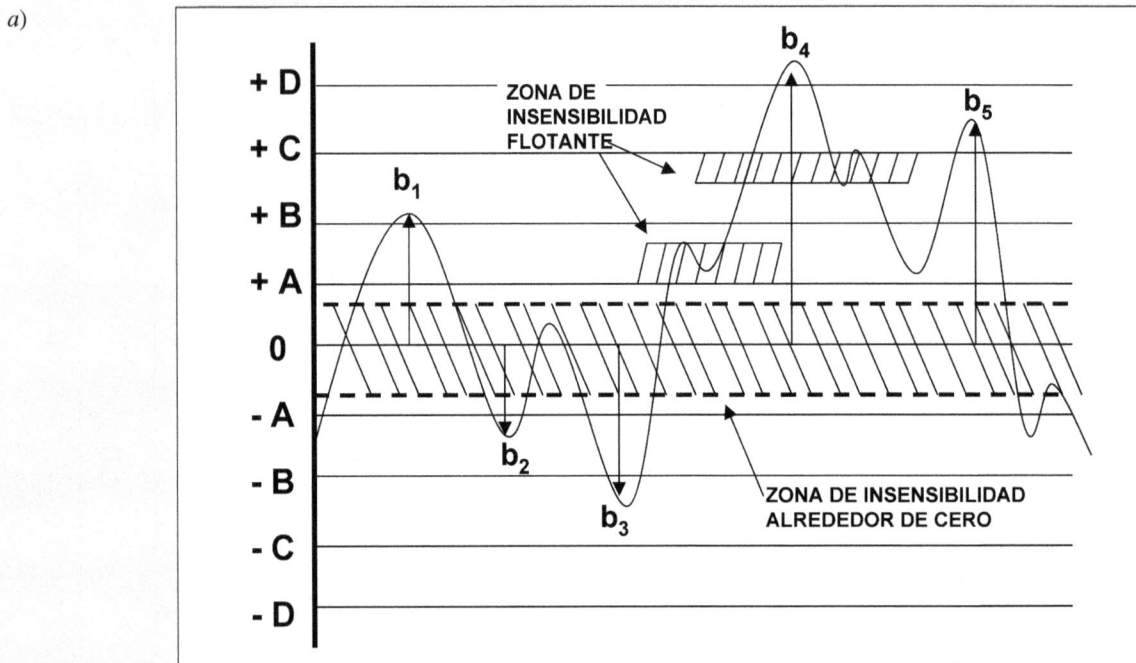

AGRUPACIÓN EN CLASES DE LOS DEFECTOS GEOMÉTRICOS DE UNA VÍA

b)

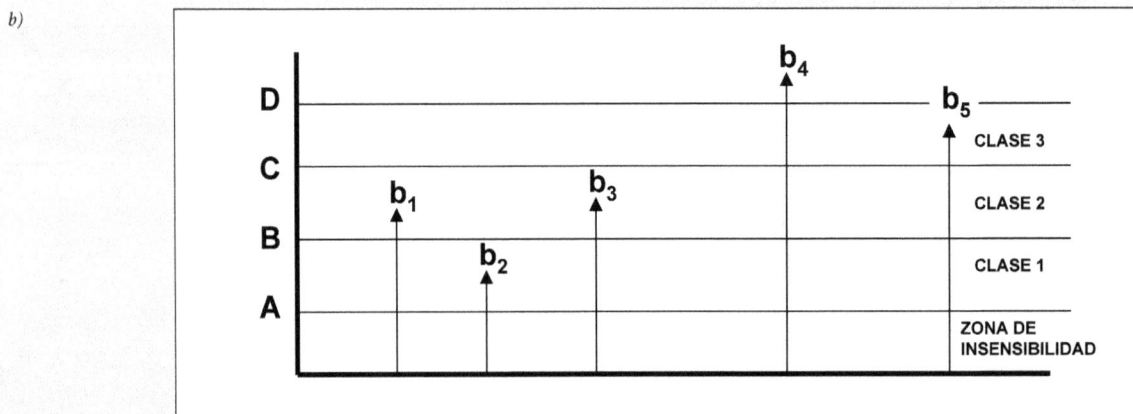

Fuente: Elaboración propia

Fig. 11.9

(1) El indicador de la calidad de un parámetro dado (alineación, nivelación, etc) se obtiene por la expresión matemática

$$Si = \frac{b_{i1} + b_{i2} + ... + b_{in}}{L}$$

siendo L una distancia de vía homogénea de referencia ($\approx$ 25 m).

El indicador (Q) de calidad global de la vía, incluyendo todos los parámetros de su geometría, se obtenía por la expresión:

$$Q = K_1 S_1 + K_2 S_2 + ... + K_j S_j$$

Es indudable que los valores de los coeficientes de ponderación (Ki) reflejaban la importancia dada a cada parámetro geométrico en la calidad total de la vía. En el caso del ferrocarril español, se utilizó la siguiente formulación:

$$Q = 0,2 \left(\frac{S_0 + S_1}{2} \right) + 0,45 \, S_2 + 0,05 \, S_3 + 0,3 \left(\frac{S_4 + S_5}{2} \right)$$

siendo:

S_0 y S_1 = calificaciones obtenidas por la expresión 11.1 para los defectos de nivelación longitudinal del hilo izquierdo y derecho respectivamente.

S_2 y S_3 = indicadores de alabeo y ancho de vía.

S_4 y S_5 = calificaciones de la alineación en cada hilo.

Según la experiencia disponible, se asociaba a cada intervalo de variación de Q la calificación de buena, aceptable, etc. respecto a la calidad geométrica de la vía.

Más recientemente, la ficha UIC 518 (1998) estableció los criterios recomendables para definir la calidad de la vía para cada intervalo de velocidades máximas en el tramo de vía considerado. Los citados criterios determinan tres niveles de calidad:

QN1: Valor del defecto que implica una vigilancia de su evolución o su eliminación en ciclos normales de conservación.

QN2: Valor del defecto que obliga a efectuar operaciones de conservación a corto plazo.

QN3: Valor del defecto que corresponde a una situación no deseable.

Para cada parámetro geométrico, se fijan dos valores de Q_{ni}:

• El primero corresponde al valor máximo en cada intervalo de 200 m.
• El segundo, a la desviación típica del defecto en el intervalo de 200 m.

Como referencia, en el cuadro 11.3 se muestran los valores de QN1 y QN2 del parámetro nivelación longitudinal, en función de la velocidad de circulación. Los valores de QN3 para el caso de defectos puntuales se calculan a partir de la relacion: $QN3 = 1,3 \cdot (QN2)$

Análogamente, se dispone de cuadros similares para el resto de los parámetros que definen la calidad geométrica de la vía.

La observación de los datos del cuadro 11.3 permite deducir que, transcurridas más de dos décadas desde la explotación de líneas de alta velocidad en Europa, se confirma que la circulación en el intervalo de 200 a 300 km/h exige una calidad de vía aproximadamente similar.

11.5 PROBLEMAS ESPECÍFICOS EN EL REGISTRO Y TRATAMIENTO DE LOS PARÁMETROS GEOMÉTRICOS

En el proceso expuesto hasta el momento actual, y de forma voluntaria, no se han mencionado algunos de los problemas asociados a la utilización de los vehículos de auscultación geométrica de la vía. Se pretendía con ello facilitar la comprensión de la filosofía del registro y el análisis de los parámetros que definen la calidad geométrica de la vía. Resulta sin embargo necesario, una vez superada la etapa anterior, abordar de forma resumida la referida problemática.

CUADRO 11.3. DEFECTOS ADMISIBLES DE NIVELACIÓN LONGITUDINAL: VALORES DE QN1 Y QN2

Velocidad (km/h)	QN1		QN2	
	Valor máximo (mm)	Desviación típica (mm)	Valor máximo (mm)	Desviación típica (mm)
V < 80	12	2,3	16	2,6
80 < V < 120	8	1,8	12	2,1
120 < V < 160	6	1,4	10	1,7
160 < V < 200	5	1,2	9	1,5
200 < V < 300	4	1,0	8	1,3

Fuente: Adaptado de la ficha UIC 518

a) *Restitución gráfica de los defectos*

Como consecuencia del sistema utilizado para el registro de los defectos, la forma en que aparecen reflejados tiene la imagen indicada en la figura 11.10 para un defecto de nivelación longitudinal y en la figura 11.11, para un defecto de alineación.

b) *Función de transferencia*

Consideremos para explicar la naturaleza y el significado de este concepto, el caso de un defecto de alineación en la vía. Como se indicó con anterioridad, la filosofía de los vehículos Mauzin reside en disponer una serie de palpadores horizontales como los indicados en la figura 11.12.

En esta situación, con palpadores equidistantes, se verifica:

$$f = Y_2 - \frac{Y_1 + Y_3}{2} \qquad (11.2)$$

siendo:

f = flecha de la cuerda definida por el vehículo auscultador. Valor representativo de los defectos de alineación de la vía.

Y_i = desplazamiento que experimenta cada uno de los tres palpadores utilizados para el registro de la geometría.

Si suponemos, como hipótesis, que los defectos de alineación de la vía que deseamos auscultar son de tipo sinusoidal. Es decir:

$$Y_{(x)} = a\,\text{sen}\,\frac{2\pi}{L} x \qquad (11.3)$$

siendo:

a = amplitud de la onda asociada al defecto de alineación.

L = longitud de onda del defecto.

Si se tiene en cuenta que la ecuación 11.2 puede ser escrita en la forma:

$$f_{(x)} = Y_{(x)} - \frac{Y\left(x - \dfrac{c}{2}\right) + Y\left(x + \dfrac{c}{2}\right)}{2}$$

siendo:

c = longitud de la cuerda que determinan los palpadores del vehículo auscultador.

x = posición del palpador central del vehículo auscultador.

y si se sustituye Y (x) por su valor 11.3 resulta:

$$f_{(x)} = Y_{(x)}\left[1 - \cos\frac{2\pi}{L} c\right]$$

Por tanto, puede decirse que

$$f(x) = Y(x)J(L) \qquad (11.4)$$

siendo

$$J(L) = 1 - \cos\frac{2\pi}{L} c \qquad (11.5)$$

¿Qué quiere indicar la expresión 11.4? Que el defecto de alineación en un punto de la vía que señala el coche auscultador $[f(x)]$, se relaciona con el defecto realmente existente en la vía Y (x), a través de la función $J(L)$, que recibe el nombre de *función de transferencia* del vehículo auscultador de vía, para los defectos de alineación.

Nótese como 11.4 puede expresarse en la forma:

$$\frac{f(x)}{Y(x)} = J(L) = 1 - \cos\frac{2\pi}{L} c$$

o bien

$$\frac{\text{Defecto medido por el coche}}{\text{Defecto real en la via}} = 1 - \cos\frac{2\pi}{L} c$$

La representación gráfica de 11.5 para la cuerda del coche Mauzin ($c = 10$ m) conduce a la figura 11.13 para diversos valores de longitud de onda de los defectos.

Nótese, de la observación de la figura 11.13 que:

a) Algunos defectos no se detectan satisfactoriamente. Por ejemplo, constátese este hecho para longitudes de onda de 30 a más de 100 m. Sin embargo, este tipo de defectos son de gran importancia cuando se circula a alta velocidad.

b) Algunos defectos quedan notablemente amplificados respecto a la realidad. Aquellos en que $b/a = 2$.

Para otro tipo de defectos, como los de nivelación longitudinal, puede efectuarse análoga reflexión. En la figura 11.13 se representa la *función de transferencia* del coche Mauzin, en relación con los defectos de nivelación. Se comprueba como para este tipo de defectos, para longitudes de onda de los defectos comprendidas entre 1 y 10 m (salvo la excepción que se observa en la figura en el intervalo 1 a 1,67 m), la función de transferencia se mantiene entre valores de 1 a 1,2. Sin embargo, para longitudes de onda superiores a 30 m, presenta las mismas limitaciones que se indicaron para los defectos de alineación.

SECUENCIA DE RESTITUCIÓN DE UN DEFECTO DE NIVELACIÓN LONGITUDINAL DE LA VÍA

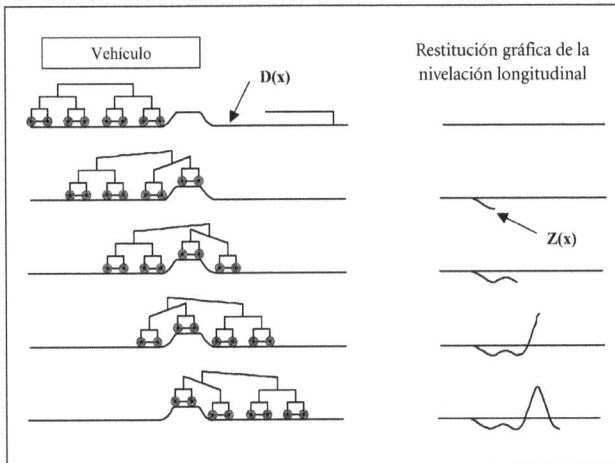

Fuente: L. Ubalde · Fig. 11.10

SECUENCIA DE RESTITUCIÓN DE UN DEFECTO DE ALINEACIÓN

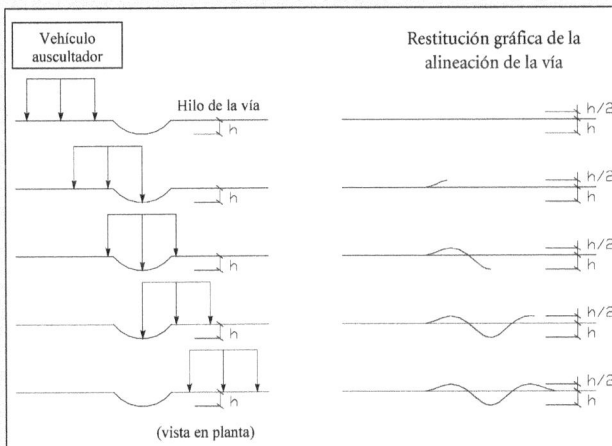

Fuente: Tomado de R. Insa · Fig. 11.11

DETERMINACIÓN MECÁNICA DE LOS DEFECTOS DE ALINEACIÓN POR UN COCHE AUSCULTADOR DE VÍA

a)

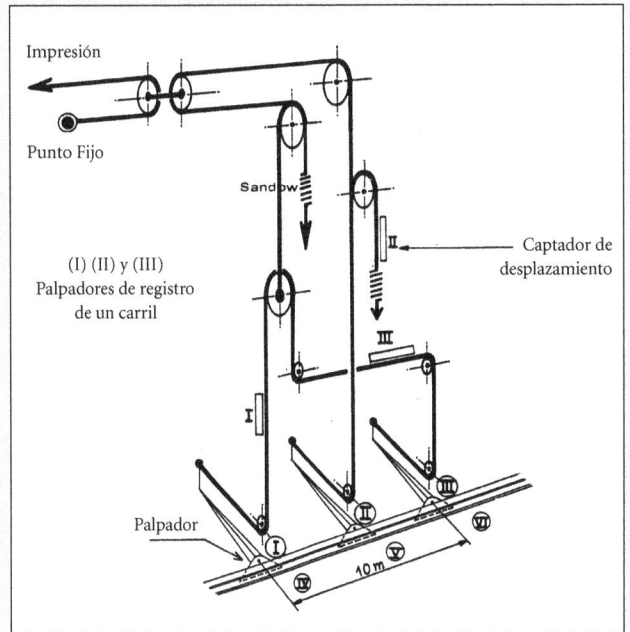

b)

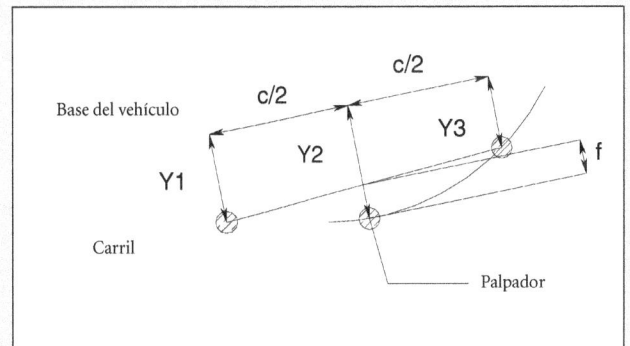

Fuente: SNCF · Fig. 11.12

Las reflexiones efectuadas hasta el momento se basaron en la hipótesis de que la vía presentaba defectos de alineación de tipo sinuosidad, para facilitar el razonamiento. No obstante, en la práctica $f(x)$ puede tener una forma cualquiera. Se demuestra que, si se consideran las transformadas de Fourier de las funciones $f(x)$ e $Y(x)$, entre ellas existe la relación:

$$\begin{array}{ccc} \text{Transformada} & & \text{Transformada} \\ \text{de Fourier} & = & \text{de Fourier} \quad . \, \text{J (L)} \\ \text{de } f(x) & & \text{de } Y(x) \end{array}$$

Es decir, que se mantiene la conclusión antes obtenida para defectos de tipo sinuosidal: existen determinadas longitudes de onda para las que la función de transferencia se anula. En conclusión, puede decirse que la *función de transferencia* de los vehículos de auscultación de la geometría de la vía depende tanto de las características de cada vehículo como de la longitud de onda de los defectos.

c) *Tratamiento de las señales*

Mediante la auscultación geométrica se pretenden medir las irregularidades de determinados parámetros geométricos respecto de los valores teóricos que les corresponderían de acuerdo con el trazado de la vía. Sin embargo, no es posible obtener directamente dichas irregularidades a partir de las señales brutas. En efecto, las señales vienen definidas por sus amplitudes desde el valor cero, que no siempre coincide con la amplitud correspondiente al valor teórico del trazado del parámetro considerado.

Si se analiza el parámetro alineación, medido como se ha indicado con anterioridad mediante las flechas fi, pueden darse dos situaciones: en alineación recta, la amplitud correspondiente con el valor teórico de trazado es $f = o$, que coincide con el valor de la señal bruta; en una alineación curva, de radio R, la amplitud de la flecha que corresponde con el valor teórico del trazado es: f = c^2 / 8R, que no coincide con el valor cero de la señal bruta (Fig. 11.14a).

Por tanto, en las alineaciones curvas las variaciones de la señal bruta obtenida pueden considerarse como la superposición de dos señales: la denominada *línea media*, representativa de la variación del trazado teórico, y la denominada *señal filtrada*, representativa de las irregularidades del trazado real respecto del teórico. Las variaciones de amplitud de la señal filtrada son las que realmente interesa medir mediante la auscultación. La visualización gráfica de la superposición de las mencionadas señales se muestra en la figura 11.14b.

El filtrado de una señal es, por tanto, la operación que consiste en tratar la señal por medio de un dispositivo, denominado *filtro*, que tiene la propiedad de dejar pasar ciertas frecuencias y de oponerse al paso de otras. Las gamas de frecuencias de las dos señales cuya adición daba lugar a la señal bruta son distintas. A la línea media corresponden las bajas frecuencias, y a la señal filtrada, las altas frecuencias. Por tanto pueden utilizarse dos tipos de filtros para separar las dos componentes de la señal bruta: filtros *Pasa-Baja* y filtros *Pasa-Alta*.

Los filtros *Pasa-Baja* dejan pasar las bajas frecuencias, obteniéndose con su aplicación la denominada línea media de la señal. Posteriormente, por diferencia con la señal bruta, se obtiene la señal filtrada (Fig. 11.14b). Por su parte, los filtros *Pasa-Alta* dejan pasar las altas frecuencias, obteniéndose directamente con su aplicación la señal filtrada. Aunque en general lo que se busca con el filtrado es esta señal, si se quisiera podría obtenerse con posterioridad, por diferencia con la señal bruta, la línea media de la señal (Fig. 11.14a).

Las ideas expuestas hasta el momento no han pretendido más que poner de manifiesto, a título indicativo, algunos de los problemas que se presentan en el registro y análisis de las señales que proceden de la auscultación geométrica de una vía.

11.6 ESPECTRO DE DENSIDAD DE POTENCIA DE LOS DEFECTOS DE LA GEOMETRÍA DE UNA VÍA

En apartados anteriores la calidad geométrica de la vía se ha analizado en términos estadísticos. Es decir, considerando los defectos máximos aceptables de carácter puntual y la desviación típica de los citados defectos.

Sin embargo, puede efectuarse una análisis distinto, de gran interés en el tratamiento de los fenómenos de interacción vía-vehículo, como se verá posteriormente. El fundamento se encuentra en la consideración de las irregularidades de la vía como señales aleatorias.

Desde esta perspectiva, la señal que representa los defectos de la vía (nivelación longitudinal, transversal, alineación, etc.) puede ser descompuesta como suma de una serie de funciones periódicas caracterizadas cada una de ellas por su correspondiente frecuencia. Este proceso es el indicado en la figura 11.15.

Es importante destacar que, habitualmente, cuando se dispone de una señal el valor de la misma varía en función del tiempo y por tanto la frecuencia de sus componentes se mide como el número de ondas por unidad de tiempo (ciclos/segundo).

Sin embargo, cuando se dispone del registro de una señal representativa de los defectos de una vía, su magnitud varía no en función del tiempo, sino en función del espacio (distancia a lo largo de la vía). En consecuencia, se define la frecuencia espacial como el número de ondas por unidad de longitud de vía, es decir, ciclos/metro. La longitud de onda es la inversa de la citada frecuencia.

Conocida la descomposición de la señal absoluta en la suma de sus componentes, resulta necesario cuantificar la importancia de cada onda, lo que nos indicará la mayor o menor magnitud de los defectos de cada longitud de onda. Para determinar la citada "importancia" se recurre, como es habitual en el campo de las señales eléctricas, a conocer la potencia asociada a una señal.

MÓDULO DE LA FUNCIÓN DE TRANSFERENCIA DEL COCHE MAUZIN DE AUSCULTACIÓN GEOMÉTRICA DE LA VÍA

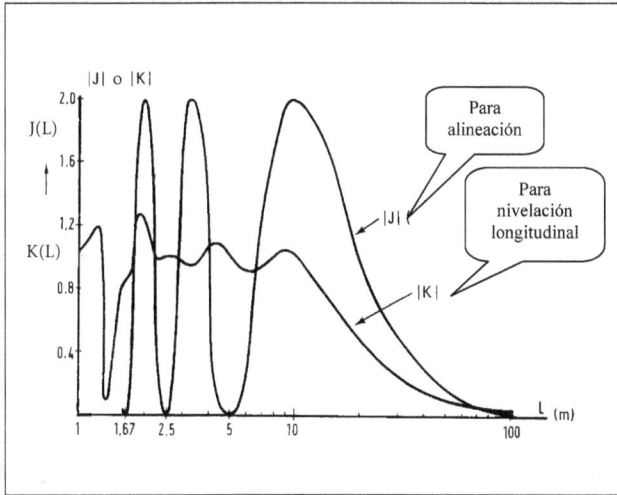

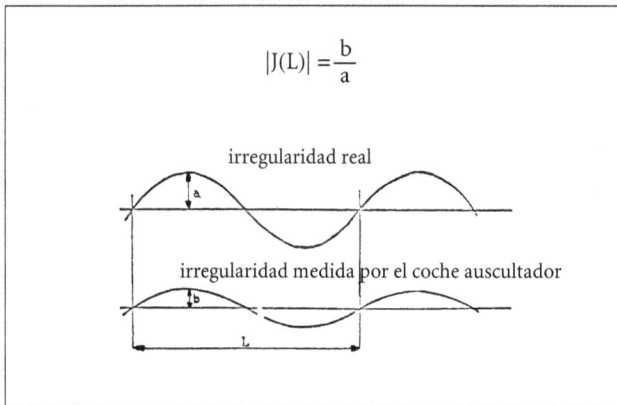

$$|J(L)| = \frac{b}{a}$$

irregularidad real

irregularidad medida por el coche auscultador

Fuente: ORE

Fig. 11.13

SEÑAL BRUTA Y SEÑAL FILTRADA

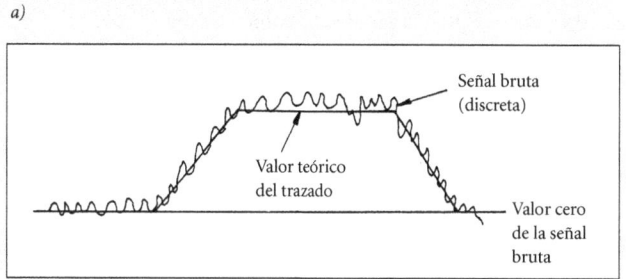

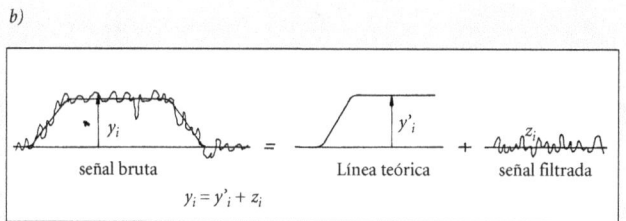

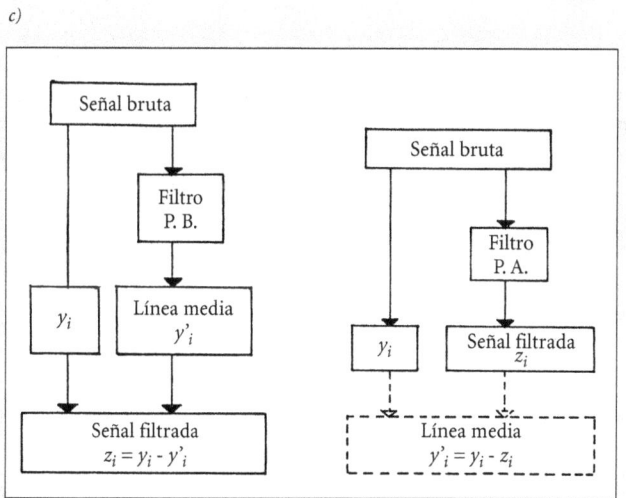

a)

b)

$$y_i = y'_i + z_i$$

c)

Señal bruta

Filtro P. B.

y_i

Línea media y'_i

Señal filtrada $z_i = y_i - y'_i$

Señal bruta

Filtro P. A.

y_i

Señal filtrada z_i

Línea media $y'_i = y_i - z_i$

Fuente: J. L. Villarroya. (1985)

Fig. 11.14

En este contexto, se recuerda que, siendo $x(t)$ la tensión aplicada en un circuito en el que se encuentra una resistencia R, la intensidad de la corriente en el circuito debe ser: $i(t) = x(t)/R$. La potencia instantánea (P_i) de la señal vale, como se sabe:

$$P_i = i^2(t).R = x^2(t)/R.$$

Y aceptando que $R = 1$ ohmio, se deduce que la potencia instantánea valdrá $x^2(t)$.

Para una señal periódica de período T, la potencia media en dicho período será:

$$P = \frac{1}{T} \int_0^T x^2(t)dt$$

En consecuencia, en la aplicación de este concepto al caso de una vía, en donde como se ha indicado, nos referimos a frecuencias espaciales y no temporales, la potencia de cada onda valdrá:

$$P = \frac{1}{L} \int_0^T h^2(l)dl \qquad (\text{mm}^2 / \text{ciclo} / \text{metro})$$

Resulta posible, por tanto, representar gráficamente (Fig. 11.15) la densidad de potencia asociada a cada frecuencia o intervalo de frecuencias. Al gráfico resultante se le denomina *espectro de densidad de potencia* de los defectos de una vía (nivelación longitudinal, alineación, etc.), en un momento dado. Matemáticamente se designa por la expresión $S_x(F)$, siendo F la frecuencia espacial de los defectos.

Se demuestra, y ésta es una de las conclusiones más importantes de la teoría de señales, que el valor cuadrático medio de las amplitudes de la señal está relacionado con el espectro de densidad de potencia, por la relación:

$$\sigma^2 = \int_0^\infty S_x(F)df \qquad (11.6)$$

En otras palabras, que σ^2 es igual al área del espectro.

La exposición realizada hasta el momento corresponde a una descripción estática de los defectos de una vía. Sin embargo, cuando un vehículo circula a una velocidad constante V el espectro de excitaciones que interesa conocer no es el espacial sino el temporal, que es el que determinará el comportamiento del vehículo y su respuesta a los defectos de la vía. El paso del espectro de densidad de potencia espacial, antes indicado, al espectro de densidad de potencia temporal se efectúa del modo siguiente:

Si imaginamos un defecto de la geometría de la vía de una cierta longitud de onda (L), el tiempo que tarda en recorrer el citado defecto el vehículo cuando circula con velocidad V es:

$$t = \frac{L}{V}$$

La frecuencia temporal (ft) de excitación es $(1/t)$, luego

$$f_t = \frac{V}{L} \qquad (11.7)$$

Por otro lado, por la propia definición de la frecuencia espacial su relación con L es:

$$F_{esp} = \frac{1}{L} \qquad (11.8)$$

En consecuencia, de 11.7 y 11.8 se deduce:

$$f\text{temporal}\left(\frac{\text{ciclos}}{\text{seg}}\right) = F\text{espacial}\left(\frac{\text{ciclos}}{m}\right)V\left(\frac{m}{\text{seg}}\right) \qquad (11.9)$$

En la figura 11.16a se representa, en escala logarítmica, la relación de dependencia entre la longitud de onda del defecto y la frecuencia de excitación que recibe el vehículo, en función de la velocidad de circulación de éste (ec. 11.7).

Las excitaciones y las frecuencias entre 0,5 Hz y 20 Hz tienen una influencia sobre el confort de marcha. Las frecuencias por encima de 20 Hz pueden generar ruidos molestos. En cualquier caso, todas las excitaciones tienen como consecuencia una solicitación dinámica del material (Fig. 11.16b).

Para velocidades de marcha entre 2m/seg (7,2 km/h) y 100 m/seg (360 km/h), las longitudes de onda que pueden influir en el confort de la marcha son consideradas como perturbaciones. Las longitudes de onda de la geometría de la vía van desde 0,1 hasta 200 m. Las perturbaciones con longitudes de onda más cortas son producidas por los defectos en la superficie de los carriles, ocasionados por el uso o por el desgaste ondulatorio de los carriles; por el contrario, las longitudes de onda por encima de 200 m son achacables al trazado de la vía.

Una representación análoga entre f, L y V, pero adoptando como ejes de coordenadas la velocidad y la longitud de onda de los defectos, conduce a la figura 11.17.

Se demuestra que el espectro de densidad de potencia de excitación del vehículo (espectro temporal) $[S_y(f)]$, se obtiene a partir del espectro de densidad de potencia de los defectos de la vía (espectro espacial) $[S_y(F)]$, por la relación:

$$S_y(f) = \frac{1}{V}S_y(F) \qquad (11.10)$$

con:

$S_y(f)$ (mm2/ciclo/seg)

$S_y(F)$ (mm2/ciclo/metro) y sustituyendo F por f/V

VISUALIZACIÓN GRÁFICA DEL PROCESO DE OBTENCIÓN DEL ESPECTRO DE DENSIDAD DE POTENCIA DE LOS DEFECTOS DE UNA VÍA

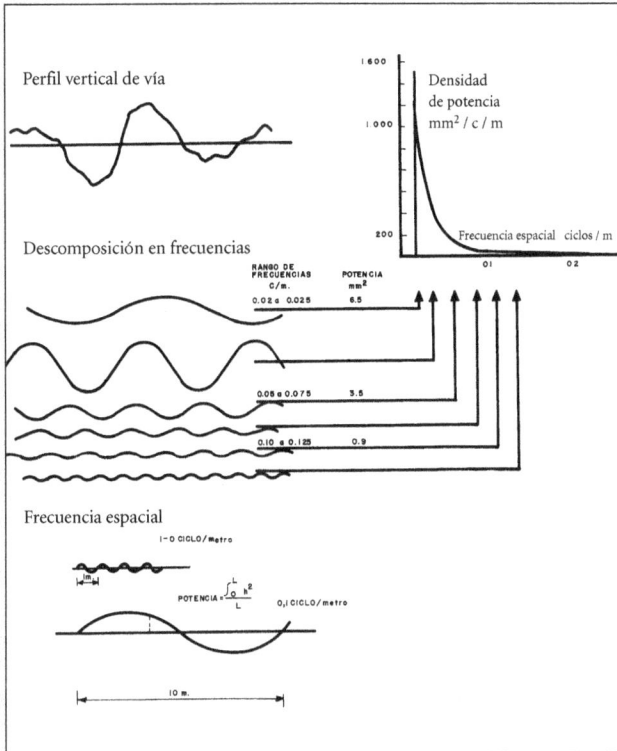

Fuente: M. Shenton. (1975)

Fig. 11.15

RELACIÓN ENTRE LA LONGITUD DE ONDA DE LOS DEFECTOS Y LA FRECUENCIA DE EXCITACIÓN PARA DIFERENTES VELOCIDADES DE CIRCULACIÓN

a)

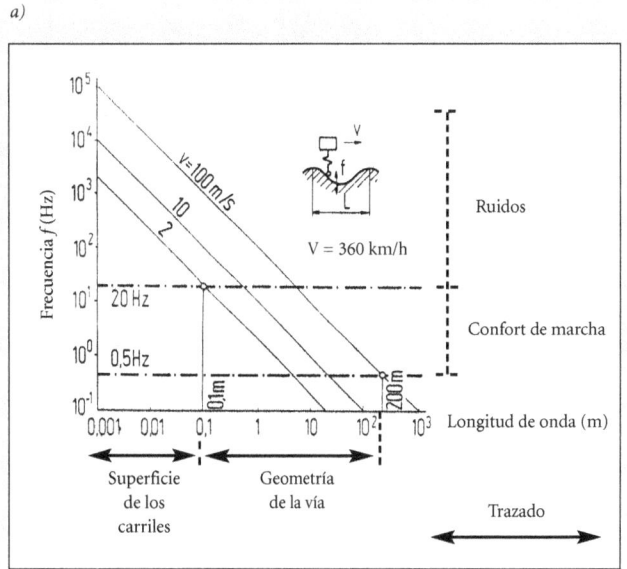

Fuente: Von Fritz Frederich. (1984)

DEFECTOS DE VÍA Y MOVIMIENTOS DEL VEHÍCULO

b)

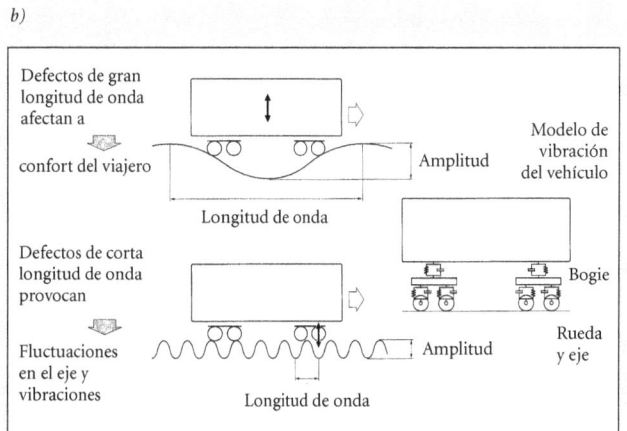

Fuente: S. Miura et al (1998)

Fig. 11.16

Desde los años 60 del pasado siglo, los ferrocarriles europeos trataron de obtener, de vías sometidas a la explotación comercial normal, el espectro de densidad de potencia de los defectos geométricos en función de la frecuencia espacial de los mismos. En la figura 11.18, se muestra el correspondiente a los defectos de nivelación longitudinal de la línea París-Toulouse, en la sección comprendida entre las poblaciones de Les Aubrais y Vierzon; sección en la que se circulaba en aquella época (años 60), en el momento en que se efectuó el registro de vía a una velocidad máxima de 200 km/h. La curva que aparece en la citada figura 11.18 representa el espectro de fondo continuo.

Del conjunto de espectros obtenidos en las líneas de los ferrocarriles franceses, Prud'homme señaló la posibilidad de establecer una relación matemática del tipo:

$$S(F_{esp}) = \frac{A}{\left(B + 2\pi \, F_{esp}\right)^3} \qquad (11.11)$$

siendo (F_{esp}) la frecuencia espacial de los defectos.

Nos podemos referir al resto de parámetros de forma análoga a la indicada para los defectos de nivelación longitudinal. En el cuadro adjunto se explicitan los valores de los coeficientes A y B para la mencionada sección: Les Aubrais-Vierzon, que corresponden a defectos de nivelación y de alineación (Fig. 11.9).

Parámetro	A	B
Defecto de nivelación longitudinal	2×10-6	0,368×10-6
Defecto de alineación	0,360	0,136

En la figura 11.20 se muestran los espectros de densidad de potencia de los defectos de nivelación transversal, longitudinal, ancho de vía y alineación, de diferentes líneas y ferrocarriles europeos. Las letras que aparecen en la referida figura pretenden indicar la diferente procedencia del espectro (distintas líneas y países) y de la calidad geométrica de la vía.

Si se recuerda que la varianza de los defectos viene dada por el área del espectro, se comprende que a medida que una vía va teniendo más años los defectos se irán incremento y, por tanto, también el área del espectro. Es decir, existirá un desplazamiento hacia la derecha de la línea de ajuste del espectro. Tal situación evolutiva se observa en la figura 11.21a y 11.21b.

Un análisis en profundidad de los espectros obtenidos en las vías de ferrocarril ha confirmado que para defectos de corta longitud de onda (volveremos más adelante sobre este aspecto), el espectro puede ser definido, matemáticamente, por la expresión:

$$S(F_{esp}) = \frac{C}{F^n} \quad \left(m^2 \, / \, ciclo \, / \, m\right) \qquad (11.12)$$

con n comprendido entre 2 y 4.

Para una línea de buena calidad geométrica, los ferrocarriles británicos obtuvieron la expresión:

$$S(F_{esp}) \approx \frac{7,5 \cdot 10^{-8}}{F_{esp}^2}$$

Es de interés recordar que también ya desde comienzos de los años 60 del siglo XX las irregularidades de los firmes de carretera fueron analizados con el mismo enfoque que el indicado para el ámbito ferroviario. Es decir, mediante el establecimiento del espectro de densidad de potencia de las citadas irregularidades. En la figura 11.22 [Van Deusen (1968)], se reproducen algunos de los primeros resultados publicados para el espectro de diferentes carreteras. De acuerdo con Wong (1993), en la figura 11.23 se muestra la clasificación propuesta por la ISO respecto a la rugosidad de las carreteras en función de su espectro. En la figura 11.24 se comparan finalmente los espectros de densidad de potencia del ferrocarril y la carretera.

LONGITUDES DE ONDA DE DEFECTOS DE NIVELACIÓN DE LA VÍA RELEVANTES EN LOS FENÓMENOS DE INTERACCIÓN VÍA-VEHÍCULO

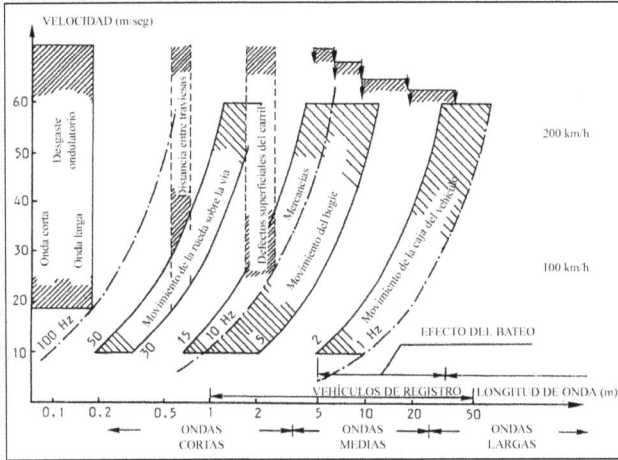

Fuente: C. Esveld et al. (1989)

Fig. 11.17

ESPECTRO DE DENSIDAD DE POTENCIA DE DEFECTOS DE NIVELACIÓN LONGITUDINAL

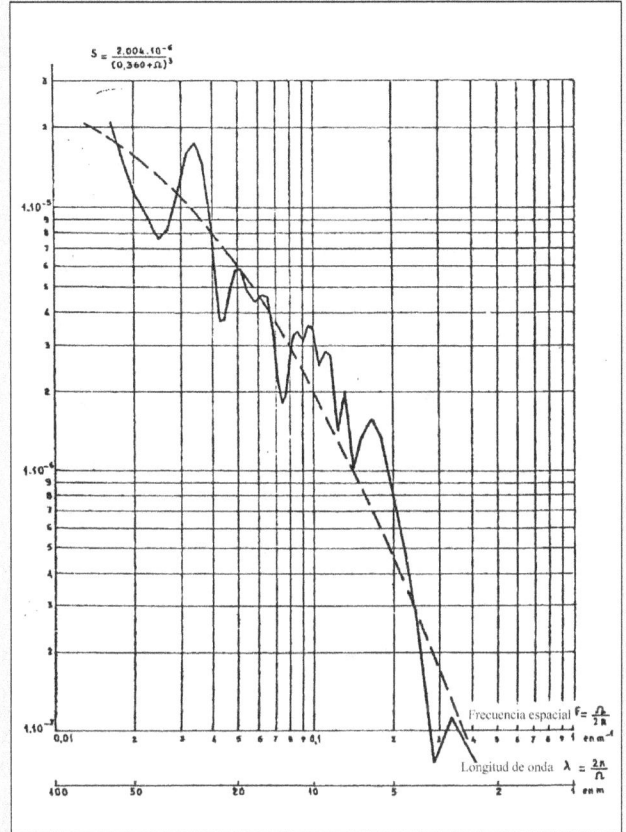

$$S_{(F)} = \frac{2004 \times 10^{-6}}{(0.36 \times 2\pi F)^3}$$

Línea Paris-Toulouse (SNCF)
Km 136 ~ 137 (Proud'homme)

Fuente: Prud'homme (1970)

Fig. 11.18

ESPECTRO DE DENSIDAD DE POTENCIA DE DEFECTOS DE ALINEACIÓN

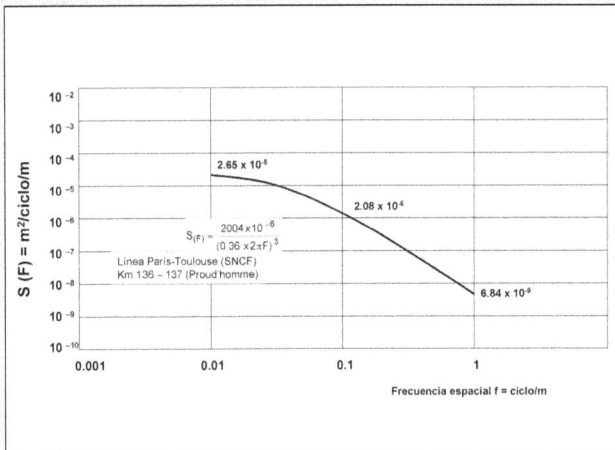

$$S = \frac{2.004 \cdot 10^{-6}}{(0.360 + \Omega)^3}$$

Fuente: Prud'homme (1970)

Fig. 11.19

ESPECTROS DE DENSIDAD DE POTENCIA DE DEFECTOS GEOMÉTRICOS EN DISTINTOS FERROCARRILES EUROPEOS

a) Nivelación longitudinal   *b*) Alineación   *c*) Ancho de vía   *d*) Nivelación transversal

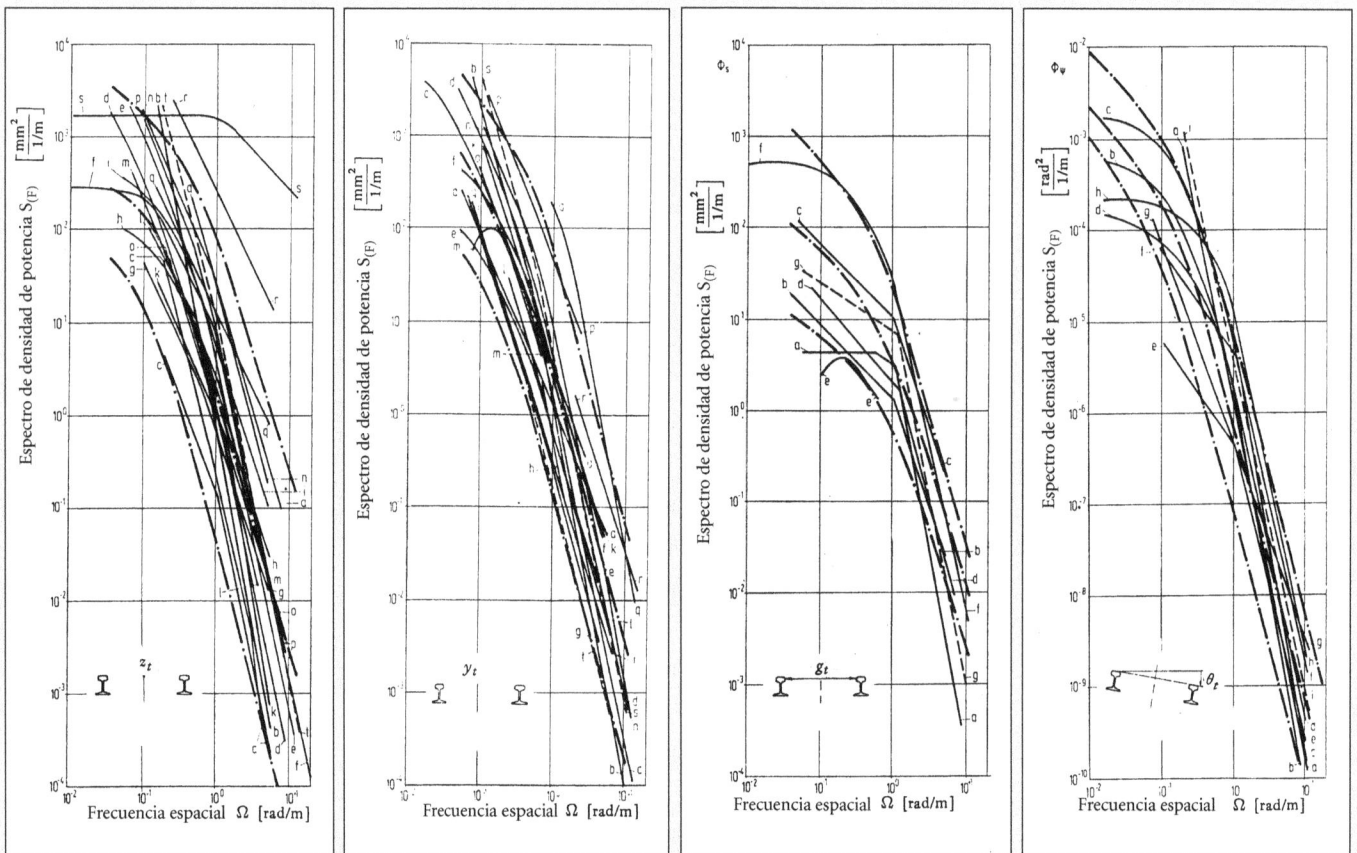

Las letras a, b, c... que aparecen en los diferentes espectros indican la diferente procedencia del espectro (distintas líneas y países).

Fuente: Tomado de R. Panagin (1997)

Fig. 11.20

CALIDAD DE VÍA Y DENSIDAD ESPECTRAL

a)

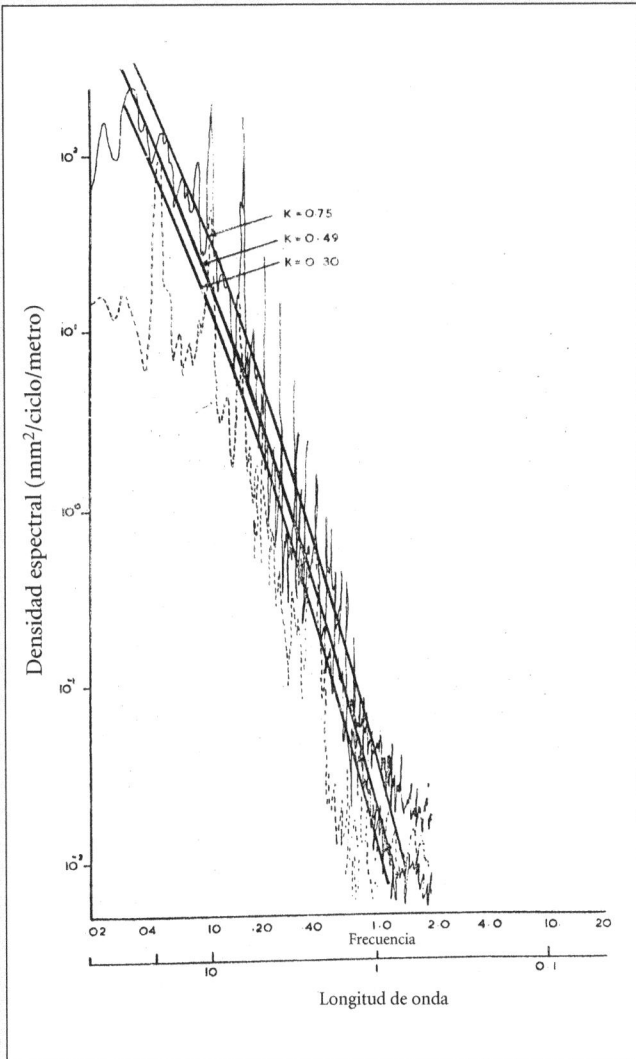

Fuente: BR

CALIDAD DE LA NIVELACIÓN LONGITUDINAL DE UNA VÍA Y DENSIDAD ESPECTRAL

b)

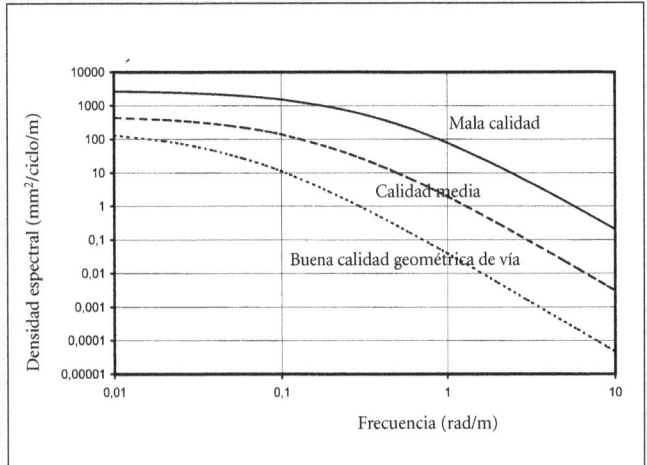

VALORES DE LOS COEFICIENTES A Y B DE LA EXPRESIÓN (11.11) PARA DISTINTOS TIPOS DE VÍAS

Parámetro de vía	Estado de la vía	A	B
Nivelación lon-gitudinal	Mala	$9.39*10^{-1}$	$6.89*10^{-2}$
	Media	$1.31*10^{-2}$	$2.94*10^{-2}$
	Buena	$1.90*10^{-4}$	$9.71*10^{-3}$
Alineación	Mala	$2.74*10^{-1}$	$3.13*10^{-2}$
	Media	$1.33*10^{-2}$	$2.33*10^{-2}$
	Buena	$6.33*10^{-4}$	$1.30*10^{-2}$
Ancho de vía	Mala	$1.64*10^{-1}$	$5.35*10^{-2}$
	Media	$4.68*10^{-2}$	$7.96*10^{-2}$
	Buena	$1.23*10^{-2}$	$1.12*10^{-1}$
Peralte	Mala	$2.16*10^{-8}$	$1.19*10^{-2}$
	Media	$2.87*10^{-9}$	$3.17*10^{-3}$
	Buena	$4.07*10^{-10}$	$5.57*10^{-3}$

Fuente: Tomada de B. Lichtberger (2005)

Fig. 11.21

ESPECTRO DE DENSIDAD DE POTENCIA DE LOS DEFECTOS DE UNA CARRETERA

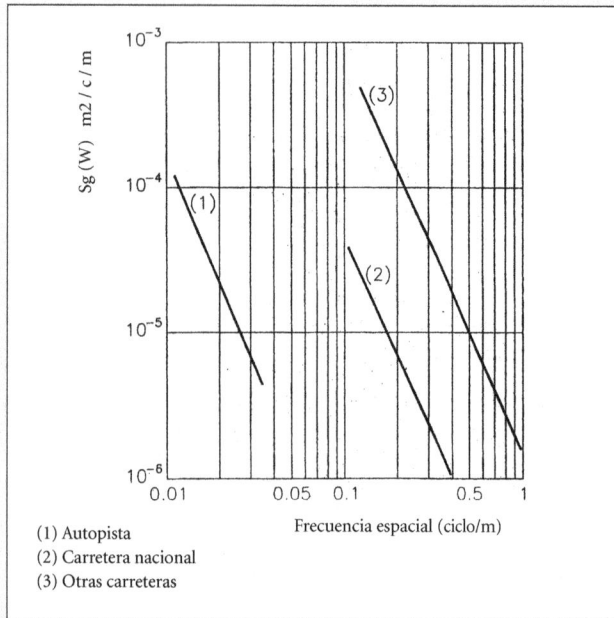

(1) Autopista
(2) Carretera nacional
(3) Otras carreteras

Fuente: Van Deusen (1968) Fig. 11.22

CLASIFICACIÓN DE LAS IRREGULARIDADES DE LA SUPERFICIE DE UN FIRME

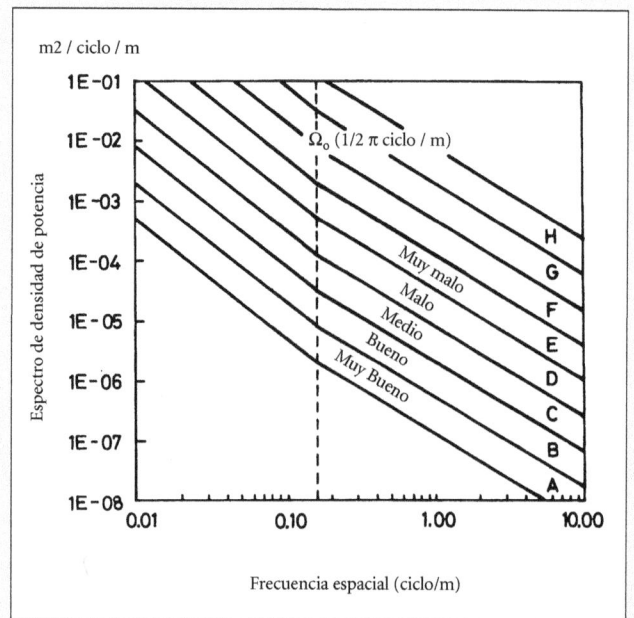

Fuente: Tomado de Wong (1993) Fig.11.23

COMPARACIÓN DE LOS ESPECTROS DE DENSIDAD DE POTENCIA DE LOS FIRMES DE CARRETERA Y DE VÍAS DE FERROCARRIL

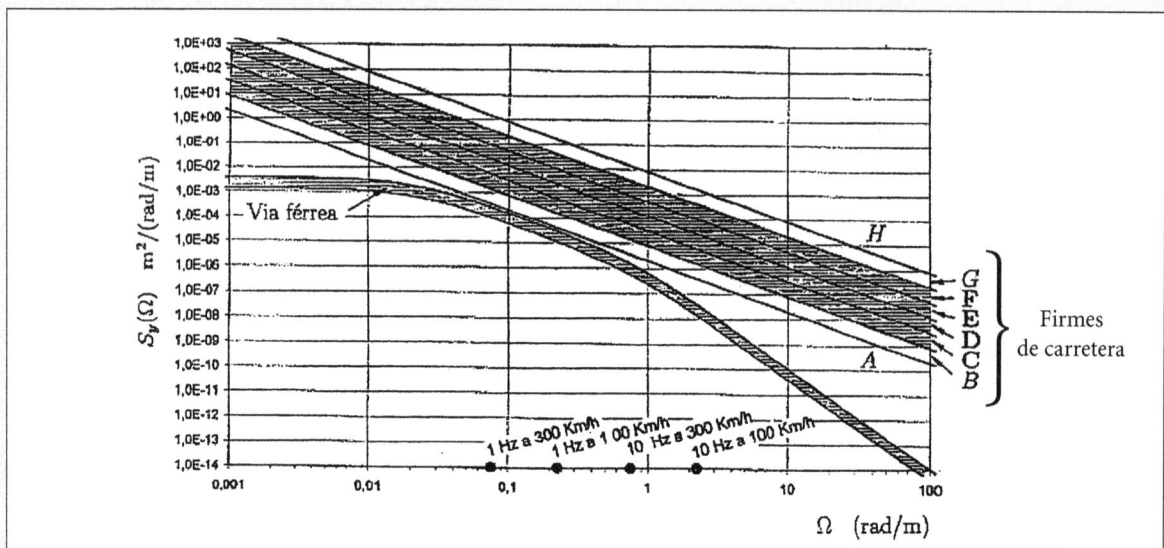

Fuente: Tomado de J.M.C.S. André (2004) Fig. 11.24

12

SOLICITACIONES VERTICALES EJERCIDAS POR LOS VEHÍCULOS SOBRE LA VÍA

12.1 INTRODUCCIÓN

Conocidas las características fundamentales de una vía, incluyendo los parámetros que definen su calidad geométrica, así como las características de los vehículos que por ella circulan, nos proponemos en lo que sigue analizar los fenómenos de interacción mutua entre ambos sistemas: la vía y los vehículos.

Cuando un vehículo se mueve por una vía, dispone de seis grados de libertad que se corresponden con los desplazamientos según los tres ejes: vertical, transversal y horizontal, así como con los giros respecto a dichos ejes. Los citados desplazamientos no tienen una denominación especial, pero sí los giros, que reciben los nombres de *galope*, *balanceo* (o *roulis*) y *lazo* respectivamente (Fig. 12.1).

El movimiento de galope es el giro que se desarrolla a través del eje horizontal. El movimiento de balanceo, sobre el eje longitudinal, y el movimiento de lazo, el que corresponde al giro sobre el eje vertical.

Más allá de la descomposición académica realizada, es importante hacer notar que las solicitaciones o esfuerzos ejercidos por los vehículos sobre la vía, como consecuencia de los citados desplazamientos y giros, tienen una incidencia práctica del mayor interés. En efecto, los esfuerzos verticales constituyen el criterio de base para el diseño de los componentes de la vía; los esfuerzos transversales permiten determinar la velocidad de circulación de los vehículos; y, finalmente, los esfuerzos longitudinales (producidos por los vehículos o por fenómenos térmicos) pueden ocasionar el pandeo vertical u horizontal de la vía (Fig. 12.1).

12.2 EFECTOS DINÁMICOS: APROXIMACIONES EXPERIMENTALES

Desde los inicios del ferrocarril se tuvo constancia que la velocidad de circulación generaba sobre la vía unas solicitaciones verticales superiores a las cargas estáticas o nominales por eje o por rueda de cada vehículo. Las distintas formulaciones establecidas al efecto, según las campañas experimentales realizadas en distintas líneas sometidas a la explotación comercial normal, fueron siempre del tipo:

$$Q_d = Q_E.f(V)$$

siendo: Q_d la carga por rueda ejercida sobre la superficie de un carril, Q_E, la carga estática por rueda y $f(V)$, una expresión dependiente exclusivamente de la velocidad de circulación de los vehículos. Algunas de las expresiones $f(V)$ propuestas por diversos autores se representan gráficamente en la figura 12.2. Nótese el importante intervalo de variación del coeficiente de mayoración dinámica en función de la velocidad y obsérvese como la carga vertical podría llegar a duplicar la carga estática.

Durante la década de los años 60 a 70 del pasado siglo, las campañas de ensayo llevadas a cabo por los ferrocarriles alemanes permitieron obtener los resultados que se indican en la figura 12.3. Es decir, podían medirse sobrecargas y también descargas de rueda en torno al valor de la carga estática. Según los citados resultados, el profesor Eisenmann (1969) encontró que la distribución de esfuerzos verticales, para una velocidad dada, seguía una ley de tipo normal (Fig. 12.4) permitiendo establecer entonces la relación matemática.

MOVIMIENTOS DE UN VEHÍCULO FERROVIARIO

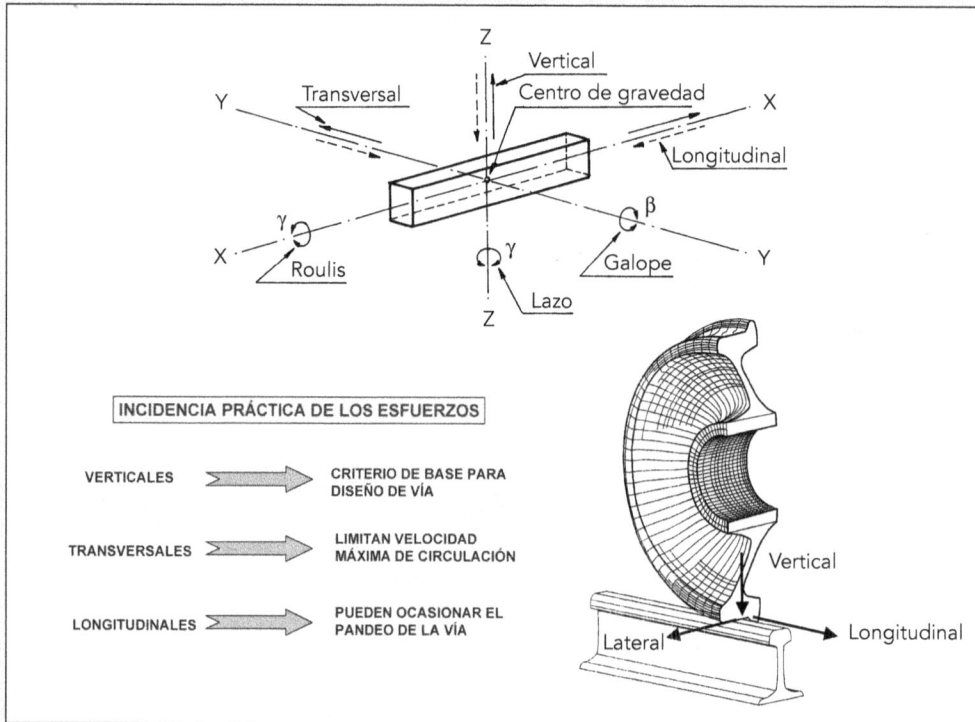

Fuente: A. López Pita (1984)

Fig. 12.1

VARIACIÓN DEL COEFICIENTE DE MAYORACIÓN DINÁMICA (C_d) DE CARGAS VERTICALES EN FUNCIÓN DE LA VELOCIDAD DE CIRCULACIÓN

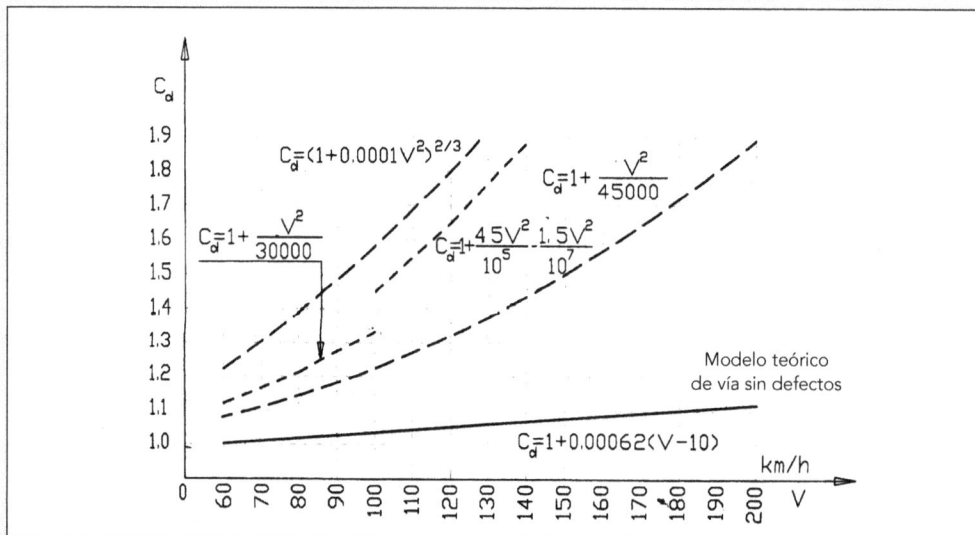

Fuente: G. Bono et al. (1997)

Fig. 12.2

ESFUERZOS VERTICALES SOBRE LA VÍA CON MATERIAL DE LOS FERROCARRILES ALEMANES (DB)

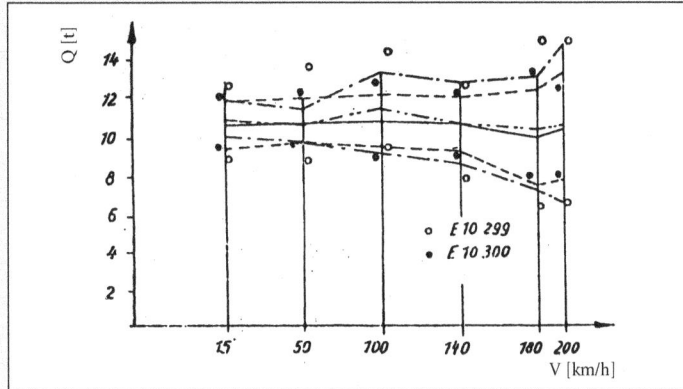

Fuente: Birmann (1966)   Fig. 12.3

OSCILACIÓN DINÁMICA VERTICAL DE LA CARGA POR RUEDA

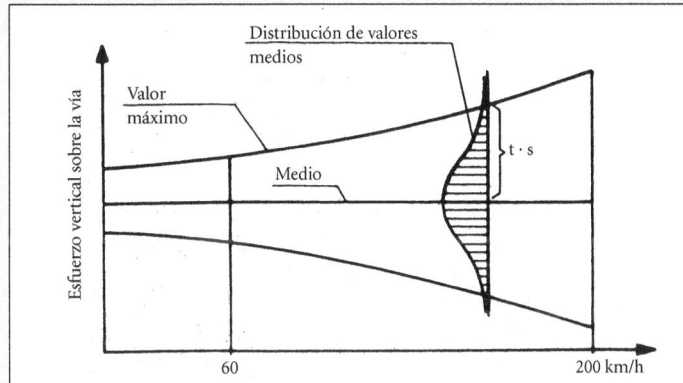

Fuente: Eisenmann (1970)   Fig. 12.4

REPRESENTACIÓN GRÁFICA DEL COEFICIENTE DE MAYORACIÓN DINÁMICA DE CARGAS VERTICALES DEL PROFESOR EISENMANN

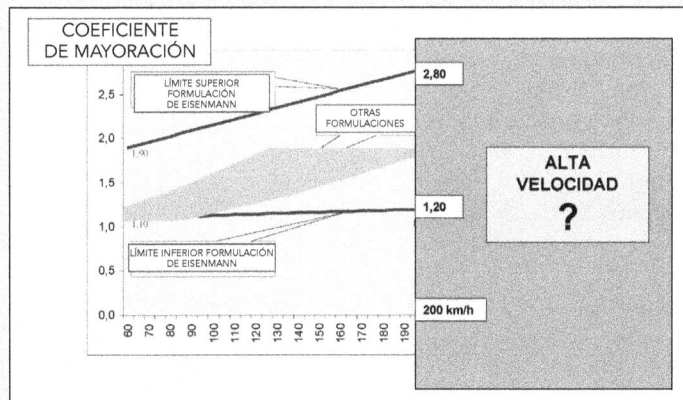

Fuente: A. López Pita (2003)   Fig. 12.5

$$Q_d = Q_E(1 + t.\overline{s}.\varphi) \tag{12.1}$$

siendo:

t = factor de seguridad estadística

Con $t = 1$, 68,3% de los valores medidos

Con $t = 2$, 95,5% de los valores medidos

Con $t = 3$, 99,7% de los valores medidos

$\overline{s}$ = factor dependiente de la calidad de la infraestructura de la vía

$\overline{s} = 0{,}1$ para vías en muy buen estado
$\overline{s} = 0{,}2$ para vías en buen estado
$\overline{s} = 0{,}3$ para vías en mal estado

φ = factor dependiente de la velocidad, de acuerdo con la expresión:

$$\varphi = 1 + \frac{V - 60}{140} \quad (V \text{ en km/h})$$

La representación gráfica de 12.1 conduce a los resultados de la figura 12.5. Nótese el importante intervalo de variación del coeficiente de mayoración dinámica, que podría oscilar entre 1,2, para la mejor situación de calidad de vía, y hasta 2,8, para la situación más desfavorable; ambos valores referidos a una velocidad de 200 km/h (velocidad máxima normalmente practicada en los itinerarios convencionales de ferrocarril).

12.3 LA FÓRMULA DE PRUD'HOMME

Con la llegada de la alta velocidad al ferrocarril europeo, se planteó el interrogante de saber si la fórmula del profesor Eisenmann era extrapolable al intervalo de velocidades comprendido entre 200 y 300 km/h (Fig. 12.5). Dejando inicialmente de lado la vía experimental, los ferrocarriles franceses a través de A. Prud'homme abordaron por primera vez el problema de la interacción vía-vehículo, en el plano vertical, con el mayor rigor teórico posible.

Para ello dos reflexiones preliminares resultaron de interés: la primera, la cuantificación de la frecuencia propia de oscilación del peso suspendido del vehículo (Fig. 12.6); la segunda, la evaluación de la frecuencia correspondiente al peso no suspendido (Fig. 12.7). La observación de los resultados obtenidos en ambos ámbitos mostró la posibilidad de abordar de forma independiente las acciones sobre la vía de los pesos no suspendidos y suspendidos, al ser muy diferentes las frecuencias de oscilación propia de dichos pesos.

En efecto, como se deduce de los datos que se muestran en las citadas figuras, la frecuencia de oscilación propia del peso suspendido de un vehículo se encuentra en torno a 1Hz. Por el contrario, la frecuencia de oscilación propia del sistema rueda-carril se sitúa en el intervalo comprendido entre 25 y 35 Hz.

Si se considera entonces el peso no suspendido, de mayor incidencia sobre la vía, los fenómenos de interacción con ella pueden analizarse, de forma simplificada, admitiendo que los defectos de nivelación longitudinal presentan un carácter sinusoidal. En este caso, la ecuación diferencial que preside el movimiento del vehículo se obtiene y se resuelve de forma sencilla.

Sin embargo si, como sucede en la realidad, los defectos de nivelación longitudinal son de carácter aleatorio, no resulta posible utilizar el mismo enfoque que en la hipótesis anterior de defectos sinusoidales, al no estar definidos explícitamente los defectos, y es preciso recurrir al análisis en frecuencias de los defectos de la vía para resolver el problema.

Como se mostró en la figura 12.7, la frecuencia propia del peso no suspendido oscila entre 25 y 35 Hz. De acuerdo con la figura 11.16, incluso a más de 300 km/h, las frecuencias de excitación de mayor interés corresponderán al intervalo de defectos de longitud de onda inferiores a 3 m. Para este valor la frecuencia de excitación a 360 km/h es de aproximadamente 20 Hz, y para defectos de mayor longitud de onda (> 3m), la frecuencia de excitación será inferior a 20 Hz.

Por tanto, si sólo se consideran defectos de pequeña longitud de onda, ya se ha indicado que el espectro podría representarse por la ecuación 11.12. Prud'homme adoptó el valor n = 3. Por tanto:

$$S_{F\text{esp}} = \frac{C}{F_{\text{esp}}^3} \tag{12.2}$$

En consecuencia, recordando la expresión 11.10 y sustituyendo el valor dado por 12.2 se obtiene:

$$S(f) = \frac{1}{V} S_{F\text{esp}} = \frac{1}{V} \cdot \frac{C}{F_{\text{esp}}^3} \tag{12.3}$$

Recordando la expresión 11.9

$$F_{\text{esp}} = \frac{f_t}{V}$$

resulta:

$$F_{\text{esp}}^3 = \frac{f_{\text{temp}}^3}{V^3}$$

Por tanto, 12.3 se transforma en:

$$S(f_t) = \frac{C}{V} \cdot \frac{V^3}{f^3} = \frac{CV^2}{f^3} \tag{12.4}$$

FRECUENCIA PROPIA DEL PESO SUSPENDIDO DE UN VEHÍCULO

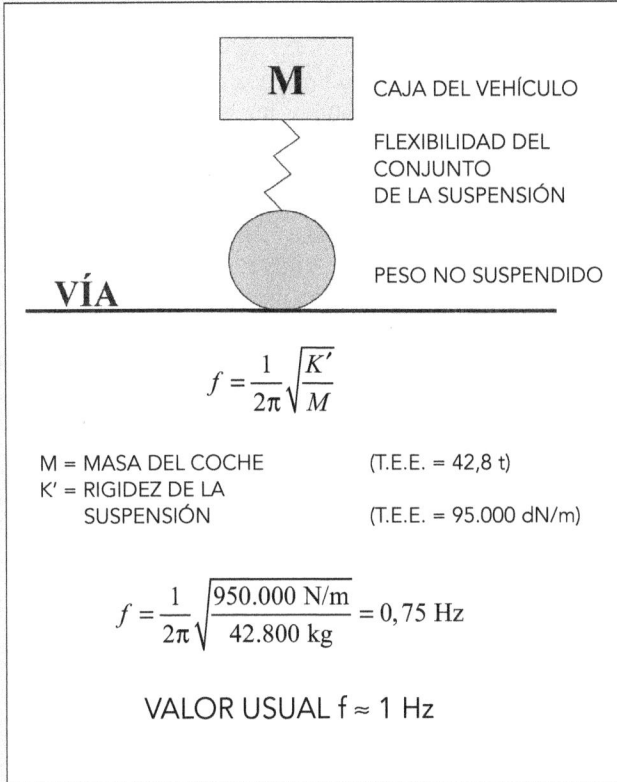

M — CAJA DEL VEHÍCULO

FLEXIBILIDAD DEL CONJUNTO DE LA SUSPENSIÓN

PESO NO SUSPENDIDO

VÍA

$$f = \frac{1}{2\pi}\sqrt{\frac{K'}{M}}$$

M = MASA DEL COCHE   (T.E.E. = 42,8 t)
K' = RIGIDEZ DE LA
      SUSPENSIÓN   (T.E.E. = 95.000 dN/m)

$$f = \frac{1}{2\pi}\sqrt{\frac{950.000 \text{ N/m}}{42.800 \text{ kg}}} = 0,75 \text{ Hz}$$

VALOR USUAL f ≈ 1 Hz

Fuente: Adaptado de Prud'homme   *Fig. 12.6*

FRECUENCIA PROPIA DEL SISTEMA RUEDA-CARRIL

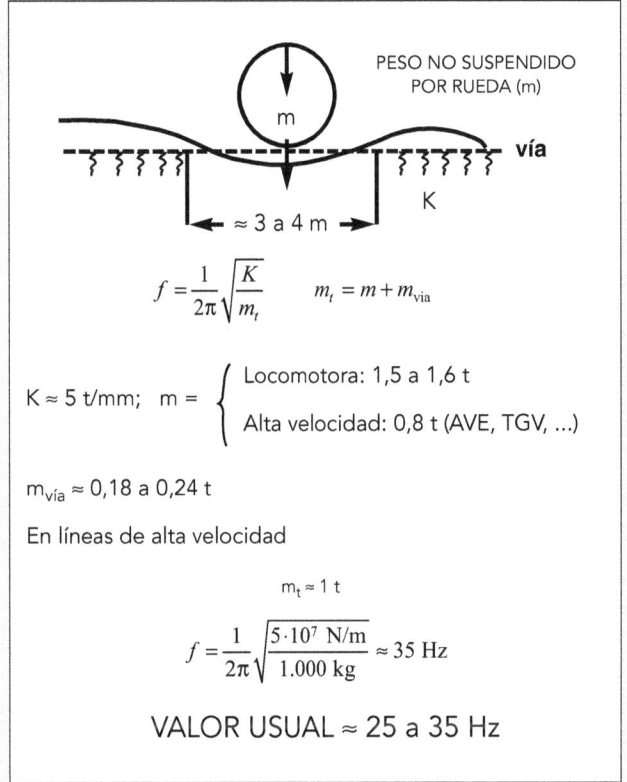

PESO NO SUSPENDIDO POR RUEDA (m)

m

vía

≈ 3 a 4 m   K

$$f = \frac{1}{2\pi}\sqrt{\frac{K}{m_t}} \qquad m_t = m + m_{\text{vía}}$$

$K \approx 5$ t/mm;   m = $\begin{cases} \text{Locomotora: 1,5 a 1,6 t} \\ \text{Alta velocidad: 0,8 t (AVE, TGV, ...)} \end{cases}$

$m_{\text{vía}} \approx 0,18$ a 0,24 t

En líneas de alta velocidad

$m_t \approx 1$ t

$$f = \frac{1}{2\pi}\sqrt{\frac{5\cdot10^7 \text{ N/m}}{1.000 \text{ kg}}} \approx 35 \text{ Hz}$$

VALOR USUAL ≈ 25 a 35 Hz

Fuente: Adaptado de Prud'homme.   *Fig. 12.7*

Por otro lado, una conclusión esencial de la teoría de vibraciones aleatorias se deduce de la expresión:

$$S_y(\omega) = /H_{(\omega)}/^2 \cdot Sx(\omega)$$

Es decir, que el espectro de densidad de potencia de la respuesta de un sistema $S_y(\omega)$ a una excitación con espectro de densidad de potencia $S_x(\omega)$ se obtiene multiplicando éste por el cuadrado de la función de transferencia del sistema.

Si se recuerda que el objetivo de Prud'homme era obtener las sobrecargas verticales producidas sobre la superficie del carril por causa de los defectos de la vía, se comprenden mejor los pasos dados para lograr tal fin:

1. Calcular la función de transferencia del sistema para la aceleración.

2. Calcular a partir de la expresión 12.5 el espectro de salida de las aceleraciones de la rueda, conocido el espectro de entrada (12.4).

3. Aplicar la expresión 11.6 y calcular la varianza (σ_γ^2) de las aceleraciones.

4. Determinar la varianza de las sobrecargas dinámicas ($\sigma_{\Delta q}^2 = m^2\sigma_\gamma^2$), siendo m el peso no suspendido del vehículo por rueda.

5. Calcular la desviación típica ($\sigma_{\Delta q}$) de las sobrecargas dinámicas debidas al peso no suspendido.

6. Recordando la distribución normal de las sobrecargas dinámicas, evaluar la magnitud de estas a partir de la expresión 2(σ), que englobaría el 95,5% de los valores.

Por lo que respecta a la evaluación de la función de transferencia de las aceleraciones, se señala que su obtención presenta una cierta laboriosidad que conduce a una expresión no sencilla. A partir de este primer paso, los cinco restantes no presentan dificultades singulares y proporcionan de forma relativamente rápida la expresión analítica de (σ) en función de diversos parámetros. Matemáticamente:

$$\sigma_{\Delta qNS} \approx a.b.V\sqrt{m.K} \qquad (12.6)$$

siendo:

$\sigma_{\Delta qNS}$ (toneladas)

$a \approx 0,42$

$b \approx$ factor dependiente de los defectos de la superficie del carril (mm en cuerda de 3 m)

V = velocidad de circulación (km/h)

m = peso no suspendido por rueda del vehículo (toneladas)

K = rigidez vertical de la vía (toneladas/mm)

Por lo que respecta a la sobrecargas dinámicas debidas a las masas suspendidas, puede efectuarse un desarrollo análogo al indicado para las masas no suspendidas. Sin embargo, la experiencia francesa permite establecer la siguiente cómoda expresión:

$$\sigma_{\Delta qNS} \approx (0,10 \text{ a } 0,16)Q_N \qquad (12.7)$$

siendo Q_N la carga nominal estática por rueda.

Si se recuerda que la distribución de esfuerzos verticales sobre una vía, correspondía a una ley normal, bastará tomar 2σ para englobar el 95,5% de los esfuerzos que pueden encontrarse en la explotación comercial.

Matemáticamente:

$$\sigma(\Delta Q) = \sqrt{\sigma^2(\Delta Q_{NS}) + \sigma^2(\Delta Q_S)}$$

y, por tanto, en alineación recta, la carga total por rueda sobre el carril será:

$$Q_{\text{total}} = Q_{\text{estatica}} + 2\sqrt{\sigma^2\Delta Q_{NS} + \sigma^2(\Delta Q_S)} \qquad \textbf{(12.8)}$$

A los efectos de la expresión 12.6, la rigidez vertical de la vía se define como el cociente entre la carga vertical por rueda y el asiento que produce en el conjunto de la vía (carril, traviesa, placa de asiento, balasto y plataforma) (Fig. 12.8).

Los ensayos realizados por los ferrocarriles franceses en Las Landas (línea Burdeos-Dax), con ocasión de la preparación de los trenes TGV de alta velocidad, confirmaron la bondad de las expresiones precedentes y la importancia de las solicitaciones debidas al peso no suspendido de los vehículos, tal como se deduce de los resultados mostrados en la figura 12.9.

Resulta de interés comprobar la influencia que en las sobrecargas dinámicas verticales desempeña tanto la calidad geométrica de la vía (factor b), como las masas suspendidas y no suspendidas.

En este ámbito la figura 12.10 muestra (Teixeira, 2003) la repercusión de ambas variables, para el caso de valores de b = 0,5 y b = 1,0 respectivamente. Se comprueba la importancia del peso no suspendido con el aumento de la velocidad de circulación.

Para concluir, resulta también interesante comparar la importancia relativa de cada uno de los principales parámetros considerados en la metodología de Prud'homme, en la magnitud de las cargas dinámicas máximas transmitidas sobre la vía. En la figura 12.11 se exponen los resultados del análisis paramétrico efectuado, siempre considerando un umbral de variación de los parámetros dentro de las magnitudes susceptibles de ocurrir en casos de líneas de altas

CONCEPTO DE RIGIDEZ VERTICAL DE UNA VÍA

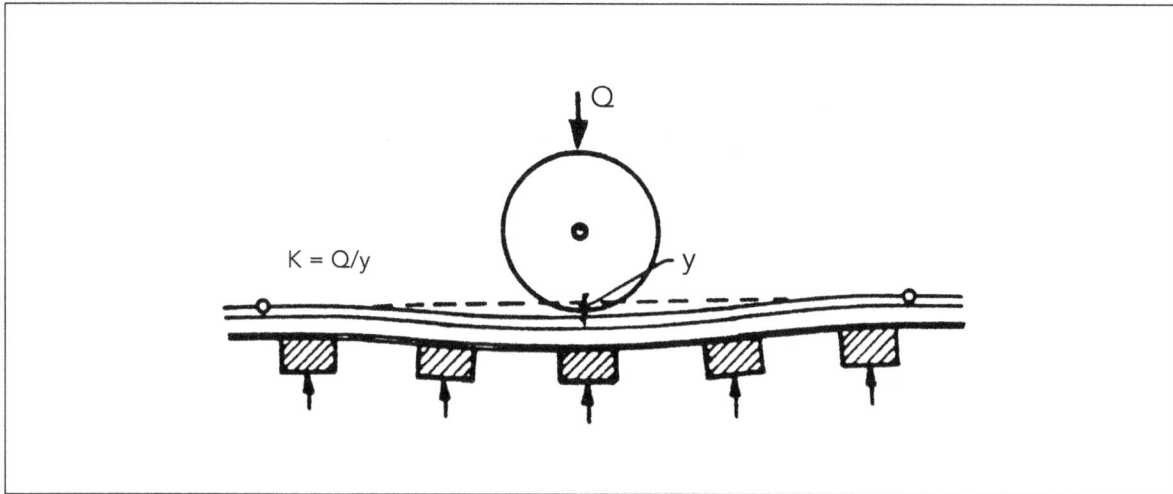

Q

$K = Q/y$

y

Fig. 12.8

SOLICITACIONES DINÁMICAS VERTICALES SOBRE LA VÍA DE ENSAYOS TGV 001 EN LAS LANDAS

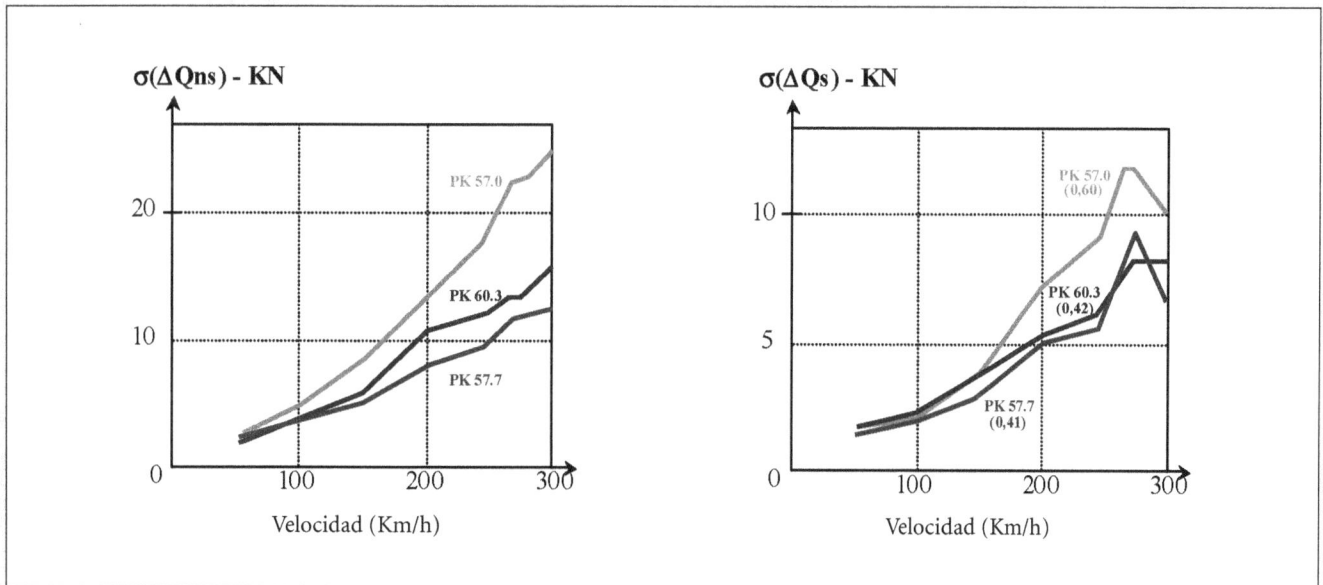

$\sigma(\Delta Qns) - KN$

PK 57.0

PK 60.3

PK 57.7

Velocidad (Km/h)

$\sigma(\Delta Qs) - KN$

PK 57.0
(0,60)

PK 60.3
(0,42)

PK 57.7
(0,41)

Velocidad (Km/h)

Fuente: A. Prud'homme (1977)

Fig. 12.9

CONTRIBUCIÓN DE LAS SOBRECARGAS DINÁMICAS PRODUCIDAS POR EL PESO SUSPENDIDO Y NO SUSPENDIDO (VEHÍCULO TGV) EN LAS SOBRECARGAS DINÁMICAS TOTALES

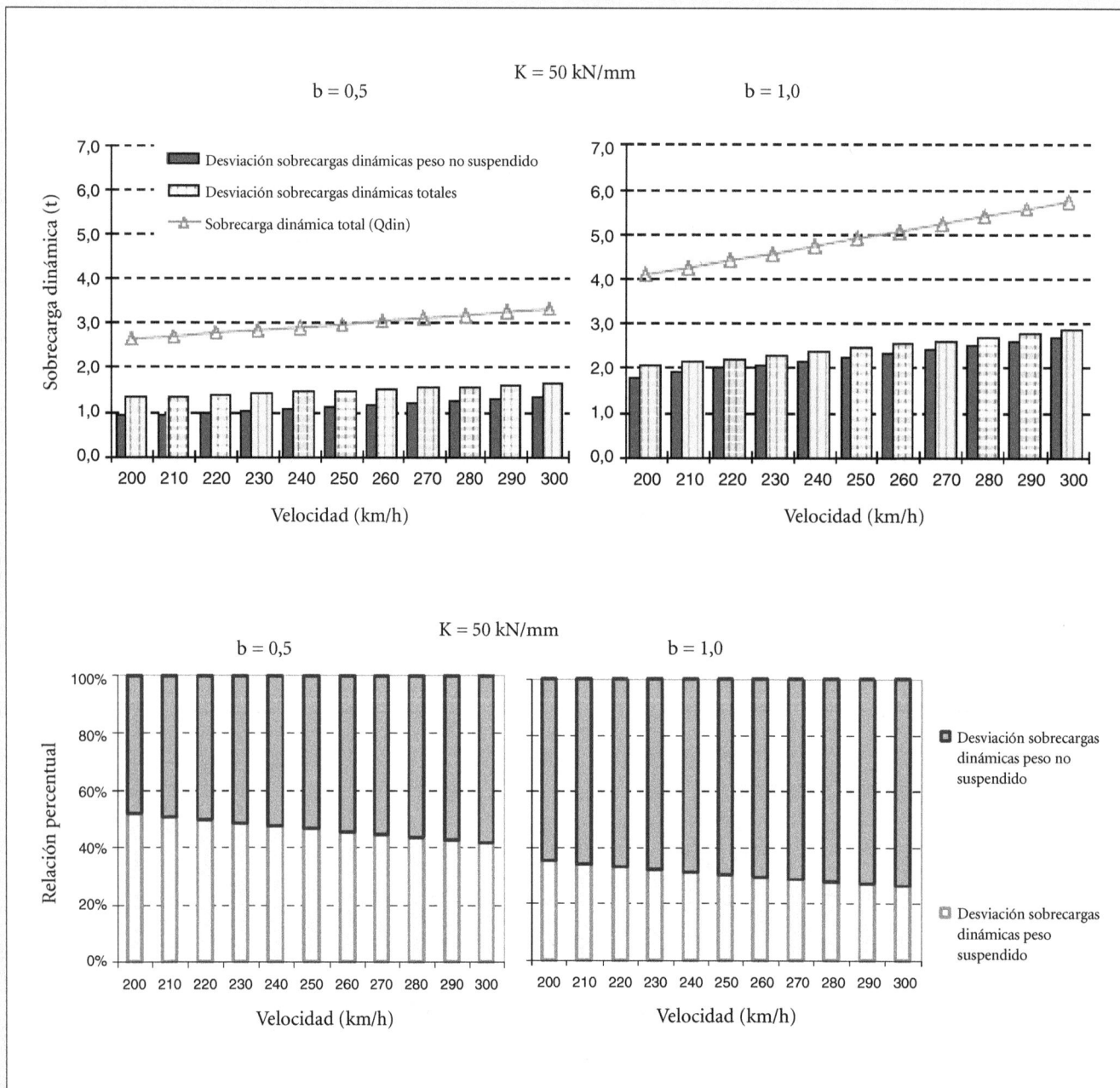

Fig. 12.10

INCIDENCIA DE LOS DIFERENTES PARÁMETROS EN LAS CARGAS DINÁMICAS MÁXIMAS TRANSMITIDAS AL CARRIL

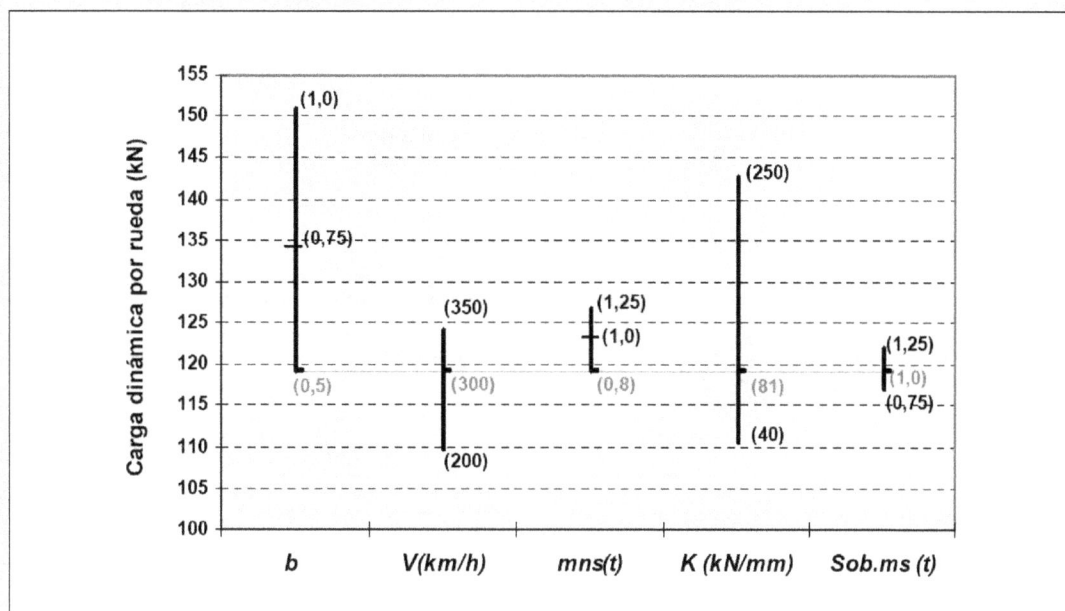

Fuente: P. Teixeira (2003)

Fig. 12.11

prestaciones; a su vez se comparan con una situación de referencia, la cual corresponde a las características de una vía y un vehículo de alta velocidad en Francia.

12.4 CONSECUENCIAS PRÁCTICAS DE LA FÓRMULA DE PRUD'HOMME

La expresión 12.6 supuso un importante avance en el conocimiento de las acciones verticales dinámicas ejercidas por los vehículos sobre la vía. El análisis de la misma invitaba a:

- Reducir el nivel de los defectos admisibles en los carriles.
- Disminuir el peso no suspendido de los vehículos.
- Disponer de vías con la menor rigidez vertical posible.

Con estas actuaciones sería factible incrementar la velocidad de circulación de los vehículos (y por tanto reducir los tiempos comerciales de viaje) sin incrementar la agresividad sobre la vía y, en consecuencia, su deterioro.

En relación con el primer factor, la figura 12.12 muestra la importancia de reducir los defectos de fabricación de los carriles. Nótese como una disminución de la flecha del carril de 1 a 0,3 mm, en base de 1,8 metros, significaba bajar notablemente la densidad espectral de la aceleración vertical en la caja de grasa para la frecuencia de referencia, en este caso 45 Hz a 300 km/h.

En cuanto al segundo aspecto, la disminución del peso no suspendido de los vehículos, ya se indicó la orientación adoptada en los procesos constructivos, que condujo a que la citada magnitud bajase en un 50% en las ramas de alta velocidad respecto a la del material convencional.

Finalmente, y en cuanto a la rigidez vertical de la vía, en el momento de la publicación de la fórmula de Prud'homme (1970), su magnitud variaba entre límites muy amplios, tal como reflejan los datos del cuadro 12.1 (López Pita, 1976).

Nótese, en efecto, que dependiendo de la capacidad portante de la infraestructura y de la existencia o no de heladas, la rigidez vertical de la vía podía situarse entre 0,5 y 16 t/mm. Por ello, en 1984, propusimos una metodología para tratar de encontrar el valor óptimo de la mismas.

Consideramos dos aspectos: el primero, que cuanto mayor fuese la rigidez vertical de la vía, mayores serían las sobrecargas dinámicas sobre el carril, de acuerdo con la expresión 12.6; el

ESPECTRO DE DENSIDAD DE POTENCIA DE LA ACELERACIÓN VERTICAL

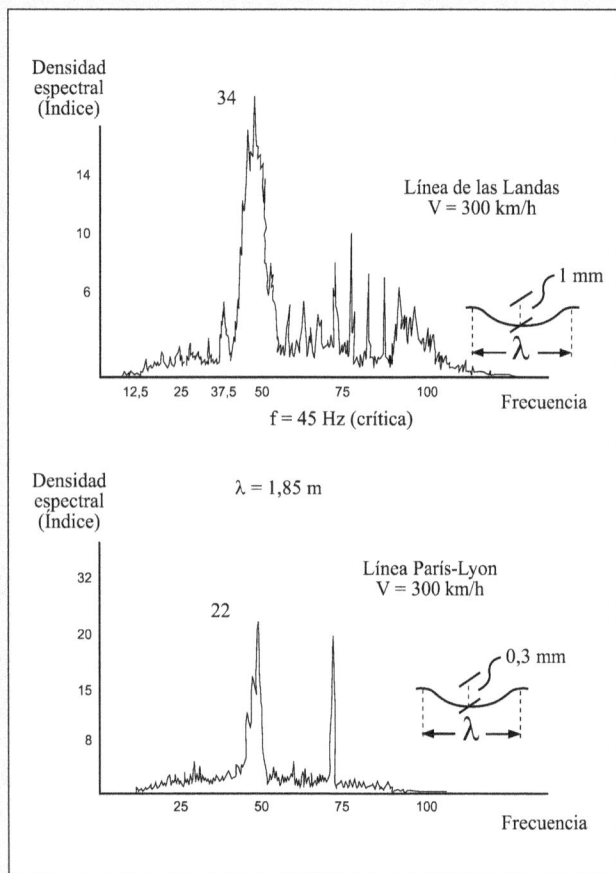

Densidad espectral (Índice)

34

Línea de las Landas
V = 300 km/h

1 mm

λ

f = 45 Hz (crítica)

λ = 1,85 m

Densidad espectral (Índice)

Línea París-Lyon
V = 300 km/h

22

0,3 mm

λ

Frecuencia

Fuente: A. Prud'homme (1977)   *Fig. 12.12*

CUADRO 12.1. RIGIDEZ VERTICAL DE LOS ELEMENTOS DE LA VÍA Y RIGIDEZ DEL CONJUNTO

LUBER (1962)

COMPONENTES DE LA VÍA	RIGIDEZ T/mm			
	TRAVIESAS			
	MADERA BLANDA	MADERA DURA	ACERO	HORMIGÓN
PLACAS	5 a 50	5 a 50	5 a 50	5 a 50
TRAVIESAS	5 a 15	30 a 50	200 a 400	800 a 2000
BALASTO Y PLATAFORMA	5 a 30	5 a 30	5 a 30	5 a 30
ELASTICIDAD SIN BALASTO Y PLATAFORMA	3 a 11	4 a 29	5 a 31	5 a 43
ELASTICIDAD TOTAL	2 a 8	2 a 13	2 a 17	2 a 18

BIRMAN (1968)

RIGIDEZ DEL CONJUNTO DE LA VÍA (T/mm) PARA TRAVIESAS DE MADERA Y HORMIGÓN

SUELO BLANDO	= 0,5 a 2,5
SUELO ARCILLOSO	= 1,5 a 2
SUELO GRAVOSO	= 2 a 6
SUELO ROCOSO	= 3 a 4
BALASTO Y SUBSUELO HELADOS	= 8 a 16

ALIAS (1971)

RIGIDEZ DE LOS COMPONENTES DE LA VÍA T/mm		RIGIDEZ DE LA VÍA COMO SISTEMA CONJUNTO T/mm	
ALMA DEL CARRIL	= 5 a 10.000	PLATAFORMA MARGOSA	= 0,5 a 1,5
TRAVIESA DE MADERA	= 50 a 80	PLATAFORMA ARCILLOSA	= 1,5 a 2
TRAVIESA D EHORMIGÓN	= 1200 a 1500	PLATAFORMA ROCOSA – GRAVOSA	= 2 a 8
BALASTO BATEADO	= 10 a 30	BALASTO Y SUELO HELADO	= 8 a 10

MELENTIEV (1973)

ELEMENTO	MÓDULO DE ELASTICIDAD Kg/cm²	COEFICIENTE DE ELASTICIDAD O RIGIDEZ VERTICAL T/mm
CARRIL	2,1 X 106	128 – 300
TRAVIESA NUEVA DE MADERA DE PINO	4000 – 5000	16,4 – 27,2
TRAVIESA USADA DE MADERA DE PINO	2500 – 4000	10,2 – 21,7
TRAVIESA DE HORMIGÓN	1,4 X 10⁵ – 2,5 X 10⁵	574 – 950
BALASTO DE ARENA	2900	---
BALASTO DE GRAVA	3600	---
BALASTO DE PIEDRA MACHACADA	3330 A 5000	---
SUELO DE CIMENTACIÓN (ARCILLA LIGERA)	300 - 1200	---

Fuente: A. López Pita (1976)

segundo, que al disminuir la rigidez vertical de la vía mayor sería la disipación de energía en la misma y, por tanto, superiores los costes de tracción; esta reflexión se derivaba de las experiencias obtenidas por los ferrocarriles franceses, Fortín (1982) (Fig. 12.13a). En consecuencia, la consideración conjunta y simultánea de ambos hechos nos condujo al esquema de la figura 12.13b. Para hacer homogéneas las unidades de las ordenadas, convertimos en unidades monetarias la potencia disipada (costes de tracción) y las sobrecargas dinámicas verticales (costes de conservación de vía). El resultado fue que, para velocidades de 200 km/h, el valor óptimo de la rigidez vertical de la misma se situaba en torno a 5 o 6 t/mm, mientras que para 300 km/h, se elevaba hasta el intervalo comprendido entre 7 y 9 t/mm.

Recientemente, P. F. Teixeria (2004), profundizando en este camino y considerando los datos económicos actualmente conocidos respecto a ambas variables (energía y mantenimiento), estableció el gráfico de la figura 12.13c, que para alta velocidad proporciona un valor óptimo para la rigidez vertical de la vía de aproximadamente 7,8 t/mm.

Es de interés recordar los resultados publicados por Hunt (1977) y Sussmann et al. (2001) sobre la influencia de la rigidez vertical de la vía en el deterioro de la misma. En el primer caso, la figura 12.13d muestra la relación existente entre la rigidez vertical de la infraestructura y el deterioro de la vía; este último parámetro se cuantifica por el número de operaciones de bateo necesarias y por el período de vida del carril. Puede apreciarse que, bajo esa perspectiva, el óptimo de la rigidez vertical del apoyo de la vía se encontraría entre 50 y 100 KN/mm/traviesa.

En cuanto a Sussmann, la figura 12.13e refleja, dentro de una gran heterogeneidad, la posible existencia de una rigidez vertical de la vía, comprendida también entre 50 y 100 KN/mm, para la cual la velocidad de degradación de la calidad geométrica de la vía sería mínima.

Para una vía dada, en cuanto a carril, traviesas y sujeciones, los tres elementos principales sobre los que se puede actuar para modificar la rigidez vertical de la vía son (Fig. 12.14):

• Placa de asiento entre carril y traviesa
• Suela elástica bajo las traviesas
• Almohadilla elástica bajo el balasto

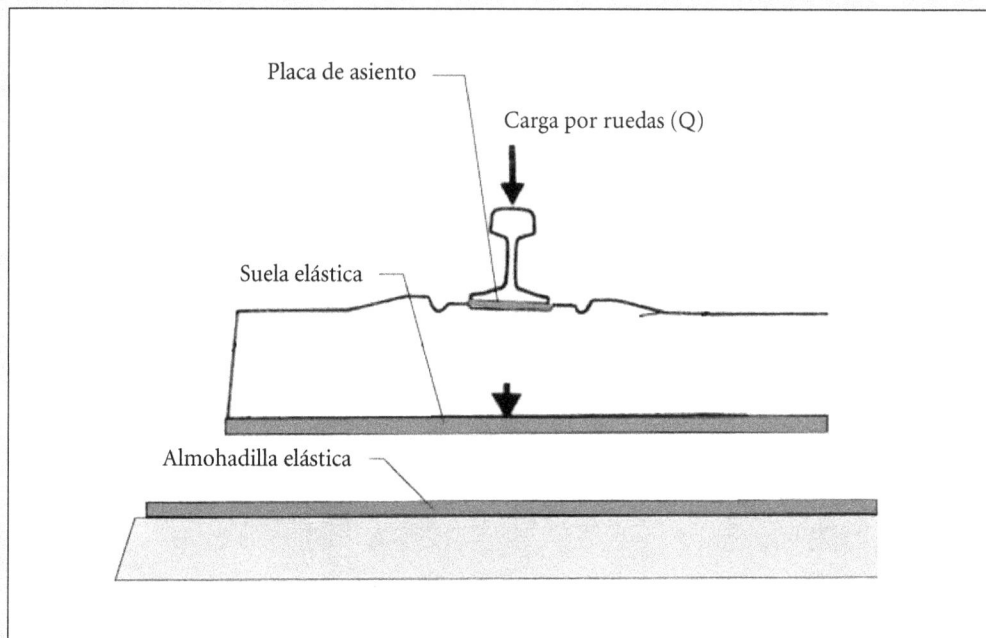

Fuente: Wstahl (2005)

Fig. 12.14

INFLUENCIA DEL MÓDULO DE VÍA Y DE LA INERCIA DEL CARRIL SOBRE LA POTENCIA DISIPADA

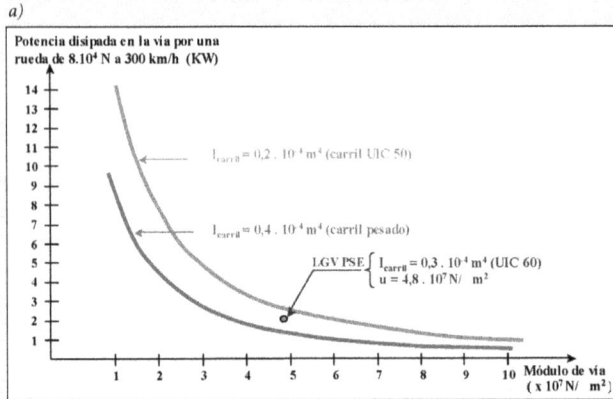

a)

Potencia disipada en la vía por una rueda de 8.10⁴ N a 300 km/h (KW)

$I_{carril} = 0,2 . 10^{-4} m^4$ (carril UIC 50)

$I_{carril} = 0,4 . 10^{-4} m^4$ (carril pesado)

LGV PSE $\begin{cases} I_{carril} = 0,3 . 10^{-4} m^4 \text{ (UIC 60)} \\ u = 4,8 . 10^7 N/ m^2 \end{cases}$

Módulo de vía ($\times 10^7 N/ m^2$)

Fuente: Sauvage y Fortin (1982)

VALOR ÓPTIMO DE LA RIGIDEZ VERTICAL DE UNA VÍA

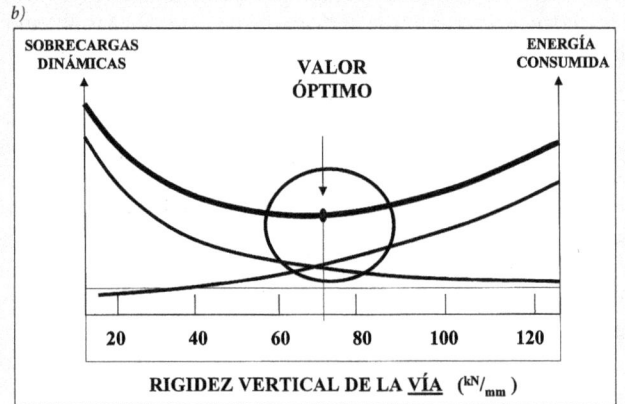

b)

SOBRECARGAS DINÁMICAS

VALOR ÓPTIMO

ENERGÍA CONSUMIDA

RIGIDEZ VERTICAL DE LA VÍA ($^{kN}/_{mm}$)

Fuente: A. López Pita (1984)

EVOLUCIÓN DE LOS COSTES TOTALES DE MANTENIMIENTO DE LA CALIDAD GEOMÉTRICA DE LA VÍA Y DE ENERGÍA DISIPADA CON LA RIGIDEZ VERTICAL DE LA VÍA. (LÍNEA CON 100 TRENES POR DÍA POR SENTIDO; V$_{máx}$ = 300 km/h)

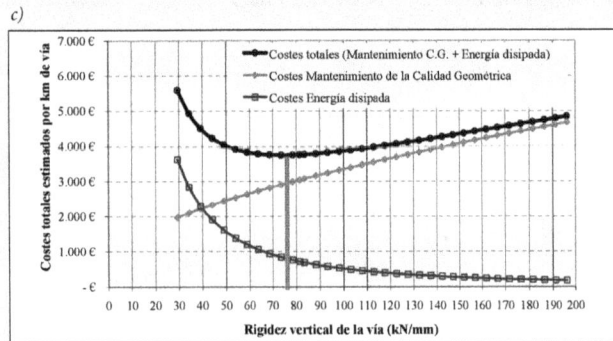

c)

Costes totales estimados por km de vía

— Costes totales (Mantenimiento C.G. + Energía disipada)
— Costes Mantenimiento de la Calidad Geométrica
— Costes Energía disipada

Rigidez vertical de la vía (kN/mm)

Fuente: P. Teixeira (2004)

RELACIÓN ENTRE LA RIGIDEZ VERTICAL DE LA INFRAESTRUCTURA DE LA VÍA Y EL DETERIORO EN UNA LÍNEA DE ALTA VELOCIDAD

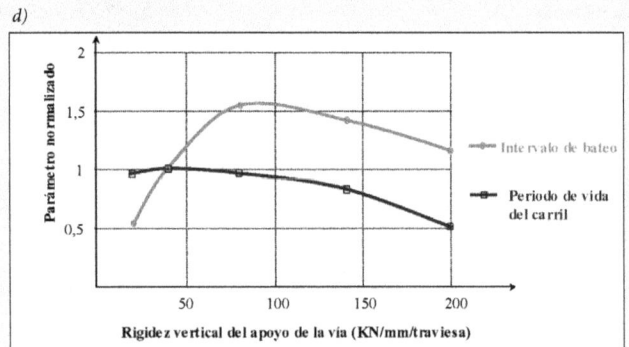

d)

Parámetro normalizado

Intervalo de bateo

Periodo de vida del carril

Rigidez vertical del apoyo de la vía (KN/mm/traviesa)

Fuente: Hunt (1997)

RELACIÓN ENTRE RIGIDEZ VERTICAL Y GRADO DE DETERIORO DE UNA VÍA

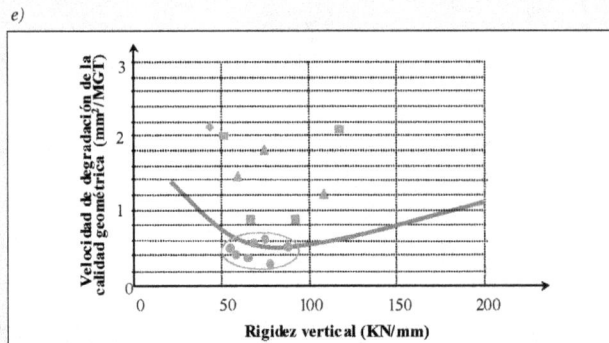

e)

Velocidad de degradación de la calidad geométrica (mm²/MGT)

Rigidez vertical (KN/mm)

Fuente: Sussmann et al. (2001)

Fig. 12.13

Sin duda, el último elemento (almohadilla elástica) es el que tiene un mayor impacto económico, a causa de la superficie que se necesita cubrir y por los costes de su colocación en la vía. En general, su uso queda limitado a determinados puentes, donde se observa un desgaste prematuro de la capa de balasto, y en túneles, para limitar el volumen de ruido causado por la circulación ferroviaria.

12.5 SÍNTESIS DE LAS ACCIONES VERTICALES EJERCIDAS POR LOS VEHÍCULOS FERROVIARIOS

En el apartado anterior se ha indicado que los esfuerzos ejercidos por los vehículos sobre la vía dependen, fundamentalmente, entre otros, de los siguientes parámetros:

- Calidad geométrica de la vía: factores a y b de la fórmula de Prud'homme.
- Magnitud del peso no suspendido por rueda de los vehículos (m).

Se comprende, por tanto, que la solicitación de un vehículo no sea un concepto de definición única, salvo que vaya acompañado de precisiones referidas a la calidad geométrica de la vía, y a las características constructivas de los vehículos entre otros factores.

En relación con el primer parámetro: la calidad geométrica de la vía, dos ejemplos explícitos pueden mostrarse. Las figuras 12.15a y 12.15b, reflejan los resultados publicados por Naue (1988) respecto al comportamiento de distintos tipos de vagones sobre vías de diferente calidad geométrica. Nótese que en vías de muy buena calidad (como es el caso de las líneas de alta velocidad) las solicitaciones verticales de los vagones sobre la vía son sensiblemente inferiores a las correspondientes a vías con menor calidad geométrica.

Los ensayos efectuados por el Comité D-161 del ORE hicieron posible establecer, para vagones de 20 a 22,5 toneladas/eje, los resultados mostrados en el cuadro 12.2. En él se ofrecen los esfuerzos verticales por rueda ejercidos por los citados vagones, en función de la magnitud de los defectos de nivelación longitudinal de la vía. Nótese la importante reducción de las solicitaciones verticales a medida que aumenta la calidad geométrica de la vía. En este mismo ámbito véase (Fig. 12.15d) la buena correlación existente entre la desviación típica de los defectos geométricos de nivelación longitudinal y la correspondiente a los esfuerzos verticales.

Resulta de interés observar (Fig. 12.15b) como las acciones sobre una vía de buena calidad (Augsburg – Danauworth) de una locomotora circulando a 250 km/h se corresponden con las ejercidas por vagones a 140 km/h en vías de calidad media. Análogamen-te, la figura 12.15c muestra como, en la línea TGV-Norte los esfuerzos verticales ejercidos por las ramas de TGV a velocidades próximas a 300 km/h quedan próximos a los esfuerzos estáticos.

CUADRO 12.2. INFLUENCIA DE LA CALIDAD GEOMÉTRICA DE LA VÍA EN LAS SOLICITACIONES EJERCIDAS POR LOS VAGONES DE MERCANCÍAS

Calidad geométrica de la vía	Esfuerzo vertical por rueda (kN)	Índice relativo
Defectos de nivelación longitudinal		
Moderada ($\sigma > 2$ mm)	155	122
Buena ($1 < \sigma < 2$ mm)	142	112
Muy buena ($\sigma < 1$ mm)	127	100

En cuanto al segundo parámetro que influencia los esfuerzos verticales sobre la vía, el material que circula por la vía, pueden realizarse las siguientes reflexiones:

En el ámbito del material motor, cabe diferenciar dos momentos temporales: el primero corresponde al material disponible a mediados de la década de los años 70 del pasado siglo; el segundo, al material moderno con que cuenta el ferrocarril actual, cuyas características principales se muestran en el cuadro 12.3. Es indudable que el material construido en los años 50 se encontraba muy alejado de los principios que, como vimos con anterioridad, gobiernan en la actualidad el diseño del material ferroviario.

En el ámbito de los vagones de mercancías ya se expuso la evolución experimentada en la concepción de sus *bogies*. Finalmente, el hecho de que el peso por eje de los vehículos para viajeros se sitúe en la escala inferior del intervalo de cargas estáticas (12 a 14 t/eje) les confiere una menor agresividad sobre la vía.

Según lo dicho resulta posible sintetizar en el cuadro 12.4 los resultados de los esfuerzos verticales medidos sobre la vía con distintos tipos de materiales y en distintas épocas. En el citado cuadro se incluyen también las solicitaciones ocasionadas por el tren francés de alta velocidad circulando tanto por líneas convencionales como por vías de nueva construcción.

Las conclusiones que se derivan de la observación del referido cuadro 12.4 son las siguientes:

a) El material motor de nueva generación ha reducido, a igualdad de velocidad de circulación, la magnitud de los esfuerzos verticales sobre la vía respecto al material disponible hace 4 o 5 décadas (de 17 a 13 t/rueda).

SOLICITACIONES VERTICALES EJERCIDAS POR EL MATERIAL REMOLCADO DE LA DB

a)

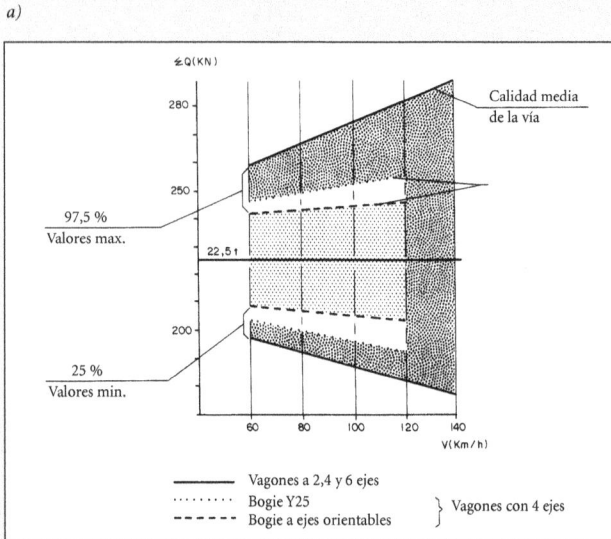

Vagones a 2,4 y 6 ejes
········· Bogie Y25   } Vagones con 4 ejes
‒ ‒ ‒ Bogie a ejes orientables

CARGA VERTICAL POR RUEDA SOBRE EL CARRIL EN LA LÍNEA DE ALTA VELOCIDAD PARÍS-LILLE. TGV (298 KM/H)

c)

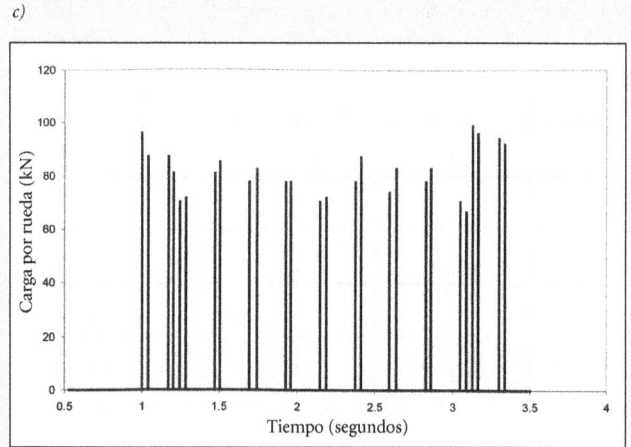

Fuente: H. Giraud et al. (2003)

ACCIONES VERTICALES DEL MATERIAL MOTOR

b)

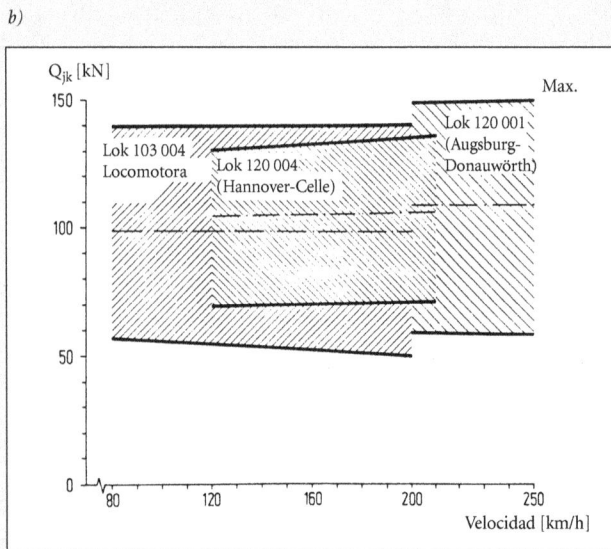

Fuente: Naue (1998)

CALIDAD DE VÍA Y ESFUERZOS VERTICALES

d)

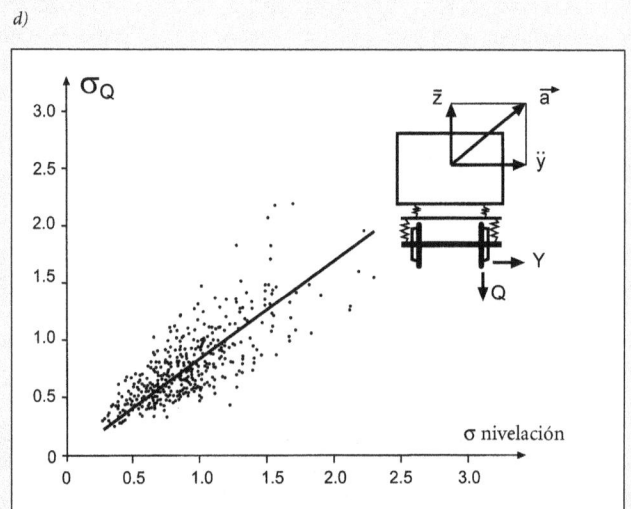

Fuente: Tomado de B. Lichtberger (2005)

Fig.12.15

CUADRO 12.3. VELOCIDAD MÁXIMA Y PESO POR EJE DE ALGUNAS LOCOMOTORAS EUROPEAS MODERNAS

Locomotora	Velocidad máxima (km/h)	Peso por eje (t)	Período de construcción
Rh 1016	230	21,5	2000/2002
E 101	220	21,7	1996/1997
BB26000	200	22,5	1988/1997
E 127	230	21,5	S.D.
E 145	140	21,5	1997/2000
E 152	140	21,5	1997/2001
BB 36000	220	22,5	1997/1999
E 402 B	220	21,7	1997/1999
E 412	200	22	1995/1997
Re 4/4465	230	21	1994/1997
S 252	220	22	1992/1995

Fuente: Elaboración propia a partir de datos de WART (1997), Martín (1993), Marini (1997) Herissé (1996) y De Chareil (1997)

CUADRO 12.4. EVOLUCIÓN COMPARADA DE LAS SOLICITACIONES VERTICALES MÁXIMAS EJERCIDAS POR EL MATERIAL FERROVIARIO

Tipo de material	Esfuerzo vertical máximo por rueda (t)	
	Décadas años 60/70	Décadas años 80/90
Locomotoras V = 200 km/h	17,5	13 a 13,5
Vagones de mercancías V = 70 km/h	14,5 a 15,7	—
V = 100 km/h	—	12,6
V = 120 km/h	—	13,3
Coches de viajeros V = 200 km/h	6,9 (T.E.E) a 8,3	
Ramas de alta velocidad		
• Línea clásica V = 200 km/h	12,15	
V = 300 km/h	13,95	
• Línea de alta velocidad V = 300 km/h	—	12,3 a 12,5

Fuente: A. López Pita (1998)

b) Los modernos vagones de mercancías producen sobre el carril esfuerzos verticales del orden de 13 t/rueda, frente a 16 t/rueda de vagones más antiguos.

c) La acción de los coches de viajeros sobre la vía es irrelevante respecto a la ejercida por las locomotoras y los vagones carga-

dos de mercancías. Sus esfuerzos verticales son del orden de 8t/rueda.

d) Las ramas de alta velocidad, circulando por líneas nuevas a 300 km/h, generan unos esfuerzos verticales análogos (aunque algo inferiores) a los ejercidos por las locomotoras a 200 km/h.

Una representación gráfica de la diferente agresividad de cada material ferroviario puede encontrarse en la figura 12.16.

12.6 NUEVA FÓRMULA DE EISENMANN

Como se expuso precedentemente, la fórmula del profesor Eisenmann, publicada a finales de los años 60 del pasado siglo estaba basada en las acciones ejercidas por los vehículos circulando a velocidades máximas de 200 km/h. La introducción en explotación comercial, a partir de entonces, de servicios con velocidades superiores al citado límite de velocidad permitió ajustar la expresión matemática de mayoración de esfuerzos verticales, para velocidades máximas de hasta 300 km/h.

La nueva expresión tomó la forma clásica:

$$Q_d = Q_e \left[1 + t \cdot \overline{s} \cdot \varphi\right]$$

variando únicamente la formulación de j que adoptó la expresión:

$$\varphi = 1 + \frac{V - 60}{380}$$

La representación gráfica de las fórmulas de Eisenmann y Prud'homme (Fig. 12.17) permite apreciar el paralelismo existente entre los resultados de sus respectivas expresiones.

ORDEN DE MAGNITUD DE LOS ESFUERZOS VERTICALES GENERADOS POR LOS VEHÍCULOS FERROVIARIOS*

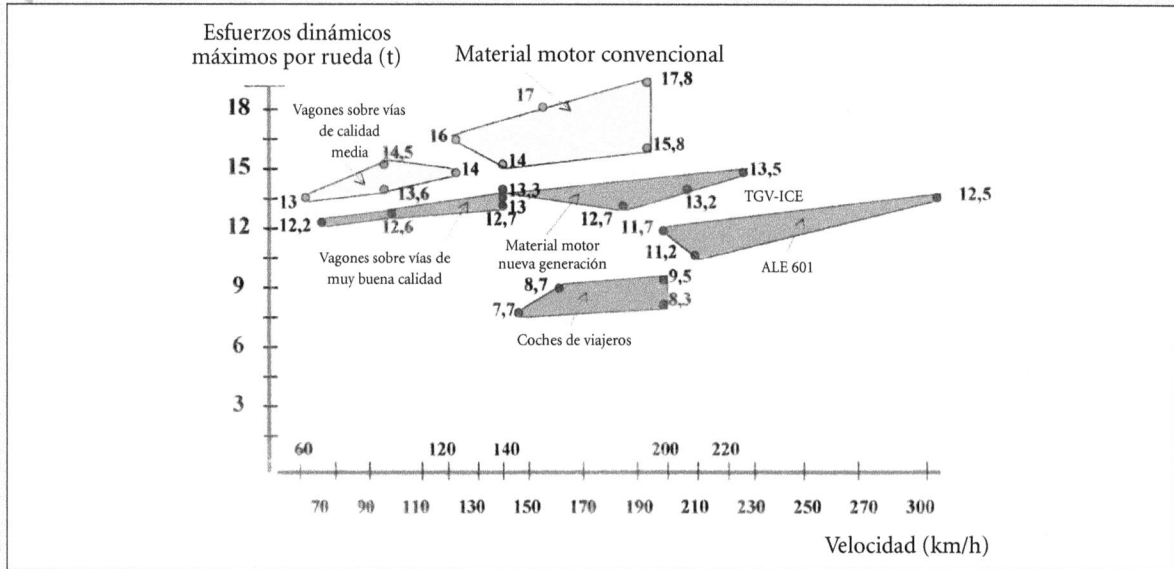

Fuente: A. López Pita (1991)

Fig. 12.16

COMPARACIÓN DE LAS EXPRESIONES DE EISENMANN Y PRUD'HOMME PARA LOS ESFUERZOS VERTICALES DINÁMICOS

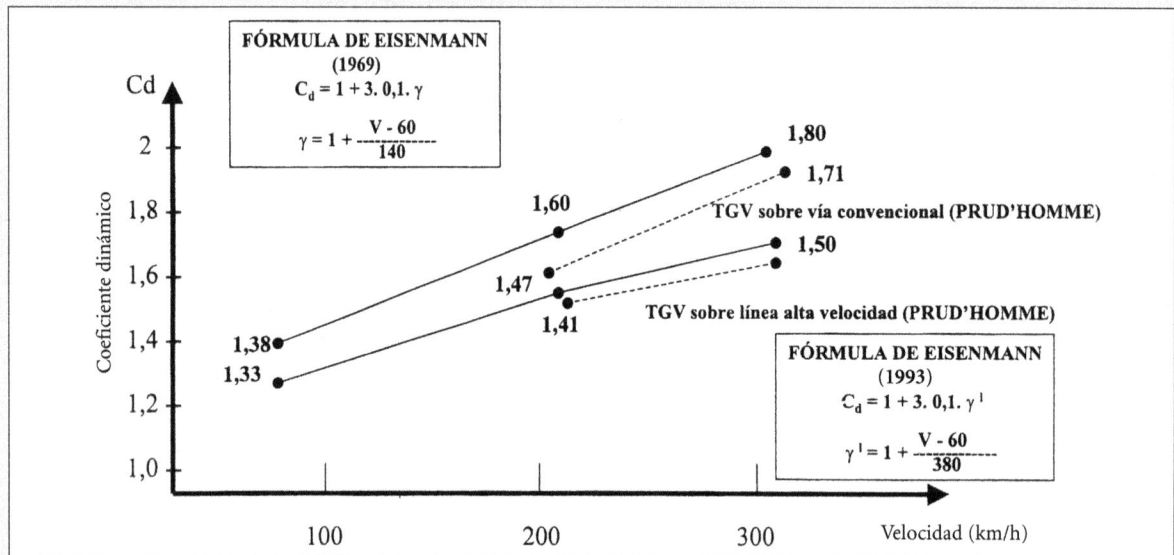

Fuente: A. López Pita (2002)

Fig. 12.17

* El gráfico de la fig. 12.16 permite contribuir a analizar la factibilidad técnico-económico de la explotación de líneas de alta velocidad en tráfico mixto desde la perspectiva del deterioro de la calidad geométrica de la vía. En efecto, las acciones ejercidas por el material motor de nueva generación y los vagones sobre vías de muy buena calidad geométrica, son del orden de un 10% superiores a las ejercidas por las ramas de alta velocidad.

12.7 SOLICITACIONES ESPECÍFICAS PARA DEFECTOS SINGULARES EN LA VÍA O EN EL VEHÍCULO

En apartados anteriores y siguiendo a Prud'homme, se analizó de una forma general el fenómeno de interacción vía-vehículo. En la práctica, sin embargo, en ocasiones se producen situaciones específicas en la configuración de la vía o de los vehículos que son generadoras de solicitaciones excepcionales, solicitaciones que no quedan englobadas, naturalmente, en la formulación realizada por el autor francés. Resulta por tanto de interés conocer las citadas singularidades y los efectos que de ella se derivan; nos referiremos de forma específica a dos de las configuraciones más típicas.

1. *Planos en las ruedas*

El desgaste de la superficie de rodadura de las ruedas origina la formación de planos en ellas, de unos milímetros de longitud (Fig. 12.18a), que ocasionan un importante incremento de las solicitaciones estáticas sobre el carril. Los estudios teóricos y experimentales han puesto de manifiesto (Fig. 12.18b) que los esfuerzos máximos tienen lugar a velocidades del orden de 20 a 30 km/h y disminuyen de forma progresiva, para estabilizarse a velocidades superiores o iguales a 100 km/h. En 1973 Schramm propuso la expresión:

$$\sigma = \frac{15700 + 1,1\ Q\sqrt{f}}{W} \quad (\text{N/mm}^2)$$

siendo:

Q, la carga por rueda en N; f (profundidad del plano en mm) y W, el momento resistente del carril (cm^3), para cuantificar la tensión suplementaria causada por el plano.

2. *Defectos en la superficie del carril*

La figura 12.18c muestra el modelo de análisis utilizado por Hirano para abordar el tema de los esfuerzos verticales ejercidos por los vehículos en presencia de defectos sinusoidales en el carril. Los resultados obtenidos (Fig. 12.18d) reflejan que la magnitud de los citados esfuerzos se incrementa con la velocidad de circulación. En paralelo se constata un desplazamiento del punto máximo de solicitación hacia el exterior de la zona bacheada de la vía.

12.8 SOBRECARGAS POR CIRCULAR EN CURVA

Cuando un vehículo circula en curva se produce una sobrecarga en la rueda exterior (ΔQ) (ver esquema adjunto) que puede ser evaluada por la expresión (A. Hecke et al. 2000):

$$\Delta Q \approx \frac{Q_{est}}{2b_0 g}\left(a_y \cdot h_{cg} + g\ \Delta y\right)$$

Para obtener un orden de magnitud de la importancia de ΔQ, pueden adoptarse los siguientes valores de referencia:

$Q_{est} = 11\ \text{t}$
$b_0 = 0,75\ \text{m}$
$g \approx 9,81\ \text{m/seg}^2$
$h_{cg} = 1,8\ \text{m (altura del c.d.g)}$
$\Delta_y \approx 0,004\ \text{m}$

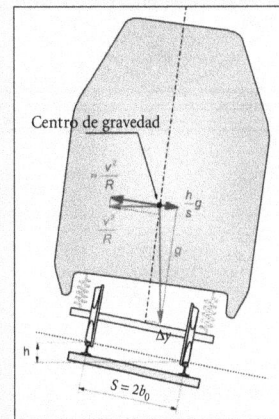

Centro de gravedad

En cuanto a la aceleración sin compensar en el plano de la vía (a_y), si se supone igual a 0,65 m/seg^2, resulta que ΔQ valdrá aproximadamente 0,9t. No es de extrañar, por tanto, que en la práctica se admita para ΔQ valores comprendidos entre el 10 y el 20% de la carga estática. Nótese, por otro lado, que si se desprecia el término $g\Delta y$, que equivale al 3% del término $a_y\ h_{cg}$ se obtiene:

$$\Delta Q \approx \frac{Q_{est}}{2b_0 g} a_y \cdot h_{cg}$$

y recordando que:

$$a_y = \frac{I}{2b_0} g$$

se llega a la expresión:

$$\Delta Q \approx \frac{Q_{est} \cdot I \cdot h_{cg}}{S^2} \qquad (12.9)$$

siendo S (distancia entre ejes de carriles) = $2b_0$

En estas condiciones, es decir, circulando en curva, la expresión 12.9 debería añadirse a la expresión 12.8 para obtener la carga total sobre el carril.

PLANO DE RUEDA

a)

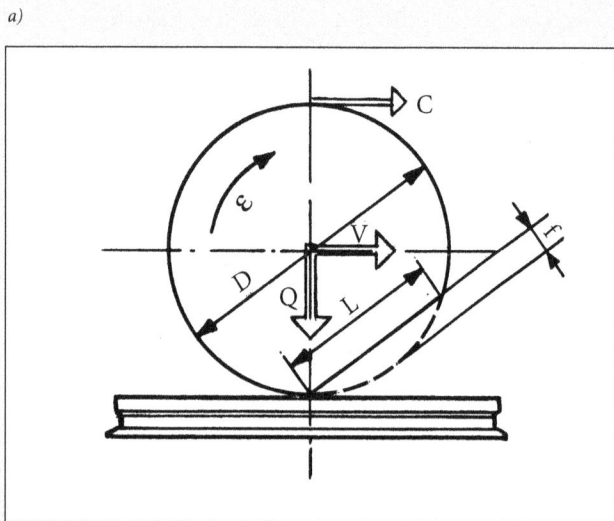

INFLUENCIA DE UN PLANO DE RUEDA EN EL INCREMENTO DE TENSIONES SOBRE EL CARRIL

b)

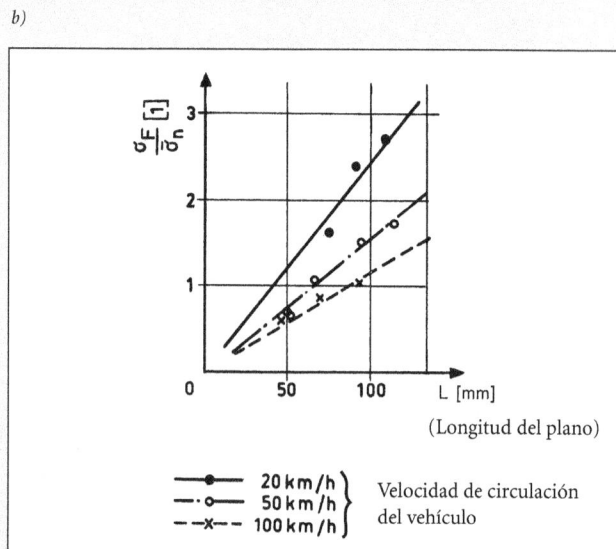

MODELO PARA EL ANÁLISIS DE DEFECTOS EN EL CARRIL

c)

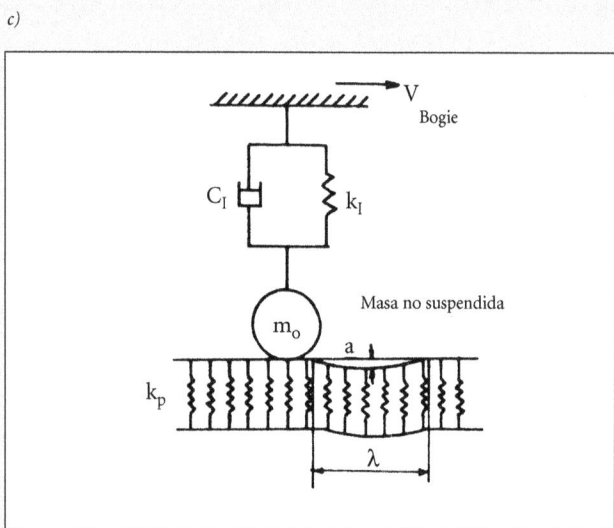

VARIACIÓN DE LA CARGA POR RUEDA EN PRESENCIA DE UN DEFECTO EN EL CARRIL

d)

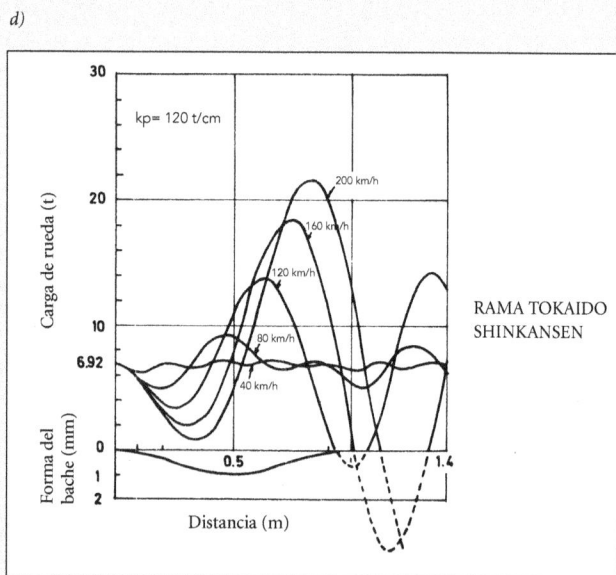

Fuente: Hirano (1973)

Fig. 12.18

13

ANÁLISIS MECÁNICO DEL COMPORTAMIENTO DE UNA VÍA FRENTE A ESFUERZOS VERTICALES

El conocimiento del comportamiento mecánico de una vía férrea ante las acciones de los vehículos constituye, sin duda, uno de los aspectos de mayor interés. Ello se debe a que, como se ha indicado precedentemente, el citado conocimiento es la base para efectuar el dimensionamiento de cada uno de los elementos que configuran la superestructura e infraestructura de una vía.

La respuesta de la vía al paso de los vehículos viene dada por la flexión del carril y las traviesas en un medio compresible constituido por el sistema balasto-plataforma-capas de asiento. Los estados tensionales y deformacionales originados por la citada flexión se evalúan por el método de Zimmermann.

Cabe destacar que, en paralelo, y como consecuencia del contacto rueda-carril, se produce en este último elemento, un estado de solicitaciones que, en primera aproximación, se evalúa utilizando la teoría de Hertz, relativa a las acciones que tienen lugar entre dos cuerpos sólidos en contacto. El esquema adjunto proporciona ordenes de magnitud de los estados tensionales generados en cada elemento de la vía a causa de la flexión del carril o del contacto rueda carril.

La adición, por lo que se refiere al carril, de las solicitaciones debidas a las variaciones de temperatura por causas climáticas y a las derivadas del proceso de arranque y frenado de los trenes, así

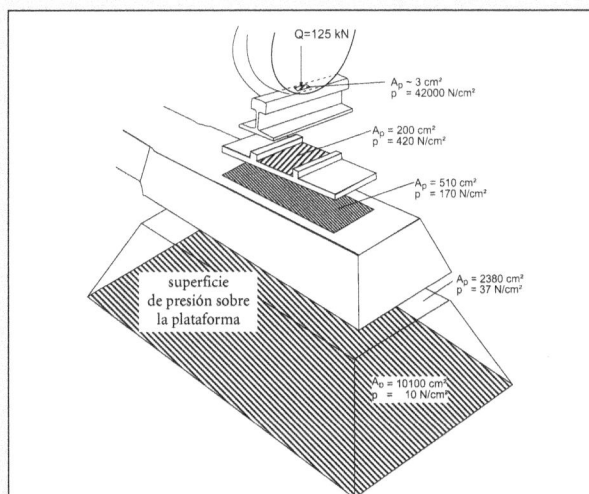

Fuente: C. Esveld (1987)

como al proceso de fabricación de los propios carriles, completa el espectro de las acciones que sirven de base para el dimensionamiento de este elemento

13.1 SOLICITACIONES EN LA VÍA POR FLEXIÓN DEL CARRIL. MÉTODO DE ZIMMERMANN

En el capítulo anterior, se han expuesto algunas de las expresiones que permiten evaluar las solicitaciones verticales ejercidas por los vehículos sobre la vía. Se trata ahora de conocer como dichas acciones se transmiten desde la superficie del carril hasta la plataforma (Fig. 13.1) Es habitual en este proceso admitir que el comportamiento de cada hilo de carril es igual y que por tanto el problema se reduce a cuantificar los esfuerzos que un carril transmite a los elementos que le sirven de apoyo (traviesas, balasto y plataforma).

Durante algún tiempo, en sus inicios, el ferrocarril utilizó longrinas (Fig. 13.2) en lugar de traviesas. Por tanto, el método de cálculo de transmisión de esfuerzos por el carril se basó en esta realidad. Se supuso que la longrina reposaba sobre un medio elástico (que representaba el comportamiento del balasto y la plataforma) que respondía a la hipótesis:

$$\sigma = c.y \qquad (13.1)$$

siendo σ la tensión aplicada en la superficie de dicho medio elástico; y, el asiento provocado por dicha tensión, y c, una constante, denominada coeficiente de balasto o coeficiente de Winkler. De 13.1 se deduce que las dimensiones de c eran kg/cm^3, es decir, dimensiones de densidad. Este hecho equivalía a suponer que la longrina reposaba sobre un líquido de densidad c.

Bajo estas premisas, la solución de la ecuación diferencial de una viga (el carril), de longitud infinita y de ancho (b), el de la longrina, sometida a una carga por rueda (Q), es inmediata, sin más que considerar el equilibrio de un elemento (dx) de la referida longrina (viga) (ver esquema adjunto).

Siendo:

M = momento flector en la viga

T = esfuerzo cortante

q = reacción del apoyo de la viga

del equilibrio de la rebanada, se deduce entonces que:

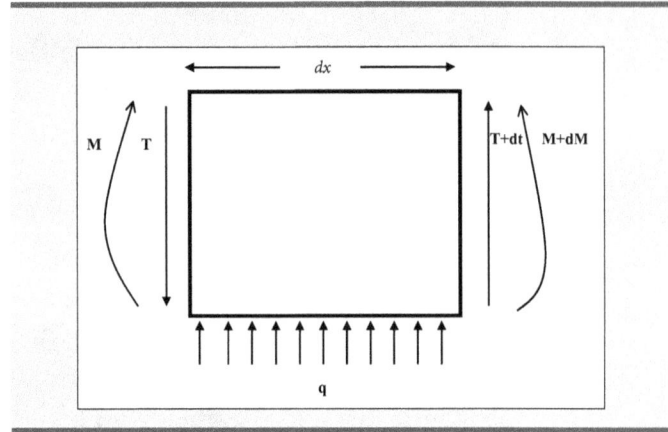

$$dT = - q . dx$$
$$dM = Tdx$$

de donde:

$$\frac{dM}{dx} = T \quad \text{y} \quad \frac{d^2 M}{dx^2} = \frac{dT}{dx} = -q$$

y puesto que:

$$M = -EI \frac{d^2 y}{dx^2}$$

resulta, al diferenciar dos veces esta expresión:

$$q = -EI \frac{d^4 y}{dx^4}$$

Utilizando la hipótesis de Winkler (s = c.y), se tiene:

$$q = b.c.y$$

Luego la ecuación diferencial resultante es:

$$EI \frac{d^4 y}{dx^4} + bcy = 0$$

Su integración para el caso de una carga puntual Q, actuando sobre la superficie del carril proporciona los siguientes resultados para el asiento (y) del carril en el punto de aplicación de la carga, así como para el momento flector (M):

$$y = \frac{Q}{2bc} \sqrt[4]{\frac{bc}{4EI}} \qquad (13.2)$$

$$M = \frac{Q}{4} \sqrt[4]{\frac{4EI}{bc}} \qquad (13.3)$$

ESTUDIO DEL COMPORTAMIENTO DE UNA VÍA FÉRREA BAJO LAS ACCIONES VERTICALES DEL TRÁFICO

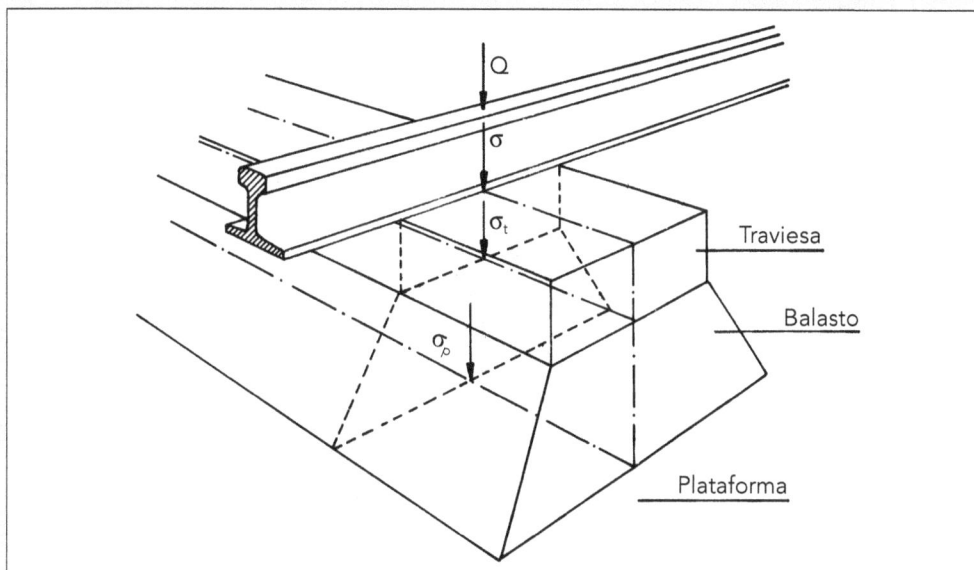

Fuente: A. López Pita (1984)

Fig. 13.1

VERSIÓN MODERNA DE LO QUE PUDO SER EN SU DÍA UNA VÍA SOBRE LONGRINAS*

Fuente: H. Wakui (1997)

Fig. 13.2

* La fotografía de la figura 13.2 corresponde a un tipo de vía desarrollada por los ferrocarriles japoneses en 1996. Está formada por vigas longitudinales de hormigón pretensado que proporcionan un apoyo continuo al carril. Los tubos de acero permiten asegurar el mantenimiento del ancho de vía.

con:

$$L = \sqrt[4]{\frac{4EI}{bc}}$$

El parámetro (L) se denomina *longitud elástica* y, como se ve, representa la rigidez de la vía (EI) y la del apoyo de ésta (bc).

La presión (σ) que actúa en cada punto de la cara inferior de la viga es, de acuerdo con Winkler:

$$\sigma = c \cdot y = \frac{Q}{2b} \sqrt[4]{\frac{bc}{4EI}} \qquad (13.4)$$

La metodología que acabamos de exponer resolvía de modo satisfactorio el caso de vías sobre largueros. Sin embargo, el caso de vías sobre traviesas no estaba resuelto. Se comprende, no obstante, que el método del autor alemán diera lugar a pensar en una posible adaptación del mismo a dicha configuración. Esta tuvo lugar en el primer tercio del siglo XX gracias a la contribución de Timoshenko, Saller y Hanker, que se visualiza en el esquema adjunto (Fig. 13.3).

Se parte para su establecimiento del hecho de que, desde un punto de vista mecánico, la vía sobre traviesas puede asimilarse a una vía sobre largueros, cuando el soporte que ofrece la traviesa al carril es igual al que ofrece el larguero situado entre dos traviesas consecutivas.

Si el trabajo del carril en ambos casos es el mismo, la superficie de apoyo ofrecida por los dos sistemas debe ser igual, y por tanto resulta:

$$b.d = F$$

Si se despeja b y se sustituye en las expresiones de Zimmermann, resulta:

$$y = \frac{Q \cdot d}{2Fc} \sqrt[4]{\frac{F \cdot c}{4EId}} \qquad (13.5)$$

$$M = \frac{Q}{4} \sqrt[4]{\frac{4EId}{F \cdot c}} \qquad (13.6)$$

expresiones referidas al asiento (y) y al momento flector en el carril (M) en el punto de aplicación de la carga Q.

La presión sobre cada traviesa será:

$$\sigma = \frac{Q \cdot d}{2F} \sqrt[4]{\frac{F \cdot c}{4EId}} \qquad (13.7)$$

La aplicación práctica de las precedentes expresiones pasa por introducir el valor numérico de las variables que en ellas figuran:

TRANSFORMACIÓN DEL APOYO SOBRE LARGUEROS EN APOYO SOBRE TRAVIESAS

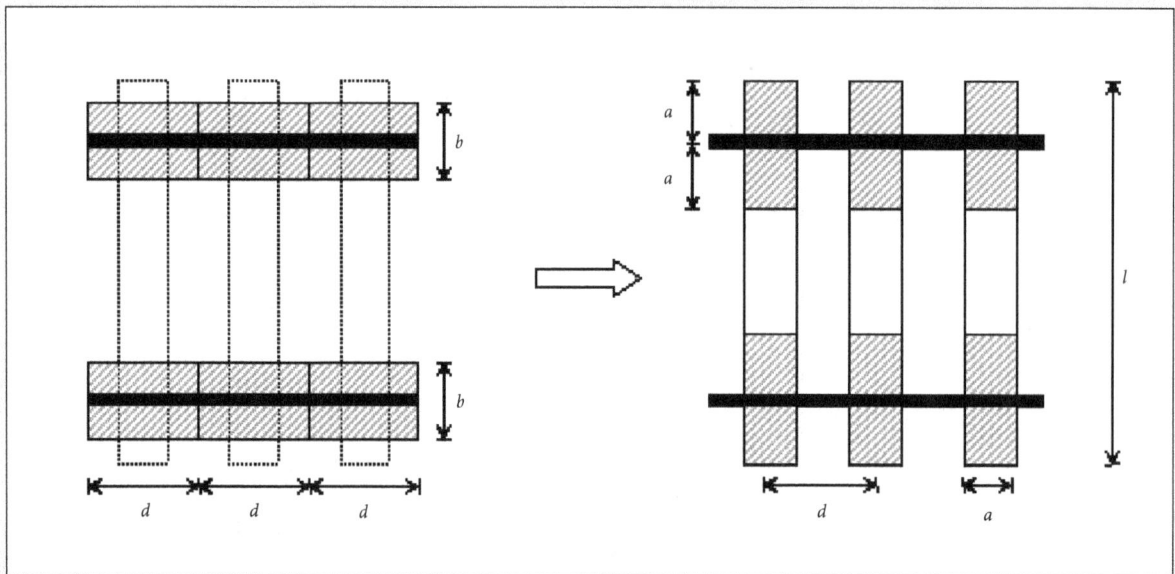

Fuente: Saller (1932) y Hanker (1935)

Fig. 13.3

Q = carga por rueda (kg)

d = distancia entre traviesas (cm)

c = coeficiente de balasto (kg/cm³)

F = área de apoyo de las traviesas por hilo de carril (cm²)

E = módulo de elasticidad del carril (kg/cm²)

I = momento de inercia del carril respecto al eje horizontal (cm⁴)

Las ecuaciones 13.5, 13.6 y 13.7 son la base de los cálculos actualmente empleados en el dimensionamiento de una vía. Dichas ecuaciones se conocen habitualmente con el nombre de método de Zimmermann, por estar basadas esencialmente en el trabajo original del autor alemán.

En relación con la difusión de este método, es preciso reconocer la labor realizada modernamente por el profesor Eisenmann, que efectuó numerosas medidas experimentales en vía durante el período 1960-1975 para comprobar la bondad de su utilización. Como resultado de dicha labor investigadora, puede indicarse que el método de Zimmermann proporciona valores medios representativos de los que realmente tienen lugar en la práctica. En la figura 13.4a (Eisenmann, 1995) se muestran los valores del asiento del carril, nivel tensional y esfuerzo en el punto de apoyo de la carga para el caso de una vía con carril de 60 kg/ml, y traviesas B70, cuando actúa un eje aislado de 200 KN, para diferentes magnitudes del coeficiente de balasto.

La gran ventaja del método de Zimmermann se encuentra en la facilidad que ofrece para incluir las acciones sobre la vía con independencia de cuáles sean las cargas y su posición relativa, sin más que aplicar el principio de superposición (Fig. 13.4b).

En la práctica diaria, en que el uso del bogie se ha generalizado tanto para el material motor como para el remolcado, la consideración de una carga puntual constituye, excepto en el caso de algunos vagones de mercancías, una situación poco frecuente, siendo normal la actuación de dos o más cargas relativamente próximas.

13.2 APLICACIÓN PRÁCTICA DEL MÉTODO DE ZIMMERMANN

La metodología propuesta por este autor ofrece, según se deduce de las expresiones indicadas en el apartado anterior, numerosas posibilidades para conocer la influencia de las características de los elementos de la vía en su respuesta a las solicitaciones estáticas del tráfico.

Las numerosas campañas experimentales llevadas a cabo por diferentes administraciones han puesto de manifiesto, sin embargo,

que si en las citadas expresiones se sustituye Q (carga estática por rueda) por la carga dinámica (Q_d), deducida a partir de los coeficientes de mayoración ya indicados, los resultados que se obtienen coinciden básicamente con los que proporcionan las medidas *in situ*. Es ésta una de las más importantes conclusiones a las que se ha llegado en el campo de la operatividad práctica del método de Zimmermann.

Con relación al resto de los parámetros que intervienen en las precedentes expresiones matemáticas, cabe referirse a dos: el área de apoyo F de la traviesa y el coeficiente de balasto (c). En cuanto al primero, se recuerda que la zona central de las traviesas no se batea por temor a que, como consecuencia del descalce de ellas en la zona situada bajo la vertical del carril por efecto del tráfico, el apoyo subsiguiente de la traviesa en su parte central podría dar lugar a la rotura de la misma. Esta circunstancia determina que no deba considerarse como reacción del balasto más que aquella superficie que realmente ofrece resistencia, es decir, la zona bateada. La figura 13.5 recoge los distintos criterios actualmente utilizados:

• *Para la traviesa de dos dados*
Se toma como área de apoyo (F) la correspondiente a la cara inferior de uno de los bloques de hormigón.

• *Para la traviesa de madera y hormigón monobloque*
Se distinguen dos criterios que proporcionan resultados muy similares:

– el primero, considera para F la superficie definida en la cara inferior de la traviesa, por el ancho de ésta y una longitud igual a dos veces la distancia del eje del carril al borde exterior de la misma.
– el segundo, define F como la mitad del área en la base de la traviesa disminuida en un valor igual a la superficie de ésta que corresponde a los 50 o 60 cm centrales de su longitud (zona no bateada).

Como orden de magnitud, el área de apoyo de las traviesas por hilo de carril oscila entre 2.000 y 3.800 cm².

Por lo que se refiere al coeficiente de balasto (c), se señala que este parámetro incluye no sólo la elasticidad aportada por la propia capa de balasto, sino también la proporcionada por la plataforma de la vía. Por otro lado, es indudable que en función del espesor de balasto que se coloque sobre cada tipo de infraestructura, el coeficiente de balasto presentará un valor diferente. De acuerdo con López Pita (1976), las experiencias prácticas llevadas a cabo en plataformas de diferente capacidad portante, [valorada por su módulo de elasticidad (E)] sobre las que se colocaron espesores de balasto variables entre 10 y 30 cm, permitieron obtener una relación de dependencia lineal entre el citado espesor y el coeficiente de balasto del sistema que este elemento forma con la plataforma.

ESFUERZOS EN EL PATÍN DEL CARRIL, HUNDIMIENTO
DEL CARRIL Y ESFUERZO RELATIVO EN EL PUNTO DE APOYO
EN FUNCIÓN DEL MÓDULO DE BALASTO Y DEL ÍNDICE
ELÁSTICO DE LA VÍA (UIC 60, B-70) PARA UN EJE
INDEPENDIENTE DE 200 KN

ONDA DE LEVANTE DEL CARRIL PARA DISTINTAS CONDICIONES
DE CARGA

b)

a)

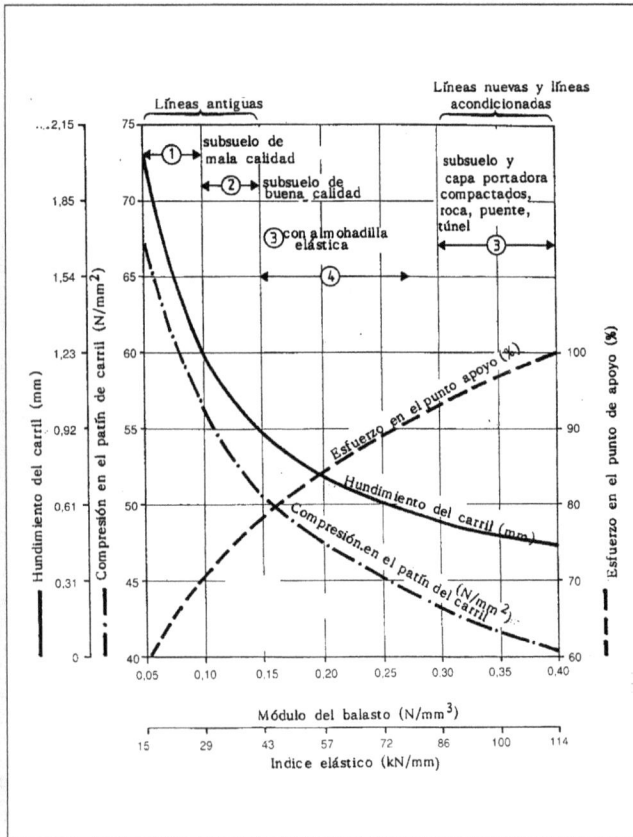

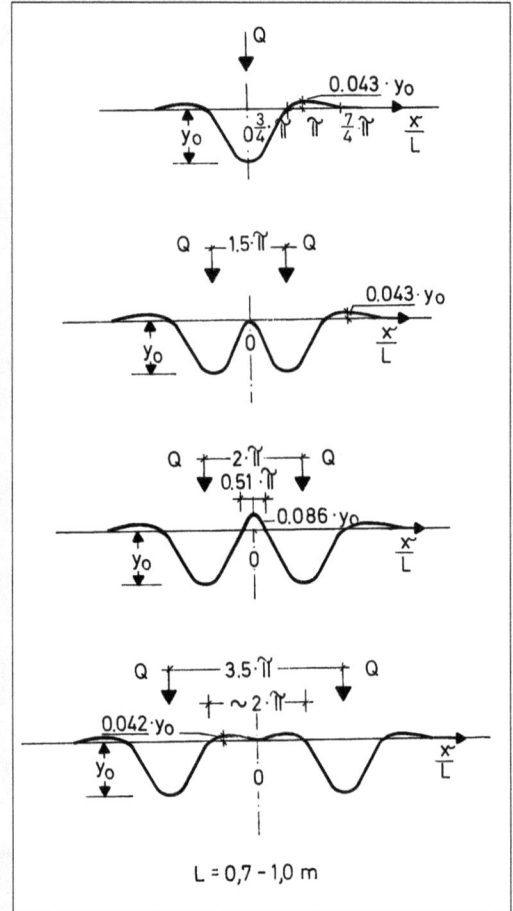

Fuente: J. Eisenmann (1995)

Fig. 13.4

CRITERIOS PARA DETERMINAR EL ÁREA DE APOYO
DE LA TRAVIESA SOBRE EL BALASTO POR HILO DE CARRIL

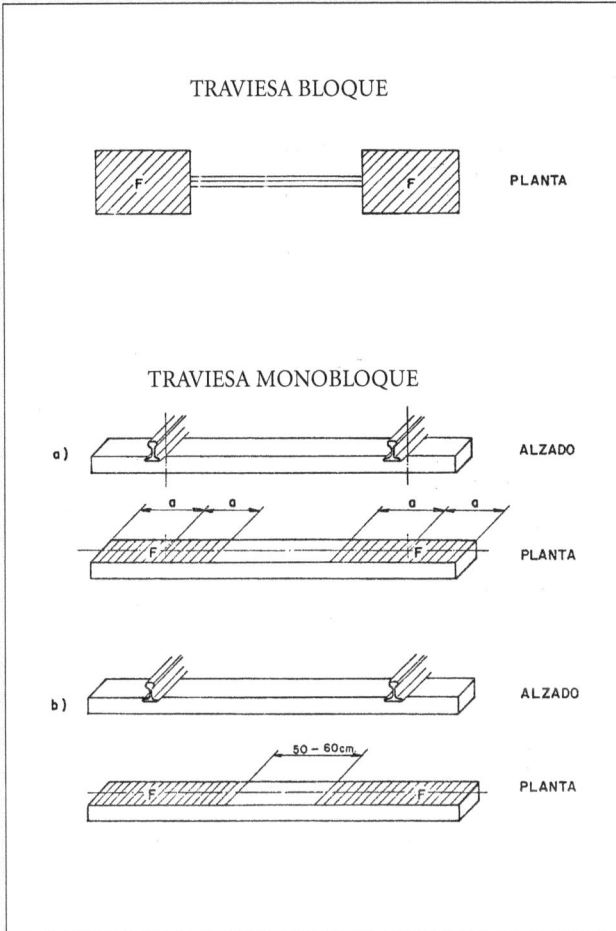

TRAVIESA BLOQUE

PLANTA

TRAVIESA MONOBLOQUE

a)

ALZADO

PLANTA

b)

ALZADO

50 – 60 cm

PLANTA

Fuente: UIC/ORE   *Fig. 13.5*

Para los valores habituales del espesor de balasto ($h \approx 30$ cm) se obtuvo los siguientes coeficientes de Winkler:

$$E = 130 \text{ kg/cm}^2 \text{ ——————— } c \approx 3,2 \text{ kg/cm}^3$$
$$E = 300 \text{ kg/cm}^2 \text{ ——————— } c \approx 5,5 \text{ kg/cm}^3$$
$$E = 700 \text{ kg/cm}^2 \text{ ——————— } c \approx 9,1 \text{ kg/cm}^3$$

Valores que corresponden a plataformas de mala, regular y buena capacidad portante respectivamente. Los valores de (c) coinciden bien con los recomendados por el profesor Eisenmann para la aplicación del método de Zimmermann. Cabe señalar por último que se ha constatado en la práctica que los valores de c encontrados en períodos climáticos normales, pueden llegar a duplicarse en períodos de heladas.

13.3 ÓRDENES DE MAGNITUD DEL ESTADO TENSIONAL Y DEFORMACIONAL EN UNA VÍA

Para el caso de una carga puntual aislada estática, y con los valores usuales de los parámetros que intervienen en las expresiones de Zimmermann, es decir:

$Q = 10$ t (corresponde a la carga estática por rueda de una locomotora)

$F = 2088$ cm^2 (traviesa bibloque) y 2400 cm^2 (traviesa monobloque por hilo de carril).

$d = 60$ cm (distancia habitual entre traviesas)

$c = 10$ kg/cm^3 (corresponde a infraestructuras de buena capacidad portante).

$El = 4926 \times 106$ kg cm^2 (rigidez del carril UIC 54)

se obtienen los siguientes datos indicativos:

1. *Valor máximo del asiento*

$$Y_{\text{máx}} \approx 1,7 \text{ mm.}$$

2. *Longitud de vía afectada por el asiento*

$$\ell_1 = 2 \cdot \frac{3}{4} \pi L \qquad \text{(ver fig. 13.4b)}$$

siendo:

$$L = \sqrt[4]{\frac{4EId}{cF}} = 86 \text{ cm}$$

luego:

$$\ell_1 \approx 4m$$

lo que significa una modificación en la posición de 6 a 7 traviesas bajo la carga vertical de la rueda.

3. *Levantamiento máximo de la vía*

De acuerdo con la figura 13.4b se deduce

$$z = 0,043 \, y_{max}.$$

es decir:

$$z = 0,07 \text{ mm}$$

4. *Tensión máxima en la superficie de la capa de balasto*

$$\sigma_{max} = 1,67 \text{ kg/cm}^2$$

Los valores precedentes tienen como objetivo proporcionar un orden de magnitud de las variables consideradas, pues resulta claro que al ser diversas las configuraciones del estado de cargas, los efectos dinámicos y las propias características resistentes de la vía, el intervalo de variación de asientos, momentos y presiones es significativamente amplio.

Finalmente, puede señalarse que bajo la acción de una carga puntual por rueda Q, su distribución a lo largo de la vía tiene la configuración aproximada indicada en el esquema adjunto.

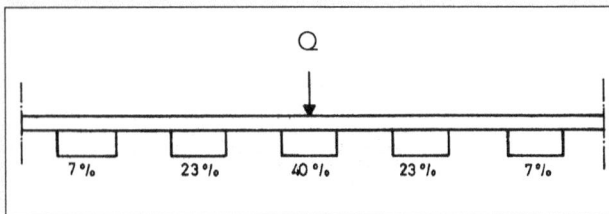

Es decir, que la traviesa situada bajo la vertical del punto de aplicación de la carga, soporta aproximadamente el 40% del esfuerzo vertical total.

13.4 INFLUENCIA DE LA MODIFICACIÓN DE LAS CONDICIONES ESTRUCTURALES DE LA VÍA EN SU RESPUESTA A LOS ESFUERZOS VERTICALES

Las expresiones de Zimmermann anteriormente señaladas constituyen una útil herramienta para evaluar las repercusiones prácticas de posibles cambios estructurales en los componentes de la vía. De este modo se pueden adoptar las decisiones más adecuadas a eventuales modificaciones en las condiciones de explotación de una línea. A título indicativo: incremento de la velocidad máxima de circulación; aumento del peso por eje de los vehículos, etc.

Si se representan con los subíndices *i* y *j* dos tipos de vía diferentes, las expresiones matemáticas a considerar para evaluar la influencia relativa son:

$$\frac{y_i}{y_j} = \sqrt[4]{\left(\frac{d_i}{d_j}\right)^3 \cdot \left(\frac{F_j C_i}{F_i C_j}\right)^3 \cdot \frac{(EI_j)}{(EI_i)}}$$

$$\frac{M_i}{M_j} = \sqrt[4]{\frac{(EI)_i d_i}{(EI)_j d_j} \cdot \frac{C_j F_j}{C_i F_i}}$$

$$\frac{\sigma_i}{\sigma_j} = \sqrt[4]{\left(\frac{d_i}{d_j}\right)^3 \left(\frac{F_j}{F_i}\right)^3 \cdot \left(\frac{C_i}{C_j}\right)\left(\frac{EI_j}{EI_i}\right)}$$

Como referencia, consideraremos los siguientes casos:

a) *Introducción del carril UIC 60 en sustitución del carril UIC 54* ($I_{UIC60} = 3055 \text{ cm}^4$ e $I_{UIC54} = 2345 \text{ cm}^4$)

Se tendría las siguientes variaciones:

$$* \, Y_{60} = Y_{54} \sqrt[4]{\frac{I_{54}}{I_{60}}} = 0,93 Y_{54}$$

$$* \, M_{60} = M_{54} \sqrt[4]{\frac{I_{60}}{I_{54}}} = 1,06 M_{54}$$

$$* \, \sigma_{60} = \sigma_{54} \sqrt[4]{\frac{I_{54}}{I_{60}}} = 0,93 \sigma_{54}$$

Es decir que la modificación del peso del carril significaría una disminución del asiento de la vía y de la tensión sobre la superficie de la capa de balasto del orden del 7%. La tensión en el carril tendría un incremento de aproximadamente el mismo orden de magnitud.

b) *Aumento del área de apoyo de las traviesas*

Sustitución de traviesas tipo RS ($F \approx 2088$ cm^2) por traviesas U41 (F ≈ 2436 cm^2). Se tendrían las siguientes variaciones:

$$y_{u41} = y_{RS} \sqrt[4]{\left(\frac{F_{RS}}{F_{u41}}\right)^3} = 0,90 \, y_{RS}$$

$$M_{u41} = M_{RS} \sqrt[4]{\left(\frac{F_{RS}}{F_{u41}}\right)} = 0,96 \, M_{RS}$$

$$\sigma_{u41} = \sigma_{RS} \sqrt[4]{\left(\frac{F_{RS}}{F_{u41}}\right)^3} = 0,90 \, \sigma_{RS}$$

Es decir una reducción del 10% en asientos y tensiones.

No sorprende, por tanto, la tendencia en los ferrocarriles europeos a incrementar el área de apoyo de las traviesas, como se expondrá en el siguiente apartado.

c) *Mejora de la capacidad portante de la infraestructura* [($c \approx 10$ kg/cm^3) frente a ($c \approx 5$ kg/cm^3)].

Como valores de referencia:

$$* \; Y_{C10} = Y_{c5} \sqrt[4]{\left(\frac{C_5}{C_{10}}\right)^3} = 0,59 Y_{C5}$$

$$* \; M_{C10} = M_{c5} \sqrt[4]{\left(\frac{C_5}{C_{10}}\right)} = 0,84 M_{C5}$$

$$* \; \sigma_{C10} = \sigma_{c5} \sqrt[4]{\left(\frac{C_{10}}{C_5}\right)} = 1,18 \sigma_{C5}$$

Es decir, que la tensión sobre la capa de balasto empeora en un 18%, mientras que el momento flector sobre el carril se reduce en un 16%.

Es interesante conocer la repercusión que introduce la infraestructura rígida de los puentes de hormigón, en donde $c \approx 45$ a 60 kg/cm^3. Se tiene entonces:

$$\sigma_{C45} = \sigma_{c5} \sqrt[4]{\left(\frac{C_{45}}{C_5}\right)} = 1,73 \sigma_{C5}$$

de donde se deduce el interés de reducir el coeficiente de balasto en los puentes. Esta importante cuestión será abordada posteriormente.

13.5 ONDA DE LEVANTE DE LA VÍA

La figura 13.4b pone de relieve que delante de la rueda de un vehículo se produce la elevación de un tramo de vía. Esta modificación de la posición inicial de la vía se deduce de la aplicación de la fórmula de Zimmermann. En la práctica, dicho levantamiento se comprueba utilizando, por ejemplo, el sistema de referencia de la figura 13.6 y midiendo en las traviesas de registro el desplazamiento vertical de los captadores de deformación a medida que un vagón de ensayo se aproxima y se aleja de aquellas (Fig. 13.7).

La múltiples experiencias llevadas a cabo por el Instituto de Transportes Terrestres de la Universidad Técnica de Munich, citadas por Fendrich (1980), ponen de manifiesto que, al medir la línea de flexión correspondiente a locomotoras y coches, se observa y se comprueba que los levantamientos obtenidos son sensiblemente mayores que los que cabría esperar según la teoría de Zimmermann: (7 a 10%) $Y_{máx}$, frente al 4,3% $Y_{máx}$, indicado por la citada teoría. La razón de ello se encuentra en que la citada teoría presupone el mismo coeficiente de balasto para asientos y levantamientos, cuando en realidad en este segundo caso sólo actúa el peso propio de la parrilla de vía.

En el ámbito del Instituto indicado, dos trabajos de investigación trataron de aportar un mejor conocimiento al problema del levantamiento de la vía que adquiere importancia con el aumento de la velocidad de circulación.

Los mencionados trabajos, realizados por el profesor Eisenmann (1976), tenían una doble vertiente:

• Determinar el esfuerzo negativo que se produce sobre el soporte del carril y compararlo con el peso propio que proporcionan las distintas estructuras de vía de los ferrocarriles alemanes.
• Calcular la velocidad de contacto de la traviesa con la superficie de la capa de balasto una vez que se produce, de nuevo, el apoyo de aquella sobre ésta.

Para el primer aspecto, la figura 13.8 reproduce los resultados del análisis teórico efectuado, del que se deduce:

a) Para el caso de coches de viajeros ($P \approx 12$t/eje), se necesita un peso del emparrillado del orden de 600 kg/ml para evitar el levantamiento de éste.
b) Para el caso del material motor ($P \approx 20$t/eje), dicho peso debe ser superior a 750 kg/ml.

SISTEMA DE REFERENCIA PARA LA MEDIDA DE DESPLAZAMIENTOS VERTICALES

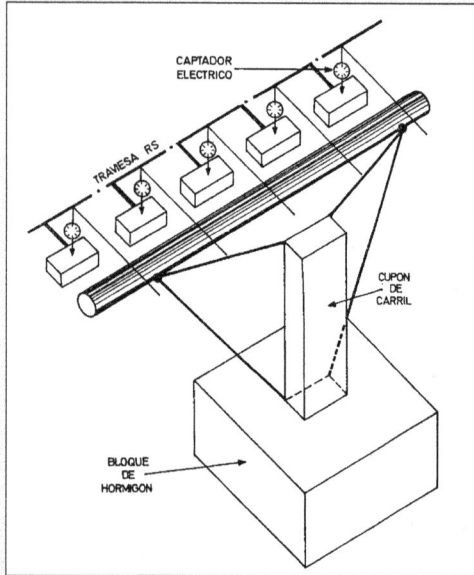

Fuente: A. López Pita (1976)

Fig. 13.6

MEDIDA DE LA ONDA DE FLEXIÓN DE UNA VÍA

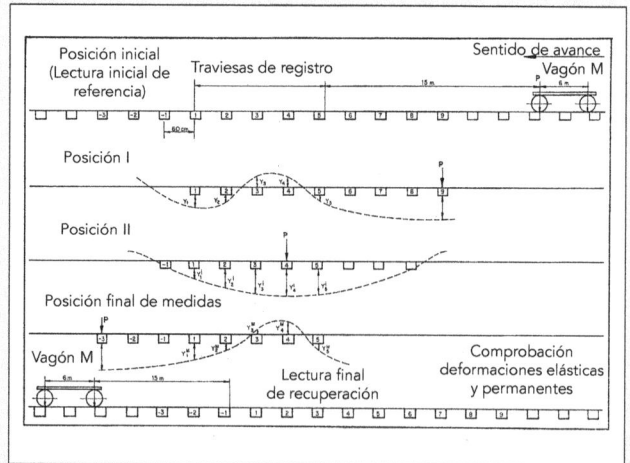

Fuente: A. López Pita (1976)

Fig. 13.7

ESFUERZO NEGATIVO DEL SOPORTE DE LA VÍA

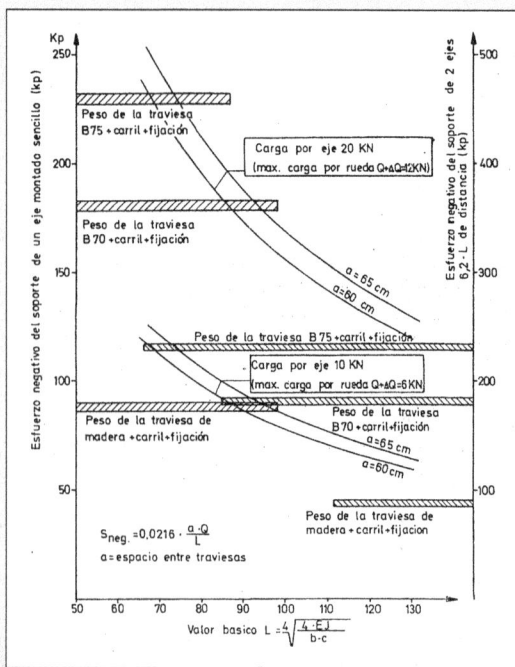

Fuente: Eisenmann (1976)

Fig. 13.8

VELOCIDAD DE CONTACTO DE LA TRAVIESA CON EL BALASTO

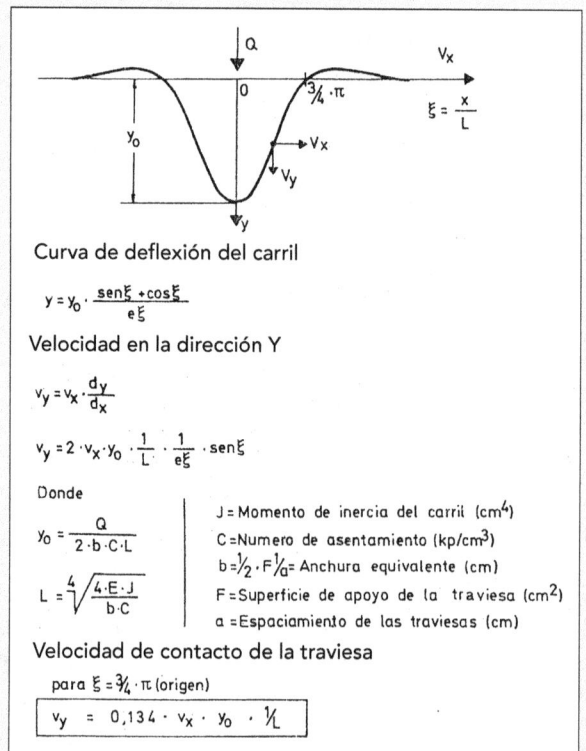

Curva de deflexión del carril

$$y = y_0 \cdot \frac{\text{sen}\,\xi + \cos\xi}{e^\xi}$$

Velocidad en la dirección Y

$$v_y = v_x \cdot \frac{dy}{dx}$$

$$v_y = 2 \cdot v_x \cdot y_0 \cdot \frac{1}{L} \cdot \frac{1}{e^\xi} \cdot \text{sen}\,\xi$$

Donde

$$y_0 = \frac{Q}{2 \cdot b \cdot C \cdot L}$$

$$L = \sqrt[4]{\frac{4 \cdot E \cdot J}{b \cdot C}}$$

J = Momento de inercia del carril (cm^4)
C = Numero de asentamiento (kp/cm^3)
$b = \frac{1}{2} \cdot F \frac{1}{a}$ = Anchura equivalente (cm)
F = Superficie de apoyo de la traviesa (cm^2)
a = Espaciamiento de las traviesas (cm)

Velocidad de contacto de la traviesa

para $\xi = \frac{3}{4} \cdot \pi$ (origen)

$$v_y = 0,134 \cdot v_x \cdot y_0 \cdot \frac{1}{L}$$

Fuente: Eisenmann (1976)

Fig. 13.9

En la citada figura 13.8, se representa el peso que proporcionan los diferentes emparrillados tipo de los ferrocarriles alemanes y, por tanto, la posibilidad de que se produzca o no la elevación.

En cuanto a la velocidad de contacto, en la figura 13.9, debida también a Eisenmann, se recoge el proceso de cálculo de la misma. Los resultados que se obtienen, para una carga por rueda de 10 t, un coeficiente de balasto de 10 kg/cm^3 y unas traviesas tipo B70 (área de apoyo $\approx$ 2850 cm^2 por hilo de carril), se muestran en el cuadro adjunto.

		S 54	L = 0,79 m Y_o= 0,0014 m	UIC 60	L = 0,87 m Y_o= 0,0013 m
V_x	Km/h	100	200	100	200
V_x	m/s	27,78	55,56	27,78	55,56
V_y	m/s	0,007	0,013	0,006	0,011

Puede observarse como a 200 km/h dicha velocidad es el doble de la correspondientes a 100 km/h. En realidad y para juzgar la solicitación suplementaria que sufre el balasto por causa de la onda de levantamiento debe tenerse en cuenta la energía cinética de impacto:

$$E = \frac{1}{2}mV_Y^2$$

expresión en la que, sustituyendo el valor de V_y indicado en la figura 13.9, se llega a la relación:

$$E = 0,6013 \frac{Q^2 \cdot d\alpha^2 \cdot V_x^2 \cdot m}{F.c.E.I.} \text{ (Nm)} \qquad (13.8)$$

siendo:

Q = carga estática por rueda (N)

d = distancia entre traviesas (mm)

F = área de apoyo total de la traviesas (mm^2), es decir la correspondiente a los dos hilos de carril.

m = masa de la traviesa, incluyendo la sujeción y la parte correspondiente del carril (kg)

c = coeficiente de balasto (N/mm^3)

El = inercia del carril (N. mm^2)

V_x = velocidad de circulación (m/seg)

α = relación entre el levante de la vía y el asiento máximo de ésta

Esta energía es la responsable de una parte del deterioro que se observa en las partículas de balasto ubicadas inmediatamente bajo la cara inferior de las traviesas. Por otro lado, el fenómeno expuesto explica el porqué de las exigencias de resistencia a los materiales utilizados como balasto. Exigencia indicada en la figura 2.18.

13.6 TENDENCIAS EUROPEAS EN RELACIÓN CON EL ÁREA DE APOYO DE LAS TRAVIESAS

Del análisis de las expresiones de Zimmermann (13.7) y de Eisenmann (13.8), se deduce el interés de incrementar la superficie de apoyo de las traviesas. De este modo se reduce el nivel tensional y el impacto sobre la superficie de la capa de balasto, y por tanto, el deterioro de la misma.

No sorprende, en consecuencia, la tendencia seguida en las últimas décadas por las principales administraciones ferroviarias europeas de aumentar el área de las traviesas. En las figura 13.10 y 13.11, se muestran las principales características del proceso evolutivo experimentado en Italia, Alemania, Francia y España. Nótese como el área de apoyo de las traviesas por hilo de carril ha pasado de valores mínimos, situados en torno a 2.000 cm^2, a valores máximos próximos a 3800 cm^2. A pesar de que el uso de la traviesa B75 no esté, por el momento, muy generalizado. La repercusión práctica en la reducción del nivel de tensiones sobre la superficie de la capa de balasto, puede efectuarse en base a la expresión 13.7, a igualdad del resto de parámetros.

Matemáticamente:

$$\frac{\sigma i}{\sigma j} = \left(\frac{F_j}{F_i}\right)^{3/4}$$

siendo σ_i y σ_j el nivel de tensiones sobre el balasto para vías con traviesas de áreas de apoyo F_i y F_j respectivamente. Se obtienen los valores numéricos indicados en el cuadro 13.1.

Recientemente, en la década de los años 90 del siglo XX, han visto la luz otro tipo de traviesas, en cierto modo alejadas de la configuración tradicional. Nos referimos a las traviesas cuadro propugnadas por el profesor Riessberger y a las traviesas anchas, tipo BBS. En ambos casos, el objetivo principal es incrementar el área de apoyo de las traviesas y además conferir más solidez estructural al emparrillado de la vía.

EVOLUCIÓN DE LAS TRAVIESAS EN ALGUNAS REDES EUROPEAS (I)

ITALIA (FS)

ALEMANIA (DBAG)

Líneas convencionales

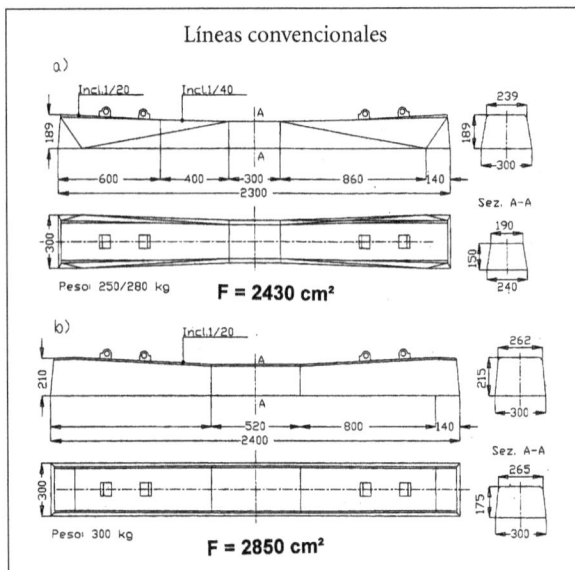

a)

F = 2430 cm²

Peso: 250/280 kg

b)

F = 2850 cm²

Peso: 300 kg

F = Área de apoyo por hilo de carril

LÍNEAS DE ALTA VELOCIDAD

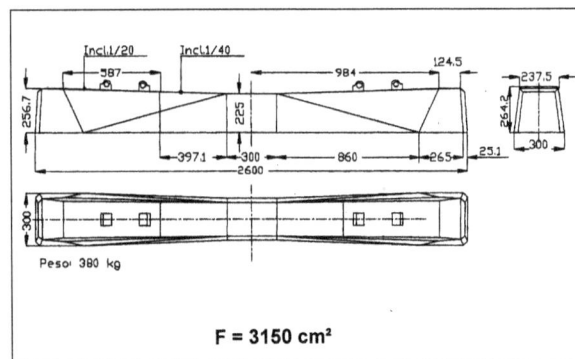

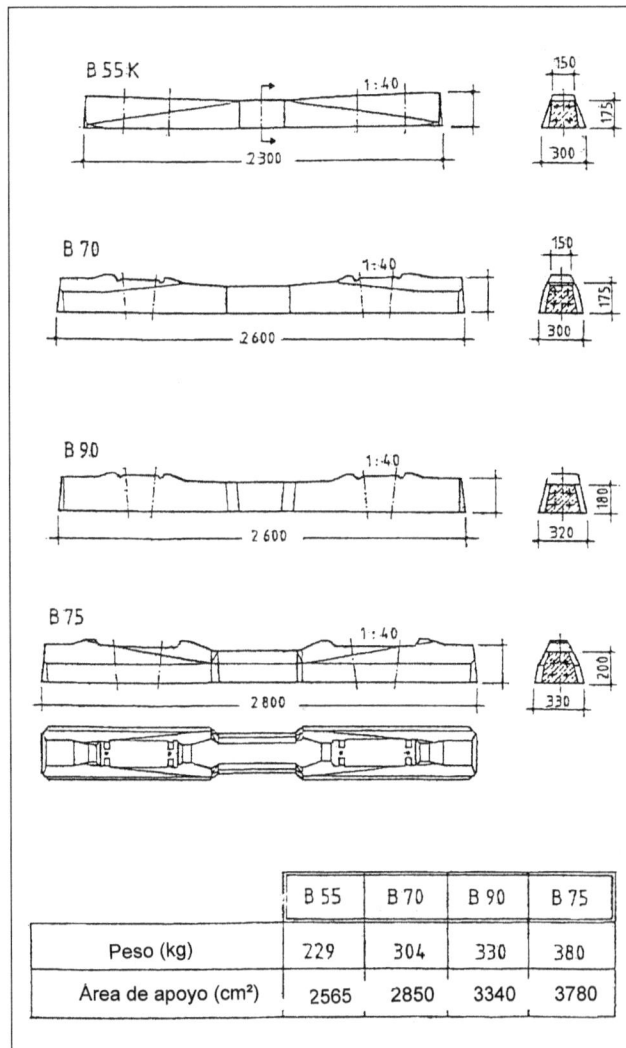

Peso: 380 kg

F = 3150 cm²

B 55 K

B 70

B 90

B 75

	B 55	B 70	B 90	B 75
Peso (kg)	229	304	330	380
Área de apoyo (cm²)	2565	2850	3340	3780

EVOLUCIÓN DE LAS TRAVIESAS EN ALGUNA REDES EUROPEAS (II)

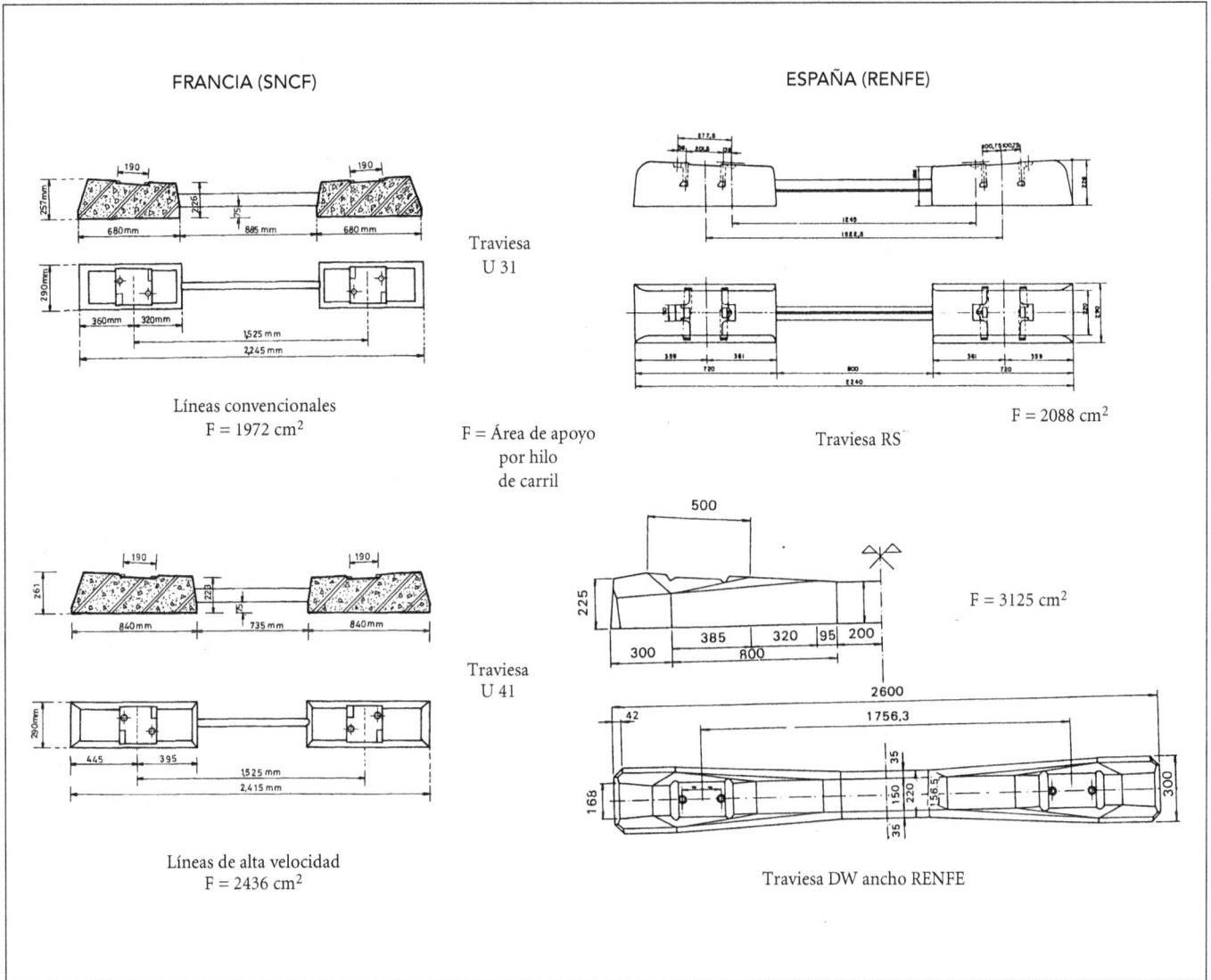

FRANCIA (SNCF)

ESPAÑA (RENFE)

Traviesa
U 31

Líneas convencionales
F = 1972 cm²

F = Área de apoyo
por hilo
de carril

F = 2088 cm²

Traviesa RS

Traviesa
U 41

F = 3125 cm²

Líneas de alta velocidad
F = 2436 cm²

Traviesa DW ancho RENFE

CUADRO 13.1. INFLUENCIA DEL ÁREA DE APOYO
DE LAS TRAVIESAS EN LA REDUCCIÓN DEL NIVEL
DE PRESIONES SOBRE LA SUPERFICIE DE BALASTO

País	Traviesa	Disminución de presiones en el balasto	
		Parcial	Total
Francia	U 31 — 1972 cm^2	17%	15%
	U 41 — 2436 cm^2		
Italia	2430 cm^2	13%	21%
	2850 cm^2	8%	
	3150 cm^2		
Alemania	B55 — 2565 cm^2	8%	33%
	B70 — 2850 cm^2	13%	
	B90 — 3340 cm^2	10%	
	B75 — 3780 cm^2		
España	RS — 2088 cm^2	26%	26%
	BW — 3125 cm^2		

Fuente: A. López Pita

La traviesa-cuadro es un conjunto constituido por dos largueros colocados bajo el carril unidos por una traviesa. Como se observa en la figura 13.12, el carril de cada hilo se apoya en dos zonas. Resulta evidente el incremento que proporciona esta traviesa respecto al área de apoyo sobre el balasto, así como su mayor resistencia frente a esfuerzos transversales.

Por lo que respecta a la traviesa ancha (Fig. 13.13), cabe comparar sus principales características con las de la traviesa B70 utilizada por los ferrocarriles alemanes (Cuadro 13.2). Nótese como este nuevo tipo de traviesas presenta una menor longitud: 2,4 m frente a 2,6 m. Sin embargo, su área de apoyo es superior en un 80% a la de la traviesa B70.

CUADRO 13.2. ANÁLISIS COMPARATIVO DE LAS TRAVIESAS B 70 Y BBS

Características	Traviesa	
	B 70	BBS
Longitud (m)	2,60	2,40
Ancho (m)	0,30	0,57
Área de apoyo por carril (cm2)	2.850	5.130
Peso (kg)	320	560

Fuente: O. Unbehaun (2000)

En relación con la disminución de presiones que se deriva del mayor área de apoyo de la traviesa-cuadro, los cálculos realizados por elementos finitos muestran (Fig. 13.14a):

a) Una sensible reducción del nivel tensional en la capa de balasto (de 0,26 a 0,10 N/mm^2) para una $Q_{dinámica}$ de 200 KN.
b) Una distribución más uniforme de las presiones en la capa de balasto.

No sorprende, por tanto, que el asiento experimentado por vías equipadas con este tipo de traviesas sea sensiblemente inferior al correspondiente a otras vías dotadas de traviesas convencionales (Fig. 13.14b). En esta figura se designa con la nomenclatura RS a las traviesas-cuadro (utilizando distintas placas de asiento), correspondiendo las denominaciones K_1 y ZS1 a traviesas monobloc o bibloque convencionales. Con posterioridad se mostrará como los defectos de calidad geométrica en una vía se incrementan con el asiento de la misma.

En la actualidad este proyecto de nueva traviesa se encuentra en fase de experimentación en algunas líneas de los ferrocarriles austriacos y también en una línea suiza e italiana. Los primeros resultados obtenidos desde el inicio de la citada fase (1999) ponen de manifiesto una menor pérdida de la calidad geométrica de la vía bajo la acción del tráfico y, por tanto, inferiores costes de mantenimiento. Será necesario esperar algún tiempo para verificar que los mayores costes de este tipo de traviesas-cuadro respecto a las traviesas convencionales determinan, al considerar los costes de mantenimiento de la vía, un menor coste total.

Como referencia de su impacto económico, Riessberger (2002) señala que para la línea Viena – Salzburgo, que soporta un tráfico medio de 150 trenes/día y en donde los trenes más rápidos alcanzan los 200 km/h, el empleo de traviesas-cuadro permitiría reducir los costes anuales de mantenimiento con traviesas convencionales (6.400 euros/km) a valores próximos a 2.600 euros/km. Es decir, una reducción superior al 50%.

En términos tensionales sobre la superficie de la capa de balasto, para las traviesas BBS se tiene la siguiente variación:

$$\sigma_{BBS} = \sigma_{B70} \left(\frac{2850}{5130} \right)^{3/4}$$

Es decir:

$$\sigma_{BBS} = 0,64 \sigma_{B70}$$

Por tanto, puede decirse que la presión sobre el balasto en la cara inferior de las traviesas se reduce en más de un tercio con relación a las traviesas B70. Cabe esperar, en consecuencia, una sensible reducción del deterioro de la geometría de las vías dotadas con traviesas BBS. A título indicativo, en la figura 13.14c se muestra el resultado de las medidas de asiento de la vía, Unbeahun (2000). Desde el punto de vista económico, por el momento se estima que este tipo de traviesa ancha supone un incremento de coste comprendido entre 10 a 20%. Lo relevante será que este mayor coste se vea o no compensado por unos menores costes de mantenimiento,

TRAVIESA CUADRO

Fuente: K. Riessberger (2002)   *Fig. 13.12*

TRAVIESA ANCHA BBS

Fuente: H. Bachmann el at. (2003)   *Fig. 13.13*

DISTRIBUCIÓN DE PRESIONES EN EL BALASTO Y ASIENTOS EN VÍA CON TRAVIESAS B70, TRAVIESAS CUADRO Y TRAVIESAS ANCHAS

a)

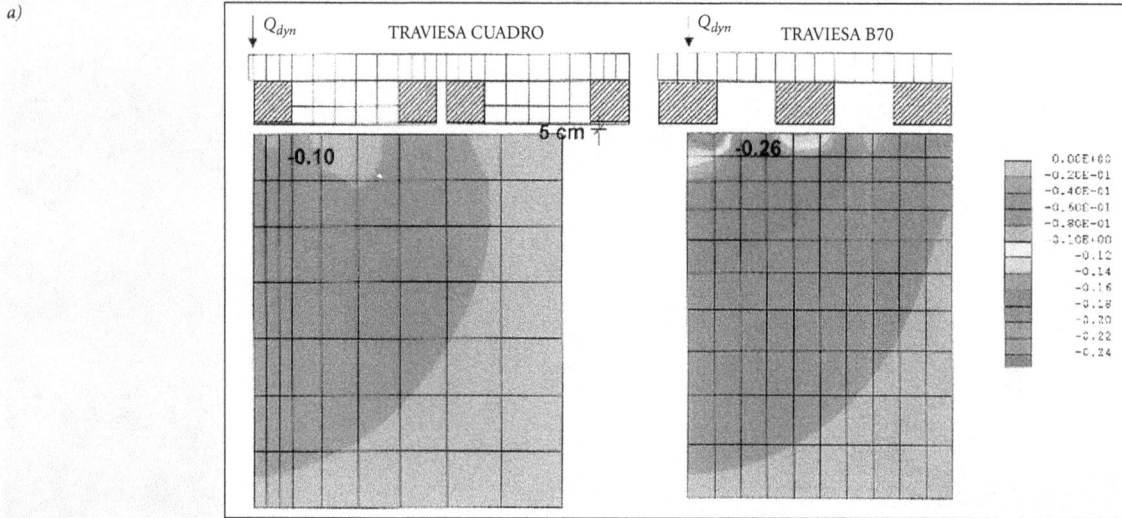

Fuente: K. Riessberger (2004)

b)

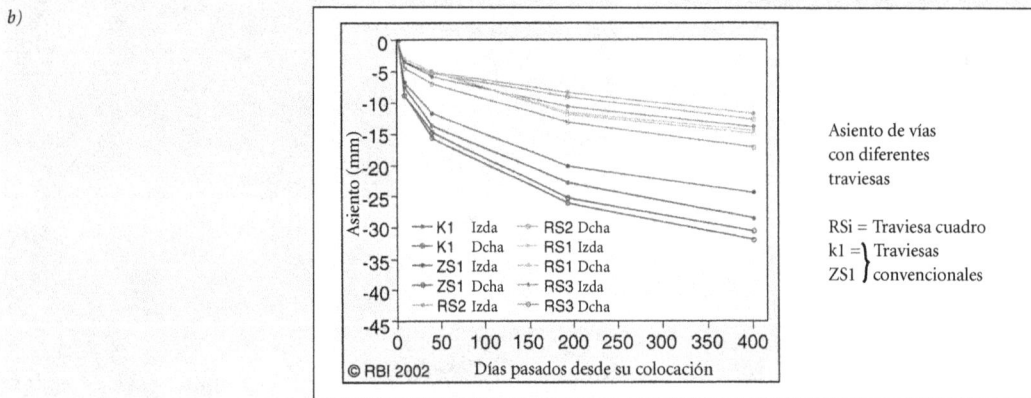

Fuente: K. Riessberger (2002)

c)

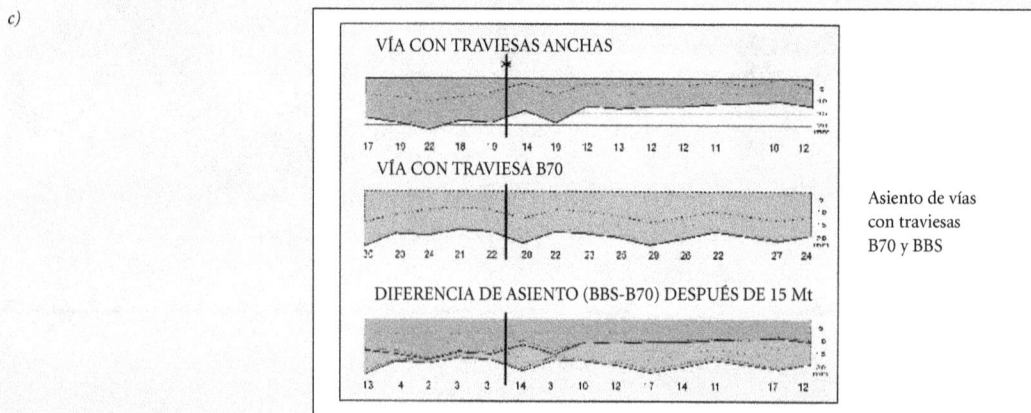

Fuente: O. Unbeahun (2000)

Fig. 13.14

de modo que el coste global del sistema (construcción + conservación) sea inferior.

13.7 LA HETEROGENEIDAD VERTICAL RESISTENTE DE UNA VÍA EN SENTIDO LONGITUDINAL

La asimilación de la estructura ferroviaria a una viga apoyada de longitud infinita, sobre un medio elástico, condujo por la facilidad de aplicación que proporcionaba el método de Zimmermann a generalizar el uso de esta hipótesis.

Sin embargo, la experiencia práctica ha ido poniendo de manifiesto, que en determinadas situaciones físicas de la vía, la referida hipótesis de continuidad y de homogeneidad resistente está lejos de corresponderse con la realidad. Nos referimos concretamente a dos casos típicos: el primero, la danza de las traviesas; el segundo, la variación longitudinal de la rigidez vertical de la vía.

Por lo que respecta a la danza de las traviesas (Fig. 13.15a), cabe señalar que es un fenómeno bien conocido desde los orígenes del ferrocarril. Se presenta esta situación cuando el balasto situado en contacto con la cara inferior de las traviesas experimenta, bajo la acción de las cargas del tráfico, un movimiento descendente hacia la plataforma de la vía, perdiendo entonces las traviesas su apoyo. A pesar del cuidado puesto en el diseño de las nuevas líneas de alta velocidad, esta situación se da también en las vías de estas nuevas infraestructuras, tal como se muestra en la figura 13.15b, que corresponde a la línea de alta velocidad Hannover-Würzburg.

La importancia práctica de los defectos de danza puede ser analizada en base a la modelización de la vía con esquemas del tipo indicado en la figura 13.15c. La aplicación del citado modelo a la situación específica de la línea Hannover-Würzburg permitió a P. Teixeira (2003) obtener los resultados que se muestran en la figura 13.15d. Nótese que pueden producirse incrementos máximos de esfuerzos verticales de entre 20% y 30% con relación a la misma estructura de vía, pero sin defectos de danza.

En cuanto al segundo caso: variación longitudinal de la resistencia de la vía, puede decirse que es igualmente bien conocido desde hace años. Esta heterogeneidad resistente se presenta a todos los niveles. En la figura 13.16a se muestran los resultados [López Pita (1977)] de los ensayos de placa de carga llevados a cabo en la línea convencional Madrid-Barcelona.

Cabía, en principio, suponer que la capa de balasto contribuyese a disminuir dichas diferencias de rigidez. Sin embargo, las campañas experimentales no reflejan este supuesto. Las figura 13.16b y 13.16c muestran los resultados publicados por Hunt (2000) y Grainger et al. (2001), que confirman la mencionada heterogeneidad resistente de la vía.

Resulta también de interés destacar la limitada eficacia de las operaciones de bateo de la capa de balasto, en relación con la reducción de la heterogeneidad resistente de la vía en sentido longitudinal. Cabe destacar a este respecto los resultados publicados por Riessberger (1978) (Fig. 13.16d), confirmados posteriormente por Esveld (1980) (Fig. 13.16e y figura 13.16f). En este último caso, se incluía el posible efecto del empleo del estabilizador dinámico, al que nos referiremos más adelante.

El análisis de las repercusiones prácticas de las variaciones de rigidez vertical de la vía a lo largo de la misma ha sido estudiado en profundidad por P. Teixeira (2003). Como se aprecia en la figura 13.17a, la existencia de dos tramos contiguos con variaciones de rigidez vertical de 1 a 2 (de 40kN/mm a 80 kN/mm) se traduce en unos incrementos de la tensión transmitida al balasto de 40% en la traviesa más solicitada con relación a las traviesas inmediatamente contiguas del lado flexible.

El empleo de placas de asiento de mayor elasticidad, al reducir y homogeneizar la rigidez vertical de la vía en tramos de diferente capacidad portante, permite atenuar de forma muy relevante las sobrecargas sobre el balasto en el caso de transiciones bruscas de rigidez. En la figura 13.17b, se exponen los resultados obtenidos por Teixeira (2003) para una infraestructura con 40 kN/mm (como referencia).

Se comprueba que aun cuando se den pronunciadas variaciones de rigidez vertical del sistema balasto-plataforma, los incrementos de esfuerzos son acotados para placas de asiento elásticas (100 kN/mm) y sobre todo para las muy elásticas (50 kN/mm). Al aumentar la rigidez vertical de la infraestructura de referencia, mayores son las ventajas comparativas de las placas de asiento más elásticas.

Una situación excepcional de falta de apoyo del carril y las traviesas puede verse en la figura 13.18. Corresponde al estado en que quedó la superestructura de un tramo de vía de la línea Madrid-Ávila, a causa de las inundaciones provocadas por un temporal de agua en la década de los años 90 del siglo XX.

LA DANZA DE LAS TRAVIESAS

a)

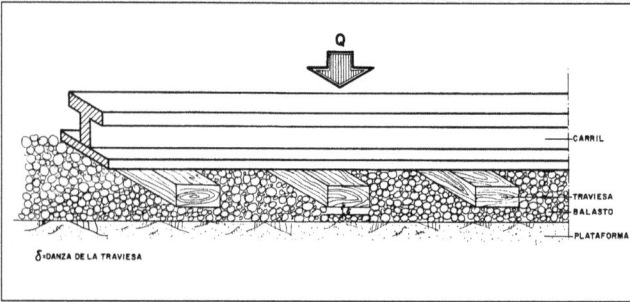

MODELO DE CÁLCULO ADOPTADO PARA ANALIZAR LOS DEFECTOS DE DANZA EN LAS TRAVIESAS

c)

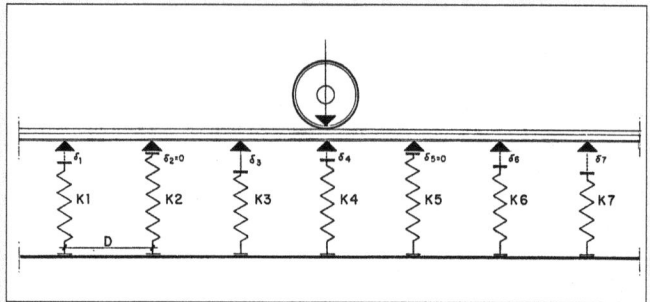

DEFECTOS DE DANZA DE LAS TRAVIESAS MEDIDOS EN LA LÍNEA DE ALTA VELOCIDAD ALEMANA HANNOVER-WÜRZBURG

b)

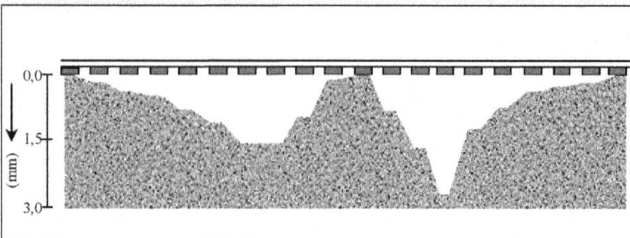

Fuente: Eisenmann y Rump (1997)

INFLUENCIA DE LA DANZA DE LAS TRAVIESAS EN EL AUMENTO DE ESFUERZOS VERTICALES

d)

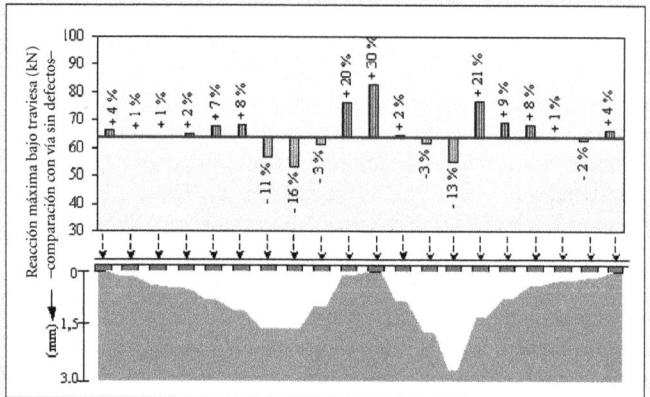

Fuente: P. Teixeira (2003)

Fig. 13.15

VARIACIÓN LONGITUDINAL DE LA CAPACIDAD PORTANTE
DE LA PLATAFORMA EN LA LÍNEA MADRID-BARCELONA
(TRAMO BAIDES-SIGUENZA)

a)

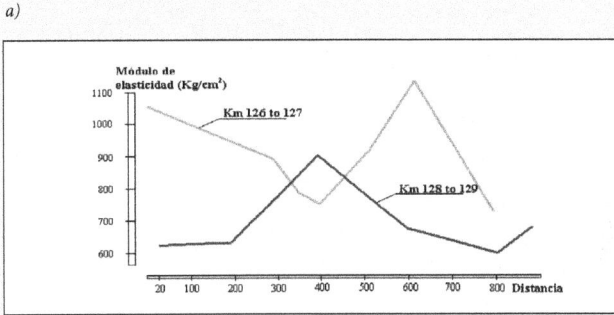

Fuente: A. López Pita (1980)

VARIACIONES DE RIGIDEZ VERTICAL DE LA VÍA E INFLUENCIA
DE LAS OPERACIONES DE BATEO

d)

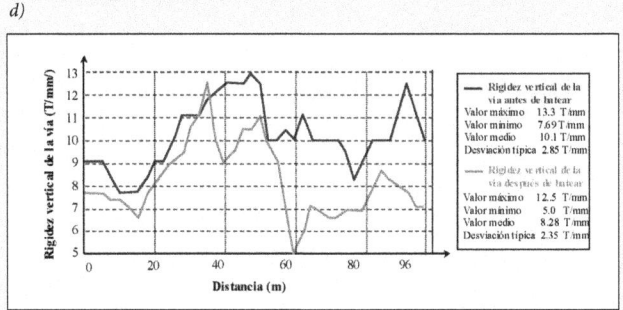

Fuente: Basado en Riessberger (1978)

EVOLUCIÓN LONGITUDINAL DE LA RIGIDEZ VERTICAL DE LA VÍA
EN INFRAESTRUCTURAS DE BUENA Y MALA CAPACIDAD
PORTANTE

b)

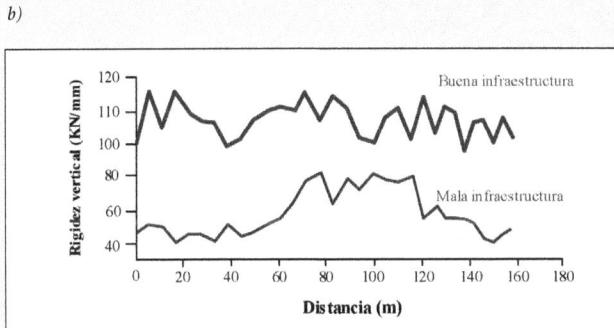

Fuente: Hunt (2000)

VARIACIONES DEL COEFICIENTE DE BALASTO E INFLUENCIA
DE LAS OPERACIONES DE BATEO

e)

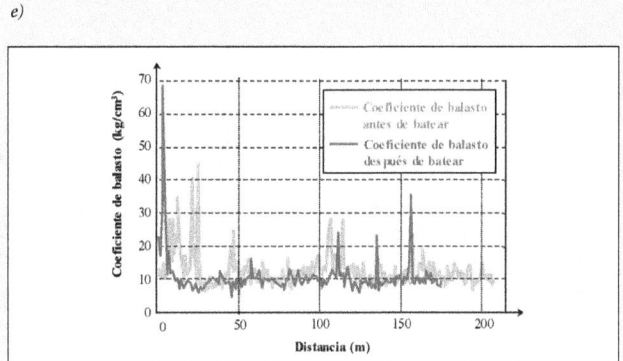

Fuente: Elaboración propia basado en Esveld (1980)

VARIACIONES DE RIGIDEZ VERTICAL DEL APOYO
DE LA TRAVIESA EN UN TRAMO CERCA DE ELSTREE (LONDRES)

c)

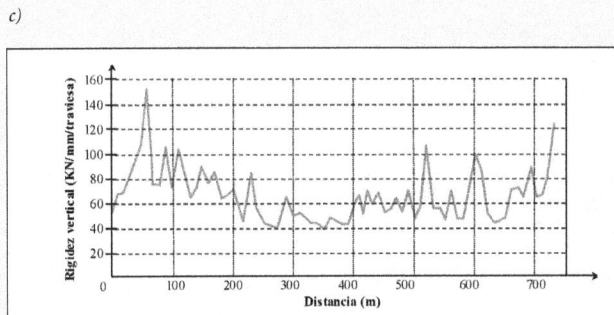

Fuente: Elaboración propia basado en Grainger et al. (2001)

VARIACIONES DEL COEFICIENTE DE BALASTO E INFLUENCIA
DE LA ESTABILIZACIÓN DINÁMICA DE LA VÍA

f)

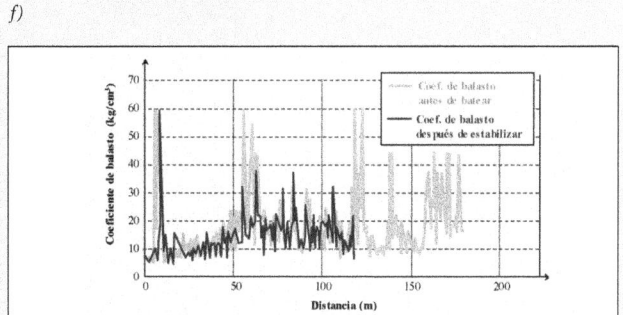

Fuente: Esveld (1980)

Fig. 13.16

INFLUENCIA DE LAS VARIACIONES DE RÍGIDEZ EN EL SISTEMA BALASTO-PLATAFORMA EN LA REACCIÓN MÁXIMA BAJO TRAVIESA (PLACA DE ASIENTO DE 500KN/mm)

a)

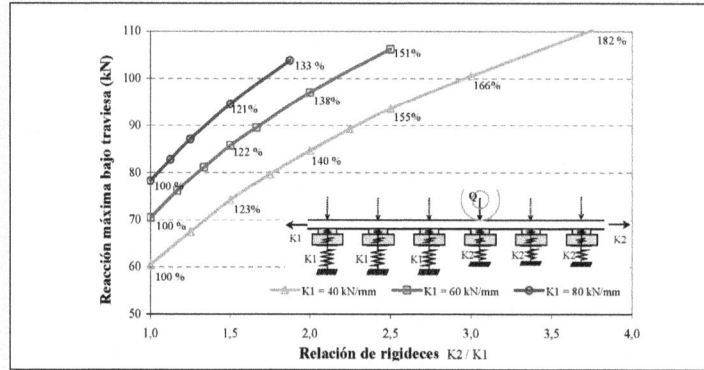

INFLUENCIA DE LA PLACA DE ASIENTO EN CASO DE VARIACIÓN BRUSCA DE LA RIGIDEZ VERTICAL DEL SISTEMA BALASTO-PLATAFORMA

b)

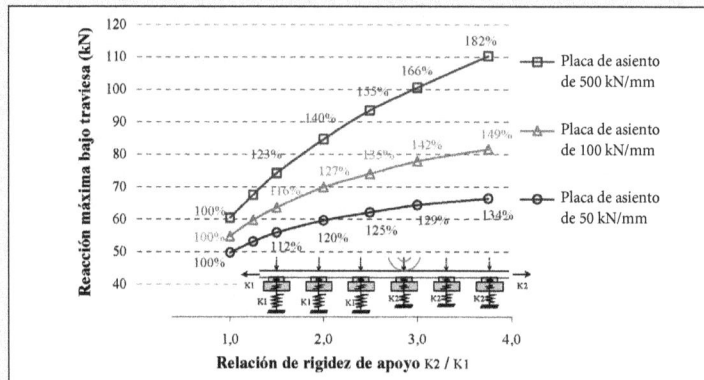

Fuente: P. Teixeira (2003)

Fig. 13.17

SITUACIÓN EXCEPCIONAL DE FALTA DE APOYO DEL CARRIL Y LAS TRAVIESAS

Fuente: Renfe

Fig. 13.18

14

DIMENSIONAMIENTO DE LOS COMPONENTES DE LA SUPERESTRUCTURA E INFRAESTRUCTURA FERROVIARIA

En el capítulo anterior se ha expuesto la metodología que permite cuantificar la magnitud de los esfuerzos que se transmiten al carril, la traviesa y el balasto por la acción de las cargas verticales de los vehículos y la correspondiente flexión de la vía como sistema.

Si se exceptúa el caso del carril que, como se expondrá a continuación, está sometido a otras solicitaciones por causa de su contacto directo con la rueda, las variaciones de temperatura o del proceso de fabricación, para el resto de los componentes principales de la vía el contenido desarrollado en el precedente capítulo resulta suficiente para proceder a su dimensionamiento.

En el estado actual de conocimientos, el referido dimensionamiento de los componentes de la vía se basa en consideraciones exclusivamente tensionales. Es decir, se procede a la determinación de los valores máximos de las tensiones producidas por las cargas y a su comparación con las admisibles por cada elemento estructural.

14.1 CARRIL

El carril de una vía de ferrocarril se encuentra sometido a un complejo estado de solicitaciones, variable tanto en intensidad como sentido (tracción o compresión) a lo largo del tiempo. El citado estado tensional se concreta en las siguientes magnitudes (Fig. 14.1).

σ_f = tensión por flexión del emparrillado de la vía sobre la capa de balasto

σ_t = tensión debida a variaciones térmicas

σ_i = tensiones internas residuales

σ_c = tensiones normales debidas al contacto rueda-carril

σ = tensiones tangenciales por causa del contacto rueda-carril.

14.1.1 Tensiones por flexión del carril

Con relación a la *tensión por flexión*, la fórmula de Zimmermann proporciona valores representativos de las tensiones máximas de tracción que tienen lugar en el patín del carril (punto más desfavorable). A título indicativo, la figura 14.2 muestra los niveles de tensión en el carril para distintas magnitudes del coeficiente de balasto, según los cálculos y las medidas realizadas por Eisenmann. Una cifra de referencia para la tensión por flexión puede ser de 8 a 10 kg/mm^2.

14.1.2 Tensiones por variaciones de temperatura

Por lo que respecta a las t*ensiones causadas por variaciones térmicas*, cabe efectuar las siguientes reflexiones:

Consídese, de acuerdo con el esquema adjunto, una barra (el carril) de longitud L colocada y fijada a la traviesa por medio de la sujeción a una temperatura (*to*).

ORIGEN DE LAS TENSIONES A QUE SE ENCUENTRA SOMETIDO UN CARRIL

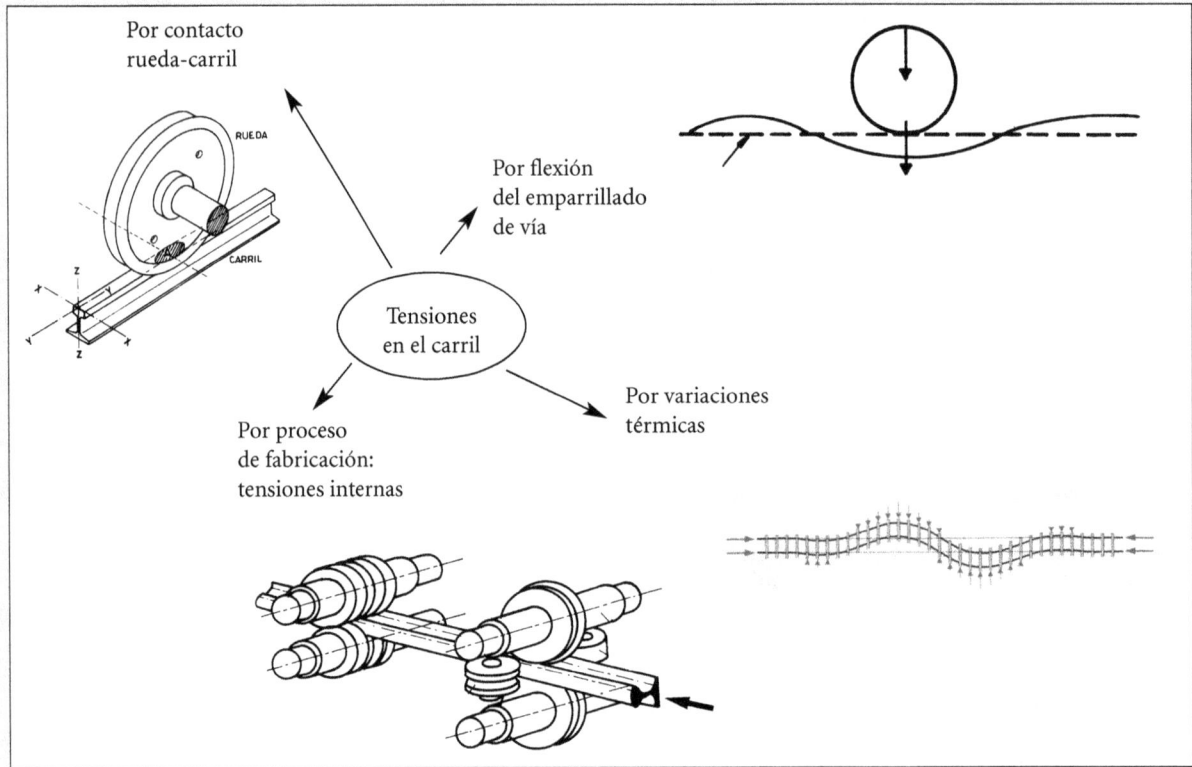

Por contacto
rueda-carril

Por flexión
del emparrillado
de vía

Tensiones
en el carril

Por variaciones
térmicas

Por proceso
de fabricación:
tensiones internas

Fuente: A. López Pita (2004)

Fig. 14.1

TENSIONES EN EL PATÍN DEL CARRIL POR FLEXIÓN
DEL EMPARRILLADO DE LA VÍA

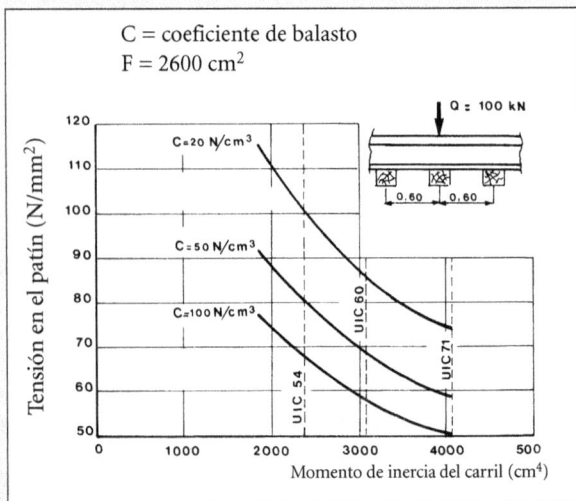

C = coeficiente de balasto
F = 2600 cm^2

Fuente: Eisenmann

Fig. 14.2

DIAGRAMA DE SMITH PARA CARRILES DE RESISTENCIA
NOMINAL DE 70 Y 90 KP/mm^2

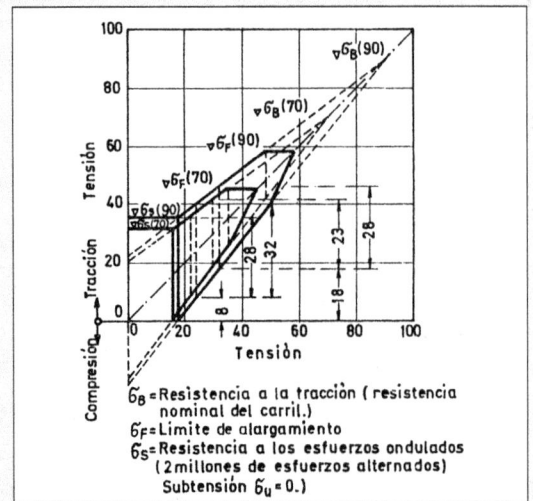

σ_B = Resistencia a la tracción (resistencia
nominal del carril.)
σ_F = Límite de alargamiento
σ_S = Resistencia a los esfuerzos ondulados
(2 millones de esfuerzos alternados)
Subtensión $\sigma_u = 0$.)

Fuente: Eisenmann

Fig. 14.3

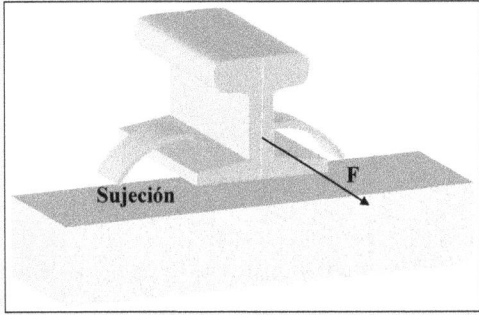

Si la dilatación de dicha barra fuese libre (ausencia de coacción por parte de las sujeciones), un incremento de temperatura (Dt) con relación a to provocaría en esta barra un alargamiento de valor:

$$\Delta l = \alpha \cdot \Delta t \cdot L$$

siendo α el coeficiente de dilatación del acero del carril ($\approx 10,5$ a $11,5.10^{-6}$).

Si una fuerza longitudinal F normal a las secciones extremas del elemento (dl) fuese ejercida sobre la barra, el acortamiento que se produciría sería (de acuerdo con la ley de Hooke).

$$\Delta l = \frac{F.L}{E.S}$$

siendo E el módulo de elasticidad del carril (2×10^6 kg/cm^2) y S la sección transversal del carril considerado.

La fuerza F necesaria para anular la dilatación térmica será por tanto:

$$F = E.S.\alpha.\Delta t$$

La tensión valdría:

$$\sigma_t = \frac{F}{S} = E.\alpha.\Delta t$$

Si se tiene en cuenta que los carriles se colocan a una temperatura (to) tal que para las temperaturas extremas el incremento de temperatura sea inferior a 40º o 45º, se obtiene:

$$\sigma t = 2.10^6 \cdot 10.5 \cdot 10^{-6} (40 \text{ o } 50) = 8 \text{ a } 9 \text{ kg/mm}^2$$

para la situación más desfavorable.

14.1.3 Tensiones residuales

Las *tensiones internas o tensiones residuales* tienen su origen, como se ha indicado, en el proceso de fabricación del carril. En efecto, dichas tensiones se producen por el enfriamiento posterior a la laminación de los carriles, así como por el enderezamiento del carril en frío en la máquina de rodillos. Aún cuando las tensiones internas en los carriles se encuentran distribuidas de forma compleja en todo el volumen de la pieza, los resultados disponibles ponen de manifiesto que las más importantes son las paralelas al eje longitudinal. A efectos prácticos, Meier recomendó considerar una magnitud de estas tensiones de unos 8 a 10 kg/mm^2.

Dado que, como se observa en la figura 14.4, las tensiones normales en el carril son de compresión a causa del contacto rueda-carril, bastará tener en cuenta a la hora de diseñar el carril las tres tensiones anteriormente mencionadas: tensiones por flexión, tensiones térmicas y tensiones residuales.

14.1.4 Diagrama de Smith

Para comprobar que la tensión total no supera la tensión límite admisible, el ferrocarril utiliza normalmente el diagrama de Smith. Como se sabe, en abscisas se representa el valor medio de la tensión (Fig. 14.3); en ordenadas, el valor máximo y mínimo de la tensión que puede superponerse al valor medio para evitar la rotura por fatiga.

En la citada figura 14.3, se han trazado los diagramas de Smith correspondientes a carriles de resistencia a tracción igual a 70 y 90 kg/mm^2 respectivamente. En ella se han considerado dos casos extremos: en el primero se ha supuesto que el carril sólo está sometido a tensiones residuales de valor 8 kg/mm2; en el segundo, la hipótesis adoptada consiste en aceptar que el carril está sometido a tensiones internas pero también a tensiones térmicas; es decir, de acuerdo con las magnitudes precedentemente indicadas (≈ 18 kg/mm^2). Puede observarse en la citada figura que:

a) En el primer caso, tensión mínima igual a 8 kg/mm2, la tensión admisible por flexión en el carril es de 28 y 32 kg/mm^2, según se trate del carril de resistencia a tracción de 70 o de 90 kg/mm^2.

b) En el segundo caso, tensión mínima igual a 18 kg/mm^2, la tensión admisible por flexión en el carril oscila entre 23 y 28 kg/mm^2, según cuál sea la resistencia a tracción del carril: 70 o 90 kg/mm^2.

Cabe señalar que, en general se dispone de un coeficiente de seguridad de 2 a 3 frente a la rotura del carril.

14.1.5 Tensiones en el contacto rueda-carril

El cálculo de las acciones que tienen lugar cuando dos cuerpos están en contacto es un problema clásico que, en la hipótesis de comportamiento elástico de ambos cuerpos, fue resuelto, como se sabe, por Hertz, a finales del siglo XIX.

En el ámbito ferroviario, el contacto entre la rueda y el carril da lugar a determinadas solicitaciones, para cuya evaluación se recurre a los resultados precedentes, aun cuando, como veremos a continuación, no se cumplan las hipótesis de partida. En todo caso y por lo que se refiere a los esfuerzos tangenciales, el grado de concordancia entre teoría y práctica resulta aceptable.

Se supone que el contacto rueda-carril puede ser asimilado al existente entre dos cilindros, de forma que el rectángulo, resultado de la intersección entre ambos cuerpos, viene definido por los siguientes lados (Fig. 14.4):

- En el sentido transversal de la vía, la longitud de apoyo de la rueda sobre el carril ($2b \approx 12$ a 14 mm).
- En el sentido longitudinal de la vía, de la teoría elástica se deduce:

$$a = 1,52\sqrt{\frac{Q.R}{2bE}}$$

$a = $ (cm); $Q(N)$; $R_2 = $ radio de curvatura de la rueda (cm); $2b$, lado del rectángulo ($\approx 1,2$ a $1,4$ cm) y $E = $ módulo de elasticidad de la rueda (N/cm^2)

La distribución de presiones en la zona de contacto tiene una forma elíptica (Fig. 14.4), con un valor medio qm, dado por la expresión:

$$q_m = 0,21\sqrt{\frac{2QE}{bR}} \quad (\text{N/cm}^2)$$

Si se supone asimilado el carril a un semiespacio indefinido de Boussinesq (a pesar de que la cabeza del carril tiene una altura del orden de 30 mm), puede calcularse la distribución de tensiones en profundidad. Para ello se puede aceptar, de acuerdo con Hana (1969), una distribución rectangular en superficie en sustitución de la elíptica indicada, por no existir diferencias sensibles en los resultados.

En la figura 14.4 se ha dibujado la forma general de variación en profundidad de las tensiones normales y tangenciales, comprobándose que, si bien aquéllas disminuyen rápidamente al alejarnos de la superficie cargada, el esfuerzo tangencial presenta un máximo a la profundidad de:

$$Z = 0,78\ a$$

Es decir:

$$z = 1,18\sqrt{\frac{QR}{2bE}} \quad (\text{cm})$$

con:

$$\tau_{yz} \approx 0,304 q_m$$

es decir:

$$\tau_{yz} = 0,06\sqrt{\frac{2QE}{bR}} \quad (\text{N/cm}^2)$$

Resulta posible, en consecuencia, la aparición de fisuras en la cabeza del carril, a unos milímetros de la superficie de rodadura, si se supera la tensión admisible por éste. Con objeto de proporcionar valores orientativos sobre los factores del problema que nos ocupa, supondremos a continuación los siguientes datos de partida:

$Q = 11$ t (carga estática por rueda de una locomotora) = (110.000 N)
$R = 60$ cm.
$E = 2$ x 10^6 kg/cm^2 (2×10^7 N/cm^2)
$b = 6$ a 7 mm ($0,6$ a $0,7$ cm)

En este caso típico, se tendrían los siguientes valores:

$$a = 1,52\sqrt{\frac{11\times10^4\,(N)\cdot 60\,(\text{cm})}{1,2\,(\text{cm})\cdot 2\cdot 10^7\,(\text{N/cm}^2)}} = 0,8\ \text{cm}$$

Es decir, que el área de contacto rueda carril sería de:

$$2a\ .\ 2b = 1,6 \times 1,2 = 1,92\ \text{cm}^2$$

lo que significa que la presión media sobre el carril valdría

$$\sigma_m \approx \frac{11000\ \text{kg}}{1,92\ \text{cm}^2} = 5729\ \text{kg/cm}^2 = 57\ \text{kg/mm}^2$$

valor que supera, normalmente, el límite de elasticidad del acero que se usa para ruedas y carriles (40 kg/mm^2).

En cuanto a los esfuerzos tangenciales, se tiene:

$$z = 0,78\ b \approx 6,2\ \text{mm}$$

$$\tau_{yz(max)} \approx 0,05\sqrt{\frac{2\cdot 11\times10^4\,(N)\cdot 2\cdot 10^7\,(\text{N/cm}^2)}{0,6\,(\text{cm})\cdot 60\,(\text{cm})}} \approx 17.480\ \text{N/cm}^2$$

es decir,

$$\tau_{(max)} \approx 17,4\ \text{kg/mm}^2$$

HIPÓTESIS SOBRE LA SUPERFICIE DE CONTACTO RUEDA-CARRIL

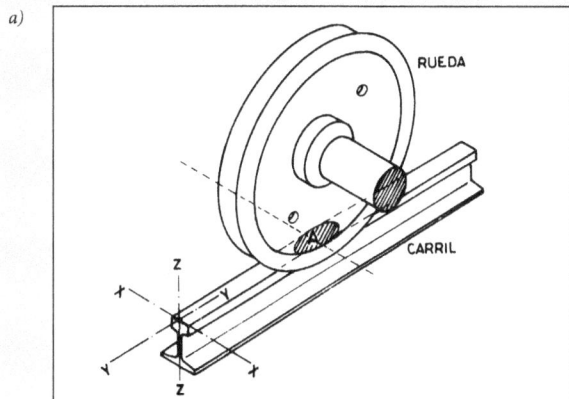

a)

SUPERFICIE DE CONTACTO ENTRE DOS CILINDROS

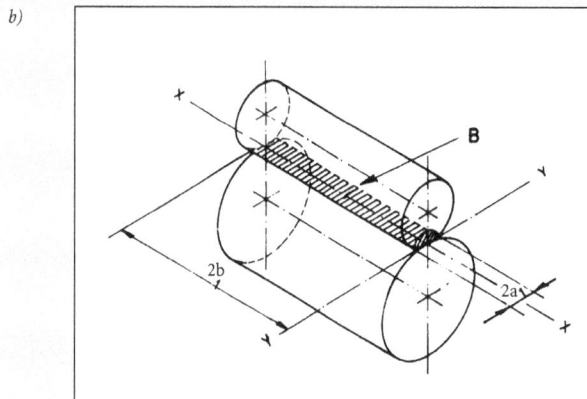

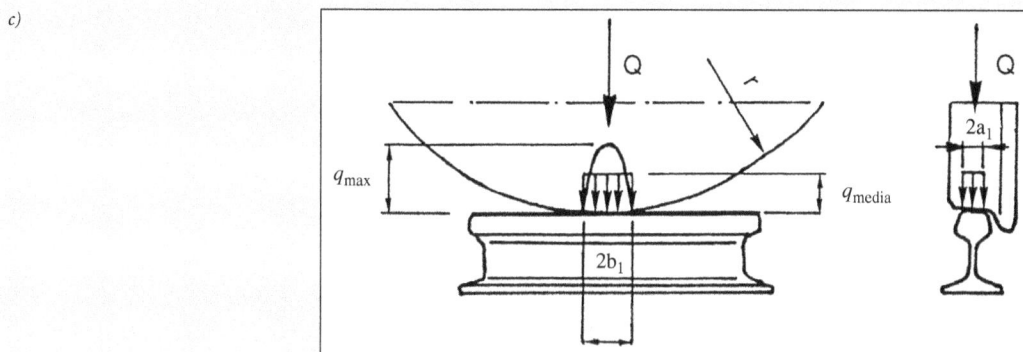

b)

c)

FORMA DE VARIACIÓN DEL ESTADO TENSIONAL EN EL CARRIL

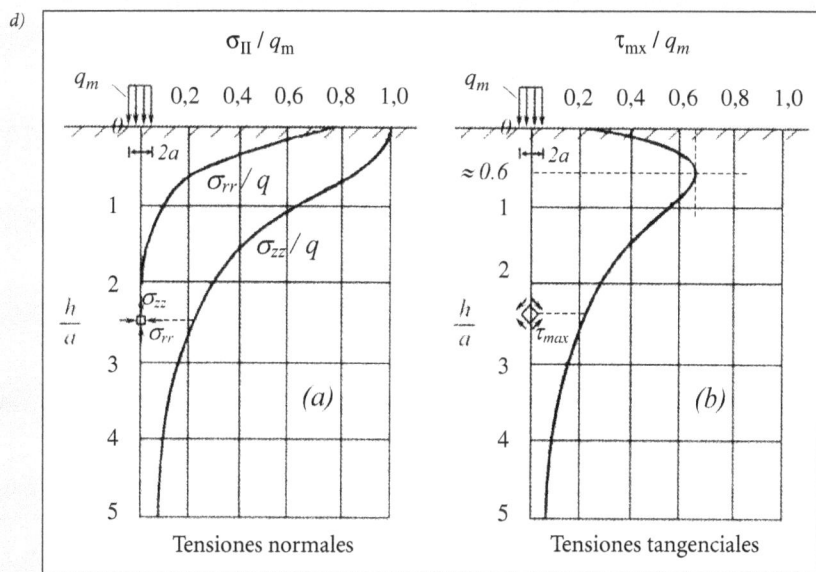

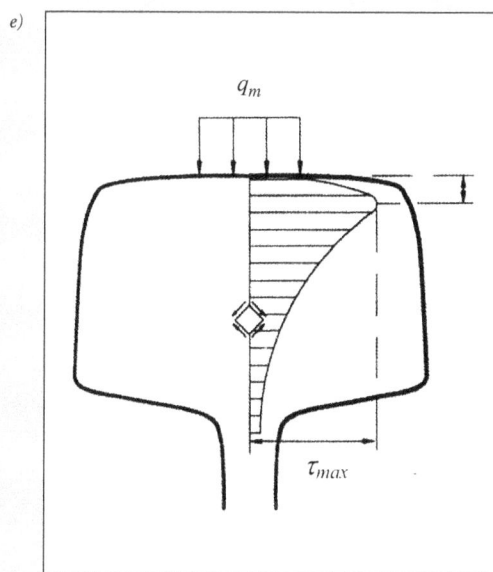

d)

e)

Fuente: A. López Pita y C. Esveld

Fig. 14.4

Debe subrayarse también que la carga estática de los vehículos durante su circulación puede verse mayorada, como se vio, por un coeficiente en general no superior a 1,5, con lo cual resultaría:

$$\tau_{(max)} \approx 21 \text{ kg/mm}^2$$

14.1.6 Tensión tangencial máxima admisible por el carril

Por lo que se refiere a la tensión tangencial máxima admisible por el carril, recordemos que para un estado tridimensional de solicitaciones la condición de resistencia de una material se expresa, habitualmente, por el conocido criterio energético siguiente:

$$\sigma_{adm} \geq \sqrt{\frac{1}{2}\left[\left(\sigma_1 - \sigma_2\right)^2 + \left(\sigma_1 - \sigma_3\right)^2 + \left(\sigma_2 - \sigma_3\right)^2\right]} \qquad (14.1)$$

siendo:

σ_i = tensiones principales

σ_{adm} = tensión admisible a tracción del material

Si se admite la hipótesis de deformación plana para el carril, resulta:

$$\in_1 = \frac{1}{E}\left[\sigma_1 - \upsilon\left(\sigma_2 + \sigma_3\right)\right] = 0$$

es decir:

$$\sigma_1 \approx \frac{1}{2}\left(\sigma_2 - \sigma_3\right)$$

por tanto la expresión 14.1 se convierte en:

$$\sigma_{adm} \geq \sqrt{\frac{3}{2}}\,\left[\sigma_2 + \sigma_3\right]$$

y puesto que, como se sabe por la teoría de la elasticidad lineal:

$$\sigma_{max} = \frac{\sigma_2 - \sigma_3}{2}$$

se alcanza finalmente la condición de resistencia buscada:

$$\sigma_{adm} \geq \tau\sqrt{3}$$

En consecuencia, resultaría:

$$\text{para } \sigma_{adm} = \begin{array}{l} 70\text{kg/mm}^2 \rightarrow \tau_{adm} \approx 40 \text{ kg/mm}^2 \\ 90\text{kg/mm}^2 \rightarrow \tau_{adm} \approx 52 \text{ kg/mm}^2 \end{array}$$

cifras a comparar con los resultados precedentemente indicados (17,4 o 21 kg/mm^2)

Las conclusiones prácticas que se deducen de este estudio son la necesidad de mantener la relación (Q/R) dentro de un cierto intervalo; es decir, que un aumento del peso por eje de los vehículos debe llevar aparejado una variación similar en el radio de las ruedas. En el cuadro 14.1 se muestra la pareja de valores Q/R para diferentes vehículos ferroviarios.

CUADRO 14.1. RELACIÓN CARGA POR RUEDA-RADIO DE LA RUEDA EN ALGUNOS VEHÍCULOS FERROVIARIOS

Vehículo	Q (kg)	R (cm)	Q/R (kg/cm)
Locomotora E652 (FS)	9.000	52	172
Locomotora E412 (FS)	10.875	55	197
Locomotora E185 (DBAG)	10.750	62	172
ETR 500 (FS) Cabeza motora	8.500	55	154
ETR 500 (FS) Coche remolque	5.250	44	119

Fuente: A. López Pita

14.2 TRAVIESAS

Como se ha indicado con anterioridad, son dos los tipos de traviesas utilizados actualmente: madera y hormigón, bien sean monobloque o bibloque tipo RS. Realmente, el problema de dimensionamiento se centra en este segundo grupo, cuyo desarrollo comenzó a partir de la década de los años 40 del siglo XX. Señalemos como introducción que no ha existido, tradicionalmente, un método unificado para su dimensionamiento de amplia aceptación, utilizando cada red el sistema de cálculo teórico-práctico deducido de su propia experiencia.

El problema presenta, básicamente dos aspectos principales:

• Determinar las acciones ejercidas por el tráfico sobre las traviesas.
• Evaluar la reacción ofrecida por la capa de balasto como elemento de apoyo de estas.

Conocidas las dos variables esenciales: acciones del tráfico y reacción del balasto, el problema se reducía a asimilar la traviesa a una viga y a aplicar los principio básicos de la resistencia de materiales. Debe señalarse, no obstante, que no son aquí válidos dichos principios, al ser las dimensiones transversales de las traviesas comparativamente significativas con relación a las dimensiones longitudinales. A pesar de ello, todas las redes obviaban esta dificultad conceptual. En la actualidad la utilización del método de los elementos finitos constituye el procedimiento de cálculo y diseño de las traviesas por excelencia.

En el primer caso, y para las solicitaciones verticales, sin duda las más importantes, la evolución en el conocimiento de las solicitaciones producidas por el material ha permitido acotar el nivel de las magnitudes de carga a considerar.

Es de interés recordar, no obstante, que cuando nos referimos a las acciones ejercidas por los vehículos, se ha señalado que, en condiciones específicas, el material podía originar sobre el emparrillado de la vía solicitaciones notablemente más elevadas que en condiciones normales de explotación (juntas, soldaduras, planos en las ruedas, etc.). Por ello y según la experiencia francesa, Prud'homme y Erieau (1975) recomendaron efectuar el dimensionamiento de las traviesas en forma tal que éstas fueran capaces de resistir una carga por rueda igual a 4 veces la carga nominal máxima (11 t).

En el segundo caso, se han supuesto prácticamente todas las formas posibles de apoyo de las traviesas en el material granular (Fig. 14.5) considerando obviamente la situación más desfavorable. Como resulta intuitivo, el asiento de la capa de balasto, bajo la acción del tráfico, modifica las primitivas e ideales condiciones de apoyo de las traviesas.

Recientemente, en noviembre de 2004, la UIC, estableció la ficha 713R, dedicada a la concepción de traviesas de hormigón monoblocks. En ella se precisa que la carga de dimensionamiento será el resultado de tener en cuenta:

SIMULACIÓN DE LA REACCIÓN DEL BALASTO BAJO LA CARA INFERIOR DE LA TRAVIESA

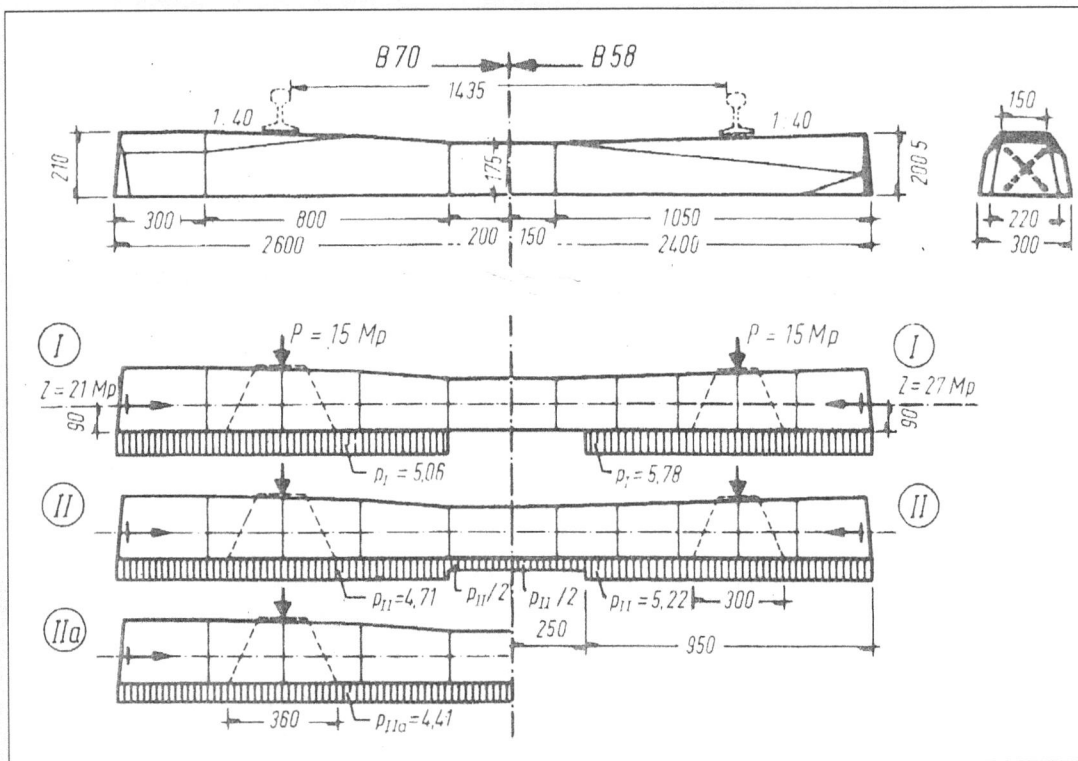

Fuente: Eisenmann (1976)

Fig. 14.5

• La carga estática por eje de los vehículos.
• Los coeficientes dinámicos que permitan considerar los efectos derivados de las irregularidades de la geometría de la vía y de los vehículos.
• La influencia de la estructura de la vía en la repartición de las cargas por eje sobre las traviesas y la variación de las condiciones de apoyo.

Dado que existe una relación de dependencia entre la carga por eje aceptable y la velocidad de circulación (a mayor velocidad, menor carga por eje), resulta necesario considerar diversos casos de carga para determinar la carga estática y la carga dinámica asociada más desfavorable, que será función de la velocidad de circulación. De forma esquemática, el cuadro adjunto sintetiza el binomio peso por eje-velocidad.

Velocidad	Peso por eje (KN)		
(km/h)	170	225	250
120	x	x	x
200	x	x	
300	x		

La carga vertical por rueda actuando sobre la traviesa en la vertical del eje del carril viene dada por la expresión:
en donde:

$$Q_{\text{TOTAL}} = Q_0 \left(1 + \gamma_p \cdot \gamma_v\right) \cdot \gamma_d \cdot \gamma_r$$

Q_o = carga estática por rueda de un vehículo.

γ_v = coeficiente que representa los efectos dinámicos ocasionados por los defectos de la geometría de la vía y por las irregularidades de los vehículos. Se recomiendan los valores siguientes:

$$\gamma_v = 0,5 \text{ para } V < 200 \text{ km/h}$$

$$\gamma_v = 0,75 \text{ para } V \geq 200 \text{ km/h}$$

γ_p = coeficiente que tiene en cuenta la atenuación del impacto sobre las traviesas que producen las placas elásticas de asiento. Los valores de gp recomendados son los siguientes:

Placas elásticas de débil atenuación .... $\gamma_p = 1$
Placas elásticas de atenuación media .... $\gamma_p = 0,89$
Placas elásticas de fuerte atenuación .... $\gamma_p = 0,78$

γ_d = coeficiente que tiene en cuenta que la traviesa directamente ubicada en el punto de aplicación de la carga sobre el carril no soporta mas que una parte de dicha carga; el resto es soportado por las traviesas contiguas. En general, se considera $\gamma_d = 0,5$.

γ_r = coeficiente que representa las variaciones en la reacción de las traviesas por causa de los defectos de apoyo de estas. Se considera $\gamma_r = 1,35$

Por otro lado, la norma EN 13230 recomienda que, a efectos del cálculo del momento flector en la traviesa, se incluya con un nuevo coeficiente (γ_i) el efecto debido a las irregularidades del apoyo longitudinal de la vía. Su valor es 1,6.

En el cuadro 14.2 se sintetizan los valores de las acciones verticales a considerar en el dimensionamiento de traviesas en líneas sometidas a diferentes tipos de tráfico y con placas de asiento de distinta atenuación del impacto sobre las traviesas.

Por tanto, a efectos de evaluar el momento flector, la solicitación vertical a considerar será $\gamma_i\,Q_T$. Para tener en cuenta situaciones excepcionales de carga o en caso de accidente, la ficha UIC recomienda incluir respectivamente dos coeficientes: K_1 y K_2, de valores 1,5 y 2,2. Nótese como la consideración conjunta y simultánea de todos los coeficientes conduce a que la traviesa debería resistir un esfuerzo vertical del orden de 5 veces el correspondiente a la carga nominal estática. Magnitud que se sitúa en el ámbito de la referencia indicada hace ya tres décadas por Prud'homme y Erieau.

14.3 SUJECIONES Y PLACAS DE ASIENTO

14.3.1 Sujeciones rígidas

El enlace del carril a la traviesa por intermedio de la sujeción y de la placa de asiento correspondiente constituye uno de los aspectos más importantes en la consecución de un trabajo adecuado del emparrillado de la vía. De hecho, la introducción de la sujeción elástica puede decirse que constituyó un paso trascendental para el establecimiento de la vía actual con carril continuo soldado.

Las primeras sujeciones, rígidas, actuaban sobre traviesas de madera y sufrían bajo la acción del tráfico un progresivo desplazamiento vertical, llegando finalmente a dejar de presionar el patín del carril, con las consecuencias que se derivan de esta situación, en particular frente a la necesidad de impedir el movimiento de los carriles bajo la acción de los esfuerzos térmicos.

Paralelamente al empleo de este tipo de sujeciones, se utilizaban también las placas rígidas de asiento con el fin de reducir la agresividad del carril sobre las traviesas de madera. Prescindiendo de los aspectos resistentes de la propia placa, que no presentan especial interés, cabe analizar el problema de las dimensiones que debería tener o, de forma más concreta, su superficie de apoyo. Su cuantificación resulta inmediata sin más que recordar la carga máxima

CUADRO 14.2.   VALORES A CONSIDERAR EN EL DIMENSIONAMIENTO DE LAS TRAVIESAS DE HORMIGÓN MONOBLOQUE

Parámetro	Mercancías	Línea con Tráfico mixto	Ramas de alta velocidad
Carga estática por rueda (KN)	125	112,5	90
Velocidad asociada (km/h)	120	200	300
Coeficiente de velocidad (γ_p)	0,5	0,75	0,75
Coeficiente de atenuación (γ_p)			
– Placa flexible	0,78	0,78	0,78
– Placa dura	1,00	1,00	1,00
Coeficiente de reparto (γ_d)	0,50	0,50	0,50
Coeficiente de apoyo transversal (γ_r)	1,35	1,35	1,35
Coeficiente multiplicador de la carga por rueda (Q_0)			
– Placa flexible	0,94	1,07	1,07
– Placa dura	1,50	1,75	1,75
Coeficiente de irregularidad longitudinal (γ_i)	1,60	1,60	1,60

Fuente: Adaptado de la ficha UIC 713 R (noviembre 2004)

puntual que actúa sobre cada traviesa ($\approx$ 10 t),lo que significa, teniendo en cuenta la tensión admisible de la madera ($\approx$ 25 a 35 kg/cm^2), una superficie sobre traviesa de 440 a 335 cm^2. La placa de asiento utilizada en Renfe tiene 443 cm^2.

14.3.2 Sujeciones elásticas

La introducción de traviesas de hormigón supuso incrementar la rigidez vertical de la vía y dificultar un correcto comportamiento entre las citadas traviesas y el carril. Con objeto de disminuir la rigidez vertical de la vía como sistema conjunto y favorecer la ausencia de un desgaste prematuro en el contacto traviesas-carril, se introdujeron placas elásticas de asiento. Este hecho obligó, sin embargo, a analizar bajo qué condiciones pueden convivir sujeciones y placas elásticas, para lograr el objetivo antes señalado, sin que tenga lugar una falta de apretado de la sujeción sobre el carril.

14.3.2.1 El sistema sujeción-placa de asiento

Se considera para ello la figura 14.6 adjunta representativa del sistema sujeción-placa de asiento.

Bajo la acción de la carga exterior al carril (la rueda), la placa de asiento se deforma verticalmente siguiendo una ley del tipo indicado en la figura 14.7, sucediendo análogamente con la sujeción (Fig. 14.7).

La obtención de la curva presión-asiento de las placas de asiento no presenta dificultad a partir de la realización de ensayos como los

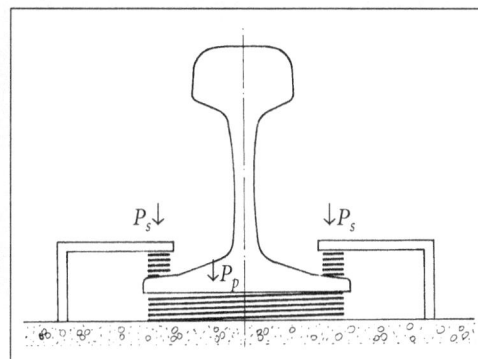

Fig. 14.6

visualizados en la figura 14.8a. Consisten en aplicar una carga vertical sobre un cupón de carril apoyado sobre el elemento de ensayo por intermedio de una traviesa. Se miden los desplazamientos mediante comparadores posicionados sobre los extremos del patín. En cuanto a la sujeción propiamente dicha, se realiza un ensayo de tracción con un dispositivo como el indicado en la figura 14.8b. Se mide lo que el carril se levanta, que equivale a medir la deformación de la sujeción.

Veamos ahora como trabaja el sistema sujeción-placa de asiento. Durante el proceso de montaje de la sujeción y a causa del apretado de la misma, con esfuerzos (P_{so}), la placa de asiento se deforma una magnitud (y_{po}) (Fig. 14.9a).

CURVAS ESFUERZO-DEFORMACIÓN DE ALGUNAS SUJECIONES Y PLACAS DE ASIENTO

Sujeción Nabla

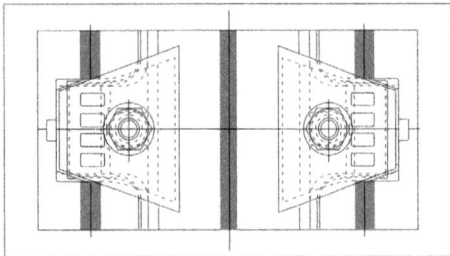

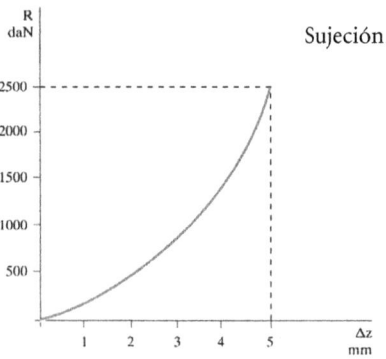

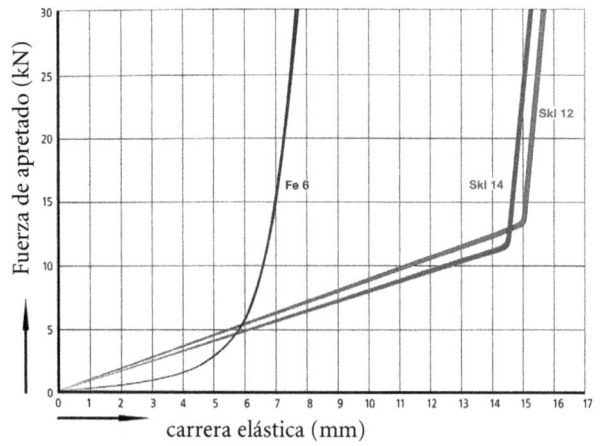

Sujeción

Carga

Placa de asiento (9 mm)

Deflexión (mm)

Sujeción SKl 14

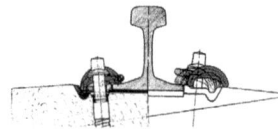

Sujeción SKl 12

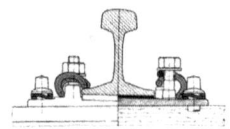

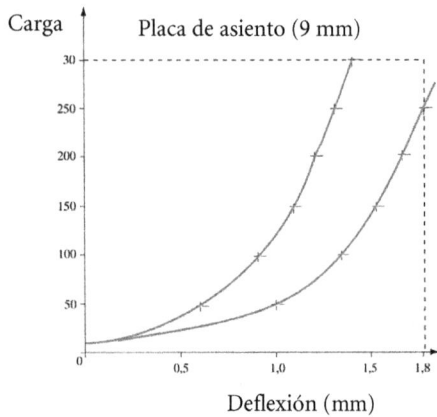

Placa de asiento Zw 700

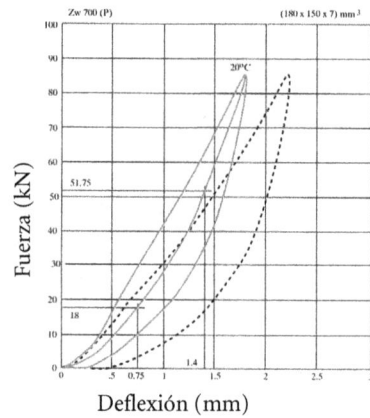

Deflexión (mm)

Fig. 14.7

ENSAYO PARA CALCULAR LA CURVA ESFUERZO-DEFORMACIÓN DE LA PLACA DE ASIENTO

a)

ENSAYO DE TRACCIÓN CON UNA SUJECIÓN

b)

Fuente: Eisenmann y Esveld

Fig. 14.8

Como se mostró en la figura 14.7 la relación de dependencia (P, y) no es lineal. En consecuencia, la rigidez de la placa de asiendo (C_p) y la de la sujeción (C_s) vendrán dadas por las expresiones:

$$C_p = \frac{dP_p}{dy}; \quad C_s = \frac{dP_s}{dy}$$

Si a efectos prácticos se acepta que la dependencia $P_p = F(y)$ y $P_s = f(y)$ puede ser aproximada a una parábola, se tendrá que las expresiones precedentes pueden expresarse en la forma matemática siguiente:

$$C_p = C_{po} + K_p \cdot y$$

$$C_s = C_{so} + K_s \cdot y$$

Siendo:

C_{po} y C_{so} = rigideces en el momento en que $y = o$.

K_p y K_s = coeficientes constantes que caracterizan el crecimiento de la rigidez con la carga.

Se obtiene por tanto:

$$P_p = \int C_p \cdot dy = C_{po} \cdot y + K_p \frac{y^2}{2}$$

$$P_s = \int C_s \cdot dy = C_{so} \cdot y + K_s \frac{y^2}{2}$$

Una vez que comienza la aplicación de la carga exterior, la placa de asiento se comprime una cierta magnitud (y), siendo su deformación total ($y_{Po} + y$) (Fig. 14.9b). Al mismo tiempo, disminuye la contracción de la sujeción en la misma cantidad (y), siendo por tanto la deformación total de la sujeción ($y_{so}-y$).

Para que la sujeción resulte eficaz, deberá producirse que:

$$y < y_{so}$$

ya que en el momento en el que:

$$y = y_{so}$$

se produciría la desconexión del sistema elástico y su resistencia.

Una vez aplicada la carga exterior, el equilibrio del sistema se establece por la condición:

$$P + \int_0^{y_{so}-y} C_s \cdot dy = \int_0^{y_{po}-y} C_p \cdot dy$$

Sustituyendo C_s y C_p por sus valores precedentes e integrando, resulta:

A   B

$$P = \frac{K_p - K_s}{2} y^2 + \left[C_{po} + K_p y_{po} + C_{so} + K_s \cdot y_{so} \right] y +$$

$$+ \left[\frac{K_p}{2} y_{P_o}^2 + C_{po} y_{po} \right] - \left[\frac{K_s}{2} y_{s_o}^2 + C_{so} . y_{so} \right]$$

P_{po} P_{so}

Dado que $P_{po} = P_{so}$ resulta

$$P = Ay^2 + B. \, y$$

A partir de esta expresión es posible deducir el valor máximo que provoca que la sujeción no trabaje. Para ello es necesario tan sólo que $y = y_{so}$.

Se obtiene entonces:

$$P_{max} = \int_0^{y_{po} + y_{so}} \left(C_{po} + K_p \cdot y \right) \cdot dy$$

y, por tanto,

$$P_{max} = C_{po} \left(y_{po} + y_{so} \right) + \frac{K_p}{2} \left[y_{po} + y_{so} \right]^2$$

Para valores superiores de esta magnitud, la sujeción no trabaja.

FASE DE APRETADO DE LA SUJECIÓN

a)

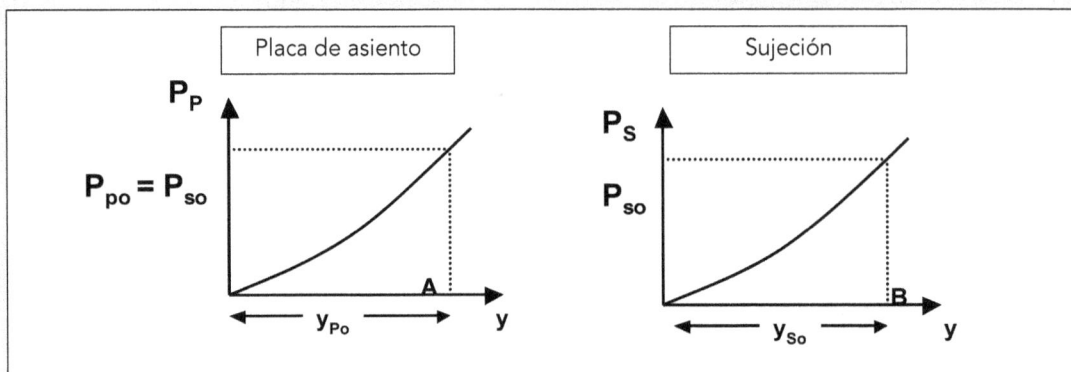

FASE DE APLICACIÓN DE LA CARGA EXTERIOR

b)

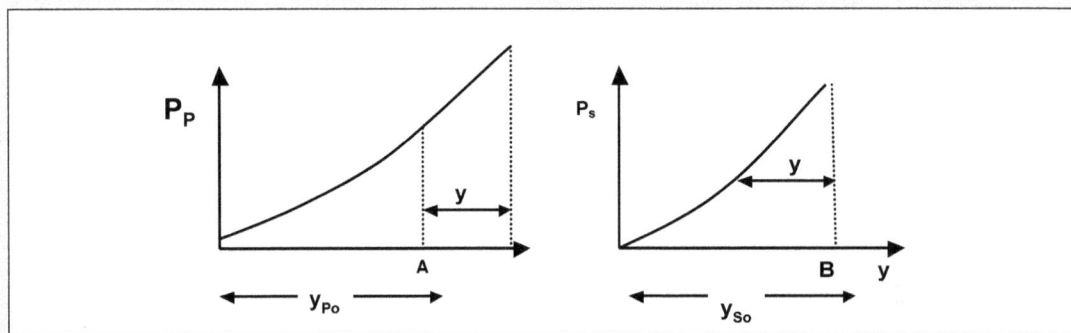

Fig. 14.9

14.3.2.2 Condiciones límite de trabajo de la sujeción

Si se analizan las curvas tensión-deformación, se observa que dado que las condiciones de trabajo (=intervalo de tensiones) discurren entre valores próximos resulta posible sustituir las curvas $P_p = F(y)$ y $P_s = f(y)$ por rectas. En este caso las rigideces C_p y C_s adoptan valores constantes.

La ecuación de equilibrio del sistema se establece entonces en la forma:

$$P = \left[P_{po} + C_p y \right] - \left[P_{so} + C_s y \right]$$

siendo y la deformación obtenida una vez aplicada la carga exterior.

Dado que $P_{p0} = P_{so}$, la ecuación anterior se transforma en la siguiente

$$P = y \left[C_p + C_s \right] \tag{14.2}$$

luego la rigidez equivalente del sistema es:

$$C_y = \frac{P}{y} = C_p + C_s$$

en el caso, como hemos indicado, de que las relaciones tensión-deformación sean lineales.

La obtención de la carga máxima exterior que produce la desconexión del sistema se efectúa de la siguiente forma. Dado que el esfuerzo de la sujeción es:

$$P_s = P_{so} - C_s y$$

y puesto que y viene dado por la expresión 14.2, resulta:

$$P_s = P_{so} - \frac{C_s P}{\left(C_s + C_p \right)}$$

cuando $P_s = 0$ se obtiene la carga máxima, es decir:

$$P_{max} = P_{so} \frac{C_s + C_p}{C_s} \tag{14.3}$$

La relación anterior nos indica, por tanto, cuál es la carga máxima P que puede actuar sobre la superficie del carril para que la sujeción no deje de actuar. Es función de la rigidez de la placa de asiento y de la rigidez de la propia sujeción.

Para que el carril no cabalgue sobre la traviesa, es preciso que el apretado de la sujeción, es decir P_{so}, tenga un valor del orden de 1,6 a 2 t (para los dos puntos de sujeción de un carril).

Si se acepta que la carga sobre cada traviesa es aproximadamen-

te el 40% a 50% de la carga por rueda que actúa sobre el carril, se deduce que, en condiciones normales, el valor de P estará comprendido entre 6 y 8 toneladas.

En consecuencia, de la condición 14.3 se deduce que la relación C_s/C_p debería situarse en el intervalo indicado en el cuadro adjunto.

C_s/C_p	$P_{so\,(kg)}$	$P_{max}\,(kg)$
0,50	2.000	6.000
0,36	1.600	6.000
0,34	2.000	8.000
0,25	1.600	8.000

Como referencia, la sujeción Nabla, utilizada por los ferrocarriles franceses, tiene una rigidez (C_s) de valor próximo a 1 T/mm. Por su parte, la rigidez de la placa de asiento (C_p) utilizada en la línea de alta velocidad París-Lyon, es de 9 T/mm. En consecuencia, se tiene ($C_s / C_p \approx 0,11$). El valor máximo de P podría alcanzar sin riesgo la magnitud de 16 a 20 t.

14.3.2.3 Ensayos de verificación de las sujeciones

Una vez diseñada la sujeción en relación con la placa elástica de asiento, aquélla debe experimentar una serie de ensayos para comprobar su aptitud frente a las solicitaciones del tráfico. De entre dichos ensayos destacaremos, por su interés, los siguientes: resistencia a la fatiga, al arranque, al deslizamiento, etc. El primero de ellos, fatiga, se suele llevar a cabo mediante el dispositivo indicado en la figura 14.10, habitualmente conocido como *sistema de patas oscilantes*. Con él se pretende simular, en pocos días, un número de ciclos de carga análogo al que sufrirá la sujeción en vías sometidas a la explotación normal. A lo largo del ensayo se miden, entre otros parámetros, las variaciones del esfuerzo de la sujeción en el patín del carril, el sobreancho en la cabeza del carril, etc.

Fue puesto a punto en el Instituto de Vías Terrestres de Munich que dirigía en la década de los años setenta del siglo XX el profesor Eisenmann.

14.4 SISTEMA BALASTO-PLATAFORMA

14.4.1 Líneas convencionales

En los primeros tiempos del ferrocarril la estructura de la vía estuvo formada por dados de piedra, sobre los cuales apoyaban directamente los carriles sin disponer de ningún elemento de transición entre aquellos y la plataforma.

DISPOSITIVO PARA ENSAYOS DE SUJECIONES (PATAS EN TIJERAS)

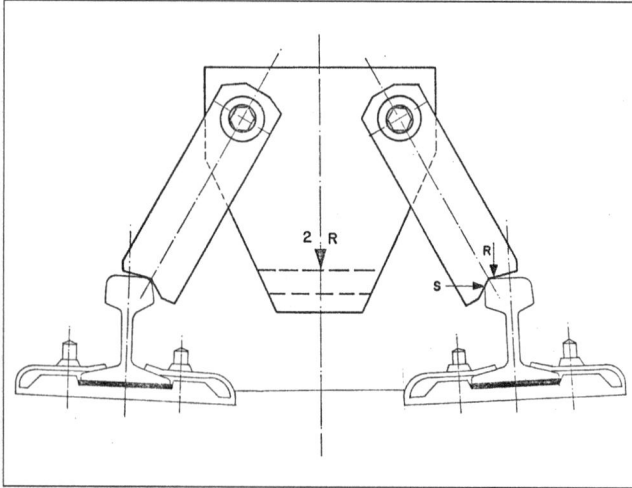

Fig. 14.10

Sin embargo, al comprobarse, en general, su hundimiento en la infraestructura, a causa de que las cargas transmitidas superaban la capacidad portante de la misma, se introdujo bajo la traviesa un elemento granular denominado balasto, con objeto de repartir las cargas sobre una mayor superficie. Junto a este aspecto se reconocía en el balasto su capacidad para: facilitar la evacuación de las aguas de lluvia; proteger la plataforma de las variaciones de humedad; estabilizar la vía longitudinal, vertical y lateralmente; y, finalmente, amortiguar las acciones de los vehículos sobre la vía.

Durante mucho tiempo, prácticamente hasta mediados de los años 50 del siglo XX, los problemas de diseño del sistema balasto-plataforma se concretaban en la determinación del espesor necesario de aquél para evitar que el nivel tensional en la plataforma superase el admisible por ésta. Lógicamente, y en consecuencia, la atención del tema se centraba en conocer la forma en que desde la cara inferior de la traviesa tenía lugar la distribución de presiones verticales en profundidad.

A la cara inferior de las traviesas y a causa de la flexión del emparrillado de la vía, llegan unas tensiones cuyo valor medio, en el sentido longitudinal de ésta, puede cuantificarse, como se ha indicado, por medio del método de Zimmermann. Conocida la distribución de presiones en la cara inferior de la traviesa, resultaba necesario determinar en qué forma aquélla se propaga hacia el interior del material granular que constituye el balasto. Señalemos que, a efectos prácticos, se suponía habitualmente que bajo las traviesas existía un nivel uniforme de tensiones.

La mayor parte de las expresiones propuestas para calcular la reducción de presiones con la profundidad tuvieron un carácter empírico o semiempírico. A título de recordatorio señalemos que, posiblemente, las primeras ideas sobre la transmisión de presiones en la capa de balasto fueron las presentadas por Deharme (1890), al señalar que la presión que el balasto recibía de la traviesa se transmitía en los límites de un prisma de sección trapezoidal, tal como se indica en la figura 14.11a. Otros modelos explicativos fueron propuestos por Talbot (Fig. 14.11b) y colaboradores.

Basándose tal vez en los razonamientos anteriores, se supuso durante un cierto tiempo que la distribución de presiones se realizaba en el balasto bajo un cierto ángulo de reparto (30 o 45° con la horizontal). Uno de los estudios, tal vez el de mayor interés, fue el desarrollado en la antigua URSS, y constituyó un intento teórico bastante intuitivo y razonable de explicar cómo se produce la distribución de presiones por la capa de balasto (Fig. 14.12). Se incluía, por primera vez, la influencia que en dicha distribución determina el tipo de infraestructura y consideraba el efecto de las traviesas contiguas, lo que suponía una mayor aproximación a la realidad.

En el período 1915-1917 y bajo la dirección del profesor Talbot, se llevaron a cabo, posiblemente, los primeros trabajos experimentales sobre la forma de trabajo de los materiales granulares. Los resultados obtenidos (Fig. 14.13) mostraron para diferentes profundidades (d), la forma de distribución de presiones.

Matemáticamente, la expresión propuesta para determinar el nivel de tensiones a lo largo de la capa de balasto fue la siguiente:

$$\sigma_b = \frac{16,8\sigma_t}{h^{1,25}}$$

siendo σ_b la tensión en el balasto a una profundidad de h (pulgadas) contada a partir de la cara inferior de la traviesa, sobre la que tenía lugar una tensión de valor (s_t).

Resulta de interés señalar la fórmula empírica utilizada por los ferrocarriles japoneses en este mismo ámbito:

$$\sigma_b = \frac{50\sigma_t}{10 + h^{1,35}}$$

pero expresándose ahora el espesor de balasto (h) en centímetros.

La comparación de ambas expresiones refleja que para un espesor de balasto de 30 cm y, a igualdad de carga sobre la traviesa, la tensión en el balasto sería, de acuerdo con Talbot, un 70% superior a la magnitud proporcionada por la expresión japonesa. Este hecho reflejaba la ausencia de un conocimiento preciso de la ley de presiones en la capa de balasto.

Es de interés subrayar que la expresión de Zimmermann proporciona el valor medio de la tensión bajo la traviesa. Algunas investigaciones realizadas han puesto de manifiesto que la tensión máxima sobre la superficie de la capa de balasto puede obtenerse por la relación:

$$\sigma_{max} = \sigma_{media}\left[\frac{8,9}{\sigma_{media} + 4,35}\right]$$

La aplicación práctica de esta expresión señala que, para valores medios de tensión en torno a 2 kg/cm^2, la tensión máxima podría llegar a ser de 2,8 kg/cm^2.

En todo caso el principal problema se encontraba en conocer la tensión admisible por cada tipo de infraestructura. Para dicho valor límite no existían referencias precisas. De tal modo que las administraciones ferroviarias decidieron establecer criterios más o menos empíricos para el espesor de la capa de balasto, tal como muestra el cuadro 14.3

El resultado fue que el incorrecto dimensionamiento del sistema balasto-plataforma dio lugar a problemas del tipo indicado en la figura 14.14a y 14.14b. Realmente, en el ámbito específicamente ferroviario tan sólo cabe mencionar un estudio realizado sobre el diseño del citado sistema. Nos referimos al análisis que los ferrocarriles británicos llevaron a cabo en la década de los años 60 del siglo XX, en relación con el comportamiento de infraestructuras ferroviarias sobre plataformas arcillosas, que daban lugar a deformaciones del tipo indicado en la figura 14.15a.

Según los ensayos realizados en un aparato triaxial, con mues-

HIPÓTESIS DE DEHARME (1890) SOBRE DISTRIBUCIÓN DE PRESIONES BAJO UNA TRAVIESA

a)

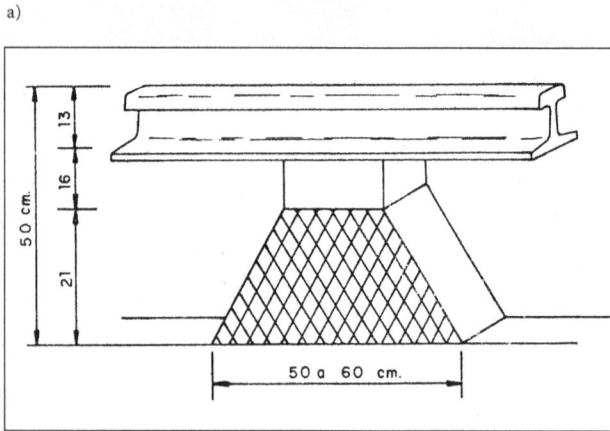

HIPÓTESIS SOBRE LA DISTRIBUICIÓN DE PRESIONES POR LA CAPA DE BALASTO

b)

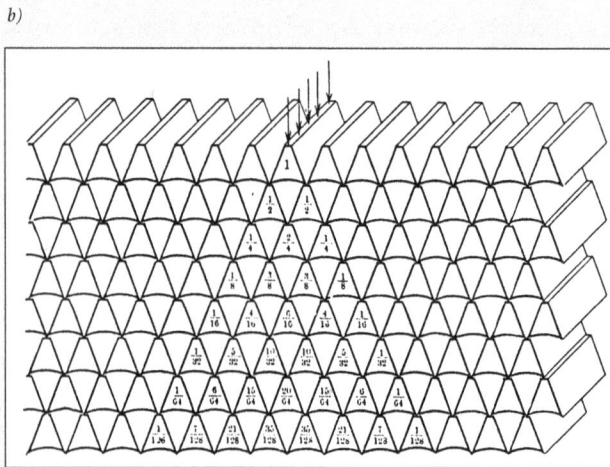

Fuente: Talbot (1920)

Fig. 14.11

DISTRIBUCIÓN DE PRESIONES A DISTINTOS NIVELES DE LA CAPA DE BALASTO

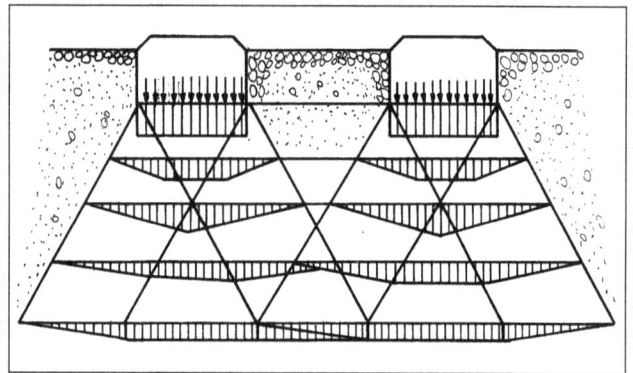

Fig. 14.12

RESULTADOS DE TALBOT (1915-1917) SOBRE LA DISTRIBUCIÓN DE PRESIONES BAJO LAS TRAVIESAS

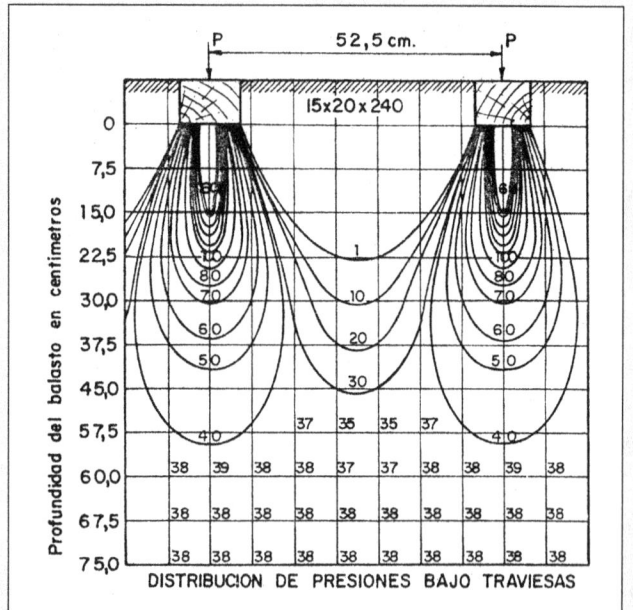

DISTRIBUCION DE PRESIONES BAJO TRAVIESAS

Fuente: Talbot (1917)

Fig. 14.13

CUADRO 14.3. ESPESORES DE BALASTO Y SUB-BALASTO
UTILIZADOS EN ALGUNAS REDES (1962)

Red	Balasto	Espesor de Sub-balasto
DB	30 cm	20 a 40 cm en infraestructuras poco resistentes
SNCF	30 cm	NO
RENFE	30 cm	NO
SNCF	15 a 20 cm	20 a 15 cm
NS	20 cm	Pt. Arcillosa; 50 cm arena
		Pt. poco permeable: 20 cm
FS	35 cm	NO

tras arcillosas sometidas a estados tensionales variables, los ferrocarriles británicos obtuvieron las siguientes conclusiones:

• Bajo la acción de una carga repetida, ciertos suelos coherentes ceden, a tensiones inferiores a las que provocaban la rotura, bajo la acción de una carga única.
• Para dichos suelos, existe un nivel de tensiones por encima del cual una aplicación repetida provocaría una deformación permanente rápida y un asiento plástico (Fig. 14.15b). Este valor recibe el nombre de *tensión límite* o *tensión umbral*.
• La tensión umbral no constituye un parámetro intrínseco del material, sino que depende de las solicitaciones medias efectivas, así como de la forma de la frecuencia de la onda de carga, y de la magnitud y forma en que se aplicaron las cargas anteriores.
• Otros suelos, asimismo coherentes, aun suponiendo que tengan un elevado contenido de arcilla o de arena, no presentan una tensión límite claramente definida.

Dado que la arcilla tiene un comportamiento esencialmente plástico y que la forma de los ensayos excluía el registro de una tensión de cresta, como en un ensayo convencional de resistencia a la compresión simple, se eligió el criterio de rotura según una deformación acumulada superior al 10%.

Los resultados anteriores permitieron determinar (Fig. 14.15b) el espesor de balasto necesario para cada magnitud de solicitación, con el fin de no sobrepasar la tensión umbral y, en consecuencia, impedir las deformaciones permanentes a que la superación de la misma daría lugar. El interés notable de este estudio encuentra, no obstante, la limitación que impone su propio campo de validez, es decir, el tipo de plataforma considerado.

14.4.2 Líneas de alta velocidad

La construcción de nuevas infraestructuras aptas para la circulación a alta velocidad supuso un cambio sustancial en relación con la actitud del ferrocarril respecto a los problemas de diseño del sistema balasto-plataforma, dada la repercusión práctica que su correcto dimensionamiento podría tener en los costes de mantenimiento de las citadas nuevas líneas.

En este campo, el ferrocarril siguió de forma casi paralela la trayectoria de la carretera para determinar el espesor necesario de un firme, adoptando los métodos puestos a punto en dicha disciplina e incorporándolos, como normativa, al ámbito ferroviario (Fig. 14.16).

Se pasó así de los criterios basados en suponer un cierto ángulo de distribución de presiones por el balasto a la aplicación de las teorías y resultados de los sistemas elásticos multicapa y, por último, al establecimiento de catálogos de secciones estructurales de vía, siguiendo la pauta del Congreso de Praga de carreteras de 1971. Se venía, de este modo, a reconocer que bajo la traviesa debía disponerse no sólo el balasto apoyado sobre la plataforma de la vía, sino un conjunto de capas intermedias que permitiesen, básicamente, una mejor distribución de presiones sobre la infraestructura (Fig. 14.17) y evitasen, por medio de una adecuada graduación de materiales, los perniciosos efectos derivados de la contaminación del balasto y la plataforma.

14.4.2.1 Teorías de los sistemas elásticos multicapas

En el ámbito de la aplicación de las teorías de los sistemas multicapas, cabe destacar las metodologías propuestas por Eisenmann y López Pita. Básicamente, los principios de referencia de los citados métodos consistían: en primer lugar en evaluar las tensiones en la cara inferior de la traviesa por el método de Zimmermann. A continuación suponer unos ciertos espesores para cada estrato: balasto, subbalasto, etc. Y de acuerdo con las teorías elásticas, calcular el nivel de tensiones en la superficie de cada material (Fig. 14.18). La comparación de dicho nivel tensional con el admisible determinaba si los espesores inicialmente adoptados eran correctos o si debía iniciarse un nuevo proceso iterativo.

En cuanto a las tensiones admisibles por cada elemento, la fórmula de Heukelom es de utilidad y fácil aplicación. Matemáticamente:

$$\sigma_{admisible} \approx \frac{0,006Ed}{1+0,7\log N}$$

siendo *Ed* el módulo de elasticidad dinámico del material considerado y *N* el número de ciclos de carga que debe soportar con la citada tensión. En el ámbito ferroviario se considera suficiente adoptar

DEFORMACIONES EN LA PLATAFORMA

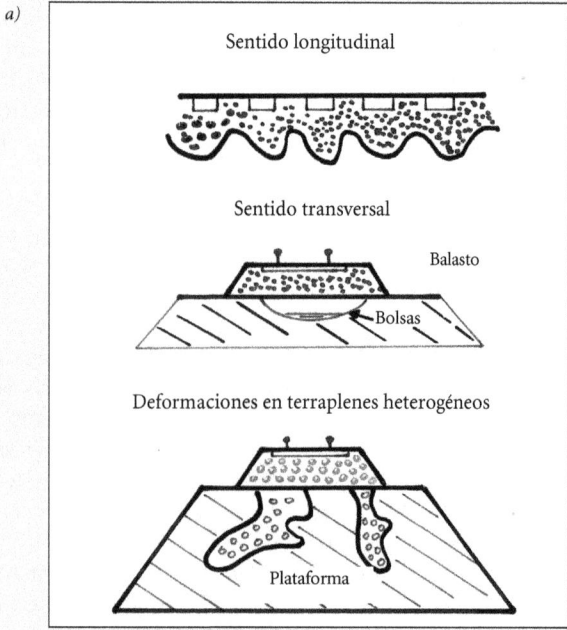

a)

Sentido longitudinal

Sentido transversal

Balasto

Bolsas

Deformaciones en terraplenes heterogéneos

Plataforma

Fuente: A. López Pita

ESQUEMA DE UN POSIBLE PROCESO DE ROTURA DEL CUERPO DEL TERRAPLÉN

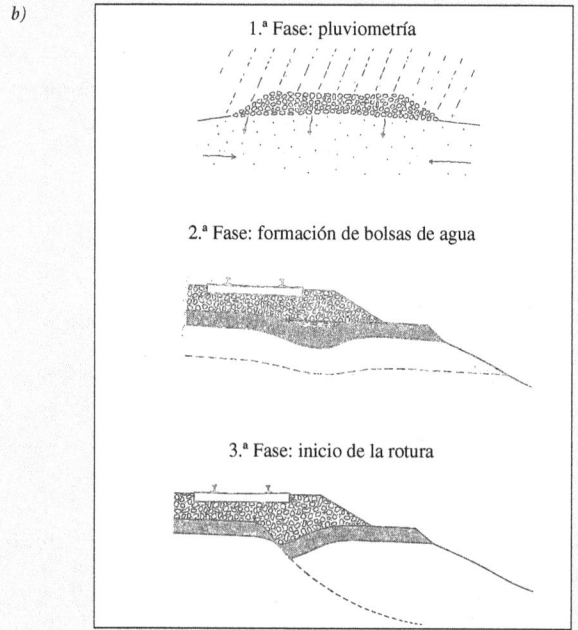

b)

1.ª Fase: pluviometría

2.ª Fase: formación de bolsas de agua

3.ª Fase: inicio de la rotura

Fig. 14.14

PROCESO DE FORMACIÓN DE MOVIMIENTOS EN LAS PLATAFORMAS ARCILLOSAS

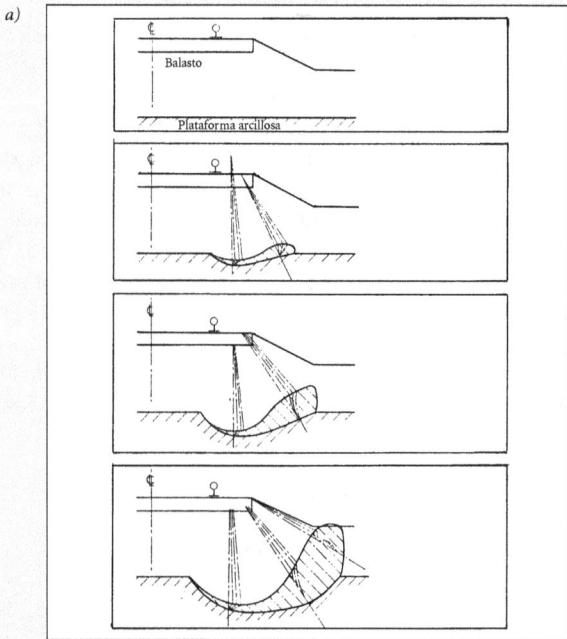

a)

Balasto

Plataforma arcillosa

Fuente: A.Cooper (1973)

DIAGRAMA DE CÁLCULO PARA EL ESPESOR DE LA CAPA DE BALASTO EN PLATAFORMAS ARCILLOSAS

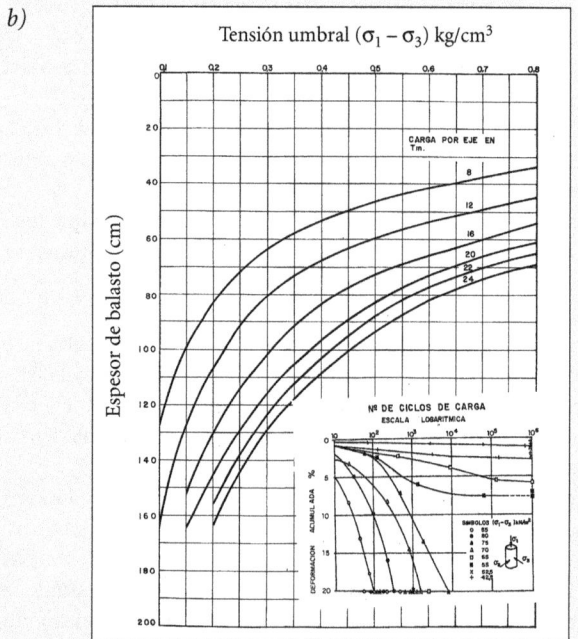

b)

Tensión umbral $(\sigma_1 - \sigma_3)$ kg/cm^3

Espesor de balasto (cm)

CARGA POR EJE EN Tm.

Nº DE CICLOS DE CARGA
ESCALA LOGARITMICA

Fuente: BR

Fig. 14.15

ANÁLISIS COMPARATIVO DE LOS CRITERIOS
DE DIMENSIONAMIENTO DE VIAS FÉRREAS Y FIRMES FLEXIBLES

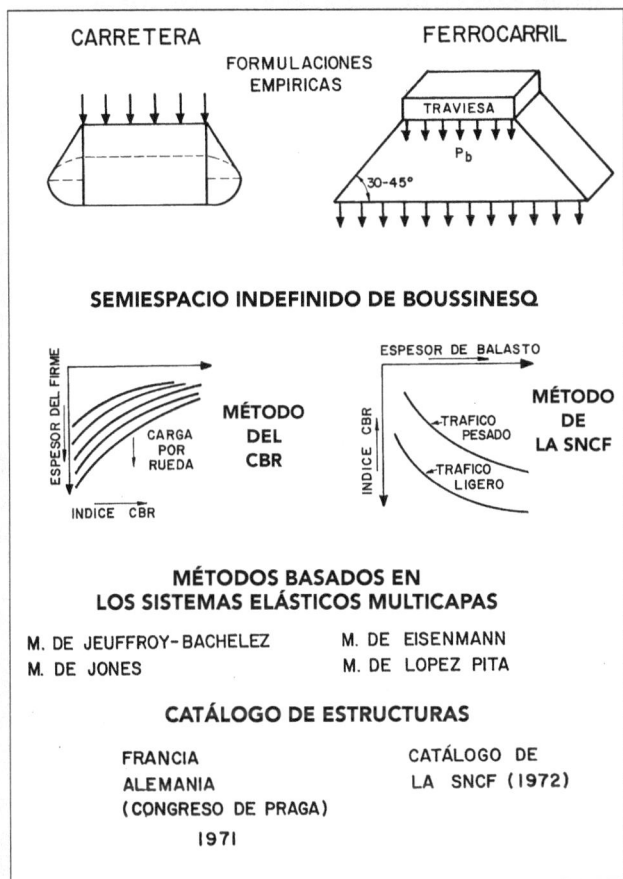

Fuente: A. López Pita (1977)   Fig. 14.16

INFLUENCIA CUALITATIVA DE LA INCORPORACIÓN
DE LAS CAPAS DE ASIENTO EN LA DISTRIBUCIÓN DE PRESIONES
EN LA PLATAFORMA

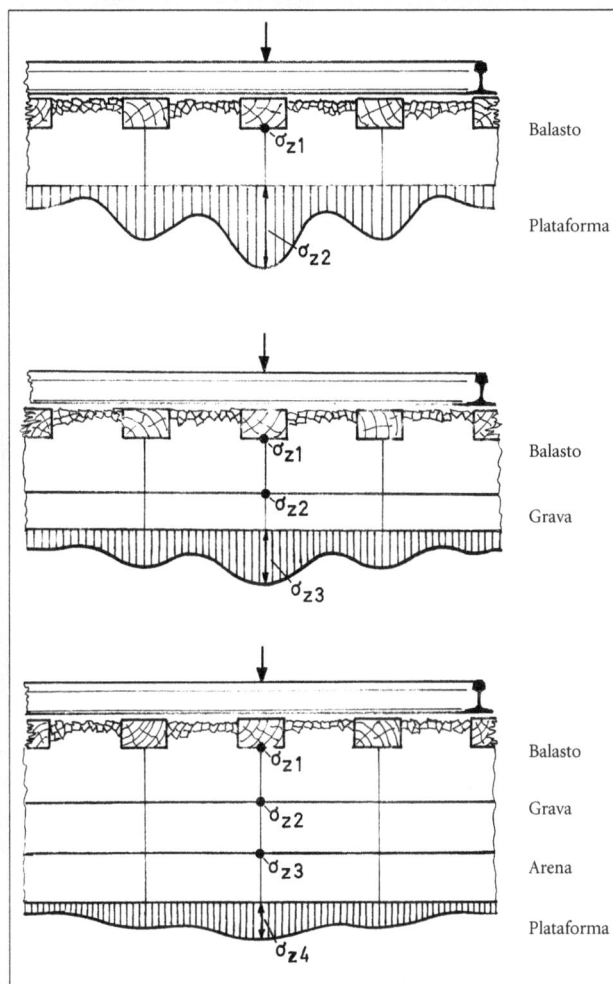

Fuente: Eisenmann (1984)   Fig. 14-17

$N = 2 \cdot 10^6$ ciclos (un mayor número de ciclos de carga no tiene influencia significativa en los resultados).

La aplicación de la conocida expresión $E_d \approx 100$ CBR proporciona los siguientes órdenes de magnitud para la tensión admisible en diferentes plataformas caracterizadas por la magnitud de su CBR.

σ_{adm} (kg/cm^2)	E_d (kg/cm^2)	CBR
0,33	300	3
0,55	500	5
0,77	700	7
1,11	1.000	10
1,65	1.500	15

Por lo que respecta a la tensión admisible por el balasto, cuyo módulo de elasticidad puede variar en el intervalo de 1.500 a 2.700 kg/cm^2 (Kjellman y Jacobson), puede aplicarse también la fórmula de Heukelom. Alternativamente, proponemos un método basado en la carga de hundimiento de una zapata (asimilada a la traviesa), tal como se muestra en la figura 14.19.

14.4.2.2 Catálogos de secciones estructurales

Los métodos de determinación del espesor de balasto necesario que se han expuesto con anterioridad supusieron sin lugar a dudas un importante esfuerzo por diseñar una vía desde el punto de vista resistente, con criterios que implicaban el abandono de tradiciones o supuestos empíricos o semiempíricos.

En este sentido, la observación sistemática de los gastos de conservación efectuados en las principales líneas de la red francesa había permitido a mediados de la década de los años 70 del siglo XX conocer en que forma un correcto diseño resistente de la vía influía en la reducción de dichos gastos. La figura 14.20, publicada en el ámbito de la cuestión 7H/14 de la UIC: "Adaptación de la plataforma en la óptica de las circulaciones a gran velocidad y del aumento de la carga por eje", resumen de la observación antes citada, muestra los resultados obtenidos.

En abscisas se establece el número de años transcurridos a partir de la renovación de una vía y en ordenadas, las horas anuales de conservación en nivelación por kilómetro de vía. Las diferentes curvas representadas corresponden a diferentes calidades globales del sistema balasto-plataforma definidas por la magnitud de la tensión actuando sobre la superficie de la infraestructura, la cual oscilaba desde 0,8 σ_{adm} (siendo σ_{adm} la tensión admisible por aquella) hasta 1,6 σ_{adm}.

Naturalmente, no sólo el balasto interviene en la reducción del nivel de presiones que alcanza la plataforma y, por otro lado, las distintas experiencias habían puesto de relieve problemas de contaminación del balasto con la infraestructura, sobre todo en caso de suelos arcillosos; fenómenos de helada en la plataforma de líneas de ferrocarril en algunos países, etc.

Esta situación condujo inicialmente a la SNCF, y posteriormente a otras redes, a establecer, siguiendo la tendencia marcada por la carretera para el dimensionamiento de firmes, un catálogo de secciones estructurales tipo en el que se recogiesen indicaciones precisas sobre la naturaleza, espesores y características de los distintos estratos a colocar desde la cara inferior de las traviesas hasta la superficie de la plataforma (Fig. 14.21).

Dicho catálogo, al principio, no fue más que una adaptación del puesto a punto por el Laboratorio Central de Ponts et Chaussées en París para la definición de las capas de un firme al caso del sistema balasto-plataforma. La figura 14.22a reproduce las características del catálogo adoptado por la SNCF para las primeras líneas de alta velocidad. Nótese la agrupación de los distintos tipos de infraestructuras que pueden encontrarse en la práctica en cinco tipologías que varían desde la plataforma constituida por roca no alterable, hasta plataformas de mala capacidad portante (Fig. 14.22b).

Los trabajos del Grupo UIC 7H/14 culminaron en 1982 con la publicación de la ficha 719, que recogía, entre otros aspectos, un catálogo de secciones estructurales tipo, desarrollado de forma teórico-práctica por la SNCF. Se definían para ello cuatro tipos de calidades de suelos, siguiendo las directrices de la figura 14.23a. A partir de cada calidad del suelo soporte (Q_{si}) se fijaban tres tipos de plataforma (P_i), en función del conjunto de espesores de materiales que se colocasen sobre el suelo soporte (Fig. 14.23b). En la citada figura 14.23, puede observarse que no quedaban explícitamente indicados los espesores de la capa de balasto y subbalasto, los cuales debían fijarse según fuese el tráfico total soportado por cada línea y su distribución entre tráfico pesado (vagones) y ligero (coches de viajeros). La figura 14.23c proporciona órdenes de magnitud del espesor total de balasto y subbalasto en base a los trabajos del Comité D-117 del ORE (1983). Nótese también la posibilidad de colocar un material textil (fieltro) para evitar la contaminación de distintas capas, en el caso de suelos QS1 y QS2. La figura 14.23d corresponde a un tramo de la línea TGV-Este actualmente en construcción.

La construcción de las primeras líneas de alta velocidad en Alemania (1991) significó un incremento en las necesidades de fiabilidad de la infraestructura ferroviaria (por su explotación en tráfico mixto. Como se ve en la figura 14.24a, las recomendaciones establecidas son bastante exigentes, bien sea en términos de espesores mínimos (70 cm), bien en términos de capacidad portante requerida (de 45 a 120 MN/m^2). En la figura 14.24b se explicita que en el caso de plataformas de reducida o baja calidad ($E_v \approx 20$ MN/m^2), para alcanzar el valor requerido a nivel de la cara inferior de la capa de balasto ($E_v \approx 120$ MN/m^2) se necesitaría disponer espesores de subbalasto y capas de asiento superiores a 75 cm.

Por último, cabe destacar que, en Italia y desde la primera línea de alta velocidad entre Roma y Florencia, los ferrocarriles italianos

ESQUEMA PARA EL DISEÑO DEL SISTEMA BALASTO-PLATAFORMA

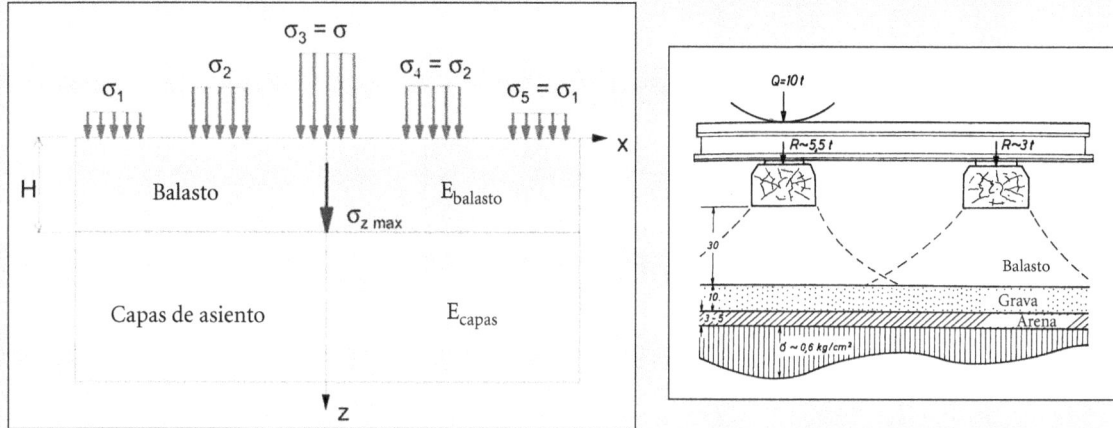

Fig. 14.18

EVALUACIÓN DE LA TENSIÓN ADMISIBLE POR LA CAPA DE BALASTO

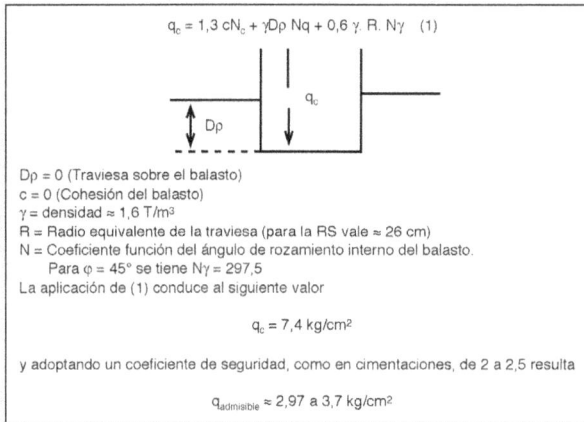

$$q_c = 1,3 \, c N_c + \gamma D\rho \, N_q + 0,6 \, \gamma . \, R. \, N\gamma \quad (1)$$

$D\rho = 0$ (Traviesa sobre el balasto)
$c = 0$ (Cohesión del balasto)
γ = densidad $\approx 1,6$ T/m³
R = Radio equivalente de la traviesa (para la RS vale ≈ 26 cm)
N = Coeficiente función del ángulo de rozamiento interno del balasto.
 Para $\varphi = 45°$ se tiene $N\gamma = 297,5$
La aplicación de (1) conduce al siguiente valor

$$q_c = 7,4 \text{ kg/cm}^2$$

y adoptando un coeficiente de seguridad, como en cimentaciones, de 2 a 2,5 resulta

$$q_{admisible} \approx 2,97 \text{ a } 3,7 \text{ kg/cm}^2$$

Fuente: A. López Pita (1984)   *Fig. 14.19*

TERMINOLOGÍA EN RELACIÓN CON LAS CAPAS DE ASIENTO

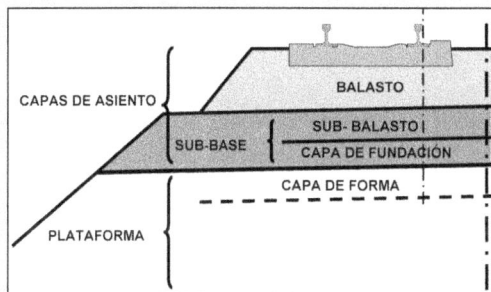

Fuente: UIC   *Fig. 14.21*

INFLUENCIA DE LA CALIDAD DE LA PLATAFORMA EN LOS COSTES DE MANTENIMIENTO DE LA VÍA

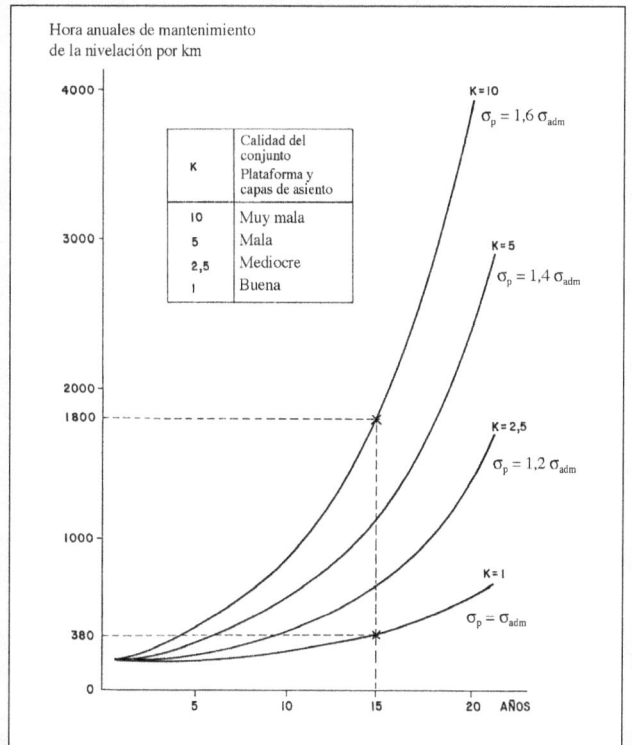

K	Calidad del conjunto Plataforma y capas de asiento
10	Muy mala
5	Mala
2,5	Mediocre
1	Buena

Fuente: UIC. Cuestion 7H/14   *Fig. 14.20*

CLASIFICACIÓN FRANCESA DE PLATAFORMAS (1973)

ESTRUCTURAS DE ASIENTO PARA LÍNEAS TGV (1973) Y LÍNEAS CONVENCIONALES

a)

Naturaleza	Índice C B R	Índice de plasticidad I p.	Teniendo en cuenta la helada	Régimen hidráulico	Clase de plataforma
Gb (grava bien graduada) Gm (grava mal graduada) Escoria	—		—	—	S_4
G L (Grava limosa)	—	< 7 → < 7 →	no → si → no → si →	bueno / malo / bueno / malo / bueno / malo	S_4 S_3 S_3 S_2 S_3 S_2 S_1
G A (Grava arcillosa)	—		no → si →	bueno / malo / bueno / malo	S_3 S_2 S_2 S_1
Sb (arena bien graduada) Sm (arena mal graduada)	—	—	—	bueno / malo	S_3 S_2
SL (arena limosa) Esquistos quemados Cenizas volantes	—	< 7 → < 7 →	no → si → no → si →	bueno / malo / bueno / malo / bueno / malo	S_3 S_2 S_2 S_1 S_2 S_1 S_1
SA (arena arcillosa)	—	—	no → si →	bueno / malo	S_2 S_1 S_1
Lp (limo poco plastico)	> 4 → > 4 →		no → si →	bueno / malo	S_2 S_1 S_1 S_1
Ap (arcilla poco plastica) Lt (limo muy plastico) At (arcilla muy plastica) Yesos y margas.			→		S_1

fig. 55

b)

S_j Clase de plataforma	SECCIÓN TRANSVERSAL	Espesor (m)	Vía de servicio	Acondicionamiento de líneas Grupos UIC				Vía nueva Línea clásica	Vía nueva TGV
				8 et 9	7	6	1 à 5		
				Madera				Hormigón	
S_5 Roca no alterable	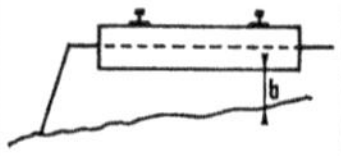	b	—	0,25	0,25	0,25	0,25	0,25	0,35
		g_e	0,25	—	—	—	—	—	—
S_4	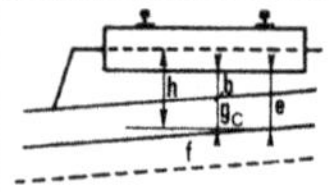	b	—	0,10	0,15	0,15	0,15	0,15	0,32
		g_e	0,15	0,10	0,10	0,10	0,15	0,15	0,15
		h	0,30	0,35	0,40	0,40	0,45	0,45	0,62
		e	0,15	0,20	0,25	0,25	0,30	0,30	0,47
S_3	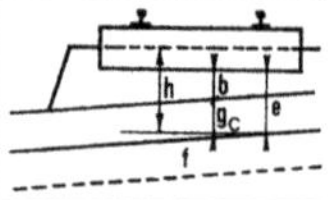	b	—	0,10	0,15	0,15	0,15	0,15	0,32
		g_e	0,20	0,10	0,10	0,15	0,20	0,20	0,20
		h	0,35	0,35	0,40	0,45	0,50	0,50	0,67
		e	0,20	0,20	0,25	0,30	0,35	0,35	0,52
S_2	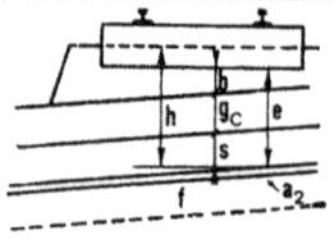	b	—	0,10	0,15	0,15	0,15	0,15	0,32
		g_e	0,20	0,15	0,15	0,15	0,20	0,20	0,20
		s	0,10	0,10	0,10	0,10	0,10	0,15	0,15
		h	0,45	0,50	0,55	0,55	0,60	0,65	0,82
		e	0,30	0,35	0,40	0,40	0,45	0,50	0,67
S_1	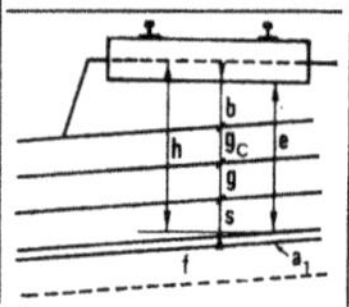	b	—	0,10	0,15	0,15	0,15	0,15	0,32
		g_e	0,30	0,25	0,25	0,15	0,15	0,15	0,15
		g	—			0,15	0,25	0,25	
		s	0,15	0,15	0,15	0,15	0,15	0,15	0,15
		h	0,60	0,65	0,70	0,70	0,75	0,85	1,00
		e	0,45	0,50	0,55	0,55	0,60	0,70	0,85

Fuente: SNCF

Fig. 14.22

CATÁLOGO DE SECCIONES ESTRUCTURALES

a)

b)

Fuente: Ficha UIC 719R

ESPESORES DE BALASTO Y SUBBALASTO EN FUNCIÓN DE LA RESISTENCIA DE LA PLATAFORMA

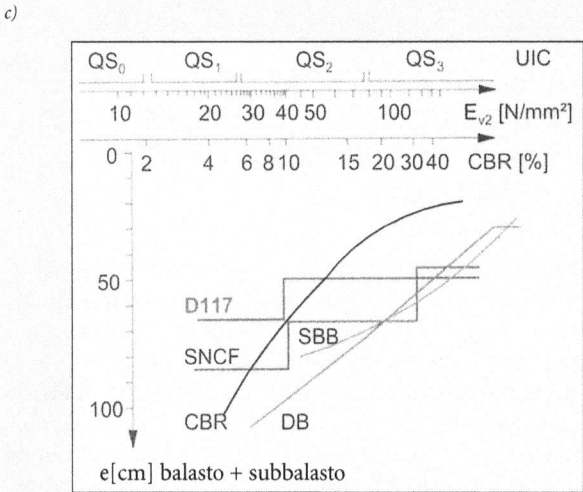

c)

Fuente: Comité D-117 (ORE)

COLOCACIÓN DE MATERIAL TEXTIL SOBRE LA PLATAFORMA DE LA VÍA

d)

Fuente: Bidim

Fig. 14.23

decidieron colocar bajo el balasto (y en sustitución del subbalasto granular tradicional) una capa de 12 cm de material bituminoso, tal como se observa en la figura 14.25.

14.5 LA RIGIDEZ VERTICAL DE LA INFRAESTRUCTURA Y SU RELACIÓN CON LA RIGIDEZ DE LAS PLACAS DE ASIENTO

En el apartado 12.4 se ha expuesto una metodología para tratar de encontrar la rigidez vertical óptima de la vía. Su aplicación a una línea donde se circule a alta velocidad (≈ 300 km/h) ha conducido a situar dicho valor óptimo en el entorno de 80 KN/mm.

Por otro lado, y como se ha señalado anteriormente, el diseño del sistema balasto-plataforma-capas de asiento ha conducido a proporcionar a dicho sistema una mayor resistencia vertical, tal como muestran los datos de la figura 14.26 respecto a la de las líneas convencionales. Desde la perspectiva de la rigidez vertical del conjunto de la vía, es indudable que esta disposición estructural ha ido en sentido contrario al deseado.

Por otro lado, es un hecho que ha existido en algunas líneas de alta velocidad una tendencia a incrementar la elasticidad de las placas de asiento, para tratar de compensar, al menos parcialmente, el citado incremento de rigidez experimentado por el sistema balasto-plataforma.

Sin embargo, la observación de los datos del cuadro 14.4 pone de relieve, para el caso de las primeras líneas alemanas de alta velocidad, que se produjo un sensible incremento de la rigidez vertical de la vía. Nótese, en efecto, que el coeficiente de balasto (que representa también la rigidez del conjunto de la vía) pasó de los valores habituales en líneas convencionales ($\approx 0,15$ N/mm^3) a valores de 0,30 a 0,40 N/mm^3, es decir, duplicó al menos la magnitud del citado coeficiente de balasto.

CUADRO 14.4. COEFICIENTE DE BALASTO DE ALGUNAS LÍNEAS ALEMANAS

Tipo de trayecto	Tipo de infraestructura	Coeficiente de balasto (N/mm^3)
Línea antigua y mejorada	Mala capacidad resistente	0,05
	Buena calidad	0,15
Nueva construcción Hannover-Würzburg	Plataforma natural	0,30 a 0,40
Manheim-Stuttgart	Puentes y túneles	0,40 a 0,50

Fuente: Eisenmann y Rump (1997)

Por otra parte, en la figura 14.27 se muestran los valores de la rigidez vertical de las placas de asiento en algunas líneas europeas de alta velocidad. Se constata la dispersión existente al respecto. En consecuencia, no parecería posible recomendar un valor relativamente preciso para la rigidez vertical de las placas de asiento de las nuevas líneas.

Estimamos, no obstante, que puede obtenerse un cierto orden de magnitud de dicha rigidez si se tiene en cuenta que:

a) La rigidez vertical del conjunto de la vía debería situarse en torno a 75 a 80 KN/mm (como se indicó con anterioridad).
b) La rigidez vertical del sistema balasto-plataforma-capas de asiento en líneas de nueva construcción oscila en el intervalo de 70 a 110 KN/mm (cuadro 14.5).

CUADRO 14.5. RIGIDEZ VERTICAL DEL SISTEMA BALASTO-PLATAFORMA SOBRE INFRAESTRUCTURAS ARCILLOSAS

Variable	Tipo de material y espesores bajo las traviesas			Rigidez vertical del sistema balasto-plataforma (kN/mm)
	Balasto	Grava	Arena	
Espesor de cada material (cm)	25	40	15	107
	25	30	15	96
	25	15	15	68
	25	—	15	46

Fuente: Sauvage y Larible (1982)

La asimilación del soporte del carril a un conjunto de sistemas elásticos permite aplicar la siguiente expresión matemática:

$$K_s = \frac{k_{pla} \cdot k_{bp}}{k_{pla} + k_{bp}}$$

siendo:

K_s = rigidez vertical del soporte del carril, formado por la placa de asiento más el conjunto de capas que configura el sistema balasto-plataforma

K_{pla} = rigidez vertical de la placa de asiento

K_{bp} = rigidez vertical del sistema balasto-plataforma

Para calcular la rigidez vertical de la vía basta recordar que, como se ha expuesto, la carga que actúa sobre la traviesa más cargada es,

ESTRUCTURA TIPO DE LA LÍNEA DE ALTA VELOCIDAD HANNOVER-WÜRZBURG

a)

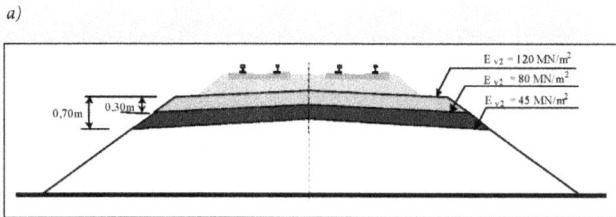

$E_{v2} = 120\ MN/m^2$
$E_{v2} = 80\ MN/m^2$
$E_{v2} = 45\ MN/m^2$
0,70m   0,30m

b)

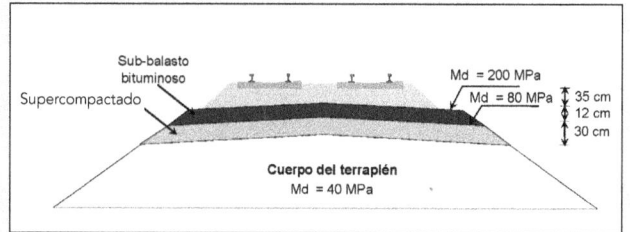

$E_{superior}$ [N/mm2]

$E_{inferior}$ [N/mm²]

120

Espesor de subbalasto (m)

Fuente: Tomado de P. Teixeira (2003)   *Fig. 14.24*

ESTRUCTURA TIPO DE LA LÍNEA DE ALTA VELOCIDAD ROMA-FLORENCIA

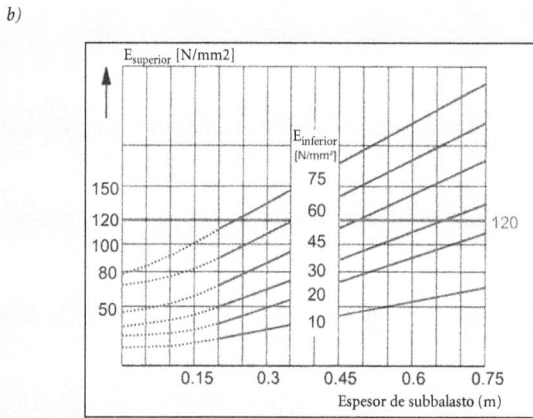

Sub-balasto bituminoso
Supercompactado
Md = 200 MPa
Md = 80 MPa   35 cm
12 cm
30 cm
Cuerpo del terraplén
Md = 40 MPa

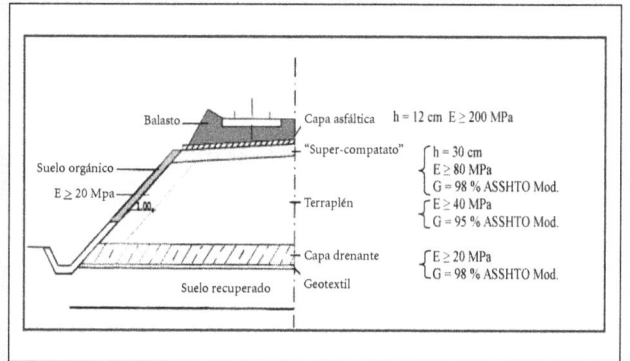

Balasto
Suelo orgánico
$E \geq 20$ Mpa
Capa asfáltica $h = 12\ cm$ $E \geq 200$ MPa
"Super-compatato"
$h = 30\ cm$
$E \geq 80$ MPa
$G = 98\ \%$ ASSHTO Mod.
Terraplén $E \geq 40$ MPa
$G = 95\ \%$ ASSHTO Mod.
Capa drenante $E \geq 20$ MPa
$G = 98\ \%$ ASSHTO Mod.
Suelo recuperado   Geotextil

Fuente: Tomado de P. Teixeira (2003)   *Fig. 14.25*

VALORES CARACTERÍSTICOS DE LA RÍGIDEZ VERTICAL DEL SISTEMA BALASTO-PLATAFORMA

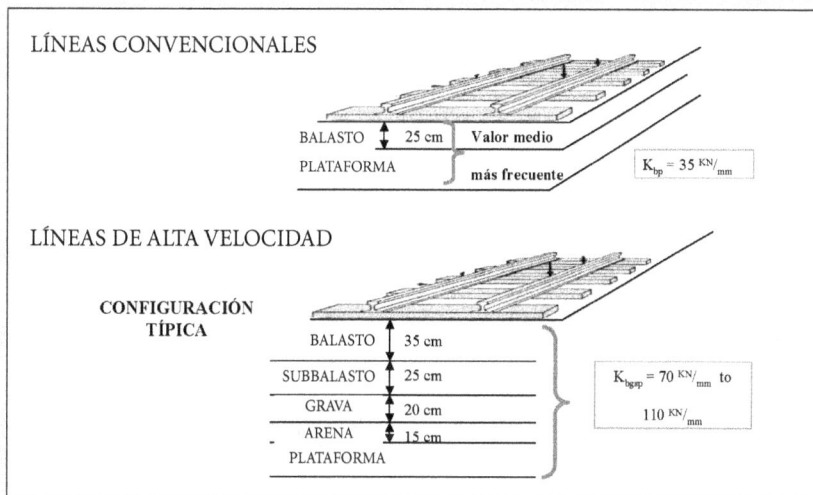

LÍNEAS CONVENCIONALES

BALASTO   25 cm   Valor medio
PLATAFORMA   más frecuente $K_{bp} = 35\ ^{KN}/_{mm}$

LÍNEAS DE ALTA VELOCIDAD

CONFIGURACIÓN TÍPICA
BALASTO   35 cm
SUBBALASTO   25 cm
GRAVA   20 cm
ARENA   15 cm
PLATAFORMA

$K_{bgp} = 70\ ^{KN}/_{mm}$ to
$110\ ^{KN}/_{mm}$

Fuente: A. López Pita (2002)   *Fig. 14.26*

RÍGIDEZ VERTICAL DE LAS PLACAS DE ASIENTO

PAÍS	LÍNEA	RIGIDEZ VERTICAL PLACA DE ASIENTO - k_{pa} (KN/mm)
FRANCIA	- Líneas convencionales - Líneas Alta Velocidad	150 90

ALEMANIA	- Líneas convencionales
	- Líneas Alta Velocidad:
	  - Hanover-Würzburg
	  - Mannheim-Stuttgart
	  - Hanover-Berlin
	  - Contorno de Stendal
	  (línea Hanover-Berlin)
		500
		
		500
		500
		60
		27

ESPAÑA	- Líneas Alta Velocidad:
	  - Madrid-Sevilla
	  - Madrid-Barcelona
		500
		100

ITALIA	- Líneas Alta Velocidad	100
BÉLGICA	- Líneas Alta Velocidad y líneas convencionales:	60-100

Fuente: A. López Pita (2002)

Fig. 14.27

LA RIGIDEZ VERTICAL ÓPTIMA DE LAS PLACAS DE ASIENTO

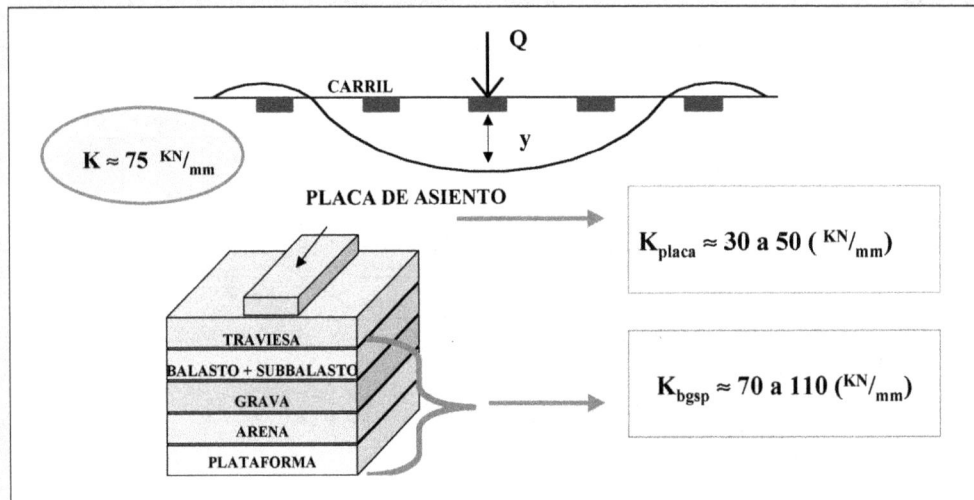

Fuente: A. López Pita (2002)

Fig. 14.28

aproximadamente, el 50% de la carga por rueda que actúa sobre la vertical del carril. Por tanto, resulta factible deducir el valor de K_{pla}, a partir del valor de K_{bp} indicado anteriormente (70 a 110 KN/mm). Se obtiene de este modo que la placa de asiento debería tener una rigidez vertical comprendida entre 30 y 60 KN/mm (Fig. 14.28).

En este contexto, la norma PrEN13481-2 clasifica las placas de asiento en tres grupos atendiendo a su rigidez vertical:

– Placas blandas, si $K_{pla} < 80$ kN/mm
– Placas medias, si $80 < K_{pla} < 150$ kN/mm
– Placas duras, si $K_{pla} > 150$ kN/mm

Se indica, por último, que los ferrocarriles alemanes exigen que la rigidez vertical estática de las placas de asiento se sitúe en el intervalo de 50 a 70 kN/mm. Para la rigidez dinámica, entre 3 y 5 Hz, los valores deben situarse en el intervalo de 50 a 130 kN/mm.

Recientemente se ha observado en Alemania que el empleo de placas de asiento más flexibles que las primitivas Zw687a posibilita mayores desplazamientos longitudinales de la vía y puede ocasionar, en algunos casos, problemas de resistencia en algunos elementos de las sujeciones.

15

DINÁMICA TRANSVERSAL DE UN VEHÍCULO FERROVIARIO. ESFUERZOS LATERALES SOBRE LA VÍA

El análisis de las acciones transversales que los vehículos ejercen sobre una vía constituye un problema de gran complejidad. La dificultad del tratamiento de esta importante cuestión se encuentra en un doble ámbito: el primero se deriva de la configuración propia de los vehículos; el segundo, de las excitaciones aleatorias que genera la geometría de la vía.

En el primer ámbito, el material, resulta de interés recordar que el análisis de la dinámica transversal de un vehículo se inicia por el movimiento que experimenta un eje aislado. Continúa por la consideración de un *bogie* y concluye con la toma en consideración del conjunto del propio vehículo, incluyendo la caja del mismo.

Dada la complejidad del problema, el objetivo del presente capítulo es presentar los principales aspectos que gobiernan la dinámica transversal de los vehículos y las consecuencias que se deducen en relación con los esfuerzos que ejercen sobre la vía.

15.1 MOVIMIENTO DE UN EJE

En la posición media de un eje sobre la vía, cada rueda se apoya sobre el carril en la forma indicada en la figura 15.1. Puede observarse como el eje puede desplazarse transversalmente una cierta magnitud antes de que una de las pestañas de las ruedas alcance la cabeza del carril. A esta magnitud se le llama *semijuego del eje* (σ) y suele variar en la práctica entre 3 y 20 mm. Es evidente que la razón por la cual el eje no va perfectamente encajado en la vía se debe, entre otros motivos, a tratar de evitar el desgaste que produciría el continuo contacto entre la pestaña y el carril, y a la mayor resistencia al avance suplementaria que ocasionaría el citado contacto permanente. Como se mostró en la figura 6.2, el perfil de rodadura de

las ruedas corresponde al objetivo de limitar en las curvas los fenómenos de deslizamiento de la rueda exterior, dado que ambas ruedas van sólidamente caladas en el eje y que el recorrido de la rueda exterior es superior al que realiza la rueda interna.

En el estado nuevo de la superficie de rodadura de las ruedas, el eje ferroviario se asimila geométricamente a un dicono (Fig. 15.2), constituido por dos conos opuestos por la base, que rueda sobre los carriles. Cuando el eje ocupa una posición determinada con relación a la vía, en los límites del juego indicado, el dicono se apoya sobre los carriles por medio de dos pequeñas áreas a las cuales corresponden dos secciones verticales determinadas del dicono que se llaman *discos de rodadura*, y sobre las cuales las dos ruedas tienden a rodar.

Si el eje se encontrara situado en una vía en perfecta alineación recta, centrado en ella, teniendo su eje estrictamente perpendicular a ésta y, finalmente, si las dos ruedas estuviesen perfectamente torneadas al mismo diámetro y a la misma conicidad, su centro avanzaría siguiendo el eje de la vía. Este hecho constituye un caso teórico que no se da prácticamente.

Cuando el eje se encuentra descentrado (Fig. 15.3), bajo la influencia de circunstancias cualesquiera (por ejemplo, por causa de defectos de vía) los discos de rodadura respectivos de las ruedas tienen diámetros diferentes, por lo que el eje tiende a girar momentáneamente alrededor del punto del cono definido por los diámetros de ambos discos y por la distancia existente entre ellos (Fig. 15.4a).

Si el eje no estuviese obligado en su movimiento por la caja del vehículo ni por otros ejes, describiría en los límites del juego que tiene en la vía un movimiento alternativo sinusoidal alrededor del eje de la vía, modificando constantemente su posición angular con relación a él, como veremos. Sin embargo, dicho movimiento se

APOYO DE LA RUEDA SOBRE EL CARRIL

Fuente: Moreau   Fig. 15.1

ASIMILACIÓN DE UN EJE FERROVIARIO A UN DICONO

Disco de rodadura   Disco de rodadura

Fuente: NS   Fig. 15.2

ESQUEMAS DE BASE PARA EL ANÁLISIS CINEMÁTICO DE UN EJE MONTADO

a) Vista en planta

b) Sección transversal

Fuente: A. López Pita (1984)   Fig.15.3

modifica por la acción de los elementos de unión del eje con el chasis del *bogie* y de éste con la caja del vehículo.

El análisis del movimiento de un eje por una vía férrea puede efectuarse bajo dos enfoques: cinemático y dinámico, siendo este último complementario de aquél. En el primer caso, el desarrollo matemático conduce al establecimiento de la ecuación de la trayectoria del eje, y mediante el segundo se llegan a evaluar los esfuerzos ejercidos por el eje sobre la vía.

15.2 MOVIMIENTO CINEMÁTICO DE LAZO

Como se ha indicado con anterioridad, en un primer análisis el eje ferroviario puede ser asimilado a un bicono de semiángulo γ. El problema que se trata de conocer es la trayectoria que sigue dicho eje cuando, por cualquier causa, sufre un desplazamiento transversal (y), que, en general, va acompañado de un desplazamiento angular Ø con relación al eje longitudinal del vehículo (Fig. 15.3). Esta rotación no tiene, sin embargo, más que una influencia secundaria sobre las variaciones geométricas deducidas por la traslación.

Si se considera el esquema de la figura 15.4b, se deduce que cuando el eje sufre un desplazamiento transversal (y), los radios de los círculos de rodadura iniciales (r) se modifican en la forma:

$$r_1 = r - \gamma y \; ; \quad r_2 = r + \gamma y$$

siendo r_1 el radio correspondiente al círculo AB (Fig. 15.4a) y r_2 el análogo del circulo DE.

Si I es el centro instantáneo de rotación del eje (Fig. 15.4a) se tiene:

$$IA = R - \frac{S}{2}$$

$$ID = R + \frac{S}{2}$$

siendo S la distancia entre ejes de carriles.

De la semejanza de los triángulos IAC e IDF (Fig. 15.4a), se deduce:

$$\frac{IA}{ID} = \frac{AC}{DF}$$

por lo que sustituyendo valores, se obtiene:

$$\frac{r + \gamma y}{r - \gamma y} = \frac{R + S/2}{R - S/2}$$

Es decir,

$$\left(r + \gamma y \right)\left(R - \frac{S}{2} \right) = \left(r - \gamma y \right)\left(R + \frac{S}{2} \right)$$

luego:

$$R = \frac{S.r}{2\gamma y}$$

y puesto que:

$$\frac{1}{R} = -\frac{d^2 y}{dx^2}$$

resulta que la ecuación diferencial del movimiento lateral del eje (llamado *movimiento de lazo*) es:

$$\frac{d^2 y}{dx^2} + \frac{2\gamma y}{Sr} = 0$$

La solución viene dada por la expresión:

$$y = y_0 \mathrm{sen}\sqrt{\frac{2\gamma}{Sr}}x \tag{15.1}$$

la cual pone de manifiesto que el eje de un vehículo sigue una trayectoria sinusoidal (Fig. 15.4c) definida por el desplazamiento transversal y el ángulo de partida (aquí no considerado).

Si se recuerda que en un movimiento oscilatorio la longitud de onda viene dada por la relación:

$$L = 2\pi\sqrt{\frac{S.r}{2\gamma}} \tag{15.2}$$

una aplicación numérica de la precedente expresión para valores de referencia de las variables:

S = 1,5 m
r = 0,45 m
γ = 1/20

conduce a una longitud de onda de 16 metros.

Puede observarse que si la inclinación de los carriles no es 1/20 (caso general en Europa), sino 1/40 (tal como sucede en Alemania), la longitud de onda aumentaría hasta 22 metros.

Si el vehículo se desplaza a la velocidad V, se tendrá:

$$L = V.t = V.\frac{1}{F}$$

luego:

ANÁLISIS CINEMÁTICO DEL MOVIMIENTO DE UN EJE FERROVIARIO

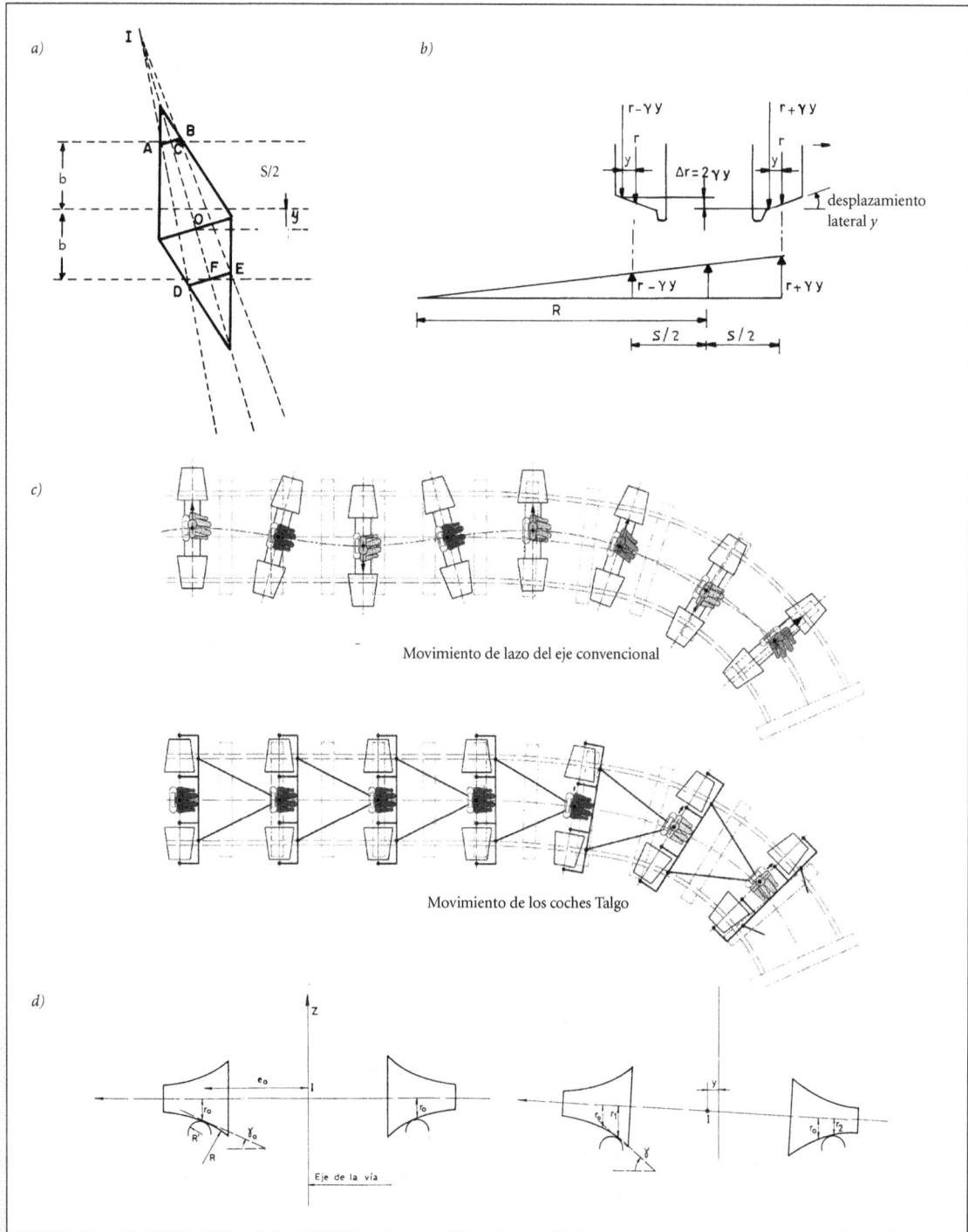

Movimiento de lazo del eje convencional

Movimiento de los coches Talgo

Fuente: Profillidis, Esveld y Talgo

Fig. 15.4

$$F = \frac{V}{L} = \frac{V}{2\pi}\sqrt{\frac{2\gamma}{Sr}}$$

que corresponde a la frecuencia del movimiento de lazo.

Para $\gamma = 1/20$ $(0,05)$; $S = 1,5$ m y $r = 0,5$ m, se obtiene, a una velocidad de 50m/seg (180 km/h), una frecuencia de 2,9 Hz.

Es indudable que el conocimiento de la frecuencia (F) resulta de interés para verificar si coincide o no con alguna de las frecuencias propias del material. En este caso, podría producirse un fenómeno de inestabilidad del vehículo por causa de tener lugar problemas de resonancia.

Desde el punto de vista de la aceleración transversal que ocasionaría el movimiento de lazo (que afectaría al confort del viajero), de las expresiones 15.1 y 15.2 se obtiene:

$$y = y_0 \operatorname{sen}\frac{2\pi}{L}x$$

y puesto que $x = V.t$, resulta:

$$y = y_0 \operatorname{sen}\frac{2\pi V.t}{L}$$

en consecuencia:

$$y' = y_0 \frac{2\pi V}{L}\cos\frac{2\pi V.t}{L}$$

$$y'' = -y_0 \frac{4\pi^2 V^2}{L^2}\operatorname{sen}\frac{2\pi V.t}{L}$$

cuyo máximo corresponde al valor

$$y''_{max} = y_0 \frac{4\pi^2 V^2}{L^2}$$

y sustituyendo el valor de L se obtiene:

$$y''_{max} = y_0 \frac{4\pi^2 V^2}{4\pi^2}\frac{2\gamma}{S.r} = \frac{2V.^2\gamma}{S.r}$$

Se deduce el efecto negativo que tiene el aumento de γ y, en consecuencia, el efecto favorable de una inclinación inicial de los carriles de 1/40 frente a 1/20 a igualdad de velocidad de circulación.

15.3 CONICIDAD EQUIVALENTE

En realidad, el estudio precedente no es más que un análisis simplificado del movimiento de un eje, dado que no se ha tenido en cuenta el perfil real tanto del carril como de la superficie de rodadura en

el momento de calcular el valor de los nuevos radios de los discos de rodadura.

Habitualmente lo que se hace es reemplazar, en la proximidad del contacto rueda-carril, los perfiles reales de rueda y carril por sus círculos osciladores respectivos, de tal manera que el estudio geométrico se reduce a considerar el contacto entre dos perfiles circulares. Se tiene de este modo el esquema de trabajo de la figura 15.4d.

En este supuesto los nuevos radios de rodadura que antes eran, como vimos,

$$r - \gamma_o y$$

$$r + \gamma_o y$$

resultan venir dados por expresiones más complejas.

Matemáticamente:

$$r_1 = r_0 - y\frac{R.\gamma_0}{R - R'}\left[\frac{e_0 + R'\gamma_0}{e_0 - r_0\gamma_0}\right]$$

siendo:

r_0 = radio del círculo de rodadura del eje en posición centrada en la vía

R y R' = radios de curvatura del perfil del bandaje y del carril

e_0 = distancia horizontal entre el centro de inercia del eje y cada punto de contacto.

Nótese entonces que la variación de los radios ($\Delta_r = r_2 - r_1$) que en el primer caso (análisis simplificado) era:

$$\Delta r = \pm 2\gamma_o \cdot y$$

resulta ser, al considerar los perfiles reales de rueda y carril:

$$\Delta r = \pm\frac{2R.\gamma_0 y}{R - R'}\left[\frac{e_0 + R'\gamma_0}{e_0 - r_0\gamma_0}\right] \text{ o bien } \Delta r = \pm 2\gamma_e \cdot y \quad (15.3)$$

siendo:

$$\gamma_e = \pm\frac{\gamma_0 R}{R - R'}\left[\frac{e_0 + R'\gamma_0}{e_0 - r_0\gamma_0}\right] \quad (15.4)$$

recibiendo (γ_e) el nombre de conicidad equivalente, que juega un papel fundamental en la estabilidad de los vehículos como se verá posteriormente.

La expresión 15.3 pone de manifiesto que para un desplazamiento transversal (y) del eje, la variación del radio de rodadura depende de los radios del bandaje y del carril. Ahora bien, por causa del uso, tanto R como R' no permanecen constantes, razón por la cual en función del número de kilómetros recorridos la conicidad equivalente se modifica. ¿En qué forma?

Realmente, lo que tiene lugar es una disminución del radio R del perfil del bandaje (mucho mayor que la correspondiente al carril), pudiendo decirse entonces que γ_e representa, sobre todo, la evolución en el tiempo del perfil de los ejes. De acuerdo con 15.4 y según lo expuesto, γ_e crece con el número de kilómetros recorridos por los ejes.

15.4 MOVIMIENTO DINÁMICO DE UN EJE

El estudio dinámico tiene por finalidad evaluar las fuerzas que tienen lugar en el contacto rueda-carril (Fig. 15.5). Se parte para su realización del hecho de que durante el movimiento de un vehículo sobre una vía no tiene lugar tan sólo un movimiento puro de rotación de ambos cuerpos (rueda y carril), sino que éste va acompañado también de un deslizamiento lateral de la rueda sobre el carril, como se indicó precedentemente.

A este fenómeno se le conoce con el nombre de *pseudodeslizamiento*, para diferenciarlo del deslizamiento por patinaje. Este pseudodeslizamiento tendrá lugar a una cierta velocidad v, con una componente v_x en la dirección longitudinal de la vía y con otra componente v_y, en el sentido transversal de la misma. Se define entonces, [Carter (1926)] como *pseudodeslizamiento* relativo al cociente entre v y la velocidad de movimiento del vehículo a lo largo de la vía (V).

Matemáticamente:

a) Deslizamiento longitudinal reducido

$$\mu_x = \frac{v_x}{V}$$

b) Deslizamiento transversal reducido

$$\mu_y = \frac{v_y}{V}$$

Se aceptó en aquel entonces que para pequeños pseudodeslizamientos se podía admitir la relación:

$$\tau = K.\mu$$

Es decir, proporcionalidad entre las fuerzas tangenciales en el contacto rueda carril y el pseudodeslizamiento.

Desde el primer tercio del siglo XX, numerosos fueron los trabajos realizados para tratar de cuantificar de la forma más precisa las acciones que tenían lugar en el contacto rueda-carril. La formulación propuesta por Kalker en 1967 ha sido considerada hasta el momento actual como la más próxima a la realidad. Un resumen de la misma se describe a continuación.

Como se indicó al exponer las acciones de contacto rueda-carril, a efectos de dimensionar este elemento de la vía (14.1.5) la teoría de Hertz (1880), relativa a la determinación del área de contacto entre dos cuerpos elásticos presionados uno contra otro, establece que dicha área corresponde a una superficie elíptica y cuantifica las tensiones normales y tangenciales en ella.

Sin embargo, de acuerdo con Kalker, la citada elipse de contacto se modifica respecto al cálculo estático anteriormente indicado, cuando tiene lugar el mencionado pseudodeslizamiento, de tal manera que pueden diferenciarse dos áreas (Fig. 15.6).

- Un área de deslizamiento situada en la parte trasera del área de contacto respecto al sentido de movimiento del vehículo.
- Un área de adherencia en la que el deslizamiento es nulo y donde las fuerzas transmitidas por cada punto son inferiores a este límite.

Esta asimetría con relación al eje transversal hace que la resultante de las fuerzas transversales T_y, no pase por el centro de la elipse de contacto (Fig. 15.7) y que aparezca, por tanto, un momento suplementario.

Por otro lado, tiene lugar además del deslizamiento, el giro entre rueda y carril, lo que determina un segundo momento. Este pivotamiento crea, en forma análoga al fenómeno de deslizamiento, una distribución disimétrica de las fuerzas de contacto cuya suma geométrica no es nula. Integrando las tensiones tangenciales sobre el área de contacto Kalker, estableció las relaciones existentes entre las fuerzas, los momentos y los deslizamientos, en la hipótesis de pequeños deslizamientos.

Conocidas las citadas fuerzas y momentos, basta plantear el equilibrio: $\sum F = m.y"$, junto a $M = I. w$. El objeto final es determinar la velocidad de circulación que hace inestable el sistema, que recibe el nombre de *velocidad crítica*.

15.5 MOVIMIENTO CINEMÁTICO DE UN BOGIE

En el caso de un *bogie*, se demuestra que la longitud de onda (λ) del movimiento de lazo viene dada por la expresión:

$$\lambda = 2\pi \sqrt{\frac{r_0.S}{\gamma}\left(1 + \frac{L^2}{S^2}\right)} \qquad (15.5)$$

siendo:

L = semiempate del *bogie*

MOVIMIENTO DINÁMICO DE UN EJE

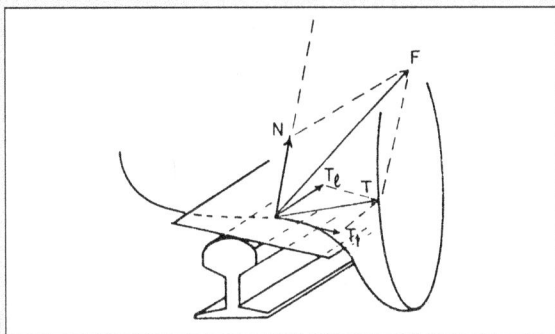

Fuente: SNCF

Fig. 15.5

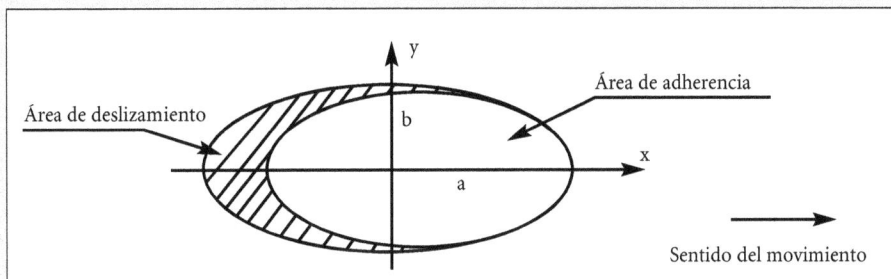

Área de deslizamiento

Área de adherencia

Sentido del movimiento

Fuente: Moreau

Fig. 15.6

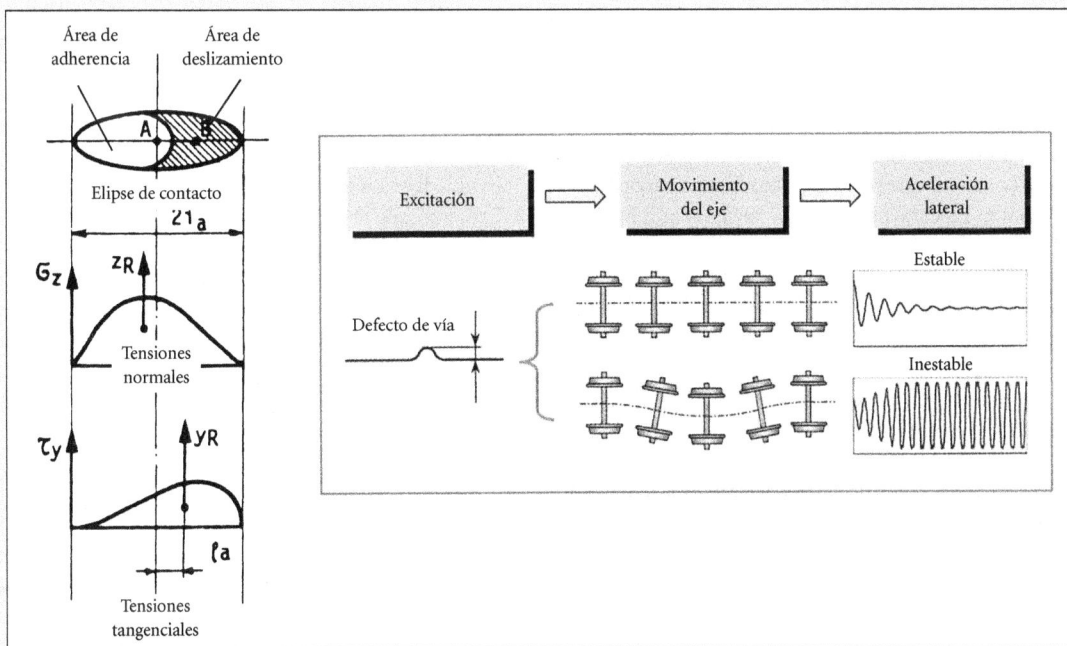

Área de adherencia

Área de deslizamiento

Elipse de contacto

Tensiones normales

Tensiones tangenciales

Excitación

Movimiento del eje

Aceleración lateral

Defecto de vía

Estable

Inestable

Fuente: R. Panagin y O. Polach

Fig. 15.7

S = semiancho de vía

γ = conicidad del bandaje

r = radio del círculo de rodadura de las ruedas en la posición media de los ejes.

Sustituyendo los valores usuales de los parámetros precedentes, por ejemplo, para un *bogie* de las ramas TGV:

L = 1,5 (empate de 3 m)

$S \approx 0,75$ m

γ = 0,025 (perfil nuevo)

r = 0,46 m

resulta una longitud de onda de $\approx$ 55 metros.

A esta longitud de onda corresponde una frecuencia que varía en función de la velocidad. En ciertos casos se pueden encontrar frecuencias más elevadas cuando el perfil de la superficie de rodadura se encuentra desgastado.

15.6 MOVIMIENTO DINÁMICO DE UN *BOGIE*

El mismo razonamiento que se aplicó en el apartado 15.4 para el caso de un eje se utiliza para analizar el comportamiento dinámico de un *bogie* o de un vehículo completo. Sin embargo, la formulación matemática se complica al aumentar el número de grados de libertad: 7 para un *bogie* clásico y 17 para un vehículo sobre dos *bogies*.

En todo caso, se demuestra que si el *bogie* está bien desacoplado de la caja del vehículo, son las características del *bogie* las que condicionan la estabilidad del vehículo. Esta situación se da tanto en los coches modernos como en las ramas de alta velocidad

La experiencia práctica y los cálculos matemáticos han puesto de relieve que para velocidades inferiores a un cierto límite, los desplazamientos laterales de un *bogie* son pequeños. En estas condiciones, Dupuy (1974) proporcionó los siguientes ordenes de magnitud: 3 mm en traslación y 2 ‰ radianes en rotación, lo que conducía a aceleraciones muy moderadas, del orden de 0,3 a 0,5 g.

Sin embargo, cuando la velocidad de circulación supera un determinado límite, los movimientos laterales de un *bogie* se incrementan bruscamente, alcanzando valores de 5 mm en traslación y 6 ‰ radianes en rotación, no amortiguándose el movimiento de lazo.

En estas circunstancias, las pestañas de las ruedas golpean la cara interna de los carriles con una elevada frecuencia (3 a 6 veces por segundo), dando lugar a aceleraciones importantes, que alcanzan valores de hasta 2 o 3 g. El contacto rueda-carril tiene lugar, en ese caso, en dos puntos. La velocidad a la que se produce ese fenómeno se la denomina como velocidad crítica (V_c).

De los distintos estudios realizados sobre la velocidad crítica, se ha podido establecer que la magnitud de la misma depende, entre otros, de los siguientes factores:

$$V_c = f\left(L, \frac{1}{\gamma e}, \frac{1}{M}, \frac{1}{\rho} \right) \tag{15.6}$$

siendo:

L = empate del bogie

γ_e = conicidad equivalente

M = masa total del bogie

ρ = radio de giro del bogie

En relación con el empate del *bogie* y la masa total del *bogie*, resulta de interés mostrar (Fig. 15.8) los resultados que se obtuvieron durante la campaña de ensayos que condujeron a definir las características constructivas del tren francés de alta velocidad (TGV). Nótese el favorable efecto de la reducción del peso y del incremento del empate en el aumento de la velocidad crítica del *bogie*.

En cuanto al efecto del aumento de la conicidad equivalente en la reducción de la velocidad crítica, se comprueba (Fig. 15.9) la notable influencia de este parámetro. Se constata, en efecto, según los estudios franceses, que el paso de una conicidad de 0,05 a otra de 0,20 puede suponer dividir por tres la velocidad crítica del *bogie*. Finalmente, en cuanto a la repercusión del radio de giro, ya se expuso anteriormente, el interés de reducir el término $4M\rho^2/d^2$.

El estudio dinámico de un *bogie* permite conocer la influencia que tienen diversos factores en el esfuerzo transversal ejercido sobre la vía. Esfuerzo que varía con la velocidad de circulación y alcanza su valor máximo para la velocidad crítica. En los estudios realizados se ha puesto de manifiesto que el segundo eje de un *bogie* provoca una mayor solicitación transversal que el primero. Por otro lado, se ha comprobado que el citado esfuerzo aumenta cuando el empate del *bogie* disminuye y también cuando se reduce el radio de las ruedas. Finalmente, la conicidad interviene negativamente en los esfuerzos transversales en la misma forma que lo hace respecto a la velocidad crítica.

15.7 LA CONICIDAD Y LA DINÁMICA TRANSVERSAL DE UN VEHÍCULO

Como se ha expuesto con anterioridad, la conicidad juega un papel fundamental en la estabilidad transversal de los vehículos. Desde esta perspectiva interesa, como se vio, que la conicidad tenga el menor valor posible. Para ello es necesario actuar sobre el diseño recíproco del sistema rueda-carril.

De una forma general pueden diferenciarse dos enfoques: el primero, el de los ferrocarriles franceses: se basa en lograr, en el estado nuevo de ambos elementos (rueda y carril), una conicidad baja (0,025), lo que posibilita la circulación a alta velocidad; el segundo, el de los ferrocarriles alemanes: en donde la conicidad inicial es sensiblemente mayor (0,20), pero no se modifica con el tiempo.

Es de interés señalar que los ferrocarriles franceses adoptan una inclinación del carril sobre la traviesa de 1/20, lo que aleja el punto de contacto sobre la rueda de la zona del acuerdo de la pestaña y proporciona, por tanto, una débil conicidad. Por su parte, la DB, adoptando la inclinación de 1/40 para el carril, aproxima el citado punto de contacto y, en consecuencia, aumenta la conicidad.

La experiencia disponible ha permitido fijar unas recomendaciones en relación con el valor máximo que puede alcanzar la citada conicidad equivalente, en función de la velocidad de circulación de un vehículo, para que el movimiento de los vehículos permanezca estable. Son las siguientes:

Conicidad equivalente límite	Velocidad de circulación (km/h)
0,5	≤ 140
0,4	$140 < V \leq 200$
0,35	$200 < V \leq 220$
0,30	$220 < V \leq 250$
0,25	$250 < V \leq 280$
0,15	$280 < V \leq 350$

En la figura 15.10 se puede comprobar que para velocidades de 200 km/h, cuando la conicidad equivalente supera el valor de 0,4, las aceleraciones transversales en el vehículo se incrementan notablemente y afectan negativamente al confort de los viajeros.

15.8 PRINCIPALES ASPECTOS DEL MOVIMIENTO DE UN VEHÍCULO EN CURVA

En apartados precedentes se han analizado los fenómenos que tienen lugar durante el movimiento de un vehículo por una vía en alineación recta. Las conclusiones más relevantes concernían a la manera de incrementar su velocidad crítica.

Nos proponemos ahora analizar los problemas que presenta la circulación en curva de los vehículos y que condicionan las características de explotación de toda línea ferroviaria porque determinan la velocidad máxima de circulación de aquellos en servicio comercial.

De forma esquemática, los referidos problemas pueden situarse en tres fases, tal como muestra el esquema de la figura 15.11. En la primera fase se establecen las condiciones que deben cumplirse para que un vehículo se inscriba en una curva de radio dado, o bien, cuál es el radio mínimo de la curva que permite la inscripción de un vehículo dado.

En la segunda fase, se efectúa el análisis del estudio del comportamiento del vehículo en curva, obteniéndose como resultado la magnitud de los esfuerzos ejercidos sobre la vía. Por último, en la tercera fase se efectúa la cuantificación de la velocidad máxima de circulación que se puede autorizar en una curva de radio dado.

Es indudable que, en la actualidad, la primera fase no presenta apenas interés, excepto si se está en presencia de vías de acceso a talleres o en situaciones similares. No será abordada en el presente libro; así como tampoco el análisis de los esfuerzos estáticos derivados de dicha inscripción.

En lo que sigue nos centraremos en la evaluación de los esfuerzos ocasionados por la fuerza centrífuga sin compensar y en los generados por causa de los defectos geométricos existentes en la vía.

15.9 DETERMINACIÓN DE LOS ESFUERZOS TRANSVERSALES EJERCIDOS SOBRE UNA VÍA EN CURVA

A partir de los años 50 del siglo XX, el ferrocarril llevó a cabo la puesta a punto de procedimientos de medida directa de los esfuerzos transversales (Y) que tienen lugar durante la circulación por una vía de un vehículo dado. De este modo, las campañas experimentales llevadas a cabo, fundamentalmente por la SNCF, permitieron establecer que de forma práctica el esfuerzo ejercido por un eje sobre la vía (H_s) podía considerarse como suma de dos términos:

$$H_s = H_c + H_a$$

H_c = parte debida a la fuerza centrífuga sin compensar

H_a = componente aleatoria debida a los defectos existentes en la vía.

Para el primer factor (H_c), basta recordar que

$$\gamma_{sc} = (V^2/R) - (h/S)g$$

luego.

$$F_c = m.\gamma_{sc} = (P/g)\gamma_{sc}$$

FORMA TÍPICA DE VARIACIÓN DE LA VELOCIDAD CRÍTICA DE UN *BOGIE* CON EL EMPATE Y EL PESO

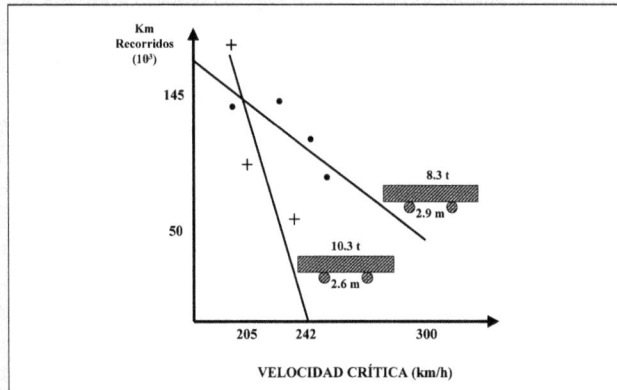

Fuente: SNCF

Fig. 15.8

FORMA TÍPICA DE VARIACIÓN DE LA VELOCIDAD CRÍTICA DE UN BOGIE CON LA CONICIDAD

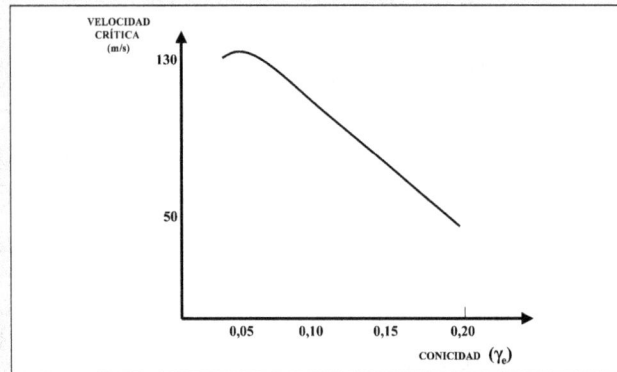

Fuente: SNCF

Fig. 15.9

OSCILACIONES LATERALES DE UN VEHÍCULO EN FUNCIÓN DEL ANCHO DE VÍA Y DE LA CONICIDAD EQUIVALENTE

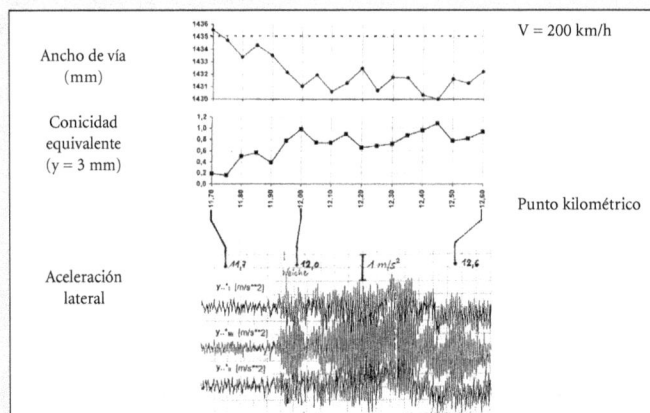

Fuente: Tomada de T. von Madeyski (1999)

Fig.15.10

ASPECTOS FUNDAMENTALES DEL ANÁLISIS DEL MOVIMIENTO DE UN VEHÍCULO EN CURVA

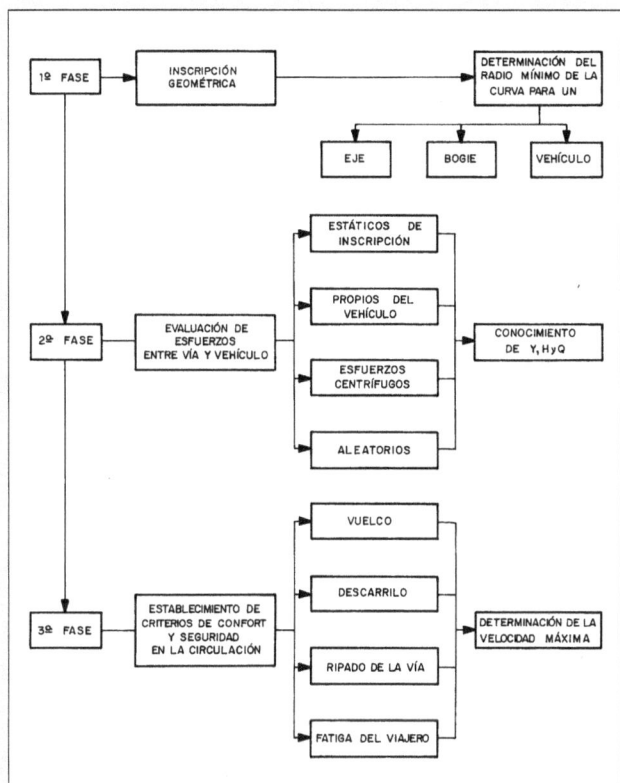

Fuente: A. López Pita (1984)   Fig. 15.11

Por tanto:

$$H_c = \alpha . \left[\frac{PV^2}{127R} - \frac{Ph}{S} \right]$$

siendo:

P = peso por eje (t)

V = velocidad de circulación (km/h)

R = radio de la curva (m)

h = peralte (mm)

S = distancia entre ejes de cabeza de carril (mm)

Con α coeficiente que tiene en cuenta el hecho de que la fuerza centrífuga no compensada no se reparte del mismo modo entre los dos ejes. El valor de α presenta un máximo de 1,1.

En cuanto a H_a, su determinación es mucho más difícil y depende del cociente entre la velocidad de circulación y la velocidad crítica del vehículo. Si dicho cociente es sensiblemente inferior a la unidad, el esfuerzo (H_a) es relativamente pequeño, aunque depende, como es natural, de la calidad de la vía. Por el contrario, si el cociente es superior a 1, es decir, si se sobrepasa la velocidad crítica, los esfuerzos aleatorios son elevados, de carácter sinusoidal y, en general, inaceptables.

En el primer caso, $V << V_c$, las medidas llevadas a cabo en Francia desde la mitad de la década de los años 50 del siglo XX condujeron a las expresiones indicadas en la figura 15.12. Nótese como en un primer tiempo los esfuerzos transversales aleatorios se hacían depender exclusivamente de la velocidad de circulación de los vehículos. Este enfoque fue, por tanto, análogo al efectuado para cuantificar los esfuerzos verticales dinámicos ejercidos sobre la vía, tal como se expreso en el apartado 12.2. Con posterioridad se incorporó el efecto de la calidad geométrica de la vía a través de la definición del indicador U, función de los defectos de alineación y nivelación transversal.

Es importante hacer notar que, por el momento, no ha sido posible establecer una expresión general que relacione el esfuerzo ejercido sobre la vía con las características constructivas de los vehículos y con la calidad de cada vía. Sin embargo, se ha comprobado que la expresión:

$$\frac{PV}{1000}$$

[P peso por eje del vehículo (t) y V velocidad de circulación del mismo (km/h)], constituye un límite superior de los esfuerzos encontrados con los distintos vehículos ferroviarios y sobre diferen-

ESFUERZOS TRANSVERSALES ALEATORIOS DEBIDOS A LA INTERACCIÓN VÍA-VEHÍCULO

1965	$Ha \approx 20\,V \quad (V < 200\text{ km/h})$ Locomotora BB9200
1971	$Ha = 7V + 1500\,(U - 1)$ $U = 2NT + D$ U = indicador de calidad de vía NT = defectos de nivelación transversal D = defectos de alineación transversal
1973	$Ha = \dfrac{0{,}35PV}{1000} + \dfrac{75P\,(U - 1)}{1000}$

U (mm)	CALIDAD DE VÍA
2 a 2,5	Muy buena
3 a 3,5	Buena
4 a 5	Media
6	Mediocre

Fuente: A. López Pita (1984)　　　　　　　　　*Fig. 15.12*

tes vías. No cabe, en consecuencia, asociar la precedente expresión con los esfuerzos ejercidos por ninguna locomotora.

La figura 15.13 visualiza el significado práctico de la expresión precedente.

Conocidos los esfuerzos que los vehículos ejercen transversalmente sobre la vía, deberá comprobarse que su magnitud total resulta inferior a la resistencia lateral de la misma. Matemáticamente:

ALINEACIÓN RECTA

$$\frac{PV}{1000} \leq \text{Resistencia lateral de la vía} \qquad (15.7)$$

ALINEACIÓN CURVA

$$\frac{PV}{1000} + \alpha\left[\frac{PV^2}{127R} - \frac{Ph}{S}\right] \leq \text{Resistencia lateral de la vía} \qquad (15.8)$$

Las precedentes ecuaciones se denominan *ecuación de ripado de una vía*. Nótese en la figura 15.14a que las locomotoras modernas circulando a 200 km/h producen sobre la vía esfuerzos transversales inferiores en un 50% a los que la resistencia lateral de la vía permitiría. Análoga situación se produce con las ramas de alta velocidad a 300 km/h (Fig. 15.14b).

VISUALIZACIÓN GRÁFICA DEL TÉRMINO PV/1000

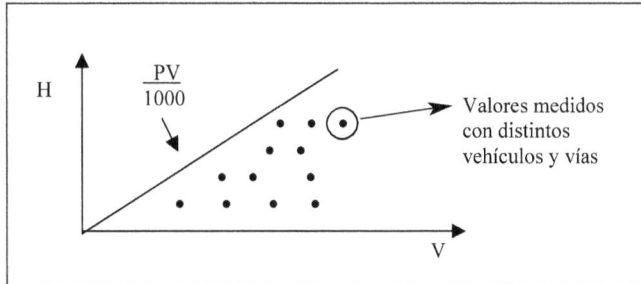

Fuente: Elaboración propia   *Fig. 15.13*

ESFUERZO TRANSVERSAL EJERCIDO POR LA LOCOMOTORA E 120

a)

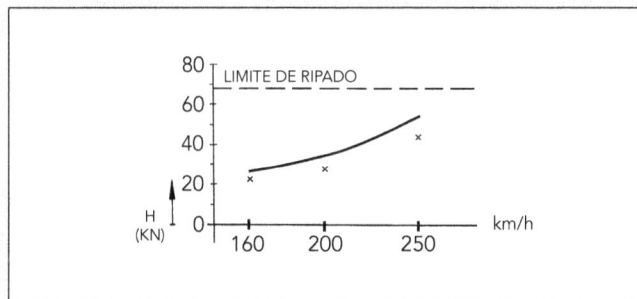

ESFUERZO TRANSVERSAL EJERCIDO POR EL ICE

b)

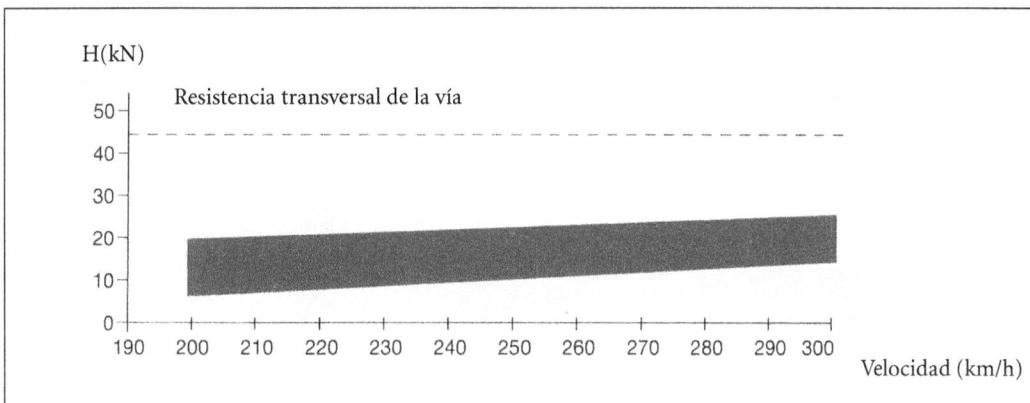

Fuente: DBAG   *Fig. 15.14*

16

ANÁLISIS MECÁNICO DE LA DEFORMABILIDAD DE UNA VÍA SOMETIDA A ESFUERZOS TRANSVERSALES

El conocimiento de la deformabilidad de una vía bajo la acción de esfuerzos transversales constituye la base para autorizar la circulación de un vehículo por una vía a una determinada velocidad. Se establece para ello la condición denominada habitualmente de *ripado*, que compara las solicitaciones transversales ejercidas por el material ferroviario con la capacidad resistente de la vía frente a dichos esfuerzos.

El problema del ripado de una vía fue estudiado ampliamente a partir de los años 50 del siglo XX. El enfoque teórico de la fuerza lateral máxima que puede aplicarse transversalmente a una vía, sin que ésta experimente deformaciones permanentes, presenta notable complejidad (especialmente hace más de cuatro décadas) con los métodos de cálculo disponibles en aquel entonces. Por ello la investigación ferroviaria se centró en llevar a cabo numerosas experiencias prácticas, tanto en laboratorio como en vía, con:

- Diferentes configuraciones estructurales
  - Tipos de carril
  - Naturaleza y separación entre traviesas
  - Características de la capa de balasto (granulometría, espesor, anchura y elevación de la banqueta, etc.)

- Diferentes solicitaciones exteriores
  - Cargas verticales
  - Acciones transversales de diferente magnitud. Frecuencia de aplicación, etc.

tratando de analizar y cuantificar la repercusión de una u otra configuración:

De forma intuitiva, se comprende que la deformabilidad transversal de la vía, bajo la acción de una carga puntual, debe presentar un comportamiento similar, en cuanto a longitud de vía afectada, que bajo la actuación de una sobrecarga vertical, en donde el número de traviesas que soportaban dicho esfuerzo era del orden de 5 a 7. Los resultados obtenidos, [Pandolfo (1976)] confirmaron en la práctica la citada intuición. En consecuencia, en numerosas administraciones ferroviarias se llevaron a cabo ensayos de resistencia lateral considerando en laboratorio o *in situ* secciones de vía de longitud comprendida entre 8 y 12 m.

Para el análisis de la deformabilidad lateral de la vía, dos situaciones han sido consideradas: la primera corresponde al caso de no existir cargas verticales, lo que indudablemente simplifica el ensayo, por un lado, y por otro es suficiente para cuantificar la influencia de las características estructurales de la vía; la segunda corresponde a una mejor aproximación a la realidad, consistiendo en aplicar simultáneamente esfuerzos verticales y transversales. Ambas situaciones, denominadas *vía descargada* y *vía cargada*, se analizan a continuación.

16.1 VÍA DESCARGADA

El procedimiento de análisis es similar en todos los casos, indicándose en la figura 16.1 un dispositivo típico de medida, basado en la utilización de gatos hidráulicos para la transmisión de esfuerzos laterales. El proceso consiste en registrar la ley de variación entre el esfuerzo transversal (H) y el desplazamiento producido (δ); esta relación, en su forma general (Fig. 16.2), es análoga para cualquier configuración estructural y estado de cargas. Utilizando las distintas configuraciones posibles se han llegado a poner de manifiesto los hechos indicados en el siguiente apartado.

DISPOSITIVO DE MEDIDA DE LA RESISTENCIA LATERAL DE UNA VÍA

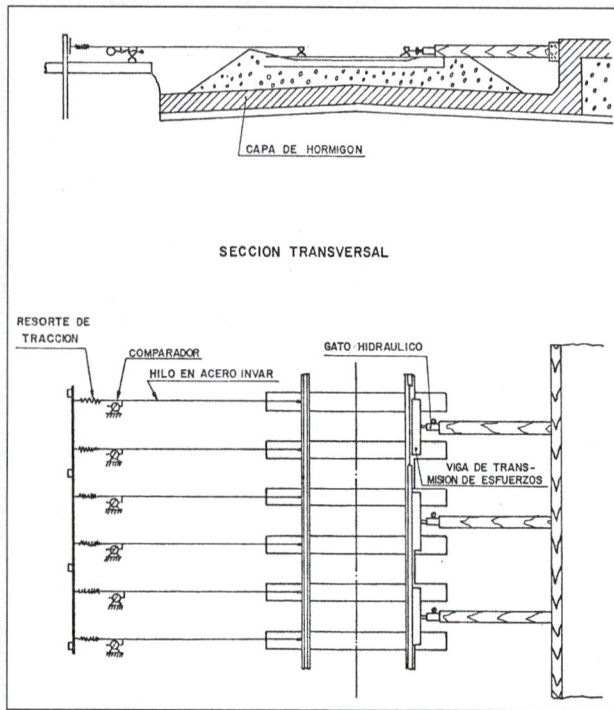

CAPA DE HORMIGON

SECCION TRANSVERSAL

RESORTE DE TRACCION

COMPARADOR
HILO EN ACERO INVAR

GATO HIDRAULICO

VIGA DE TRANS-MISION DE ESFUERZOS

Fuente: UIC

Fig. 16.1

FORMA GENERAL DEL DESPLAZAMIENTO LATERAL DE UNA VÍA

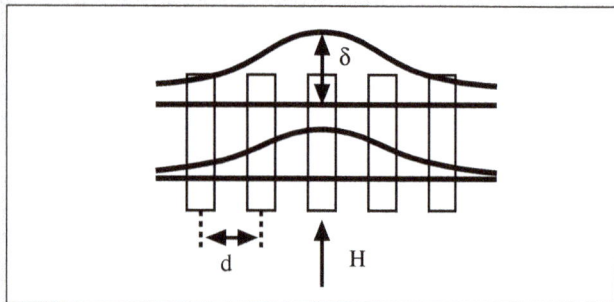

δ

d

H

Fuente: UIC

Fig. 16.2

INFLUENCIA DEL TIPO DE TRAVIESA EN LA RESISTENCIA LATERAL DE UNA VÍA

a)

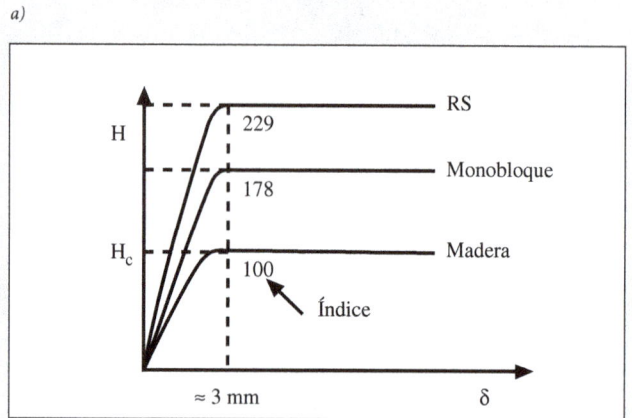

H

H_c

229 RS

178 Monobloque

100 Madera

Índice

≈ 3 mm

δ

INFLUENCIA DEL PERFIL DE BALASTO Y DE LA SEPARACIÓN DE LAS TRAVIESAS EN LA RESISTENCIA LATERAL DE LA VÍA (ENSAYOS SNCF)

b)

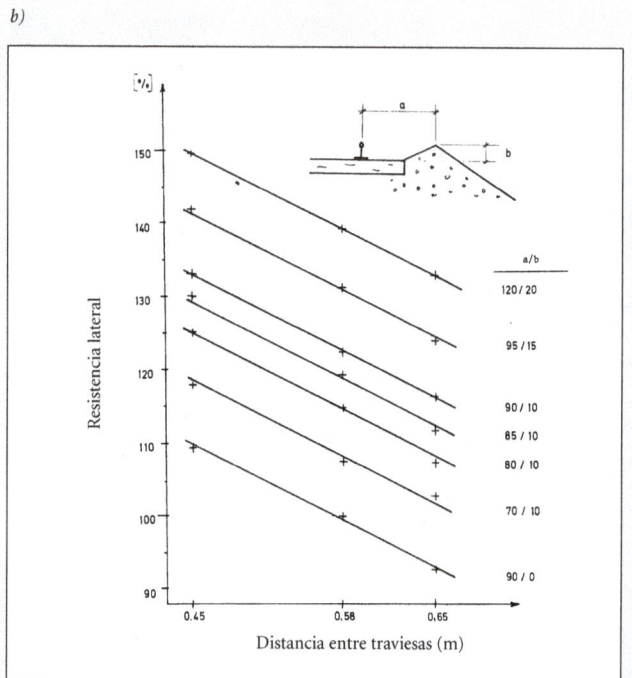

[%]

Resistencia lateral

a/b

120 / 20

95 / 15

90 / 10

85 / 10

80 / 10

70 / 10

90 / 0

Distancia entre traviesas (m)

Fuente: SNCF

Fig. 16.3

16.1.1 Influencia de los componentes de la superestructura ferroviaria y de la capa de balasto

Influencia del carril

El aumento del peso por metro lineal del carril, en el intervalo normal de 45 a 60 kg/ml, no tiene apreciable influencia en la resistencia lateral de la vía.

Influencia de las traviesas

Son dos los factores fundamentalmente analizados: el tipo de traviesa y su configuración (madera u hormigón, monobloque o bibloque, etc.) y la separación entre dos traviesas consecutivas.

En la figura 16.3a se muestra la influencia de los principales tipos de traviesas, poniéndose de relieve que la traviesa bibloque (RS) es, bajo este aspecto, la que presenta una mayor resistencia a ser desplazada. Debe notarse el hecho de que el peso de las traviesas no es el único factor que contribuye a la resistencia, pues de acuerdo con los valores normales:

– Traviesa de madera 80 kg
– Traviesa RS 180 kg
– Traviesa de hormigón monobloque 300 kg/400 kg

no se justificarían los resultados de la citada figura 16.3a. Se indica, en este sentido, que en la existencia de cuatro caras en la traviesa RS, frente a las dos habituales, en el resto de las traviesas, parecería residir la explicación de su mayor resistencia, dado que de este modo debe vencerse la superior coacción frontal de la capa de balasto.

Si se toma la traviesa de madera, por ser la de menor resistencia transversal como referencia (índice 100), puede estimarse la influencia relativa del tipo de traviesa por los índices mostrados en la citada figura 16.3a, es decir, 178 para traviesas de hormigón monobloc y 229 para traviesas bibloque.

En cuanto a la influencia de la separación entre traviesas, de acuerdo con los resultados de la figura 16.3b, puede suponerse una dependencia lineal con el número de traviesas por unidad de longitud de vía. Matemáticamente:

$$H_{di} = H_{dj} \cdot \frac{d_j}{d_i}$$

siendo H_{di} la resistencia transversal de una vía con traviesas colocadas a la distancia d_j, con $d_i < d_j$ respecto a la resistencia transversal H_{dj}.

Influencia del balasto

Son varios los factores que de forma individualizada pueden analizarse: tamaño de las partículas, y alargamiento y elevación de la banqueta, entre otros. En cuanto al primero, los ensayos SNCF mostraron que el paso de una granulometría de 20×60 mm a otra de 80×150 mm significaba un aumento de un 20% en la resistencia lateral de la vía, aun cuando este mayor tamaño dificultaba el proceso de compactación de la capa de balasto.

En cuanto al alargamiento y elevación de la banqueta, se comprende intuitivamente el importante papel que desempeña la zona de banquetas en la resistencia lateral de la vía. En la figura 16.3b se muestra la repercusión cuantitativa de diferentes configuraciones de la capa de balasto. En general, una anchura de la banqueta, del orden de 0,9 a 1 m, medida desde el carril, puede considerarse adecuada.

16.1.2 Influencia de las operaciones de conservación

Como resulta bien conocido, la recuperación de la calidad geométrica de la vía se consigue, en la práctica, mediante la intervención de las máquinas de bateo. Si desde el punto de vista geométrico su actuación es satisfactoria, desde la óptica de la resistencia lateral su repercusión es de lo más negativo, al reducir su valor (índice 100) hasta un índice 30 a 50 (Fig. 16.4). Eso significa que, a pesar de la energía de compactación producida por los bates, la consolidación conseguida en la capa de balasto es sensiblemente inferior a la que se obtiene por la actuación repetida de las cargas de tráfico, tal como se deduce de la figura 16.5a. Desde el punto de vista práctico, dicha reducción de resistencia llevaría consigo teóricamente una disminución de la velocidad máxima que puede autorizarse a los distintos vehículos durante su circulación, tal como se deduciría de la aplicación práctica de las expresiones 15.7 y 15.8.

Precisamente para evitar la citada reducción de velocidad, sobre todo en líneas de marcha rápida, hace unos años (mediados de la década de 1970 a 1980) se puso a punto un dispositivo mecánico denominado *estabilizador dinámico* que consigue reducir parcialmente el efecto negativo, en la óptica de la resistencia lateral de la vía, producido por el bateado de la vía, incrementando de forma inmediata la resistencia frente a esfuerzos transversales en aproximadamente un 35% (Fig. 16.5b). El estabilizador dinámico fue presentado por la casa Plasser, fabricante de material para conservación y renovación de vía, en 1975. Se trataba de un vehículo a ejes, con empate final de 8 m y equipado (Fig. 16.6) con dos vibradores excéntricos acoplados que producían una vibración horizontal sobre la vía de frecuencia comprendida entre 25 y 35 Hz. De acuerdo con los ferrocarriles holandeses, valores inferiores a 25 Hz no tienen influencia sensible en la resistencia lateral, y por encima de

REDUCCIÓN DE LA RESISTENCIA LATERAL DE LA VÍA POR OPERACIONES DE CONSERVACIÓN

a)

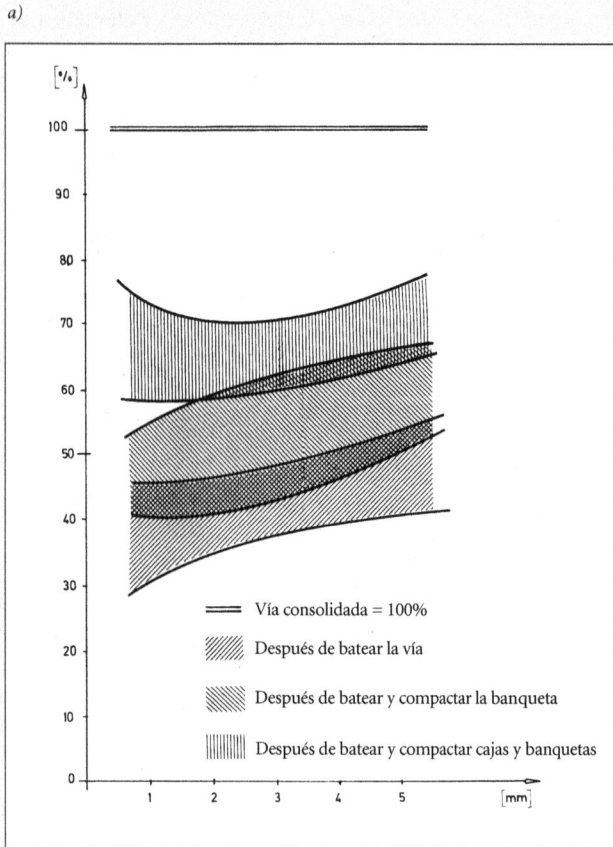

Vía consolidada = 100%

Después de batear la vía

Después de batear y compactar la banqueta

Después de batear y compactar cajas y banquetas

Fuente: UIC

Fig. 16.4

REDUCCIÓN DE LA RESISTENCIA LATERAL DE LA VÍA POR OPERACIONES DE BATEO (ENSAYOS SNCF)

a)

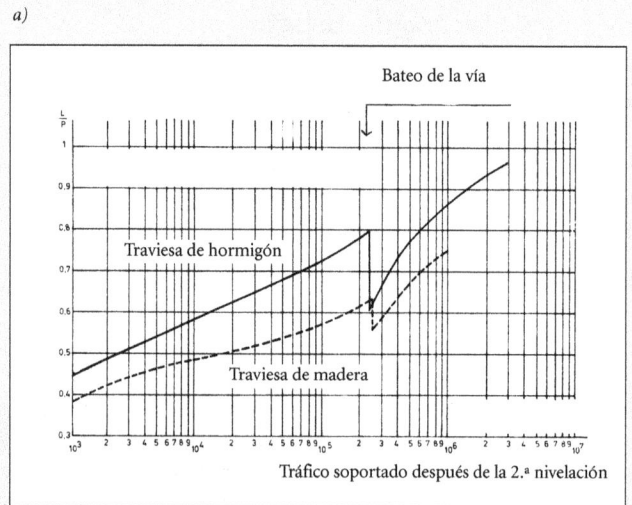

Bateo de la vía

Traviesa de hormigón

Traviesa de madera

Tráfico soportado después de la 2.ª nivelación

INFLUENCIA DEL ESTABILIZADOR DINÁMICO EN LA RESISTENCIA LATERAL DE UNA VÍA

b)

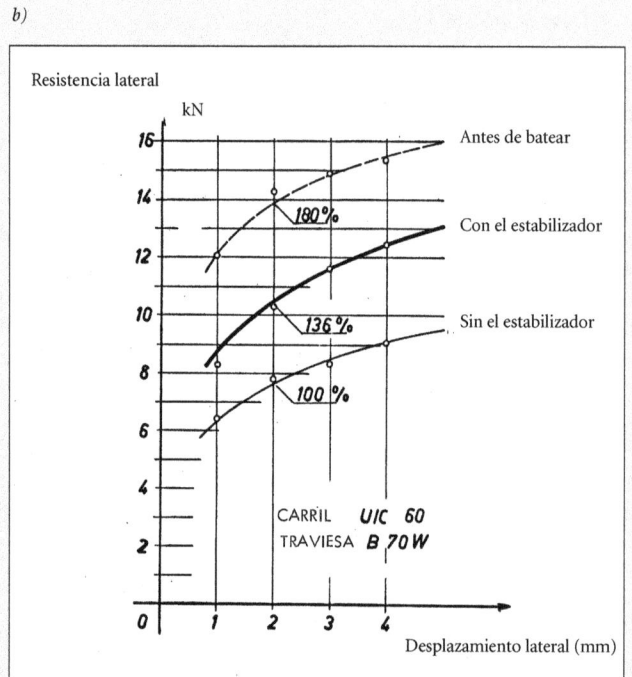

Resistencia lateral

kN

Antes de batear

180%

Con el estabilizador

136%

Sin el estabilizador

100%

CARRIL   *UIC 60*
TRAVIESA   *B 70W*

Desplazamiento lateral (mm)

Fuente: Riessberger

Fig. 16.5

35 Hz no hay variaciones relativas sensibles. Durante la vibración, los carriles están cogidos entre rodillos-horizontales y verticales, y la vía es presionada hacia abajo.

En la figura 16.7a y 16.7b se muestra de forma simultánea la influencia del bateo de la vía y del posterior paso del tráfico en la resistencia lateral de la misma. Cuando una vía se encuentra sometida a la explotación normal y ha pasado un tráfico suficiente (> 1 millón de toneladas brutas), su resistencia lateral es máxima (índice 100). La actuación de las máquinas de bateo reduce la citada resistencia a índices próximos a 35. En paralelo, la calidad geométrica de la vía aumenta considerablemente, al reducirse de forma sensible la magnitud de los defectos existentes en su geometría. Iniciado de nuevo el proceso de explotación comercial de la vía considerada, la resistencia lateral aumenta de forma progresiva. Al mismo tiempo, la calidad geométrica de la vía va reduciendo sus prestaciones.

La actuación del estabilizador dinámico inmediatamente después de batear la vía provoca dos efectos: el primero, un incremento de la resistencia lateral de la vía (Fig. 16.7a y 16.7c); el segundo, una pérdida inicial de la calidad que tenía la vía después del bateo (Fig. 16.7b y 16.7d). Debe subrayarse que el deterioro que el estabilizador dinámico provoca en la vía es inferior al deterioro que provocaría el paso del tráfico necesario (≈ 60 a 80.000 toneladas) para conseguir análoga resistencia lateral.

En todo caso y como se pone de manifiesto en la figura 16.7b, la calidad geométrica de una vía estabilizada se mantiene mejor que si no se aplica el estabilizador dinámico, bajo la acción del tráfico que circula por la línea. Este hecho se observa con mayor claridad en la figura 16.8, [Grabe et al. (1997)] y en la figura 16.9, [Lichtberger (2001)]. Se demuestra, por tanto, el interés económico de utilizar el estabilizador dinámico considerando el ciclo completo de vida de las vías de ferrocarril.

ESTABILIZADOR DINÁMICO DE LA VÍA

Fuente: Plasser

Fig.16.6

INFLUENCIA DEL BATEO DE LA VÍA Y DEL ESTABILIZADOR
DÍNAMICO EN LA RESISTENCIA LATERTAL Y EN LA CALIDAD
DE VÍA

a)

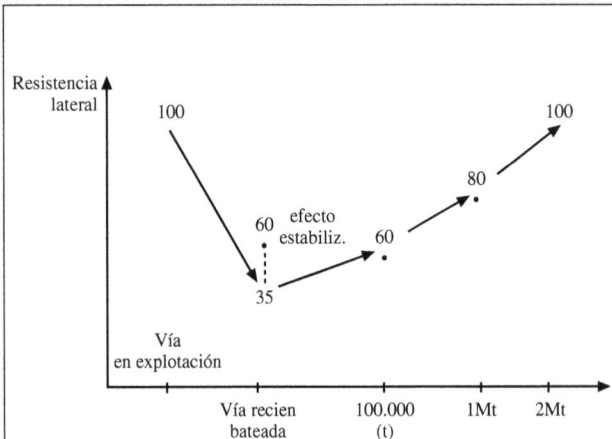

b)

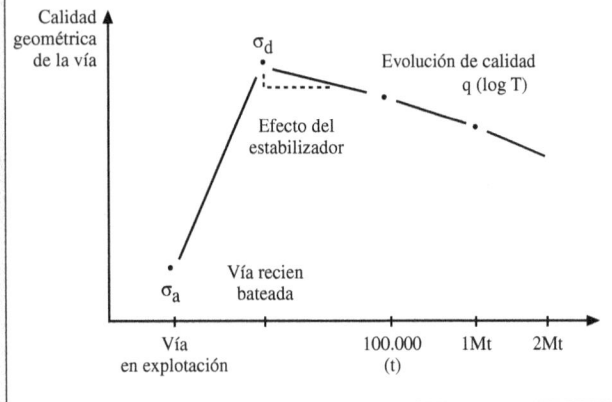

INFLUENCIA DEL ESTABILIZADOR DINÁMICO
EN LA RESISTENCIA LATERAL DE LA VÍA (LÍNEA HANNOVER-
WÜRZBURG)

c)

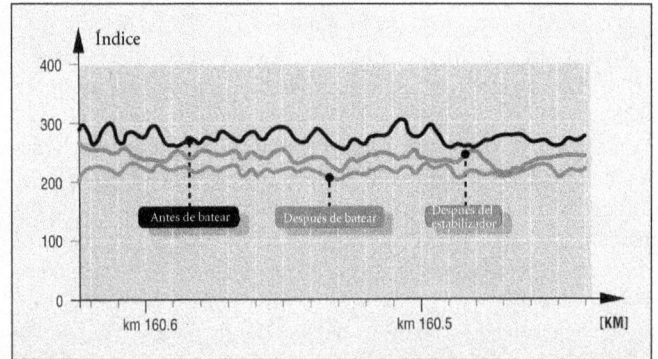

INFLUENCIA DEL ESTABILIZADOR EN LA CALIDAD INICIAL
DE LA VÍA

d)

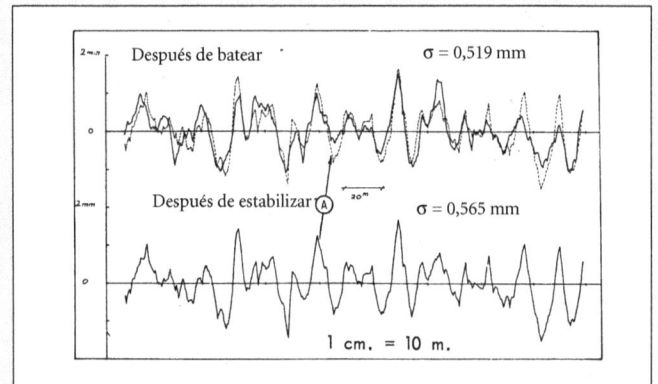

Fuente: A. López Pita, Plasser y Janin

Fig. 16.7

INFLUENCIA DEL ESTABILIZADOR DINÁMICO EN LA EVOLUCIÓN DE LA CALIDAD GEOMÉTRICA DE UNA VÍA

Defectos de nivelación longitudinal

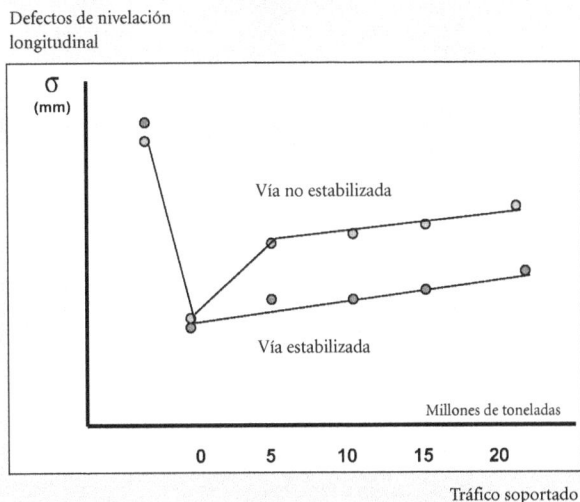

Fuente: Grabe et al. (1997)   Fig. 16.8

EVOLUCIÓN DE LA NIVELACIÓN LONGITUDINAL EN FUNCIÓN DE LA APLICACIÓN O NO DEL ESTABILIZADOR DINÁMICO

Defectos de nivelación longitudinal

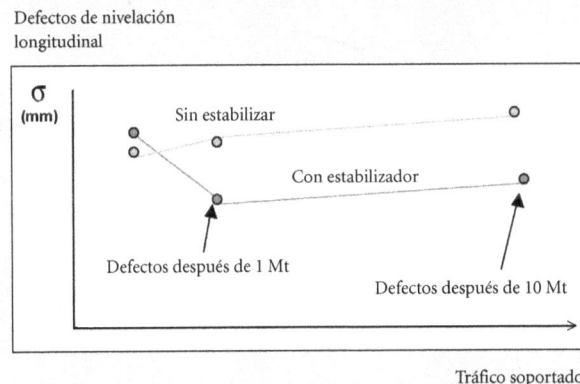

Fuente: Lichtberger (2001)   Fig. 16.9

16.2 VÍA CARGADA

16.2.1 Fórmula de Prud'homme

El sistema de ensayos que hemos indicado en la figura 16.1 constituye un procedimiento rápido y eficaz para apreciar la repercusión de los principales factores en la resistencia transversal de la vía. Sin embargo, si lo que se desea es encontrar el valor del esfuerzo lateral (H) máximo admisible por la vía sin deformaciones permanentes, resulta preciso considerar la situación realmente existente en ella, es decir, la actuación conjunta y simultánea de una carga vertical (el peso del propio vehículo) y de una carga lateral.

Para poder reproducir dichas condiciones, la SNCF puso a punto hace más de cuarenta años un vagón especial denominado *descarrilador*, que estaba formado por tres ejes, de los cuales el central tenía por objeto permitir la aplicación, mediante un dispositivo especial, de esfuerzos variables a voluntad tanto verticales como transversales (Fig. 16.10a).

El proceso operativo de las medidas efectuadas, inicialmente por la SNCF y luego por otras redes, consistió en la obtención, en primer lugar, de la ley gráfica de variación entre el esfuerzo transversal aplicado (H) y el desplazamiento máximo (δ) producido. Dicha ley de variación se obtuvo para distintos esfuerzos verticales por eje (P) aplicados sobre la vía.

El gráfico de la figura 16.10b pone de manifiesto la forma de variación de H con δ, independientemente del esfuerzo vertical P aplicado. De este gráfico es posible deducir, como conclusión inicial, que es plausible definir un valor límite H_c, por encima del cual la deformación máxima crece rápidamente para pequeños incrementos de H. Por otro lado, de los resultados obtenidos con diferentes esfuerzos verticales P, Prud'homme (1967) pudo relacionar H_c y P, por medio de una expresión del tipo:

$$H_c = 1 + \alpha P \tag{16.1}$$

siendo $\alpha \approx 0,25$ y viniendo expresados H_c y P en Tm.

Una vez obtenida la variación del esfuerzo transversal H, con el desplazamiento máximo δ, el desarrollo de la investigación se centró en conocer la relación de dependencia existente entre el desplazamiento residual δ, después de aplicar un esfuerzo constante H, y el número de ciclos N de aplicación de este esfuerzo (Fig. 16.10c).

Como resultado de este proceso experimental, desarrollado en forma análoga al realizado para establecer la relación entre H_c y P, se obtuvieron unas relaciones del tipo indicado en la figura 16.10c. En ellas puede verse que en las curvas que Prud'homme, denominaba del tipo A_1 y A_2, la deformación residual tendía a estabilizarse después de un cierto número de ciclos de aplicación de la carga. Estas curvas correspondían al caso en que el esfuerzo transversal H

MEDIDA DE LA RESISTENCIA LATERAL DE UNA VÍA CARGADA

a) Vagón descarrilador

Vía de referencia

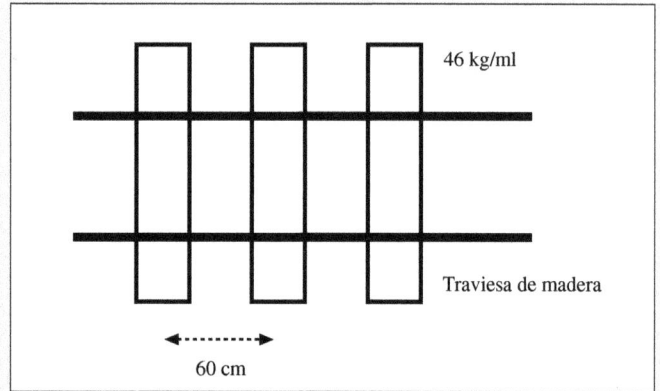

46 kg/ml

Traviesa de madera

60 cm

b) Primer ciclo de carga

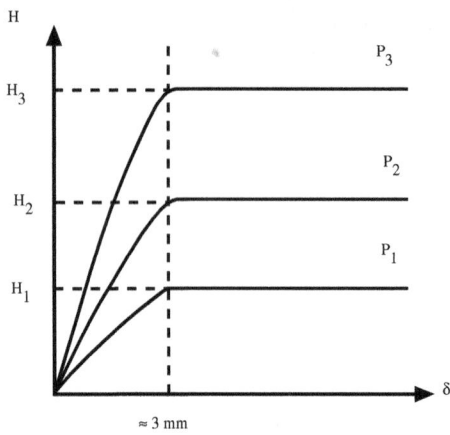

c) N ciclos de carga

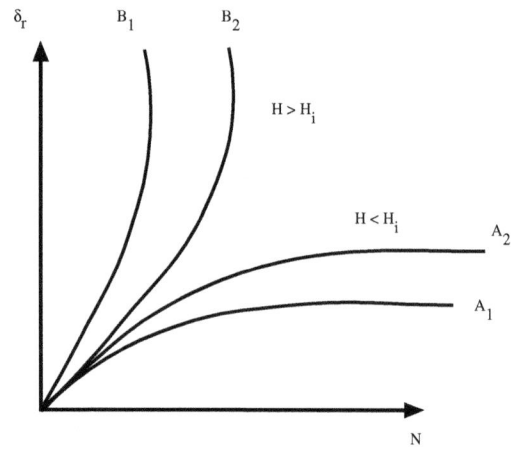

H H_3 P_3 H_2 P_2 H_1 P_1 $\approx 3\ mm$ δ

δ_r B_1 B_2 $H > H_i$ $H < H_i$ A_2 A_1 N

$$H_{\text{CRÍTICA}} \approx \alpha \ \left(1 + \frac{P}{3}\right)$$

$\alpha = 0,8\ a\ 0,9$ Traviesas de madera

$\alpha = 1,5$ Traviesas de hormigón

$$H_{(T)} = H_{\text{CRÍTICA}} \cdot f(T)$$

Fuente: A. López Pita. Foto SNCF

Fig. 16.10

aplicado a la vía era de pequeña magnitud. Por el contrario, a partir de un cierto valor de H, la deformación residual crecía de forma progresiva con el número de ciclos de carga (curvas B). Ese valor de H se denomina *esfuerzo crítico* y se representa con la letra L.

A pesar de la fuerte dispersión existente en los resultados obtenidos para L, con cada esfuerzo vertical P, fue posible establecer una relación entre ambas variables del tipo:

$$L = 1 + \beta\, P \qquad (16.2)$$

siendo $\beta \approx 0{,}25$.

Comparando los resultados obtenidos para H_c y L, se puede concluir señalando que la definición de esfuerzo crítico puede efectuarse bien a partir del gráfico de la figura 16.10b, bien a partir del gráfico de la figura 16.10c, puesto que ambos procedimientos proporcionan valores similares para dicho esfuerzo.

Los estudios experimentales que acabamos de exponer fueron realizados inicialmente en una vía especial de ensayo en Vitry-sur-Seine, con objeto de evitar las dificultades que un estudio análogo presentaba en el caso de una vía sometida a la explotación comercial. Sin embargo, posteriormente, fueron efectuados ensayos análogos en vías comerciales.

En particular, las medidas efectuadas en la línea París-Bale pusieron de manifiesto que inmediatamente después de batear una vía era posible establecer la siguiente relación entre L y P

$$L = 1{,}24 + 0{,}31\, P$$

siendo expresados L y P, esfuerzo crítico y carga vertical respectivamente en Tm.

Dado que la ecuación precedente era tan sólo aproximada, la SNCF adoptó una fórmula análoga, pero más simple:

$$L = 1 + \frac{P}{3} \qquad (16.3)$$

la cual se refiere a las siguientes condiciones:

- Vía en alineación recta, con carril de 46 kg/ml y traviesas de madera espaciadas 60 cm (denominada *vía de referencia*)
- Vía recién nivelada por el procedimiento de *souflage* (inyección de balasto)
- Velocidad máxima de 60 km/h durante la aplicación del esfuerzo transversal.

La expresión precedente (16.3) ha sido generalizada después de múltiples ensayos efectuados, entre otras redes por la SNCF, DB y NS, en la forma:

$$L = \alpha\left[1 + \frac{P}{3}\right] \qquad (16.4)$$

siendo α un coeficiente que depende fundamentalmente del tipo de traviesa y toma los siguientes valores:

$\alpha \approx 0{,}8$ a $0{,}9$ para traviesas de madera

$\alpha \approx 1{,}5$ para traviesas de hormigón bibloque

La expresión anterior se conoce habitualmente como fórmula de Prud'homme.

Es importante señalar que 16.3 y 16.4 se refieren a vías recién bateadas, es decir, de acuerdo con lo indicado precedentemente, a vías con la menor resistencia lateral. El paso del tráfico (T) origina un crecimiento de la resistencia siguiendo una ley de tipo logarítmico. Los ensayos realizados permitieron a Prud'homme establecer una forma general de variación de la resistencia lateral de una vía con traviesas de hormigón, utilizando la expresión:

$$L = \left(P + 6\right)\left(0{,}23 + 0.07\log\frac{T}{1000}\right) \qquad (16.5)$$

La sustitución de los valores del tráfico (T) para diferentes escenarios posibles proporciona los siguientes índices de referencia.

RESISTENCIA LATERAL (ÍNDICE)	TRÁFICO SOPORTADO (TONELADAS)
100	Nulo (Vía recién bateada)
154	60.000
161	100.000
170	200.000
182	500.000
191	1.000.000

Las magnitudes precedentes ponen de relieve que la vía se encuentra completamente consolidada (resistencia lateral máxima) cuando ha soportado, desde la última operación de bateo, un tráfico bruto en torno a un millón de toneladas. Portefaix (1978) señaló que una vía recién bateada, para $P = 17$ t, tenía una resistencia transversal de 68 KN, y cuando estaba consolidada alcanzaba el valor de 125 KN.

16.2.2 Aplicación práctica de la ecuación de ripado de una vía

Conocida la resistencia lateral de una vía que de forma práctica se supone igual a:

$$H = 0{,}8 + \frac{P}{3} \quad \text{Vía con traviesas de madera} \qquad (16.6)$$

$$H = 1,5 + \frac{P}{3} \quad \text{Vía con traviesas de hormigón} \tag{16.7}$$

resulta posible plantear en términos globales las ecuaciones 15.7 y 15.8 antes señaladas.

Para la situación de una vía en curva, que es el caso más desfavorable, se tendrá, en el supuesto de existir traviesas de hormigón:

$$\frac{PV}{1000} + \alpha\left(\frac{PV^2}{127R} - \frac{Ph}{S}\right) \leq \left(1,5 + \frac{P}{3}\right) \tag{16.8}$$

Esta expresión corresponde, como hemos indicado, a la resistencia lateral de una vía inmediatamente después de ser bateada. De ella resulta posible deducir la velocidad máxima de circulación de un vehículo de peso por eje P, por una curva de radio R y peralte h, por causa de la resistencia lateral de la vía.

Para una rama de alta velocidad como el AVE o el TGV, con un peso por eje de 170 KN, el límite de Prud'homme de los esfuerzos transversales se sitúa en torno a 67 KN [aplicación del criterio 10 + (P/3)]

Es de interés recordar que con ocasión de la circulación a 515 km/h en 1990, el TGV francés produjo sobre la vía un esfuerzo transversal máximo del citado eje igual a 48 KN, es decir, el 85% del esfuerzo límite. En todo caso se quedó muy alejado de la resistencia transversal de la vía, estimada en 120 KN.

En la figura 15.11 se indicó que la velocidad máxima de circulación de un vehículo venía condicionada por los cuatro criterios siguientes:

- Fatiga del viajero
- Ripado de la vía
- Descarrilamiento del vehículo
- Vuelco del vehículo

Como se expondrá posteriormente, los dos últimos factores y especialmente el último, vuelco del vehículo, corresponden a situaciones poco habituales. En consecuencia, resulta posible considerar de forma simultánea:

1) Los condicionantes de velocidad que se derivan del confort del viajero
2) Los condicionantes de velocidad que se derivan de la resistencia lateral de la vía (ripado)

Matemáticamente:
a) Confort del viajero

$$\gamma_{sc} = \frac{V^2}{R} - \frac{h}{S} g; \quad I = \gamma_{sc} \frac{S}{g};$$

$$\gamma_{\text{viaj}} = \gamma_{sc}(1 + \theta) + \gamma_{\text{defectos de vía}}$$

b) Resistencia lateral de la vía

$$\frac{PV}{1000} + \frac{P}{g}\gamma_{sc} \leq \left(1,5 + \frac{P}{3}\right) \tag{16.9}$$

O bien, dada la relación existente entre γ_{sc} e I,

$$\frac{PV}{1000} + \frac{Pl}{S} \leq \left(1,5 + \frac{P}{3}\right) \tag{16.10}$$

De las expresiones indicadas en a), se deduce:

$$I = f(\gamma_{\text{viaj}}, \vartheta, \gamma_{\text{defectos de vía}})$$

Es decir, que la insuficiencia de peralte admisible depende: del límite de confort aceptable por el viajero (γ_{viaj}); del coeficiente de flexibilidad de la suspensión de los vehículos (θ) y de la magnitud de los defectos geométricos existentes en la vía.

En consecuencia, fijados γ_{viaj} (por criterio de confort) y θ (por construcción del vehículo), el valor máximo de I vendrá determinado por la calidad de la vía. En este ámbito, ya señalamos que mientras los ferrocarriles franceses admitían para I valores máximos de 160 mm y excepcionalmente de 180 mm, otros ferrocarriles europeos se limitaban a aceptar valores de I comprendidos entre 110 y 155 mm.

Si se despeja la velocidad de 16.10, para vía de ancho internacional ($S = 1500$ mm) y vía de traviesas de hormigón (coeficiente 1,5), se obtiene:

$$V = \left(500 + \frac{2250}{P} - I\right)\frac{1}{1,5} \tag{16.11}$$

Por tanto, se comprende que al aumentar la velocidad de circulación, deba disminuirse el peso por eje de los vehículos, así como la insuficiencia de peralte.

Por experiencia práctica, se sabe que vehículos con $P = 20$ a 22 t/eje circulan a 200 km/h, por alineaciones adecuadas, sin constatarse problemas de ripado o de falta de resistencia lateral de la vía.

En este caso, la expresión 16.11 proporciona el siguiente valor de I:

$$200 = \left(500 + \frac{2250}{20} - I\right)\frac{1}{1,5}$$

luego:

$$I = 312 \text{ mm}$$

Para velocidades más elevadas, por ejemplo, 270 km/h, la expresión 16.11 nos daría la relación que debería existir entre P e I:

$$I = \frac{2250}{P} + 50$$

Cabe preguntarse si puede existir alguna orientación en relación al valor de P para la circulación a alta velocidad. Pensamos que la ecuación de ripado en alineación recta proporciona un posible orden de magnitud. En efecto, si, como se ha expuesto, un límite superior de los esfuerzos laterales viene dado por la relación:

$$\frac{PV}{1000}$$

parece razonable adoptar la hipótesis de que ese límite tenga análogo valor para las condiciones de explotación de las líneas convencionales ($P = 20$t/eje y $V = 200$ km/h) y para las de alta velocidad ($V = 270$ km/h). De este modo, cabría esperar que las necesidades de mantenimiento de la vía, en el ámbito transversal, fuesen parecidas. Matemáticamente:

$$\frac{PV}{1000} \approx \frac{P'V'}{1000}$$

luego:

$$P' \approx \frac{22 \text{ t/eje} \cdot 200 \text{ km/h}}{270 \text{ km/h}}$$

de donde:

$$P' \approx 16 \text{ t/eje}$$

Como se ha expuesto (ver Cap. 5), el valor del peso por eje en las ramas de alta velocidad, con tracción concentrada, se sitúa en torno a 17 t, próximo al valor deducido con el razonamiento anterior.

Por tanto, para alta velocidad, la insuficiencia de peralte debería ser inferior a:

$$I = \frac{2250}{16} + 50 = 190 \text{ mm}$$

En el cuadro 16.1, se muestra la relación entre velocidad, peso por eje e insuficiencia de peralte para algunos valores de referencia.

16.2.3 La calidad de la vía y la insuficiencia de peralte admisible

En la figura 15.12 se señaló que los esfuerzos laterales aleatorios eran dependientes, entre otros factores, de la calidad geométrica de la vía. En consecuencia, recordando que:

$$H_{\text{TOTAL}} = H_a + H_c$$

siendo:

H_{TOTAL} = esfuerzo lateral total sobre la vía

H_a = esfuerzo lateral debido a los defectos de vía

Hc = esfuerzo lateral debido a la aceleración centrífuga sin compensar (o insuficiencia de peralte)

se deduce:

$$H_T = f(U) + \varphi(I)$$

CUADRO 16.1. RELACIÓN ENTRE LA VELOCIDAD, EL PESO POR EJE Y LA INSUFICIENCIA DE PERALTE

Insuficiencia de peralte (mm)	Velocidad (km/h)			
	150	200	250	300
P = 14 t	435	360	285	210
P = 16 t	415	340	265	190
P = 20 t	387	312	237	162

Fuente: Adaptado de Alias (1977)

Los ensayos realizados con dos trenes de caja inclinable: el VT610, de los ferrocarriles alemanes, y el ETR460 de los ferrocarriles italianos, permitieron obtener los gráficos de la figura 16.11, a y b, respectivamente.

Los citados ensayos (Fig. 16.11 a y b) [Montaigné (2005)] pusieron de manifiesto, como se aprecia en los citados gráficos, que si sobre una vía de buena calidad geométrica (U < 2,8) los esfuerzos transversales ejercidos por los vehículos se mantienen inferiores a la resistencia lateral de base de la vía o próximos a ella, para insuficiencias de peralte elevadas (250 a 300 mm), sobre vías de calidad geométrica mediocre (valores de U > 5,3), el límite de la resistencia lateral de la vía se sobrepasa para valores inferiores de la insuficiencia de peralte (200 a 250 mm).

Debe señalarse que la resistencia límite de la vía correspondía a la de una vía con traviesas de madera y un peso por eje del vehículo de 114 KN (valor correspondiente al autorail VT610) con el que se hicieron los ensayos sobre la vía que con traviesas de madera discurre entre Nimes y Langogne en Francia. La resistencia lateral de dicha vía era, por tanto, [10 + (P/3)] KN, es decir, [10 + (114/3)] KN. Por tanto, 48 KN.

Por lo que respecta a los ensayos efectuados con el tren ETR 460 en las líneas París – Toulouse y Lyon – Modane, la figura 16.11b muestra la variación del porcentaje de la resistencia lateral de la vía utilizado con distintos valores de la insuficiencia de peralte. En este caso se alcanzaron velocidades máximas de hasta 200 km/h, frente a los 160 km/h alcanzados con el VT 610.

EVOLUCIÓN DEL ESFUERZO TRANSVERSAL SOBRE LA VÍA CON LA INSUFICIENCIA DE PERALTE

VT610

a)

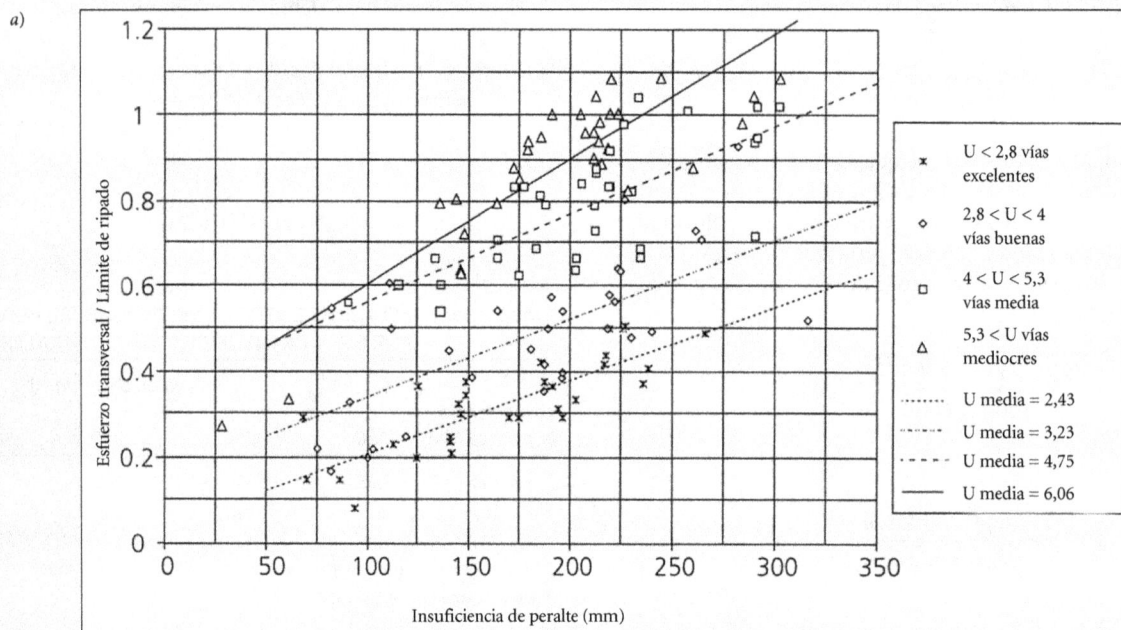

ETR460

b)

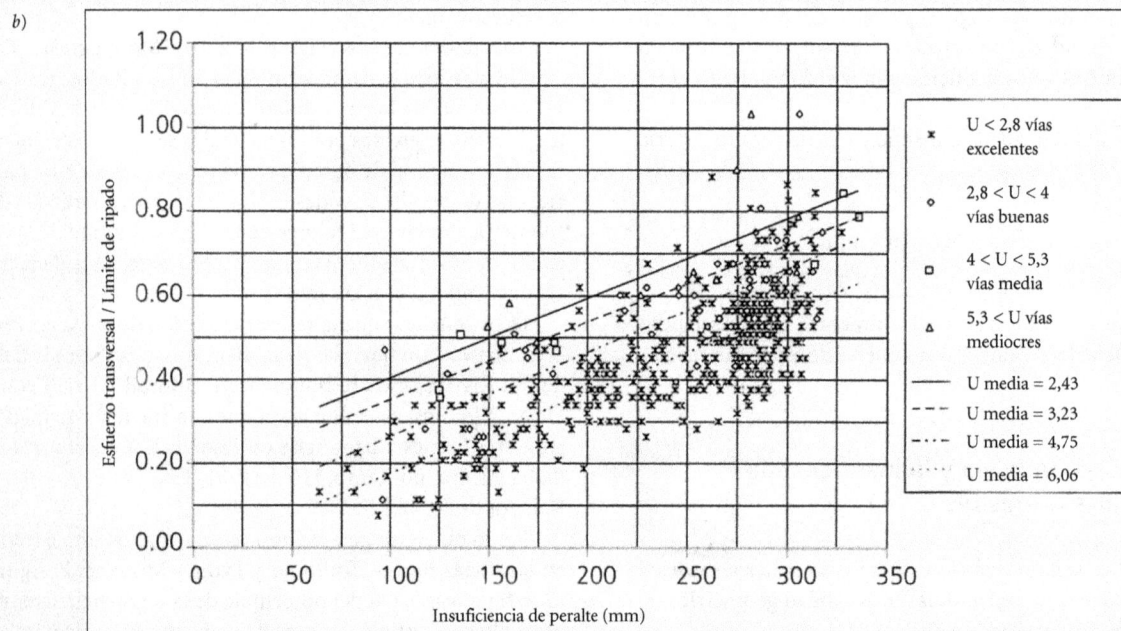

Fuente: S. Montaigné (2005)

Fig. 16.11

El análisis de los resultados obtenidos con ambos tipos de vehículos conduce a las siguientes conclusiones (Montaigné, 2005):

1. La pendiente de variación de los esfuerzos transversales con la insuficiencia de peralte es constante en ambos vehículos.
2. Los resultados obtenidos para cada tipo de calidad geométrica de vía fueron análogos con el VT610 y el ETR 460. Pues, si bien la calidad geométrica media de la vía París – Toulouse y Lyon – Modane era mejor (U ≈ 1,9), que la existente entre Nimes y Langogne (U ≈ 2,4), en las primeras se circuló, como se ha indicado precedentemente, a mayor velocidad (200 km/h frente a 160 km/h).
3. A medida que la calidad geométrica de la vía se deteriora, se constata una mayor degradación en el comportamiento del VT610 que en el del ETR 460. Es decir, resulta más agresivo sobre la vía el primero.

Por nuestra parte, podemos señalar que para una insuficiencia de peralte (a título de ejemplo) de 300 mm, para una vía de calidad media, el VT 610 utiliza aproximadamente el 100% de la resistencia lateral, mientras que el ETR 460 tan sólo requiere disponer de menos del 80% de la citada resistencia.

En conclusión, la insuficiencia de peralte máxima aceptable en una línea debe ser el resultado de la consideración conjunta y simultánea del tipo de vehículo y de la calidad geométrica de la vía.

16.2.4 Fórmula de Verigo

De manera casi general en el ámbito de las administraciones ferroviarias, la fórmula de Prud'homme constituye en la actualidad la expresión base para calcular la resistencia lateral de una vía.

Sin embargo, cabe recordar que los estudios efectuados en la URSS condujeron a formular una expresión que, proporcionando valores muy parecidos a la relación francesa, presenta una deducción y caracterización muy diferente.

Se establece de este modo la ecuación:

$$\frac{H}{Q} \leq 2f + \frac{C}{Q} + f\frac{K_1}{K_2} \qquad (16.13)$$

siendo:

H = esfuerzo máximo lateral ejercido por el carril sobre la traviesa

Q = carga media vertical actuando sobre el carril

f = coeficiente de rozamiento traviesa-balasto

C = resistencia inicial al esfuerzo cortante

$$K_1 = \sqrt[4]{\frac{U_1}{4EI_1}}; \quad K_2 = \sqrt[4]{\frac{U}{4EI}}$$

U_1 y U = módulo de vía transversal y vertical

EI_1 e EI = inercia transversal y vertical del carril

De forma práctica, Verigo propone las expresiones:

$$\frac{H}{Q} \leq 1 + 0,25\frac{K_1}{K_2} \quad \text{para balasto machacado}$$

$$\frac{H}{Q} \leq 0,7 + 0,25\frac{K_1}{K_2} \quad \text{para balasto redondeado}$$

Alcanzándose, finalmente, las relaciones:

$$\frac{H}{Q} \leq 1,4 \quad \text{para balasto machacado} \qquad (16.14)$$

$$\frac{H}{Q} \leq 1,1 \quad \text{para balasto redondeado} \qquad (16.15)$$

Para Q = 10 t, se deduce, para el caso de balasto machacado, H = 14 t. Cifra que coincide en orden de magnitud con la indicada por Portefaix que anteriormente señalamos (12,5 t) para una vía consolidada.

16.2.5 Criterio de la Federal Railroad Administration (RFA)

El proyecto de nuevas líneas de altas prestaciones en EE.UU., así como la elevación de la velocidad máxima de algunos trenes de la red Amtrak, aconsejó a la RFA (1998) el establecimiento de criterios respecto a la resistencia máxima admisible en el plano transversal por una vía. En este contexto se fijó como límite de resistencia la expresión:

$$H/P = 0,5 \qquad (16.16)$$

basada en los ensayos realizados en el Corredor del Nordeste con el X-2000 y el ICE.

Nótese como la aplicación de la expresión precedente conduce a los siguientes valores:

$$P = 21 \text{ t/eje} \underline{\hspace{2cm}} H_{\text{límite}} = 10,5 \text{ t}$$
$$P = 17 \text{ t/eje} \underline{\hspace{2cm}} H_{\text{límite}} = 8,5 \text{ t}$$

Estos resultados pueden compararse con los que proporciona la fórmula de Prud'homme H = 1 + (P/3) para vía recién bateada:

$$P = 21 \text{ t/eje} \longrightarrow H_{\text{límite}} = 8 \text{ t}$$
$$P = 17 \text{ t/eje} \longrightarrow H_{\text{límite}} = 6,6 \text{ t}$$

Es decir, que de acuerdo con el criterio americano, la expresión de Prud'homme sería sensiblemente conservadora.

Resulta útil poner la relación de Prud'homme en la forma siguiente:

$$H = 1 + (P/3)$$

equivale a :

$$\frac{H}{P} = \frac{1}{P} + 0,33$$

Si se consideran los valores normales de P (17 y 21 t/eje) resulta que

$$\frac{1}{P} = (0,058 \text{ y } 0,047)$$

Valores que comparados con el término 0,33 no representan más que aproximadamente, y en media, un 15%. En consecuencia, es razonable aceptar la relación:

$$\frac{H}{P} \approx 0,33$$

Expresión que comparada con la propuesta por la RFA indicaría que la resistencia lateral de la vía podría ser, de confirmarse la citada propuesta, al menos un 30% superior a la indicada por Prud'homme.

16.2.6 Propuesta del USDOT/Volpe Center

A finales de la década pasada el Volpe Center de USA llevó a cabo una nueva investigación sobre la resistencia lateral de la vía en base a:

1) La puesta a punto del modelo TREDA (*Track Residual Deflection Análisis*)
2) La realización de ensayos en el *Transportation Technology Center* de Pueblo (Colorado)

En cuanto la modelo TREDA, se señala que permitía tener en cuenta numerosos parámetros representativos de la vía considerada (radio de la curva, variaciones térmicas, coeficiente de rozamiento traviesa-balasto, etc.). Por lo que respecta a los ensayos, se utilizó el sistema TLV (Track Loading Vehicle) que permitía aplicar esfuerzos verticales y laterales prefijados sobre la vía.

La figura 16.12a muestra la concordancia existente entre los resultados obtenidos con el modelo TREDA y mediante medidas en vía. Por otro lado, en la figura 16.12b se representa la variación de la deformación residual en la vía bajo la acción de distintos valores de (H/P). Estas curvas son análogas a las curvas tipo A y B indicadas para la fórmula de Prud'homme en la figura 16.10c.

En síntesis, Kish (2001) que publicó los resultados de los trabajos del Volpe Center, estableció que el esfuerzo lateral máximo admisible en función de la carga vertical sobre la vía podía evaluarse por la relación:

$$H_1 = 0,28 \, P + 4,46 \, (H \text{ y } P \text{ en Kips})$$
$$1 \text{ Kips} \approx 0,224 \text{ KN}$$

para una vía sin defectos de alineación y

$$H_2 = 0,28 \, P + 3,97 \, (H \text{ y } P \text{ en Kips})$$

para una vía con defectos de alineación.

Se obtienen, numéricamente, los siguientes resultados:

$$P = 89 \text{ kN} \longrightarrow H_1 = 44,5 \text{ kN}$$

$$P = 178 \text{ kN} \longrightarrow H_1 = 69,4 \text{ kN}$$

La formula de Prud'homme (H = 1 + P/3) proporciona, para los citados valores de P, los siguientes esfuerzos laterales máximos:

$$P = 89 \text{ kN} \longrightarrow H_1 = 39,6 \text{ kN}$$

$$P = 178 \text{ kN} \longrightarrow H_1 = 69,3 \text{ kN}$$

Nótese que a medida que aumenta la carga por eje, se reducen las diferencias entre las formulaciones de Prud'homme y de Kish.

16.3 CONDICIÓN DE DESCARRILAMIENTO DE UN VEHÍCULO

Si las acciones transversales ejercidas por el eje pueden originar el ripado de la vía bajo ciertas condiciones, la acción ejercida por una rueda sería la responsable del descarrilamiento de un vehículo. La condición necesaria para ello es que la pestaña de la rueda logre remontar la cabeza del carril y haga que el vehículo se salga de la vía.

Para analizar bajo qué condiciones este hecho podría producirse, el ferrocarril se ha basado, históricamente, en la llamada condi-

MEDIDA DE LA RESISTENCIA LATERAL DE LA VÍA: EXPERIENCIAS DEL VOLPE CENTER (USA)

a)

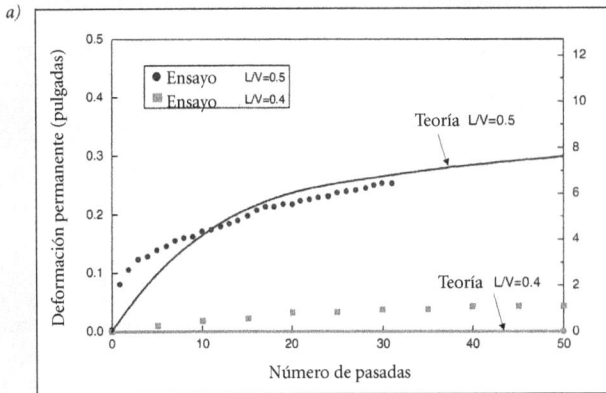

b)

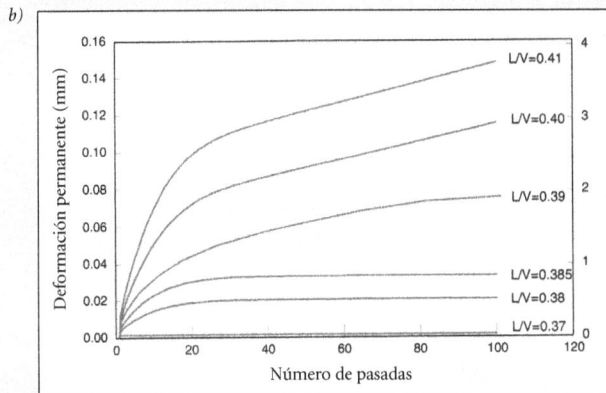

c)

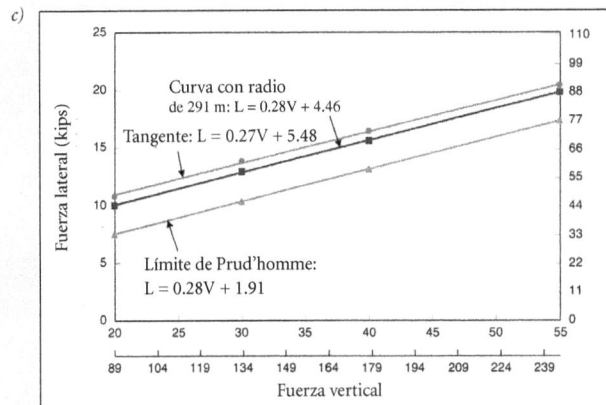

Fuente: A. Kish (2001)

Fig. 16.12

ción de Nadal (1908), que considera como punto de partida de la reflexión el esquema adjunto.

El establecimiento del equilibrio de fuerzas conduce a las relaciones:

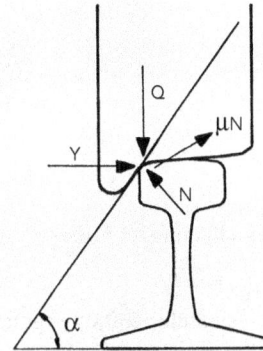

$$Q \cos \alpha + Y \sin \alpha = N$$

$$Q \sin \alpha - Y \cos \alpha = \mu N$$

De donde, eliminando N, se obtiene:

$$Q (\sin \alpha - \mu \cos \alpha) = Y (\mu \sin \alpha + \cos \alpha)$$

Es decir:

$$\frac{Y}{Q} = \frac{\sin \alpha - \mu \cos \alpha}{\mu \sin \alpha + \cos \alpha} = \frac{\operatorname{tg}\alpha - \mu}{\mu \operatorname{tg}\alpha + 1}$$

Y si $\beta = \operatorname{arctg} \mu$, se obtiene finalmente:

$$\frac{Y}{Q} = \operatorname{tag}(\alpha - \beta)$$

Esta fórmula corresponde al caso en que la pestaña tiene tendencia a deslizar para conseguir el remonte, es decir, en las condiciones más desfavorables. Si se tienen en cuenta los valores usualmente admitidos para α y μ, es decir:

$$\alpha = 60/70°; \mu = 0,4$$

resulta que para que no se produzca descarrilamiento, el cociente Y/Q, no debe superar el valor 0,80 para = 60° y 1,2 para = 70°.

El criterio establecido deja sin embargo sin contestar algunas cuestiones de interés, la principal de las cuales es si el tiempo no interviene en dicha relación, o dicho de otra forma, si el descarrilamiento se produce cuando el Y/Q alcanza, en un instante dado, el valor límite fijado anteriormente (0,8 a 1,2) o si, por el contrario, es preciso que dicha relación se mantenga durante un cierto intervalo de tiempo.

Hacia finales de los años 60 del siglo XX las investigaciones efectuadas en Japón, Ishizawa et al. (1968) pusieron de relieve que el descarrilamiento de un vehículo bajo la acción de esfuerzos transversales podría producirse por subida de la rueda sobre el carril, o bien, por salto de la rueda. Para ambas situaciones, la figura 16.13 muestra que relación debería existir entre el esfuerzo transversal ejercido por una rueda y la carga vertical de la misma.

Matemáticamente, el descarrilamiento se producirá cuando se verifique la relación:

$$\frac{Y}{Q} = 0,04\frac{1}{t} \text{ cuando } t \leq 0,05 \text{ segundos}$$

$$\frac{Y}{Q} = 0,8\frac{1}{t} \text{ cuando } t > 0,05 \text{ segundos}$$

La consideración de la condición de descarrilamiento antes indicada:

$$\frac{Y}{Q} \leq 0,8$$

invita a reflexionar sobre el tipo de vehículos que son más propensos al descarrilamiento. En efecto, de la condición precedente se deduce el valor del esfuerzo Y para distintos valores de Q

$Q = 11$ t (locomotora), $Y = 8,8$ toneladas
$Q = 10$ t (vagón a bogies) $Y = 8$ toneladas
$Q = 5$ t (vagón a ejes), $Y = 4$ toneladas
$Q = 6$ t (coche de viajeros), $Y = 4,8$ toneladas

Se observa que, en general, para una vía en buenas condiciones de calidad geométrica, la probabilidad de descarrilo es reducida, por ser elevados los valores necesarios de Y. Sin embargo, en presencia de defectos en la vía, esencialmente de alabeo, pueden producirse descargas de rueda que, al disminuir el valor de Q por debajo del indicado, propicien el descarrilo del vehículo. La práctica confirma que son los vagones de poco peso, cuando circulan vacíos, los que descarrilan con mayor frecuencia.

Cabe preguntarse qué sucede con el aumento de la velocidad de circulación y cómo puede influir en el descarrilo de un vehículo. En este ámbito se recuerda que los ensayos realizados en la línea Tokio-Osaka de alta velocidad, con circulaciones de hasta 200 km/h, mostraron que el coeficiente de descarrilamiento era inferior a 0,6 (Fig. 16.14), quedando por tanto lejos del límite aceptable de 0,8 (coeficiente de seguridad superior al 30%).

Sin embargo, si el movimiento lateral del vehículo llega a ser inestable por cualquier causa (defectos en la vía, oscilaciones de la caja, etc.), el coeficiente de descarrilamiento se incrementa rápidamente con la velocidad, al aumentar también los esfuerzos transversales (Fig. 16.14).

CONDICIÓN DE DESCARRILAMIENTO DE UN VEHÍCULO

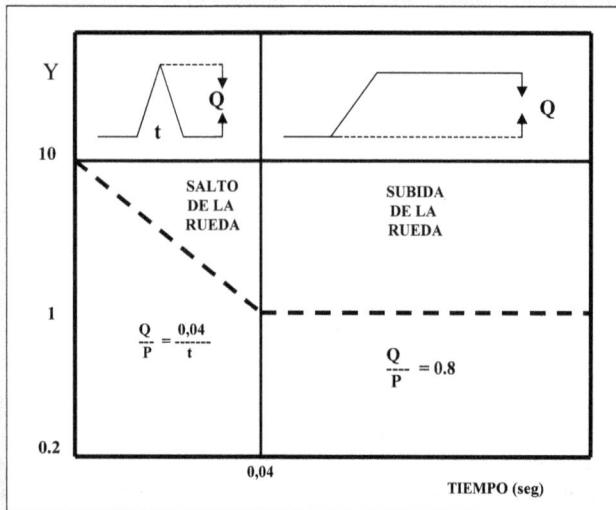

Fuente: Ishizawa   Fig. 16.13

INFLUENCIA DE LA VELOCIDAD DE CIRCULACIÓN EN EL RIESGO DE DESCARRILAMIENTO

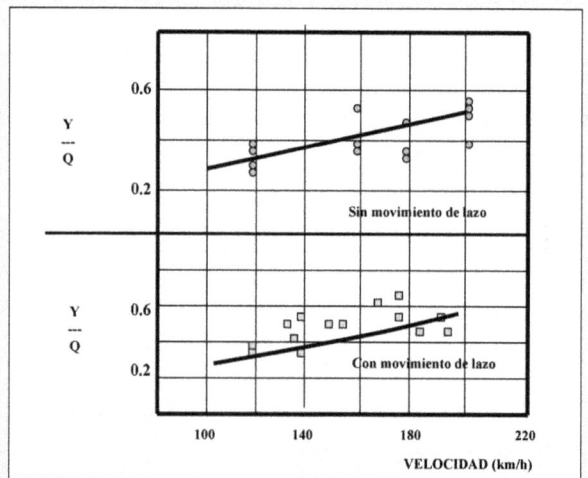

Fuente: JNR   Fig. 16.14

17

ANÁLISIS MECÁNICO DE LA DEFORMABILIDAD DE UNA VÍA SOMETIDA A ESFUERZOS LONGITUDINALES

La circulación de los vehículos determina sobre la vía esfuerzos longitudinales que se producen de manera más intensa durante las fases de arranque y frenado. Sin embargo, las medidas efectuadas por diversas administraciones ferroviarias han puesto de manifiesto que la magnitud de dichos esfuerzos puede considerarse poco relevante frente a los que tienen su origen en acciones térmicas. Por esta razón, en general, se asocian los términos *esfuerzos longitudinales* y *fenómenos de variaciones de temperatura*.

Dichos esfuerzos pueden dar lugar, bajo ciertas condiciones, al pandeo horizontal de la vía, siendo prácticamente imposible, como veremos, el pandeo vertical de la misma. Centrando el problema entonces, en el plano de la vía, el análisis que se efectúa sobre la deformabilidad de ésta tiene por objeto, en general, la determinación de los parámetros fundamentales siguientes:

1. Esfuerzo térmico máximo a que se encuentra sometida una vía
2. Fuerza axial que produce el pandeo
3. Radio mínimo de las curvas que permite utilizar el carril continuo soldado

En este contexto, debe señalarse que tradicionalmente y hasta aproximadamente la década de los años 60 del siglo XX, la vía estaba formada por carriles cuya longitud no superaba, normalmente, 36 m, estando unidos por medio de bridas, que constituían puntos débiles tanto en lo que se refiere a su rigidez transversal como vertical.

La principal dificultad que impidió una más pronta incorporación del carril continuo soldado en las líneas principales residió en dos aspectos:

• la puesta a punto de la técnica de soldadura de carriles
• la creencia del posible pandeo de la barra larga, es decir, del

carril continuo soldado (C.C.S) bajo la acción de esfuerzos térmicos importantes

destacando, esencialmente, este último aspecto.

Se recurría, por tanto, al uso de juntas, cuya vigilancia en cuanto apertura y funcionamiento constituía la garantía de seguridad frente al pandeo, bien es cierto que a costa de incrementar notablemente los gastos de mantenimiento de la vía.

Como veremos a continuación, las condiciones necesarias para el establecimiento del C.C.S, son fundamentalmente la existencia de una sujeción adecuada y la resistencia ofrecida por la capa de balasto.

17.1 ESFUERZO TÉRMICO MÁXIMO EN UN CARRIL

La evaluación de los esfuerzos longitudinales que tienen lugar en el caso de C.C.S. fue desarrollada en el plano teórico por Prud'homme (1962), Consideró para ello una barra (el carril) colocada y fijada a la traviesa (por la sujeción) a una temperatura t_0 (Fig. 17.1a). Si la dilatación de dicha barra fuese libre (no existiese la coacción de las sujeciones), un incremento de temperatura (Δt) provocaría un alargamiento en un elemento (dl) de esta barra igual a:

$$\alpha \Delta t . dl$$

siendo:

α = coeficiente de dilatación del acero del carril (10,5 a 11,5 $\times 10^{-6}$)

ESFUERZOS TÉRMICOS EN LOS CARRILES

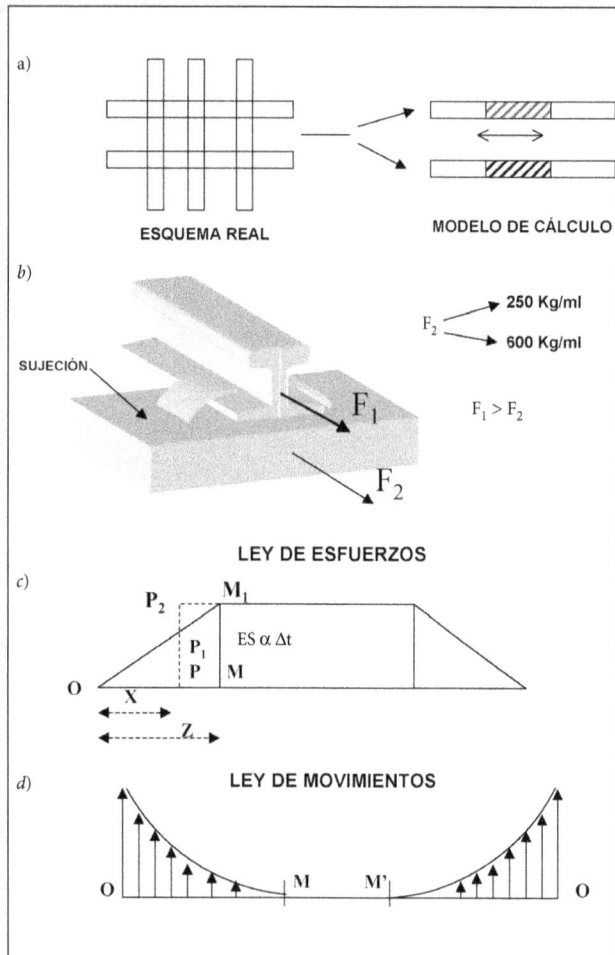

a)

ESQUEMA REAL   MODELO DE CÁLCULO

b)

SUJECIÓN

F_1

F_2

F_2 → 250 Kg/ml
→ 600 Kg/ml

$F_1 > F_2$

LEY DE ESFUERZOS

c)

P_2 M_1

P_1 ES α Δt

P M

O   X

Z

d) LEY DE MOVIMIENTOS

O   M   M'   O

Fuente: A. López Pita   Fig. 17.1

ESFUERZOS DE APRETADO DE LAS SUJECIONES SOBRE EL PATÍN DEL CARRIL

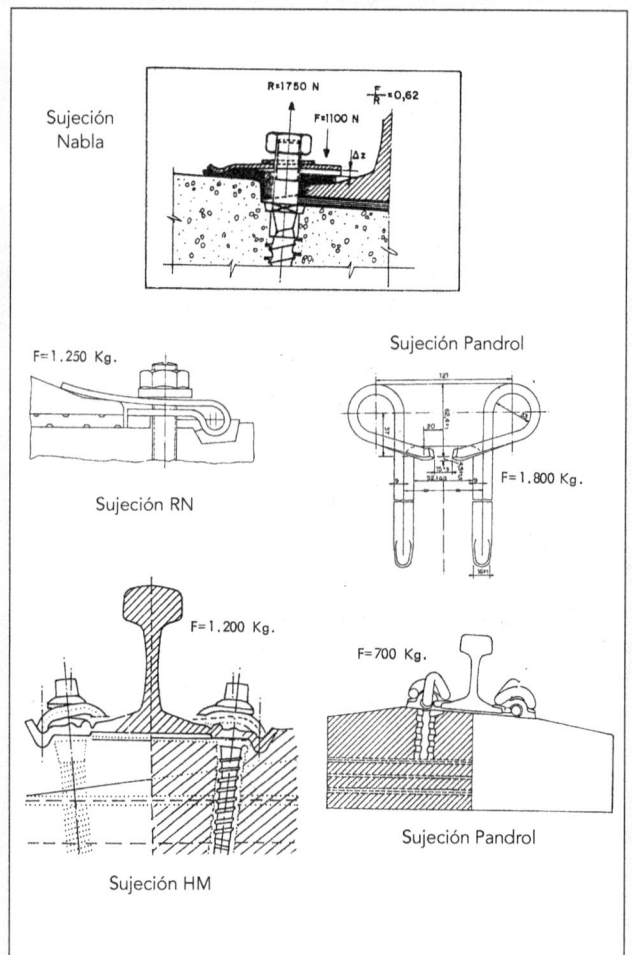

Sujeción Nabla

R=1750 N   F/R=0,62

F=1100 N   Δz

F=1.250 Kg.   Sujeción Pandrol

Sujeción RN   F=1.800 Kg.

F=1.200 Kg.   F=700 Kg.

Sujeción HM   Sujeción Pandrol

Fuente: A. López Pita   Fig. 17.2

Si una fuerza longitudinal F (normal a las secciones extremas del elemento dl) fuese ejercida, el acortamiento que produciría sería:

$$\sigma = \frac{F}{S} = E.\frac{\Delta l}{dl} \to \Delta l = \frac{F.dl}{ES}$$

Luego la consideración en la barra de ambas solicitaciones (térmicas y de compresión) daría lugar a un alargamiento de un elemento (dl) igual a:

$$\Delta(dl) = \alpha.\Delta t dl - \frac{F.dl}{ES}$$

Es decir, que el esfuerzo F que anularía el efecto térmico, $\Delta(dl) = 0$, sería:

$$F = E.S.\alpha\Delta t$$

siendo:

E = módulo de elasticidad del carril (2×106 Kg/cm^2)

S = sección transversal del carril considerado.

En la práctica, los carriles se colocan a una temperatura t_o tal que a las temperaturas extremas (t') el incremento de éstas (Δt) sea inferior a 45°, lo que proporciona los siguientes valores máximos para F.

Carril (Kg/ml)	Sección transversal (cm^2)	Esfuerzo máximo F (t)
45	57,05	54
54	69,34	65
60	76,86	72

Volviendo al fenómeno físico, cabe considerar que bajo la acción de la temperatura se produzcan dos situaciones (Fig. 17.1b):

1. El carril se mueve sobre la superficie de la traviesa.
2. El carril, permaneciendo fijo a la traviesa, arrastra a ésta y vence la resistencia que le ofrece la capa de balasto.

El primer caso se intuye que no debe ser posible, pues no cabe imaginarse el carril "cabalgando sobre la traviesa". Es aquí donde la sujeción juega un papel decisivo, sujetando el carril en su patín de forma tal que impida su movimiento sobre la traviesa. De acuerdo con las experiencias prácticas realizadas, se tienen los esfuerzos de

apretado en las principales sujeciones indicados en la figura 17.2. Con los citados grados de apretado, se necesitaría un esfuerzo longitudinal del orden de 2.000 kg para poder conseguir el cabalgamiento del carril.

En cuanto al segundo caso, las múltiples medidas efectuadas en vía han puesto de manifiesto que sólo se necesita, para mover el conjunto carril-sujeción-traviesa, un esfuerzo de:

• 250 kg por metro lineal de vía, en la situación más desfavorable (vía desconsolidada)
• 600 Kg por metro lineal de vía, en la situación más favorable (vía consolidada)

Se deduce, por tanto, que bajo la acción de la temperatura se producirá siempre, para una sujeción adecuada, el movimiento conjunto de carril y traviesa. En este sentido el A.R.E.A. exige que se verifique siempre la relación:

$$F_1 > 2F_2$$

La resistencia que ofrece la capa de balasto a su desplazamiento puede considerarse en la hipótesis más sencilla con variación lineal, es decir, que para un tramo de vía de longitud (x), la resistencia que ofrecerá será:

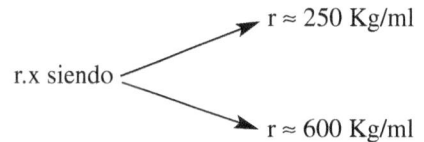

$$r.x \text{ siendo} \begin{cases} r \approx 250 \text{ Kg/ml} \\ r \approx 600 \text{ Kg/ml} \end{cases}$$

dependiendo de que la vía esté desconsolidada (es decir vía que ha sido bateada recientemente), o bien se encuentre consolidada (vía por la cual después de ser bateada han circulado al menos un millón de toneladas brutas).

Por consiguiente, si la temperatura se eleva progresivamente a partir de la temperatura de colocación, un elemento (dl) situado a una distancia (x) del extremo de la barra no sufrirá ninguna dilatación si la resistencia que se opone es superior a $ES\alpha\Delta t$.

La distancia x, a partir de la cual la vía no se mueve viene, dada por la desigualdad

$$r.x \geq ES\alpha\Delta t$$

es decir:

$$x \geq ES\alpha\Delta t/r$$

con los siguientes órdenes de magnitud para la longitud de vía (x) que se dilata, con relación a la cual se dice que "respira", llamándose por tanto a ese tramo: *zona de respiración*.

| Carril | Zona de respiración (metros) | |
(kg/ml)	r = 250 kg/ml	r = 600 kg/ml
45	216	90
54	260	108
60	288	120

En resumen, para que una barra pueda considerarse "larga" en la denominación ferroviaria habitual, deberá tener al menos una longitud de unos 400 a 600 m (dependiendo del tipo de carril), es decir, una longitud igual a 2x. En la figura 17.1c, se representa la variación de esfuerzos térmicos longitudinales a que se encuentra sometida una vía.

Uno de los aspectos más importantes del problema que nos ocupa es el conocimiento de los desplazamientos que experimenta el carril, con objeto de disponer en forma adecuada los aparatos de dilatación. El cálculo de dicho desplazamientos se efectúa a partir del punto M de la figura 17.1c, que es fijo, por compensarse en él, como se ha visto, la resistencia ofrecida por la vía, con el esfuerzo térmico.

El movimiento de un punto cualquiera P, de la zona de respiración, será:

$$\delta_P = \int_M^P \Delta(d\ell) = \int_M^P \alpha\Delta t dl - \frac{\sigma dl}{E}$$

o también:

$$\delta_P = \alpha\Delta t \int_M^P dl - \int_M^P \frac{\sigma dl}{E}$$

y puesto que:

$$\int_M^P dl = \overline{MP}$$

resulta:

$$\delta_P = \alpha.\Delta t.\overline{MP} - \int_M^P \frac{F.dl}{ES}$$

y finalmente:

$$ES.\delta_P = \alpha.\Delta t.ES.\overline{MP} - \int_M^P F.dl$$

Area PM M₁ P₂   Area MM, PP, = Area P₁ P₂ M₁

Luego:

$$ES\delta_P = \text{Area } P_1P_2M_1 = \frac{(z-x)(z-x)r}{2}$$

de donde:

$$\delta_P = \frac{(z-x)^2.r}{2ES} = \frac{r}{2ES}\in^2 \quad (\in = z-x)$$

La función $\delta = f(x)$ es una parábola cuyo vértice es el origen M de la zona central que permanece inmóvil (Fig. 17.1d).

El desplazamiento máximo (δ_0) en el extremo de la barra vale:

$$\delta_0 = \frac{rz^2}{2ES} = \frac{ES\alpha^2\cdot\Delta t^2}{2r}$$

con los siguientes órdenes de magnitud, para un $\Delta t = 45°$.

| Carril | Desplazamiento máximo (mm) | |
(kg/ml)	r = 250 kg/ml	r = 600 kg/ml
45	51	21
54	62	26
60	68	28

17.2 FUERZA AXIAL QUE PRODUCE EL PANDEO EN EL PLANO HORIZONTAL

Conocido el esfuerzo máximo a que da lugar una elevación de temperatura en el carril, se trata ahora de cuantificar la fuerza, de naturaleza axial, que ocasionaría el pandeo de la vía y por comparación con aquel deducir la posible combinación de los factores que produciría la inestabilidad del emparrillado de vía.

Desde el punto de vista teórico se distinguen, normalmente, dos situaciones posibles: la primera correspondería a una vía que no presente defectos de alineación; la segunda consideraría la posible existencia, como es habitual, de los citados defectos. Como se expone a continuación, los resultados conducen en la primera hipótesis a señalar la imposibilidad de que se produzca el pandeo; en la segunda hipótesis, se obtiene la combinación de factores, amplitud y longitud de onda de un defecto sinusoidal, que provocaría la inestabilidad.

17.2.1 Vía sin defectos de alineación

El planteamiento de las ecuaciones de equilibrio no presenta dificultad alguna, a partir del esquema adjunto. En efecto, la consideración de un elemento de longitud dx, sometido a un conjunto de fuerzas y momentos para el caso de una alineación recta conduce a las relaciones:

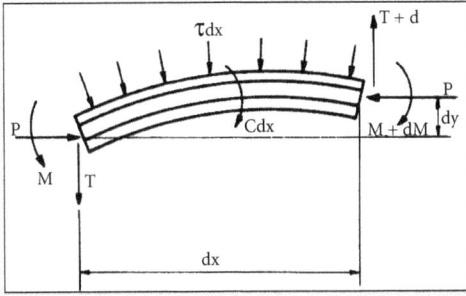

$$dT = \tau dx$$
$$dM = Pdy + Tdx - Cdx \qquad (17.1)$$

siendo:

P = fuerza longitudinal de origen térmico, positiva en el caso de compresión

τ = reacción, por unidad de longitud, del balasto sobre las traviesas en el plano de la vía, supuesta uniforme

T y $T + dT$ = esfuerzos cortantes en los extremos del elemento contenidos en el plano de la vía

M y $M + dM$ = momentos flectores en los extremos del elemento y de eje vertical

C = momento de eje vertical, por unidad de longitud, debido a la unión carril-traviesa, supuesto uniforme

Por derivación de 17.1, se obtiene:

$$\frac{d^2M}{dx^2} = P\frac{d^2y}{dx^2} + \tau - \frac{dC}{dx}$$

y puesto que:

$$M = -E\frac{d^2y}{dx^2}$$

resulta:

$$EI\frac{d^4y}{dx^4} + P\frac{d^2y}{dx^2} + \tau - \frac{dC}{dx} = 0 \qquad (17.2)$$

Ecuación diferencial, en donde, como veremos posteriormente:

$$C = f_1 (y')$$
$$\tau = f_2 (y)$$

En el caso general, estas funciones f_1 y f_2 y no son lineales y pueden difícilmente ser representadas por una función analítica.

En efecto, por lo que se refiere al momento (C) derivado de la unión carril-traviesa, las experiencias prácticas llevadas a cabo con el dispositivo indicado en la figura 17.3a proporcionan relaciones entre el momento aplicado al carril y el ángulo de giro de la sujeción, del tipo indicado en la figura 17.3b.

Puede observarse que sólo para pequeñas rotaciones del orden de 3 a 4 × 10-3 radianes cabe admitir una cierta proporcionalidad entre el momento y el giro.

Matemáticamente:

$$C \approx K.\alpha = k.y' \qquad (17.3)$$

De la figura 17.3b se deduce para K un valor próximo a 150 kN/radian.

En cuanto a la reacción ofrecida por la capa de balasto al desplazamiento de las traviesas ya indicamos la forma general de variación (Fig. 16.3a). También, para pequeños movimientos cabe suponer válida una relación del tipo:

$$\tau = \lambda.y \qquad (17.4)$$

con valores de referencia, para λ, de 2000 kN/m^2.

Sustituyendo las expresiones aproximadas precedentes 17.3 y 17.4 en 17.2 resulta posible conocer, al resolver la ecuación diferencial, que el esfuerzo axial que produciría el pandeo sería el dado por la relación:

$$P_{\text{crítico}} = 2\sqrt{EI\lambda} + K \qquad (17.5)$$

Si se considera, a título indicativo, el carril de 50 Kg/ml ($E = 2 \times 10^6$ Kg/cm^2; $I \approx 640$ cm^4), resulta:

$$P_{\text{crítico}} \approx 335 \text{ toneladas}$$

mientras que, como vimos anteriormente, el esfuerzo máximo de pandeo no superaba las 80 t.

El resultado precedente pone de manifiesto que, en principio, una vía sin defectos de alineación nunca pandearía bajo la acción de esfuerzos térmicos. Esta primera conclusión, correspondiente a una calidad de vía no real en la práctica, condujo a distintos autores a suponer, como hipótesis de partida, la existencia de defectos en el plano de la vía (del tipo indicado en la figura 17.4) que facilitarían el pandeo. Su repercusión en la magnitud de la carga crítica de pan-

DISPOSITIVO DE MEDIDA DE LA RELACIÓN (C, α) DE UNA SUJECIÓN

a)

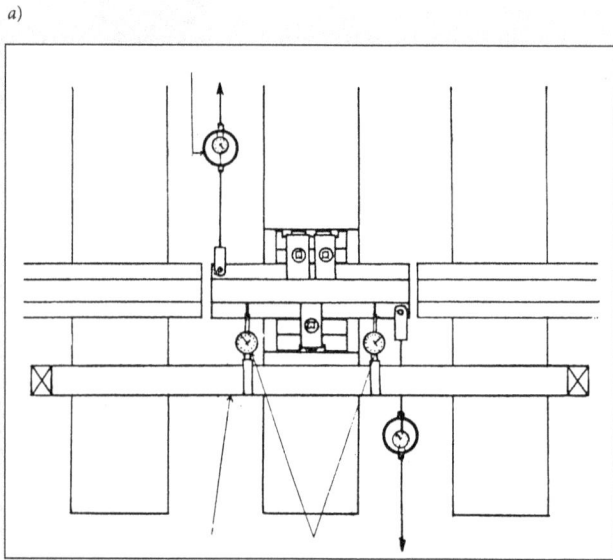

FORMA DE VARIACIÓN DE LA RELACIÓN (C, α) EN UNA SUJECIÓN

b)

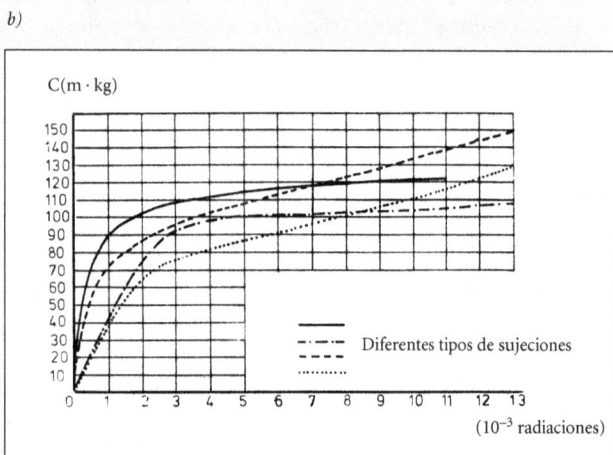

C(m · kg)

Diferentes tipos de sujeciones

(10⁻³ radiaciones)

Fuente: ORE
Fig. 17.3

POSIBLES FORMAS DE PANDEO HORIZONTAL DE UNA VÍA

Pandeo lateral disimétrico

Pandeo lateral simétrico

Fuente: DB
Fig 17.4

deo se analiza en el apartado siguiente, en base a los trabajos realizados sobre el tema en Alemania

17.2.2 Vía con defectos de alineación

De los numerosos trabajos que han abordado esta temática, suelen ser referencia los análisis llevados a cabo por el profesor Meier en el primer tercio del siglo XX. Los resultados obtenidos se basaron en admitir la hipótesis de defectos geométricos en la vía como los visualizados en la figura 17.5. Dedujo la carga crítica de pandeo P_o, y en función de la relación anteriormente indicada ($F = ES\,\alpha At$) calculó el incremento de temperatura que originaría la inestabilidad en la vía. En la citada figura 17.5 se explicitan los resultados correspondientes a vías en alineación recta y curva.

Finalmente, en la figura 17.6 se muestra la representación gráfica de las condiciones que pueden conducir a la inestabilidad de la vía, de acuerdo con el profesor Eisenmann y según los citados trabajos del profesor Meier. La principal conclusión que se deduce de los estudios es la importancia de mantener la vía sin defectos relevantes.

FÓRMULAS DEL PROFESOR MEIER PARA EL PANDEO DE LA VÍA EN EL PLANO HORIZONTAL

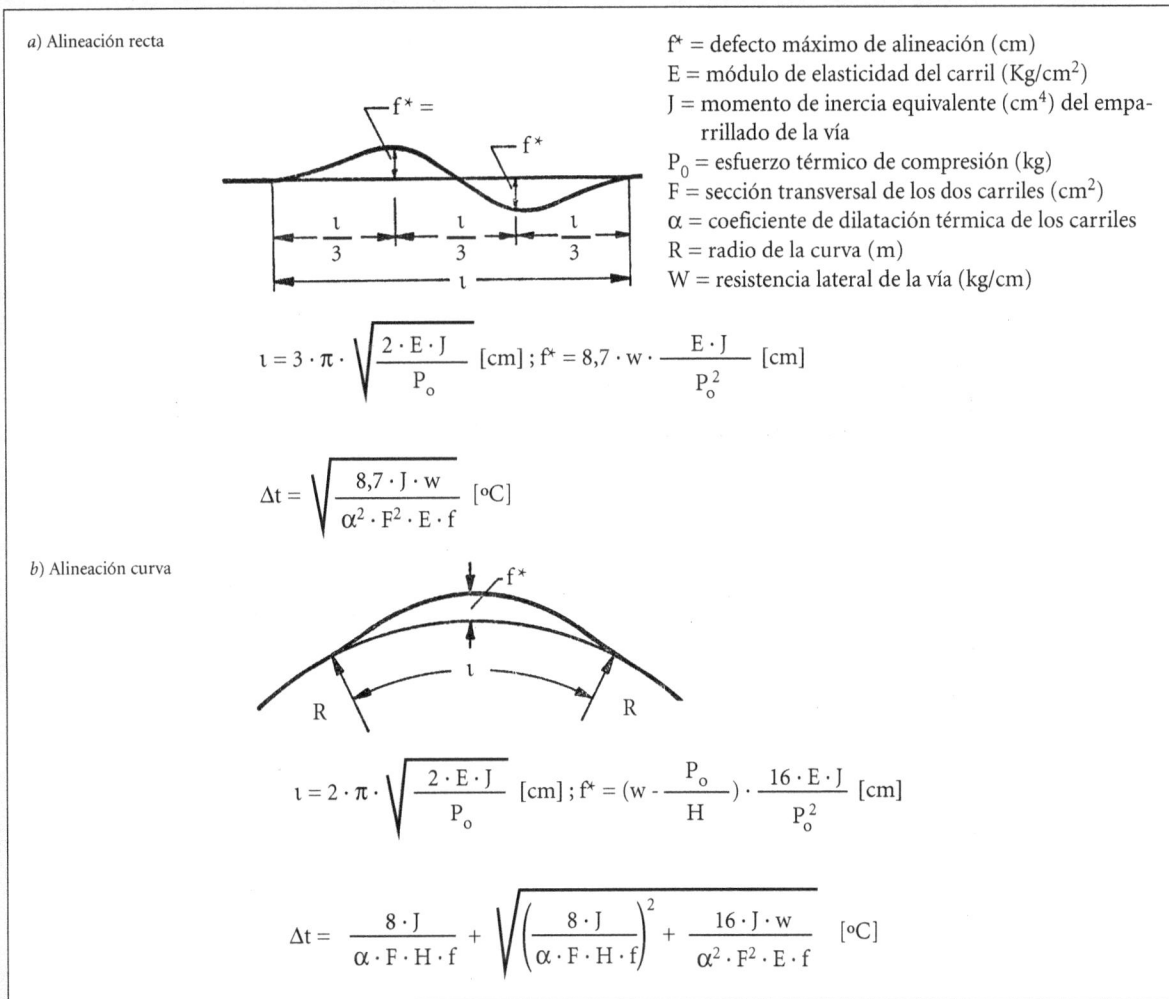

a) Alineación recta

f* = defecto máximo de alineación (cm)
E = módulo de elasticidad del carril (Kg/cm^2)
J = momento de inercia equivalente (cm^4) del emparrillado de la vía
P_0 = esfuerzo térmico de compresión (kg)
F = sección transversal de los dos carriles (cm^2)
α = coeficiente de dilatación térmica de los carriles
R = radio de la curva (m)
W = resistencia lateral de la vía (kg/cm)

$$\iota = 3 \cdot \pi \cdot \sqrt{\frac{2 \cdot E \cdot J}{P_o}}\ [\text{cm}]\ ;\ f^* = 8{,}7 \cdot w \cdot \frac{E \cdot J}{P_o^2}\ [\text{cm}]$$

$$\Delta t = \sqrt{\frac{8{,}7 \cdot J \cdot w}{\alpha^2 \cdot F^2 \cdot E \cdot f}}\ [^\circ C]$$

b) Alineación curva

$$\iota = 2 \cdot \pi \cdot \sqrt{\frac{2 \cdot E \cdot J}{P_o}}\ [\text{cm}]\ ;\ f^* = \left(w - \frac{P_o}{H}\right) \cdot \frac{16 \cdot E \cdot J}{P_o^2}\ [\text{cm}]$$

$$\Delta t = \frac{8 \cdot J}{\alpha \cdot F \cdot H \cdot f} + \sqrt{\left(\frac{8 \cdot J}{\alpha \cdot F \cdot H \cdot f}\right)^2 + \frac{16 \cdot J \cdot w}{\alpha^2 \cdot F^2 \cdot E \cdot f}}\ [^\circ C]$$

Fuente: Eisenmann

Fig.17.5

Cabe señalar, por último, que el establecimiento del carril continuo soldado se lleva a cabo, en general, en curvas con radios iguales o superiores a 300 m. Eso no es obstáculo para que, en determinadas condiciones y tipologías de líneas, se hayan soldado carriles en curvas con radios inferiores.

17.3 ESTABILIDAD VERTICAL DE LA VÍA

Se han expuesto precedentemente las condiciones en que podría producirse el pandeo de la vía en el plano horizontal. Sin embargo, es razonable preguntarse, teóricamente al menos, qué sucede en el plano vertical. Cabe destacar, con carácter preliminar, que los problemas en este último plano son de menos entidad, dado que:

a) La inercia del carril es superior a la del plano horizontal.
b) El peso de la vía proporciona una contribución notable al levantamiento de la vía, así como la resistencia ejercida por el balasto a la elevación de las traviesas.

En todo caso, en forma análoga a como se efectuó para la inestabilidad de la vía en el plano horizontal, la posibilidad de pandeo en el plano vertical se efectúa considerando la existencia de defectos verticales en la vía con carácter sinusoidal. Si se supone que una parte de la vía se encuentra sometida a un esfuerzo de compresión (F), se demuestra que podría existir pandeo vertical cuando el levantamiento (b) de la vía alcanzase el valor:

$$b = \frac{4pEI}{F^2} \qquad (17.6)$$

siendo EI la inercia del carril y p el peso de la vía por metro lineal.

Si se sustituyen los valores habituales de las variables que intervienen en la expresión 17.6. $EI = 100.000$ daN/m^2 y $p = 150$ daN/metro, se obtiene, para un esfuerzo F de valor 65.000 daN, que el defecto que provocaría el pandeo vertical de la vía debería alcanzar el valor de 37 mm. Esta magnitud, asociada a la longitud de onda del defecto (que se demuestra que sería del orden de 20 m), es imposible que se dé en una vía en explotación comercial (al ser eliminada antes por los trabajos de conservación), lo que permite afirmar que bajo la acción de los esfuerzos de compresión no puede tener lugar el pandeo vertical de una vía.

CONDICIONES DE INESTABILIDAD DE UNA VÍA EN ALINEACIÓN RECTA POR ESFUERZOS TÉRMICOS

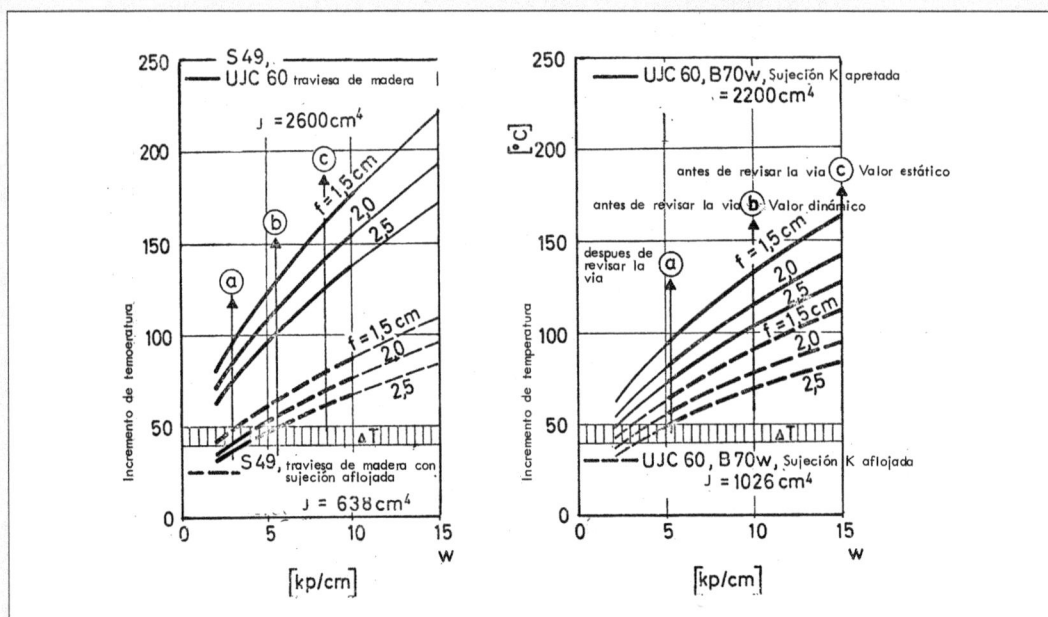

Fuente: Eisenmann (1976)

Fig. 17.6

18

APARATOS DE VÍA

La explotación comercial de líneas de ferrocarril hace necesario que los trenes puedan pasar de una vía a otra, sin perder por ello la continuidad del guiado. De esta necesidad surgen los equipos denominados *aparatos de vía*, que permiten la conexión y el cruce entre distintos itinerarios. Su tipología se reduce básicamente a dos configuraciones:

- *Desvíos*, que permiten el paso de una vía a otra (Fig. 18.1)
- *Travesías*, que permiten el paso de una vía a través de otra cuyos ejes se cortan (Fig. 18.2)

En ambas situaciones resulta imprescindible lograr, con un adecuado diseño de la geometría de los aparatos de vía, la continuidad del camino de rodadura en las mejores condiciones técnicas y de confort posibles para el viajero.

18.1 ASPECTOS BÁSICOS DE LOS DESVÍOS

Como se ha indicado, la misión de un desvío es permitir el paso de las circulaciones de una vía a otra o a varias. El caso más sencillo es el denominado *desvío simple* o de dos vías, que da paso a las circulaciones de una vía a otra. La primera, recibe el nombre de *vía directa*, y la segunda, de *vía desviada* (Fig. 18.3). Es de interés constatar que a pesar de la profunda evolución experimentada por el ferrocarril desde sus comienzos hasta el momento actual, el concepto de desvío apenas se ha modificado.

Como se aprecia en la figura 18.3, los dos elementos principales de un desvío son el cambio y el cruzamiento. Entre ambos se ubican los denominados carriles de unión. En el cambio se separan dos a dos, los hilos de carril de las vías; los carriles intermedios o de unión

conectan dicho cambio con el cruzamiento. Finalmente, en el cruzamiento se materializa el corte del carril derecho (o izquierdo) de la vía directa con el carril izquierdo (o derecho) de la vía desviada.

18.1.1 Cambio

En el cambio existen cuatro piezas fundamentales (Fig. 18.3): las dos exteriores, llamadas *contraagujas*, que son fijas, y las dos interiores, que siendo solidarias por uno o varios tirantes (Fig. 18.4), tienen un carácter móvil, excepto en su extremo más próximo al cruzamiento, llamado *talón*. La posición de las agujas, según se efectúe el acoplamiento sobre una u otra contraaguja, determinará la dirección que deberá seguir el vehículo ferroviario.

Las agujas de los cambios pueden accionarse mediante diversos sistemas (manuales, mecánicos, hidráulicos o eléctricos) que las desplazan simultáneamente o con un pequeño intervalo de tiempo. Una vez acoplada la aguja, su inmovilidad sobre la contraaguja se mantiene mediante un dispositivo de seguridad: cerrojo de uña, etc.

Las agujas deben adaptarse perfectamente a las contraagujas, mecanizándolas y cepillándolas, de modo que el conjunto constituya un camino de rodadura continuo y sin distorsiones. La punta de la aguja es el elemento más delicado, dado que debe ser suficientemente fina para permitir el ajuste perfecto a la contraaguja y, al mismo tiempo, bastante robusta para soportar los choques a los que está sometida por parte de la rueda. Por ello se ha tratado de proteger la punta, insertándola, por ejemplo, bajo la cabeza de la contraaguja (Fig. 18.5).

En la figura 18.6 se muestran los denominados *cojinetes de resbalamiento*, elementos sobre los que se apoyan la aguja y la contraaguja en los cambios. Tienen una doble función: afianzar la con-

IMAGEN DE UN DESVÍO

Fig. 18.1

IMAGEN DE UNA TRAVESÍA

Complejo de vías en Mezidon (1989)

Fuente: Voies Ferrées. 1993 *Fig. 18.2*

COMPONENTES DE UN CAMBIO

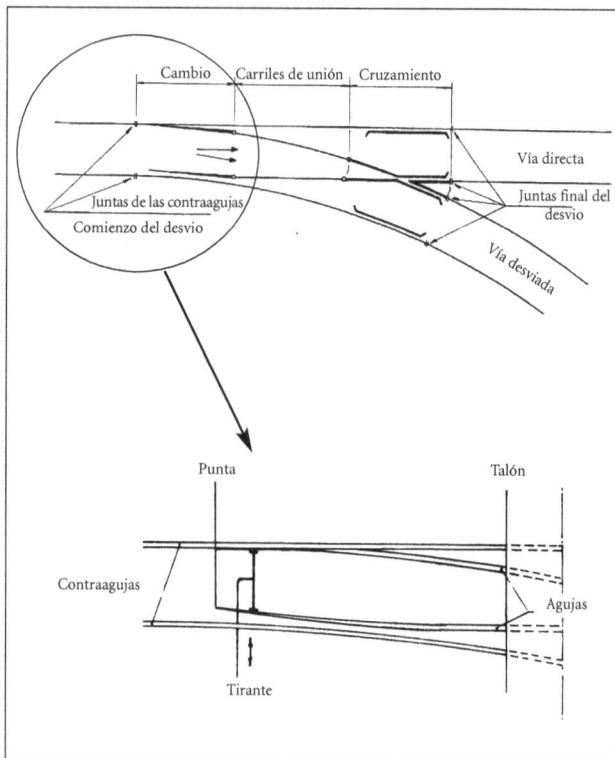

Fuente: J. J. Llamas *Fig. 18.3*

CAMBIOS CON UNO O VARIOS TIRANTES

TIRANTE

TIRANTE

TIRANTE

TIRANTE

Fuente: JR   Fig. 18.4

UNIÓN AGUJA-CONTRAGUJA

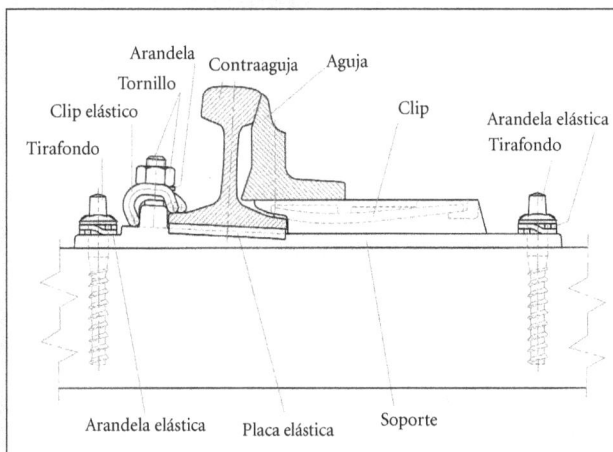

Arandela
Tornillo   Contraaguja   Aguja
Clip elástico   Clip
Tirafondo   Arandela elástica
                                        Tirafondo

Arandela elástica   Placa elástica   Soporte

Fuente: Talleres Alegría   Fig. 18.5

COJINETES DE RESBALAMIENTO

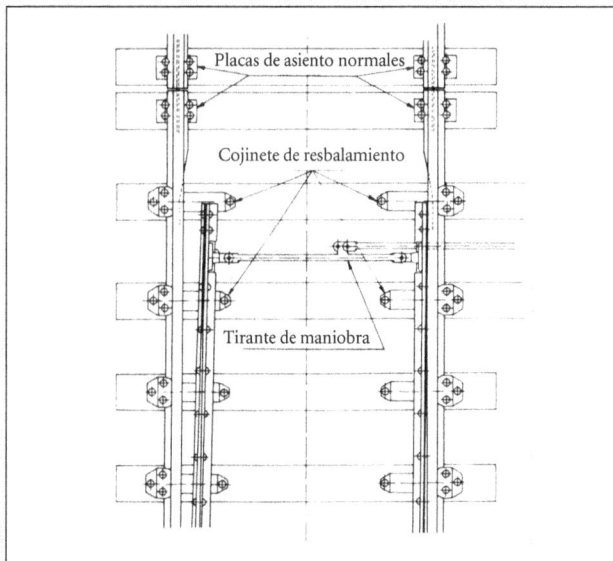

Placas de asiento normales

Cojinete de resbalamiento

Tirante de maniobra

Fuente: Renfe   Fig. 18.6

traaguja en su posición, de forma que el conjunto resista los esfuerzos transversales generados por el paso de los vehículos sobre la aguja, y proporcionar una superficie de deslizamiento que permita el desplazamiento transversal de la aguja.

18.1.2 Cruzamiento

La evolución técnica de los cruzamientos ha sido mayor que en los cambios, de tal forma que pueden diferenciarse dos tipologías: la primera, que responde al diseño convencional, está formada por un corazón de punta fija, dos patas de liebre y dos contracarriles (Fig. 18.7); la segunda, desarrollada a partir de los años 60 del siglo XX, agrupa los denominados cruzamientos de corazón móvil (Fig. 18.8).

Cruzamiento convencional

En los cruzamientos convencionales cada uno de los componentes tiene la siguiente función:

- *Patas de liebre*: soportar el peso de las ruedas mientras éstas pasan por la laguna.
- *Corazón*: establecer la unión de los carriles de las dos vías que se cruzan.
- *Contracarriles*: asegurar el guiado doble de la rueda de un eje al paso de la otra por la laguna.

Las patas de liebre y los contracarriles están doblados en sus extremos hacia el interior para evitar colisiones con las pestañas de las ruedas.

En el corazón se materializa el corte de uno de los carriles de la vía directa con el de la mano contraria de la desviada. Presenta, lógicamente, unas discontinuidades en los carriles para permitir el paso de las pestañas de las ruedas. Las citadas discontinuidades quedan representadas en los huecos $B_1 P_1$ y $B_2 P_1$ de la figura 18.9a y reciben el nombre de *lagunas del cruzamiento*.

Con el fin de hacer continuo el apoyo de las ruedas, al salvar estos huecos, se disponen los elementos $A_1 B_1 C_1$ y $A_2 B_2 C_2$ en prolongación de los carriles de unión con el cambio, que permiten a la llanta no dejar de estar apoyada en ningún momento. Estas prolongaciones reciben el nombre de *patas de liebre*. La figura 18.9b muestra el paso de la rueda de un vehículo por distintas secciones de las patas de liebre. Nótese, en la citada figura 18.9b, como éstas sostienen total o parcialmente las llantas de las ruedas desde que su centro empieza a entrar en la laguna hasta que la llanta se apoya, totalmente, en la punta del corazón.

Los hilos de la vía directa y de la vía desviada forman, al cortarse, la llamada *punta del corazón*. El punto P (punta matemática) marca la intersección teórica de ambos hilos; el punto P_1 (punta real) materializa el principio de la unión de los dos carriles. El punto T recibe el nombre de talón del corazón y señala el final de esta unión.

En la figura 18.9a puede observarse la existencia de los denominados *contracarriles* (CC_1) y (CC_2). Se colocan frente a la laguna y tienen como finalidad retener las ruedas de los vehículos evitando su descarrilamiento y el deterioro de la punta del corazón. La longitud de los contracarriles es variable. Como referencia, para una velocidad de 160 km/h, su valor se sitúa en el entorno de 7 m.

En la figura 18.10 [Bugarín (1995)], puede constatarse que si no existiese ningún tipo de contacto lateral sobre la pestaña que recorre la laguna, el eje podría desplazarse lateralmente (por causa del propio movimiento de lazo, por defectos en la vía, etc.), lo que podría ocasionar, en ciertos casos, el descarrilamiento del vehículo o el impacto de la rueda sobre la punta del corazón.

Los cruzamientos se designan mediante la tangente del ángulo de implantación. Los valores de tangentes más utilizados varían de 0,11 (velocidad de paso por vía desviada a 30 km/h) a 0,042 (velocidad de paso por vía desviada a 200 km/h). Nótese que las magnitudes precedentes corresponden a ángulos del cruzamiento de 6º y 2,4º respectivamente.

Cruzamiento de corazón móvil

Como se observa en las figura 18.7. y 18.9a, el ángulo del cruzamiento (α) está relacionado con la entrecalle corazón-pata de liebre (e) y la longitud de la laguna del cruzamiento (B_1, P_1). En forma aproximada (prescindiendo del espesor de la punta real del corazón) se tiene:

$$B_1 P_1 = \frac{e}{\text{sen } \alpha} \qquad (18.1)$$

Si se acepta, como referencia, que $e \approx 40$ mm (recuérdese que la anchura de la pestaña que tiene que pasar por la entrecalle es de $\approx$ 30 mm), se deduce que para ángulos del cruzamiento muy pequeños, los que se necesitan para circular por vía desviada a velocidades superiores a 100 km/h ($\alpha \approx 2,4º$), la longitud de la laguna del cruzamiento se hace excesiva para asegurar el paso de los vehículos ferroviarios. A título indicativo y según la expresión 18.1 en el cuadro adjunto se ofrece la longitud de la laguna del cruzamiento que sería necesaria para distintos valores de su ángulo.

Ángulo del cruzamiento	Tangente del ángulo del cruzamiento	Velocidad de paso por vía desviada (km/h)	Longitud de la laguna del cruzamiento (mm)
6,2º	0,11	30	363
5,1º	0,09	50	444
4,2º	0,075	60	533
2,4º	0,042	100	952

ESQUEMA GENERAL DE UN CRUZAMIENTO CONVENCIONAL

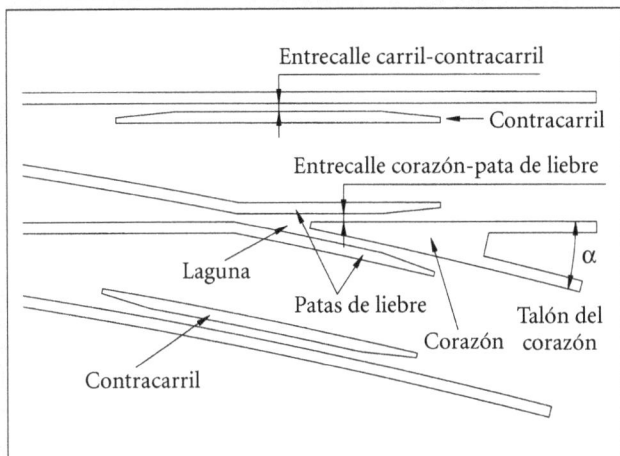

Fuente: Tomado de Villegas y Bugarin

Fig. 18.7

VISTA GENERAL DE UN CRUZAMIENTO DE CORAZÓN MÓVIL

Fuente: Yamato Kogyo

Fig. 18.8

CRUZAMIENTO Y PATAS DE LIEBRE

a)

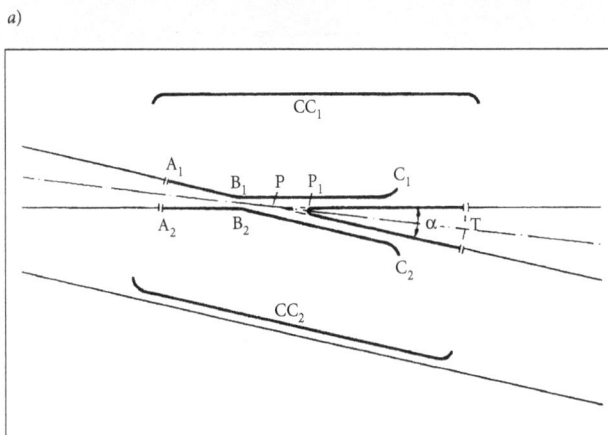

PASO DE UNA RUEDA POR EL CRUZAMIENTO

b)

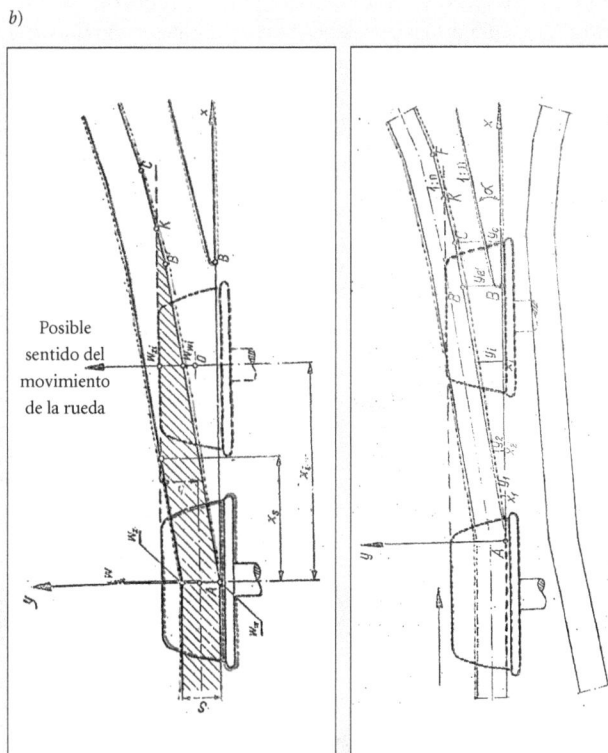

Fuente: J. J. Llamas y ORE

Fig. 18.9

VISUALIZACIÓN DE LA NECESIDAD DE CONTRACARRILES

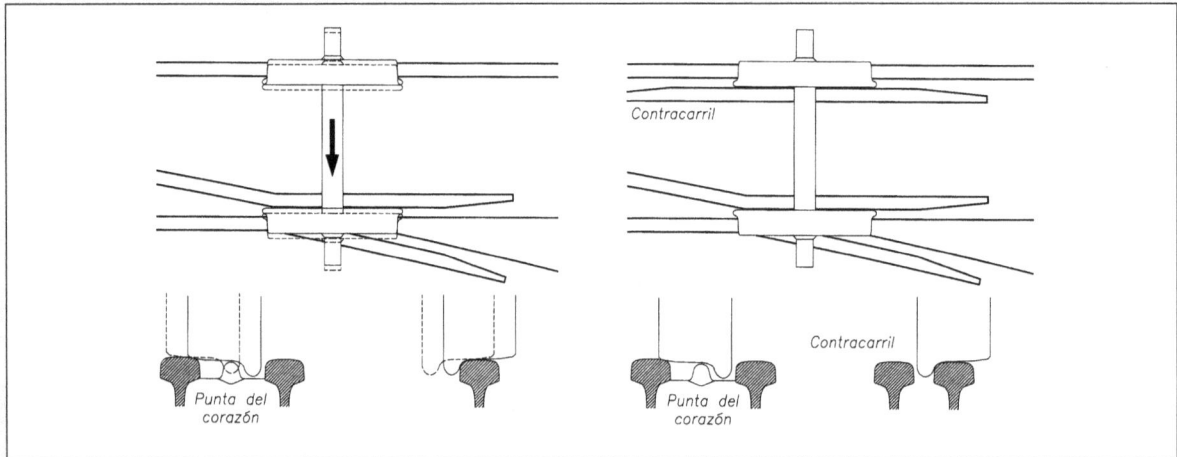

Fuente: Tomado de Villegas y Bugarin

Fig. 18.10

Resulta por tanto necesario eliminar la citada laguna. Surgen de este modo los denominados cruzamientos de corazón móvil. El corazón de punta móvil puede por tanto definirse como un sistema que permite suprimir la laguna del cruzamiento en ambas direcciones, mediante un dispositivo de accionamiento que actúa sobre la punta del corazón produciendo su desplazamiento hasta entrar en contacto con la pata de liebre correspondiente a la posición deseada de los carriles.

18.1.3 Cálculo básico de un desvío

Con objeto de disponer de órdenes de magnitud de las dimensiones principales de un desvío, se puede hacer un cálculo aproximado basado en el esquema adjunto.

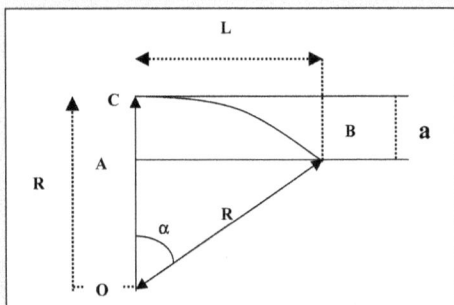

Es decir, se supone que la vía desviada corresponde a una curva circular de radio único y la curva circular es tangente a la vía directa. En estas condiciones, aceptando que el cruzamiento es curvo (lo que implica que las caras laterales de trabajo del corazón y de la pata de liebre son superficies curvas), se formulan las siguientes relaciones:

1. Aceleración transversal en el plano de la vía, en función del radio de la curva (planteamiento análogo al que se hace en cualquier curva de un trazado).
2. Dependencia del ángulo del cruzamiento con el radio de la curva y la longitud del desvío.

Matemáticamente se tiene:

$$\gamma_{sc} = \frac{V^2}{R} - \frac{h}{S}g$$

En ausencia de peralte en el desvío ($h = 0$), resulta:

$$\gamma_{sc} = \frac{V^2}{R} \qquad (18.2)$$

Por otro lado, en el triángulo OAB se verifica:

$$R^2 = (R - a)^2 + L^2$$

Por tanto,

$$L^2 \approx 2\,a\,R$$

Por otra parte, en el triángulo ABC se tiene en forma aproximada:

$$\text{tg}\frac{\alpha}{2} \approx \frac{a}{L}$$

En consecuencia:

$$L = \frac{a}{\text{tg}\dfrac{\alpha}{2}} \qquad R = \frac{a}{2\text{tg}^2\dfrac{\alpha}{2}} \qquad (18.3)\ y\ (18.4)$$

Es decir que 18.2, 18.3 y 18.4 son las tres ecuaciones que permiten definir los componentes principales de un desvío.

Como se ha expuesto al referirnos a la geometría de la vía, la γ_{sc} viene determinada por el confort del viajero. La experiencia práctica ha puesto de manifiesto la conveniencia de adoptar para γ_{sc} valores comprendidos, en general, entre 0,4 y 0,6 m/seg^2. Por lo que, a partir de 18.2, se obtiene la relación aproximada siguiente para la velocidad de paso (V_{desv}) por vía desviada:

$$V_{\text{desv}} \approx \left(2{,}3\ a\ 2{,}8\right)\sqrt{R} \qquad (18.5)$$

La velocidad de paso por vía desviada viene determinada por criterios de explotación comercial, como se expondrá posteriormente. En las estaciones con parada de trenes suelen aceptarse los valores:

$$V_{\text{desv}} = 30,\ 45\ o\ 60\ \text{km/h}$$

Se deduce, a partir de 18.5, considerando el valor del coeficiente que precede a la raíz igual a 2,5 como referencia, la siguiente dualidad:

Vdesviada (km/h)	Radio del desvío (m) ($V^2/6{,}25$)
30	144
45	324
60	576

La aplicación de 18.4 proporciona, para una vía de ancho internacional (a = 1500 mm), los siguientes valores del ángulo del cruzamiento y de su tangente:

Radio del desvío en (m)	Tangente del ángulo del cruzamiento	Ángulo del cruzamiento
144	0,14	8,2°
324	0,096	5,5°
576	0,072	4,1°

Finalmente, la aplicación de 18.3 proporciona los siguientes valores de la longitud del desvío:

Tangente del ángulo del cruzamiento	Longitud del desvío (m)
0,14	21
0,096	31
0,072	42

Los cálculos realizados han tenido por único objetivo mostrar la utilidad de las expresiones anteriormente indicadas y los órdenes de magnitud que de ellas se derivan.

En la explotación comercial, el uso de análogos principios matemáticos apoyados en la experiencia diaria ha permitido alcanzar las recomendaciones que figuran en el cuadro 18.1. Las citadas magnitudes corresponden a los desvíos utilizados en el ferrocarril español.

18.2 APARATOS DE VÍA SOBRE TRAVIESAS DE HORMIGÓN

Históricamente, el apoyo de los aparatos de vía sobre la capa de balasto se realizó en el ferrocarril a través de traviesas de madera. Algunos de los motivos que justificaron esta decisión fueron: su gran elasticidad, su forma sencilla y su facilidad de adaptación y colocación. Argumentos especialmente relevantes si se tiene en cuenta que el aparato de vía es, por naturaleza, un punto singular de la vía y está sometido a importantes solicitaciones dinámicas. Por ello, incluso en la primera línea de alta velocidad en Europa, entre París y Lyon, se utilizaron desvíos sobre traviesas de madera (Fig. 18.11).

Sin embargo, con la generalización en las vías principales del empleo de traviesas de hormigón, la persistencia de aparatos de vía sobre traviesas de madera ocasionaba, entre otros efectos:

a) Un mayor deterioro de la vía con traviesas de madera por el envejecimiento de este material.
b) Una indeseable variación de rigidez de la vía por causa de la transición hormigón-madera-hormigón.

Por otro lado, es indudable que el mayor peso de las traviesas de hormigón confería al desvío más estabilidad frente a los esfuerzos transversales. Este hecho y el deseo de proporcionar un confort más elevado a los viajeros, aconsejó el uso de elementos de hormigón como soporte de los aparatos de vía (Fig. 18.12). Las traviesas de hormigón de un desvío son todas diferentes y su longitud varía (en la línea de alta velocidad Madrid-Sevilla) de 2,4 a 4,9 metros.

CUADRO 18.1. DESVÍOS FERROVIARIOS EN RENFE

	Tipo	V Directa (km/h)	V Desviada (km/h)	R Desviada (m)	Tangente (a)	Longitud del desvío (m)	Materiales Carril (kg/m)	Traviesas
Desvíos convencionales	A	140	30	241-320-425	0,11 / 0,09	32,0 / 36,0	45-54	Madera
	B	160	45	230	0,11	35,0		Madera
			50	320	0,09	38,8	54	
			60	500	0,075	48,1		
	C	160-200	40	250	0,11	34,3	54-60	Madera/ Hormigón
			50	318	0,09	38,3		
			60	500	0,09	44,8		
	D	200	100	1500	0,042	79,1	60	Madera/ Hormigón

Fuente. J.J, Llamas (2002)

18.3 DESVÍOS DE ALTA VELOCIDAD

La explotación de líneas de alta velocidad ha sido, sin duda alguna, un importante revulsivo para la evolución de los desvíos, al requerirse comercialmente mayores velocidades de circulación al pasar de una vía directa a una vía desviada.

En efecto, los servicios de alta velocidad van asociados a una elevada calidad de prestaciones en todos los ámbitos. En particular, en la puntualidad de los trenes. Es indudable, no obstante, que en ocasiones pueden presentarse incidencias en una línea. En este caso resulta necesario reducir al máximo las consecuencias de tales incidencias.

A título indicativo, la figura 18.13 muestra un ejemplo real que puede darse en una línea de alta velocidad. Corresponde al caso de la interrupción de la circulación en un tramo de 7 km de una vía por causa de operaciones de mantenimiento imprevistas y de urgente realización. En este caso la banalización de las vías (posibilidad de circular por ambas vías en cualquier sentido) permite desviar los trenes por la vía operativa en el tramo de referencia.

En la citada figura 18.13, se observa como la existencia de desvíos a 100 km/h (por vía desviada) reduce la repercusión de la incidencia en la vía, a tres minutos, en relación con el tiempo teórico previsto circulando a 250 km/h. Se comprende que un desvío apto para 30 o 60 km/h, por vía desviada, hubiese ocasionado un retraso sensiblemente mayor a los viajeros y previsiblemente superior al retraso límite aceptado por contrato de viaje en algunas líneas (5' en la relación Madrid – Sevilla).

Según lo expuesto, en las principales administraciones ferroviarias europeas, con la llegada de la alta velocidad se desarrollaron desvíos que permiten velocidades de paso por vía desviada de 100, 130, 160 y 220 km/h. En el cuadro 18.2 se muestran algunas de las características de los desvíos utilizados en las dos primeras líneas de alta velocidad en España: Madrid-Sevilla y Madrid-Barcelona.

Por lo que respecta a la línea Madrid – Sevilla, se adoptaron dos tipos de desvíos: el que permitía el acceso desde la vía general a las vías de apartado (velocidad por vía desviada a 80 km/h); el segundo, que posibilitaba el paso por los escapes a 160 km/h. Se precisa que un *escape* es una combinación de dos desvíos que permite unir dos vías paralelas separadas por una entrevía de E metros (Fig. 18.14).

Para esta última elección, el desvío se apartó del criterio de diseño tradicionalmente adoptado para velocidades de paso inferiores a 100 km/h, es decir, el uso de curvas circulares. Se adoptó un trazado basado en el establecimiento de una clotoide de entrada, una curva circular de radio 4.000 m y una clotoide de enlace hasta el eje de la comunicación. A partir de este punto y con curvaturas de signo contrario, se estableció otra clotoide de enlace, curva circular de radio 4.000 m y clotoide de salida.

Cabe señalar que el radio de 4.000 m vino dado por la aplicación práctica de la ecuación 18.2, adoptándose un valor de la aceleración centrífuga sin compensar en el plano de la vía de 0,5 m/seg^2 (el resultado exacto de 3.951 m se redondeó por razones de estandarización a 4.000 m).

En cuanto a la necesidad de la clotoide, cabe señalar (Fig. 18.15) que en los escapes clásicos de trazado circular con entre-eje estrecho se tienen, de acuerdo con ensayos dinámicos realizados al efecto, valores de la aceleración transversal aproximadamente iguales al doble del valor de cálculo (γ_0). Este hecho aconseja la introducción de una curva de transición entre la alineación recta de la vía general

DESVÍO EN TRAVIESAS DE MADERA: LÍNEA PARÍS-LYON

Fuente: La vie du rail   Fig. 18.11

DESVÍO SOBRE TRAVIESAS DE HORMIGÓN

Fuente: S. Doblado   Fig. 18.12

INFLUENCIA DE LA VELOCIDAD POR VÍA DESVIADA EN EL TIEMPO DE VIAJE

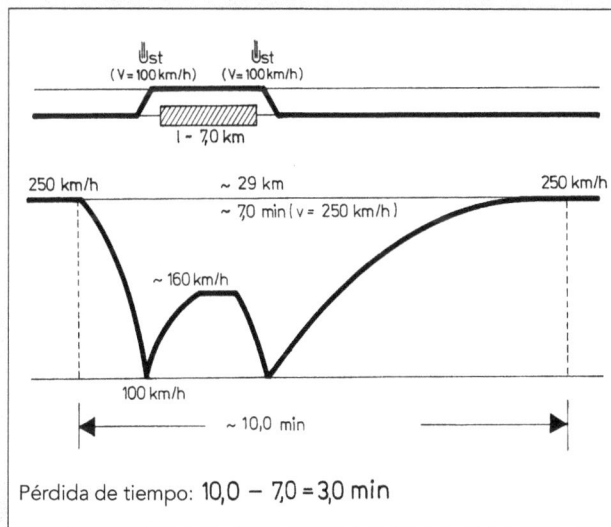

Pérdida de tiempo: 10,0 − 7,0 = 3,0 min

Fuente: DBAG   Fig. 18.13

CUADRO 18.2. DESVÍOS UTILIZADOS EN LAS LÍNEAS MADRID – SEVILLA Y MADRID – BARCELONA DE ALTA VELOCIDAD

		V directa (km/h)	V desviada (km/h)	desviada (m)	tangente (a)	Longitud del desvío (m)	Carril (kg/ml)	Traviesas	Motores Aguja + corazón
Desvíos Alta velocidad	Línea Madrid-Sevilla	300	80	760	1:14	54,2	60	Hormigón	3+2
	AV		160	4000	1:37,4	145,6			8+3
	Línea Madrid-Barcelona	350	100	1500	1:22	92,2	60	Hormigón	4+2
			160	4000	1:36,9	151,4			6+3
	AV		220	7400	1:50	207,4			8+4

Fuente: J.J. Llamas (2002)

y la alineación curva de la vía desviada. Si se recuerda que la variación de la aceleración centrífuga sin compensar con respecto al tiempo debe situarse en torno a 0,3 a 0,4 m/seg^3 (ver capítulo 9), se deduce que la clotoide tendrá como constante el valor $A = 468$.

En efecto, como se sabe, en la clotoide se tiene:

$$\rho \cdot \ell = R.L = A^2$$

Por otro lado:

$$\gamma = \frac{V^2}{\rho}$$

luego:

$$\gamma = \frac{V^2}{A^2}.\ell$$

pero como $.\ell = V. t$, se obtiene:

$$\gamma = \frac{V^3 t}{A^2}$$

En consecuencia:

$$\frac{d\gamma}{dt} = \frac{V^3}{A^2}$$

y por tanto:

$$A = \sqrt{\frac{V^3}{d\gamma / dt}}$$

Sustituyendo $d\gamma/dt$ por el valor antes indicado de 0,4 m/seg^3, se obtiene para la velocidad adoptada por vía desviada, 160 km/h, el resultado ya indicado:

$$A = \sqrt{\frac{(160)^3}{0,4}} = 468$$

Conocidos el valor del radio de la curva circular y las características de la clotoide, queda por resolver el problema que plantea el cambio de sentido de la curvatura en el eje de la comunicación (Fig. 18.15). Nótese que tienen lugar valores de la aceleración sin compensar de $2\gamma_0$, que no son aceptables desde el punto de vista del confort del viajero.

Pueden contemplarse dos posibles soluciones a este problema: la primera, introducir una alineación recta entre las curvas circulares de forma que el vehículo estabilice las oscilaciones transversales que genera en él la circulación por las citadas curvas; la segunda, incorporar una nueva curva circular que concluya en el eje de simetría de ambas vías.

Con la primera alternativa, se incrementaría notablemente el valor de la entrevía; especialmente si se tiene en cuenta que el tiempo mínimo a considerar para la desaparición de las referidas oscilaciones en los vehículos suele ser de 1,4 seg. Ello se traduce en una longitud mínima de recta de valor:

$$\ell = V.t = 1,4 \text{ seg } \frac{1000}{3600} 160 \text{ km/h} \approx 62 \text{ m}$$

para la velocidad considerada de paso por vía desviada.

Se adoptó, por tanto, la segunda solución, consistente en incluir una clotoide que partiendo del radio 4.000 m de la curva circular finalice en $R = \infty$ en el eje de simetría de ambas vías. La figura 18.16 muestra el conjunto de la geometría del escape AV 160 de la línea Madrid-Sevilla. Se señala que a la solución clotoide-curva circular-clotoide se la reconoce también como clotoide de meseta.

Como información, la citada línea de alta velocidad dispone del orden de 60 desvíos tipo 160 km/h y 45 desvíos tipo 80 km/h. Ambas velocidades por vía desviada. En el primer tipo, a causa de la elevada longitud de las agujas ($l \approx 50$ metros), se utilizan 8 motores

ESCAPE DE VÍA

Fuente: Rail International
Fig. 18.14

ACELERACIÓN TRANSVERSAL EN UN ESCAPE CLÁSICO DE TRAZADO CIRCULAR

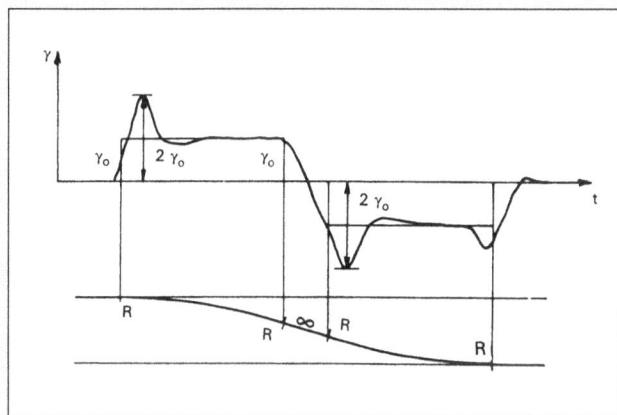

Fuente: Alias y Valdes
Fig. 18.15

GEOMETRÍA DEL ESCAPE AV160 EN LA LÍNEA MADRID-SEVILLA

Fuente: Renfe
Fig. 18.16

ESCAPE DE ADAMUZ

Accionamiento de la aguja

Accionamiento del cruzamiento

Fuente: Justo Arenillas
Fig. 18.17

para moverlas (Fig. 18.17). El accionamiento del cruzamiento se lleva a cabo con 3 motores (Fig. 18.17).

En la nueva línea de alta velocidad entre Madrid y Barcelona, tal como se ha indicado, a causa de la mayor velocidad punta prevista, 350 km/h, se han adoptado tres tipos de desvíos, permitiendo velocidades de paso por vía desviada de 100, 160 y 220 km/h (Fig. 18.18).

Si nos referimos a este último desvío, por su singularidad, cabe señalar que su longitud total es de 206 metros. La vía desviada comienza con una curva de transición de 17.000 m de radio inicial que enlaza con una curva de radio circular de 7.300 m.

Por lo que respecta a las agujas del cambio, puede decirse que están constituidas por una única pieza de gran longitud (≈ 62 metros). Las agujas van dotadas de inclinación 1/20, como el resto de la vía.

En el cambio hay dos tipos principales de placas nervadas: las de asiento, que soportan uno o dos perfiles según su ubicación; y las resbaladeras, sobre las que se efectúa el movimiento de las agujas, que pueden ser de carga o de rodillos. Las resbaladeras de carga tienen la zona de resbalamiento tratada con molibdeno para facilitar el deslizamiento. Las resbaladeras de rodillos facilitan el movimiento sin necesidad de engrase (Fig. 18.19). La elasticidad de las placas produce una rigidez estática del desvío de 57 kN/mm.

En cuanto al cruzamiento, de punta móvil flexible, con tangente aproximada de 1/50, se señala que el corazón está realizado en una cuna monobloque de acero al manganeso. Todo el cruzamiento lleva inclinación 1/20. El movimiento de la punta se efectúa mediante cuatro motores electrohidráulicos independientes.

En el cruzamiento hay dos tipos de placas de asiento nervadas: las estándar, que soportan un único perfil y se encuentran en la zona intermedia y final del desvío, y las especiales, que soportan varios perfiles o la cuna de acero al manganeso según su ubicación.

En relación con los aspectos económicos, es de interés subrayar la incidencia que tiene el nivel de prestaciones de cada aparato de vía en su coste. A título indicativo, en las condiciones económicas del año 2002 y para la situación del mercado en ese momento temporal, podrían señalarse los siguientes índices de variación.

Tipo de desvío	Velocidad por vía directa y desviada (km/h)	Índice de coste de suministro
tg 0,075	160/60	100
tg 0,071	250/80	140
tg 0,026	250/160	250
tg 0,045	359/100	360
tg 0,027	350/160	472
tg 0,020	350/220	638

APARATOS DE VÍA EN LA LÍNEA DE ALTA VELOCIDAD MADRID-BARCELONA

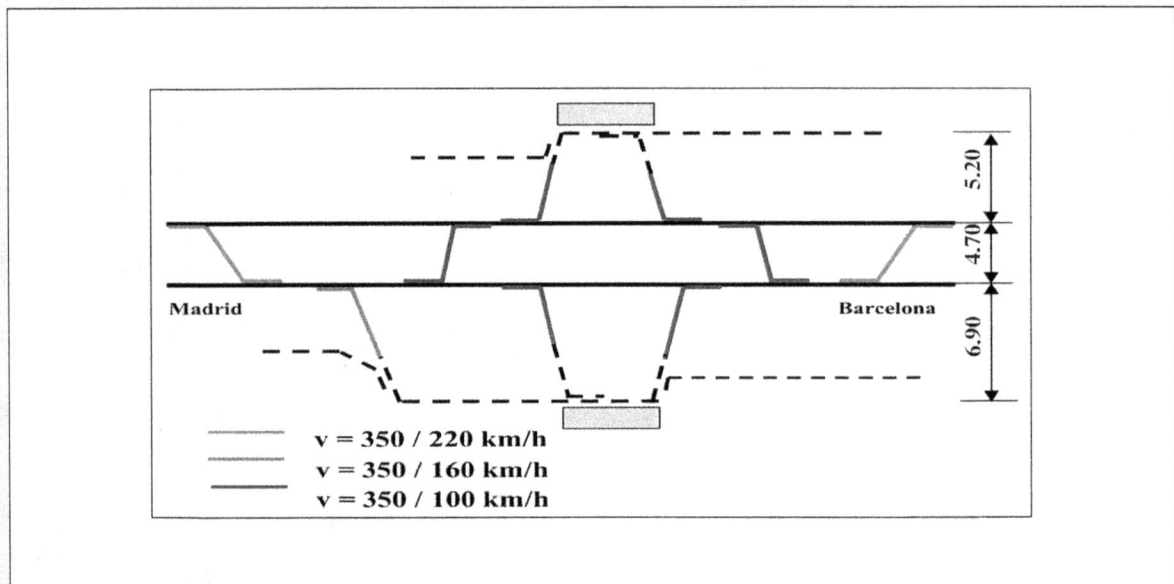

v = 350 / 220 km/h
v = 350 / 160 km/h
v = 350 / 100 km/h

Fuente: GIF

Fig. 18.18

PLACAS Y SUJECIONES DE DESVÍOS

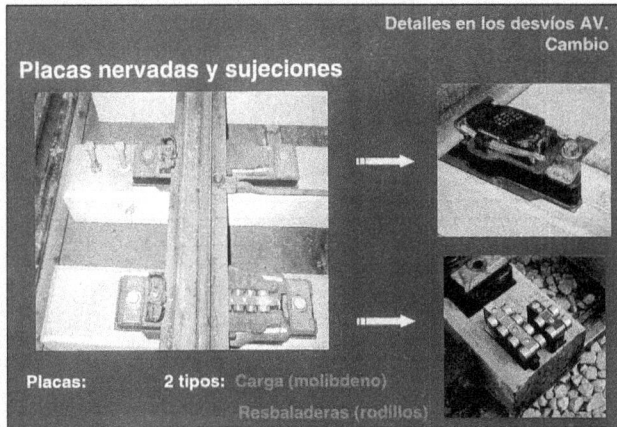

Fuente: J. J. Llamas (2002)   Fig. 18.19

TRAVESÍA

Fuente: Frerrocarriles austriacos   Fig. 18.20b

TRAVESÍA OBLICUA Y DE UNIÓN DOBLE

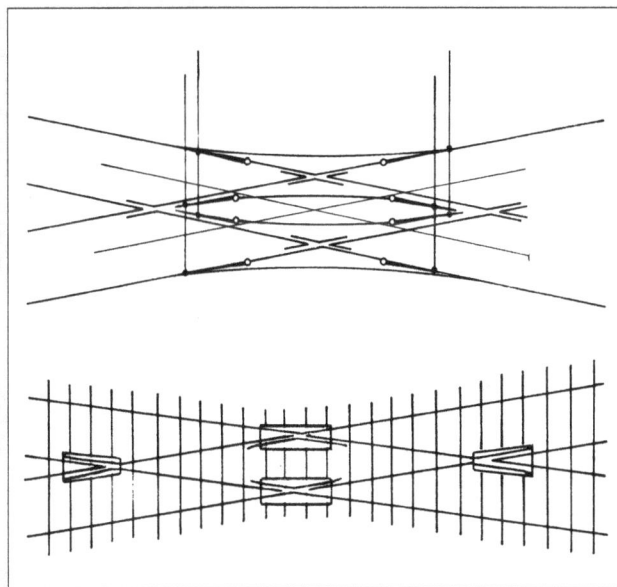

Fuente: Renfe   Fig.18.20a

REPRESENTACIÓN DE LOS DISTINTOS TIPOS DE APARATOS DE VÍA

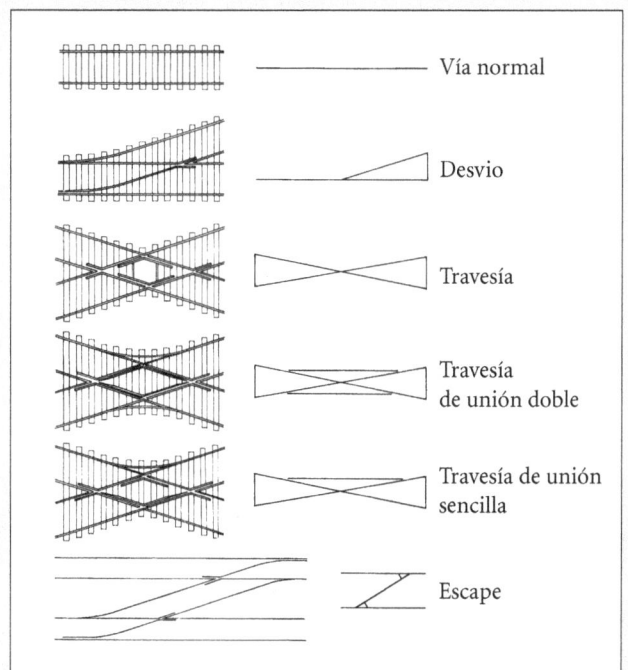

Vía normal

Desvio

Travesía

Travesía de unión doble

Travesía de unión sencilla

Escape

Fuente: Renfe   Fig. 18.21

DISPOSICIÓN ESQUEMÁTICA DE ESCAPES Y VÍAS DE APARTADO EN LAS PRIMERAS LÍNEAS ALEMANAS DE ALTA VELOCIDAD

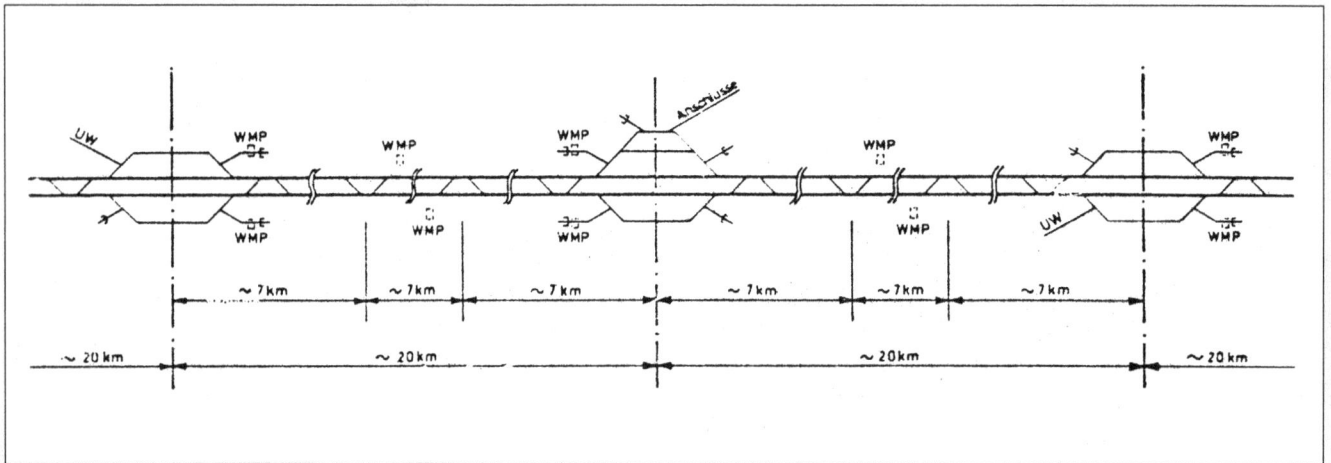

Fuente: L. Glatzel (1991)   Fig. 18.22

Cabe señalar, finalmente, que un desvío de las máximas prestaciones actualmente disponibles en el mercado puede tener un coste
de suministro en torno a 800.000 euros; a esta cifra habría que
incorporar un suplemento del orden del 20% para las operaciones
de montaje del mismo en la vía.

18.4 TRAVESÍAS

Las travesías son aparatos de vía compuestos en general por varios
cruzamientos combinados. En la figura 18.20a se muestran dos
esquemas tipo de travesías: oblicua y de unión doble, y en la figu-
ra18.20b se visualizan. En la figura 18.21 se indica la simbología utilizada normalmente para representar los distintos aparatos de vía
en los planos.

18.5 DISTRIBUCIÓN Y CARACTERÍSTICAS DE LOS APARATOS DE VÍA A LO LARGO DE UNA LÍNEA

El número de aparatos de vía, sus características y su distribución a
lo largo de una línea dada está directamente relacionado con su sistema de explotación. En particular, es preciso prestar atención a las

posibles necesidades de apartado de ciertos trenes para poder ser
adelantados por otros que circulen a mayor velocidad.

Como referencia, en la figura 18.22 se recoge la distribución ele-
gida por los ferrocarriles alemanes para sus primeras líneas de alta
velocidad entre Hannover y Würzburg, así como entre Mannheim y
Stuttgart. En las citadas líneas se programó un sistema de explotación en tráfico mixto, es decir, coexistiendo trenes rápidos de viajeros a velocidades máximas de 250/280 y 200 km/h, con trenes de
mercancías a 120 y 160 km/h. Se comprueba que a diferencia de la
línea francesa, los escapes se situaban cada 7 km, con el consiguiente efecto en la inversión necesaria.

Por el contrario, en la figura 18.23 se muestra el principio adoptado por los ferrocarriles franceses para la línea de alta velocidad
TGV-Atlántico. En ella, todos los trenes circulan a la misma velocidad y están formados por las ramas TGV. Nótese, que los escapes se
sitúan a distancias próximas a 20 km.

DISPOSICIÓN ESQUEMÁTICA DE ESCAPES Y VÍAS DE APARTADO EN LA LÍNEA TGV-ATLÁNTICO

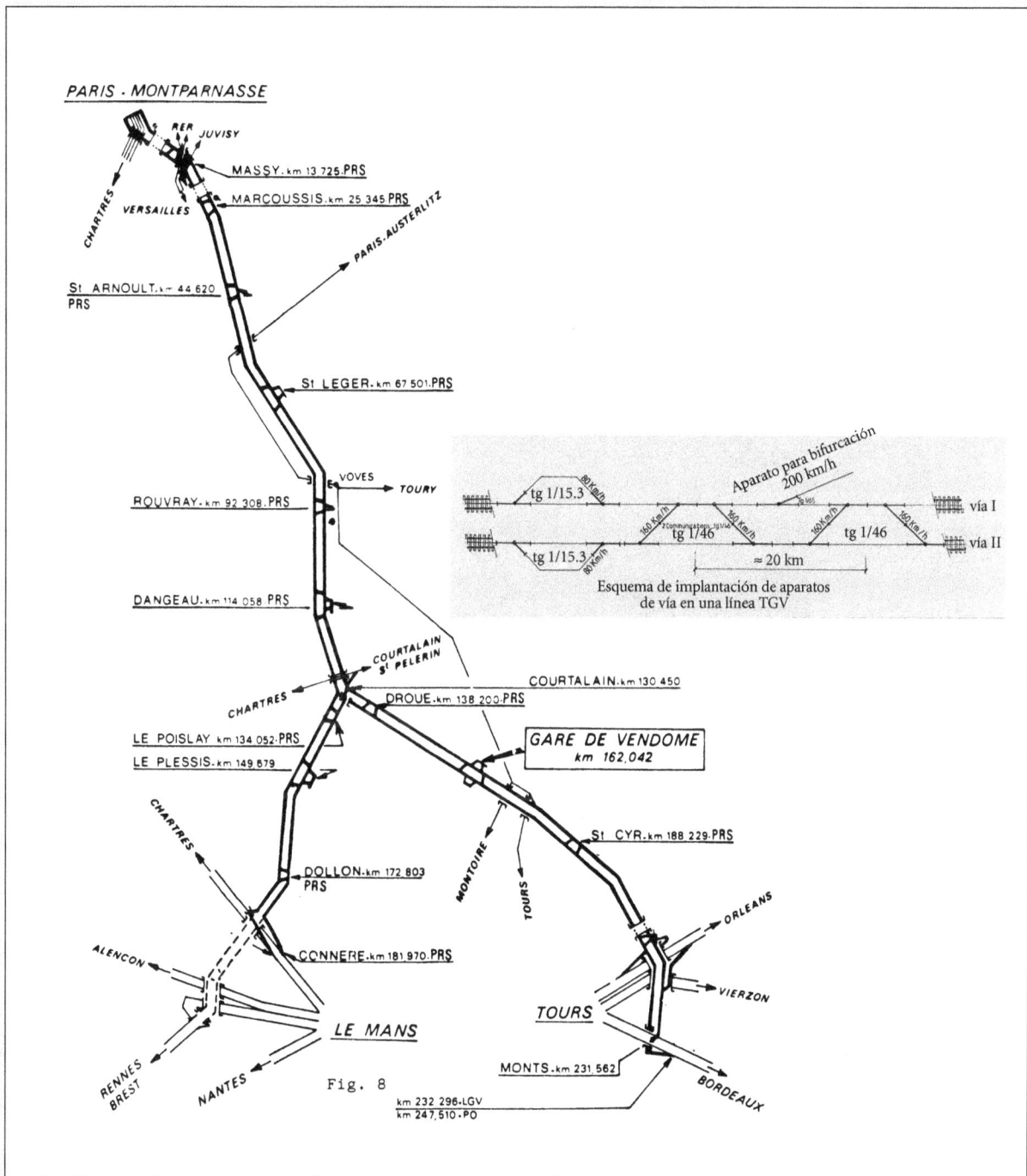

Fig. 8

19

PUENTES DE FERROCARRIL

19.1 APUNTES HISTÓRICOS DEL FERROCARRIL ESPAÑOL[1]

La historia del ferrocarril ha estado acompañada de la construcción de numerosos puentes con la práctica totalidad de los materiales disponibles en cada momento temporal, de tal forma que resulta posible establecer la tipología indicada en el cuadro 19.1.

CUADRO 19.1. TIPOLOGÍA DE PUENTES DE FERROCARRIL

Siglo XIX (1ª mitad)	*Madera* (vigas rectas armadas con tablas apoyadas en pilas y estribos de fábrica)
Siglo XIX (2ª mitad)	Puentes de *fábrica* (sillería/mampostería/ladrillo)
	Puentes *metálicos* (fundición/hierro forjado/acero)
Siglo XX	*Hormigón* → Armado / Pretensado

_____

1. Basados en el artículo: «Los ingenieros y el ferrocarril: líneas, pasos y puentes», de Xoán Novoa Rodríguez, en *Revista del Colegio de Ingenieros de Caminos Canales y Puertos* (OP), n.º 24 (1992).

Los primeros puentes de ferrocarril fueron de madera y estaban constituidos por vigas rectas y tablones apoyados en pilas y estribos de fábrica, cuando no sobre palizadas de madera. Este hecho ocasionó que el primer puente sobre el río Tajo del ferrocarril de Aranjuez (1851) fuera arrastrado por una riada poco tiempo después de su inauguración.

El incremento del peso de las locomotoras dio lugar a que en la década siguiente se procediese a la sustitución de los puentes de madera que se mantenían en pie por otros más resistentes.

A lo largo de la mitad del siglo XIX se inició una época en que coexistieron puentes de fábrica y puentes metálicos. Los primeros, elaborados a base de sillería, mampostería o ladrillo, se basaron en el empleo de la bóveda como elemento estructural. Una de las principales características de los grandes viaductos de fábrica fue su esbeltez, contando con un abundante número de arcos y con pilas que con frecuencia alcanzaron 20 m de altura para mantener la rasante. Presentaron gran solidez y se dejaron de construir con la aparición del hormigón armado.

La figura 19.1a muestra el viaducto de Termópilas, construido en 1862 y que forma parte, a la altura del desfiladero de Pancorbo, del trazado de la línea Madrid-Irún. Consta de tres arcos de 15 m y pilas de 18 m de altura. En la línea que une Zaragoza y Tarragona por Caspe, se encuentra el viaducto en curva de los Masos (1890) (Fig. 19.1b), próximo al túnel de la Argentera. Tiene catorce arcos de 12 m de luz.

Los primeros puentes metálicos se construyeron de fundición, y debido al mal comportamiento de este material a tracción, imitaron las tipologías en arco de los puentes de fábrica. Hubo que esperar al desarrollo del hierro forjado para disponer de un material con una importante resistencia a tracción. Con este material se construyeron muchos de los puentes de las grandes líneas españolas a partir de la

VIADUCTO DE TERMÓPILAS EN EL DESFILADERO DE PANCORBO

a)

Fuente: X. Novoa (1992)

VIADUCTO DE MASOS (1890) LÍNEA ZARAGOZA-TARRAGONA POR CASPE

b)

Fuente: X. Novoa

Fig. 19.1

VIADUCTO DE ORMAIZTEGUI. LÍNEA MADRID-IRÚN

a)

PUENTE INTERNACIONAL TUY-VALENÇA SOBRE EL RÍO MIÑO

b)

PUENTE SOBRE EL RÍO AGUEDA (1887). LÍNEA SAN ESTEBAN-BARCA DE ALBA

c)

Fuente: X. Novoa (1992)

Fig. 19.2

VIADUCTO DE GARABIT (FRANCIA)

a)

Fuente: La vie du rail

FORTH BRIDGE (EDIMBURGO)

b)

Fuente: BR   *Fig. 19.3*

VIADUCTO DE MARTÍN GIL SOBRE EL RÍO ESLA (HORMIGÓN ARMADO) LÍNEA ZAMORA-CORUÑA (1943)

a)

VIADUCTO SOBRE EL RÍO RIAZA. LÍNEA MADRID-BURGOS

b)

PUENTE DE HORMIGÓN PRETENSADO SOBRE EL RÍO ANDARAX (LÍNEA LINARES-ALMERÍA)

c)

Fuente: X. Novoa (1992)   *Fig. 19.4*

década de los años 60 del siglo XIX. La tipología preponderante estaba constituida por tramos rectos a base de vigas de celosía que descansaban sobre pilas esbeltas de fábrica o de metal. A finales del siglo XIX el acero sustituyó al hierro forjado en las estructuras metálicas, dado su mejor comportamiento resistente y su mayor durabilidad.

Del conjunto de puentes metálicos se destacan: el viaducto de Ormaiztegui inaugurado en 1866, el puente internacional de Tuy a Valença (1886) y el puente internacional sobre el río Águeda (1887) (Fig. 19.2) de la línea, hoy día cerrada, entre Fuente de San Esteban (Salamanca) y Barca de Alba (Portugal). Fuera de España mencionamos (Fig. 19.3), entre otros, los viaductos de Garabit, en Francia, debido a Eiffel, y Forth Bridge, en las proximidades de Edimburgo.

Como se sabe, el hormigón armado tuvo su origen a finales del siglo XIX, pero su uso no se generalizó hasta los años 20 del siglo XX. El eslabón siguiente en la cadena fue el desarrollo de la técnica del pretensado, que posibilitó la ejecución de puentes con luces considerables. De entre los numerosos puentes existentes con este material se destacan (Fig. 19.4) el viaducto de Martín Gil, concluido en 1943 (línea de Zamora a la Puebla de Sanabria), que en su tiempo fue el arco de hormigón mayor del mundo; el viaducto de Riaza (1968), de la línea directa de Madrid a Burgos por Aranda, y el viaducto de Santa Fe, en la línea Linares – Baeza – Almería, de hormigón pretensado, que sustituyó al primitivo puente metálico.

El conjunto de las obras de fábrica de una administración ferroviaria se somete a una visita anual para comprobar su estado y a una inspección detallada cada cinco años. En función de la dificultad física que presenta la citada inspección por causa de la ubicación de la obra de fábrica, en algunas redes se disponen de plataformas similares a las indicadas en la figura 19.5, que corresponden a los ferrocarriles franceses.

19.2 CONSTITUCIÓN DE LA VÍA EN UN PUENTE

La colocación de la vía en un puente presenta una cierta diversidad tipológica que, sin embargo, se puede sintetizar en dos disposiciones genéricas: puentes metálicos con y sin balasto y puentes de hormigón con y sin balasto. En el ferrocarril español, en general, se han utilizado siempre las siguientes soluciones: metálicos sin balasto y de hormigón con balasto. A continuación se describen las principales características de las diferentes tipologías.

19.2.1 Puentes metálicos

En la figura 19.6a se muestra el caso de un puente metálico en el que el carril se apoya sobre traviesas de madera por intermedio de la placa de asiento habitual. Aquella descansa sobre el larguero del puente al que se fija por medio de unos perfiles. Las traviesas suelen ser de canto superior a las normales (para incrementar la elasticidad de la vía) y su labrado permite dar a la vía, en caso de puentes

VEHÍCULOS PARA INSPECCIONAR OBRAS DE FÁBRICA

Fuente: Rail Passion

Fig. 19.5

DETALLE DE LA COLOCACIÓN DE LA VÍA SOBRE PUENTES METÁLICOS CON TRAVIESAS DE MADERA

a)

VÍA SIN BALASTO APOYADA DIRECTAMENTE SOBRE PUENTE DE HORMIGÓN

c)

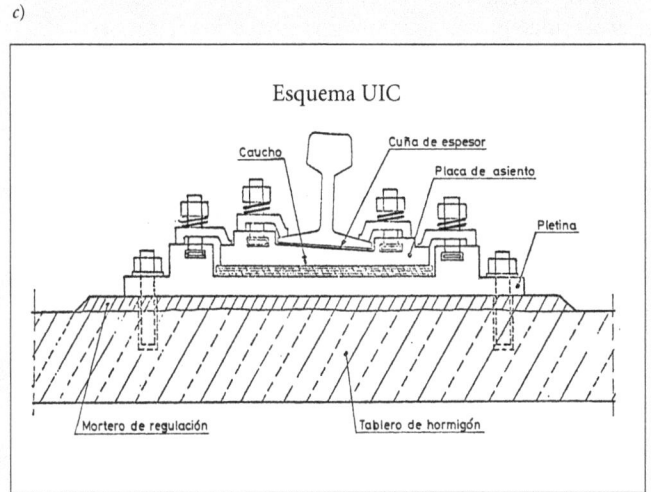

Esquema UIC

VÍA SOBRE BALASTO EN PUENTE METÁLICO

b)

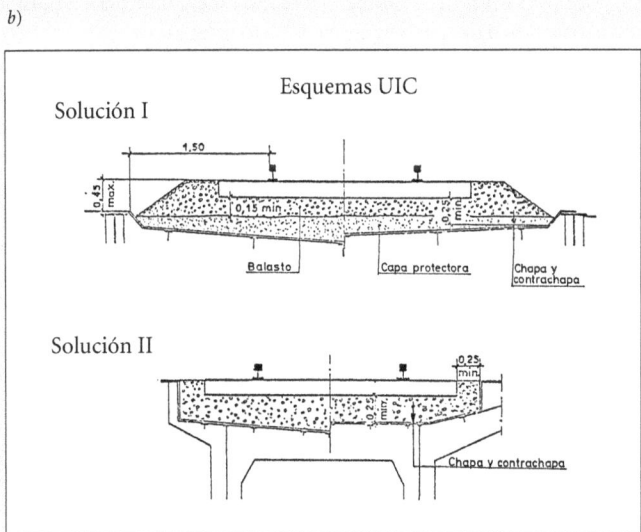

Esquemas UIC

Solución I

Solución II

VÍA SOBRE BALASTO EN PUENTES DE HORMIGÓN

d)

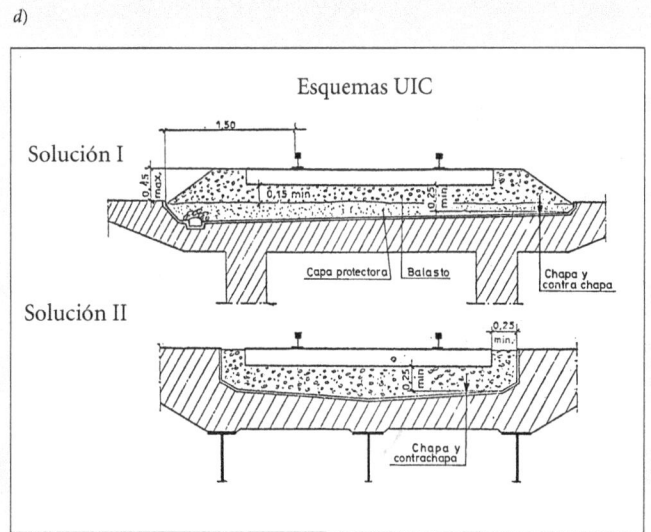

Esquemas UIC

Solución I

Solución II

Fuente: UIC

Fig. 19.6

curvos, el peralte necesario. Como ventajas de este tipo de coloca-ción para líneas convencionales, pueden señalarse dos: la reducción de peso muerto y de gálibo; este último aspecto podría ser de inte-rés en el caso de tener que electrificar una línea. Los inconvenientes de esta disposición constructiva se derivan de la elevada rigidez ver-tical y del ruido producido durante la circulación ferroviaria.

En la figura 19.6b se muestra la solución en la que la traviesa de madera se apoya sobre una capa de balasto de espesor, en general, no inferior a 25 cm, con el fin de proporcionar una cierta elastici-dad vertical al conjunto de la vía. Esta disposición asegura la conti-nuidad de la vía respecto al terreno natural. Al efectuarse la nivela-ción de la vía por los procedimientos clásicos de bateo, no se presentan problemas particulares siempre que el espesor de balasto sea suficiente para que la maquinaria de vía no dañe la chapa. Esta alternativa, si bien reduce el ruido con relación a la solución prece-dente, aumenta, como es lógico, el peso propio.

19.2.2 Puentes de hormigón

En la disposición constructiva sin balasto (Fig. 19.6c), los proble-mas e inconvenientes son similares a los indicados en el caso de puentes metálicos. Cuando el carril se apoya sobre la traviesa y ésta sobre una capa de balasto (Fig. 19.6d), proporciona continuidad a la vía respecto a los tramos que discurren sobre infraestructura natural. En todo caso y como se expondrá posteriormente, la rigi-dez vertical de la vía en los puentes es sensiblemente más elevada que en el resto de secciones con plataforma natural.

19.3 LA RIGIDEZ VERTICAL DE LA VÍA EN LOS PUENTES Y SU INFLUENCIA EN EL DETERIORO DE LA CAPA DE BALASTO

La disposición estructural de la vía de ferrocarril en un puente de hormigón con capa de balasto da lugar, como se ha indicado, a una rigidez vertical de la vía mucho más elevada que en el caso de tra-tarse de vías sobre infraestructuras naturales. Las medidas efectua-das por el profesor Eisenmann en líneas alemanas mostraron para el coeficiente de balasto valores del orden de 45 kg/cm^3, cifra a com-parar con los habituales 5 a 15 kg/cm^3 de vías sobre infraestructuras naturales.

La repercusión de esta diferencia de rigidez en el nivel tensional sobre el balasto puede evaluarse, como se indicó, por la fórmula de Zimmermann. Matemáticamente:

$$\sigma_b = \frac{Q.d}{2F} \sqrt[4]{\frac{F.c}{4EId}}$$

con el significado bien conocido de las variables que intervienen en la expresión precedente.

Si se adoptan, como referencia, los siguientes valores:

$Q = 11$ t

$d = 60$ cm

$F = 2.850$ cm^2 (traviesa B70)

$E = 2 \times 10^6$ kg/cm^2

$I = 3.055$ cm^4 (carril UIC 60)

$c = 5$; 15 y 45 kg/cm^3

se obtiene el nivel de tensiones indicado en el cuadro 19.2 para los diversos valores del coeficiente de balasto señalados.

Se observa, por tanto, el notable incremento de las tensiones que se produce en la cara inferior de las traviesas en los puentes de hormigón. Debe subrayarse, no obstante, que la influencia señalada es un límite inferior de la realidad. En efecto, no se ha tenido en cuenta que la rigidez vertical de la vía influye en las sobrecargas dinámicas, de acuerdo con la fórmula de Prud'homme.

La apertura de la línea de alta velocidad entre Tokio y Osaka en 1964 trajo consigo, con independencia de la repercusión de otras variables, la aparición en los puentes de hormigón de una rápida trituración de la capa de balasto situada en las proximidades del

CUADRO 19.2. INFLUENCIA DE LA RIGIDEZ VERTICAL DE LA VÍA EN EL ESTADO TENSIONAL SOBRE EL BALASTO EN PUENTES DE HORMIGÓN

Infraestructura	Coeficiente de balasto (kg/cm^3)	Nivel tensional en el balasto (kg/cm^2)	
		Valor	Índice relativo
Débil capacidad portante	5	1,15	100
Buena capacidad portante	15	1,51	131
Puente de hormigón	45	1,99	173

tablero, obligando a disponer soluciones hasta entonces desconocidas en el ámbito ferroviario.

Veamos, antes de describir las citadas soluciones, la causa de dicha trituración, que tenía su origen en dos fenómenos:

– Por un lado, de acuerdo con las teorías de los sistemas multicapas, se sabe que, en el caso de un sistema bicapa (Fig. 19.7), la distribución de presiones normales disminuye rápidamente con la profundidad, de tal forma que para un espesor normal de balasto ($h = 30$ cm), la tensión en el contacto entre capas es aproximadamente el 50% de la existente en superficie. Sin embargo, cuando existe un estrato rígido en profundidad, la reducción de presiones es escasa, correspondiendo, a igualdad de espesor de balasto que en el caso anterior, una disminución tensional de sólo el 20%.
– Por otro lado, la rigidez del tablero provoca la abrasión de la capa de balasto situada en contacto con él produciéndose gran cantidad de finos. En la figura 19.8a, puede verse la curva granulométrica correspondiente a la capa de balasto de un puente un cierto tiempo después de abrir la línea a la explotación comercial.

La solución propuesta y adoptada por los ferrocarriles japoneses (y con posterioridad también en algunas líneas alemanas como muestra la figura adjunta) fue la colocación de esteras viejas procedentes de neumáticos usados de automóviles, con longitudes variables de 70 a 100 cm y espesor de 25 mm (Fig. 19.8b) sobre el tablero del puente. Las esteras se colocaban manualmente, sin ningún tipo de fijación al tablero, evitando que saliesen de éste elementos punzantes que pudiesen dañar aquéllas. Sobre las mismas, sobrepuesta, una junta que impedía la llegada del agua de lluvia, su estancamiento y la posible pudrición de las esteras.

Se lograba de este modo aumentar la flexibilidad vertical de la vía. Nótese en la figura 19.9 que el efecto de las esteras se traducía en reducir la tensión sobre el balasto y la plataforma a niveles análogos o incluso inferiores a los correspondientes a una vía sobre

APLICACIÓN DE ESTERAS ELÁSTICAS BAJO BALASTO SOBRE UN PUENTE DE HORMIGÓN DE UNA LÍNEA DE FERROCARRIL ALEMANA

Fuente: DBAG

SISTEMAS ELÁSTICOS MULTICAPAS. LEY DE PRESIONES

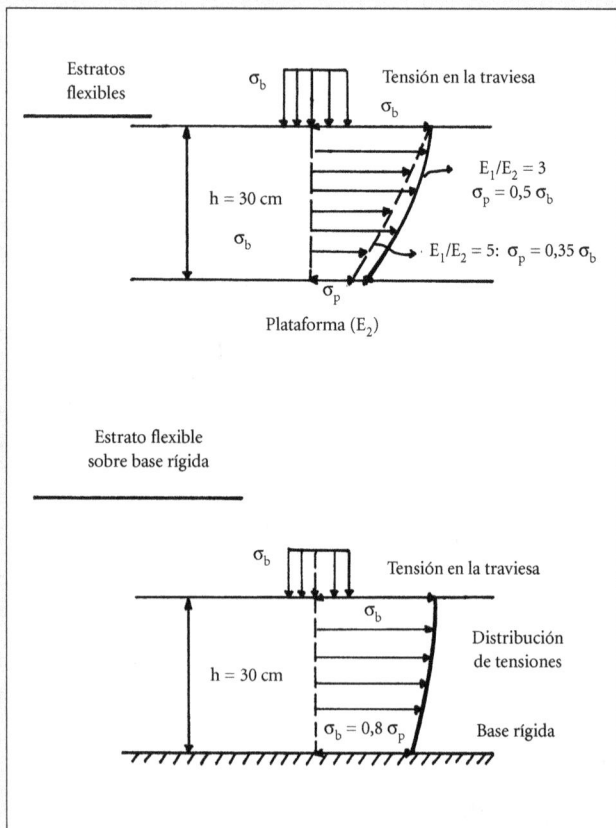

Estratos flexibles

Tensión en la traviesa

σ_b

σ_b

h = 30 cm

σ_b

$E_1/E_2 = 3$
$\sigma_p = 0,5\ \sigma_b$

$E_1/E_2 = 5:\ \sigma_p = 0,35\ \sigma_b$

σ_p

Plataforma (E_2)

Estrato flexible sobre base rígida

σ_b

Tensión en la traviesa

σ_b

h = 30 cm

Distribución de tensiones

$\sigma_b = 0,8\ \sigma_p$

Base rígida

Fuente: A. López Pita

Fig. 19.7

INFLUENCIA DE LA ALFOMBRA ELÁSTICA SOBRE LA EVOLUCIÓN DE LA GRANULOMETRÍA DEL BALASTO

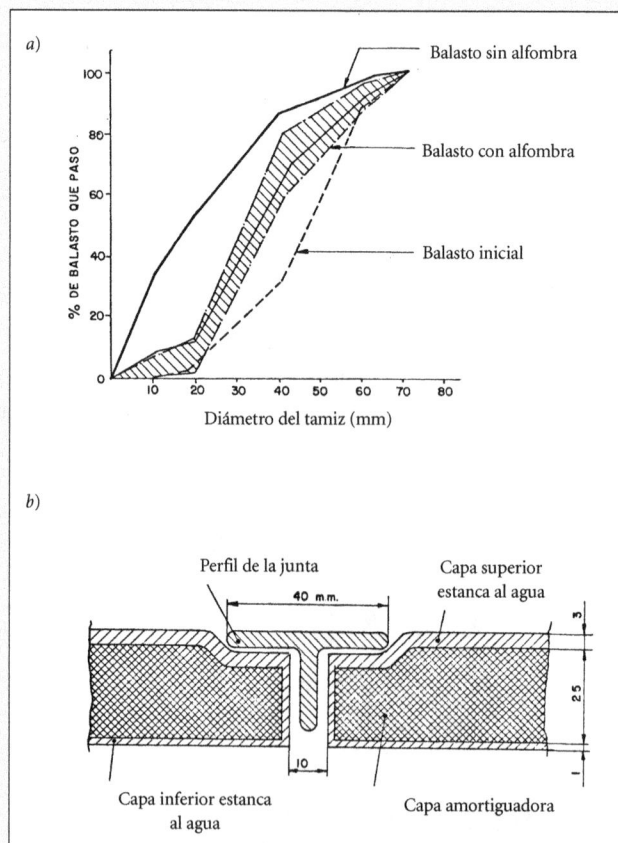

a)

% DE BALASTO QUE PASO

Balasto sin alfombra

Balasto con alfombra

Balasto inicial

Diámetro del tamiz (mm)

b)

Perfil de la junta

40 mm.

Capa superior estanca al agua

10

Capa inferior estanca al agua

Capa amortiguadora

Fuente: JNR

Fig. 19.8

INFLUENCIA DE LAS ESTERAS ELÁSTICAS EN PUENTES DE HORMIGÓN

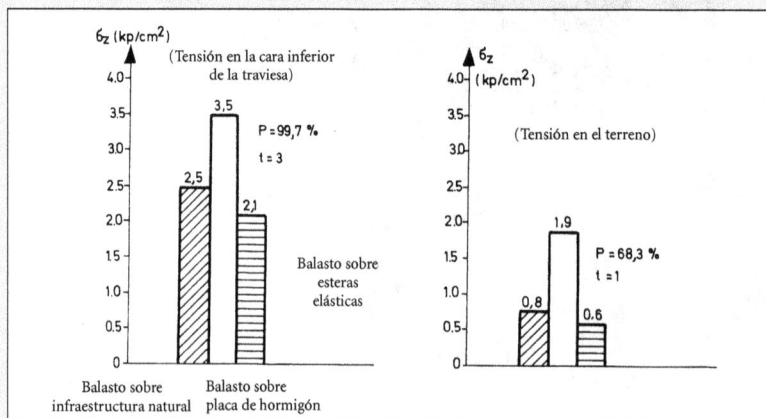

σ_z (kp/cm^2)

(Tensión en la cara inferior de la traviesa)

2,5   3,5   2,1

P = 99,7 %
t = 3

Balasto sobre esteras elásticas

Balasto sobre infraestructura natural

Balasto sobre placa de hormigón

σ_z (kp/cm^2)

(Tensión en el terreno)

0,8   1,9   0,6

P = 68,3 %
t = 1

Fuente: J. Eisenmann (1977)

Fig. 19.9

infraestructura natural con módulo de elasticidad en la plataforma en torno a 500 kg/cm^2.

Este fenómeno, que se presentaba de forma más acusada en las líneas de alta velocidad, fue analizado también por los ferrocarriles franceses, que sin embargo no incorporaron el planteamiento japonés a la línea de alta velocidad París-Lyon. En efecto, Prud'homme (1976) indicó que los ensayos efectuados empleando distintos materiales de caucho ponían de manifiesto que, si bien se constataba una reducción de la atricción de la capa de balasto, no parecía justificado el gasto suplementario requerido. Por otro lado, la utilización de materiales de caucho de poca calidad hacía que se corriera el riesgo de un prematuro deterioro de los mismos. Los ferrocarriles italianos por su parte, en los puentes de la línea Roma-Florencia, colocaron sobre el tablero una capa de material bituminoso.

Con independencia de razones económicas y de durabilidad, cabe señalar la evolución experimentada en el diseño de las vías de alta velocidad. En particular, la reducción de la rigidez de las placas de asiento entre carril y traviesa (de 500 kN/mm a 60 o 100 kN/mm), así como una mayor exigencia respecto al valor del coeficiente de Los Ángeles, pasando de magnitudes de 25 a 15 para este indicador. Todo ello ha contribuido, sin duda, a limitar el deterioro del balasto en los puentes de hormigón y en consecuencia a reducir el interés del mencionado tipo de esteras.

19.4 ASIENTO DE LA VÍA EN LOS ESTRIBOS

Como resulta bien conocido de la técnica de carreteras, la transición entre obra de fábrica e infraestructura natural constituye un punto singular a causa de la discontinuidad existente en cuanto se refiere a la capacidad resistente del soporte de la vía.

La causa de las deformaciones relativas se encuentra en la distribución de esfuerzos verticales a lo largo de la vía como consecuencia de las variaciones de rigidez. De acuerdo con Kerr et al. (1993), cabe diferenciar dos situaciones (Fig. 19.10): la primera cuando el tren se dirige hacia el puente; la segunda, cuando el movimiento tiene lugar desde el puente hacia la infraestructura natural.

La solución comúnmente adoptada consiste en reforzar los terraplenes de acceso a los puentes para tratar de reducir los citados asientos diferenciales. Los ferrocarriles franceses adoptaron para

DISTRIBUCIÓN DE LA FUERZA VERTICAL DINÁMICA EN LA TRANSICIÓN OBRAS DE FÁBRICA - INFRAESTRUCTURA NATURAL

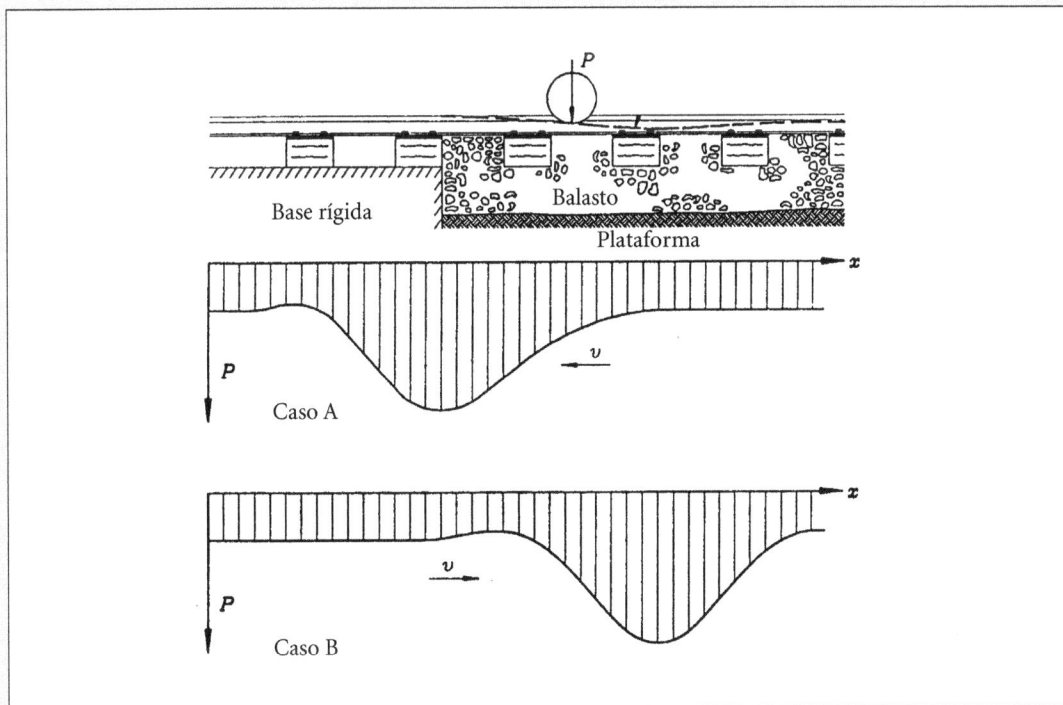

Fuente: Kerr (1993)

Fig. 19.10

sus primeras líneas de alta velocidad la disposición indicada en la figura 19.11. La importancia del tema dio lugar a la creación de la ficha UIC 719-R (1994), de la que la figura 19.12 presenta un extracto. Se refiere a las soluciones adoptadas en Alemania, Francia e Italia. Nótese como es práctica habitual el empleo de gravacemento para dar mayor rigidez al terraplén. En la figura 19.13 se visualiza la solución adoptada para la línea de alta velocidad Madrid – Sevilla.

A pesar de los esfuerzos realizados para limitar el efecto de las transiciones, continúan observándose variaciones en el deterioro longitudinal de la vía a uno y otro lado del puente, tal como Ubalde (2004) ha puesto de manifiesto al analizar la experiencia española en la primera línea de alta velocidad (cuadro 19.3). En el citado cuadro se muestra el número de rebases, definido como el número de veces que las aceleraciones en caja de grasa han sido superiores a ciertos límites establecidos, en distintas zonas de vía. Es indudable que este indicador representa una forma indirecta de cuantificar las necesidades de mantenimiento en cada sección de vía considerada.

CUADRO 19.3. NÚMERO DE REBASES DE ACELERACIONES EN CAJA DE GRASA EN DISTINTAS ZONAS DE LA LÍNEA DE ALTA VELOCIDAD MADRID-SEVILLA

Zona	Número de rebases (índice)
Tramos de transición (40 m para cada lado del estribo)	600
Tramos sobre viaducto (30 viaductos de mas de 50 m)	240
Resto de línea (incluye aparatos de vía y obras de fábrica de reducido tamaño)	100

Fuente. Adaptado de L. Ubalde (2004)

Puede afirmarse, por tanto, que los problemas asociados al deterioro acelerado de la geometría de la vía en este tipo de transiciones se encuentran lejos de haber desaparecido. Recientemente, P. F. Teixeira (2003) ha analizado nuevamente el problema a partir de la utilización del modelo de cálculo indicado en la figura 19.14a. Con el citado modelo resulta posible considerar la influencia de la rigidez vertical del apoyo de cada traviesa y también la repercusión de las características elásticas de las placas de asiento entre carril y traviesa. Los resultados obtenidos (Fig. 19.14b) muestran la influencia de los dos parámetros antes indicados en la reacción máxima bajo las traviesas (y por tanto sobre la superficie de la capa de balasto). Nótese que las variaciones de esfuerzo pueden llegar a ser muy relevantes, lo que explicaría los resultados del cuadro 19.3. Se deduce, por tanto, la necesidad de limitar la variación máxima de la rigidez vertical de la vía entre dos traviesas consecutivas para no superar la tensión admisible por el balasto. El citado autor establece dicho límite en torno del 20%.

Por último, cabe resaltar el beneficioso efecto que desempeña el empleo de placas de asiento carril-traviesas más elásticas en el asiento de la capa de balasto (Fig. 19.14c). En consecuencia, un incremento de la velocidad de circulación podría ser compensado por el uso de placas más flexibles sin esperar un mayor deterioro de la calidad geométrica de la vía.

19.5 SOLICITACIONES VERTICALES EN PUENTES DE FERROCARRIL

19.5.1 Antecedentes históricos

Bajo la expresión *efectos dinámicos* se engloba habitualmente el conjunto de perturbaciones que, con relación a una situación estática de referencia, introduce el movimiento de un vehículo sobre un puente. El conocimiento de dichos efectos resulta necesario para el

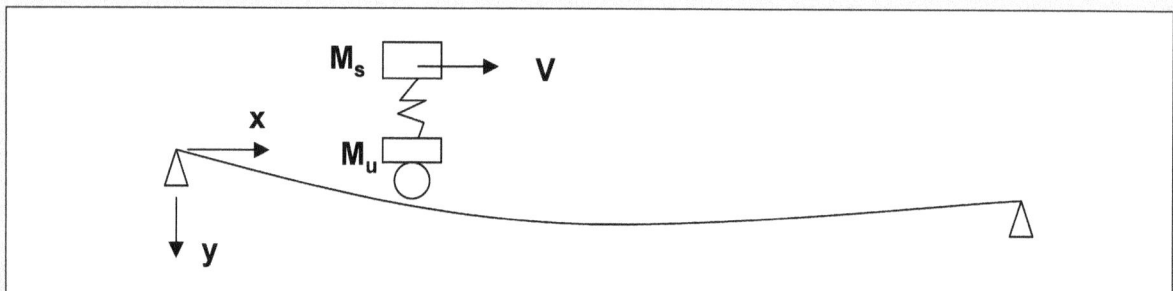

DISPOSICIÓN INICIAL PARA LA TRANSICIÓN TERRAPLÉN-OBRA DE FÁBRICA EN LA SNCF (1977)

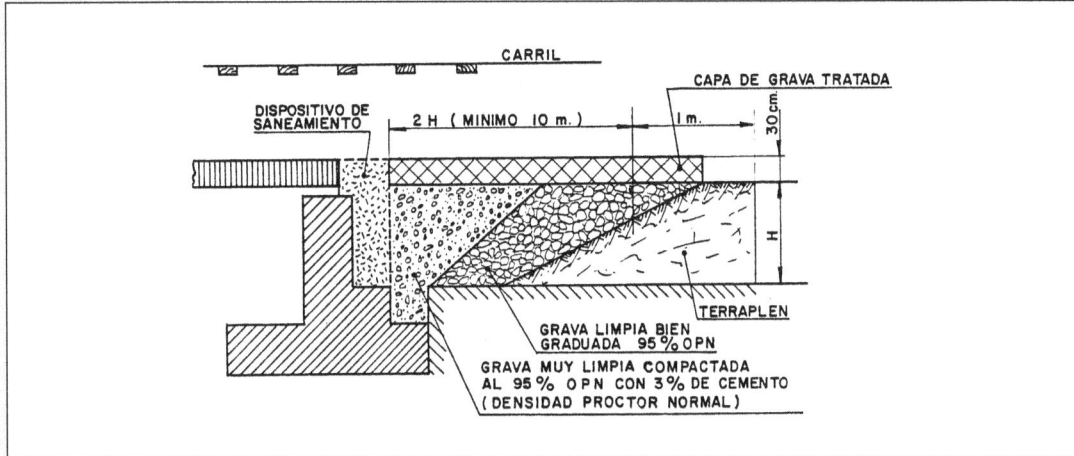

Fuente: SNCF

Fig. 19.11

EJEMPLOS DE ESTRUCTURAS DE TRANSICIÓN. FICHA UIC719R (1994)

ADMINIST. (PAIS)	ESQUEMA DE LA SECCIÓN DE TRANSICIÓN	CARACTERÍSTICAS DE LOS MATERIALES
DB (Alemania)		① Plano de rodadura ② Grava (Cu ≥5 grado de compactación Dpr ≥1,03) ③ Módulo de deformación $Ev_2 \geq 120$ MN/m^2 Sub-balasto ④ Sub-capa ⑤ Dimensión máx. correspondiente a un terraplén en materiales coherentes ⑥ Terraplén o suelo natural (desmonte) ⑦ Dispositivo de drenaje ⑧ Relleno en hormigón
SNCF (Francia)		① Plano de rodadura ② Zona de transición en grava-cemento ③ Sub-balasto ④ Capa de coronación ⑤ Dispositivo de drenaje ⑥ Grava-cemento (o grava bien graduada, según la importancia de la línea) ⑦ Grava compactada a 95% OPM ⑧ Terraplén ⑨ Material impermeable compactado
FS (Italia)		① Plano de rodadura ② Capa de sub-balasto asfáltica de 12cm ③ 30-40cm de grava ④ 20cm de "misto-cemento" ⑤ 25cm de grava

Fuente: Tomada de P. Teixeira (2003)

Fig. 19.12

SECCIÓN DE TRANSICIÓN TERRAPLÉN-OBRA DE FÁBRICA DE LA LÍNEA MADRID-SEVILLA

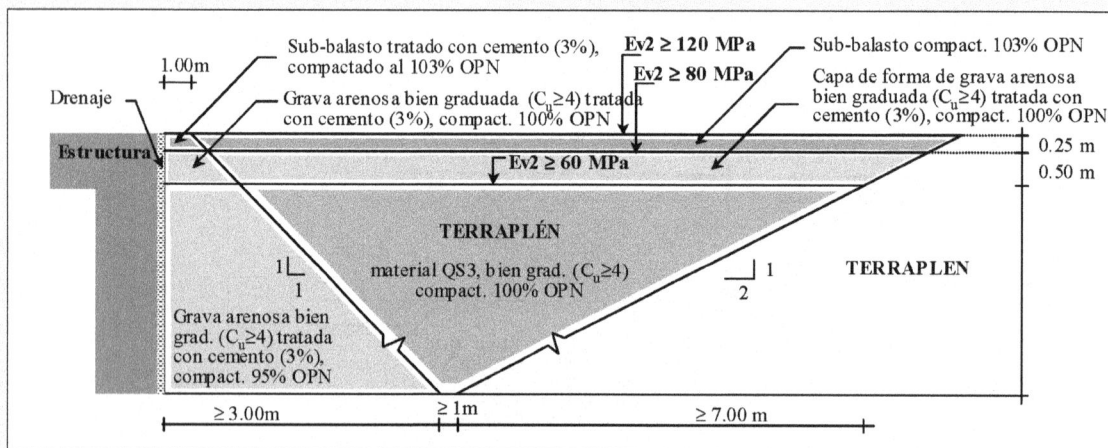

Fuente: Renfe

Fig. 19.13

cálculo de las solicitaciones a tener en cuenta en el dimensionamiento de aquél.

De entre los numerosos estudios realizados al respecto cabe recordar que ya Zimmermann (1896), a partir del esquema adjunto, analizó el problema de la deformación de una viga bajo una carga móvil.

Obtuvo que la diferencia entre la flecha total y la flecha estática podía expresarse por la relación:

$$\frac{y - y_{est}}{y} = \frac{2k^2}{1 - 2k^2}$$

siendo:

y = flecha total

y_{est} = flecha estática

k = V/2LF

V = velocidad de circulación del vehículo

L = longitud del vano

F = frecuencia propia de oscilación de la viga cargada en su centro.

Con posterioridad, se llevaron a cabo numerosos estudios, pero la realidad fue que todavía en 1955 existía una fuerte discrepancia entre los valores del coeficiente de mayoración dinámico utilizados por las principales administraciones europeas. Es destacable que las fórmulas empleadas por cada red ferroviaria no tenían siempre un origen muy claro, siendo en todo caso el resultado de alguno de los siguientes planteamientos:

– Cálculos teóricos que necesitaban para su aplicación práctica notables simplificaciones, lo que reducía considerablemente la validez de los resultados obtenidos.

– Explotación de resultados de medidas, las cuales antes de 1940 podían efectuarse con poca precisión.

La aplicación de fórmulas diferentes en las distintas administraciones era un hecho que presentaba a menudo dificultades en el tráfico internacional, pues dejando a un lado la necesaria compatibilidad que debe existir entre el material rodante y los anchos de vía, las estructuras de las líneas de cada país, sometidas a tráfico internacional, deben ser construidas con criterios similares.

19.5.2 Estudios ORE. Coeficiente de mayoración dinámica de los Comités D-23 y D-128

Ante esta situación y a propuesta de los CFF, el ORE decidió en 1952 la creación del Comité D-23 con el fin de analizar los efectos dinámicos en puentes. Los trabajos efectuados en el período 1952-1970 permitieron encontrar un coeficiente de mayoración dinámica único para todo tipo de puentes, que figuró en la ficha UIC 776-1 R (1979) con carácter de recomendación. En España destacan las notables contribuciones realizadas por el Prof. E. Alarcón desde comienzos de la década de los años 70 del siglo XX.

ESQUEMA DEL MODELO DE CÁLCULO ADOPTADO PARA EL ESTUDIO DE VARIACIÓN DE RIGIDEZ DEL APOYO DE LAS TRAVIESAS

a)

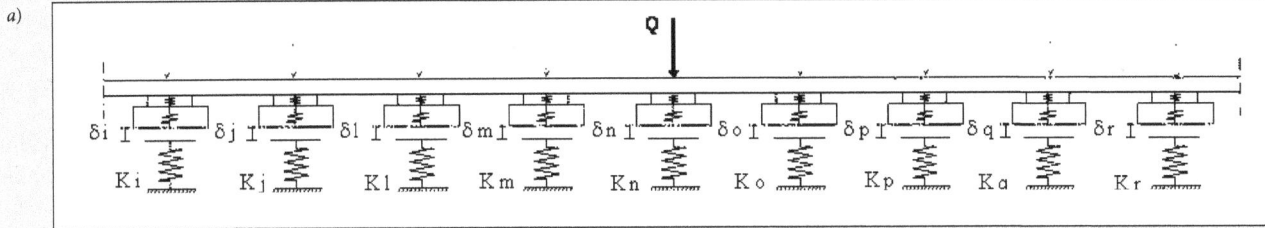

INFLUENCIA DE LA PLACA DE ASIENTO EN CASO DE VARIACIONES BRUSCAS DE RÍGIDEZ DEL SISTEMA BALASTO-PLATAFORMA

b)

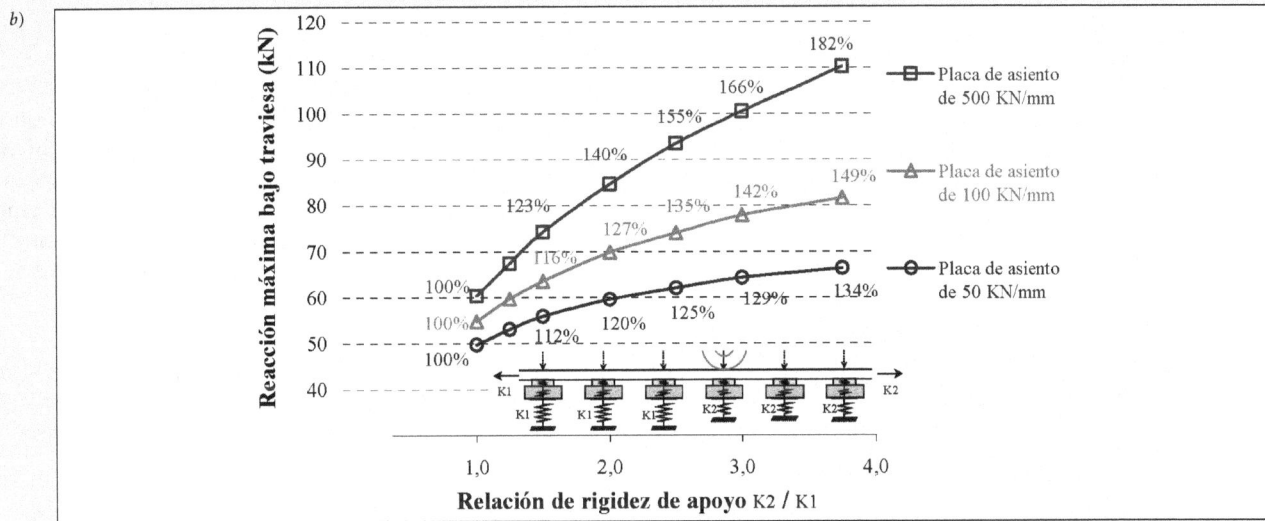

EFECTO DE LA ELASTICIDAD DE LA PLACA DE ASIENTO EN UNA TRANSICIÓN OBRA DE FÁBRICA-PLATAFORMA NATURAL: REACCIÓN BAJO TRAVIESA (IZQ.) Y ASIENTO DESPUÉS DE UN MILLÓN DE CICLOS (DER.)

c)

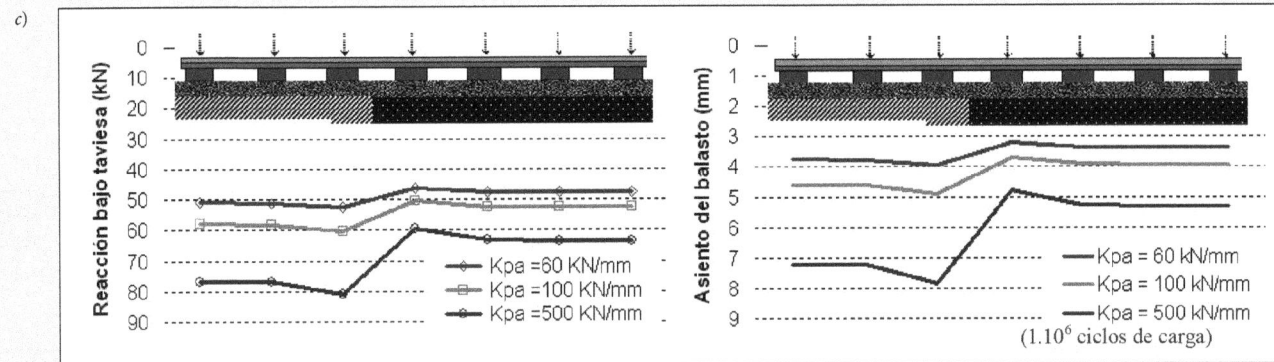

Fuente: P. F. Texeira (2003)

Fig. 19.14

De un modo esquemático, el análisis del problema de los efectos dinámicos se reduce a considerar: por un lado, el puente como viga elástica; por otro, el vehículo con sus características constructivas y sus movimientos. Si se analiza, en primer lugar, el caso de un vehículo detenido en el puente, las cargas de éste determinan una flecha máxima en las proximidades del centro del tramo. De forma aproximada, existe proporcionalidad entre la flecha y las tensiones que tienen lugar en el puente. Pasando a la situación dinámica, la flecha estática se ve modificada por:

a) La fuerza centrífuga vertical a causa de la flecha que toma la vía.
b) Las modificaciones dinámicas de la carga por eje de los vehículos. Tienen su origen, fundamentalmente, en los defectos de la vía y del material, así como en las oscilaciones de la caja y los *bogies* de los vehículos como consecuencia de los movimientos de lazo, galope y balanceo.
c) Los procesos de arranque y frenado de los vehículos.

En este contexto, el Comité D-23 decidió efectuar una amplia campaña de medidas experimentales y obtener de ellas fórmulas generales de los efectos dinámicos que pudieran ser aplicadas con suficiente exactitud en el cálculo de los puentes de ferrocarril. Las medidas se hicieron en cerca de cuarenta puentes de diferentes administraciones ferroviarias, con distintos tipos de trenes. Se formularon modelos teóricos para casos específicos. El conjunto de medidas y cálculos realizados permitió poner de manifiesto que el efecto dinámico podía ser expresado en función del factor K, ya definido con anterioridad, que caracteriza el estado vibratorio del puente.

Para completar las investigaciones efectuadas, que habían limitado su campo de experiencias a la velocidad máxima generalizada en aquel entonces ($V = 140$ km/h), un nuevo comité, el D-128, fue constituido para analizar específicamente el campo de las velocidades superiores a las precedentes, hasta los 200 km/h. Sobre un puente francés se circuló a 241 km/h con el TGV 001 y en dos puentes de la red alemana se alcanzaron 252 km/h.

La subcomisión de puentes de la UIC realizó finalmente una síntesis de los estudios realizados por ambos comités y propuso una expresión para el coeficiente de mayoración dinámica dada por la fórmula:

$$\varphi = \varphi' + \lambda\varphi'' \text{ siendo: } \sigma_d = \sigma_s (1 + \varphi)$$

con σ_d y σ_s tensiones dinámicas y estáticas respectivamente. en donde:

$$\varphi' = \frac{k_1}{1 - k_1 + k_1^4} \text{ (fig. 19.15) con } k_1 = \frac{V}{2Lf}$$

V = velocidad de circulación (m/seg)

L = luz del puente (m)

f = frecuencia propia del puente no cargado (herz)

En relación con la frecuencia propia, cabe señalar que, de acuerdo con la citada subcomisión, si se tenían en cuenta las características de las suspensiones de los modernos vehículos existentes, la parte del vehículo que oscilaba con el puente era sólo el peso no suspendido (ruedas y ejes), y dado el pequeño valor de dicho peso (del orden de 1,5 a 2 t/eje), se deducía que la frecuencia a considerar era la del puente no cargado, lo que confirmaba los resultados prácticos.

En la figura 19.16, [Pignet yt Girardi (1977)] se indica el intervalo de variación de la frecuencia propia, f, en función de la luz correspondiente al ámbito del estudio realizado por el ORE. En todo caso, la ficha UIC 776 señalaba que si la citada frecuencia no era conocida o no podía ser medida, la siguiente expresión proporcionaba suficiente precisión:

$$f = 5,6 / \sqrt{\delta}$$

siendo δ la flecha (cm) del puente bajo la acción del peso propio y de la sobrecarga permanente.

El valor de φ'', segundo término del coeficiente de mayoración dinámica, representaba la existencia de irregularidades en la vía, dado que los ensayos del Comité D-28 fueron realizados sobre vías en muy buen estado de calidad geométrica. La expresión propuesta para φ'' se derivó de un cálculo teórico efectuado por BR, correspondiente a una irregularidad de 2 mm/m o 6 mm/m, confirmada por ensayos de BR y DB con irregularidades provocadas de 4 mm/m.

Matemáticamente:

$$\varphi'' = \frac{a}{100}\left[56e^{\frac{-L^2}{100}} + 50\left(\frac{f.L}{80} - 1\right)e^{\frac{-L^2}{400}}\right]$$

siendo:

$$a = \left\{\begin{array}{l} \dfrac{V}{22} \text{ para } V < 80 \text{ km/h} \\ 1 \text{ para } V > 80 \text{ km/h} \end{array}\right.$$

V = velocidad (m/seg).

e = base de los logaritmos neperianos

L = luz del puente (m)

f = frecuencia propia del puente no cargado

El coeficiente λ trataba de tener en cuenta el diferente estado de conservación de la vía. Si éste era bueno, resultaba posible considerar, como hacían la DB y la SNCF, sólo la mitad de la influencia del defecto, es decir, $\lambda = 0,5$.

En relación con la bondad práctica de la expresión de φ, en la figura 19.17a se comparan sus resultados con los obtenidos por la SNCF con el tren RTG 001, los cuales ponen de manifiesto que, para $V < 150$ km/h, los efectos dinámicos permanecen reducidos.

REPRESENTACIÓN GRÁFICA DEL COEFICIENTE DE MAYORACIÓN DINÁMICA EN PUENTES DE FERROCARRIL

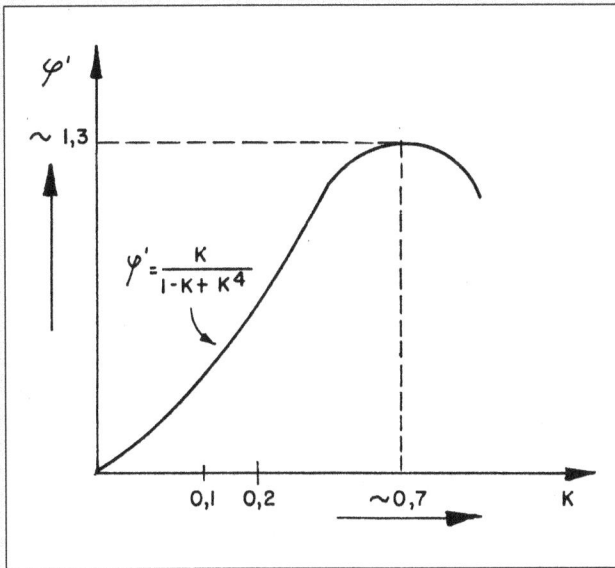

$$\varphi' = \frac{K}{1-K+K^4}$$

Fuente: UIC

Fig. 19.15

COMPARACIÓN DE LA FÓRMULA UIC CON LOS COEFICIENTES DE MAYORACÍON DINÁMICA MEDIDOS POR LA SNCF

a)

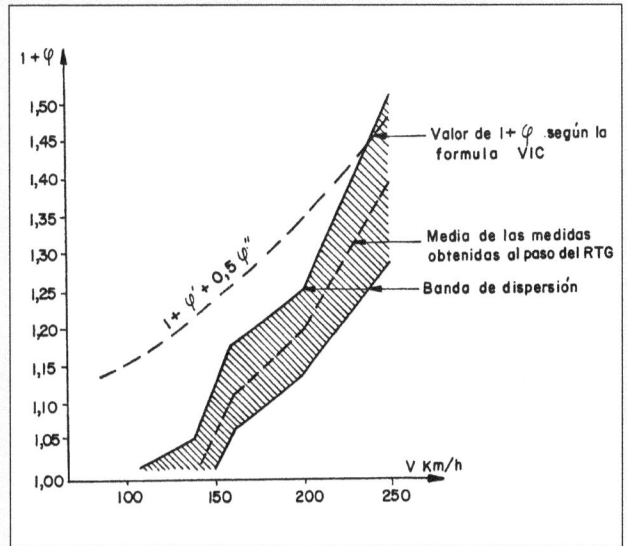

Fuente: Chambrón (1976)

VARIACIÓN DE LA FRECUENCIA DE OSCILACIÓN EN FUNCIÓN DE LA LUZ

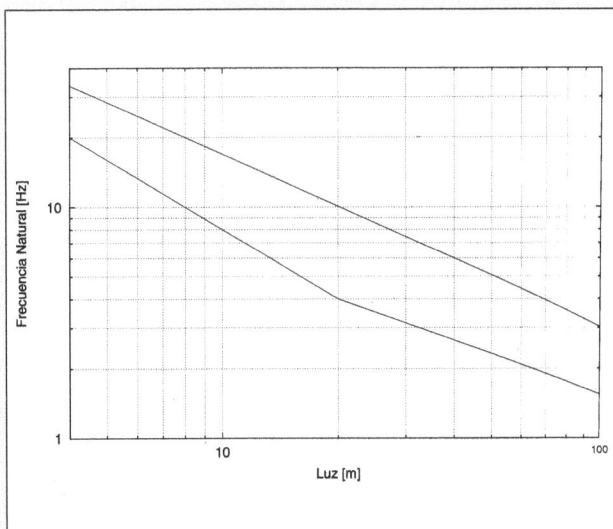

Fuente: UIC

Fig. 19.16

COMPARACIÓN DE LA FÓRMULA UIC CON LAS MEDIDAS DE LOS FERROCARRILES ALEMANES (DB)

b)

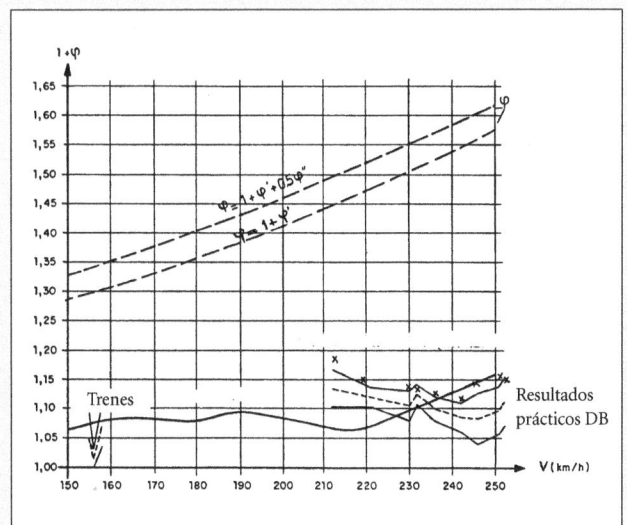

Fuente: UIC

Fig. 19.17

Es interesante observar que la calidad de la vía influye decisivamente en la magnitud del esfuerzo dinámico, como se ve en la figura 19.17b, que corresponde a los ensayos efectuados por la DB, en los que se cuidó especialmente la calidad geométrica de la vía.

Para terminar la exposición referente a este apartado, nos referiremos a tres aspectos relacionados con el tema:

1. *Influencia de los planos de la rueda*

En relación con este aspecto, cabe señalar que el mayor esfuerzo dinámico se presenta a la velocidad de 50 km/h, lo que implica que este incremento de carga no deba sumarse a los derivados de velocidades superiores a ésta.

2. *Puentes con vía doble*

En los puentes con doble vía se deben distinguir dos casos, según si una vía o las dos están cargadas simultáneamente. Los ensayos efectuados por el comité de expertos D-23 pusieron de manifiesto que, cuando una sola vía estaba cargada, los efectos dinámicos eran análogos a los que ocurrían en un puente similar con una sola vía; cuando las dos vías estaban cargadas, los efectos dinámicos resultantes de cada convoy se interferían, de tal forma que el efecto dinámico resultante era más pequeño que la suma de los efectos producidos por cada uno de los vehículos circulando sobre el puente.

3. *Esfuerzos de arranque y frenado*

Aunque el incremento de las cargas nominales por estas causas puede alcanzar el 30% de las mismas, es preciso señalar que, dado que su efecto se manifiesta en el momento en que los vehículos están casi parados, no es posible acumular estos efectos a los debidos al paso de vehículos a gran velocidad.

Con carácter de síntesis, se considera de interés subrayar las hipótesis de base que dieron lugar al establecimiento del coeficiente de impacto (φ) antes mencionado.

a) Admitir la posibilidad de descomponer los efectos dinámicos producidos al paso de un tren de cargas por un puente en suma de la parte atribuible a los efectos producidos en un puente con vía perfecta (φ') y de la parte debida a las irregularidades de la vía (φ'').
b) Las leyes de comportamiento se dedujeron para vigas isostáticas bi-apoyadas.
c) El amortiguamiento estructural se situaba en el intervalo de 0% a 0,16%.

Los efectos dinámicos originados por las irregularidades de la vía se calcularon en la hipótesis de una flecha de 2 mm en cuerda de 1 m o de 6 mm sobre cuerda de 3 m.

19.5.3 Tren de cargas. Convoy UIC 71

En el apartado anterior se ha analizado el coeficiente de mayoración dinámica que es preciso introducir en las acciones estáticas producidas por los vehículos que circulan sobre puentes. Se presenta ahora el problema de fijar cuál es el esquema de cargas que debe considerarse para el dimensionamiento de los mismos. En este ámbito, la UIC trató de cubrir con un único tren de cargas las solicitaciones ejercidas por los diferentes vehículos y composiciones que recorren una línea. El motivo se encuentra en el hecho de que, si bien cada administración posee un tren tipo como base para el cálculo de sus puentes, parece clara la conveniencia de unificar criterios que conduzcan, en los trayectos sometidos a tráfico internacional, a permitir la libre circulación de los vehículos sin limitaciones en cuanto a su carga.

Superadas ciertas dificultades iniciales, la UIC propuso (Ficha UIC 702-0, 1974) un tren de cargas que recibió el nombre de *Convoy tipo UIC 71 o convoy estático* y que se visualiza en la figura 19.18. Dicho esquema se basaba en suponer, tomando como referencia la clasificación de líneas de la UIC (apartado 6.3), la actuación de una carga uniformemente repartida de 8 T/ml, sobre una longitud discreta y una serie de cargas puntuales de 25 Tm.

El tren ficticio adoptado para efectuar los cálculos estáticos de resistencia provocaba solicitaciones superiores a las que producen los trenes realmente circulando por las líneas y también las debidas a los trenes de carga vigentes en las administraciones que son miembros de la UIC. El problema que se presentaba a continuación era encontrar unos coeficientes de mayoración dinámica que, ficticiamente, tuviesen en cuenta los efectos dinámicos.

Se consideraron para ello seis trenes tipo reales (TTR) (Fig. 19.19), que cubrían el espectro real de composiciones, es decir, abarcaban tanto los trenes de alta velocidad como los trenes de mercancías y los transportes excepcionales que podían esperarse en una línea sometida a la explotación comercial normal.

Cada TTR, dependiendo de su velocidad específica de circulación, producirá una solicitación dinámica sobre el puente de valor:

$$(1 + \varphi)TTR$$

la cual deberá ser inferior a la que produzca el Convoy tipo UIC 71, que será:

$$\emptyset. \text{ UIC } 71$$

Siendo $\emptyset$ el coeficiente cuyo valor se trata precisamente de determinar para que se verifique la relación:

$$\emptyset. \text{ UIC } 71 \geq (1 + \varphi) \, TTR$$

El valor $\emptyset$ que resulta es función de la longitud característica del elemento considerado y de la solicitación que se analiza, es decir,

CONVOY UIC 71 O CONVOY ESTÁTICO

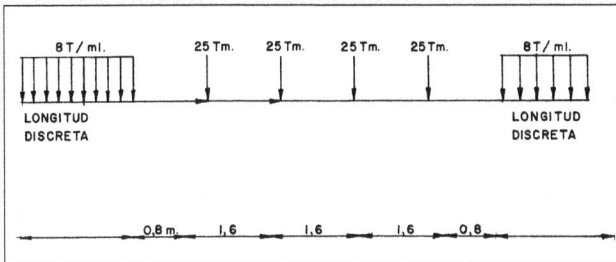

Fuente: UIC

Fig. 19.18

CUADRO 19.4 COEFICIENTES DINÁMICOS (Ø) PARA EL ESQUEMA DE CARGAS UIC

L[m] Ø	$\varnothing_1 = \dfrac{0,96}{\sqrt{1-0,2}} + 0,88$	$\varnothing_2 = \dfrac{1,44}{\sqrt{1-0,2}} + 0,82$	$\varnothing_3 = \dfrac{2,16}{\sqrt{1-0,2}} + 0,73$
≤ 3,61	1,44	1,67	2,00
4	1,41	1,62	1,95
5	1,35	1,53	1,79
7	1,27	1,41	1,61
10	1,20	1,31	1,46
15	1,14	1,21	1,32
20	1,10	1,16	1,24
30	1,06	1,09	1,14
40	1,04	1,06	1,08
50	1,02	1,03	1,04
60	1,01	1,01	1,02
≥ 67,24	1,00	1,00	1,00

Aplicación		
Estado de conservación de las líneas	Coeficiente dinámico para	
	Momentos flectores	Esfuerzos cortantes
Alto estado de conservación	$\varnothing_2$	$\varnothing_1$
Otras líneas	$\varnothing_3$	$\varnothing_2$

Fuente: UIC

CARACTERÍSTICAS DE LOS TRENES TIPO REALES

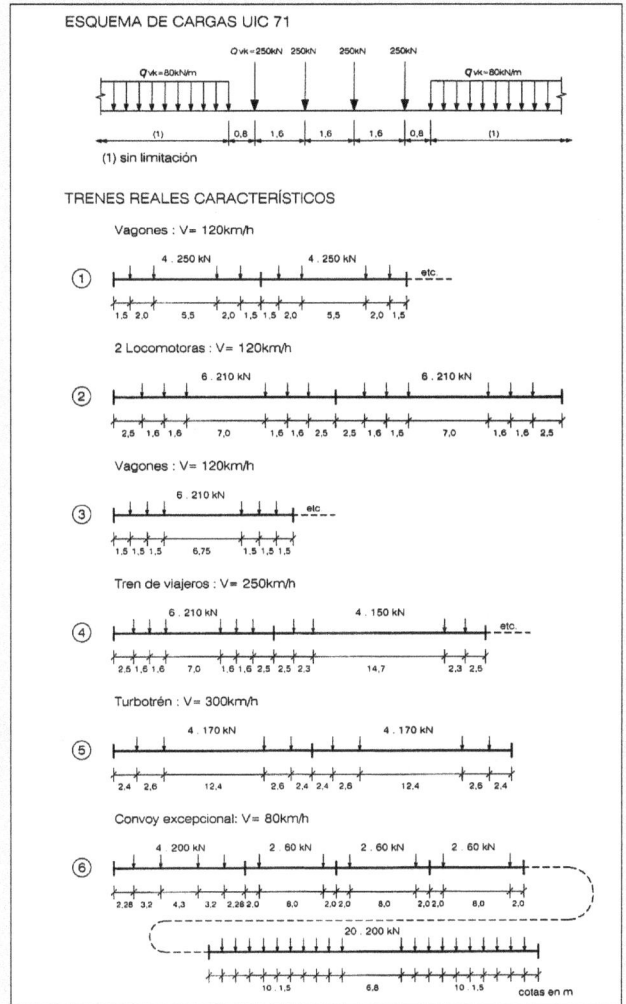

Fuente: UIC

Fig. 19.19

según se trate de momentos flectores o esfuerzos constantes. En el cuadro 19.4, se resumen los valores de Ø para diferentes supuestos.

19.5.4 Limitaciones de los métodos clásicos de cálculo cuasi-estáticos. Nuevos enfoques

Como se ha señalado precedentemente, el método de cálculo de los efectos dinámicos de la carga real de un tren sobre un puente se basaba en la hipótesis de admitir un coeficiente de mayoración de las cargas estáticas. Sin embargo, la realidad posterior a la entrada en vigor de la ficha UIC 776 (1979) puso de relieve, como señaló el Comité D-214 del ORE, creado por la UIC a comienzos de 1996, que:

a) Las técnicas más recientes para medir el amortiguamiento conducían a valores inferiores a los previstos para este parámetro en los tiempos que condujeron a la elaboración de la ficha UIC 776.
b) Los valores del coeficiente φ', antes indicados, no eran suficientes para tener en cuenta las magnitudes de los amortiguamientos inferiores que se observaban en los puentes modernos, y a causa de la mayor longitud de los trenes de alta velocidad que circulaban en la década de los años 90.

Por otro lado, el Comité D-214 señaló también que:

1. En una de las primeras líneas de alta velocidad en Europa y en algunos puentes de poca luz, que habían sido diseñados con arreglo a los criterios de la ficha UIC 776, se observaron problemas de inestabilidad en el balasto.
2. Con ocasión de ensayos de velocidad realizados en Alemania, (años 90), se midieron notables mayoraciones dinámicas.

En ambos casos, las investigaciones realizadas *a posteriori* mostraron que los dos problemas se debieron a fenómenos de resonancia. En consecuencia, se concluyó que la consideración de los efectos dinámicos de carga siguiendo los criterios de la ficha UIC 776 no era suficiente para asegurar el comportamiento satisfactorio de algunos puentes bajo la acción de los trenes de alta velocidad operativos en Europa.

De acuerdo con el Comité D-214, la velocidad exacta para la que los efectos de resonancia dejaban sin valor los criterios de la ficha UIC 776 dependía de numerosos factores. A destacar: la naturaleza de la carga para cada tren, el amortiguamiento del puente y la frecuencia natural del puente entre otros.

En todo caso el citado comité recomendaba que las técnicas clásicas de cálculo basadas en los coeficientes cuasi-estáticos de la ficha UIC 776, asociados al tren de cargas UIC 71, fuesen utilizadas sólo para velocidades máximas de 200 km/h. Para velocidades superiores resultaba necesario realizar un análisis dinámico específico de

cada estructura bajo la acción de los diversos trenes previstos a circular por ella.

Señalemos, por último, que desde el establecimiento del Esquema de Cargas UIC 71 (comienzos de la década de los años 70 del siglo XX) hasta el momento actual, la configuración de cargas de los distintos trenes considerados cambió sensiblemente, en particular en lo que respecta a los trenes de alta velocidad. Nótese, en efecto, como el turbotren (Fig. 19.19) único tren previsto a 300 km/h, tenía una longitud de referencia en el entorno de 38 m, longitud a comparar con la correspondiente a las actuales ramas de alta velocidad (200 m en composición simple y 400 m en doble composición).

En consecuencia, el Comité ERRI D-214 (2002) señaló la conveniencia de que el comportamiento de las estructuras ferroviarias se hiciera para los diez trenes que constituyen el denominado tren dinámico universal (TDU – A) (Fig. 19.20a). El citado TDU – A cubre los posibles efectos de los trenes reales y de futuro (Fig. 19.20b). Nótese que los trenes reales de alta velocidad se clasifican en tres grupos:

1. *Trenes articulados*. Corresponden a una disposición estructural en la que cada coche de viajeros lleva su caja parcialmente apoyada en dos *bogies* extremos. A este grupo pertenecen los trenes TGV, AVE, Thalys y Eurostar.
2. *Trenes convencionales*. Es la disposición habitual del material ferroviario. La caja de los vehículos se apoya completamente en dos *bogies* de dos ejes cada uno. Son las ramas ICE2 y ETR 500 entre otras.
3. *Trenes regulares*. Es la configuración típica del tren TALGO 350 de alta velocidad. Los coches de viajeros sin *bogies* están sustentados sobre su unión articulada, pero el apoyo se produce en un eje único entre cada dos coches.

19.5.5 La resonancia en los puentes de ferrocarril

Como se indicó con anterioridad, durante la explotación comercial de la línea París – Lyon de alta velocidad, se comprobó, poco después de su inauguración, que el balasto era expulsado de la banqueta en un reducido número de puentes, disminuyendo por tanto la resistencia al pandeo de la vía. Los puentes en los que se observó este problema tenían una luz comprendida entre 14 y 20 metros, siendo la velocidad de circulación de los trenes en esas zonas de 260 km/h. La causa de tal perturbación en la capa de balasto fue atribuida a fenómenos de resonancia en los citados puentes. Veamos por qué.

En el apartado 19.5.2 se señaló que, las normas existentes para el cálculo de puentes de ferrocarril se basaban en considerar la respuesta dinámica a través de un coeficiente de impacto (φ) respecto a la respuesta estática para una única carga móvil. La bondad de este procedimiento quedó demostrada en la figura 19.17. Análogamente y siguiendo a Goicolea et al. (2002) la validez de la referida metodolo-

TREN DINÁMICO UNIVERSAL-A (TDU-A)

a)

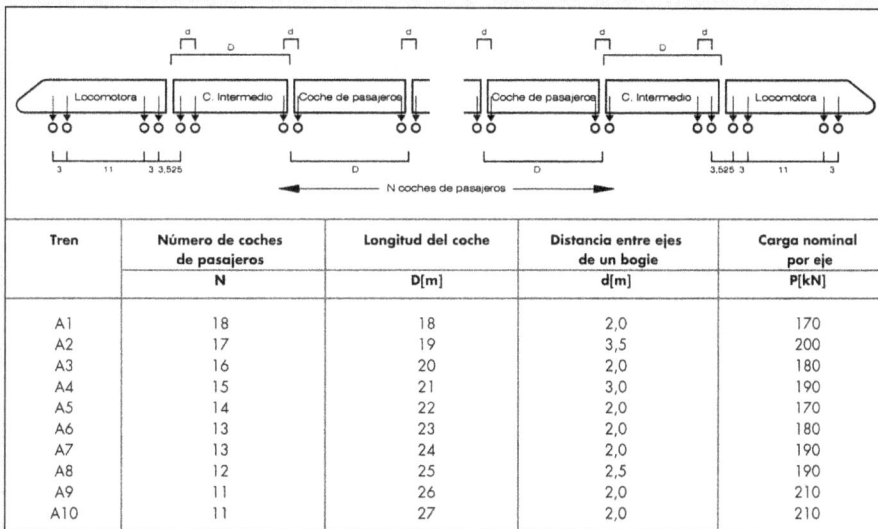

Tren	Número de coches de pasajeros	Longitud del coche	Distancia entre ejes de un bogie	Carga nominal por eje
	N	D[m]	d[m]	P[kN]
A1	18	18	2,0	170
A2	17	19	3,5	200
A3	16	20	2,0	180
A4	15	21	3,0	190
A5	14	22	2,0	170
A6	13	23	2,0	180
A7	13	24	2,0	190
A8	12	25	2,5	190
A9	11	26	2,0	210
A10	11	27	2,0	210

Fuente: Comité ERRI D-214 (2002)

ESQUEMA DE LOS TRENES REALES ACTUALES Y DE FUTURO

b)

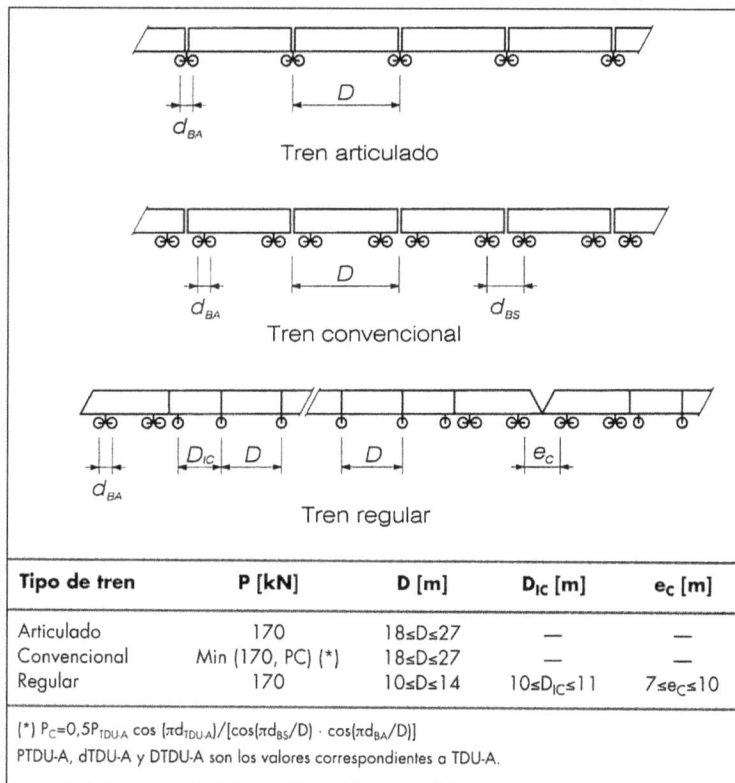

Tipo de tren	P [kN]	D [m]	D_{IC} [m]	e_C [m]
Articulado	170	$18 \leq D \leq 27$	—	—
Convencional	Min (170, PC) (*)	$18 \leq D \leq 27$	—	—
Regular	170	$10 \leq D \leq 14$	$10 \leq D_{IC} \leq 11$	$7 \leq e_C \leq 10$

(*) $P_C = 0,5 P_{TDU-A} \cos(\pi d_{TDU-A})/[\cos(\pi d_{BS}/D) \cdot \cos(\pi d_{BA}/D)]$

P_{TDU-A}, d_{TDU-A} y D_{TDU-A} son los valores correspondientes a TDU-A.

Fuente: Comité ERRI D-214 (2002)

Fig. 19.20

gía se reafirma para el caso de una carga puntual de 195 kN, correspondiente a un eje de la locomotora del tren ICE 2 de alta velocidad, para el caso en que circule sobre un puente isostático, de luz igual a 15 m, masa por unidad de longitud de 15 t/m, rigidez a flexión EI = 769 · 10⁷ N ·m²; frecuencia fundamental (primer modo de vibración) f_0 = 5 Hz y tasa de amortiguamiento estructural del 2%.

Nótese, en efecto, en la figura 19.21a, como para el intervalo de velocidades comprendido entre 200 y 400 km/h, los resultados del cálculo dinámico proporcionan una flecha máxima de 3,02 mm, correspondiente a una velocidad de circulación de 330 km/h. Si se tiene en cuenta que la flecha estática (δ_{est}) viene dada por la expresión:

$$\delta_{est} = \frac{PL^3}{48EI}$$

se obtiene el valor de 1,78 mm.

Por tanto, el cociente entre la flecha dinámica (3,02 mm) y la flecha estática (1,78 mm) proporciona un coeficiente de mayoración de 1,69. Se constata que esta magnitud es sensiblemente inferior a la que se obtiene aplicando, para el puente considerado en este caso, la expresión propuesta por la UIC, es decir, (1 + φ'), que conduce a un coeficiente de mayoración de 2,16, sin tener en cuenta los efectos debidos a eventuales irregularidades en la vía. En consecuencia, del resultado anterior se deduce que la consideración del coeficiente de impacto de la UIC es suficiente para tener en cuenta el efecto dinámico de una única carga móvil.

Sin embargo, si se analiza el efecto de un tren (ideal) de cargas, formado por 10 ejes iguales al anteriormente considerado, con una separación entre ejes de 16 m, el mencionado cálculo conduce, para dos velocidades de circulación de referencia (V = 288 km/h y V = 360 km/h), a los resultados que se muestran en la figura 19.21b. Se constata que la respuesta (desplazamiento en el centro del vano) es mucho más elevada para la menor de las dos velocidades indicadas. Se observa que el fenómeno de resonancia no es creciente con la velocidad del tren, sino que se manifiesta para una cierta velocidad crítica.

La comparación entre los resultados de los cálculos referidos a una carga aislada, o bien a una sucesión de cargas, conduce a la figura 19.21c, de la que pueden destacarse los siguientes valores para las flechas máximas.

Esquema de cargas	Flecha estática	Máxima flecha dinámica (mm)	Coeficiente de impacto
Carga puntual	1,78	3,02	1,69
Sucesión de cargas	1,78	15,44	8,67

Fuente: Domínguez Barbero (2001)

Se puede también valorar, en la citada figura 19.21c, la influencia que los mecanismos de disipación de la energía (apoyos, empa-

rrillado de la vía, terreno, etc.) pueden tener en la respuesta dinámica del sistema.

Si se continua con Goicolea et al (2002), cabe señalar que la interpretación del fenómeno resonante precedentemente indicado es sencilla: la frecuencia de aplicación de las cargas cíclicas debidas a los ejes para la velocidad de 288 km/h, al tener éstos un espaciamiento constante (D = 16 m) es:

$$f_p = \frac{V}{D} = \frac{288 \cdot 1000}{3600 \cdot 16} = 5 \text{ Hz}$$

La coincidencia de esta frecuencia de excitación con la de vibración fundamental del puente (que como vimos era (f_0 = 5 Hz) determina la resonancia.

Otra manera (equivalente) de interpretar la resonancia es mediante la denominada *longitud de onda* de la excitación. En efecto, siguiendo a Domínguez Barbero (2001), de todos los parámetros que intervienen en el comportamiento de un puente sometido a carga móviles: frecuencia natural, amortiguamiento estructural, distribución de luces, irregularidades de vía y vehículo, etc., sólo dos determinan las situaciones de resonancia que pueden darse en una estructura concreta: la longitud de onda de la excitación (λ) y el espaciamiento regular de las composiciones ferroviarias que circulan (d_k).

La longitud de onda de la excitación (λ) viene determinada por la expresión:

$$\lambda = \frac{v}{f_o}$$

en donde (f_o) es la frecuencia propia del puente (Hz) y v es la velocidad de paso de un tren de cargas móviles (m/seg).

En cuanto al espaciamiento de los ejes de los trenes, cabe recordar la tipología señalada en la figura 19.20 para los diversos trenes reales. A cada uno de ellos corresponde un valor de espaciamiento (d_i), tal como se muestra en la figura 19.21d y se concreta numéricamente en el cuadro 19.5.

De acuerdo con el citado autor, se puede afirmar que existirá riesgo de tener fenómenos de resonancia a las velocidades de paso de las ramas de alta velocidad que cumplan la condición:

$$\frac{v}{f_o} = \frac{d_k}{i} \text{ con } i = 1, \; 2... \tag{19.1}$$

Según la relación precedente, se deduce que la resonancia de un puente de ferrocarril depende fundamentalmente de:

- el espaciamiento regular de los trenes (d_k)
- la velocidad máxima de circulación prevista (V)
- la frecuencia fundamental del viaducto (f_o); en el caso de puentes isostáticos, la primera frecuencia propia.

DESPLAZAMIENTO MÁXIMO EN EL CENTRO DEL VANO EN FUNCIÓN DE LA VELOCIDAD. CARGA AISLADA, VIGA ISOSTÁTICA, L = 15 M, ζ = 2%

a)

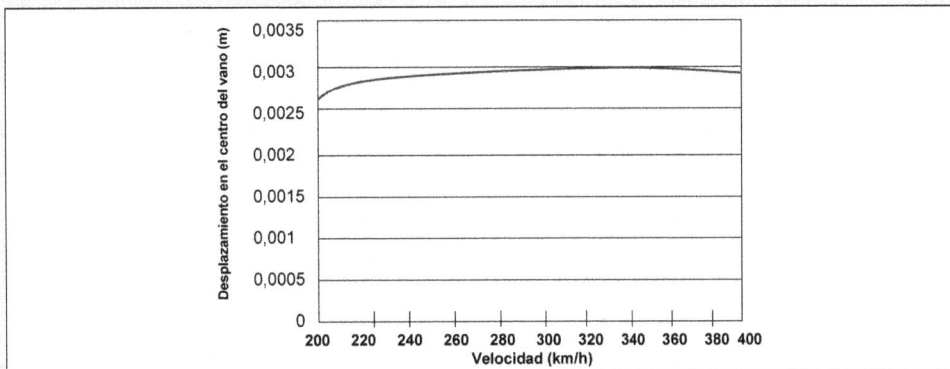

Fuente: Goicolea et al (2002)

SIMULACIÓN DEL PASO DE UN TREN DE CARGAS

b)

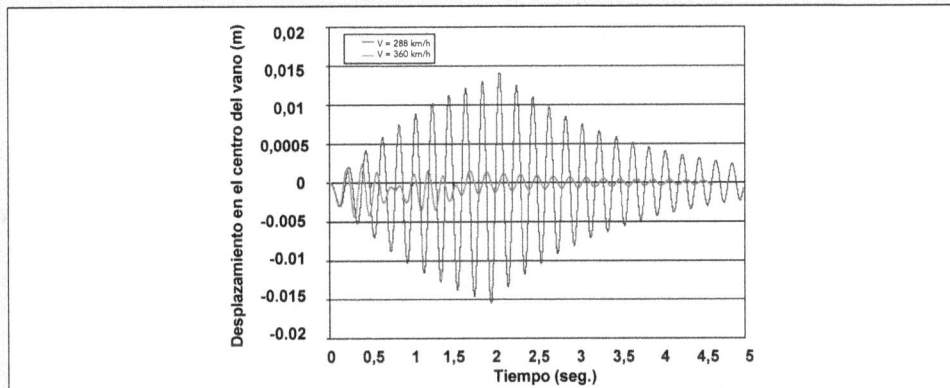

Fuente: Goicolea et al (2002)

VISUALIZACIÓN DEL FENÓMENO DE RESONANCIA EN PUENTES DE FERROCARRIL

c)

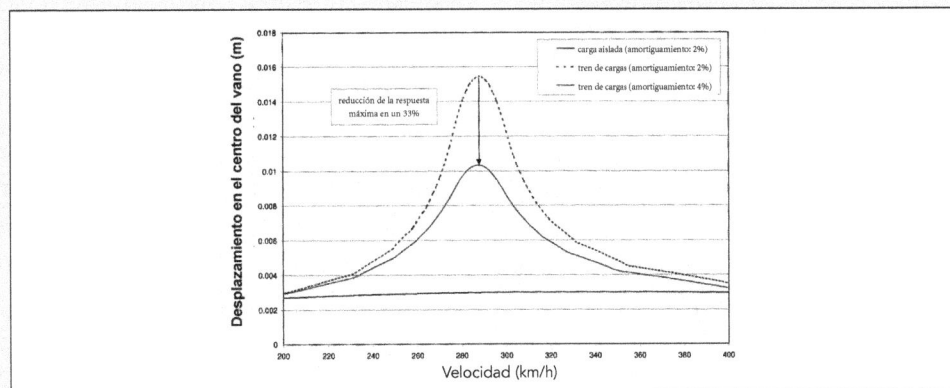

Fuente: Domínguez Barbero (2001)

Fig. 19.21

La condición 19.1 se interpreta como la relación entre los parámetros citados para que se acoplen los efectos dinámicos producidos por el paso de los sucesivos ejes; en esta situación, cada eje que entra en el puente se encuentra unas vibraciones residuales idénticas a las que precedieron al anterior, y por esta razón sus efectos se superponen a los ya producidos.

Como ejemplo real, en la figura 19.21e (tomada de Goicolea et al. 2002) se muestran las mediciones resonantes observadas en el viaducto del Tajo de la línea de alta velocidad Madrid-Sevilla, para el AVE a una velocidad de 219 km/h.

El problema de la resonancia en los puentes de ferrocarril ha sido objeto de análisis más recientemente [Sogabe et. al. (2005)] por parte de los ferrocarriles japoneses. Con ayuda del programa Diastars (puesto a punto en 1994 para analizar los problemas dinámicos de la interacción entre los trenes Shinkansen y las estructuras que los soportan) evaluaron la influencia de diversos factores en el fenómeno de resonancia.

En este contexto, la figura 19.22a muestra la incidencia tanto de la velocidad de circulación del tren como de la luz del puente, para unas determinadas hipótesis respecto a la frecuencia fundamental del puente y asumiendo un amortiguamiento del 2%. Se constata la presencia de distintos picos de resonancia.

Precisamente en relación con el amortiguamiento, la figura 19.22b permite apreciar su influencia en el coeficiente de impacto para dos situaciones de referencia: luces de 25 y 50 metros, así como para una distancia entre cargas (espaciamiento regular dK) de 25 m, correspondiente a los trenes Shinkansen.

Señalemos, finalmente, que las medidas realizadas en más de 50 puentes existentes permitieron cuantificar la variación de la frecuencia fundamental de los puentes con la luz de los mismos y también del amortiguamiento de aquellos. La figura 19.23 muestra, por un lado, que los valores de la frecuencia tendían a ser superiores a los de diseño, y que, por otra parte, el amortiguamiento quedaba por debajo de los valores encontrados anteriormente (2 a 3% frente a los primitivos 5%).

Expuestas las ideas precedentes, podemos volver al análisis de los problemas de resonancia en algunos puentes de corta longitud de la línea París – Lyon. Si su frecuencia propia era del orden de 3,8 Hz, se deduce que la velocidad de resonancia se encontraba en torno a 256 km/h; es decir, próxima a los 260 km/h de velocidad programada en servicio comercial.

La observación del fenómeno de resonancia en la citada línea puso de relieve, entre otros, los siguientes efectos:

a) Rápida atricción de la capa de balasto
b) Formación de espacios huecos bajo las traviesas
c) Descompactación de la capa de balasto
d) Vibración del balasto similar a la que se produce cuando actúan las máquinas de bateo
e) Deterioro de la nivelación longitudinal y transversal de la vía

Los ensayos realizados en la referida línea permitieron constatar que:

1. El primer modo vibratorio del puente dominaba su comportamiento a la resonancia. La aceleración máxima del tablero sobre los puentes que presentaban problemas de inestabilidad en el balasto se situaba en la zona de 0,7 a 0,8 g.
2. El comportamiento desfavorable de un puente cuando el vehículo circulaba a la velocidad de resonancia, no se producía al paso de la motriz, sino que se desarrollaba a medida que los sucesivos ejes de los vehículos (más ligeros) pasaban sobre el puente.

19.5.6 La licuefacción del balasto

Como se ha señalado, en situaciones de resonancia la capa de balasto se ve sometida a aceleraciones del orden de 0,7 a 0,8g (7 a 8 m/seg^2). En esas condiciones se produce un fenómeno de licuefacción del balasto y pasa este material a comportarse como un fluido. El resultado es el deterioro de la geometría de la vía.

Para verificar el comportamiento del balasto bajo este nivel de aceleraciones, el Comité D-214 del ERRI llevó a cabo dos tipos de ensayos en laboratorio; el primero, en los ferrocarriles franceses, con ayuda de un vibrogir; el segundo, en el Instituto Federal de Investigación y Ensayos de materiales de Berlín.

En el primer caso, con la máquina mostrada en la figura 19.24a (también utilizada en la SNCF para el ensayo de sujeciones), se aplicaron cargas estáticas o dinámicas a un tramo de vía formado por dos carriles y una traviesa reposando sobre la capa de balasto. Este material se encontraba en el interior de un cajón de 3 x 4 m. Diversos acelerómetros permitían medir la aceleración aplicada. El balasto fue sometido a aceleraciones comprendidas entre 0 y 1 g. Los resultados mostraron que, en efecto, el comportamiento dinámico desfavorable del balasto se producía para aceleraciones superiores a 0,7 g.

Tren	EUROSTAR	TGV	ICE 2	THALYS	ETR 500	TALGO 350
d_i (metros)	18,70	18,70	26,40	18,70	26,10	13,14

CUADRO 19.5. ESPACIAMIENTO REGULAR (d_i) DE LOS EJES EN COMPOSICIONES EUROPEAS DE ALTA VELOCIDAD

Fuente: Domínguez Barbero (2001)

ESPACIAMIENTO REGULAR ENTRE TRENES

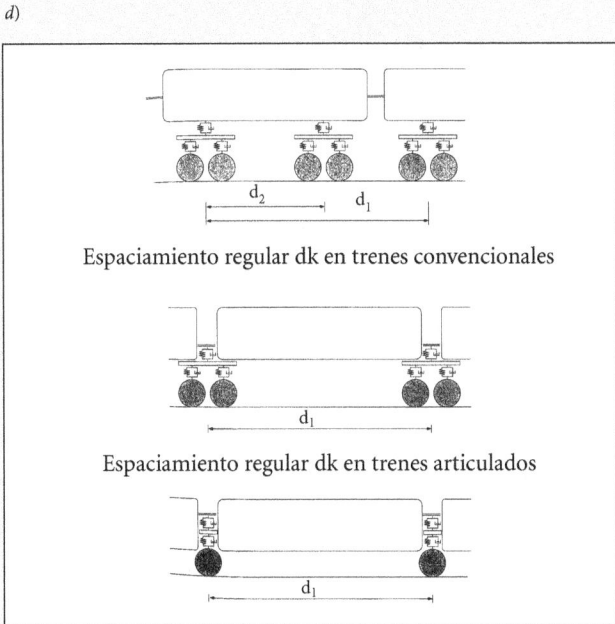

d)

Espaciamiento regular dk en trenes convencionales

Espaciamiento regular dk en trenes articulados

Fuente: Domínguez Barbero (2001)

DESPLAZAMIENTOS MEDIDOS EN EL VIADUCTO DEL TAJO (LÍNEA AV MADRID-SEVILLA) AL PASO DEL AVE (COMPOSICIÓN SIMPLE) CON V = 219 KM/H

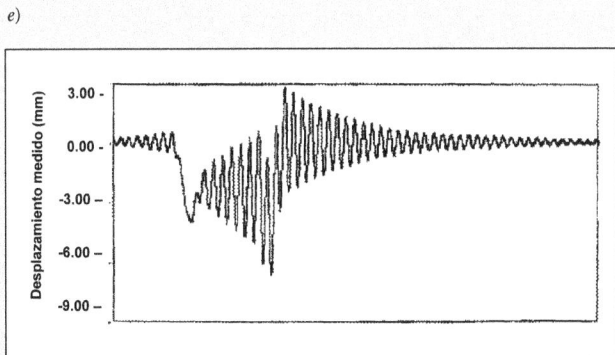

e)

Fuente: Ministerio de Fomento (1996) *Fig. 19.21*

RESONANCIA EN PUENTES DE FERROCARRIL PARA TRENES SHINKANSEN

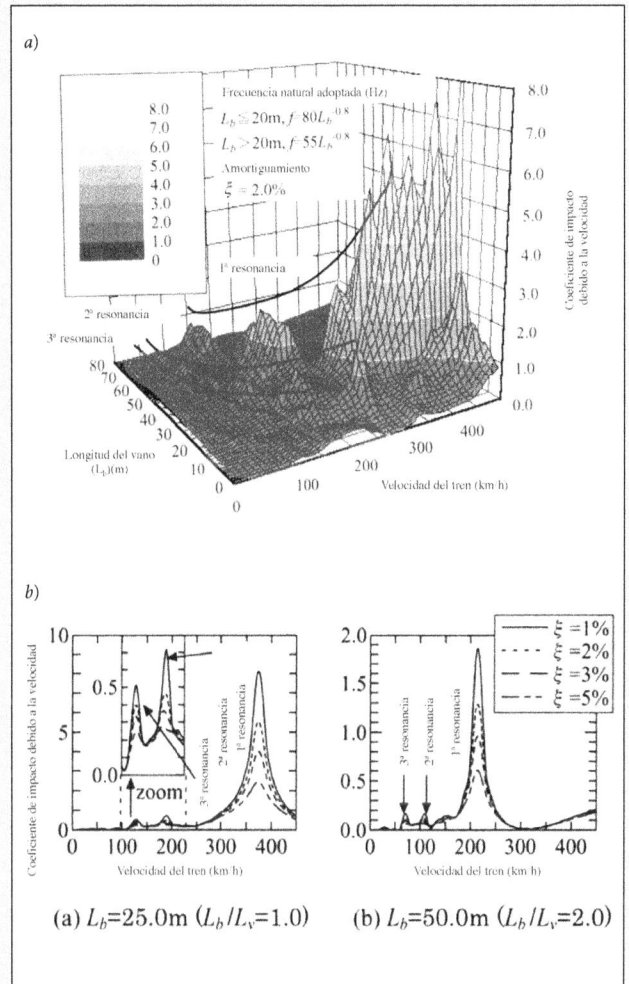

a)

b)

(a) L_b=25.0m (L_b/L_v=1.0) (b) L_b=50.0m (L_b/L_v=2.0)

Fuente: Sogabe et al (2005) *Fig. 19.22*

FRECUENCIA FUNDAMENTAL DE PUENTES DE ALTA VELOCIDAD EN JAPÓN

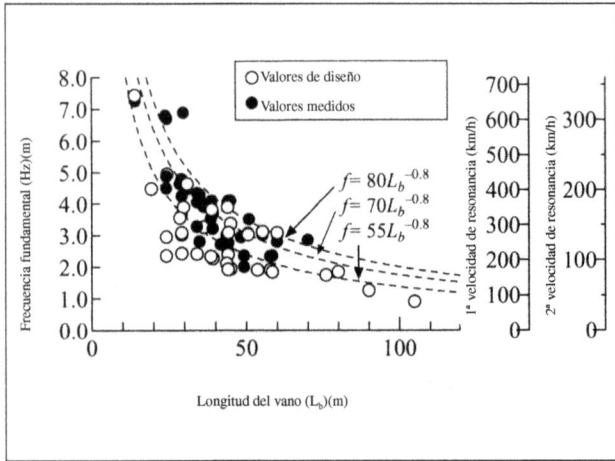

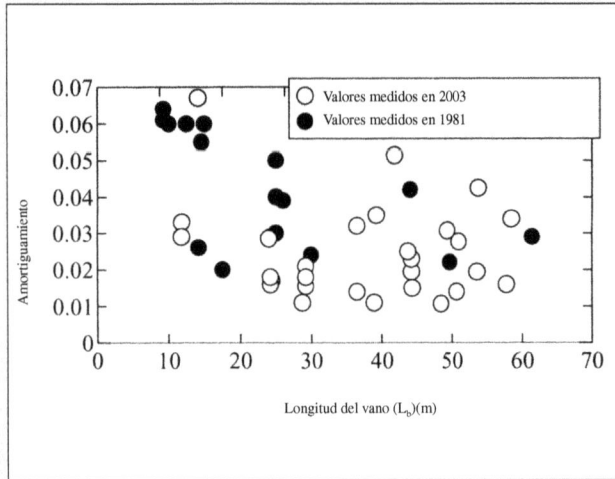

VIBROGIR UTILIZADO POR LOS FERROCARRILES FRANCESES PARA ANALIZAR EL COMPORTAMIENTO VIBRATORIO DEL BALASTO

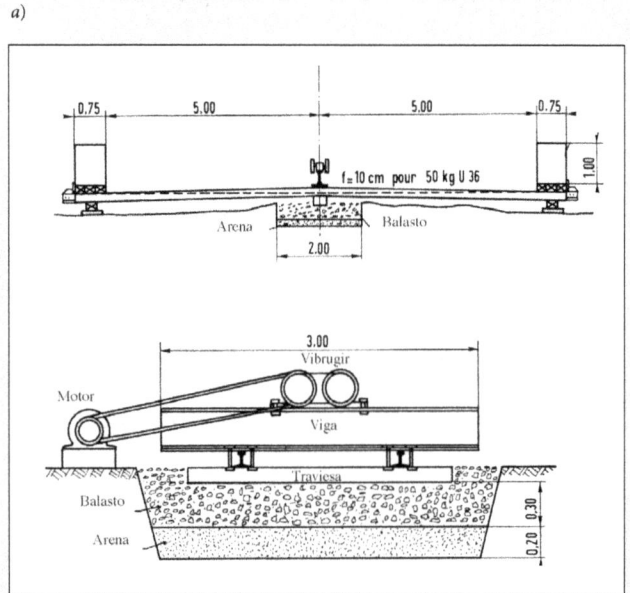

a)

Fuente: J. Alias (1984)

ASIENTO DEL BALASTO EN UN PUENTE POR LA VIBRACIÓN DEL TABLERO: RESULTADOS ALEMANES

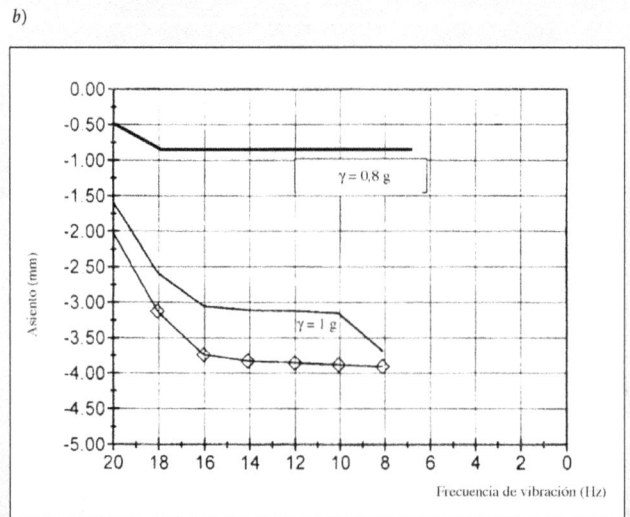

b)

En cuanto a los ensayos realizados en Alemania, consistieron en disponer de un banco en el que ubicar 4 traviesas de hormigón apoyadas sobre un lecho de balasto bien compactado. La aplicación sobre él de aceleraciones máximas comprendidas entre 0,15 g y 1,0 g, permitió llegar a las mismas conclusiones generales que en el ensayo francés. Es decir, inestabilidad del balasto para valores de la aceleración en el entorno de 0,8 g (Fig. 19.24b).

Además, se constató que la aceleración máxima en el interior de la capa de balasto era superior a la aceleración aplicada en la superficie, diferencia que podría llegar a ser del 15%. Este hecho explicaría el por qué se da una inestabilidad en el comportamiento del balasto con una aceleración de 0,8g. En efecto, en el interior de dicha capa granular se alcanzan valores próximos a 1g ($0,8 \times 1,15 \approx 1g$).

Una forma diferente de visualizar la influencia del nivel de la aceleración en el balasto en el asiento del mismo la proporciona la figura 19.25. Corresponde a los ensayos realizados en la Universidad de Berlín (BAM) y publicados por Baebler y Rucker (2005). Se constata, en efecto, como la curva asiento – ciclos de carga mantiene una inclinación constante siempre que el nivel de la aceleración es inferior, aproximadamente a 0,7 o 0,8 g. Para valores superiores puede apreciarse el fuerte cambio de la pendiente del asiento en función del número de ciclos de carga aplicados.

Los citados autores publicaron también la influencia de la vibración del balasto en el mayor desplazamiento horizontal que experimenta éste bajo la acción de una fuerza transversal. En la figura 19.25 se comprueba, en efecto, que para valores próximos a 0,8 g de la aceleración en el balasto el desplazamiento lateral se incrementa notablemente respecto a la tendencia observada para valores inferiores de dicha aceleración.

Para evitar estas alteraciones de la capa de balasto, que provocan un mayor asentamiento de la vía y una reducción de su resistencia lateral, la norma EC-1, parte 3, limita la aceleración máxima en el balasto a 0,35g (lo que supone disponer de un coeficiente de seguridad del orden de 2 respecto a la aceleración que provoca desórdenes en el balasto).

19.6 LIMITACIONES A LOS MOVIMIENTOS DEL TABLERO

Al apoyarse la vía sobre los tableros de los puentes de ferrocarril, las deformaciones, desplazamientos y aceleraciones de aquellos afectan a su comportamiento y seguridad. Desde esta perspectiva, resulta necesario controlar desde el momento de la concepción de un puente los siguientes movimientos (J. Nasarre, 2004):

• Desplazamientos y giros verticales del tablero
• Desplazamientos y giros transversales del tablero
• Alabeo del tablero
• Desplazamientos longitudinales del tablero

Por lo que respecta a los desplazamientos verticales, cabe precisar que en los extremos del tablero que está en contacto con un estribo o con el extremo de otro tablero, la limitación de aquellos (los desplazamientos) está asociada a la deformabilidad vertical del carril, a evitar tensiones de flexión excesivas en el mismo, a las condiciones de apretado de la sujeción del carril a la traviesa y a la posibilidad de desconsolidación de la capa de balasto. En el caso de vías con balasto, en las juntas entre tableros o entre tablero y estribo, el desplazamiento vertical (δ_V) máximo relativo de la plataforma de vía (ver esquema adjunto) deberá ser menor o igual a 3 mm para $V_{máx} < 160$ km/h y a 2 mm para $V_{máx} > 160$ km/h.

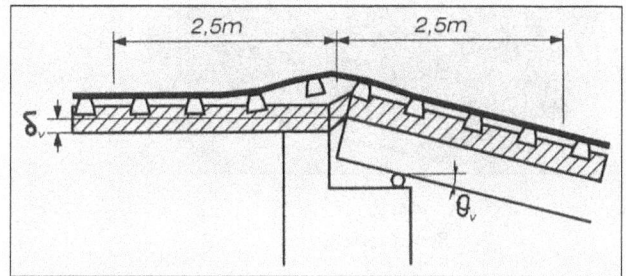

Por análogas razones que para los desplazamientos verticales, se limita al giro en el plano vertical (θ_V) en una extremidad del tablero, en las juntas entre tableros o entre tablero y estribo (esquema adjunto).

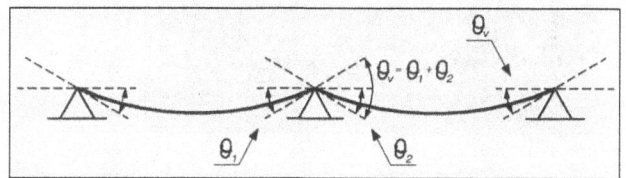

Con los valores de las sobrecargas verticales de uso ferroviario y las acciones térmicas, el giro vertical máximo en el extremo del tablero, para una vía con balasto, no debe exceder de los siguientes valores:

• $6,5.10^{-3}$ rad (vía única) entre tablero y estribo
• 10.10^{-3} rad (vía única) entre tableros consecutivos

ENSAYOS Y RESULTADOS SOBRE EL COMPORTAMIENTO VIBRATORIO DEL BALASTO: UNIVERSIDAD DE BERLÍN

Bancos de ensayo

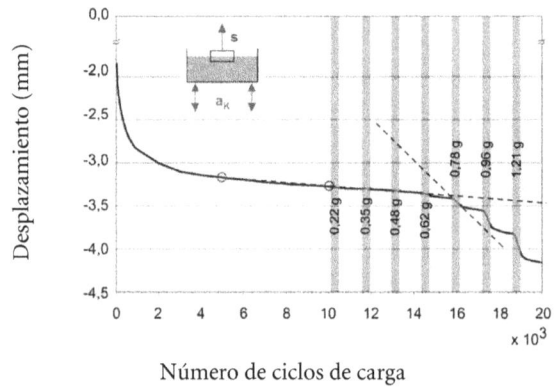

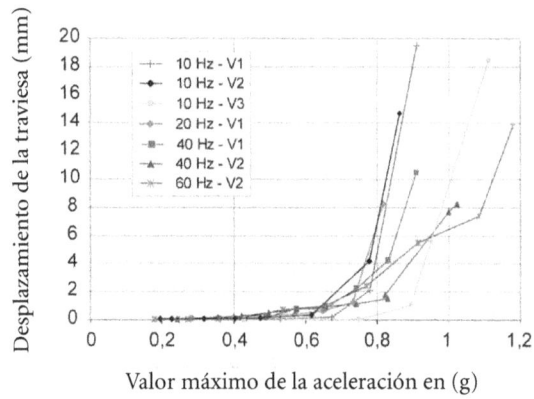

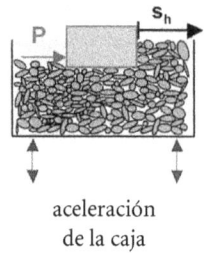

Fig. 19.25

En el esquema adjunto, se muestran algunas disposiciones estructurales constructivas para facilitar el logro de los citados límites.

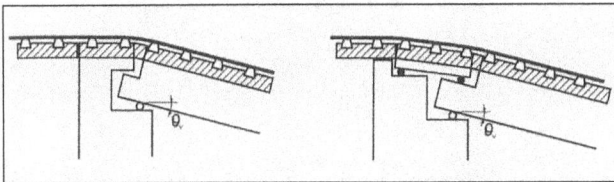

Por otro lado, la circulación de un tren sobre un puente podría ocasionar dos fenómenos relevantes:

1. Pérdida del contacto rueda – carril, a causa de una curvatura vertical excesiva de la vía provocada por la flecha del puente, y riesgo de descarrilamiento debido a la reducción de las fuerzas que se oponen al remonte de la pestaña de la rueda.

2. Disminución del confort del viajero, a causa de una aceleración vertical excesiva debida a una flexión importante del puente.

En relación con la seguridad de las circulaciones (frente al descarrilamiento), el criterio japonés fija en 0,37 el límite máximo admisible para la reducción de la carga vertical. En cuanto al confort del viajero, se considera como límite aceptable una aceleración máxima inferior a 0,9/1 m/seg^2.

En este contexto, los análisis efectuados con los distintos trenes Shinkansen han conducido (Sogabe et al. 2005) a las limitaciones de flecha en función de la luz (L) de los vanos del puente indicadas en el cuadro 19.6.

En cuanto a los desplazamientos y giros transversales del tablero, se señala que afectan a la geometría de la vía y, dado que ésta viene condicionada por la velocidad de circulación en la línea, los límites admisibles para estos desplazamientos y giros se hacen depender también de la velocidad.

En este ámbito se exige que la deformación horizontal (δ_h) máxima del tablero deberá respetar los valores indicados a continuación:

Velocidad (km/h)	Ángulo máximo (radianes)	Radio de curvatura mínimo (m) para tablero simple
V ≤ 120	0,0035	1.700
120 < V ≤ 220	0,0020	6.000
V > 220	0,0015	14.000

Es decir, que el ángulo según el eje longitudinal en un extremo o junta no supere los valores indicados en el cuadro precedente. En forma análoga, que se tenga un radio de curvatura horizontal menor que los referidos con anterioridad.

Finalmente y por lo que respecta al alabeo del tablero del puente, medido en base de 3 m, no será mayor de:

• 4,5 β (mm) para V ≤ 120 km/h

• 3,0 β (mm) para 120 < V ≤ 220 km/h

• 1,5 β (mm) para V > 220 km/h

siendo β la variable que tiene en cuenta la seguridad frente al descarrilamiento del vehículo por causa del alabeo. Se demuestra, Nasarre (2004), que su valor es:

$$\beta = 1,78 \; r^2/(r + C)^2$$

siendo r la separación entre los círculos de rodadura de un eje (≈ al ancho de vía más 65 mm) y (C/2) la distancia entre el círculo de rodadura de la rueda y el punto de apoyo de la suspensión sobre la caja de grasa (C ≈ 0,5 m).

CUADRO 19.6. LIMITACIONES DE FLECHA EN FUNCIÓN DE LA LUZ EN JAPÓN

Velocidad máxima (km/h)	Criterio de seguridad (L) m		Criterio de confort (L) m		
	10 a 60	70 a 20	10 a 20	30	40 a 100
260	L/1200	L/1400	L/2200	L/1700	
300	L/1500	L/1700	L/2800	L/2000	
360	L/1900	L/2000	L/3500	L/2800	L/2200

Fuente: Sogabe et al. (2005)

19.7 ACCIONES TRANSVERSALES AL PUENTE

Por su naturaleza, pueden diferenciarse dos tipos de acciones transversales: las ocasionadas por los propios vehículos y las debidas a la acción del viento.

En el primer ámbito, se distinguen a su vez los puentes situados en alineaciones rectas, en los cuales es preciso tener en cuenta los esfuerzos debidos al movimiento de lazo de los vehículos, de los puentes curvos, en los que se incorpora además la acción de la fuerza centrífuga.

De acuerdo con la ficha UIC 776 – 1, la repercusión del movimiento de lazo se considera igual a una fuerza de valor 10 toneladas actuando horizontalmente en la superficie del carril, perpendicularmente a la vía y en el punto más desfavorable.

En cuanto a la acción de la fuerza centrífuga, sus efectos deben cuantificarse a partir de la velocidad máxima de circulación prevista en la explotación comercial. Es decir:

$$F_c = \frac{V^2}{127R}(Q)$$

F_c (t) ; V (km/h); R (m); Q (t) (carga vertical)

Sin embargo, es preciso afectar a dicha expresión con un coeficiente reductor f. En efecto, la fuerza centrífuga será el resultado de multiplicar las fuerzas verticales consideradas en el esquema de cargas UIC por el término $V^2/127R$. Resulta indudable que el esquema UIC 71 (Fig. 19.18) nunca va a actuar sobre la vía a la velocidad máxima de explotación. Por tanto, el coeficiente reductor (f) de la fuerza centrífuga tiene en cuenta este hecho, para no considerar acciones transversales sobre el puente muy alejadas de la realidad. Matemáticamente, el coeficiente (f) tiene la expresión:

$$f = \left[1 - \frac{V-120}{1000}\left(\frac{814}{V}+1,75\right)\left(1 - \sqrt{\frac{2,88}{L}}\right)\right]$$

siendo: V (km/h); L (m) = longitud de la parte de la vía cargada en curva sobre el puente, que es significativa para el cálculo del elemento considerado. La fuerza centrífuga se supondrá actuando a 1,8 m de la superficie del carril. En el cuadro 19.7, se ofrecen los valores de f para algunas velocidades y longitudes cargadas sobre el puente.

CUADRO 19.7. FACTOR DE REDUCCIÓN (f) PARA LA EVALUACIÓN DE LA FUERZA CENTRÍFUGA EN EL ESQUEMA DE CARGAS UIC

| L (m) | Velocidad máxima de la línea (km/h) | | |
	200	250	300
2,88	1,0	1,0	1,0
5	0,89	0,84	0,81
10	0,78	0,70	0,63
20	0,71	0,60	0,50
30	0,68	0,55	0,45
40	0,66	0,52	0,41

Fuente: UIC

19.8 INTERACCIÓN VÍA-PUENTE POR VARIACIONES DE TEMPERATURA

La utilización del carril continuo soldado es práctica habitual en la mayoría de las administraciones ferroviarias desde hace más de cuarenta años. Los estudios realizados sobre el tema y la experiencia

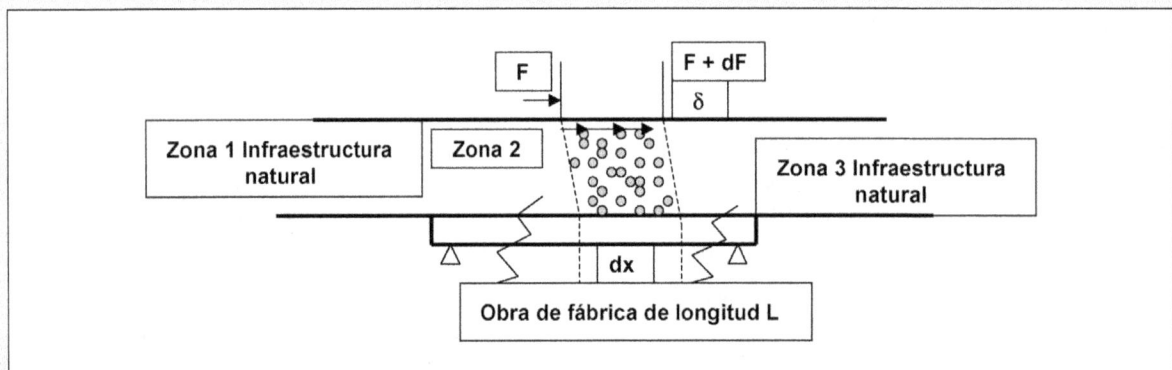

práctica adquirida desde entonces han permitido conocer las medidas necesarias para evitar posibles inestabilidades de la vía por incrementos importantes de temperatura. Todo ello en el caso en que la vía discurra sobre infraestructura natural (ver apartado 17.2).

Cuando una vía discurre sobre un puente, el problema se complica a causa de que tanto el tablero del puente como el propio carril tenderán a dilatarse al aumentar la temperatura. Sin embargo, ambos elementos (tablero y carril) tienen coeficientes de dilatación térmica diferentes y los incrementos de temperatura pueden ser distintos para cada uno de ellos. El resultado es que el proceso de dilatación tiene lugar a través de una serie de coacciones entre tablero y carril, que se traducen en un incremento de las tensiones a las que se encuentra sometido el carril por otras causas (flexión del carril en el balasto, tensiones de contacto rueda-carril, etc.). En consecuencia, es necesario evaluar el citado aumento de tensiones para evitar el riesgo de rotura del carril.

Para analizar el fenómeno físico anteriormente mencionado, consideramos el caso de un puente formado por un tablero continuo anclado en un extremo y libre en el otro, tal como muestra el esquema adjunto, sometido a un cierto incremento de temperatura.

Con carácter preliminar es importante señalar que la temperatura en el carril supera ampliamente la temperatura del aire. Observaciones precisas llevadas a cabo por los ferrocarriles holandeses, [Esveld (2001)] pusieron de manifiesto la relación mostrada en la figura 19.26. Nótese como en invierno la temperatura en el carril puede llegar a superar la temperatura del aire en 10º y en verano entre 15 y 25º. De las medidas efectuadas por el Comité D-101 del ORE en algunos puentes se dedujo la fluctuación de la temperatura en el carril y la relativa permanencia de la temperatura en el tablero del puente.

Si se considera un elemento (dx) en la zona 1 de la vía, situada fuera del puente, una elevación de temperatura en el carril respecto a la temperatura de colocación de éste (Δt) provocaría, de acuerdo con la ley de Hooke, un movimiento en el carril (du_c) de valor:

$$du_c = \alpha\Delta t dx - \frac{Fdx}{(ES)_c} \qquad (19.2)$$

siendo: α el coeficiente de dilatación del carril $(11,5 \cdot 10^6)$; E, el módulo de elasticidad del carril $(2 \cdot 10^6 \text{ kg.cm}^2)$; S, el área de la sección transversal del carril (69,34 cm^2 para carril de 54 kg/ml y 76,86 cm^2 para carril de 60 kg/ml) y F, la fuerza que se opone al desplazamiento libre del carril bajo el incremento de la temperatura.

De la ecuación 19.2 se deduce:

$$\frac{du_c}{dx} = \alpha\Delta t - \frac{F}{(ES)_c}$$

Si se supone que el elemento (dx) se encuentra en la zona neutra de la vía, el desplazamiento es nulo, como se vio, y el esfuerzo longitudinal sobre el carril vale:

$$F = \alpha\ \Delta t(ES)_c$$

La existencia de la obra de fábrica y su comportamiento bajo la acción de la temperatura puede ocasionar sobre el carril una fuerza F', que por diferencia con respecto a la que el carril ya tiene (F) será:

$$\Delta F_1 = F' - (ES)_c\ \alpha\ \Delta t$$

En consecuencia, el desplazamiento $[\mu(x)]$ de un punto x del carril situado a la izquierda del punto fijo vendrá dado por la expresión:

$$\mu(x) = \int_{-\infty}^{x} \frac{\Delta F_1}{(ES)_c} d\ell \qquad (19.3)$$

Por otro lado, se sabe que para desplazar el carril (junto a las traviesas) un recorrido δ es necesario aplicar una fuerza que varía con δ en la forma indicada en la figura 19.27. Admitiendo entre la fuerza y el desplazamiento la existencia de una proporcionalidad, se tendrá: $d\Delta F_1/dx = k\mu(x)$, por lo que teniendo en cuenta 19.3, se deduce:

$$\frac{d^2\Delta F_1}{dx} - \frac{K.\Delta F_1}{(ES)_c} = 0$$

verificándose que $\Delta F_1 \rightarrow 0$ cuando x $\rightarrow (-\infty)$.

Para un punto del carril situado en la zona II, es decir, en el propio puente, las expresiones a considerar en forma análoga al caso anterior son:

$$\mu(x) = \mu(0) + \int_{0}^{x} \frac{\Delta F_{II}}{(ES)_c} d\ell$$

siendo $\Delta F_{II} = F - Es\alpha\Delta t$

$$\frac{d\Delta F_{II}}{dx} = K'\mu(x)$$

Si se considera un punto del tablero del puente sometido a un incremento de temperatura $\Delta t'$ (recuérdese las diferencias de temperatura en el carril y en el tablero), su movimiento $(d\eta)$ vendrá dado por una expresión análoga, es decir:

$$\frac{d\eta}{dx} = \alpha\Delta t' - \frac{F'}{(ES)_p}$$

siendo $(ES)_p$ el módulo de elasticidad del tablero y la sección transversal asociada, junto con F', esfuerzo longitudinal en la parte del tablero considerada.

Ahora bien, dado el elevado valor de S_p, se puede no considerar el término $[F'/(ES)_p]$, resultando:

EVOLUCIÓN DE LA TEMPERATURA EN CARRIL Y TABLERO

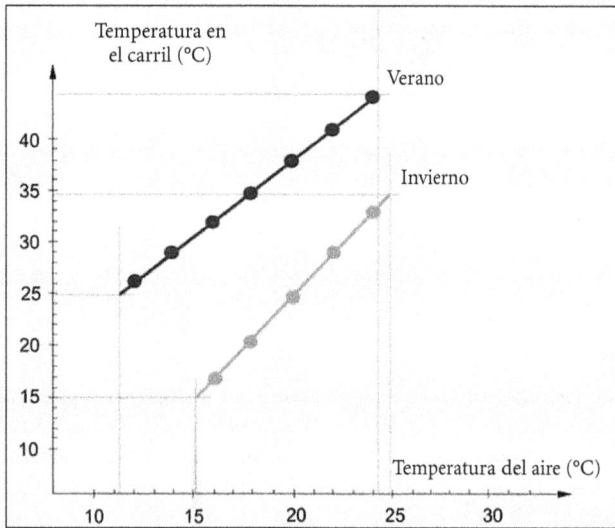

Fuente: C. Esveld

Fig. 19.26

ESFUERZOS Y DESPLAZAMIENTOS EN CARRIL

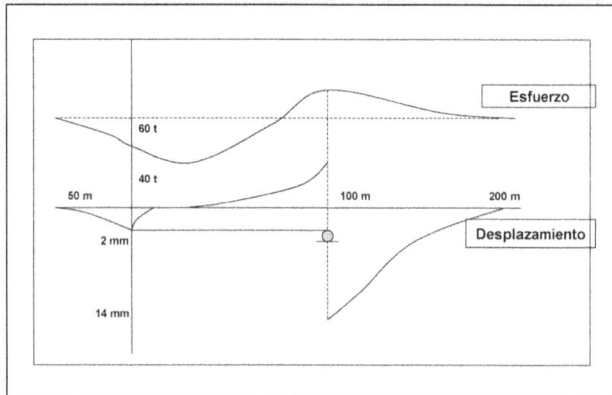

Fuente: SNCF

Fig. 19.28

EVOLUCIÓN DE LA RESISTENCIA LATERAL DE LA VÍA CON EL DESPLAZAMIENTO

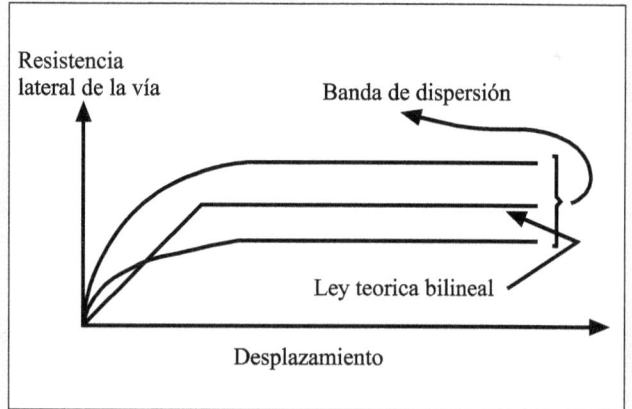

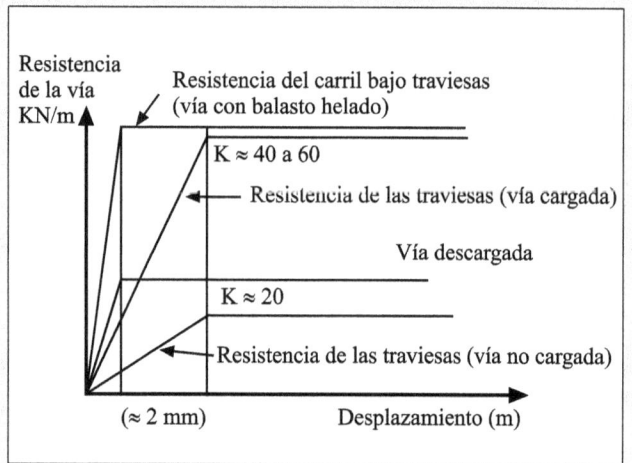

Fuente: SNCF

Fig. 19.27

$$\frac{d\eta}{dx} = \alpha\Delta t' = cte.$$

La ecuación diferencial en este caso es:

$$\frac{d^2\Delta F_{II}}{dx} - K'\frac{\Delta F_{II}}{(ES)_c} - K'\frac{d\eta}{dx} = 0$$

Para un punto situado fuera del puente, es decir, para $x > L$ se procedería en forma análoga. La solución de las ecuaciones diferenciales precedentes va acompañada de la consideración de ciertas condiciones particulares:

1. Mantenimiento constante de la longitud del carril. Matemáticamente:

$$\int_{-\infty}^{0}\frac{\Delta F_1}{(SE)_c}dx + \int_{0}^{L}\frac{\Delta F_{II}}{(SE)_c}dx + \int_{L}^{+\infty}\frac{\Delta F_{II}}{(SE)_c}dx = 0$$

2. Continuidad del esfuerzo para $x = 0$
3. Compatibilidad de ecuaciones para $x = L$

Los resultados que se obtienen ponen de manifiesto que la distribución de esfuerzos en el carril, así como el desplazamiento carril – tablero, adoptan las formas indicadas en las figuras 19.28 y 19.29 para el caso considerado. Se constata que cuando el puente se dilata el carril resiste en el apoyo fijo, desarrollándose por tanto esfuerzos suplementarios de tracción. Por el contrario, a medida que nos acer-

camos al apoyo móvil, se invierte el signo de los esfuerzos y se desarrollan esfuerzos suplementarios de compresión. Para variaciones de temperatura en el carril del orden de 35º, el desplazamiento del carril a la altura del apoyo móvil es del orden de 6 mm.

El resultado práctico de todo el proceso analizado es el incremento de tensiones, tanto de compresión como de tracción en el carril. Esta situación va acompañada también de desplazamientos relativos entre la vía y el tablero o entre la vía y la plataforma en zonas contiguas a la estructura. Los citados desplazamientos podrían provocar la desconsolidación del balasto y, por tanto, generar inestabilidad en el conjunto de la vía.

En función de los valores que se obtengan en cada caso particular para la configuración estructural adoptada para el puente, puede resultar necesario introducir aparatos de dilatación (Fig. 19.30), en general próximos a los estribos del puente, que provocan una redistribución y una importante reducción de las tensiones en el carril. Pero por su propia naturaleza los aparatos de dilatación representan un problema tanto para el mantenimiento de la geometría de la vía como para el confort de los viajeros. Por esta razón su utilización se reduce a los casos en que sea realmente imprescindible. La ficha UIC 774-3 (diciembre 2000) establece las recomendaciones para los cálculos del análisis de la interacción vía-obra de fábrica.

El conjunto de reflexiones efectuadas hasta el momento han tenido por objeto introducir el tema de la interacción vía-puente a causa de variaciones de temperatura. Introducción obligadamente simplificada, dado el objetivo de este libro. Es de interés, no obstante, dejar constancia de que otros problemas también se plantean en presencia de una obra de fábrica, como son los efectos debidos a la flexión de los tableros, la rigidez de los apoyos del puente, etc.

EJEMPLO DE DISTRIBUCIÓN DE ESFUERZOS EN CARRIL Y DESPLAZAMIENTO CARRIL - TABLERO

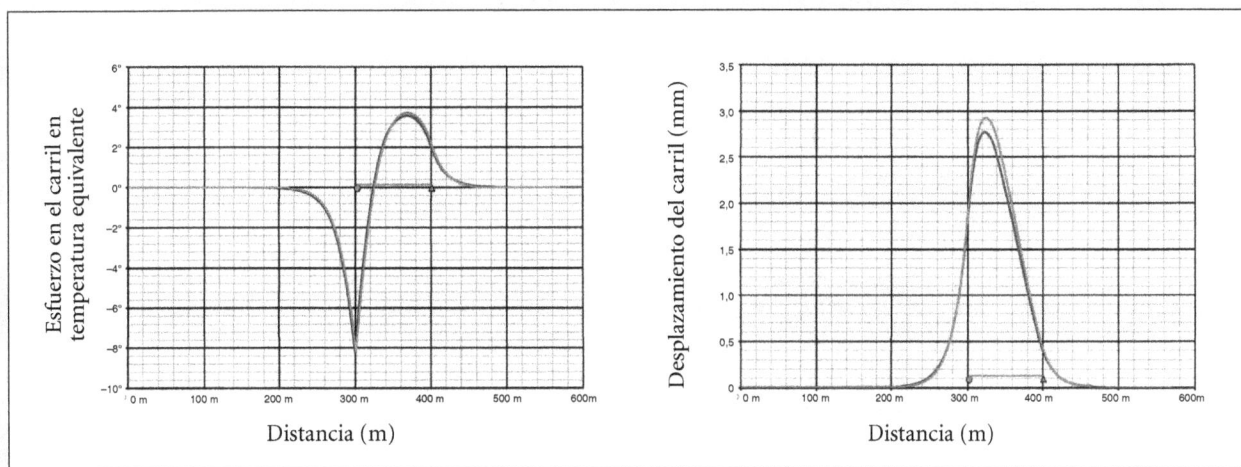

Fuente: SNCF

Fig. 19.29

19.9 IMPORTANCIA DE LOS PUENTES EN LAS NUEVAS LÍNEAS DE FERROCARRIL

Desde finales de los años 70 del siglo XX, la construcción de nuevas infraestructuras aptas para la circulación a alta velocidad constituye una de las principales actividades de los ferrocarriles europeos. Las características geométricas de estos trazados, con radios de curva en planta superiores a 4.000 m y que tienden a situarse en el intervalo de 6.000 a 7.000 m, da lugar a un importante número de obras de fábrica.

A título indicativo, puede observarse en el cuadro 19.7 la densidad de las mismas en algunas de las líneas construidas en Francia. Se comprueba que como media existe, aproximadamente, una obra de fábrica por cada kilómetro de línea construida.

Como referencia, la figura 19.31 visualiza algunas de las principales obras de fábrica que existen en la línea de alta velocidad TGV - Mediterráneo, entre las estaciones de Valence y Marsella.

Por su parte, la figura 19.32 muestra la disposición estructural denominada *salto de carnero* en el ámbito ferroviario, que permite solucionar los problemas de cruce de líneas a distinto nivel. En la figura 19.33 se presenta algunas de las secciones transversales habitualmente utilizadas en líneas de alta velocidad. Finalmente, en la figura 19.34 se visualiza la tipología adoptada para el puente sobre el río Ebro de la nueva línea de alta velocidad entre Madrid y Barcelona. Uno de los aspectos que cabe señalar en los nuevos puentes de ferrocarril es la necesidad de adoptar, en zonas concretas, medidas de protección del material ferroviario frente a las acciones de vientos laterales muy fuertes. Esta situación se da, a título indicativo, en el doble viaducto de Les Angles (Fig. 19.35a), situado al oeste de Avignon (en la línea de alta velocidad Valence – Marsella). A lo largo de sus 1500 m, las ramas de alta velocidad y en particular los TGV Duplex podrían verse sometidas a las acciones del mistral, obligando a reducir la velocidad de circulación a 170 e incluso a 80 km/h, para asegurar la explotación. Para limitar los efectos laterales del viento, se colocaron aletas en acero galvanizado, de un altura de 3 m y separadas entre ellas 50 cm (Fig. 19.35b). Otras soluciones, utilizando hormigón, madera, etc. son igualmente usadas en otros puentes.

CUADRO 19.7. DENSIDAD DE PUENTES EN ALGUNAS LÍNEAS FRANCESAS DE ALTA VELOCIDAD

Tipo de obra	Paris-Sudeste (410 km)	Atlántico (280 km)	Norte (332 km)	Interconexión (102 km)	Rhone – Alpes (122 km)
Número de obras corrientes y especiales	390	290	300	70	110
Número por km de línea	0,95	1,03	0,90	0,70	0,90
Saltos de carnero	6	8	18	10	5
Viaductos	1800 m (7)	3100 m (10)	6700 m (10)	1850 m (4)	3700 m (6)

Fuente: Gandil y elaboración propia

APARATO DE DILATACIÓN EN LA LÍNEA DE ALTA VELOCIDAD MADRID-BARCELONA

Fuente: ADIF

Fig. 19.30

PRINCIPALES OBRAS DE FÁBRICA DE LA LÍNEA TGV-MEDITERRANEO

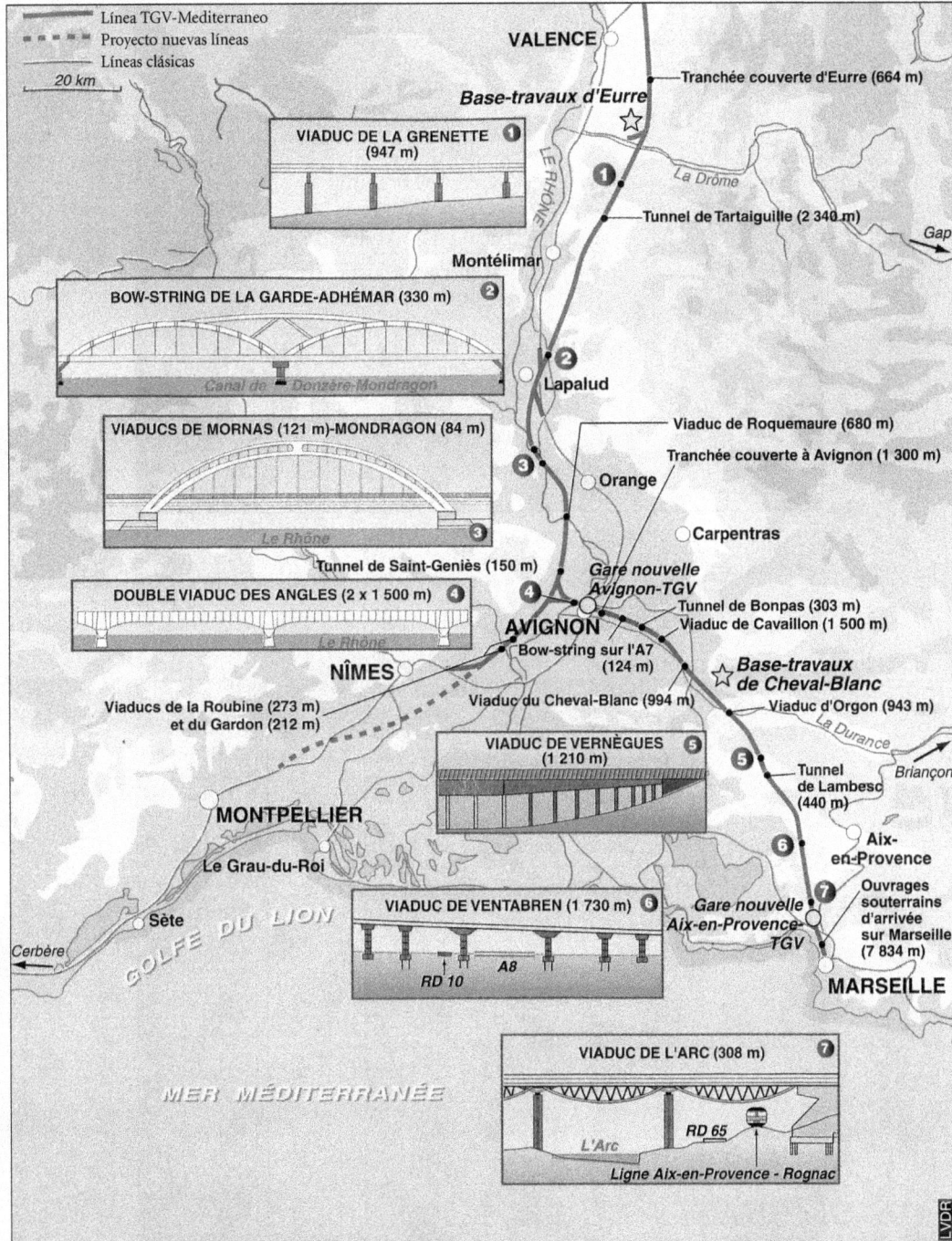

Línea TGV-Mediterraneo
Proyecto nuevas líneas
Líneas clásicas
20 km

VALENCE

Base-travaux d'Eurre

Tranchée couverte d'Eurre (664 m)

VIADUC DE LA GRENETTE ❶
(947 m)

LE RHÔNE

La Drôme

Gap

Tunnel de Tartaiguille (2 340 m)

Montélimar

BOW-STRING DE LA GARDE-ADHÉMAR (330 m) ❷

Canal de Donzère-Mondragon

Lapalud

Viaduc de Roquemaure (680 m)

Tranchée couverte à Avignon (1 300 m)

VIADUCS DE MORNAS (121 m)-MONDRAGON (84 m)

Orange

Carpentras

Le Rhône ❸

Tunnel de Saint-Geniès (150 m)

Gare nouvelle
Avignon-TGV

DOUBLE VIADUC DES ANGLES (2 x 1 500 m) ❹

Le Rhône

AVIGNON

Tunnel de Bonpas (303 m)
Viaduc de Cavaillon (1 500 m)

NÎMES

Bow-string sur l'A7
(124 m)

Base-travaux
de Cheval-Blanc

Viaducs de la Roubine (273 m)
et du Gardon (212 m)

Viaduc du Cheval-Blanc (994 m)

Viaduc d'Orgon (943 m)

La Durance

Briançon

VIADUC DE VERNÈGUES ❺
(1 210 m)

Tunnel
de Lambesc
(440 m)

MONTPELLIER

Aix-
en-Provence

Le Grau-du-Roi

Sète

VIADUC DE VENTABREN (1 730 m) ❻

Gare nouvelle
Aix-en-Provence-
TGV

Ouvrages
souterrains
d'arrivée
sur Marseille
(7 834 m)

Cerbère

GOLFE DU LION

RD 10   A8

MARSEILLE

VIADUC DE L'ARC (308 m) ❼

MER MÉDITERRANÉE

L'Arc   RD 65

Ligne Aix-en-Provence - Rognac

LVDR

Fuente: La Vie du Rail (1998)

Fig. 19.31

VISUALIZACIÓN DE SALTOS DE CARNERO EN LÍNEAS DE ALTA VELOCIDAD

Fuente: B. Perren, C. Soulié y J. Tricoire

Fig. 19.32

SECCIONES HABITUALES DE PUENTES EN LÍNEAS DE ALTA VELOCIDAD

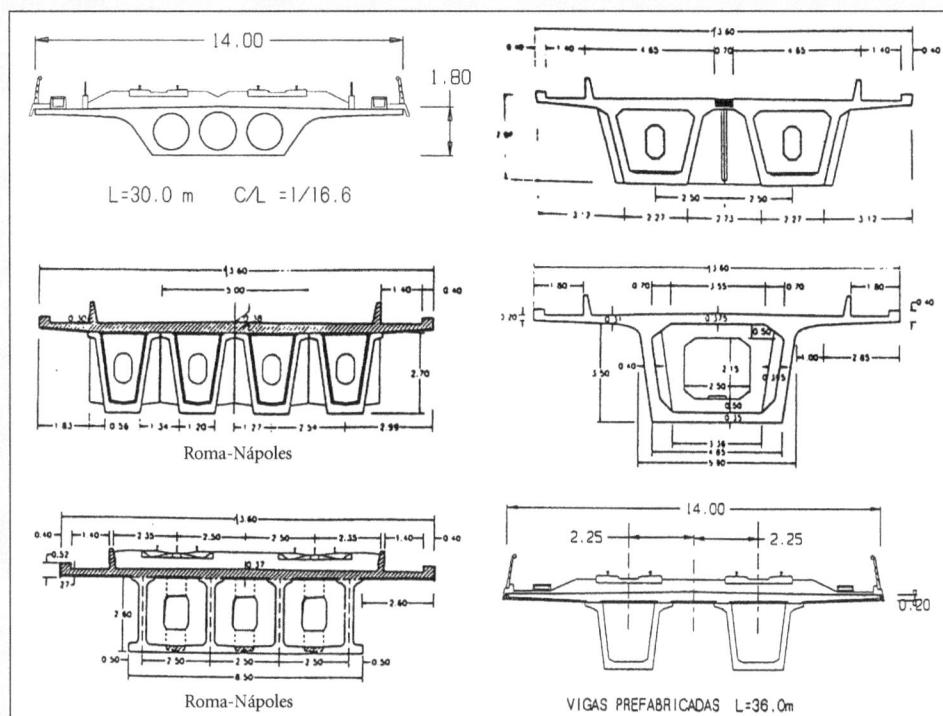

Roma-Nápoles

Roma-Nápoles

VIGAS PREFABRICADAS L=36.0m

Fig. 19.33

PUENTE SOBRE EL RÍO EBRO DE LA NUEVA LÍNEA MADRID-BARCELONA

Fuente: J. Manterola et al. (1999 y 2004)

Fig. 19.34

PROTECCIÓN CONTRA EL VIENTO LATERAL EN EL VIADUCTO DE LES ANGLES EN AVIGNON

a)

Fuente: Rail Passion

b)

Fuente: La Vie du Rail

Fig. 19.35

20

TÚNELES FERROVIARIOS

20.1 APUNTES HISTÓRICOS

Es un hecho bien conocido que la técnica de la construcción de túneles y la historia del ferrocarril fueron paralelas durante la segunda mitad del siglo XIX y el primer tercio del siglo XX. En ese período de tiempo, la realización de los celebres túneles ferroviarios del Mont-Cenis (1857 – 1871), Lötschberg (1906 – 1913) y Simplón I (1898 – 1906) constituyó un hito importante en el ámbito de la ingeniería civil en general y de las obras subterráneas en particular (Fig. 20.1).

Cabe destacar que la realización del túnel de Mont-Cenis, de 13,7 km, supuso un extraordinario campo de experiencias para las primeras aplicaciones del aire comprimido en la perforación de túneles, gracias a las aportaciones efectuadas por los ingenieros encargados de la dirección de las obras: Sommeiller, Grandis y Grattoni. Por otra parte, el túnel de San Gotardo alcanzó notoriedad por la construcción de sus celebres tramos helicoidales en ambas vertientes (Fig. 20.2).

Debe subrayarse la importante longitud de algunos túneles ferroviarios, como el Simplón con sus 19,8 km. Para encontrar en la carretera túneles de similar longitud fue necesario esperar a que el siglo XX estuviese bien avanzado. En 1965, el túnel de Mont Blanc (11,7 km) se abriría a la explotación comercial. Otro de los túneles ferroviarios de mayor longitud fue el de los Apeninos en la red italiana, con 18,4 km, inaugurado en 1934.

En España las conexiones internacionales con Francia, a través de los Pirineos, no presentaron el mismo grado de dificultad que en los Alpes. Sin embargo, los enlaces Barcelona – Toulouse por Puigcerdá y Pau – Canfranc obligaron también a la realización de túneles helicoidales (Fig. 1.7). En el cuadro 20.1 se explicitan los túneles españoles de mayor longitud.

CUADRO 20.1. PRINCIPALES TÚNELES DE LA RED FERROVIARIA ESPAÑOLA

Línea	Nombre (Año de inauguración)	Longitud (km)
Zamora – Coruña	Padornelo (1942)	5.971
Córdoba – Málaga	Túnel 3 (1972)	5.320
Zaragoza – Reus	Argentera (1893)	4.040
Ripoll – Puigcerdá	Tosas (1922)	3.904
Madrid – Burgos (vía Aranda)	Somosierra (1968)	3.895
Zamora – Coruña	La Grandota (1957)	3.756

Fuente: RENFE

En la figura 20.3 se visualizan algunos túneles en zonas difíciles: túneles artificiales en la vertiente leonesa del puerto de Pajares; túneles del Garraf en las proximidades de Barcelona, y el túnel del Chorro en el acceso a Málaga.

20.2 LOCALIZACIÓN GEOGRÁFICA

Es usual recurrir a clasificar los túneles en función de la altitud geográfica por la que discurren, diferenciándose habitualmente los denominados *túneles de cota, de media altitud y de base*.

Al primer grupo, túneles de cota, pertenecen en general los túneles de carretera y se caracterizan por su relativa corta longitud. En el ámbito ferroviario cabe mencionar el túnel de Albula, en Suiza, cuyo punto culminante se encuentra a 1.823 m de altura. En el segundo

PRINCIPALES CONEXIONES VIARIAS Y FERROVIARIAS A TRAVÉS DE LOS ALPES EN 1980

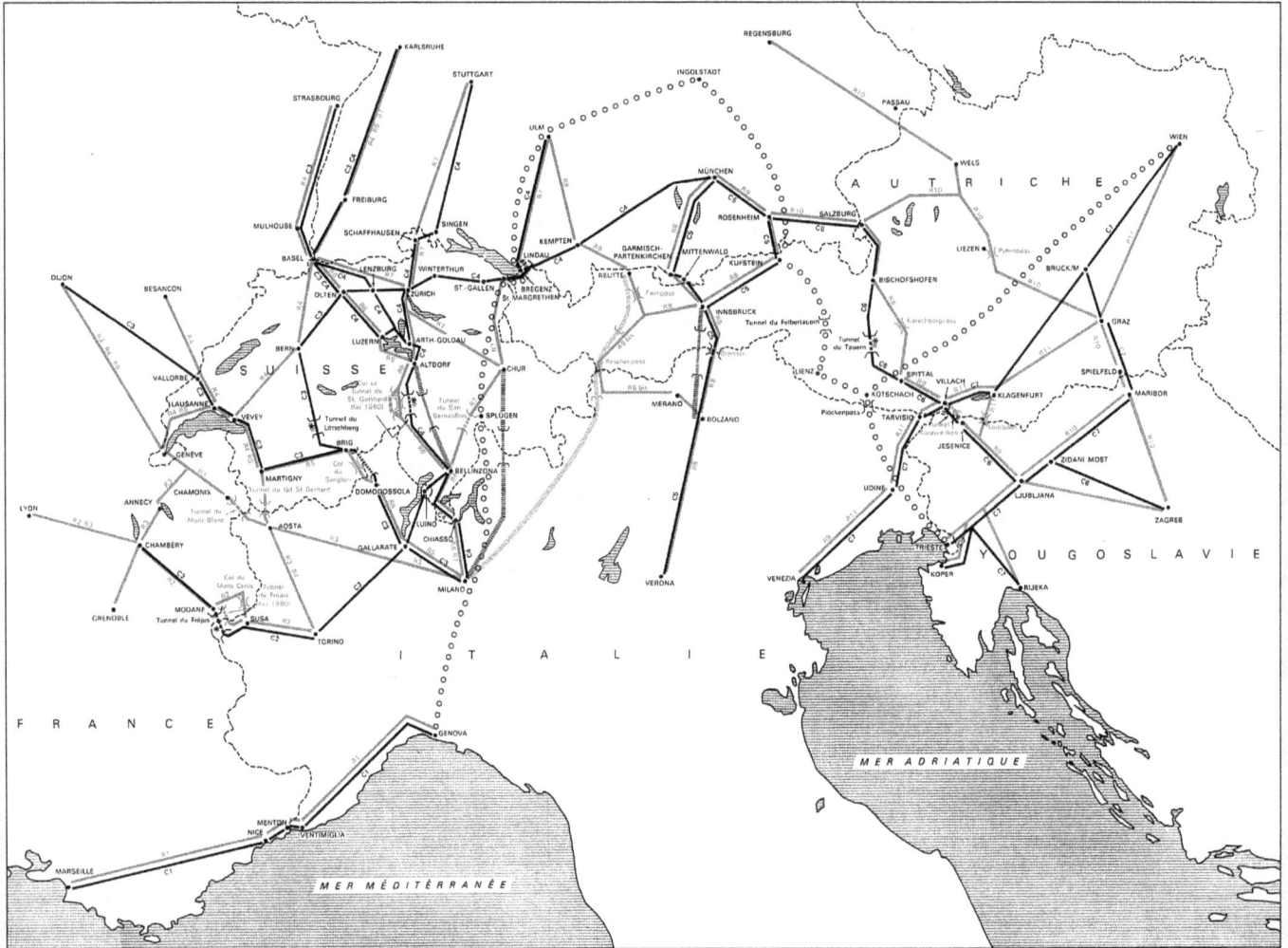

Fig. 20.1

TRAZADO ESQUEMÁTICO DEL TÚNEL DE SAN GOTARDO

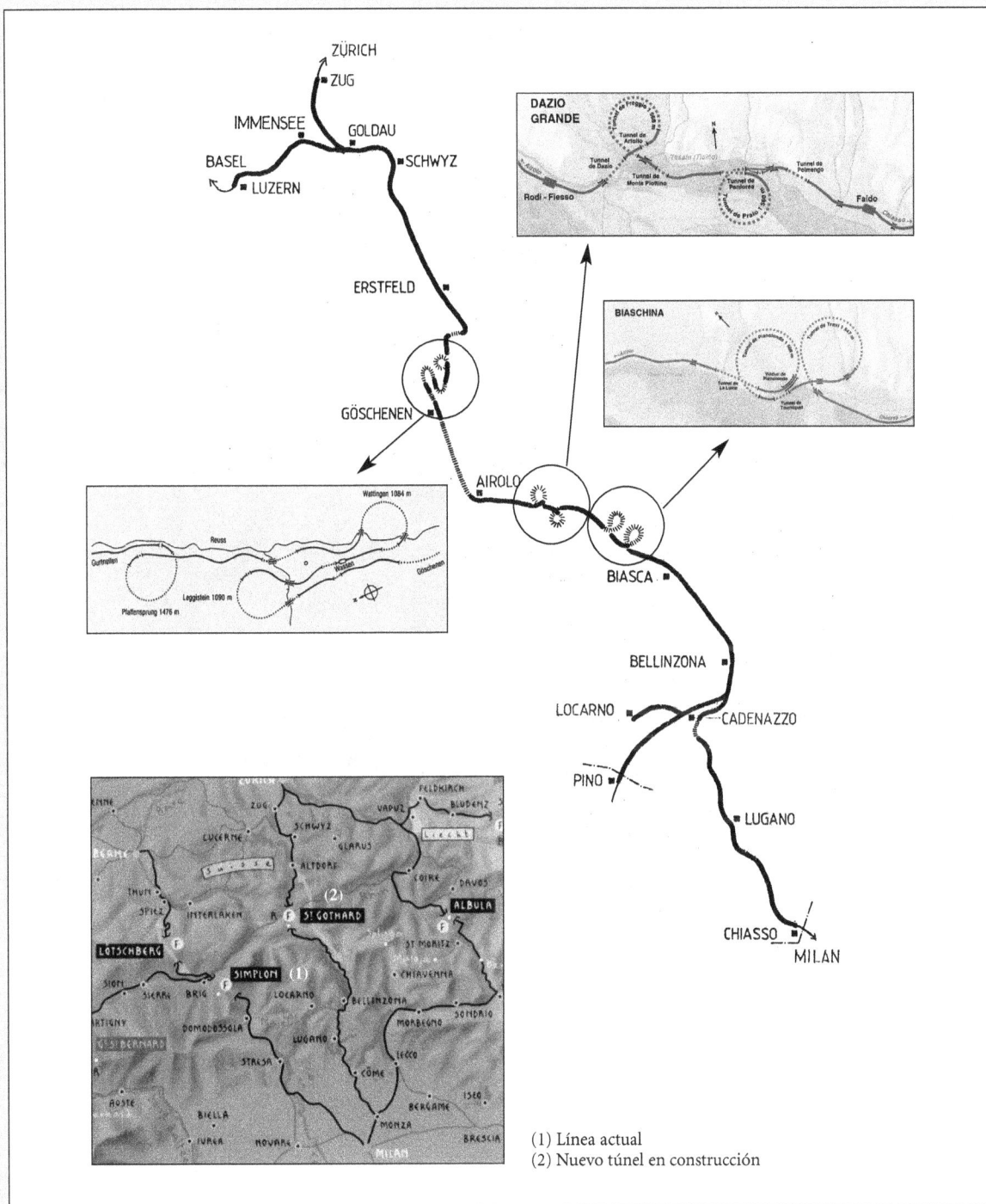

(1) Línea actual
(2) Nuevo túnel en construcción

Fuente: A, López Pita (2004) con datos de diversas fuentes

Fig. 20.2

TÚNELES ARTIFICIALES DE LA LÍNEA LEÓN-GIJÓN

TÚNEL DEL CHORRO (MÁLAGA)

TÚNELES DE GARRAF (BARCELONA)

Fig. 20.3

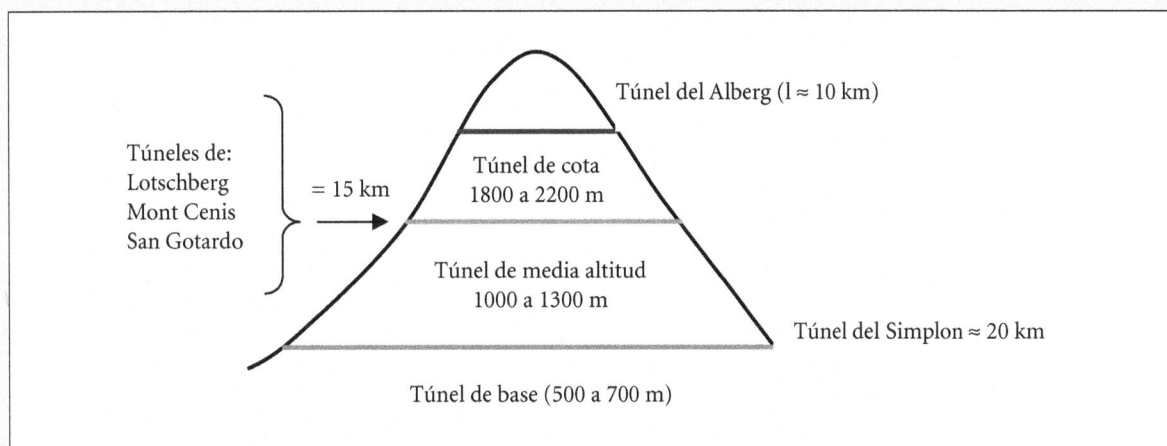

grupo, túneles de media altitud (1.100 a 1.300 m), se encuentran, entre otros, los túneles ferroviarios de Mont-Cenis (1.298 m); Alberg (1.311) ; Löstschberg (1.240), y San Gotardo (1.151 m). Finalmente, en el grupo de los túneles de base se sitúan el Simplón I y el Simplón II, cuyas cotas máximas se encuentran a 700 m (esquema adjunto).

En la figura 20.4 puede apreciarse la influencia que tiene la altitud máxima a la que discurre un túnel respecto a su perfil longitudinal. El trazado de la línea convencional entre Francia e Italia, a través del túnel de Mont-Cenis, presenta rampas máximas de hasta 30 ‰. Por el contrario en el nuevo túnel de base proyectado no se superarán las 8‰. Desde el punto de vista de la explotación ferroviaria el trazado actual no permite remolcar cargas superiores a 650 toneladas en tracción única. Por el contrario, en el nuevo trazado será posible formar trenes de 1.200 toneladas con el consiguiente ahorro en los costes de explotación.

20.3 SECCIÓN TRANSVERSAL

En el momento de construir los túneles de las primeras líneas de ferrocarril, la inexistencia de los medios mecánicos con que hoy día se cuenta para la realización de obras lineales determinó que la sección transversal de los túneles se estableciese en función de las dimensiones de los vehículos que por ellos debían circular. Como orden de magnitud cabe señalar:

20 a 30 m^2 en túneles de vía única

40 a 50 m^2 en túneles de vía doble.

La figura 20.5 permite visualizar el limitado gálibo existente, en ocasiones, entre la sección del túnel y la de los vehículos ferroviarios. La solución en forma de bóveda fue la más habitual (90%) para el conjunto de los túneles. En el interior de los túneles se dispusieron nichos de protección para el personal dedicado a la inspección y conservación de la vía y de las instalaciones (Fig. 20.6). La distancia habitual entre dos nichos consecutivos era de 20 a 25 m, siempre que se ubicasen al mismo lado, o bien, entre 40 a 50 m, si se disponían de forma alternativa a uno y otro lado del túnel. La Subcomisión de Túneles de la UIC estableció a mediados de los años 70 del pasado siglo los siguientes valores de referencia: altura mínima: 1,80 m; anchura de 1 a 2 m, y profundidad de 0,5 a 1,2 m.

20.4 LA VÍA EN UN TÚNEL

En el interior de un túnel la estructura de la vía apenas difiere de la existente a cielo abierto. Por lo que se refiere a la infraestructura, se señala que puede estar formada por el propio terreno natural, tratado o no, o bien por solera de hormigón, con lo que se limitan los efectos sobre la vía de las habituales filtraciones de agua. No es esta, sin embargo, una solución habitual en Alemania, Francia y el Reino Unido, en donde los túneles con solera representan del 10 al 30% del total. Por el contrario, en Austria esa cifra asciende al 50% y en Italia al 70%. En la figura 20.6 se muestran algunas soluciones típicas adoptadas para el establecimiento de la estructura e infraestructura ferroviaria (Cuestión UIC 7k 5a).

Como indicamos en el apartado 12.4, en algunos túneles se colocan bajo el balasto almohadillas elásticas con un coeficiente de

PERFIL LONGITUDINAL DE LA LÍNEA ACTUAL LYON-TURÍN SECCIÓN MONTMELIAN-BUSOLENO

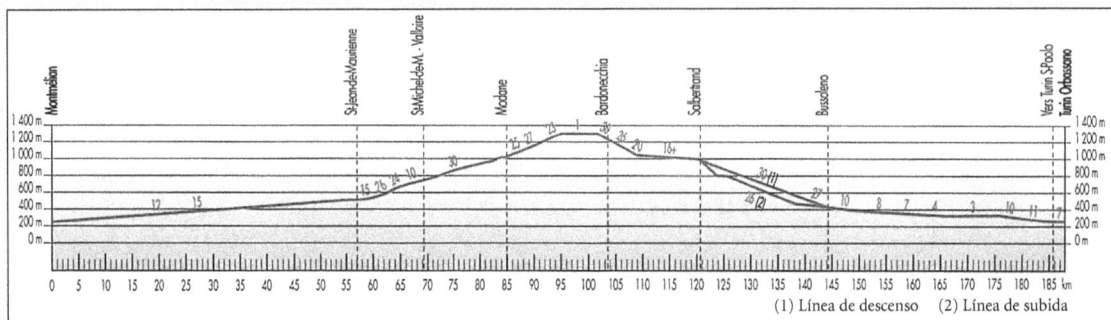

(1) Línea de descenso   (2) Línea de subida

PERFIL LONGITUDINAL DEL NUEVO TÚNEL PROYECTADO BAJO LOS ALPES

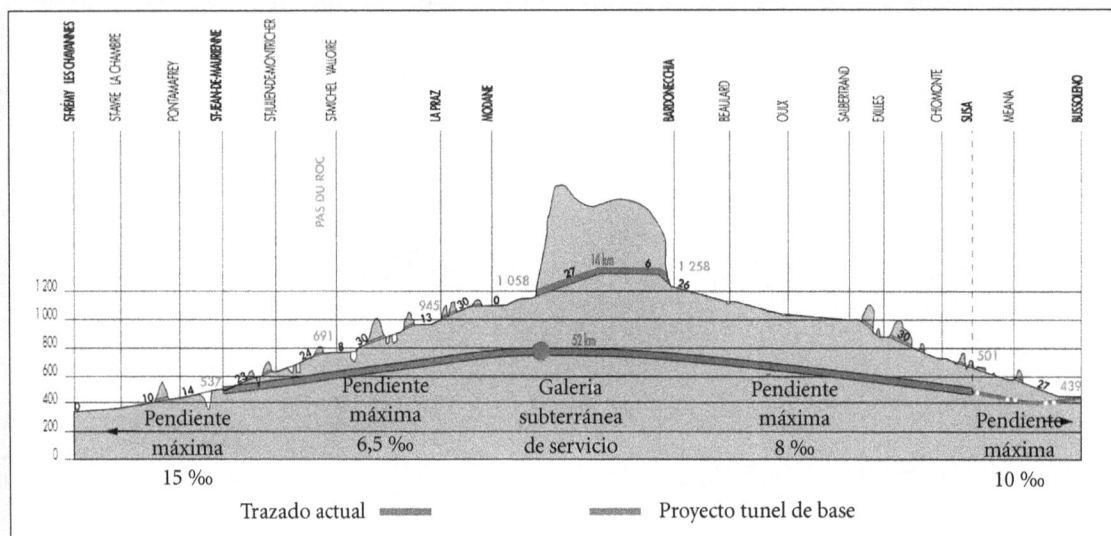

Pendiente máxima 15 ‰ · Pendiente máxima 6,5 ‰ · Galería subterránea de servicio · Pendiente máxima 8 ‰ · Pendiente máxima 10 ‰

Trazado actual ═══   ═══ Proyecto tunel de base

Fuente: Alpetunnel (1998)

Fig. 20.4

SECCIÓN TRANSVERSAL DEL TÚNELES DE FERROCARRIL EN LÍNEAS CONVENCIONALES

a) VÍA ÚNICA

b) VÍA DOBLE

Fuente: SNCF y ETR

Fig. 20.5

ESQUEMA DE DIFERENTES PLATAFORMAS FERROVIARIAS EN TÚNELES

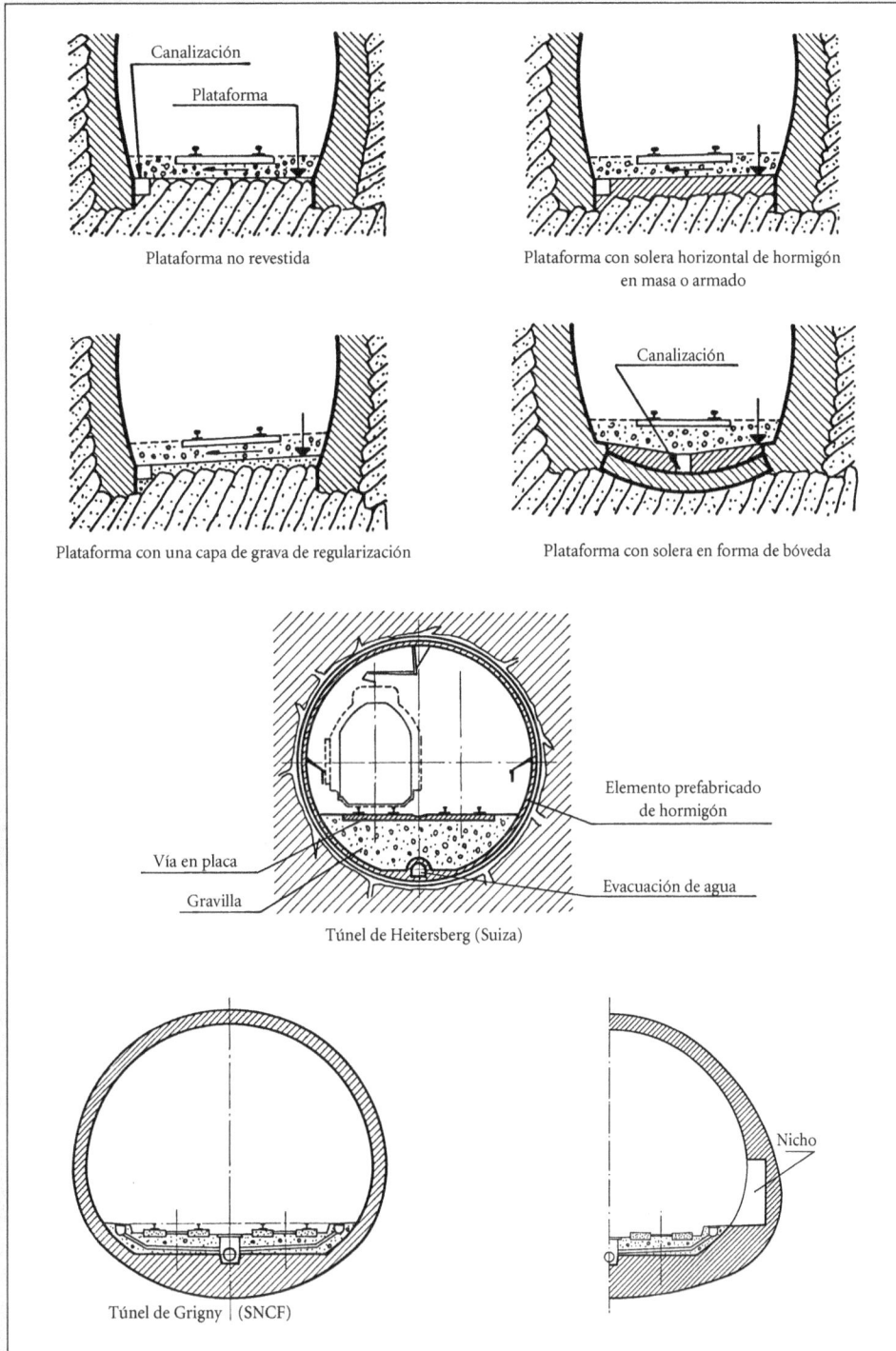

Plataforma no revestida

Plataforma con solera horizontal de hormigón en masa o armado

Plataforma con una capa de grava de regularización

Plataforma con solera en forma de bóveda

Túnel de Heitersberg (Suiza)

Túnel de Grigny (SNCF)

Fuente: UIC y SNCF

Fig. 20.6

Winkler comprendido entre 0,01 y 0,02 N/mm^3 para reducir las emisiones acústicas (Brekke et al. 2005).

La suspensión de la catenaria se realiza habitualmente desde la clave del túnel. La distancia entre los puntos de anclaje oscila entre 25 y 40 metros en túneles en alineación recta, y entre 10 y 30 m en los túneles en curva. Los dispositivos necesarios para la compensación de la catenaria, precisos para distancias superiores a 1.500 m, se sitúan fuera del gálibo normal y en nichos especiales.

20.5 PROBLEMAS EN LOS TÚNELES EXISTENTES

Nos referiremos exclusivamente a la problemática que se deriva para la explotación ferroviaria. Puede afirmarse que la principal dificultad se encuentra en la posible existencia de agua en el interior del túnel por causa de filtraciones en el terreno.

Por otra parte, y como se ha indicado, la sección de los túneles fue realizada con magnitudes bastante estrictas dando lugar a que, en ocasiones, el espesor de la capa de balasto bajo traviesa no superase los 15 a 20 cm. El prematuro deterioro de este material granular por causa de su insuficiente espesor, unido a la existencia de agua, proporciona una estructura pastosa inadecuada para soportar la estructura de la vía, lo que obliga a reducciones de velocidad de las circulaciones.

Un segundo problema se sitúa en el ámbito de la conservación y renovación de las vías que discurren por el interior de los túneles. En el primer caso, el reducido espesor de la capa de balasto impide trabajar satisfactoriamente a las máquinas de bateo de gran rendimiento. Los efectos sobre la salud por el polvo generado son también relevantes. En el segundo caso, los problemas se derivan del poco espacio existente para las maniobras de pórticos, grúas, etc.

20.6 SITUACIÓN ACTUAL Y TENDENCIAS EN LA CONSTRUCCIÓN DE TÚNELES DE FERROCARRIL

En el momento actual y desde hace varias décadas, años 60 en Japón y años 70 en Europa, se asiste a un renacer del binomio del siglo XIX entre el ferrocarril y los túneles. Este hecho se debe, por un lado, al desarrollo de la red europea de alta velocidad, en la que por exigencias geométricas el túnel constituye una parte importante de la mismas, especialmente en orografías accidentadas, y por otro lado, a la saturación de ciertas líneas convencionales que obliga a realizar nuevos trazados. Tal es el caso en Suiza de los nuevos túneles de Lötschberg y San Gotardo. Como referencia, en el cuadro 20.2 se explicitan algunos de los túneles ferroviarios de mayor longitud en proyecto, en fase de construcción o en operación comer-

CUADRO 20.2. PRINCIPALES TÚNELES DE FERROCARRIL (POR SU LONGITUD) EN PROYECTO, CONSTRUCCIÓN O EN EXPLOTACIÓN COMERCIAL

Túnel	País	Longitud (km)	Fecha de inauguración
Seikan	Japon	57	1985
Transalpino	Italia/ Francia	52	> 2010
Canal de la Mancha	Francia/ R. Unido	51,8	1994
San Gotardo	Suiza	57	S.D.
Brenero	Italia/Austria	55	S.D.
Lotschberg	Suiza	34,6	2007
Guadarrama	España	28	S.D.
Simplon I	Suiza	19,8	1906
Simplon II	Suiza	19,8	1923
Apeninos	Italia	18,4	1934
Vereina	Suiza	19	1999
San Gotardo	Suiza	15	1882
Loetschberg	Suiza	14,6	1913
Mont Cenis	Francia/ Italia	13,6	1871

Fuente: Elaboración propia con datos de diversas fuentes

cial. Nótese como el intervalo de variación del citado parámetro se sitúa entre los 15 y los casi 60 km.

En el ámbito europeo, las realizaciones más relevantes por su longitud son:

a) El túnel bajo el Canal de la Mancha, (Fig. 20.7a) inaugurado en 1994 con 51,8 km y con una dimensión análoga al del túnel de Seikan, 53,9 km, construido en Japón y que entró en servicio en 1985. Una diferencia fundamental entre ambos es que el primero dispone de dos túneles en vía única frente a una única sección del túnel japonés (Fig. 20.7b).

b) El nuevo túnel entre Francia e Italia, formando parte de la línea de alta velocidad entre Lyon y Turín, que tendrá una longitud en el entorno de 53 km. Nótese en la figura 20.8 como, insertado en el mismo trazado, se construirán también los túneles de Belledone y de Charteuse, ambos en Francia.

c) Tunel del Brenero. Su realización se inscribe dentro de la modernización del eje Berlín – Nápoles (Fig. 20.9) y tendrá una longitud en torno a 55 km. Se ubicará en la frontera italoaustriaca entre las poblaciones de Innsbruck y Forteza.

d) Los nuevos túneles de Lötschberg y San Gotardo en Suiza. Ambos túneles se encuentran en fase de construcción; la excavación del primero está prácticamente concluida. Tendrá una longitud de 34,6 km y será sensiblemente más corto que el de San Gotardo, con 57 km. Como se aprecia en la figura 20.10,

TÚNEL BAJO EL CANAL DE LA MANCHA

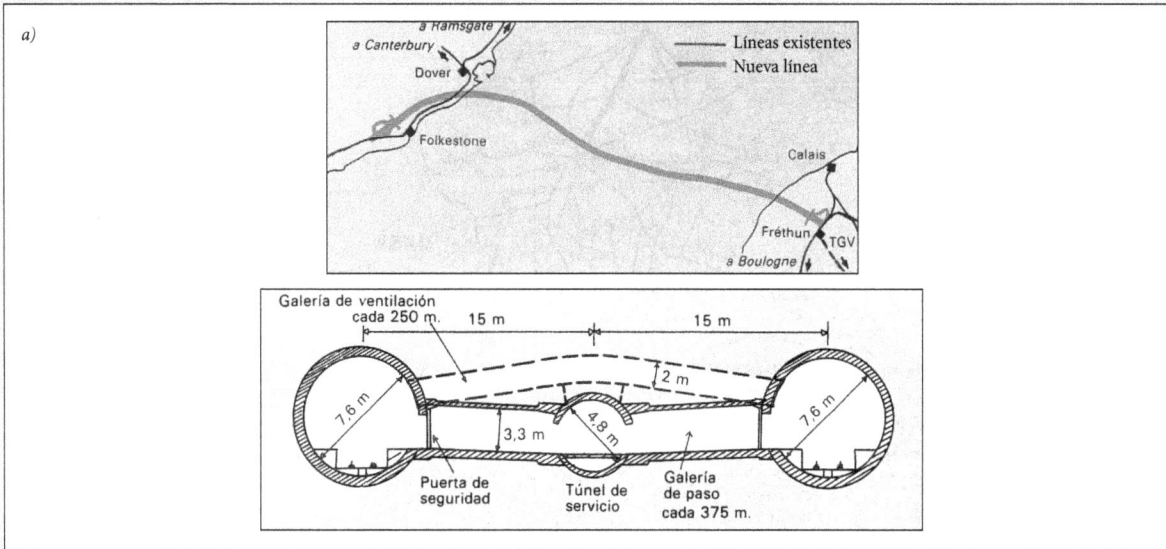

a)

Líneas existentes
Nueva línea

Galería de ventilación cada 250 m. 15 m 15 m

7,6 m

2 m

3,3 m 4,8 m

7,6 m

Puerta de seguridad

Túnel de servicio

Galería de paso cada 375 m.

TÚNEL DE SEIKAN

b)

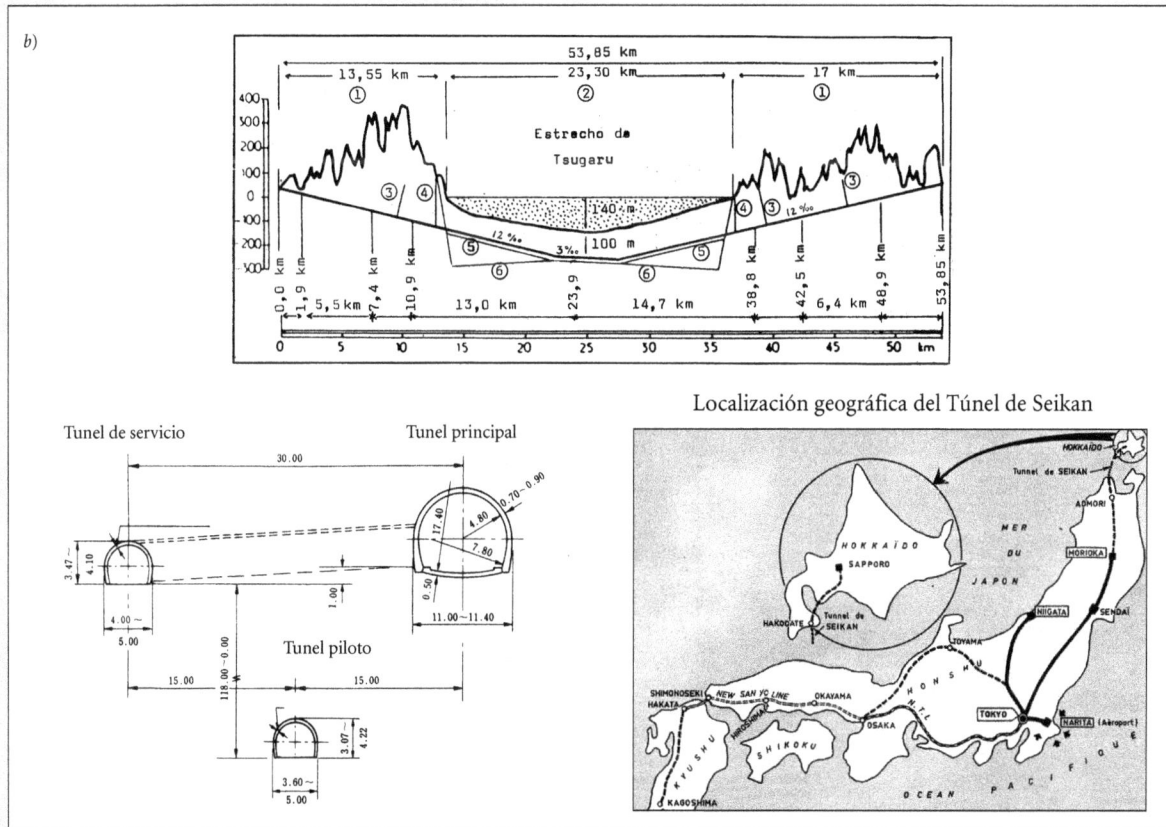

53,85 km

13,55 km ① 23,30 km ② 17 km ①

Estrecho de Tsugaru

Tunel de servicio   Tunel principal

Tunel piloto

Localización geográfica del Túnel de Seikan

Fig. 20.7

NUEVA CONEXIÓN FERROVIARIA LYON-TURÍN

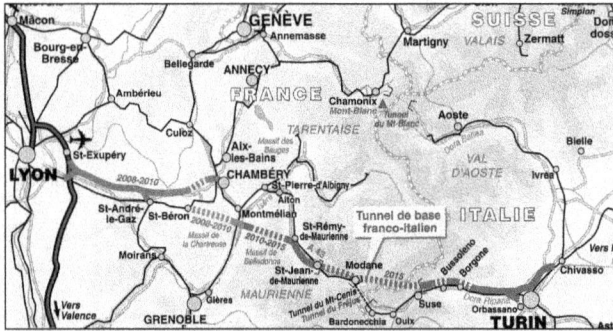

Fuente: La vie du rail · · · Fig. 20.8

NUEVA CONEXION DEL BRENERO

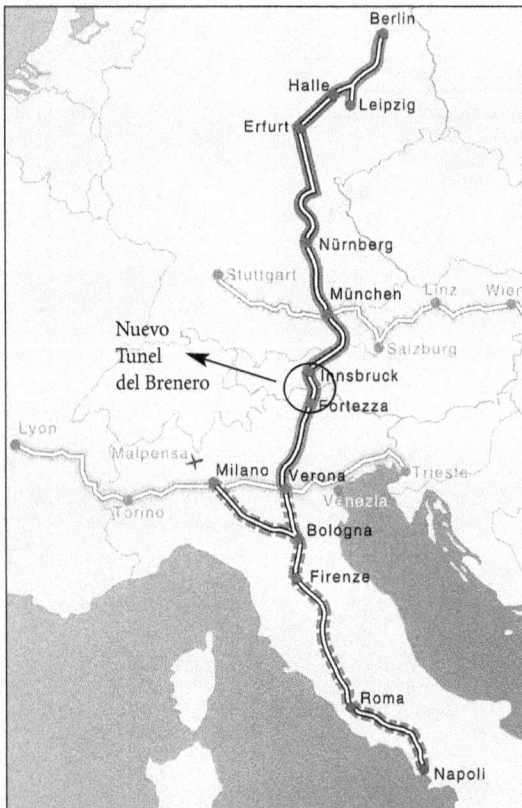

Fuente: RTE-T (Comisión europea) · · · Fig. 20.9

TÚNELES DE BASE DE SAN GOTARDO Y DE LÖTSCHBERG

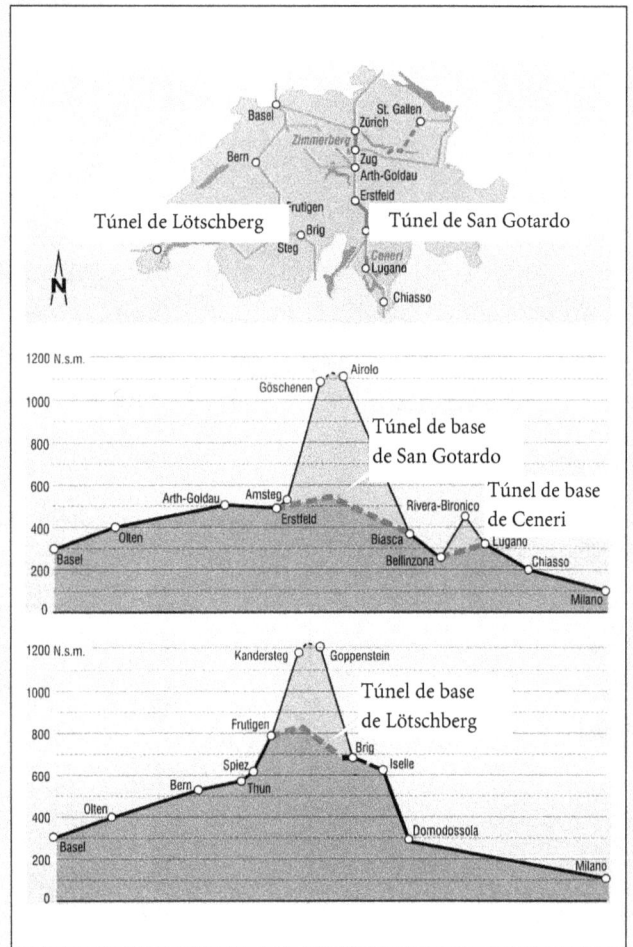

Fuente: CFF/SBB · · · Fig. 20.10

en el itinerario que a través de este túnel enlaza Zurich con Milán se construirán también los túneles de Zimmerberg (11,7 km), próximo a Zurich y de Ceneri (15,6 km) en las proximidades de Lugano.

e) Túnel bajo la Sierra de Guadarrama en España. Forma parte de la nueva línea de alta velocidad entre Madrid y Valladolid. Dispondrá de dos secciones en vía única y tendrá una longitud de 28 km (Fig. 20.11). Su excavación ha sido completada recientemente.

f) Túnel de Pajares. Se trata de un nuevo trazado (Fig. 20.12a) constituido por dos túneles de vía única y longitud total de 24,7 km cada uno. Se superarán de este modo las difíciles condiciones de acceso a Asturias (Fig. 20.12b) que en la sección comprendida entre Busdongo y Puente de los Fierros (43 km por ferrocarril, frente a los 18 km de la carretera) presenta casi 70 túneles.

j) Túnel de Vereina. Se trata de un túnel para la línea que en vía métrica enlaza, en Suiza, las poblaciones de Klosters y Susch. Abierto a la explotación comercial en 1.999 (Fig. 20.13) tiene una longitud de 19 km.

k) Túnel de Furka. Fué inaugurado en 1982 y constituye con sus 15,4 km, el segundo túnel de mayor longitud de vía métrica (Fig. 20.14).

Para un período temporal posterior se contempla la posibilidad de construir el denominado túnel bajo el macizo de Vignemale, que formaría parte de un nuevo enlace central por ferrocarril entre España y Francia. Su longitud superaría previsiblemente los 30 km.

Como se ha indicado, con la construcción de nuevas líneas de ferrocarril la velocidad de circulación de los trenes se ha incrementado notablemente. Se ha pasado de los 200 km/h de velocidad máxima aceptada en algunas de las secciones más desfavorables de los trazados convencionales, a 320 km/h en los nuevos itinerarios. Los criterios de diseño de los túneles han debido modificarse en paralelo, sustituyendo los primitivos: basados en el gálibo del material, por los derivados de los fenómenos aerodinámicos, que adquieren particular importancia con el incremento de la velocidad. Al mismo tiempo, debe tenerse en cuenta la tendencia a construir túneles de longitudes progresivamente crecientes, lo que introduce una variable más al problema de definir la sección transversal del túnel objeto de diseño.

20.7 PRINCIPALES ASPECTOS DE LOS FENÓMENOS AERODINÁMICOS EN TÚNELES DE ALTA VELOCIDAD

El análisis de los problemas aerodinámicos en túneles se remonta a los años 60 del siglo XX, con ocasión de la construcción de la línea de alta velocidad entre Tokio y Osaka. Desde entonces numerosos estudios teóricos y experimentales han sido llevados a cabo, especialmente, por lo que al ámbito europeo se refiere, en Alemania, Reino Unido, Italia, Francia y España. En paralelo diversos Comités del ORE realizaron importantes investigaciones. En lo que sigue nos proponemos sintetizar el estado actual de conocimientos y las consecuencias prácticas que se derivan respecto a la definición de la sección transversal necesaria en un túnel.

20.7.1 Fenómeno físico

Cuando un tren se mueve, desplaza con él un fluido, el aire, que es un medio continuo y deformable. Si el tren circula a velocidad constante, la forma de desplazamiento del aire es independiente del tiempo. Para un observador en el tren, la distribución de las capas de aire no se modifica. Se dice entonces que el fenómeno es *estacionario*. Por el contrario, cuando el tren no circula a velocidad constante, o bien su entorno inmediato se ve modificado por la presencia de un obstáculo cualquiera: otro tren cruzándose, un túnel, etc., entonces la distribución de las capas de aire varía con el tiempo y el fenómeno se dice que es *no estacionario*. Desde esta perspectiva, los fenómenos aerodinámicos que se desarrollan con la llegada de un tren a la entrada de un túnel se corresponden con dos regímenes distintos:

- *Régimen no estacionario del aire*, que se produce como consecuencia de la entrada, de la salida y del cruzamiento de los trenes en el interior del túnel.
- *Régimen estacionario del aire*, ligado a la marcha de los trenes en los túneles.

En relación con este último régimen, resulta intuitivo que un cierto tiempo después de la entrada completa del tren en un túnel muy largo se crea una situación estacionaria, en la cual una onda de sobrepresión precede al tren a lo largo del túnel y una onda de depresión le sigue (Fig. 20.15); la mayor parte del aire se escapa entre el tren y las paredes del túnel bajo la acción de ese gradiente de presión. Este régimen estacionario no ejerce su influencia más que sobre la velocidad del aire a lo largo del túnel en el sentido de la marcha del tren y sobre el suplemento de potencia de tracción necesaria para vencer las fuerzas de rozamiento.

Contrariamente al régimen estacionario, el conocimiento del régimen no estacionario, en razón de su dependencia del tiempo, es más difícil. Teniendo en cuenta las características de compresibilidad y de viscosidad del aire, la sucesión de los fenómenos no estacionarios puede resumirse, de acuerdo con la Subcomisión de Túneles de la UIC (1978), del siguiente modo:

- Cuando la parte anterior del tren entra en el túnel, el aire que se encuentra a la entrada es comprimido. La compresión se pro-

TÚNELES DE GUADARRAMA DE LA LÍNEA DE ALTA VELOCIDAD MADRID-VALLADOLID

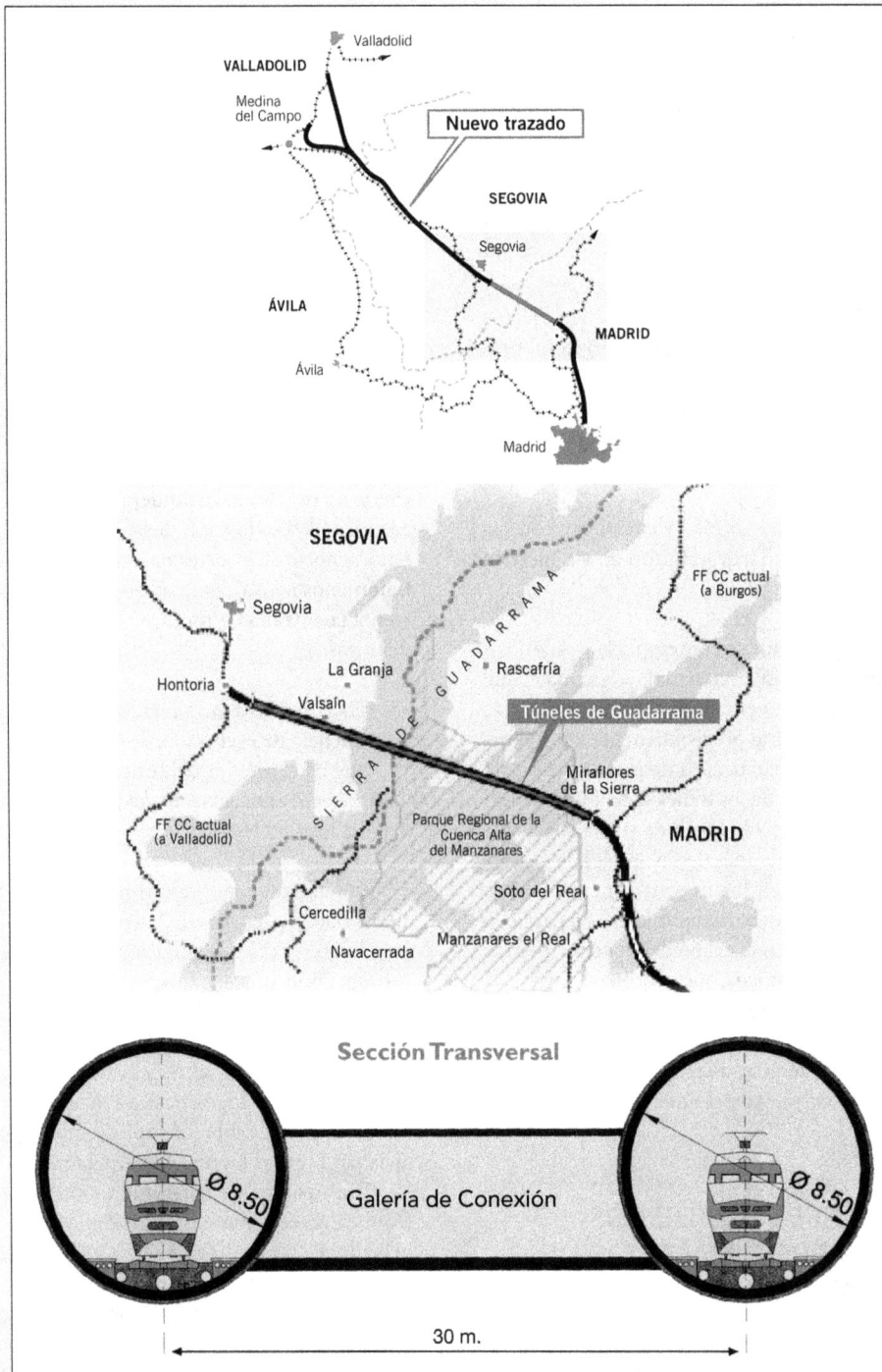

Fig. 20.11

TRAZADO ACTUAL Y VARIANTE DE PAJARES

a)

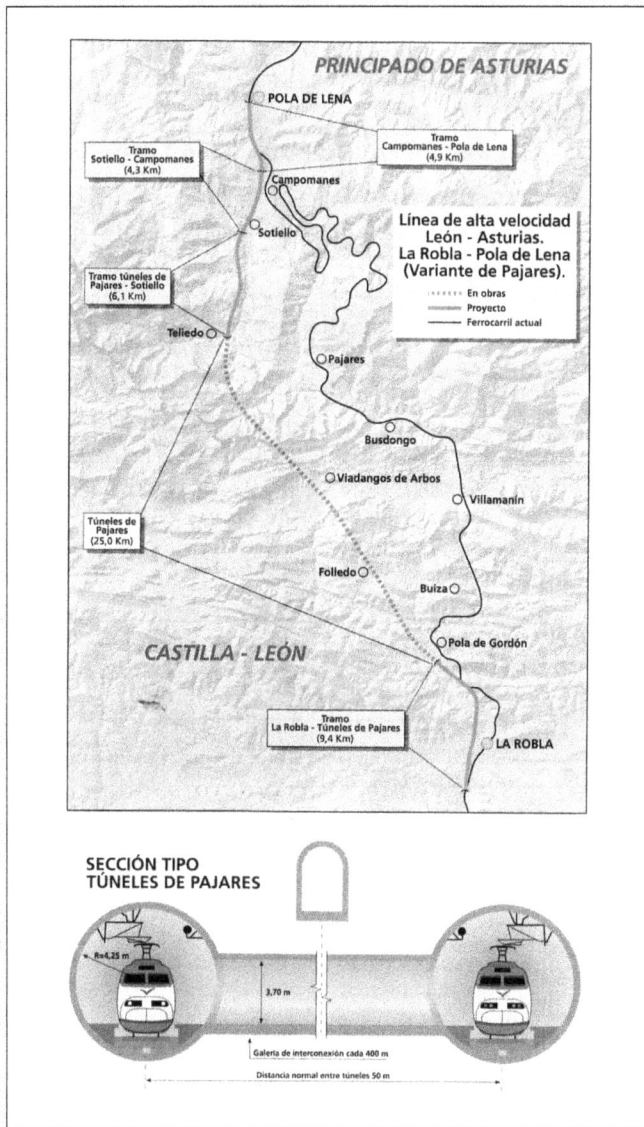

SECCIÓN TIPO TÚNELES DE PAJARES

Fuente: Todays Railways

TRAZADO ACTUAL DE LA LÍNEA DE FERROCARRIL EN PAJARES

b)

Fuente: Cauce

Fuente: J. A. Condón

Fig. 20.12

NUEVO TÚNEL DE GRAN LONGITUD EN VÍA MÉTRICA: LA VEREINA

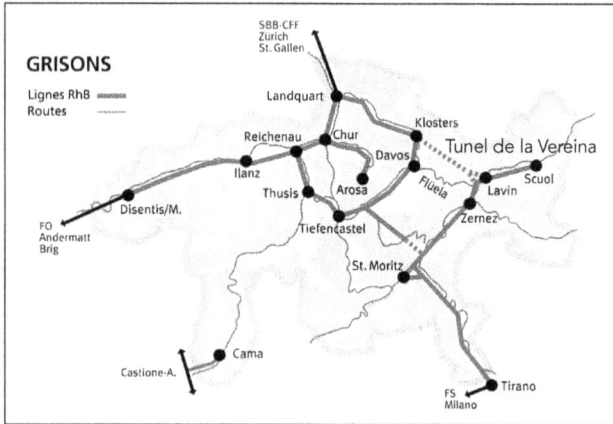

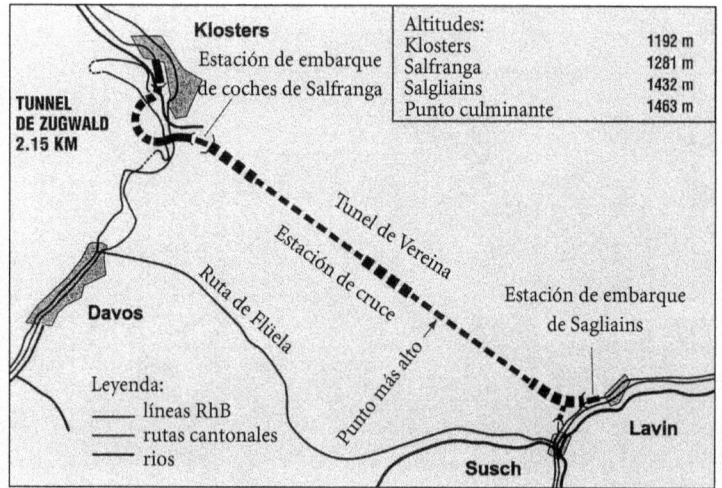

Fuente: P. Zbinden (2002)

Fig. 20.13

NUEVO TÚNEL DE FURKA

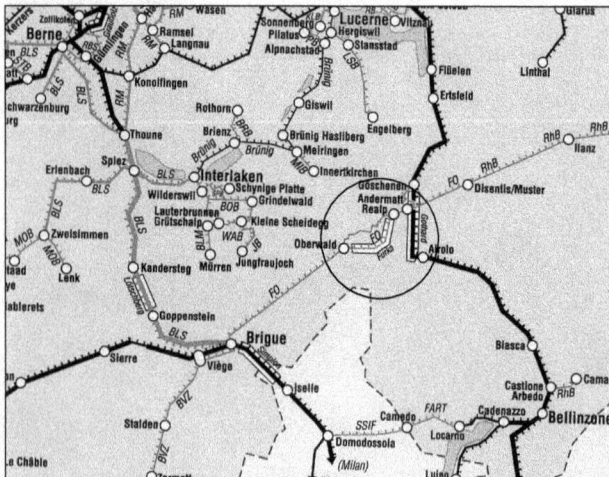

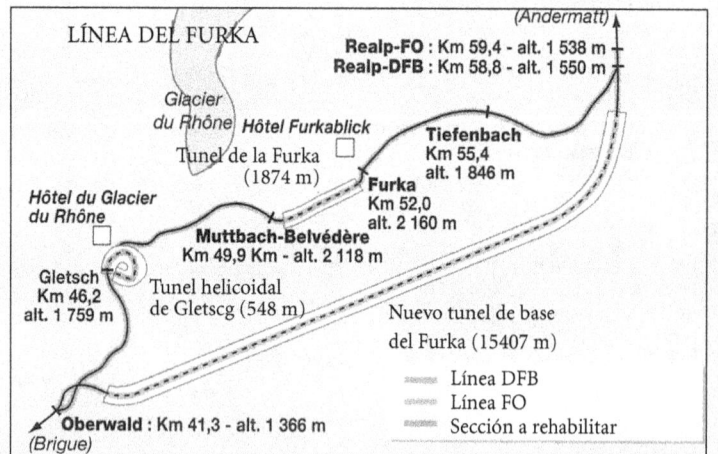

Fuente: Rail Passion (2000)

Fig. 20.14

FENÓMENO FÍSICO DE LA CIRCULACIÓN DE UN TREN EN TÚNEL. MODELIZACIÓN

a) Modelo de análisis de la entrada de un tren en un tunel (Hara, 1968)

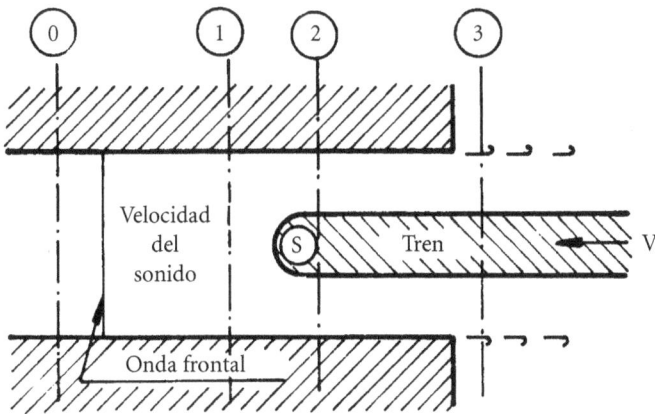

b) Visualización del proceso de variación de presiones en el interior de un túnel

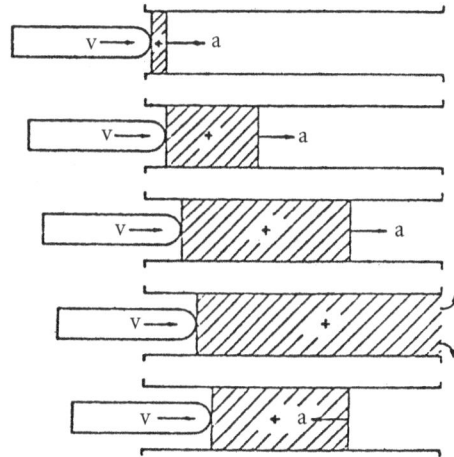

c) Simulación de la entrada de una rama TGV en un túnel

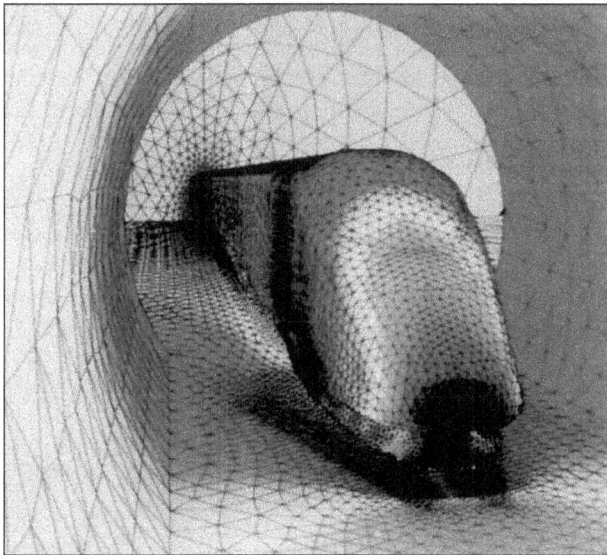

d) Estudio de fenómenos aerodinámicos transitorios

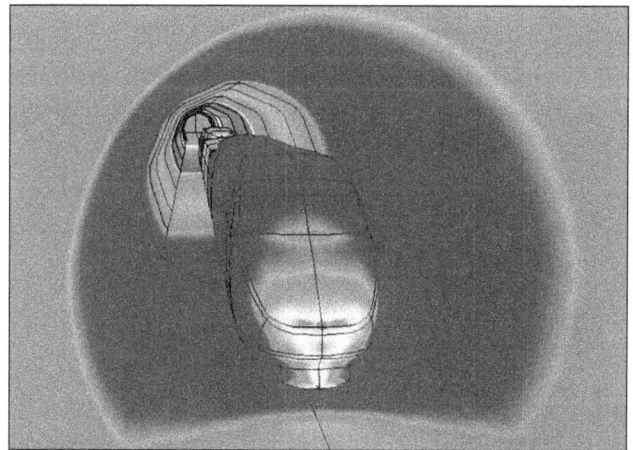

En rojo al fondo del primer túnel la zona de sobrepresión creada por la entrada de la cabeza del tren. En azul, primer plano, la zona de depresión debida a la entrada de la cola del tren.

Fuente: La vie du rail/Alstom

Fig. 20.15

paga como una onda (primaria o fundamental) que se desplaza a lo largo del túnel aproximadamente a la velocidad del sonido (≈340m/seg) (Fig. 20.15b). Al mismo tiempo que el tren entra en el túnel una parte del aire se desplaza de la zona comprimida situada delante del tren hacia el exterior a través del espacio existente entre el tren y el revestimiento del túnel (Fig. 20.15a).

– A medida que el tren entra en el túnel, la longitud del espacio anular (tren-revestimiento) aumenta, con lo que también lo hace la superficie de rozamiento del aire. Como la presión del aire a la entrada del túnel permanece constantemente igual a la presión ambiental, tiene lugar un aumento progresivo de la presión delante del tren (Fig. 20.16a) que alcanzará su nivel máximo en los túneles largos, cuando se produzca la entrada de la cola del tren en el túnel.

– Cuando el tren ha entrado completamente en el túnel, se produce inmediatamente una caída de presión en la parte posterior del tren que se propaga en el espacio anular entre el tren y las paredes del túnel hacia la parte delantera del tren. Al mismo tiempo, la onda primaria de presión que se había producido en el momento de la entrada del tren en el túnel y que se ha desplazado a lo largo de éste aproximadamente a la velocidad del sonido, es reflejada por la extremidad opuesta del túnel en una onda de depresión que vuelve hacia el tren (Fig. 20.16b).

– Si el túnel tiene una longitud tal que esta onda de depresión alcanza al tren en el momento en que llega a él también la caída de presión provocada por la entrada de la cola del tren en el túnel, las dos depresiones se suman, provocando el efecto máximo; la primera onda (primaria o fundamental) es sin embargo mucho más importante que la segunda. Los fenómenos descritos se producen para cada tren que entra en el túnel. Naturalmente, pueden sumarse unos con otros y aumentar sus efectos en los túneles de vía doble cuando tiene lugar el cruce entre trenes (Fig. 20.16c).

Por lo que se refiere a los fenómenos aerodinámicos que tienen lugar cuando dos trenes se cruzan, dos situaciones pueden presentarse comúnmente:

• Que uno de los trenes se encuentre parado.
• Que los dos trenes se encuentren en movimiento.

En ambos casos la curva de presión debida al cruce se caracteriza por una caída brusca de la presión, como la que tiene lugar al paso de un vehículo por un punto fijo, seguida de una caída de presión a causa del rozamiento y, finalmente, de un incremento de presión después del paso de la cola del tren. Cuando un vehículo se encuentra parado, diversas situaciones pueden suponerse, destacando dos de ellas:

1. Que el vehículo detenido se encuentre lejos de la entrada el túnel por donde se acercará el otro tren.

2. Que el vehículo detenido se encuentre cerca de la entrada del túnel, de tal forma que la onda provocada por la entrada del tren A se refleje en el tren B y alcance la cabeza del tren A, antes que la onda provocada por la entrada de la cola del tren A alcance la cabeza de éste.

Los distintos estudios llevados a cabo han puesto de manifiesto que las mayores caídas de presión se producen en la segunda de las situaciones indicadas.

El análisis de los fenómenos físicos expuestos hasta el momento tienen básicamente una doble finalidad:

1. Cuantificar las máximas variaciones de presión que tienen lugar durante la circulación de los vehículos.
2. Determinar el incremento de resistencia al avance que se produce en los vehículos respecto a la que tienen al aire libre.

Con el primer objetivo, se trata de evitar que las citadas variaciones de presión superen el límite admisible por los viajeros. Con la segunda finalidad, prever la potencia necesaria en las composiciones ferroviarias en función de la velocidad prevista para la explotación comercial. En el siguiente apartado abordaremos el problema del confort del viajero.

20.7.2 Limitaciones al incremento de presión

Cuando el tren entra en el túnel a una determinada velocidad, los viajeros pueden sentir molestias en los oídos a causa del incremento de presión que se produce en el interior del tren. Los resultados de una de las primeras medidas realizadas a este respecto fueron publicados por Hara el al. (1968) con ocasión del primer congreso dedicado a la alta velocidad ferroviaria, celebrado en Viena el citado año.

Las medidas tomadas en el Tokaido, con secciones transversales en los túneles en el entorno de 64 m^2, a casi 250 km/h, se muestran en la figura 20.17a. Los citados aumentos de presión se midieron en el interior del primer coche y alcanzaron, como puede observarse, valores superiores a 300 kg/m^2. Por otro lado, la figura 20.17b muestra las variaciones de presión medidas a una cierta distancia de la boca del túnel.

Resulta de interés señalar que los cambios de presión en un tren son bajos respecto a los que se experimentan en un avión civil. En el ferrocarril, en raras ocasiones se superan 4 Kpa, mientras que en los aviones presurizados se constatan frecuentemente valores de 25 Kpa. Es cierto, sin embargo, que las velocidades del cambio de presión sufridas en un tren son más importantes. De una manera general, se miden valores de 20 a 50 Kpa/seg, cifras a comparar con los valores de 0,04 a 0,02 Kpa/seg que tienen lugar en la aviación durante la subida y el descenso de los aviones respectivamente.

PRESIÓN EN LA CABEZA DEL TREN A LO LARGO DE UN TÚNEL

a)

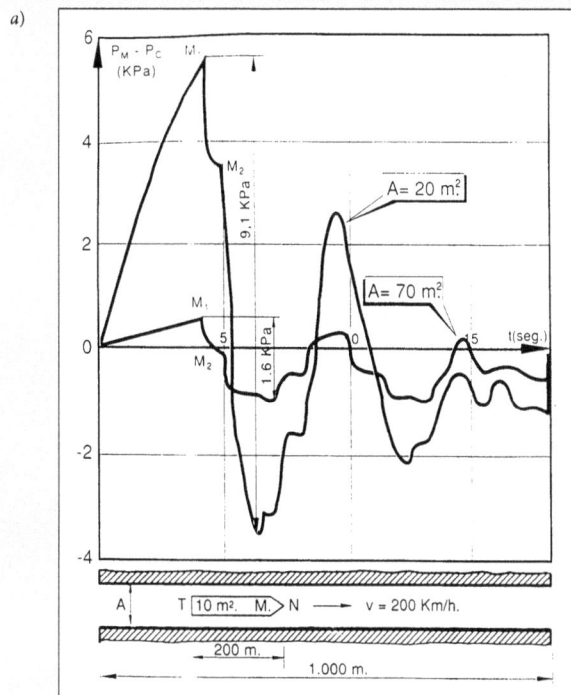

Fuente: E. G. González (1992)

REPRESENTACIÓN DE UNA FUNCIÓN DE ONDA A LO LARGO DE UN TÚNEL

b)

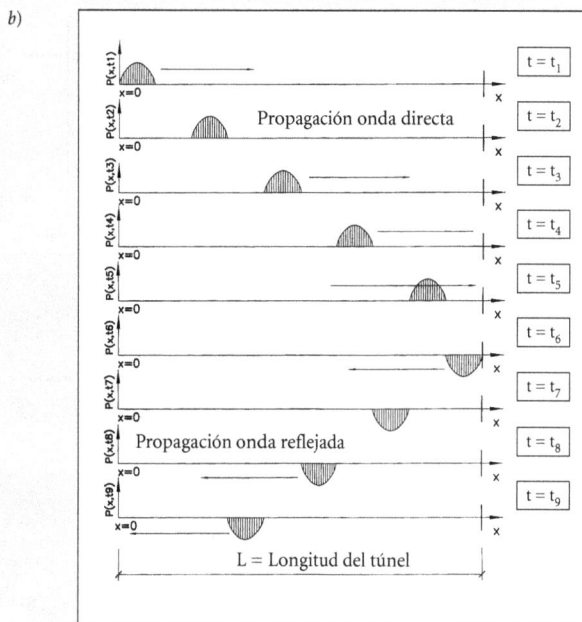

Fuente: R. D'Aprile (2003)

VARIACIONES DE PRESIÓN EN EL CRUCE DE TRENES

c)

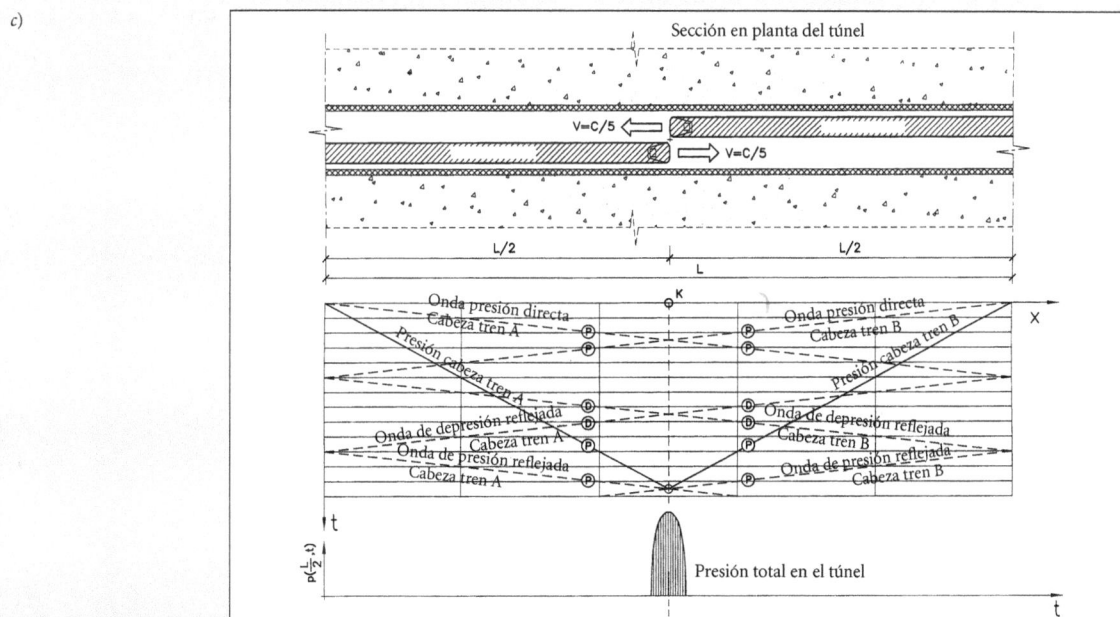

Fuente: R. D'Aprile (2003)

Fig. 20.16

VARIACIONES DE PRESIÓN EN EL INTERIOR DE UN TREN EN LA LÍNEA TOKAIDO

a)

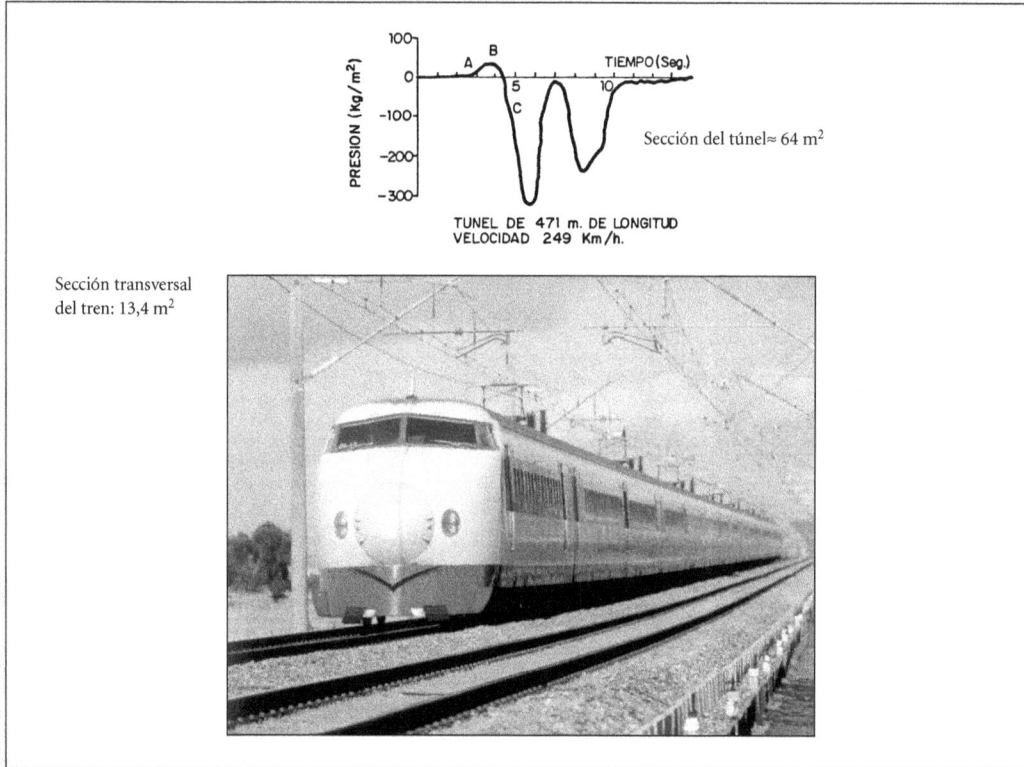

Sección del túnel≈ 64 m²

TUNEL DE 471 m. DE LONGITUD
VELOCIDAD 249 Km/h.

Sección transversal
del tren: 13,4 m²

Fuente: Hara (1968)

VARIACIONES DE PRESIÓN MEDIDAS A 36 METROS DE LA ENTRADA DEL TÚNEL

b)

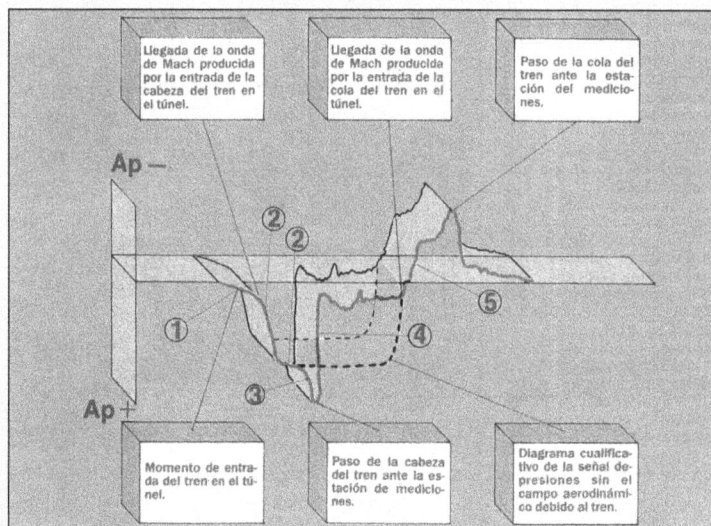

Llegada de la onda de Mach producida por la entrada de la cabeza del tren en el túnel.

Llegada de la onda de Mach producida por la entrada de la cola del tren en el túnel.

Paso de la cola del tren ante la estación del mediciones.

Momento de entrada del tren en el túnel.

Paso de la cabeza del tren ante la estación de mediciones.

Diagrama cualificativo de la señal de presiones sin el campo aerodinámico debido al tren.

Fuente: E. García González

Fig. 20.17

Desde el punto de vista de la sensibilidad del viajero a las variaciones de presión, la UIC estableció, en 1978, según las experiencias de distintas administraciones ferroviarias y las existentes en el ámbito de la aviación, los resultados indicados en el cuadro 20.3. Se comprueba la imposibilidad (o la no conveniencia) de circular a 250 km/h por el interior de túneles de 64 m² de sección transversal con las características de los primeros trenes japoneses de alta velocidad. Trenes cuya sección transversal superaba los 13 m². Se recuerda que durante algunos años y desde su inauguración en 1964, la máxima velocidad autorizada en explotación comercial en la línea del Tokaido fue de 210 km/h, eliminándose, por tanto, los mencionados problemas.

CUADRO 20.3. INFLUENCIA DE LAS VARIACIONES DE PRESIÓN EN LA SENSIBILIDAD DEL OÍDO HUMANO

Sensibilidad del oído	Diferencias de presión en el interior y exterior del oído (kg/m2)
Ligera sensación de obturación de la oreja	40 a 70
Creciente sensación de obturación	70 a 130
Fuerte sensación de obturación y reducida capacidad de percepción	130 a 200
Molestia muy marcada, y ligero dolor	200 a 400

Fuente: UIC (1978)

20.7.3 Principales factores que intervienen en los fenómenos aerodinámicos

A partir de los esquemas de la figura 20.15, se comprende de forma intuitiva, y los análisis teóricos junto a los ensayos experimentales así lo confirman, que los factores que intervienen fundamentalmente en el proceso aerodinámico son los indicados en el cuadro 20.4.

CUADRO 20.4. PRINCIPALES FACTORES QUE INTERVIENEN EN LOS FENÓMENOS AERODINÁMICOS EN EL INTERIOR DE LOS TÚNELES

Relacionados con el	
Tren	Túnel
– Velocidad de circulación	– Sección
– Sección transversal de la cabeza	– Longitud
– Longitud del tren	– Rugosidad de las paredes
– Forma de la cabeza	– Discontinuidad de la sección del túnel
– Forma y rugosidad de la superficie del tren	

En cuanto al primer factor, velocidad de circulación, tanto los estudios teóricos como las experiencias prácticas confirman que su repercusión en el incremento de la presión depende del cuadrado de dicha velocidad. Resulta evidente que las secciones transversales del tren y del túnel se interaccionan mutuamente, de tal forma que usualmente sus efectos se analizan a partir del denominado *coeficiente de bloqueo*; es decir, de la relación existente entre la sección del tren y la sección del túnel.

Para los túneles y los trenes convencionales se tienen valores de 40 a 50 m² (vía doble) y de 12 a 13 m², respectivamente. En ese supuesto, el coeficiente de bloqueo se sitúa en el entorno de 0,25 a 0,30. Para los túneles y los trenes que circulan por líneas de alta velocidad, los respectivos valores son:

a) Primeras líneas de alta velocidad (Tokio – Osaka) (Osaka-Okayama) y (Roma-Florencia): S ≈ 60 a 70 m².
b) Primeros trenes de alta velocidad (JR Serie O y JR serie 100) s ≈ 13,5 m².

En consecuencia, el coeficiente de bloqueo tenía valores comprendidos entre 0,19 y 0,22. La figura 20.18a muestra su influencia en el incremento de presión en el momento de entrar en el túnel. Nótese la acusada repercusión de su magnitud a medida que se incrementa la velocidad de circulación, en particular a partir de 150 km/h. En el cuadro 20.5 se muestran los valores de la sección transversal de algunos trenes de alta velocidad. Debe subrayarse la influencia que dicha magnitud puede tener en el confort espacial ofrecido a los viajeros. La figura 20.18b proporciona una imagen bastante ilustrativa de la repercusión, a igualdad de sección transversal de túnel, de la sección transversal del tren: Hikari y TGV 001.

20.7.4 Incremento de las resistencias al avance

En general, el confort del viajero es el parámetro que condiciona la definición de la sección transversal de los túneles. Sin embargo, un factor que es preciso considerar, dada su importancia en la potencia necesaria para hacer posible la circulación ferroviaria, es el incremento de resistencia al avance que se origina en el interior del túnel. Es en relación con este aspecto que a continuación se analiza la influencia del resto de factores indicados en el cuadro 20.4.

La resistencia al avance de un vehículo puede ser cuantificada como suma de las debidas a la superficie frontal del vehículo y de la correspondiente al rozamiento del aire sobre las paredes del mismo. Con respecto a esta última variable, los estudios realizados con ocasión de la construcción del nuevo Tokaido permitieron a Kawaguchi (1961) mostrar que para coeficientes de bloqueo del orden de 0,3 y longitudes de tren de 200 m, el esfuerzo de rozamiento era aproximadamente el doble que el correspondiente a cielo abierto.

VARIACIÓN DE PRESIÓN DELANTE DEL TREN CON LA VELOCIDAD DE CIRCULACIÓN Y DEL COEFICIENTE DE BLOQUEO

a)

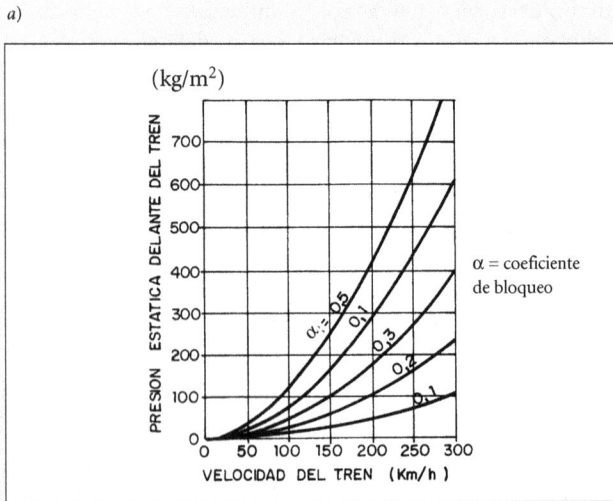

Fuente: Hara et al. (1968)

SECCIÓN TRANSVERSAL COMPARADA DEL HIKARI Y DEL TGV

b)

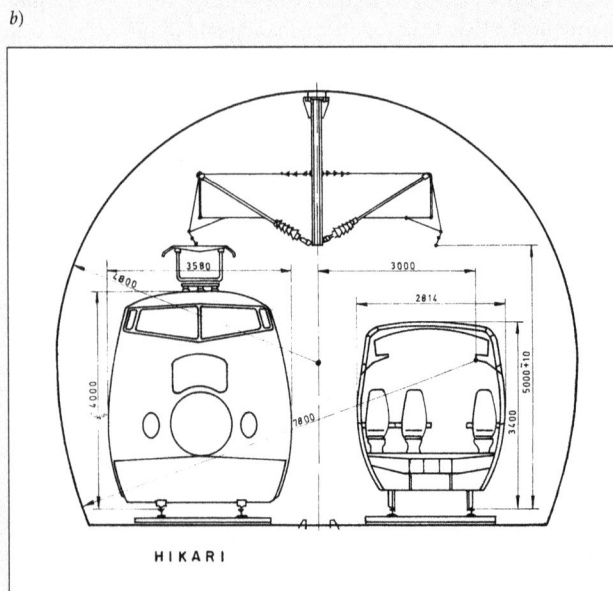

Fuente: F. Oliveros (1975)

Fig. 20.18

CUADRO 20.5. ÓRDENES DE MAGNITUD DE LA SECCIÓN TRANSVERSAL DE ALGUNAS RAMAS DE ALTA VELOCIDAD

Rama (año)		Sección transversal (m²)	Velocidad máxima circulación (km/h)
JR Serie 0	(1964)	13,43	220
JR Serie 100	(1986)	13,51	230
JR Serie 300	(1992)	12,33	270
JR Serie 500	(1997)	12,47	300
JR Serie 700	(1999)	12,33	300
TGV Sud-Est	(1981)	9,65	270
ICE (1ª Gen.)	(1991)	11,78	280
ETR 500	(1996)	12,08	300
TGV-Atlántico	(1989)	10,10	300
TGV-Duplex	(1994)	10,91	300

Fuente: A. López Pita (1999) con datos de diversas fuentes

Es intuitivo que la rugosidad del revestimiento del túnel también debe jugar un cierto papel en el incremento de la resistencia al avance. En la figura 20.19 se muestra la repercusión de este factor para tres situaciones de revestimiento: roca aflorante (rugosidad 50 mm), mampostería (10 mm), hormigón liso (1 mm) y en función del coeficiente de bloqueo. Como resultado práctico de estas investigaciones cabe señalar que, para túneles de alta velocidad, se ha establecido el criterio de revestirlos con independencia de la necesidad estructural existente.

En cuanto a la repercusión de la longitud del túnel en la resistencia al avance, los estudios efectuados por Gakhenholz y por Voss, entre otros, permitieron disponer de un cierto orden de magnitud. Así, en la figura 20.20 se muestra el efecto combinado del coeficiente de bloqueo y de la longitud del túnel en el incremento de resistencia al avance respecto a la circulación al aire libre. Nótese que en la década de los años 70, en Europa, no se preveían túneles con longitudes superiores a 10 km en las líneas de alta velocidad. Las dimensiones máximas se situaban en torno a 5 a 6 km.

Finalmente, en cuanto a la resistencia total en el interior del túnel, Gackenholz (1974) ya señaló (Fig. 20.21) que para las secciones habituales de los túneles en líneas de alta velocidad en aquel momento temporal (60 a 70 m²) (Fig. 20.22), la resistencia en el interior del túnel se duplicaba, aproximadamente, con relación a la existente a cielo abierto.

20.7.5 El confort de los viajeros

Al analizar en el capítulo 9, la circulación de un vehículo en curva, se expuso que desde el punto de vista del viajero era necesario limitar el valor máximo de la aceleración sin compensar por él recibida como consecuencia de la acción de la fuerza centrífuga, y también la variación de la citada aceleración con respecto al tiempo. La entrada de un tren en el interior de un túnel presenta un cierto paralelismo con la situación descrita anteriormente. Resulta, por tanto, preciso establecer un límite al incremento de presión asociado a dicha entrada, y a la variación en el tiempo de este incremento.

El problema fue bien conocido desde las primeras circulaciones a alta velocidad en Japón. De tal modo que en 1966, Oka estableció el gráfico de la figura 20.23 que relacionaba el incremento de presión con su variación en el tiempo. Esta relación se tradujo, en la práctica, en las siguientes restricciones para las líneas Shinkansen:

$$\Delta p = 1000 \text{ Pa}$$

$$d\Delta p/dt = 200 \text{ Pa/seg}$$
(pudiendo aceptarse como límite superior 300 Pa/seg).

En este ámbito, resulta de interés situar el criterio japonés en el marco del establecido por los ferrocarriles alemanes y por Airbus (Fig. 20.24).

Con posterioridad, en 1978, la UIC estableció los siguientes criterios de referencia para el confort del viajero:

$$\Delta p \leq 3000 \text{ N/m}^2 \quad (1\text{Pa} = 1 \text{ N/m}^2)$$
$$d\Delta p/dt = 200 \text{ N/m}^2/\text{seg}$$

Los citados criterios estuvieron basados en los ensayos llevados a cabo por distintos comités de expertos, y en particular en el Centro de Investigación de Derby de los ferrocarriles británicos, en el período 1971-1976. De los referidos trabajos pueden sintetizarse las siguientes ideas:

1. El incremento de presión a partir del cual se produce una situación de incomodidad en el viajero se fijaba en 3 Kpa en un período de 3 seg.
2. Los efectos fisiológicos de los incrementos de presión en el ser humano correspondían al criterio indicado en el cuadro 20.6.

CUADRO 20.6. EFECTOS FISIOLÓGICOS DEL INCREMENTO DE PRESIÓN EN EL SER HUMANO

Incrementos transitorios de presión (Kpa)	Efecto fisiológico
2	Tolerable
3	Inicio del inconfort
4	Inconfort marcado
5	Límite superior del inconfort y comienzo del dolor
8	Dolor importante
> 9	Dolor intenso
>13	Posibilidad de ruptura del timpano
> 26	Cuasi certitud de rotura del timpano

Fuente: Ferrocarriles británicos (1973)

A medida que los servicios de alta velocidad por ferrocarril fueron operativos, la explotación comercial de los mismos puso de relieve la existencia de nuevos condicionantes. En efecto, la observación de la figura 20.25 permite comprobar la sucesión de túneles con los que el viajero se encuentra durante su recorrido por las líneas de alta velocidad Hannover – Würzburg y Roma – Florencia.

Se comprueba que con la velocidad normal de explotación de ambas líneas (250 km/h) el tiempo que el viajero pasa en los túneles alemanes alcanza los siguientes valores:

- Hannover – Gottingen : 2,61 minutos (8,55 % del tiempo total)
- Gottingen – Kaseel : 5,51 minutos (33,51%)
- Kassel – Fulda: 11,94 minutos (46,39%)
- Fulda – Würzburg: 9,93 minutos (37,60%)

INFLUENCIA DE LA RUGOSIDAD DEL REVESTIMIENTO DEL TÚNEL EN LA RESISTENCIA AL AVANCE

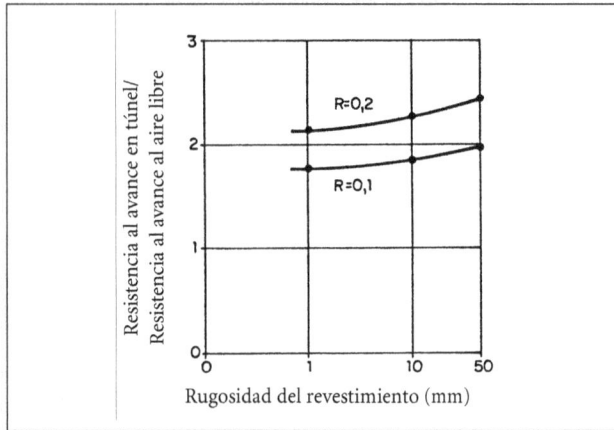

Fig. 20.19

RESISTENCIA AL AVANCE. INFLUENCIA DE LA LONGITUD DEL TÚNEL

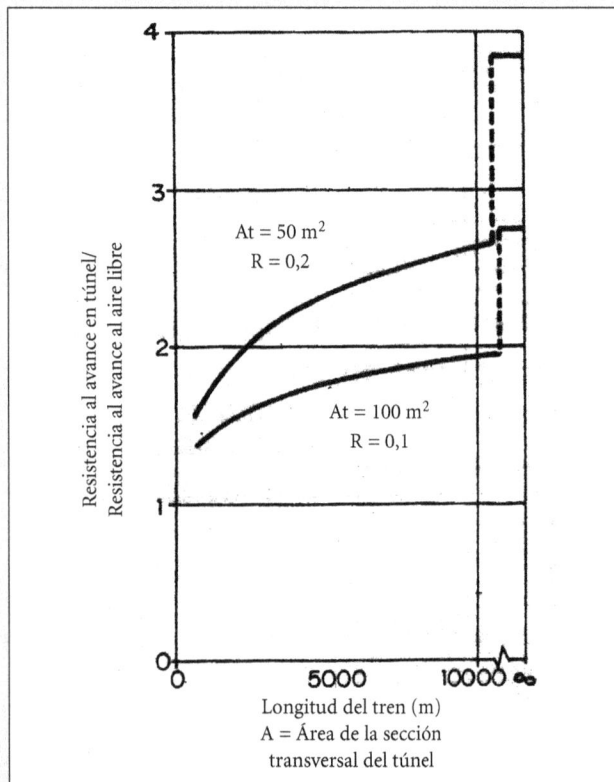

Fig. 20.20

INFLUENCIA DEL ÁREA DE LA SECCIÓN TRANSVERSAL

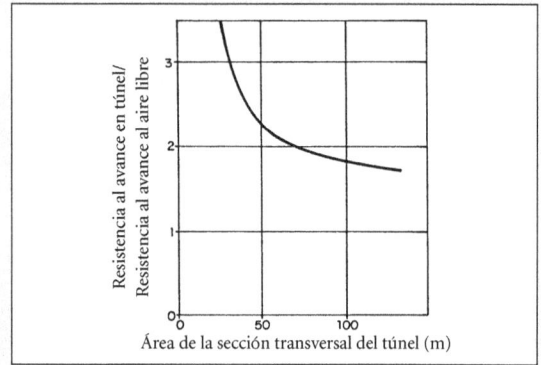

Fig. 20.21

LÍNEA DE ALTA VELOCIDAD ROMA-FLORENCIA. SECCIÓN TIPO DE VÍA EN TÚNEL .SECCIÓN ÚTIL 60M²

a)

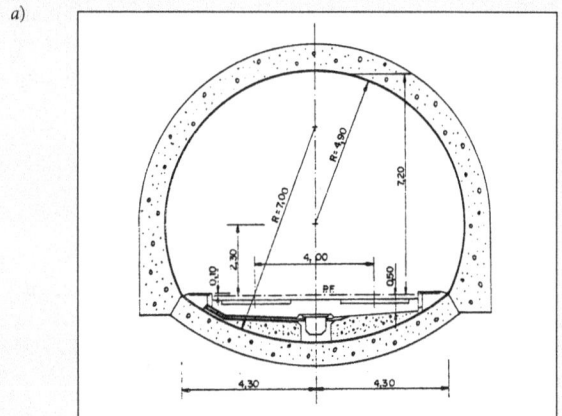

SECCIÓN TRANSVERSAL DE LOS TÚNELES DE LA LÍNEA TGV-ATLÁNTICO

b)

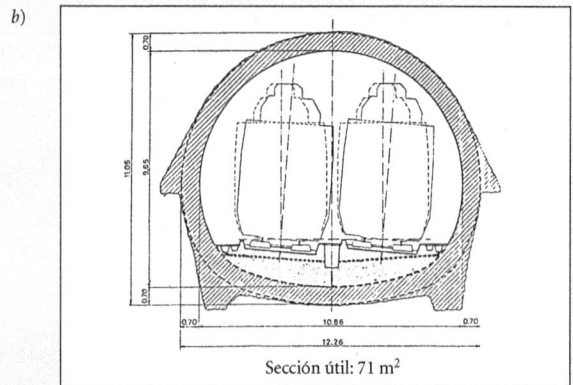

Sección útil: 71 m²

Fig. 20.22

CRITERIO DE CONFORT FRENTE A VARIACIONES DE PRESIÓN EN EL TÚNEL

a)

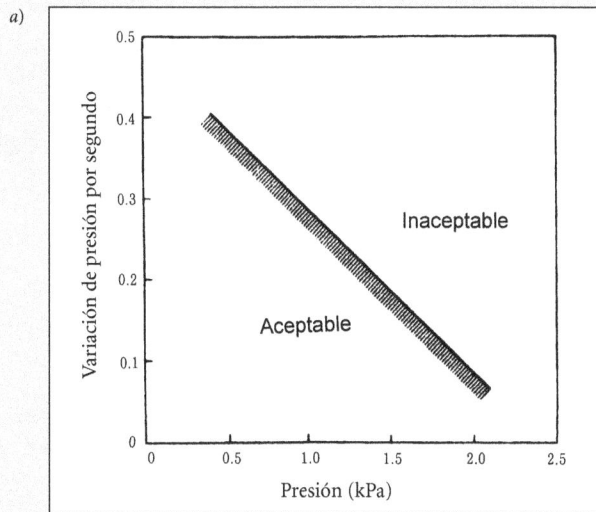

b)

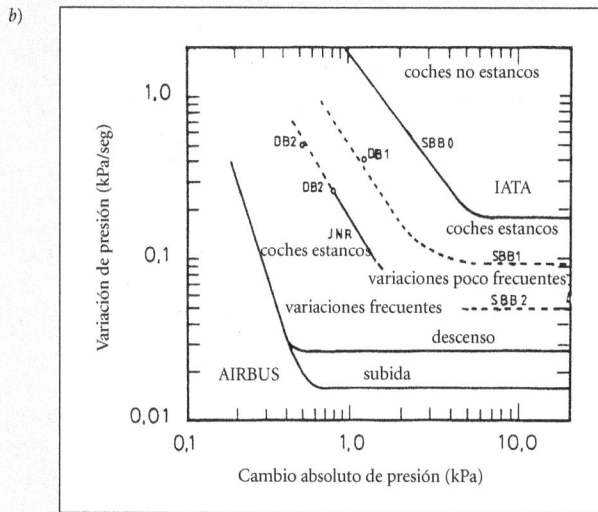

Fuente: OKA, et al. (1966) *Fig. 20.23*

Fuente: Tomado de A. Vardy (1991) *Fig. 20.24*

TIEMPO QUE LOS VIAJEROS PASAN EN EL INTERIOR DE TÚNELES EN LAS LÍNEAS DE ALTA VELOCIDAD HANNOVER-WÜRZBURG Y ROMA-FLORENCIA, CIRCULANDO A 250 KM/H

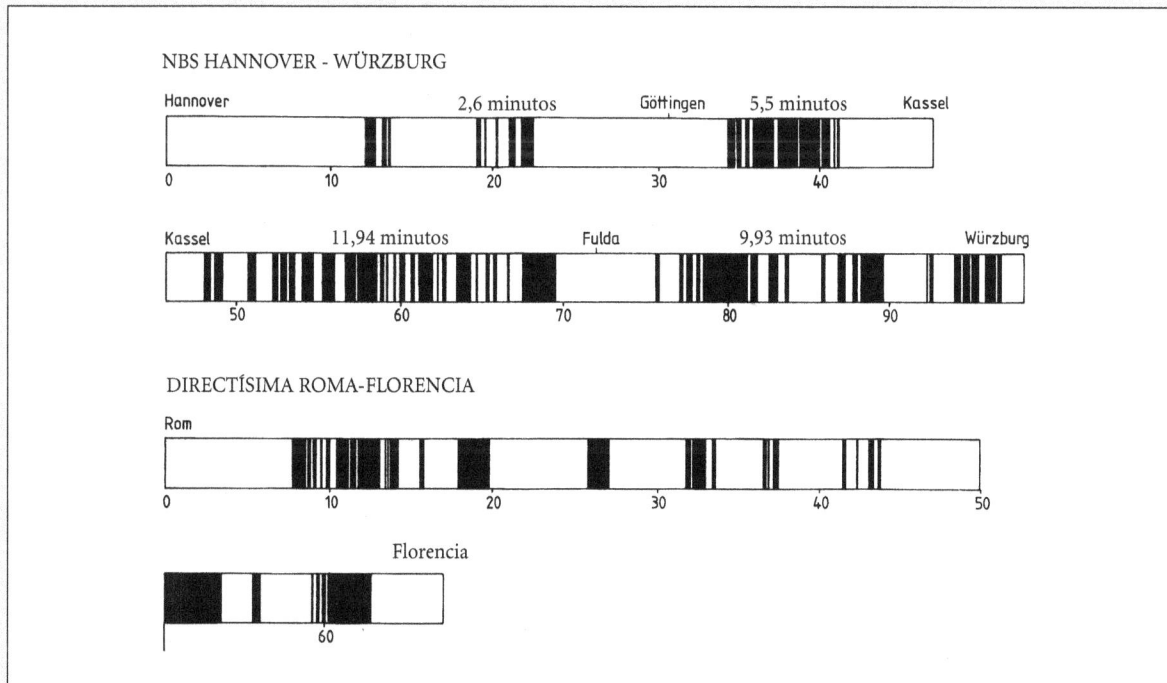

Fuente: H. Glöckle (1985) *Fig. 20.25*

En consecuencia, en 1984 se llevaron a cabo en Francia ensayos destinados a determinar, desde el punto de vista del confort, la tolerancia humana a las variaciones bruscas y repetidas de presión con que puede encontrarse un viajero. En este contexto, las experiencias realizadas consistieron en aplicar variaciones de presión de 500 a 6000 Pa, cada 2 a 4 minutos durante 2 horas; variaciones de presión de 500 a 800 Pa cada 5 a 20 segundos durante un período de tiempo de 40 minutos.

Las conclusiones obtenidas pusieron de relieve la dificultad de establecer, desde el punto de vista del confort, y para variaciones aisladas o repetidas de presión, una escala de las sensaciones fisiológicas producidas por las variaciones de presión en el interior de los túneles cuando se circula a alta velocidad. Con todo, apareció una diferencia significativa entre la percepción de variaciones de presión inferiores a 3000 Pa y las situadas entre 4000 y 6000 Pa.

Estos resultados, unidos a los obtenidos mediante medidas en la línea Roma – Florencia y en el túnel de Monte Perrazo en Italia, entre otros, condujeron al Comité C-149 del ORE a señalar en 1985 que si bien la escala de sensaciones adoptada por los ferrocarriles británicos en 1973 (ver cuadro 20.6) parecía en su tiempo una forma válida para definir el confort de los viajeros de los trenes de alta velocidad en los túneles, doce años después la citada escala podría considerarse demasiado restrictiva.

Los trabajos realizados en los años siguientes condujeron a Gawthorpe (1994) a establecer un criterio de limitación del incremento de presiones basado en el porcentaje del recorrido que discurriese en túnel (Cuadro 20.7).

Por otra parte, casi al mismo tiempo, la UIC establecía la primera edición de la ficha 778-11 (1995), cuyo objeto era determinar el área de la sección transversal de los túneles de ferrocarril a partir de un enfoque aerodinámico. El intervalo de velocidades considerado por la citada ficha fue el siguiente:

• Trenes modernos de tipo convencional:
180 – 220 km/h

• Trenes de alta velocidad carenados:
200 – 350 km/h

Como reflexión preliminar, en relación con el criterio de confort del viajero a las variaciones de presión, la ficha UIC señalaba que:

a) No existía un criterio de confort a la presión universalmente reconocido como válido para la explotación ferroviaria.
b) De acuerdo con criterios médicos, existía un amplio margen entre el límite fijado por criterio de confort y el límite a que obligaría la protección de la salud de las personas.

En cuanto al primer aspecto, en el cuadro 20.8 hemos sintetizado los criterios utilizados por cada administración ferroviaria en ese momento temporal (1995). Criterios que se traducían en una limitación de la variación total de la presión durante un cierto período de tiempo, o bien, en una limitación de la velocidad de variación de la presión.

Es de interés explicitar la filosofía de los ferrocarriles británicos en relación con las diferentes situaciones que podían darse en la explotación comercial. De acuerdo con Schultz et al. (1991) cabía diferenciar:

A) Servicios convencionales *intercity* y servicios regionales discurriendo por líneas en las que el viajero podía encontrar hasta 4 túneles por hora. Es decir, menos del 10% de la longitud del recorrido.
B) Servicios *intercity* sobre líneas con un número importante de túneles (por ejemplo, del orden del 30% de la longitud del recorrido).
C) Servicios urbanos rápidos con numerosas paradas en estaciones y numerosas secciones en túnel.

Entre los grupos A y B la diferencia se encontraba únicamente en el número de túneles o en la longitud en túnel respecto al total del recorrido. El número necesariamente elevado de fenómenos transitorios de variaciones de presión en el caso B generaba una mayor incomodidad y, por tanto, resultaba necesario limitar más las citadas variaciones de presión. De forma numérica, la ficha UIC 779-11 estableció los siguientes criterios de referencia:

CUADRO 20.7. CRITERIO DE LOS FERROCARRILES BRITÁNICOS SOBRE LOS LÍMITES ACEPTABLES PARA LOS CAMBIOS DE PRESIÓN (GAWTHORPE, 1994)

Tipo de viaje	Criterio de limitación de la presión	
	Extremo	Normal
< 10% de la longitud en túnel (material no estanco)	4 kPa/seg	2,5 kPa/4seg
> 25% de la longitud en túnel (material no estanco)	3 kPa/4seg	2 kPa/4seg
> 25% de la longitud en túnel (material estanco)	1,25 kPa/4seg	0,8 kPa/4 seg

CUADRO 20.8. CRITERIOS DE CONFORT EN MATERIA DE PRESIÓN DURANTE LA CIRCULACIÓN DE TRENES EN TÚNELES

A	$\Delta p =$: 1000 Pa (sin indicación de tiempo)
SHINKANSEN	$\frac{d\Delta p}{dt} = 200$ Pa/seg (límite aceptable 300 a 400 Pa/seg)
	V = 210 a 270 km/h Material estanco Túneles doble vía
B	**ANTES DE 1986**
BR	$\Delta p =$: 3000 Pa en 3 seg.
	DESPUÉS DE 1986
	$\Delta p =$: 4000 Pa en 4 seg.
	V = 210 km/h Material no estanco
C	$\Delta p =$: 2000 Pa en 4 seg. (V. única)
NUEVA LÍNEA DE LONDRES AL TÚNEL BAJO EL CANAL DE LA MANCHA	$\Delta p =$: 3500 Pa en 4 seg. (V. doble)

D	Deben verificarse las tres condiciones siguientes:
DB	$\Delta p =$: 500 Pa en 1 seg. $\Delta p =$: 800 Pa en 3 seg. $\Delta p =$: 1000 Pa en 10 seg.
	1 sólo tren en el túnel V = 240/280 km/h. Material estanco
E	$\Delta p =$: 1500 Pa (sin indicación de tiempo)
FS	$\frac{d\Delta p}{dt} = 500$ Pa/seg.
	V = 250 km/h. Material estanco
F	
SNCF (TGV Atlántico)	$\frac{d\Delta p}{dt} = 500$ Pa/seg.
G	Situaciones aisladas
EUROTUNNEL	$\frac{d\Delta p}{dt} = 3000$ Pa en 3 seg.
	Situaciones frecuentes
	$\frac{d\Delta p}{dt} = 450$ Pa/seg.

Fuente: UIC (1995)

Variaciones máximas de presión		
Tipo de servicios	Caso extremo	Caso normal
A	4 kPa en 4 seg.	2,5 Kpa en 4 seg.
B	3 Kpa en 4 seg.	2,0 Kpa en 4 seg.
C	1 kPa en 4 seg.	0,7 Kpa en 4 seg.

A partir del programa informático Aerotun/4, se calculaban las variaciones máximas de presión para distintas tipologías de trenes y velocidades de circulación, incluyendo el cruzamiento en el interior de los túneles de dos trenes de análoga o diferente tipología. La posibilidad de tratarse de túneles en vía única o con doble vía también era analizada.

Se obtuvieron de este modo gráficos del tipo indicado en la figura 20.26 para la determinación de la sección transversal de los túneles en vía única. En forma análoga se dibujaron los resultados obtenidos para túneles en vía doble (Fig. 20.26). Los cálculos se hicieron para una sección de tren de 10 m^2.

La utilización de los citados gráficos permite analizar la influencia de la velocidad de circulación de los trenes en la sección requerida para los túneles. En este ámbito hemos sintetizado en la figura 20.27 los resultados que se obtienen para túneles en vía única y en vía doble por los que circulen las ramas TGV Duplex. Nótese como para túneles en vía única y velocidades de 300 km/h, la sección que resulta es de 54 m^2. Es de interés recordar que en el túnel a vía única de Villejust (46 m^2 de sección transversal), para una velocidad máxima en servicio de 270 km/h, con el TGV Atlántico, se midieron 2200 Pa a 270 km/h y 2600 Pa a 300 km/h. Para túneles en vía doble, la sección se eleva a casi 100 m^2. En ambos casos para túneles con una longitud en el entorno de 8 km.

Con carácter de síntesis J. Philippe y A. Jourdan (1990) publicaron el gráfico de la figura 20.28, en el que se indican las secciones transversales de túneles que se consideran aconsejables para velocidades comprendidas entre 160 y 320 km/h. Como referencia, en la figura 20.29 se explicitan los valores adoptados para dicha sección transversal en algunas líneas de alta velocidad y su relación con las líneas convencionales.

En el apartado 20.7.1, dedicado al análisis del fenómeno físico de las variaciones de presión en los túneles, se indicó que su estudio tenía dos objetivos básicos: limitar los efectos negativos sobre el confort del viajero y determinar el incremento de las resistencias al avance de las ramas de alta velocidad.

Si nos referimos ahora a este último aspecto, los recientes trabajos de M. Melis et al. (2001) han puesto de manifiesto que:

a) En la actualidad la sección transversal de los túneles ferroviarios se determina por criterios de confort del viajero.

b) En túneles de gran longitud, la resistencia aerodinámica que se opone al movimiento de las ramas de alta velocidad podría

impedir circular a la máxima velocidad para la que se haya proyectado el túnel.

En consecuencia, recomiendan tener en cuenta este segundo aspecto por ser más restrictivo para fijar la sección transversal de los túneles largos. Como referencia y para este tipo de túneles, propone sustituir el diámetro interior libre de 8,5 m, normalmente determinado por criterios de confort, por los 10,75 m que se derivan de la consideración de la potencia necesaria.

20.7.6 La estanqueidad de las ramas de alta velocidad

La entrada en servicio comercial de la línea de alta velocidad entre Tokio y Osaka, en 1964, puso de manifiesto los problemas derivados del incremento de la presión en los túneles. Para reducir los efectos negativos sobre los viajeros desde el punto de vista del confort, los ferrocarriles japoneses adoptaron una caja monolítica formada por placas soldadas. Además, reforzaron el hermetismo de los vehículos mediante el sellado con sustancias obturadoras de los fuelles de paso entre dos vehículos consecutivos y las diversas aberturas existentes. También diseñaron las puertas correderas laterales de forma que permaneciesen herméticamente unidas a la caja y se mantuviesen en esta posición mientras el vehículo circulase. En las aberturas de alimentación y descarga de los equipos de ventilación, que no podían ser herméticas, se instalaron válvulas de obturación que se cerraban durante el paso del tren por los túneles, de manera que los cambios de la presión externa no afectasen a los compartimentos de viajeros.

Sin embargo, en 1972, con la extensión de la red de alta velocidad desde Osaka hasta Okayama, la proporción de tramos en túnel se incrementó notablemente respecto a la situación existente en la línea Tokio-Osaka, tal como se muestra a continuación. Situación que se agravaría más aún al realizarse la nueva extensión desde Okayama hasta Hakata.

Línea	Longitud total (km)	Longitud en túnel (km)	Porcentaje en túnel
Tokio – Osaka	515	66	13%
Osaka – Okayama	166	58	35%
Okayama - Hakata	402	220	55%

En estas nuevas secciones, los trenes estaban obligados a circular con las válvulas de obturación cerradas durante un mayor período de tiempo, lo que dejaba los compartimentos de los viajeros insuficientemente ventilados. Nuevas soluciones en relación con el funcionamiento de las válvulas debieron ser adoptadas.

ÁBACOS PARA DETERMINAR LA SECCIÓN TRANSVERSAL DE TÚNELES DE ALTA VELOCIDAD

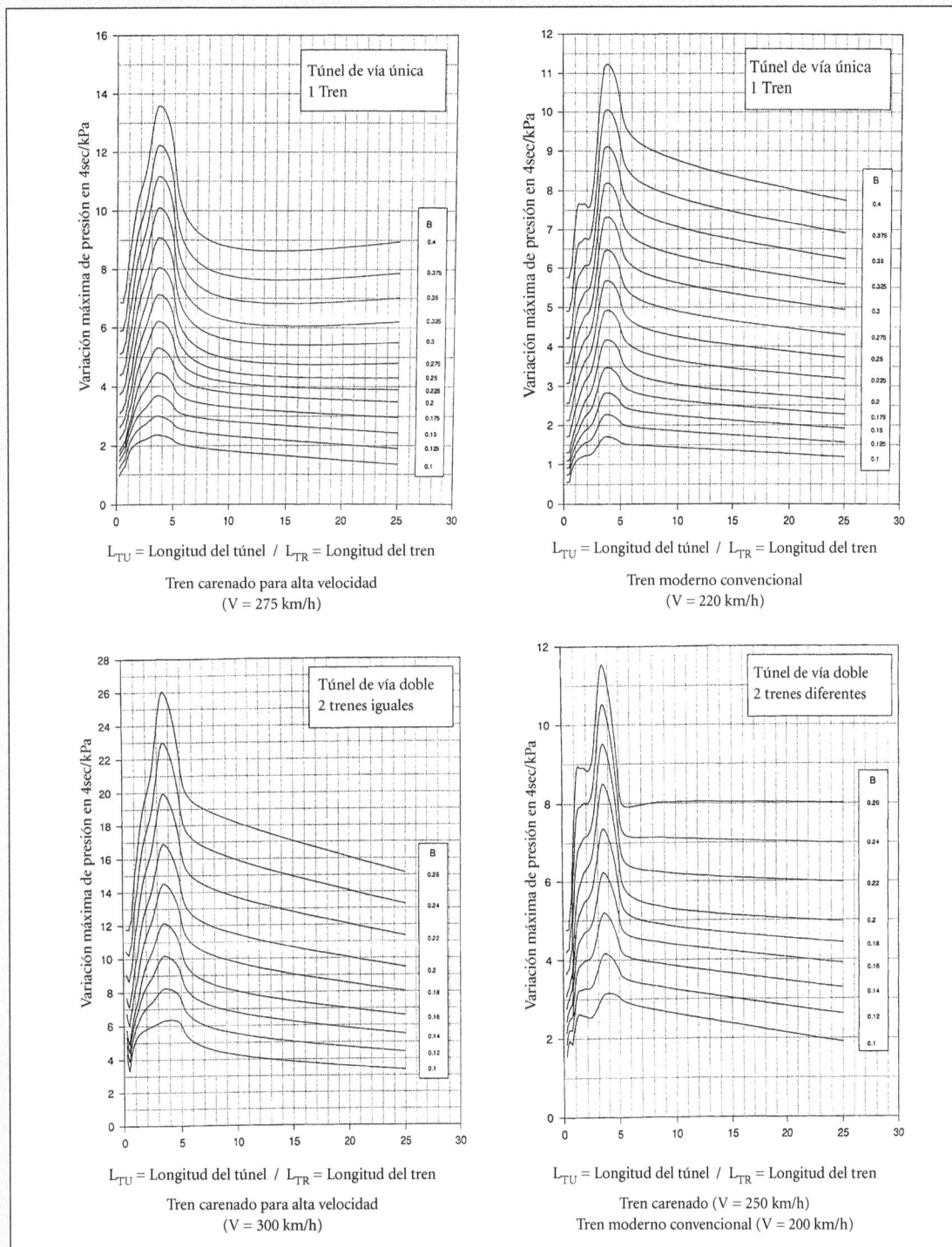

L_{TU} = Longitud del túnel / L_{TR} = Longitud del tren

Tren carenado para alta velocidad
(V = 275 km/h)

L_{TU} = Longitud del túnel / L_{TR} = Longitud del tren

Tren moderno convencional
(V = 220 km/h)

L_{TU} = Longitud del túnel / L_{TR} = Longitud del tren

Tren carenado para alta velocidad
(V = 300 km/h)

L_{TU} = Longitud del túnel / L_{TR} = Longitud del tren

Tren carenado (V = 250 km/h)
Tren moderno convencional (V = 200 km/h)

Fuente: UIC

Fig. 20.26

INFLUENCIA DE LA VELOCIDAD DE CIRCULACIÓN EN LA SECCIÓN TRANSVERSAL DE TÚNELES

VÍA ÚNICA

① DATOS DE BASE

a) TREN: TGV Duplex : $S = 10,91$ m^2
   (acoplado) $L_T = 400$ m

b) T/NEL: $L_T = 8$ km; $\dfrac{L_{TU}}{L_T} = 20$

c) CRITERIO DE CONFORT: 4000 Pa en 4 seg.

② RESULTADOS

$V = 200$ km/h óó $\beta = 0,287$ ó> $S_{T/NEL} = 38$ m^2
(tren convencional)

$V = 250$ km/h óó $\beta = 0,270$ ó> $S_{T/NEL} = 40$ m^2
(tren aerodin·mico)

$V = 300$ km/h óó $\beta = 0,200$ ó> $S_{T/NEL} = 54$ m^2
(tren aerodin·mico)

VÍA DOBLE

① DATOS DE BASE

a) TREN: TGV Duplex : $S = 10,91$ m^2
   (acoplado) $L_T = 400$ m

b) T/NEL: $L_T = 8$ km; $\dfrac{L_{TU}}{L_T} = 20$

c) CRITERIO DE CONFORT: 4000 Pa en 4 seg.

② RESULTADOS PARA 2 TRENES DE ALTA VELOCIDAD

$V = 200$ km/h óó $\beta = 0,17$ ó> $S_{T/NEL} = 64$ m^2

$V = 250$ km/h óó $\beta = 0,13$ ó> $S_{T/NEL} = 84$ m^2 [1]

$V = 300$ km/h óó $\beta = 0,11$ ó> $S_{T/NEL} = 99$ m^2

(1) Según estimaciones realizadas en Francia y con las reservas derivadas de la complejidad de situaciones geológico-geotécnicas que pueden darse en la práctica, la sección de 64 m^2 sería un 20% inferior en costes, y la sección de 99 m^2, un 16% superior; ambas cifras referidas a la sección de 84 m^2.

Fuente: A. López Pita, a partir de la ficha UIC 779-11 (1995)

Fig. 20.27

VARIACIÓN DE LA SECCIÓN TRANSVERSAL DE LOS TÚNELES CON LA VELOCIDAD

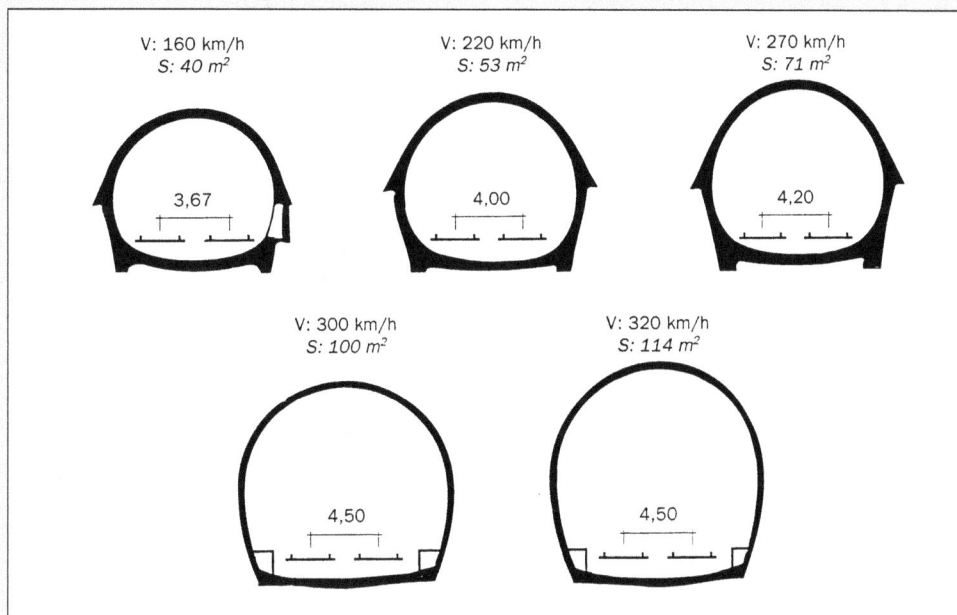

V: 160 km/h
S: 40 m²
3,67

V: 220 km/h
S: 53 m²
4,00

V: 270 km/h
S: 71 m²
4,20

V: 300 km/h
S: 100 m²
4,50

V: 320 km/h
S: 114 m²
4,50

Fuente: J. Philippe y A. Jourdain (1990)

Fig. 20.28

SECCIÓN TRANSVERSAL DE TÚNELES EN LÍNEAS CONVENCIONALES Y DE ALTA VELOCIDAD

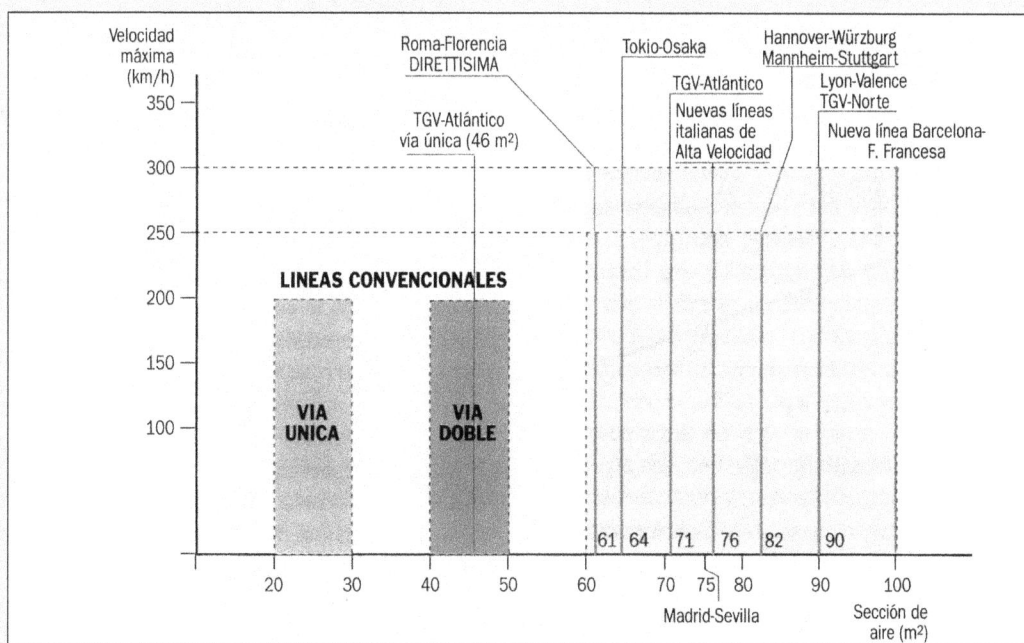

Velocidad máxima (km/h)

Roma-Florencia
DIRETTISIMA

Tokio-Osaka

Hannover-Würzburg
Mannheim-Stuttgart

TGV-Atlántico

Lyon-Valence
TGV-Norte

TGV-Atlántico
vía única (46 m²)

Nuevas líneas
italianas de
Alta Velocidad

Nueva línea Barcelona-
F. Francesa

LINEAS CONVENCIONALES

VIA
UNICA

VIA
DOBLE

61 64 71 76 82 90

Madrid-Sevilla

Sección de
aire (m²)

Fuente: A. López Pita (2000)

Fig. 20.29

En Europa la problemática se planteó de manera análoga con el desarrollo de las primeras líneas de alta velocidad en Alemania e Italia. En Francia se retrasó su aparición hasta la entrada en servicio comercial de la línea TGV Atlántico en 1989, dado que, como se sabe, la nueva línea París – Lyon no tenía ningún túnel. De este modo el fenómeno de la estanqueidad de los trenes adquirió una dimensión global geográficamente hablando.

No existe, sin embargo, una definición estándar de la estanqueidad de un vehículo. Una forma indirecta de cuantificar la citada estanqueidad consiste en efectuar un ensayo que permita apreciar la variación de la presión con el tiempo en el interior de un vehículo. En primer lugar se inyecta aire a presión en la caja del vehículo hasta alcanzar un valor determinado. A continuación y por medio de un captador de presión instalado en el centro del vehículo, se observa la variación de la presión en el interior del vehículo con el tiempo.

De acuerdo con Gawthorpe (1991), la ley de variación de la presión con el tiempo responde a la ecuación:

$$P_t = P_{\text{inicial}} \left(1 - e^{-\tau/t}\right) \tag{20.1}$$

siendo: P_t la presión en el interior del coche de viajeros al cabo de t segundos, desde que se alcanzó la presión inicial en el interior del coche y τ el llamado coeficiente de estanqueidad estática, que depende de las características de estanqueidad de cada vehículo.

El citado autor señala los siguientes órdenes de magnitud para τ.

• Vehículos convencionales de ferrocarril
0,4 a 0,8 segundos

• Trenes de alta velocidad con mayor estanqueidad
3 a 8 segundos

Es evidente que cuanto mayor sea el coeficiente de estanqueidad, mayor será la estanqueidad del vehículo. La aplicación de la expresión 20.1 para un tiempo cualquiera (por ejemplo, 4 segundos) proporciona los siguientes valores de la presión.

Tipo de vehículos	Presión inicial (kPa)	Presión al cabo de 4 seg. (kPa)
Vehículos convencionales ($\tau = 0,4$ seg)	4.000	≈ 400
Trenes de alta velocidad ($\tau = 4$ seg)	4.000	≈ 2.500

En la práctica, el fenómeno que realmente tiene lugar es que el coche de viajeros se ve sometido a un incremento de presión en el exterior del mismo (variable a medida que avanza en el interior del túnel) y que se desplaza hacia el interior del vehículo.

Matemáticamente:

$$P_{\text{interior}} = P_{\text{exterior}} \left(1 - e^{-t/\tau_d}\right) \tag{20.2}$$

siendo τ_d el coeficiente de estanqueidad dinámico del coche.

Para un vehículo completamente no estanco, $\tau_d = 0$, y $Pint = P_{ext}$. Para un vehículo ideal, con estanqueidad total $\tau_d = \infty$, y por tanto $Pint = 0$.

De acuerdo con la experiencia disponible, se tienen los siguientes órdenes de magnitud:

Tipo de tren	τ_d (segundos)
Tren convencional moderno sin ningún sistema de estanqueidad activa	> 0,5
Tren de baja estanqueidad	≈ 2
Tren AVE	$\approx 4,5$
Tren de estanqueidad alta (los que se construyen en la actualidad)	> 6
Tren de muy alta estanqueidad (por ejemplo, el ICE 3)	≈ 12

La aplicación práctica de la expresión 20.2 conduce a los siguientes valores de referencia para la presión en el interior de los vehículos en función del tiempo:

| τ_d (segundos) | $P_{int} = \alpha \, P_{ext}$ | |
	$T = 1$ seg.	$T = 2$ seg.
0,5	0,86	0,98
2	0,40	0,64
4,5	0,20	0,36
6	0,15	0,28
12	0,08	0,15

La figura 20.30 muestra la influencia de la estanqueidad de las ramas en la reducción de la presión que recibe el viajero.

20.7.7 El dimensionamiento de la sección transversal de los túneles por criterios de salud

Es un hecho que la mejora de los sistemas de estanqueidad de los trenes podría conducir a aceptar elevados valores de variaciones de presión en el exterior de los trenes de viajeros al circular por el interior de los túneles. Los citados sistemas de estanqueidad, filtrando

COMPARACIÓN DE LA PRESIÓN EXTERIOR Y DE LA PRESIÓN INTERIOR EN RAMAS DE ALTA VELOCIDAD DURANTE LA CIRCULACIÓN EN TÚNEL

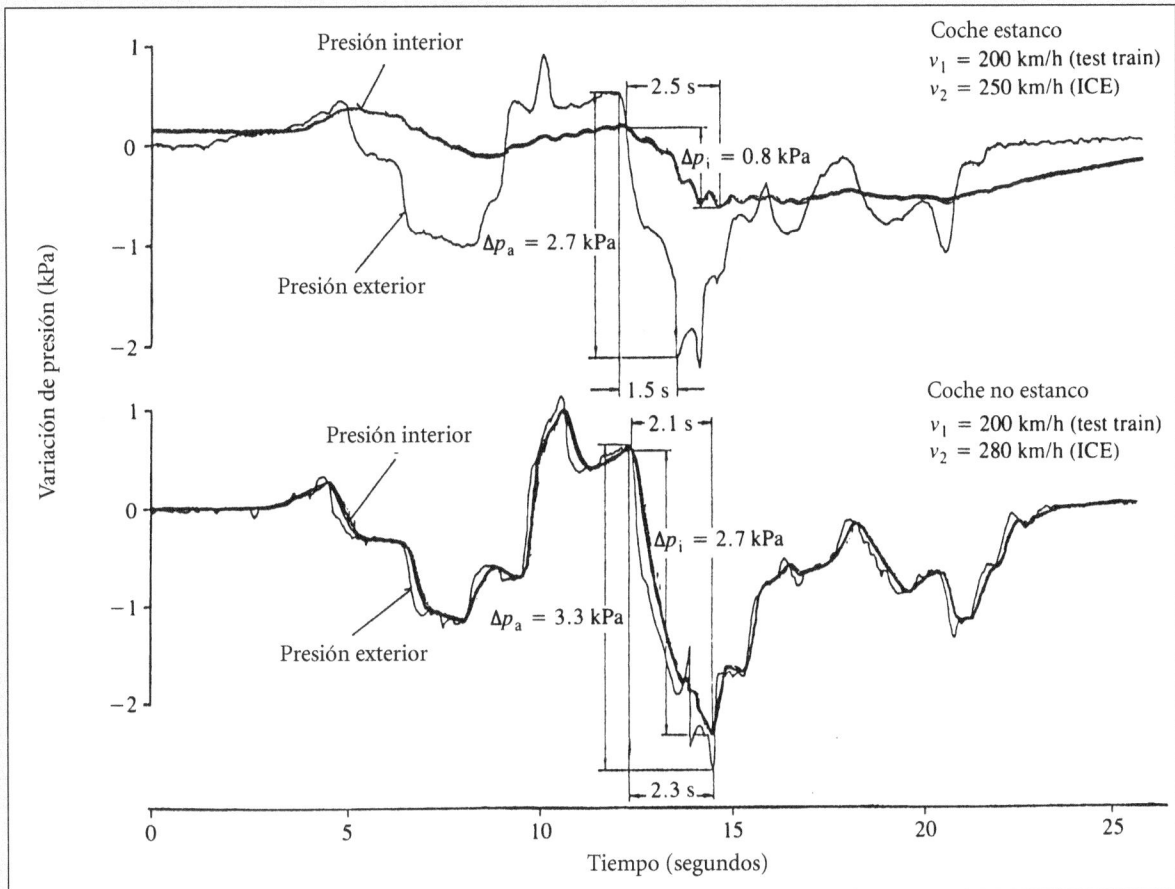

Fuente: DBAG (1988)

Fig. 20.30

adecuadamente las citadas presiones, lograrían que el confort del viajero no se viese afectado.

Pero es indudable también que debe garantizarse que, cualquiera que sea la situación que se dé en la explotación ferroviaria, la salud, más que el confort del viajero, no se vea afectada. Ya se indicó a este respecto, en el cuadro 20.6, que según la experiencia de los ferrocarriles británicos, en 1973, se consideraba que para valores de incrementos de presión superiores a 9 Kpa se podía producir en los viajeros un intenso dolor en los oídos. Las investigaciones más recientes llevadas a cabo a finales de la década pasada por un grupo de expertos médicos en el marco de los trabajos del ERRI (UIC) permitieron establecer que la máxima variación de presión (pico a pico) aceptable, por criterios de salud, para un viajero no debía exceder de 10 Kpa.

En consecuencia, en la actualidad se establece el criterio de que la sección de un túnel ha de ser tal que para la máxima velocidad de circulación programada y en previsión de que los sistemas de estanqueidad puedan no funcionar, el viajero no experimente variaciones de presión superiores a 10 Kpa. La aplicación práctica de este criterio ha conducido al establecimiento de gráficos como el indicado en la figura 20.31a, para distintas longitudes de túneles y velocidades de circulación. El gráfico mostrado corresponde a la hipótesis de una longitud de tren igual a 100 metros.

En la forma análoga en el gráfico de la figura 20.31b se reproduce, para el caso de un túnel de sección transversal igual a 100 m², la relación que debería existir entre el coeficiente de bloqueo (cociente entre la sección del túnel y la longitud del túnel objeto de consideración), para diferentes velocidades de circulación, comprendidas

ÁBACO PARA DIMENSIONAR LA SECCIÓN TRANSVERSAL DE UN TÚNEL POR CRITERIO DE SALUD

a)

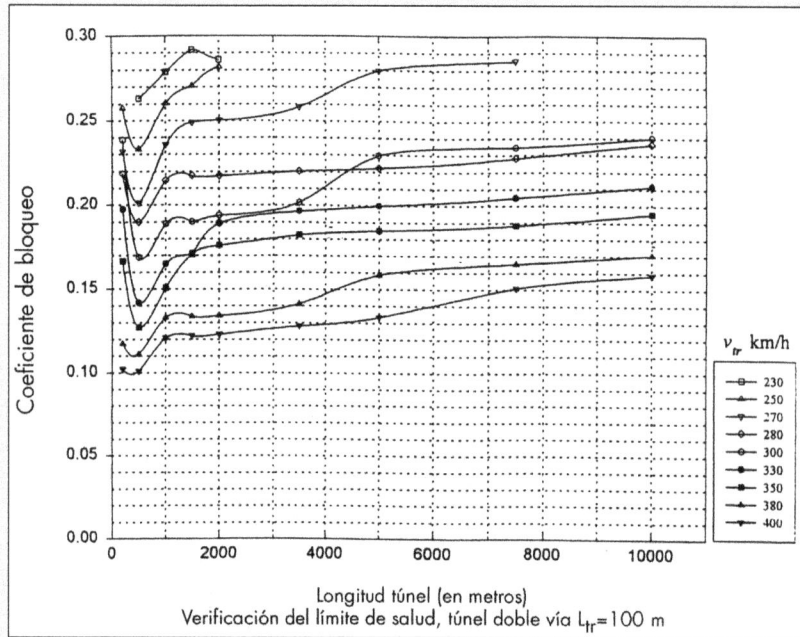

Longitud túnel (en metros)
Verificación del límite de salud, túnel doble vía $L_{tr}=100$ m

Fuente: UIC

VERIFICACIÓN DEL CRITERIO DE SALUD PARA DOS TRENES DE LONGITUD IGUAL A 400 M

b)

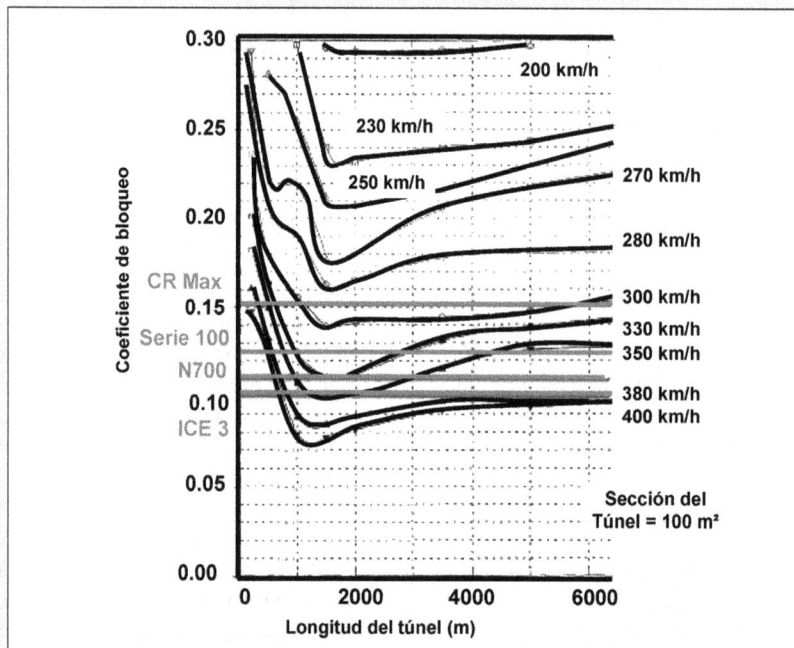

Fuente: E. Jansch (2005)

Fig. 20.31

en el intervalo de 280 a 350 km/h, y para túneles de hasta 6 kilómetros de longitud, con el objetivo de no superar el criterio de salud (10 Kpa). Puede observarse la influencia que tiene la sección transversal de algunas ramas de alta velocidad en el cumplimiento, para el caso considerado, del citado criterio de salud.

20.8 TENDENCIAS EN RELACIÓN CON LOS TÚNELES DE ELEVADA LONGITUD

La construcción de túneles en el ámbito ferroviario se llevó a cabo de forma tradicional, para el caso de líneas con vía doble, mediante la realización de un solo túnel. Sin embargo, es de interés recordar que el túnel del Simplon (19,8 km), construido en 1906, estuvo formado por dos túneles únicos unidos por galerías cada 200 m y disponía en su interior de una estación (Fig. 20.32).

En las primeras líneas de alta velocidad en Europa se continuó adoptando la misma filosofía (túnel único). Es cierto que la longitud de los túneles no superaban los 7 a 8 km de longitud, distancia que podía considerarse como relativamente corta.

No obstante, desde hace algunos años y quizás, especialmente desde el accidente de carretera en el Túnel del Mont Blanc, la sensibilidad por las posibles incidencias en el interior de los túneles ferroviarios en el momento de cruzarse dos trenes ha conducido a que la solución bitubo vaya adquiriendo un mayor protagonismo para túneles de longitud media.

A excepción del túnel de Seikan (52 km), dotado con vía doble, el resto de los túneles de gran longitud construidos, proyectados o en curso de realización constan de dos tubos independientes con una sección por tubo de 40 a 50 m² habitualmente. En general, dos son las alternativas más habituales (Fig. 20.33): dos tubos conectados entre sí, o bien, dos tubos conectados entre sí a través de una galería de servicio.

En el primer caso, resulta posible la evacuación de las personas hacia el otro túnel y su salida hacia el exterior si se diese alguna incidencia en la explotación. En el segundo caso, la presencia de una galería de servicio intermedia facilita aún más la evacuación al dimensionarse con una sección tal (12 a 15 m²) que permite la circulación en su interior de vehículos ligeros. En la figura 20.34, se visualiza esta disposición para el túnel bajo el Canal de la Mancha.

Los anillos de comunicación entre los túneles principales se disponen normalmente cada 200 a 400m, longitud que corresponde a la de una o dos ramas acopladas de alta velocidad.

Los túneles principales se sitúan a una distancia entre sus ejes de 25 a 40 m, lo que equivale a una separación igual o superior a tres veces el diámetro del túnel.

En los nuevos túneles de gran longitud como el Gotardo y el Lötschberg, la rampa máxima no suele superar las 12 a 13‰, y el radio mínimo en planta se encuentra próximo a 3200 m, de forma que por trazado sea factible circular a 250 km/h de velocidad máxima.

Para su construcción se suele recurrir a utilizar varias zonas de ataque, con el fin de reducir el plazo de realización. En el caso del

---

DETALLES DEL TÚNEL DE SIMPLON

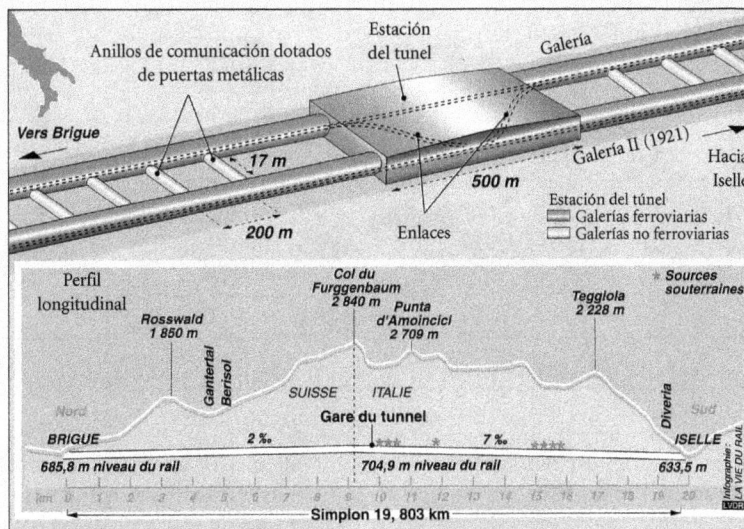

Fig. 20.32

TIPOLOGÍA DE SECCIONES TRANSVERSALES EN TÚNELES FERROVIARIOS DE GRAN LONGITUD

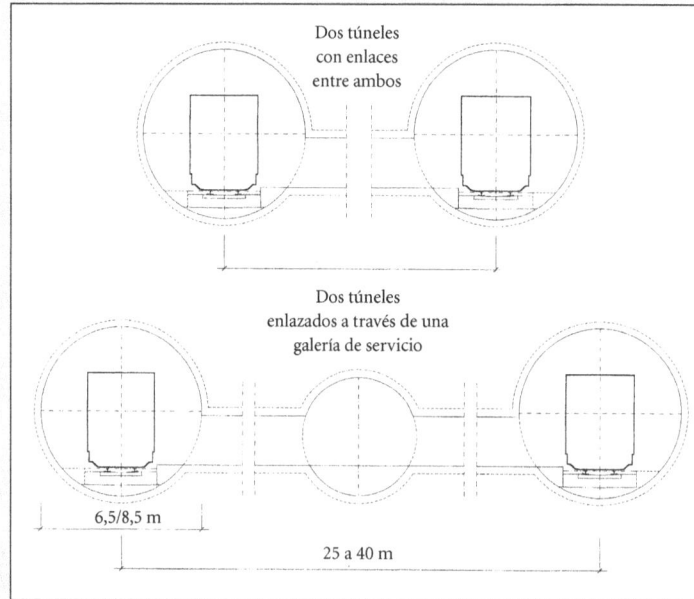

Fuente: M. Cicognani (2002)

Fig. 20.33

GALERÍA DE SERVICIO EN EL TÚNEL BAJO EL CANAL DE LA MANCHA

Fuente: La vie du rail

Fig. 20.34

nuevo túnel del Gotardo la construcción se ha dividido en cinco secciones, cada una con un punto de acceso propio:

- Erstfeld - boca Norte
- Amsteg - túnel de acceso horizontal, 1,2 km de longitud.
- Sedrun - dos pozos ciegos de 800 m de profundidad y 8 m de diametro, accesibles por un túnel horizontal de aproximadamente 1 km de longitud.
- Faido - una galeria de acceso inclinada de 2,7 km de longitud, con una pendiente del 12% y una diferencia de altura de 300 m.
- Bodio - boca Sur

En la figura 20.35 puede verse la ubicación de cada punto de acceso, y el detalle correspondiente al ataque de Sedrun, sin duda el más espectacular y complejo. El periodo de construcción previsto para el túnel del Gotardo es de 15 a 20 años.

El último de los túneles de gran longitud por el momento proyectado es el correspondiente al nuevo enlace por ferrocarril entre Lyon y Turín. De forma precisa, entre St. Jean de Maurienne (Francia) y Susa (Italia) (Fig. 20.36).

ORGANIZACIÓN DE LA CONSTRUCCIÓN DEL NUEVO TÚNEL DEL GOTARDO

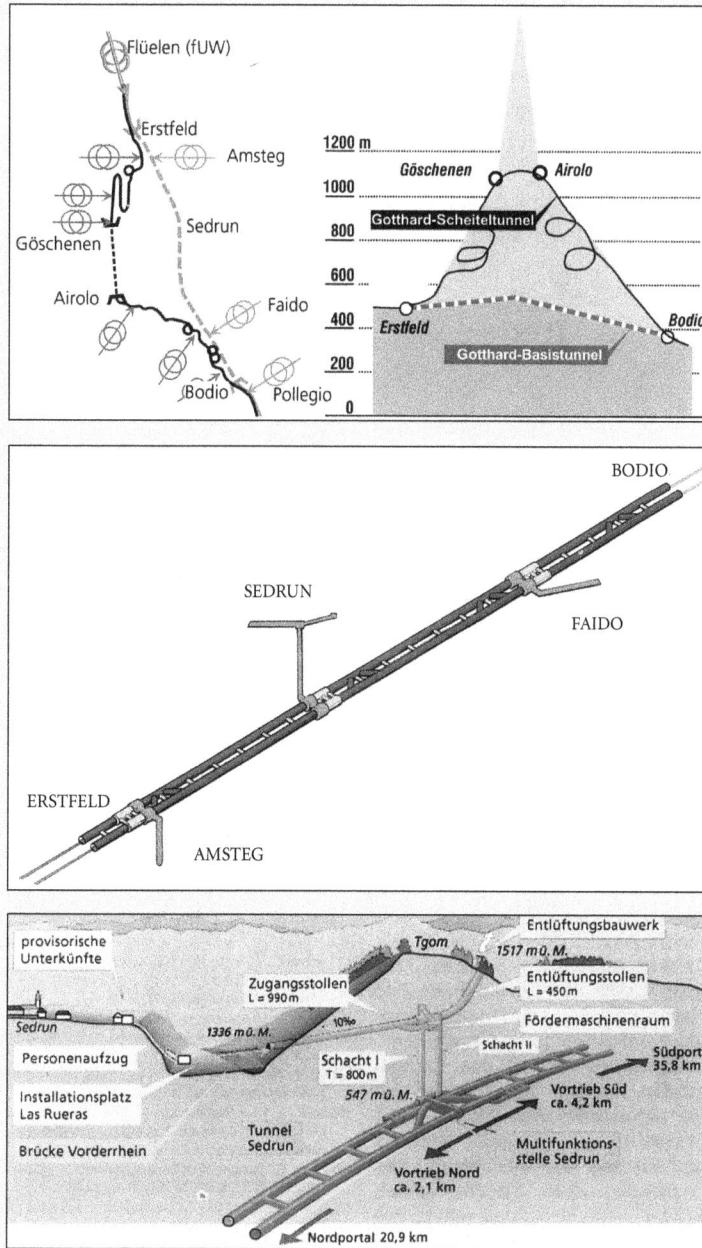

Fuente: N. Steinmann, Alp Transit y G. Brux

Fig. 20.35

En forma análoga a la señalada para el túnel del Gotardo, contará con distintos puntos de ataque, uno especialmente singular corresponde a la zona de Modane, tal como puede verse en la citada figura 20.36.

El túnel será excavado a una profundidad media de 1500 m y a una máxima de 2500 m. Se prevé un plazo de ejecución de 8 a 10 años y uno de acondicionamiento para la explotación de tres años más.

NUEVO TÚNEL BAJO LOS ALPES EN LA NUEVA LÍNEA LYON-TURÍN

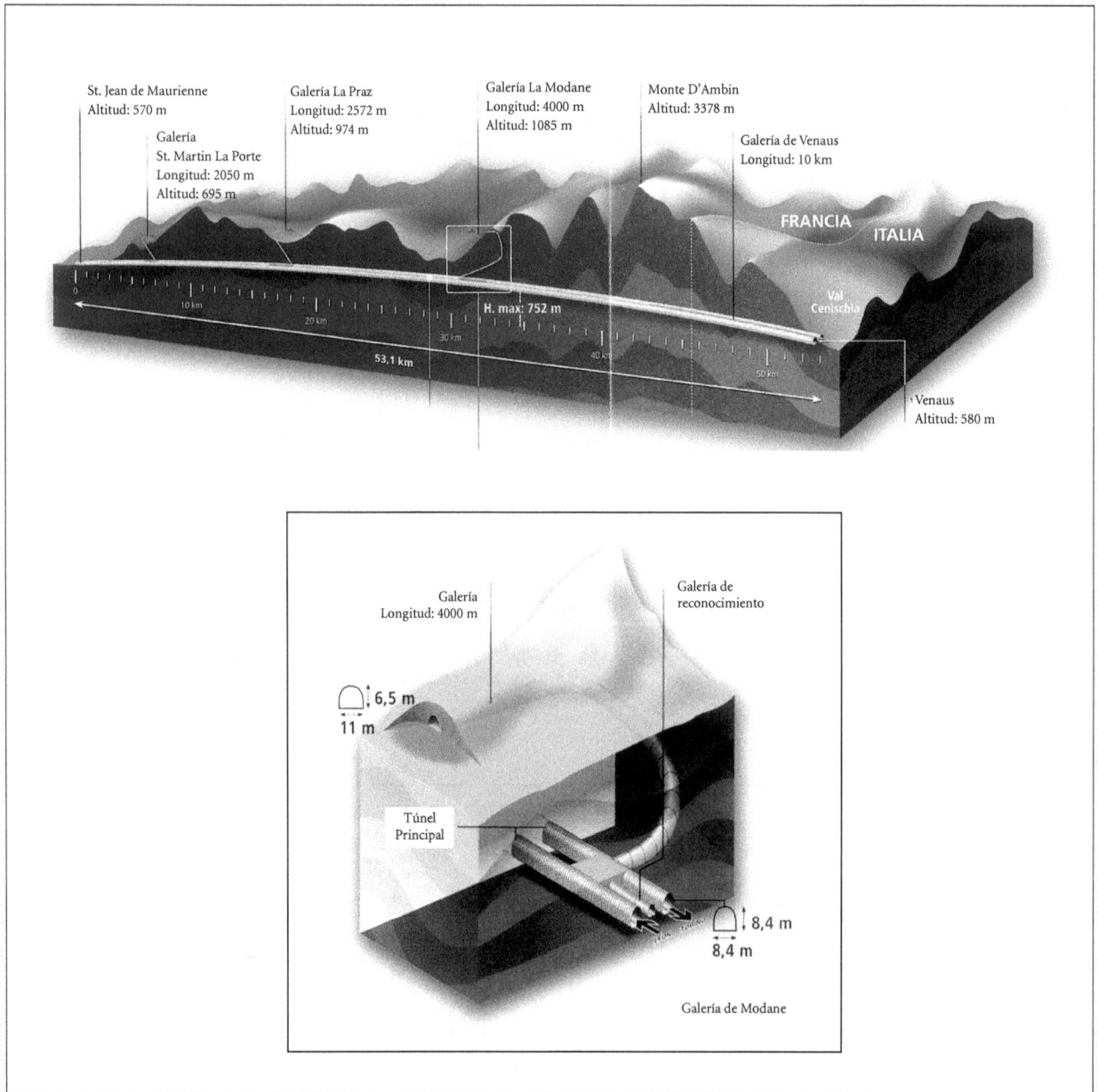

Fuente: Alpetunnel

Fig. 20.36

21

DETERIORO DE LA VÍA

21.1 INTRODUCCIÓN

La circulación del tráfico sobre la vía ocasiona con el tiempo el deterioro de la infraestructura y superestructura ferroviaria a causa de las acciones que genera sobre ambas. De una manera sintética, el citado deterioro se concentra en los efectos que se producen en cada uno de los elementos que configuran la vía, por un lado, y en la incidencia global que el tráfico tiene en el conjunto de la vía, es decir, en la calidad geométrica de la misma.

En el primer ámbito, es el carril el componente de la vía que más expuesto está al deterioro localizado. Algunas causas de este hecho pueden ser: el patinado de las ruedas de los vehículos ferroviarios en el arranque o frenado, que se traduce en la formación de rebabas en la superficie de los carriles; el desgaste producido por la abrasión de partículas de balasto caídas sobre la superficie del carril, al paso de las ruedas de los vehículos, cuando se circula a elevada velocidad.

Para solucionar este deterioro en la superficie del carril se dispone desde hace años de los denominados *vehículos de amolado* de los carriles (Fig. 21.21). Se trata de trenes dotados de muelas que eliminan una delgada capa del carril. Dado que este tipo de defectos tiene un cierto carácter aleatorio, la programación de los trenes de amolado se realiza con independencia de los propios trabajos de mantenimiento referidos a la conservación de la calidad geométrica de la vía. El resto de componentes del emparrillado de vía (traviesas, sujeciones y placas de asiento) no sufren, en general, deterioros relevantes, a excepción de los que puedan derivarse del descarrilo de algún vehículo.

En consecuencia, el conocimiento del ritmo de deterioro de la calidad geométrica de una vía bajo la acción del tráfico es, sin duda, uno de los problemas de mayor interés de la explotación ferroviaria. El posible establecimiento de una ley de la deformabilidad de la vía permitiría prever los medios humanos y técnicos necesarios para realizar las operaciones de mantenimiento de la vía.

En este contexto, desde comienzos de la década de los años 70 del pasado siglo, diferentes administraciones ferroviarias europeas llevaron a cabo trabajos, fundamentalmente experimentales, para conocer la forma en que los parámetros que definen la calidad geométrica de una vía se modifican bajo las solicitaciones de los vehículos. El presente capítulo tiene por finalidad sintetizar los conocimientos disponibles en relación con el deterioro de una vía de ferrocarril.

21.2 EL CICLO DEL SISTEMA TRÁFICO-VÍA

El análisis completo de la vida de una vía debe contemplar la consideración de las distintas fases que definen el ciclo del sistema tráfico-vía, el cual se representa esquemáticamente en la figura 21.1. La primera de las citadas fases es la que corresponde a las operaciones de montaje durante las cuales se desarrollan fenómenos que influyen de forma importante en la calidad final obtenida. La segunda fase se inicia con el comienzo de la explotación comercial ordinaria y finaliza cuando el tráfico soportado origina en la geometría de la vía las máximas deformaciones admisibles (por confort del viajero). La actuación de las máquinas de conservación permite entonces recuperar una calidad de vía aceptable, aunque inferior a la inicial.

La tercera fase constituye en general el límite superior de la utilización práctica de la vía, por encima del cual la renovación de ésta se hace imprescindible en un contexto técnico-económico.

21.3 IMPORTANCIA DEL BALASTO EN EL DETERIORO DE LA VÍA

De todos los elementos que forman la estructura e infraestructura de una vía, es sin duda el balasto el que mayor intervención tiene en los procesos deformacionales que dan lugar al deterioro de la calidad inicial de la vía. De hecho, como ya señaló Birmann (1955), del asiento total de una vía bajo la acción de una carga puntual vertical, el 70% del mismo es debido al asiento de la capa de balasto en vías con traviesas de hormigón. Tan sólo en el caso de plataformas de reducida capacidad portante, la contribución de éstas al asiento total puede tener mayor importancia que la del balasto, tal como se deduce de las medidas efectuadas por el Instituto de profesor Eisenmann (Fig. 21.2). En consecuencia, parece razonable pensar que la ley que gobierne el asiento de la vía bajo la acción del tráfico tendrá un marcado paralelismo con el comportamiento del balasto bajo cargas repetidas.

En todo caso, es de interés señalar que la capa de balasto bajo las traviesas se caracteriza por una marcada heterogeneidad resistente, tal como puso de manifiesto Cabos en 1977 (Fig. 21.3). Nótese que la densidad del balasto se mueve en un intervalo comprendido entre 1,5 y 1,9 t/m^3 y evoluciona con el tiempo a medida que pasa el tráfico (Fig. 21.4).

Los ensayos realizados en el laboratorio de Derby, de los ferrocarriles británicos, permitieron al Comité D-71 del ORE (1970) establecer que la deformación permanente del balasto seguía la siguiente expresión:

$$e_{PN} = 0,082 \, (\sigma_1 - \sigma_3)^\alpha \, (100n - 38,5).(1 + 0,2 \log N) \qquad (21.1)$$

siendo:

e_{PN} = deformación permanente del balasto (en un aparato triaxial) después de N ciclos de carga.

σ_1 y σ_3 = tensión vertical y lateral sobre el balasto.

α = exponente función de la magnitud de la tensión vertical ($\approx$ 1 a 3)

n = porosidad inicial de la capa de balasto

N = número de ciclos a que se somete el balasto bajo un estado tensional (σ_1, σ_3).

Algunos años más tarde (1978), las investigaciones llevadas a cabo por Henn, en el Instituto de Munich permitieron obtener, para la evolución del asiento permanente del balasto (y), la expresión matemática siguiente:

$$y = 1,47 + 3,8 \, \sigma_0 + 3,41 \, \sigma_0^{1,21} \log N \qquad (21.2)$$

siendo σ_0 la tensión vertical aplicada durante N ciclos de carga.

La comparación de las expresiones 21.1 y 21.2 pone de relieve el paralelismo existente entre ambos resultados, especialmente por lo que respecta al exponente que refleja la influencia del nivel tensional (σ).

21.4 ESTUDIOS DEL COMITÉ D-117 DEL ORE

Por otro lado y de forma experimental, el Comité D-117 del ORE trató de obtener la ley de asiento de la vía en líneas sometidas a la explotación comercial normal. Las medidas llevadas al efecto en algunas líneas francesas y alemanas dieron lugar a los resultados mostrados en la figura 21.5. Se observa que la variación del asiento medio Me (mm) con el tráfico (T) respondía a la expresión:

$$Me = A_1 + A_0 \log \frac{T}{2.10^6}$$

siendo A_1 y A_0 dos coeficientes de ajuste, pero con una interpretación física de gran interés:

- A_1 representa el asiento durante el denominado "período de juventud de la vía".
- A_0 representa la velocidad de deterioro de la vía con el tráfico.

En el cuadro adjunto se explicitan valores usuales para A_1 y A_0.

Calidad de vía	A_1 (mm)	A_0 (mm)
Buena	6 – 10	2 – 4
Media	10 – 15	4 – 6
Mala	15 - 20	6 - 10

La sustitución de los valores de A_1 y A_0 para una vía de *buena calidad* permite comprobar el asiento para distintos volúmenes de tráfico.

Vía de buena calidad	Tráfico soportado (Mtoneladas)		
	20	40	60
Asiento (Me) (mm) $A_1 = 8; A_0 = 3$	11	12	12,4

La extensión de las citadas medidas a otras redes ferroviarias permitió disponer de los resultados de la figura 21.6. Nótese como

CICLO DEL SISTEMA TRÁFICO-VÍA

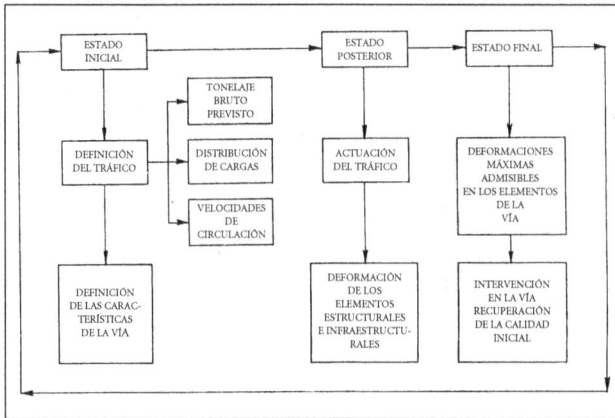

Fuente: A. López Pita

Fig. 21.1

COMPOSICIÓN DEL ASIENTO DE LA VÍA

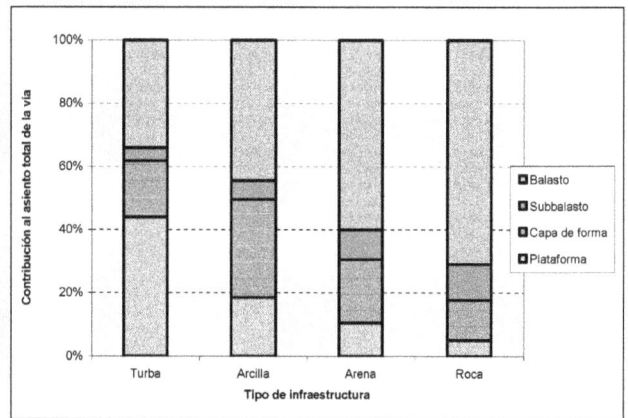

Fuente: Henn (1978)

Fig. 21.2

DISTRIBUCIÓN DEL GRADO DE COMPACTACIÓN DEL BALASTO BAJO LAS TRAVIESAS

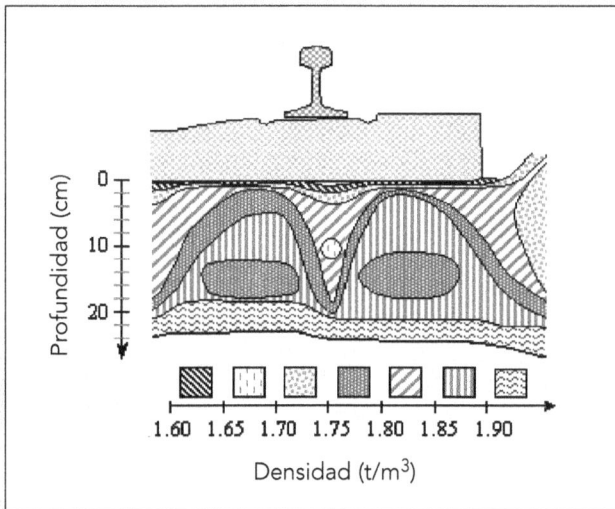

Fuente: Cabos (1977)

Fig. 21.3

VARIACIÓN DE LA DENSIDAD DEL BALASTO CON EL TIEMPO COMITÉ D-71 DEL ORE.

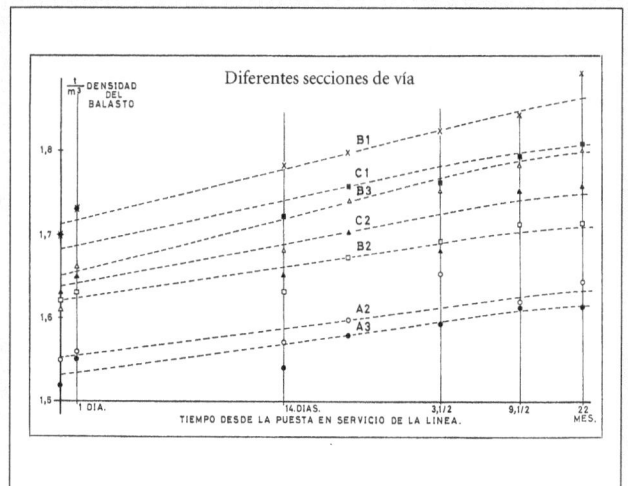

Fuente: ORE

Fig. 21.4

EVOLUCIÓN LINEAL DEL ASIENTO DE LA VÍA CON EL TRÁFICO

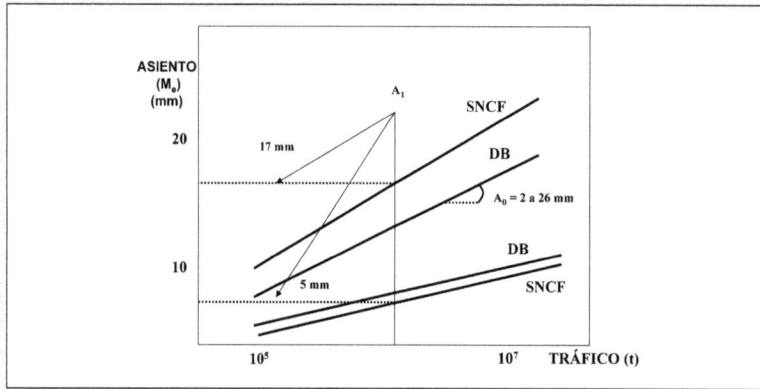

Fig. 21.5

DOBLE EVOLUCIÓN LINEAL DEL ASIENTO DE LA VÍA CON EL TRÁFICO

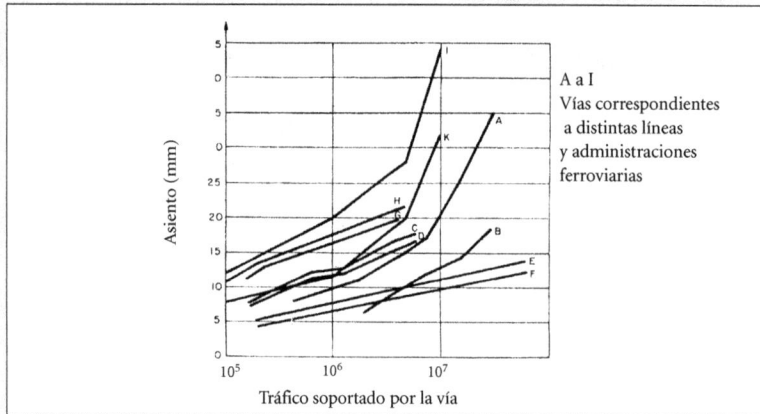

Fuente: ORE

Fig. 21.6

INFLUENCIA DE TENSIONES ELEVADAS EN EL BALASTO EN EL ASIENTO DE LA VÍA

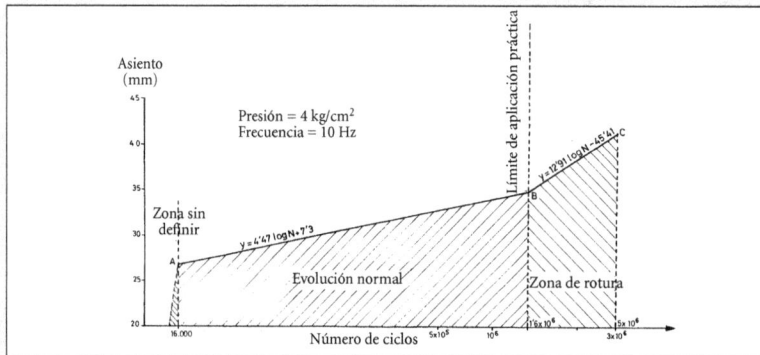

Fuente: A. López Pita (1981)

Fig. 21.7

en algunas líneas y después de un cierto tráfico se producía una brusca modificación en la relación asiento – tráfico, mientras que en otras líneas la evolución del asiento presentaba una única recta de ajuste.

En relación con el hecho de que, a partir de un determinado número de ciclos, el asiento de la capa de balasto crezca de forma importante, la figura 21.7 resulta de interés [López Pita (1981)]. En efecto se comprueba que para valores elevados de la tensión sobre el balasto (≈ 4 kg/cm^2), la velocidad de asiento de este material se multiplica casi por tres.

Es importante destacar que el asiento de una vía no es, por sí mismo, representativo del deterioro de la calidad geométrica. Si toda la vía asentase paralelamente a sí misma, no habría defectos. Sin embargo, el Comité D-117 (ORE) y medidas efectuadas en el Centro de Investigación de Pueblo (USA), así como por la Asociación Americana de Ferrocarriles, pusieron de relieve que a mayor asiento en la vía, mayor era también la magnitud de los defectos geométricos (Fig. 21.8).

En todo caso, la observación de la variación de la desviación típica de los defectos con el tráfico condujo también a una ley de tipo logarítmico. Ley no sólo aplicable a los defectos de nivelación longitudinal, sino también al resto de parámetros (nivelación transversal, alineación, ancho y alabeo), como se muestra en el cuadro adjunto de acuerdo con los ensayos realizados por el citado Comité D-117.

Puede observarse que si σ_T se sustituyese por el valor límite admisible para cada parámetro, resultaría teóricamente posible deducir para qué tráfico T en la línea se alcanzaría el citado límite de los defectos, y en consecuencia, planificar las operaciones de mantenimiento. La dificultad se encuentra en el hecho de que C_1 y C_0 sólo pueden considerarse constantes para longitudes de vía muy cortas (200 a 300 m), lo que dificulta un tratamiento integral de las líneas. La heterogeneidad en la vía "en términos de deformación" puede observarse en los datos de la figura 21.9, correspondiente a una línea convencional y en los datos de la figura 21.10, deducidos para algunas secciones de la línea de alta velocidad París – Lyon.

EVOLUCIÓN DE LOS DEFECTOS DE LA GEOMETRÍA DE LA VÍA

$$\sigma_T = C_1 + C_0 \log \frac{T}{2 \cdot 10^6}$$

Parametro	C_1	C_0
Nivelación transversal y longitudinal	0,5 a 2,5	0,1 a 0,5
Alineación	0,7 a 6	0,01 a 1,57
Alabeo	0,31 a 3	0,08 a 0,65
Ancho	0,8 a 2,2	0,03 a 0,45

21.5 INFLUENCIA DE LOS COMPONENTES DE LA INFRAESTRUCTURA Y SUPERESTRUCTURA FERROVIARIA

Los referidos trabajos del Comité D-117 del ORE permitieron cuantificar la influencia de los componentes del emparrillado de vía (carril y traviesas), así como del espesor de balasto en el deterioro de la vía. En cuanto al carril, los ensayos efectuados en Francia y Alemania reflejaron la escasa repercusión al utilizar pesos de carriles comprendidos entre 50 y 60 Kg/ml. Por lo que respecta a las traviesas, la experiencia de los ferrocarriles franceses en líneas convencionales reflejó que el área de apoyo de las traviesas incidía con el cuadrado de su superficie en el asiento de la vía. Este resultado puede justificarse, en forma aproximada, a partir de las siguientes expresiones:

$$e_p \approx \lambda . \sigma^2$$

[deducida en forma simplificada de la expresión (21.1)]

$$\sigma \approx \lambda' \sqrt[4]{\frac{1}{F^3}}$$

(deducida de la fórmula de Zimmermann)
Por tanto:

$$e_p \approx \lambda'' . \frac{1}{F^{1,5}}$$

21.5.1 Traviesas con suelas elásticas

En los últimos años se ha analizado el efecto que podría tener en la reducción del deterioro de la vía la colocación bajo las traviesas de las denominadas *suelas elásticas* (Fig. 21.11). La finalidad de estos elementos es:

- Eliminar la dureza del contacto entre la base de la traviesa de hormigón y el balasto.
- Aumentar la superficie efectiva de apoyo de la traviesa sobre la capa de balasto.
- Reducir el nivel de presiones sobre la superficie de balasto.
- Incrementar la elasticidad vertical de la vía.

Durante el período 1997 – 2000 se observó el comportamiento de diferentes secciones de vía equipadas con distintas superestructuras en un puente de la línea de alta velocidad Hannover – Gottingen. Se consideraron cuatro secciones con traviesas B-70 pero sin

RELACIÓN ENTRE EL ASIENTO DE UNA VÍA Y LA MAGNITUD DE LOS DEFECTOS DE NIVELACIÓN LONGITUDINAL

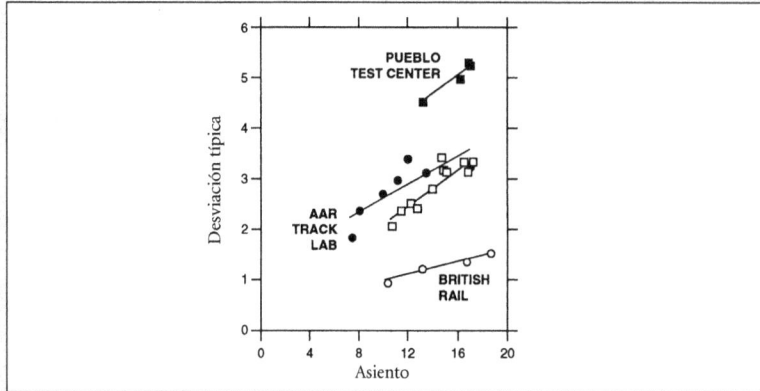

Fuente: Tomada de T. Selig y J.M. Waters (1994)

Fig. 21.8

DISPERSIÓN EN EL DETERIORO DE LA VÍA DE DOS SECCIONES PRÓXIMAS

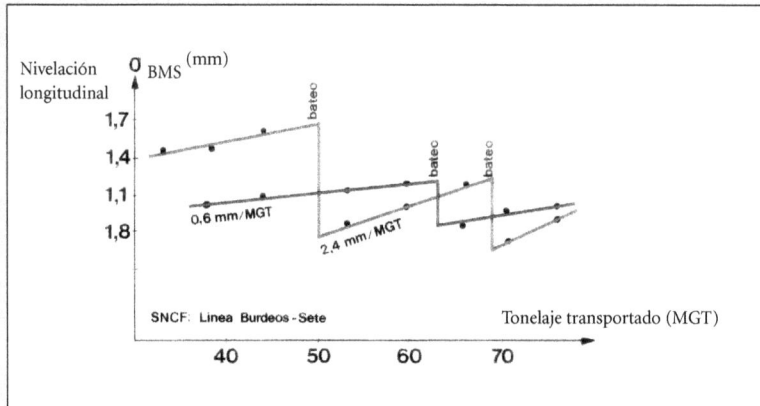

Fuente: G. Janin

Fig. 21.9

EVOLUCIÓN DE LA CALIDAD GEOMÉTRICA DE LA VÍA EN LA NUEVA LÍNEA PARÍS-LYON

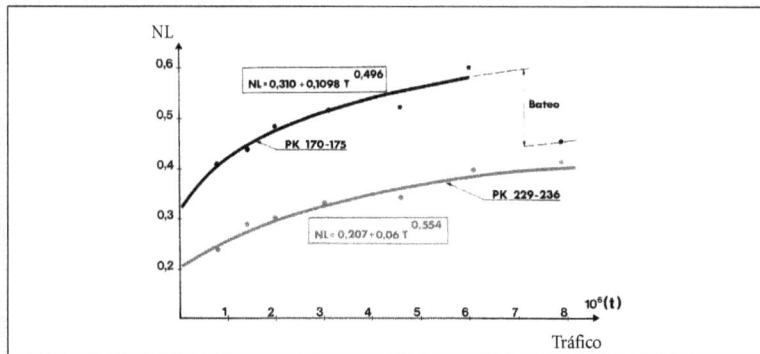

Fuente: A. Jourdain (1983)

Fig. 21.10

TRAVIESAS CON SUELAS ELÁSTICAS (ELASTIC SLEEPER PADS)

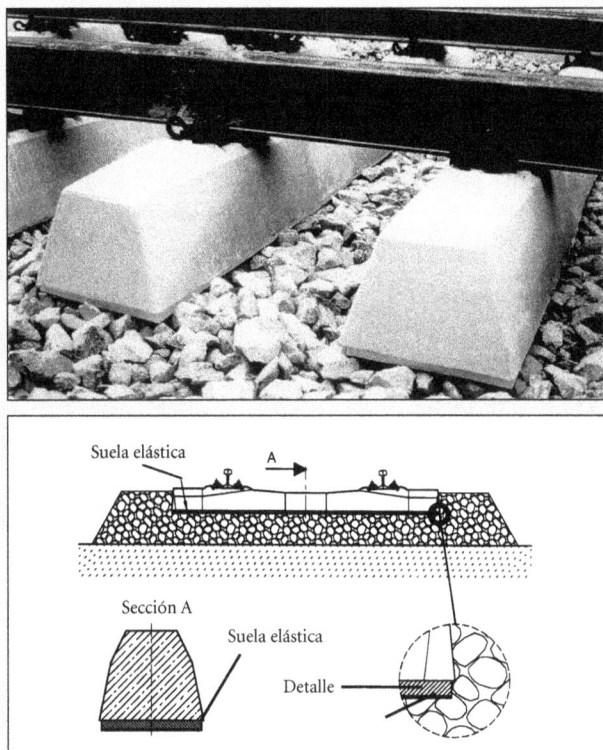

Fuente: Getzner

Fig. 21.11

EFECTO DE LAS SUELAS ELÁSTICAS EN EL DETERIORO DE LA CALIDAD GEOMÉTRICA DE UNA VÍA

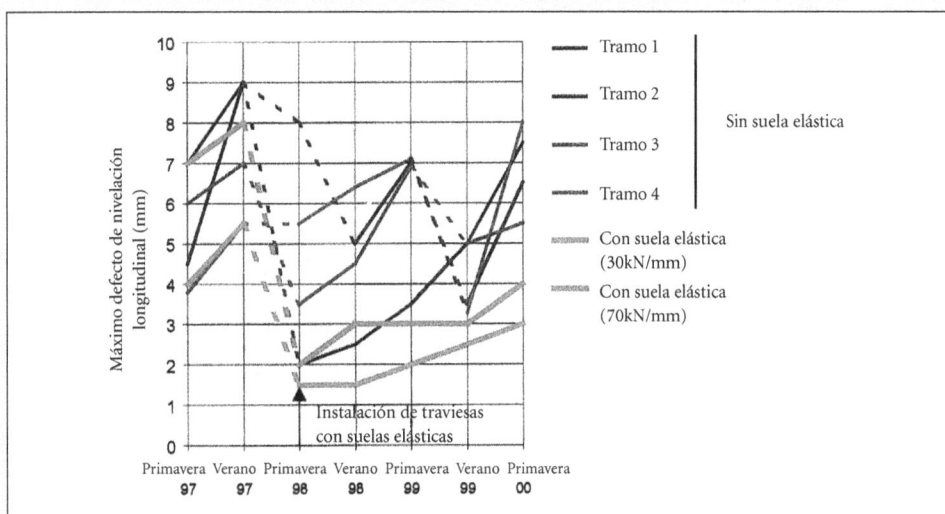

Fuente: Tomada de Muller-Boruttau et al. (2001)

Fig. 21.12

suela elástica y dos secciones con traviesas B-70 dotadas de suelas elásticas con rigidez vertical respectiva de 30 kN/mm, en un caso, y de 70 kN/mm en otra sección.

La figura 21.12 muestra la evolución de los máximos defectos de nivelación longitudinal en el período temporal mencionado. Los puntos discontinuos corresponden a operaciones de conservación destinadas a reducir la magnitud de los defectos. En la figura 21.12 se comprueba como en las zonas con traviesas dotadas de base elástica, la tasa de aumento de los defectos fue más baja que en el resto de los tramos.

De forma específica, en los tramos con traviesas de base elástica la tasa media de crecimiento anual de los defectos máximos de nivelación longitudinal osciló entre 0,7 y 1 mm/año, mientras que en los tramos con traviesas sin base elástica la tasa de variación fue de 2,5 a 4 mm/año. Dado que la velocidad de crecimiento de los defectos en el primer caso fue entre un 25 y un 30% inferior, sería razonable esperar que los intervalos de mantenimiento en ese tipo de vías con traviesas dotadas de suela elástica sean de 3 a 4 veces inferiores. Como es lógico será preciso considerar el coste total derivado de su empleo (construcción de vía y mantenimiento) para deducir el interés económico de su utilización, y el tipo de líneas donde estaría más indicada su utilización.

Cabe señalar que, ya en los años 70 del siglo XX, se llevó a cabo una actuación similar en la nueva línea Tokaido - Shinkansen. En este caso, la suela elástica no ocupó la parte central de la traviesa (50 a 60 cm). Las conclusiones obtenidas fueron análogas a las referidas para la línea alemana. De forma concreta, con una suela elástica de rigidez 68 KN/mm, la aceleración en el balasto se redujo, en media, un 22%, y la presión sobre la superficie de la plataforma una magnitud análoga. La decisión final de utilizar o no traviesas con suelas elásticas se basa en una consideración económica, analizando si el mayor coste económico inicial de la vía se compensa con las menores necesidades de mantenimiento, a lo largo del ciclo completo de vida de una vía. El coste de la suela elástica puede llegar a ser significativo respecto del coste de la traviesa ($\approx$ 30 a 40%).

21.5.2 Espesor de balasto

Por lo que se refiere al espesor de la capa de balasto, la figura 21.13 confirma el negativo efecto que tiene incrementar su valor tanto en el asiento de la vía como en los defectos de la misma.

21.5.3 Rigidez vertical de la vía

Una forma de cuantificar el efecto conjunto de los parámetros que conforman una vía es considerando la rigidez vertical de la misma. Según los estudios llevados a cabo en el ámbito del proyecto Euro-

balt II (2000), fue posible establecer de forma aproximada la relación entre el asiento de la vía y la magnitud de dicha rigidez. Matemáticamente:

$$S = \frac{1800}{K^2}$$

siendo:

S = asiento de la vía en (mm/Mtoneladas)

K = rigidez vertical de la vía (kN/mm)

En forma análoga se obtuvo, para la desviación típica de los defectos de nivelación longitudinal (σ), la siguiente expresión:

$$\sigma = \frac{100}{K}$$

Como referencia, para una rigidez vertical de la vía de 80 kN/mm, resulta: σ = 1,25mm y S = 0,28 mm/ Mtoneladas.

Es evidente que si se elimina K de ambas relaciones, se llega a la ecuación:

$$S = 0,18\sigma^2$$

o bien:

$$\sigma = 2,35\sqrt{S}$$

que confirma que al incrementar los asientos de la vía, también se incrementa la magnitud de los defectos de la misma.

21.6 INFLUENCIA DEL TRÁFICO QUE SOPORTA UNA VÍA

En lo que concierne a los parámetros que caracterizan al tráfico de una línea (velocidad de circulación, peso por eje y tonelaje soportado), los resultados publicados por diversos autores para líneas convencionales varían dentro de determinados intervalos, tal como refleja el cuadro 21.1 para el período 1963 – 1982. Es importante señalar que el origen de las formulaciones propuestas por cada autor era muy diferente. Así, los exponentes de Mc Cullough (1972) se basaban en la observación de una vía soportando un fuerte tráfico de mercancías. Por el contrario, Janin (1982) fundamentó su propuesta en las experiencias derivadas de las líneas francesas. Finalmente, Sato (1982) se basó en la elevación de la velocidad en la red Tokaido. Parece razonable por tanto afirmar que el orden de magnitud obtenido para la influencia del peso por

INFLUENCIA DEL ESPESOR DE BALASTO EN EL ASIENTO DE LA VÍA

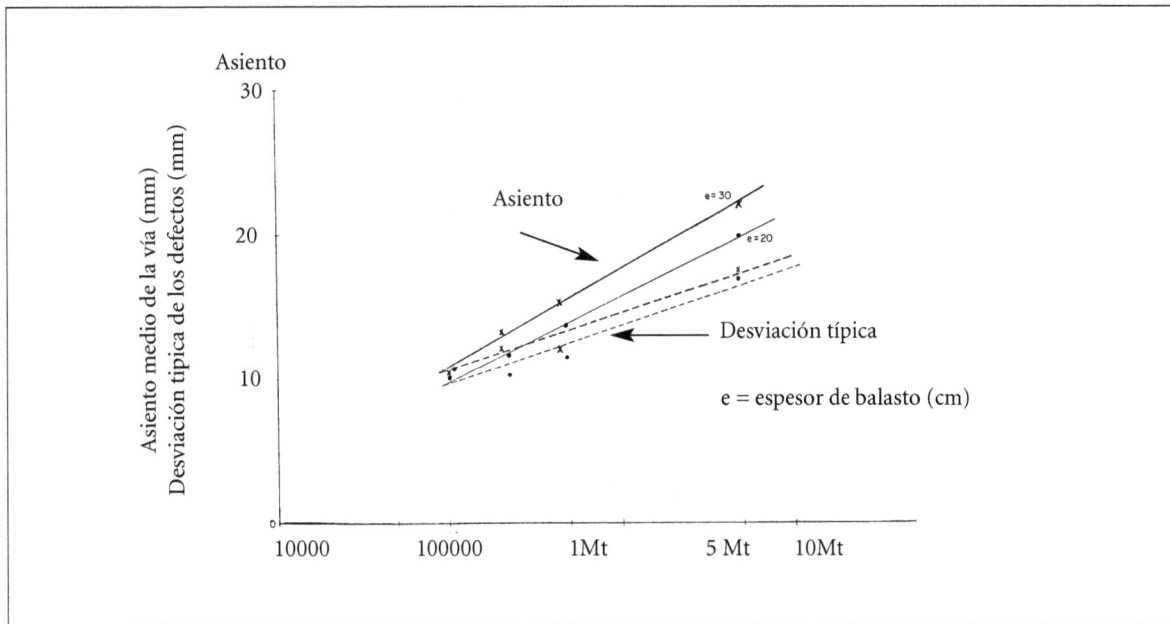

Fuente: ORE

Fig. 21.13

CUADRO 21.1. INFLUENCIA DEL PESO POR EJE, VELOCIDAD DE CIRCULACIÓN Y VOLUMEN DE TRÁFICO EN EL ASIENTO DE UNA VÍA

Autor	Influencia del peso por eje $\left(\dfrac{Pi}{Pj}\right)^{\alpha}$ Valor de α	Influencia de la velocidad $\left(\dfrac{Vi}{Vj}\right)^{\beta}$ Valor de β	Influencia del volumen de tráfico $\left(\dfrac{Ti}{Tj}\right)^{\gamma}$ Valor de γ
Comité D 71 (1970)	$1 < < 3$	—	—
McCULLOUGH (1972)	1	—	0,43
Comité D 117 (1972/75)	1	—	—
HYLAND (1974)	0,4	0,33	—
ANDREYEV (1974)	1	0,3 a 0,4	0,75
PENNYCOOK (1976)	1	—	0,18
SUGIYAMA (1979)	—	0,98	0,31
HENHN (1980)	1,21	—	—
JANIN (1982)	1	—	0,25

Fuente: A. López Pita (1982)

eje, la velocidad de circulación y el volumen de tráfico es suficientemente representativo del espectro de líneas sometidas a la explotación comercial.

Con carácter de síntesis, a continuación se explicitan los diferentes valores disponibles:

- Peso por eje: $\left(\dfrac{Pi}{Pj}\right)^{\alpha}$ $\alpha = 1$ a 2 para cargas normales
  $\alpha = 3$ a 4 para cargas elevadas

- Velocidad de circulación: $\left(\dfrac{Vi}{Vj}\right)^{\beta}$; $\beta \approx 0,3$ a $0,9$

- Volumen de tráfico: $\left(\dfrac{Ti}{Tj}\right)^{\gamma}$ $\gamma \approx 0,25$ a $0,7$

Con posterioridad al período temporal comentado, concretamente en la década pasada, nuevas investigaciones fueron llevadas a cabo. Así Mauer (1995) señaló que el asiento (μ_1), después de un ciclo de carga, podía evaluarse por la expresión:

$$\mu_1 = S.F^{0,85}$$

siendo S una constante y F la carga vertical actuando sobre una traviesa.

En relación con la influencia del tráfico, Selig (1994) propuso la expresión:

$$\mu_N = N.^{0,21}$$

En consecuencia, parecía razonable que la combinación de ambas expresiones proporcionase una ley general del tipo

$$\mu_N = \lambda \cdot F^{0,85} \cdot N^{0,21}$$

Por último, cabe mencionar que Sato (1997) propuso la siguiente relación matemática para evaluar el ritmo de producción de irregularidades en una vía

$$S = \alpha.T^{0,31}.M^{1,1}.L^{0,21}.P^{0,26}.V^{0,98}$$

Expresión en donde:

S = variación de la irregularidad en la vía en (mm/100 días)

α = constante

T = tonelaje soportado por la vía (10^6 t/año)

M = parámetro representativo de la resistencia vertical de la vía

L = parámetro representativo de la presencia o no de juntas en la vía (para carril continuo soldado $L = 1$)

P = calidad de la infraestructura (para buena calidad $P = 1$)

V = velocidad de circulación (km/h)

Se constata, por tanto, que las nuevas investigaciones han permitido precisar más los exponentes representativos de la influencia en el deterioro de una vía, de los parámetros que, sucintamente, caracterizan el tráfico en una línea (volumen de toneladas, velocidad y carga por eje).

En todo caso, resulta de interés recordar que en 1984 Shenton, de los ferrocarriles británicos, propuso, según los ensayos efectuados en el Laboratorio de Derby, la siguiente expresión para cuantificar el asiento (S) en una vía sometida a cargas de diversa magnitud actuando durante N ciclos.

$$S = K_s \cdot \frac{A_e}{20} \left[\left(0,69 + 0,028L \right) N^{0,2} + 2,7 \cdot 10^{-6} N \right]$$

siendo:

K_s = factor dependiente de las características del sistema balasto-plataforma

L = levante dado en el bateo

N = número de ejes

A_e = carga por eje equivalente

$$A_e = \left(\frac{A_1^5 \cdot N_1 + A_2^5 \cdot N_2 + ... + A_n^5 \cdot N_n +}{N_1 + N_2 + ... + N_n} \right)^{0,2}$$

A_i = carga por eje actuando durante N_i ciclos.

21.7 INFLUENCIA DEL MONTAJE Y DE LAS OPERACIONES DE MANTENIMIENTO DE UNA VÍA

En el ámbito del montaje de una vía y de las operaciones de mantenimiento de la misma cabe destacar dos hechos: el primero corresponde a lo que podríamos denominar *memoria histórica de la vía*; el segundo, a los efectos de las máquinas de bateo.

En relación con el primero, la figura 21.14, Robson (1980) muestra la evolución de los defectos de nivelación longitudinal de una vía en el período anterior al bateo, inmediatamente después de batear y al cabo de un cierto tiempo. Nótese como los defectos geométricos existentes en una zona concreta de la vía se amortiguan con el bateo, pero, bajo la acción del tráfico, vuelven a adquirir una

EVOLUCIÓN DE LA NIVELACIÓN LONGITUDINAL CON EL TRÁFICO

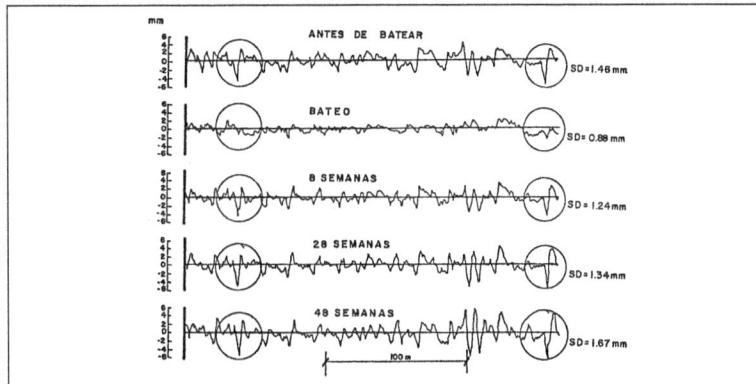

Fuente: Robson (BR)

Fig. 21.14

INFLUENCIA DEL BATEO EN LA REDUCCIÓN DE LOS DEFECTOS DE NIVELACIÓN LONGITUDINAL

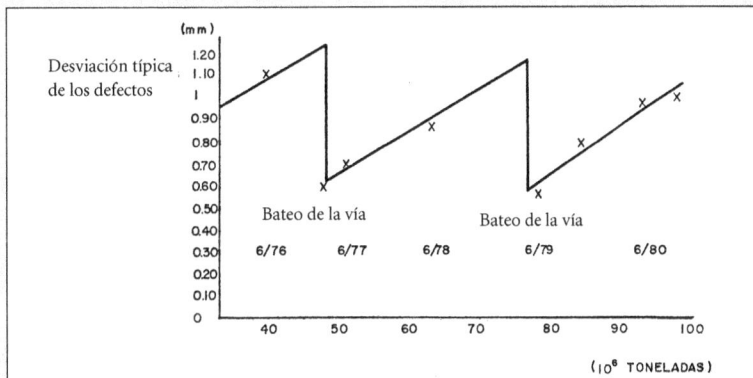

Fuente: G. Janin

Fig. 21.15

EFECTO DEL BATEO EN LA REDUCCIÓN DE LA DESVIACIÓN TÍPICA DE LOS DEFECTOS DE UNA VÍA

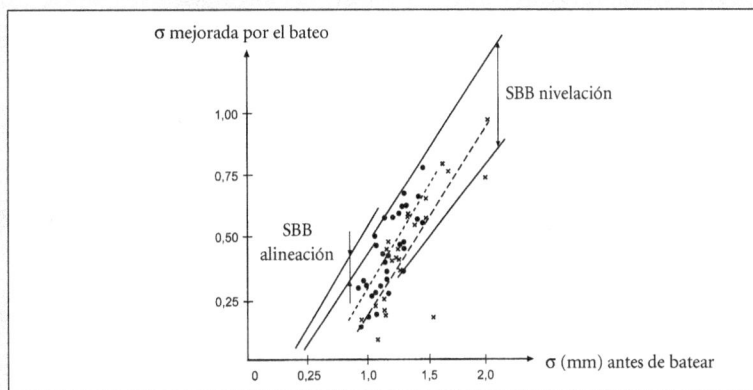

Fuente: Tomada de B. Lichtberger (2005)

Fig. 21.16

dimensión próxima a la inicial. Podría decirse que aquellos puntos de la vía que presentan alguna debilidad constructiva mantienen su limitación durante todo el período de vida de la vía.

En cuanto al segundo hecho, Janin (1982) mostró de forma gráfica (Fig. 21.15) los efectos del bateo en la reducción de la magnitud de la desviación típica de los defectos. Matemáticamente: $\sigma_d \approx 0,5\sigma_a$, siendo σ_d y σ_a la desviación típica de los defectos después y con anterioridad a batear la vía. Relación que se comprueba también en la figura 21.16.

Es de interés recordar, por otro lado, según los resultados de Grabe et al. (1997) el favorable efecto del estabilizador dinámico en el ritmo de deterioro de la calidad geométrica de la vía (Fig. 16.8). Como se indicó (Fig. 16.9), Lichtberger (2001) confirmó este hecho al observar el comportamiento de dos tramos de vía de una línea de los ferrocarriles alemanes, próxima a Munich, mostrando la repercusión de la estabilización o no de la vía en la evolución de los defectos de la geometría con el tráfico.

21.8 EL DETERIORO DE LA VÍA EN LA LÍNEA PARÍS – LYON: UNA EXPERIENCIA RELEVANTE

La ausencia de referencias a nivel europeo sobre el ritmo de deterioro de la calidad geométrica de una vía de alta velocidad proporcionó a la explotación de la nueva línea París – Lyon una novedosa dimensión.

La observación de la figura 21.17 muestra la elevada calidad lograda en el montaje de la vía (defectos de nivelación longitudinal con una desviación típica de 0,3 mm). En paralelo, el rápido incremento en la degradación de la vía que llevó a batear en el período 1982-1986 y durante cada año aproximadamente el 50% de la longitud total de la línea de alta velocidad. Este ritmo de trabajo hizo dudar, en algún momento, de la factibilidad económica de la explotación comercial de la citada línea. Puede verse, no obstante, en la figura 21.18, que a partir de 1986 la importancia de las operaciones de bateo se redujeron considerablemente y, por el contrario, aumentaron las tareas de amolado de los carriles.

En efecto, las causas del rápido deterioro de la geometría de la vía se encontraban en dos hechos: el primero, los defectos superficiales de fabricación de los carriles; el segundo, los defectos existentes en la superficie del carril motivados por los trenes de trabajo o debidos a la trituración del balasto por parte de las ruedas de los vehículos, cuando el material granular era proyectado, a causa de la velocidad de circulación, sobre la superficie del carril (Fig. 21.19). De acuerdo con la teoría de Prud'homme, estos defectos generaban unas importantes solicitaciones verticales de las masas no suspendidas del material. Solicitaciones causantes del rápido deterioro de la vía. Naturalmente, el bateo de la vía no eliminaba los defectos en los carriles y de ahí la sucesión de intervenciones de bateo en la línea

con escaso éxito. La generalización y extensión del amolado de los carriles significó la solución de los problemas y la posibilidad de mantener la calidad geométrica de la vía en estándares muy elevados (Fig. 21.20) sin tener necesidad de llevar a cabo costosas operaciones de mantenimiento. De tal manera que, en la actualidad, se procede a realizar el amolado de los carriles después de efectuar el montaje de una vía y con anterioridad al paso de circulaciones comerciales.

El tren de amolado de la empresa suiza Speno ha sido sin duda la referencia en este ámbito. El modelo RR 32 está formado (Fig. 21.21) por cuatro vehículos remolques que llevan una serie de muelas para realizar el amolado. Al actuar sobre el carril, eliminan, en general en más de una pasada, los defectos que presenta este componente del emparrillado de la vía. La velocidad de avance del tren Speno en condiciones de trabajo es de 4 a 6 km/h. El equipo G WM 550 de Plasser (Fig. 21.22) consta de cinco grupos de esmerilado con un total de 30 piedras esmeriladoras por carril.

Como referencia, en la figura 21.23 se muestran los kilómetros amolados en la red ferroviaria francesa en el periodo 1995-2002.

Por lo que respecta a los defectos causados en la superficie del carril por la trituración del balasto sobre ella caida, resulta evidente que su detección sólo podía efectuarse mediante visualización durante los recorridos a pie de los agentes de conservación de la vía.

Se comprende que este método presentaba importantes limitaciones en cuanto a la posibilidad de disponer en un periodo de tiempo prudencial de la situación en el conjunto de la red de alta velocidad. En particular por lo que respecta a la red francesa de altas prestaciones (casi 2.700 km en 1999). En consecuencia, los ferrocarriles franceses pusieron a punto un sistema de detección de este tipo de defectos, denominado IVOIRE (Inspección de la vía por imagen rápida embarcada).

El principio de funcionamiento del citado sistema se encuentra en disponer un sistema de cámaras embarcadas en el coche de registro «Melusine» y realizar a 300 km/h un registro de imágenes sobre la superficie del carril. Los resultados obtenidos son clasificados en clases en función de su tamaño (Fig. 21.24a). Nótese en la figura 21.24b el paralelismo existente entre la realidad y la representación obtenida del defecto con el sistema IVOIRE. Su empleo es del mayor interés para decidir las zonas que deberán ser amoladas en función de la densidad y del tamaño de los defectos.

21.9 INFLUENCIA DEL AMOLADO DE LOS CARRILES EN EL DETERIORO DE LA CALIDAD GEOMÉTRICA DE LA VÍA

A partir de la experiencia señalada en el apartado anterior, el interés por los efectos del amolado de los carriles adquirió una nueva dimensión. Consecuencias de la investigación realizada, son los hechos siguientes:

EVOLUCIÓN MEDIA DE LA NIVELACIÓN LONGITUDINAL DEL CONJUNTO DE LA LÍNEA PARÍS-LYON

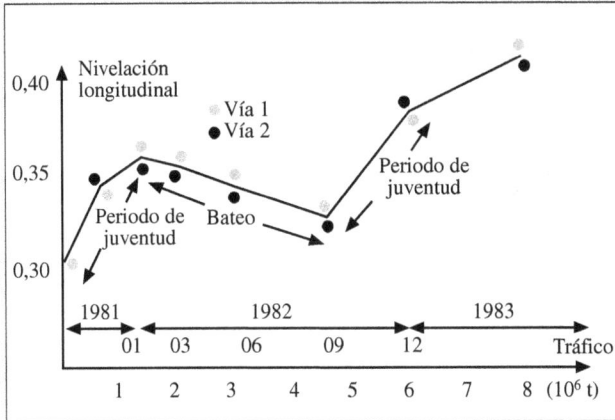

Fuente: A. López Pita con datos SNCF

Fig. 21.17

DEFECTOS EN LA SUPERFICIE DEL CARRIL DE LA LÍNEA PARÍS-LYON

Fuente: SNCF

Fig. 21.19

OPERACIONES DE CONSERVACIÓN DE VÍA EN LA LÍNEA PARÍS-LYON

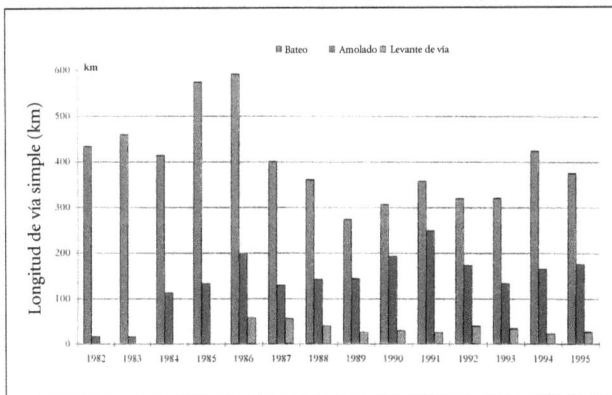

Fuente: André Le Bihan

Fig. 21.18

EVOLUCIÓN DE LA NIVELACIÓN LONGITUDINAL LÍNEA PARÍS-LYON

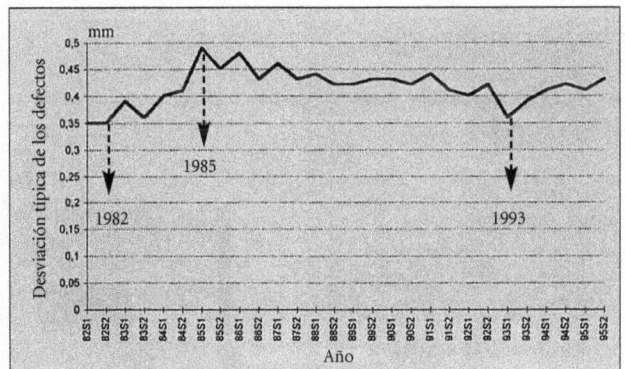

Fuente: André Le Bihan

Fig. 21.20

TREN SPENO PARA EL AMOLADO DE CARRILES

Fuente: Speno

Fig. 21.21

TREN PLASSER PARA EL AMOLADO DE CARRILES

Fuente: Plasser

Fig. 21.22

LONGITUD DE CARRILES AMOLADOS EN LA RED FRANCESA (1995-2002)

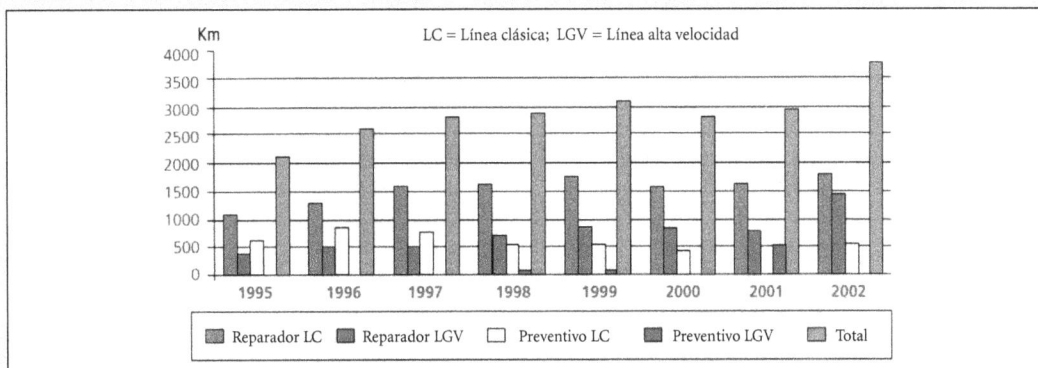

Km   LC = Línea clásica; LGV = Línea alta velocidad

Reparador LC   Reparador LGV   Preventivo LC   Preventivo LGV   Total

Fuente: L. Girardi (2003)

Fig. 21.23

AUSCULTACIÓN IVOIRE

a)

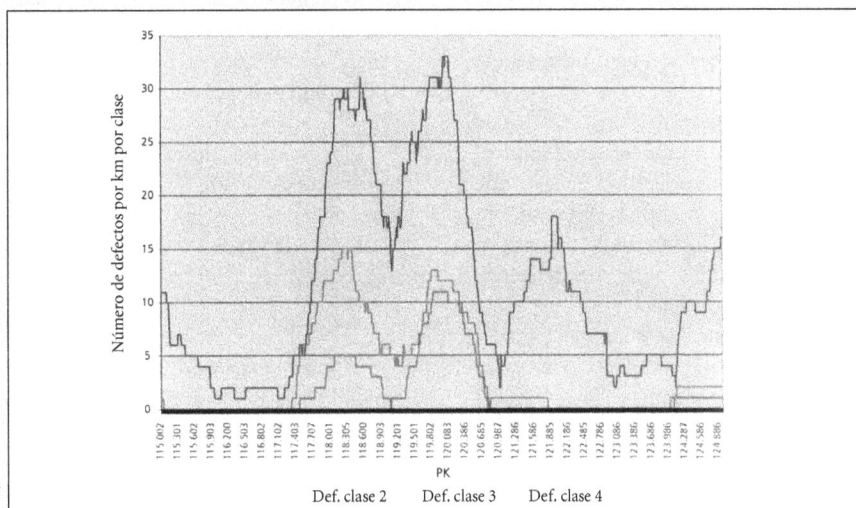

Número de defectos por km por clase

PK

Def. clase 2   Def. clase 3   Def. clase 4

Fuente: L. Girardi (2003)

INFORMACIÓN PROPORCIONADA POR EL IVOIRE

b)

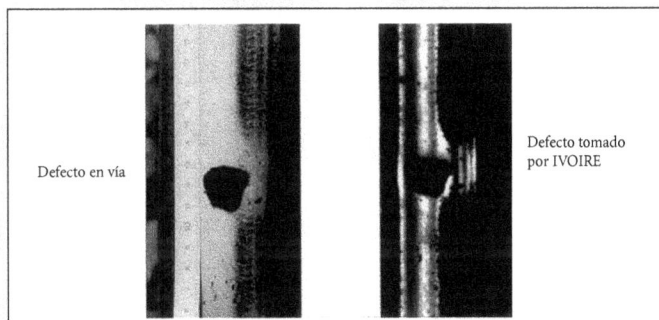

Defecto en vía

Defecto tomado por IVOIRE

Fuente: A. M. Rollet et al (2000)

Fig. 21.24

1. La planificación conjunta de los trabajos de mantenimiento de vía y del amolado de los carriles es una actuación recomendada.
2. La aplicación del amolado después del bateo de la vía reduce sensiblemente las vibraciones en el carril y las traviesas (Fig. 21.25a).

En consecuencia, es razonable pensar que el deterioro de la calidad geométrica de una vía amolada se producirá con un ritmo inferior al correspondiente a vías que sólo hayan sido bateadas (Fig. 21.25b y 21.25c).

21.10 DETERIORO DE LAS LÍNEAS DE ALTA VELOCIDAD CON TRÁFICO MIXTO

La experiencia expuesta hasta ahora se deriva de la explotación de la primera línea de alta velocidad entre París – Lyon, línea en donde sólo circulan ramas TGV a igual velocidad. Sin embargo, en los más de 3.000 km de nuevas infraestructuras construidas hasta el momento en Europa, el sistema de explotación asociado a cada línea no es el mismo.

De una manera simplificada, se dice que existen dos modelos de explotación: el primero agruparía las líneas donde sólo circulan trenes de viajeros; en el segundo, se incluirían aquellas líneas donde concurrieran tanto servicios de viajeros como de mercancías, dando lugar al concepto de tráfico mixto. Si bien esta clasificación puede ser útil desde cierta perspectiva, desde la óptica del deterioro de la calidad geométrica de la vía resulta insuficiente.

Por una parte, cabría imaginar ramas de alta velocidad adaptadas para el transporte de mercancías (se han producido ya diversos intentos en esta dirección que no han fructificado por causa de su insuficiente rentabilidad económica). En este caso, a efectos del comportamiento de la vía, el tipo de material rodante que circularía por ella y su velocidad sería único. En el extremo opuesto se encuentra la línea Madrid – Sevilla, por la que sólo circulan trenes de viajeros, pero no sólo lo hacen las ramas especializadas para alta velocidad, sino que también circulan trenes convencionales formados por una locomotora y material rodante convencional.

Creemos que el peso de la definición debe recaer más bien, por lo que respecta al tráfico mixto, sobre la tipología del material rodante que circula por la vía y sobre los esfuerzos que ejerce sobre ella, que repercutirán de forma directa sobre los costes de mantenimiento de su calidad geométrica. Desde este punto de vista, en el cuadro 21.2 se exponen los distintos sistemas de explotación que existen en la actualidad. La clasificación establecida no tiene una intencionalidad teórica, sino que está basada en las consecuencias prácticas que desde nuestra perspectiva tiene cada tipo de tráfico en lo que respecta al deterioro de la vía.

En el citado cuadro 21.2 se distinguen cuatro tipos de líneas en función del tráfico que soportan:

Líneas T_1, donde sólo se utilizan ramas especializadas para el transporte de viajeros.

Es el caso de las líneas París – Lyon, TGV-Atlántico, TGV-Norte, Interconexión, TGV Lyon – Valence, Valence – Marseille y Colonia – Frankfurt.

Líneas T_2, donde sólo circulan trenes de viajeros, pero tanto a través de ramas como de composiciones formadas por material rodante convencional (locomotora y coches).

Es el caso de la línea Madrid – Sevilla, donde circulan conjuntamente trenes AVE y TALGO 200 con locomotora. Tambien de la línea Madrid – Zaragoza – Lleida (TALGO 350 y TALGO 200).

Líneas T_3, donde circulan al mismo tiempo ramas especializadas para el transporte de viajeros y material rodante convencional para el transporte de viajeros y mercancías.

En este grupo se encuentran las nuevas líneas alemanas, Hannover – Würzburg, Mannheim – Stuttgart y Hannover – Berlín, así como la línea italiana entre Roma y Florencia. En breve se incorporará la línea Karlsruhe – Basilea. A medio plazo, la línea Turín – Milán – Florencia y la nueva línea de Barcelona a la frontera francesa (Perpignan).

Líneas T_4, donde sólo se utilizan ramas especializadas para el transporte de viajeros y trenes convencionales para el transporte de mercancías.

Esta es la situación existente, en la práctica, en algunos tramos de las nuevas líneas París – Lyon y TGV-Atlántico, desde octubre de 1997.

Según lo expuesto, resulta posible analizar el deterioro de la calidad geométrica de la vía en cada uno de los sistemas de explotación indicados. Bastará para ello, en primera aproximación, utilizar los resultados que se expusieron en el gráfico de la figura 12.13 y tener en cuenta la influencia en el deterioro de la vía de los esfuerzos verticales, que como se expuso precedentemente responde a la relación (P_i/P_j)a siendo P_i y P_j dos cargas verticales y α un exponente que varía de 1 a 2 para solicitaciones normales. Con criterio de síntesis y en base a la experiencia existente en 1996, la Comisión de Instalaciones Fijas de la UIC publicó el gráfico de la figura 21.26.

El análisis de la figura pone de relieve varios aspectos de interés:

1. El deterioro de una línea de alta velocidad reservada al tráfico exclusivo de ramas para viajeros, evoluciona con menor rapidez que en una línea convencional clásica (viajeros y mercancías).
2. El ritmo de deterioro de una línea de alta velocidad explotada con tráfico de mercancías se sitúa a nivel intermedio respecto al correspondiente a una línea convencional y a una línea con ramas exclusivas para viajeros.

VELOCIDAD EFECTIVA DE VIBRACIÓN DE LA VÍA CON LOCOMOTORA OBB 1044 A 80 KM/H

a)

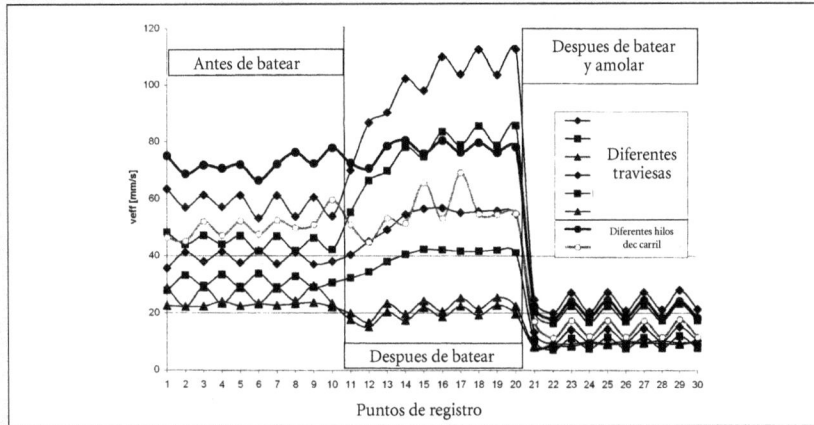

DETERIORO DE UNA VÍA NO AMOLADA

b)

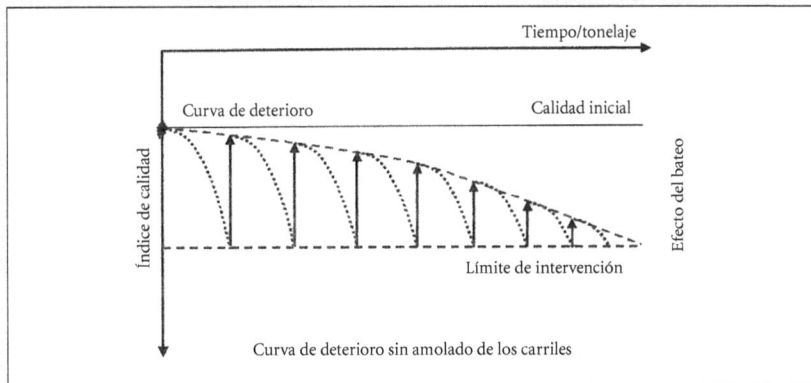

DETERIORO DE UNA VÍA AMOLADA

c)

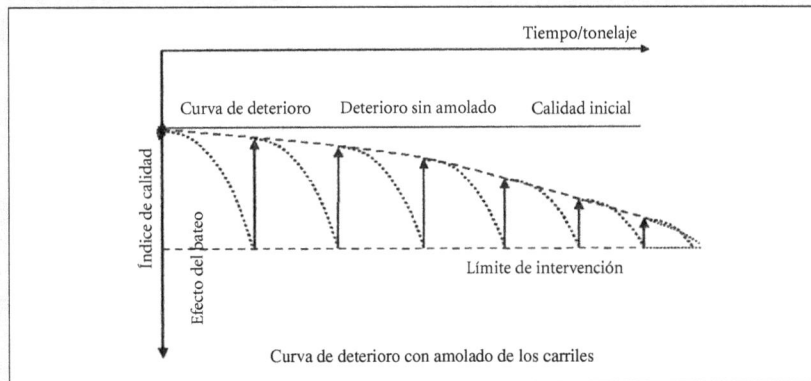

Fuente: W. Schoech (2001)

Fig. 21.25

CUADRO 21.2. SISTEMAS ACTUALES DE EXPLOTACIÓN DE LÍNEAS DE ALTA VELOCIDAD

Tipología del tráfico	Tipos de composiciones	Características técnicas	Líneas
Exclusivamente transporte de viajeros	* Ramas especializadas para transporte de viajeros (T$_1$)	V$_{máx}$ = 270/300 km/h P = 16/17 T/eje	En servicio comercial: * París-Lyon (1) * TGV – Atlántico (1) * TGV – Norte e Interconexión * TGV – Rhône - Alpes * Colonia - Frankfurt * Valencie/Nimes/Marsella
	* Ramas especializadas para transporte de viajeros * Trenes convencionales para transporte de viajeros: locomotora y coches (T$_2$)	V$_{máx}$ = 270/300 km/h P = 16/17 T/eje V$_{máx}$ = 160/220 km/h Locomotora: 20/22 T/eje Coches: 12 a 14 T/eje	En servicio comercial: Madrid – Sevilla Madrid-Zaragoza-Lleida
Transporte de viajeros y mercancías	Ramas especializadas para transporte de viajeros * Trenes convencionales para transporte de viajeros: locomotora y coches * Trenes convencionales para transporte de mercancías: locomotora y vagones (T$_3$)	V$_{máx}$ = 250/300 km/h P = 16/17 T/eje V$_{máx}$ = 160/220 km/h Locomotora: 20/22 T/eje Coches: 12 a 14 T/eje V$_{máx}$ = 100/160 km/h Locomotora: 20/22 T/eje Coches: 16 a 20 T/eje	En servicio comercial: * Hannover - Würzburg * Mannheim - Stuttgart * Roma - Florencia * Hannover - Berlín Previstas en el corto plazo: * Karlsruhe - Basilea * Florencia - Milán * Barcelona – Frontera francesa
	Ramas especializadas para transporte de viajeros * Trenes convencionales para transporte de mercancías: locomotora y vagones (T$_4$)	V$_{máx}$ = 250/300 km/h P = 16/17 T/eje V$_{máx}$ = 160 km/h Locomotora: 20/22 T/eje Coches: 16 T/eje	Algunos tramos de la línea París-Lyon y el TGV – Atlántico (desde octubre de 1997) (1)

Fuente: A. López Pita (1998) y (2004)

3. Durante los primeros 15 años de explotación de las líneas de alta velocidad, con o sin tráfico de mercancías, el ritmo de deterioro es suavemente creciente. Por el contrario, a partir de ese momento temporal (aproximadamente) tiene lugar un rápido incremento en el deterioro de la calidad geométrica.

En apoyo de la primera conclusión expuesta, resulta de interés subrayar que en 1993, es decir, diez años después de la entrada en servicio comercial de la línea París – Lyon, G. Cervi (SNCF) afirmaba que el coste de conservación por kilómetro de dicha línea era aproximadamente el 55% del coste de conservación de una línea convencional a igualdad de tráfico (35.000 a 45.000 t/día). La explicación formal de este hecho se encontraba, esencialmente, en tres motivos: la uniformidad del material TGV que circulaba por la línea; el reducido peso por eje de dicho material (17 t), y las estrictas condiciones impuestas a la calidad geométrica de la vía y al proceso de construcción de la nueva infraestructura.

21.11 EL DETERIORO DE LA VÍA POR CAUSA DE LAS VIBRACIONES GENERADAS EN LA CAPA DE BALASTO

21.11.1 Nivel de aceleraciones en la capa de balasto

La preocupación por el comportamiento vibratorio del balasto con las circulaciones a alta velocidad se remonta a los años 60 del siglo XX con ocasión de los estudios realizados para circular a velocidades iguales o superiores a 200 km/h.

De hecho, en 1967, Birmann señaló que la capa de balasto estaba sometida a una carga alternativa transmitida por intermedio de las traviesas, como consecuencia del paso de trenes a elevada veloci-

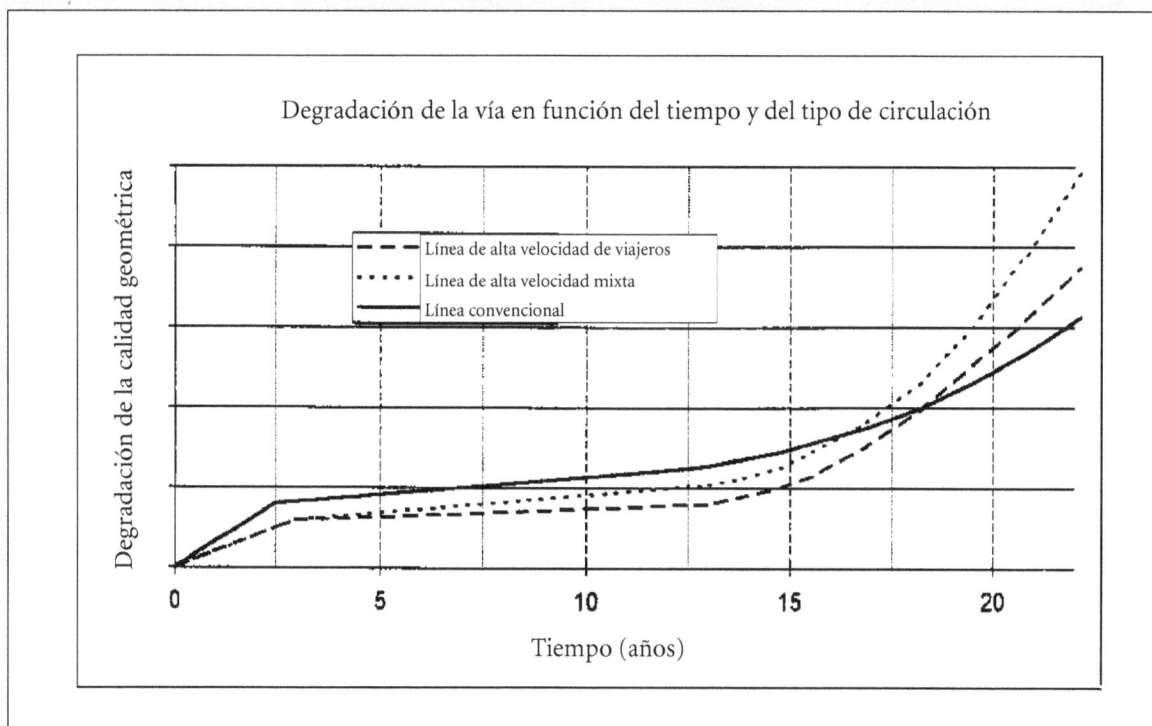

Degradación de la vía en función del tiempo y del tipo de circulación

Degradación de la calidad geométrica

- - - Línea de alta velocidad de viajeros
⋯⋯ Línea de alta velocidad mixta
— Línea convencional

Tiempo (años)

Fuente: UIC

Fig. 21.26

dad. Para una velocidad de 300 km/h, con bogies de empate igual a 3 metros, la frecuencia de excitación era del orden de 28 Hz.

$$\frac{300.000 \text{ m}}{3600 \text{ seg}} : 3 \text{ m} = 28 \text{ Hz}$$

A pesar del amortiguamiento producido por la propia capa de balasto, podría llegar un momento en el que se destruyese el equilibrio de las partículas que configuran la citada capa, haciendo inviable la práctica de dicha velocidad.

De forma precisa, las primeras medidas realizadas en la nueva línea del Tokaido pusieron de manifiesto que los niveles de vibración en la capa de balasto oscilaban entre 0,3 y 0,6g para velocidades máximas de hasta 210 km/h. Sin embargo, las citadas magnitudes podían alcanzar valores de 1 y 1,5 g en el caso de zonas de vía sobre plataforma rígida, como sucedió con las medidas efectuadas en el túnel de Rokko.

Por lo que respecta a la experiencia francesa, cabe recordar las medidas efectuadas en una línea convencional con materiales de distintas características y a diferentes velocidades de circulación. De acuerdo con Prud'homme (1976), se obtuvieron los valores indicados a continuación (Cuadro 21.3).

CUADRO 21.3. ACELERACIÓN MEDIDA EN LA CAPA DE BALASTO

Material	Velocidad (km/h)	Aceleración en la capa de balasto
Locomotora CC 6500	140	0,8 g
TGV 001	140	0,88 g
	245	1,40 g
	300	1,40 g

Fuente: A. Prud'homme (1976)

La aceleración del balasto fue medida entre dos traviesas y aproximadamente a 15 cm bajo la cara inferior de las mismas. El autor francés señaló que la elevación de la aceleración podría ocasionar una atricción del balasto superior a la que tenía lugar en líneas convencionales, incrementándose por tanto los costes de conservación.

Más recientemente, Le y Ripke (2000) publicaron los resultados obtenidos para la aceleración r.m.s medida a distinta profundidad bajo la superficie del carril, con trenes ICE circulando a velocidades comprendidas entre 250 y 330 km/h. En la figura 21.27a se visuali-

MEDIDA DE VIBRACIONES EN LA LÍNEA HANNOVER-BERLÍN

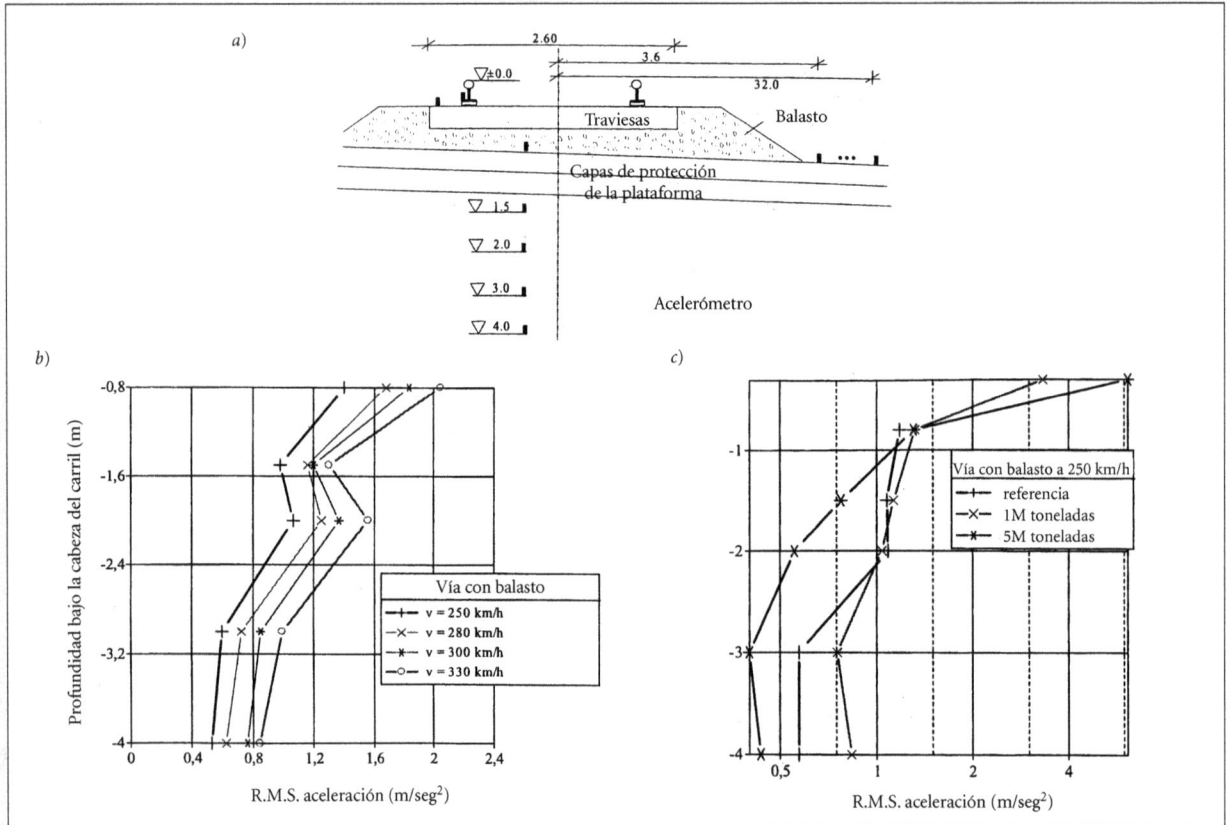

Fuente: Le y Rypke (2000)

Fig. 21.27

MODELO DE SATO PARA EVALUAR LA ACELERACIÓN EN EL BALASTO

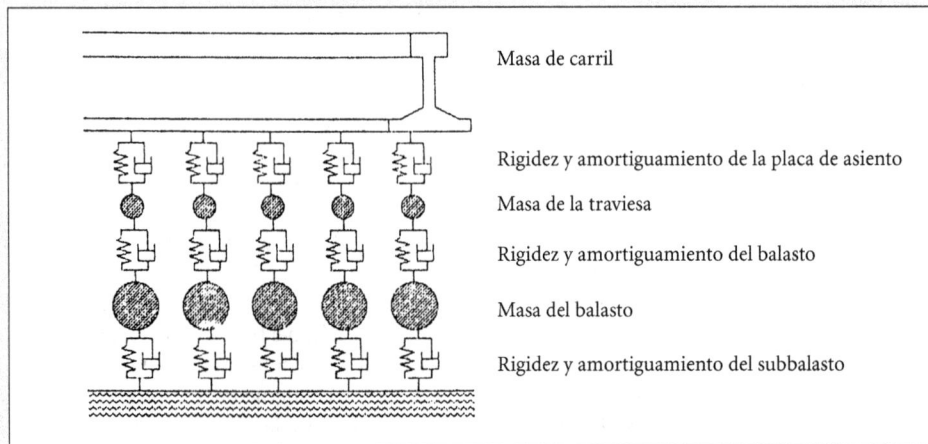

Fuente: Y. Sato (1995)

Fig. 21.28

zan los puntos donde se colocaron los acelerómetros y en la figura 21.27b y 21.27c las magnitudes medidas. Se observa que las aceleraciones máximas se situaron en el intervalo de 1,4 a 2 m/seg², 80cm por debajo de la superficie del carril. Si se recuerda que el carril UIC 60 tiene una altura de 17,2 cm; la traviesa un canto de 18 a 20 cm (según se trate de traviesas B70 o B75), y que el espesor del balasto alcanza los 35 cm, se deduce que el valor máximo de la aceleración correspondió a la capa de subbalasto o la superficie de la propia plataforma. Resulta de interés comprobar como a medida que pasa el tráfico sobre la vía los niveles de aceleración medidos disminuyeron sensiblemente (Fig. 21.27c).

21.11.2 Teoría de Sato (1978) respecto a la influencia de la aceleración en el balasto

En 1978 el autor japonés propuso una teoría para evaluar el asiento de la capa de balasto (δ) a través de la expresión:

$$\delta = \beta \cdot \sigma_b \cdot y_b''\qquad(21.3)$$

siendo:

β = constante

σ_b = presión sobre la superficie de la capa de balasto

y''_b = aceleración medida en la capa de balsto

A partir del modelo indicado en la figura 21.28, Sato obtuvo la dependencia existente entre la aceleración en la capa de balasto y los principales factores de la vía y el vehículo.

Matemáticamente:

$$y'' = \alpha \frac{1}{M}\left(\frac{A}{\pi}\right)^{0,5} \cdot \left(\frac{mo}{2}\right)^{0,5} \cdot (EI)^{-0,125} D_1^{0,625} \cdot a^{0,375} \cdot V$$

con:

$$\alpha = 1/\left[1-(D_2/M)\cdot\left(\frac{mo}{2}\right)/K\right]$$

siendo:

A = coeficiente expresando la amplitud de los defectos de la superficie del contacto rueda – carril

m_o = peso no suspendido por eje

EI = rigidez del carril

D_1 = constante dinámica del soporte del carril

a = distancia entre traviesas

V = velocidad de circulación

D_2 = constante elástica de la infraestructura

K = rigidez vertical de la vía

En conclusión, se ponía de relieve que el asiento de la capa de balasto dependía tanto de la presión transmitida por los vehículos como del nivel de aceleraciones generado en dicha capa.

21.11.3 Nueva expresión para el asiento de la capa de balasto: Sato (1995)

Las investigaciones realizadas en las siguientes décadas y la experiencia obtenida con la explotación de las líneas de alta velocidad en Japón permitieron al autor japonés proponer la siguiente expresión para evaluar el asiento de la capa de balasto:

$$y = \gamma\,[1 - e^{-aN}] + \beta N$$

o bien:

$$y = \gamma - \gamma \cdot e^{-aN} + \beta N$$

siendo:

y = asiento del balasto

N = número de ciclos de carga o tráfico soportado por la vía.

α, β y γ = coeficientes

En la expresión precedente, el primer término expresa el asiento inicial que tiene lugar rápidamente y los dos restantes el asiento en función del número de ciclos de carga. Es importante subrayar que el coeficiente β es una función del nivel de presiones bajo la traviesa y de la aceleración medida en la capa de balasto.

Por otro lado, propuso una expresión aproximada para la aceleración en el balasto. Matemáticamente:

$$y'' \approx \sqrt{k_1} \cdot \frac{1}{\sqrt{m}}\qquad(21.4)$$

siendo k_1 la rigidez vertical de la placa de asiento y m la masa efectiva del sistema traviesa – balasto – plataforma.

21.11.4 Coeficiente de deterioro de la vía

Como síntesis de los análisis expuestos en apartados precedentes, Sato (1995) propuso un indicador para caracterizar el deterioro de la vía, a partir de la expresión:

$$C_D = L.M.N$$

siendo:

C_D = coeficiente representativo del deterioro de la vía

$L = \sum$ (carga estática por eje) . (Factor dependiente del vehículo) . (Velocidad del vehículo).

El factor dependiente del vehículo se evalúa por la relación:

$$\frac{1}{1-\in \eta}$$

$\in$ = constante dependiente del tipo de vehículo (0,5 para vagones y 0,9 para coches de viajeros).

η = Ms/m

M_s = masa suspendida

m = masa no suspendida

$M = \sigma_b \cdot y_b" \cdot S$

σ_b = presión en la superficie del balasto

$y_b"$ = aceleración en el balasto

S = coeficiente de impacto $\approx \left(1/\sqrt{EIK}\right)$

K = rigidez vertical de la vía por unidad de longitud

N = factor dependiente de la uniformidad de la superficie del carril, del grado de contaminación del balasto, etc.

En consecuencia, se deduce que el coeficiente de deterioro de la vía es una función del tipo:

$$C_D = f\left(P, V, \frac{m}{m-M_s}, \sigma_b, y_b", \frac{1}{\sqrt{EIK}}\right)$$

Es evidente el interés que tiene el conocimiento de la forma en que intervienen cada una de las variables indicadas con objeto de adoptar las medidas que permitan reducir el deterioro de la vía.

21.11.5 Influencia de las vibraciones originadas por el tráfico en la capa de balasto

Como consecuencia de los resultados indicados en apartados precedentes, desde hace más de una década y en particular en líneas alemanas se han efectuado numerosas medidas para conocer la magnitud y las consecuencias de las vibraciones generadas en la capa de balasto.

La manera tradicional de caracterizar el potencial de daño debido a las vibraciones ha sido la velocidad máxima de las particulas de balasto. Por ello, desde la puesta en servicio de las primeras líneas de alta velocidad en Alemania: Hannover – Würzburg y Mannheim – Stuttgart en 1991, se trató de medir la citada velocidad de desplazamiento de las partículas de balasto para diferentes velocidades de circulación comercial.

Hoy día se puede medir con suficiente precisión la velocidad de vibración, en el punto seleccionado, según el sentido de los tres ejes, X, Y y Z. A partir de las citadas tres componentes de la velocidad se obtiene la velocidad de la vibración resultante. Matemáticamente:

$$V_{result} = \sqrt{V_x^2 + V_y^2 + V_z^2}$$

A continuación se calcula la velocidad efectiva en un cierto período de tiempo, según la expresión:

$$V_{efectiva} = \sqrt{\frac{1}{T}\int_0^T V_{result. dt}^2}$$

Se adopta como período de tiempo el margen de 0,125 segundos (norma DIN 4150).

En la figura 21.29a se muestra la velocidad de vibración efectiva debajo de la traviesa para distintas velocidades de circulación del tren ICE. Se constata que se produce un rápido incremento de la citada vibración de las partículas de balasto con el aumento de la velocidad de marcha del tren.

Por otro lado, en la figura 21.29b se refleja la influencia de la carga por eje para una velocidad dada en la velocidad de vibración resultante efectiva de las partículas de balasto.

De manera sintética puede decirse, por tanto, que:

a) Para velocidades de circulación del ICE a 160 km/h, la velocidad de vibración se aproxima a 20 mm/seg. Cuando la velocidad de marcha alcanza los 250 km/h, la velocidad de vibración se sitúa en el intervalo de 24 a 28 mm/seg.
b) Para velocidades de circulación en el entorno de 100 km/h y cargas por eje del orden de 19 a 20t (valores del ICE-1), la velocidad de vibración no alcanza los 10 mm/seg.

Llegados a este punto cabe preguntarse a partir de qué velocidad efectiva de vibración la estructura de balasto se vuelve inestable. Según la experiencia disponible en otras disciplinas de la ingeniería (edificaciones, hinca de pilotes, etc.), puede situarse el límite admisible de velocidades de vibración en el intervalo de 10 a 15 mm/seg. Este hecho se comprueba en la práctica observando la variación del asiento de la capa de balasto con la velocidad de vibración de las partículas, para una presión media constante bajo la cara inferior de las traviesas (Fig. 21.30).

Desde el punto de vista estructural la vía puede ser diseñada de forma que se reduzca el nivel de vibraciones en la capa de balasto. En efecto, si se consideran las expresiones 21.3 y 21.4 se deduce el interés de:

a) Reducir el nivel de presión sobre la superficie de la capa de balasto.
b) Reducir la rigidez vertical de la placa de asiento.

El tramo en ensayo de Stendal, en la línea Hannover-Berlín, permitió comparar el comportamiento de tres tipos de superestructura:

- Carril UIC 60 traviesas B70 (área de apoyo por hilo de carril de 2.850 cm^2) y placa de asiento con rigidez de 500 KN/mm.
- Carril UIC 60, traviesas B70, y placa de asiento con rigidez de 60 kN/mm.
- Carril UIC60, traviesas B75 (área de apoyo por hilo de carril de 3.780 cm^2) y placa de asiento con rigidez de 27 kN/mm.

En la figura 21.31, se observa el espectro de la velocidad de vibración de las partículas de balasto para cada uno de los tres tipos de superestructura mencionados. Se comprueba el efecto positivo que tiene en la reducción de la velocidad de vibración el aumento del área de apoyo de las traviesas y el aumento de la flexibilidad de las placas de asiento. Por otro lado, análogo efecto desempeña el empleo de traviesas con suelas elásticas (Fig. 21.32) a las que nos referimos con anterioridad.

Cabe señalar, por último, que la velocidad efectiva resultante de la vibración en la cara inferior de la traviesa ($V_{res.efect}$) varía con la velocidad de circulación de un vehículo (Vtren) según la epresión:

$$V_{res.efect} = K_1 \cdot e^{k_2} \cdot V_{tren}$$

siendo K_1 y K_2 dos constantes que adoptan los valores siguientes (Gotschol, 2002)

Calidad geométrica de vía	K_1	K_2
Buena	0,9	0,0075
Mala	0,9	0,009

Fuente: Tomada de B. Lichtberger

VELOCIDAD DE VIBRACIÓN EN EL BALASTO

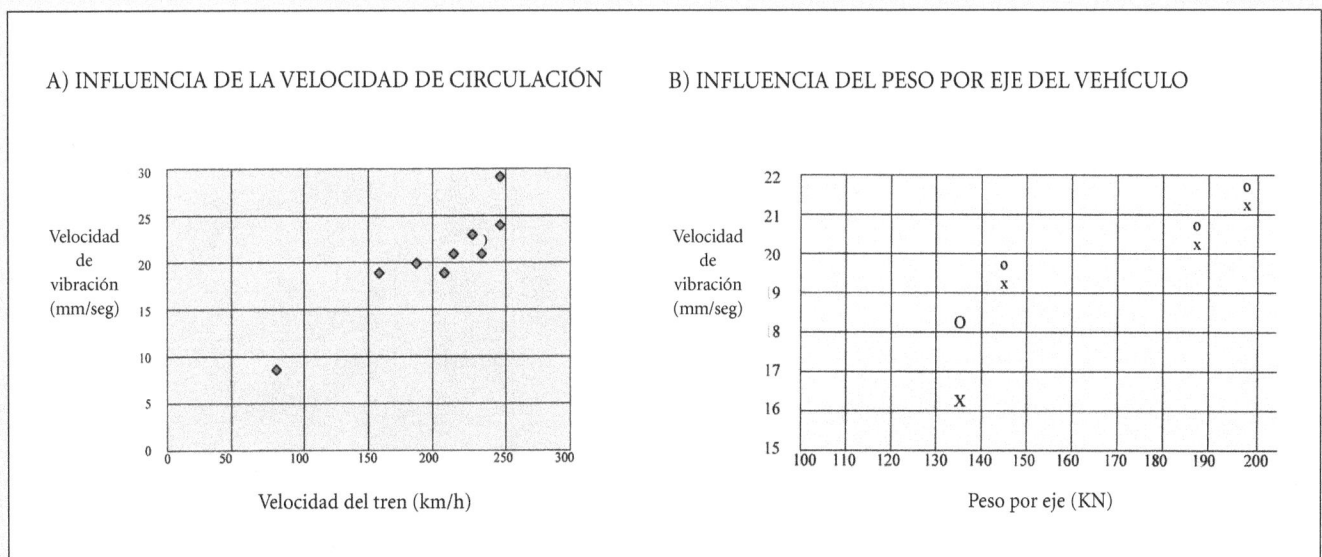

A) INFLUENCIA DE LA VELOCIDAD DE CIRCULACIÓN

B) INFLUENCIA DEL PESO POR EJE DEL VEHÍCULO

Fuente: Rump et al. (1996)

Fig. 21.29

ASIENTO DEL BALASTO EN FUNCIÓN DE LA VELOCIDAD DE VIBRACIÓN

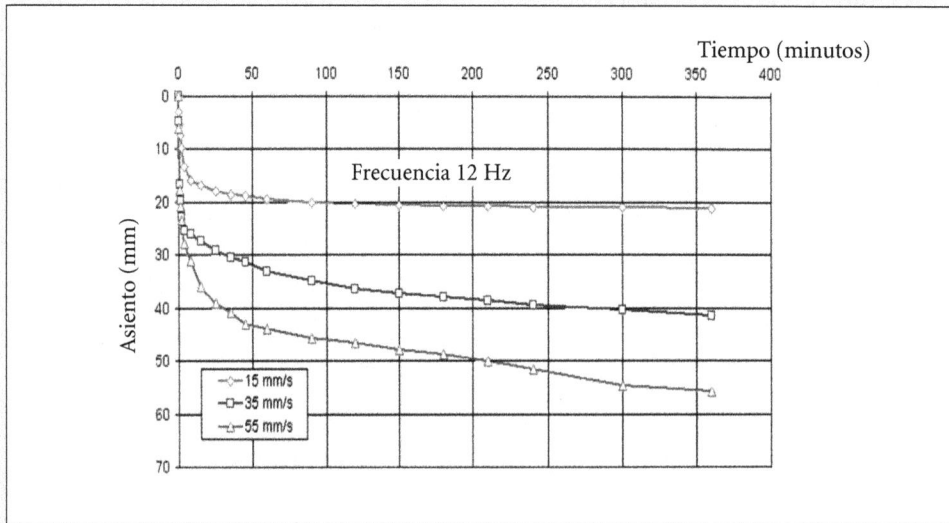

Fuente: E. Rehfeld (2000)

Fig. 21.30

INFLUENCIA DEL TIPO DE SUPERSTRUCTURA EN LA VELOCIDAD DE VIBRACIÓN DEL BALASTO

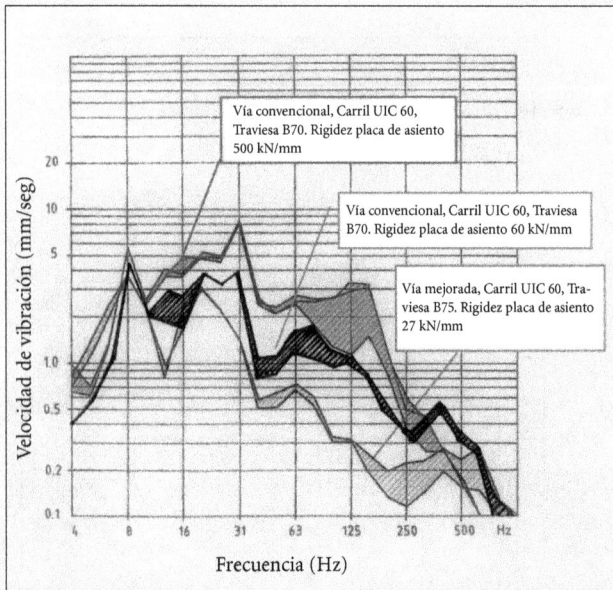

Fuente: G. Leykauf et al. (2001)

Fig. 21.31

VELOCIDAD DE VIBRACIÓN DEL BALASTO EN VÍAS CON Y SIN TRAVIESAS CON SUELAS ELÁSTICAS (V = 160 KM/H)

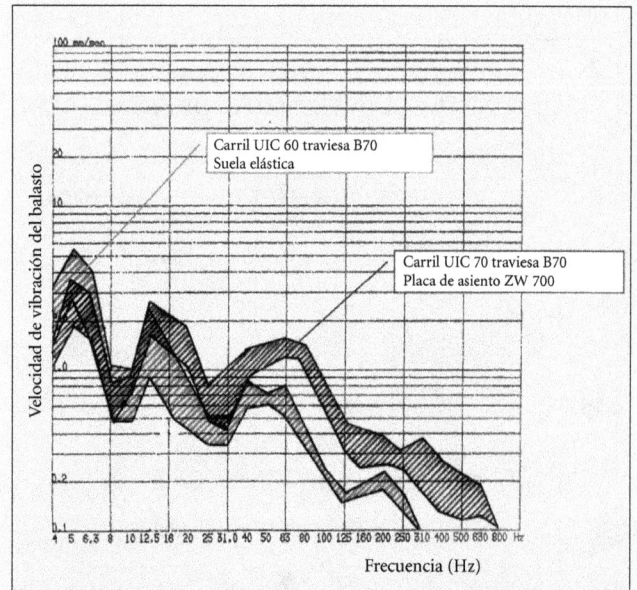

Fuente: W. Stahl (2005)

Fig. 21.32

MANTENIMIENTO DE VÍA

22.1 IMPORTANCIA TÉCNICA Y ECONÓMICA

La conservación de las vías de una red ferroviaria es una actividad imprescindible para mantener las líneas con los estándares de calidad geométrica que necesita la circulación a una cierta velocidad. La dimensión, en longitud, de los principales ferrocarriles europeos confiere a esta actividad una relevancia técnica de primer orden, pero, análogamente, de gran repercusión económica.

En relación con el primer aspecto (la longitud de las redes), basta recordar la extensión (km de vía) que presentan algunos ferrocarriles: Alemania (> 36.000 km); Francia (> 32.000 km), Reino Unido (> 17.000 km), Italia (> 16.0000 km) y España (> 14.000 km).

En cuanto al segundo aspecto, el económico, los gastos de la Une de Mantenimiento de RENFE en el año 2003 superaron los 500 millones de euros (incluyendo no sólo la vía sino también el resto de instalaciones fijas como catenaria, señalización, etc.) Históricamente y para las líneas convencionales, se ha estimado que, anualmente, los recursos aportados a la conservación de las instalaciones fijas deberían ser del orden del 3 al 5% del capital inmovilizado en infraestructura y superestructura.

De forma muy general, las operaciones de mantenimiento de una vía se concretan en los siguientes ámbitos:

- Mantenimiento de explanaciones, puentes o viaductos y túneles
- Control sobre el estado de la geometría de la vía y actuaciones que se deriven
- Auscultación ultrasónica de carriles para detectar los posibles defectos internos del carril
- Control del desgaste ondulatorio de los carriles
- Control del desgaste lateral de los carriles
- Control del estado del resto de los materiales (juntas, sujeciones, soldaduras) y de los aparatos de vía

22.2 EVOLUCIÓN DE LA ORGANIZACIÓN DEL MANTENIMIENTO

El mantenimiento de las vías de ferrocarril ha ido evolucionando en el tiempo de forma paralela a las modificaciones introducidas en el diseño del emparrillado de vía (traviesas de hormigón por traviesas de madera; carril continuo soldado por vías con juntas, etc.), dado que los nuevos diseños de vía necesitaban, por un lado, de menos recursos humanos para el mantenimiento y, por otro lado, de maquinaria de vía de mayores prestaciones.

Según la publicación *150 años de infraestructura* editada por la Unidad de Negocio de Mantenimiento, de RENFE, en 1998, la evolución histórica del mantenimiento de vía puede sintetizarse de la forma siguiente:

- Inicialmente el ferrocarril centró su atención en evitar el descarrilamiento de los vehículos. El mantenimiento se basó entonces en la denominada *puntada a tiempo*, consistente en corregir los defectos que podían poner en peligro la seguridad de las circulaciones.
- Con el aumento de las velocidades de circulación, el criterio anterior de seguridad se sustituyó por el más exigente "criterio de confort del viajero". Este hecho dio lugar al nacimiento de la denominada *revisión periódica*. Su filosofía residía en actuar de forma completa sobre todos los elementos constitutivos de la

vía a intervalos fijos de tiempo, con el objetivo de restituir los parámetros originales.

• Con posterioridad, las diferentes operaciones se fueron sistematizando dejando paso a la *conservación metódica*". Este modelo de mantenimiento consistía, esencialmente, en la realización de una serie de actividades con unos ciclos prefijados que contemplaban no sólo la revisión y conservación de la totalidad de los elementos de la vía, sino también los trabajos de mantenimiento de los desvíos y de la nivelación y alineación.

Por nuestra parte, señalaremos que una referencia de este tipo de conservación era el tiempo transcurrido entre dos nivelaciones consecutivas de vía, que oscilaba entre 1 y 3 años, según la importancia de la línea y del tráfico asociado. Así, en los ferrocarriles belgas, el límite inferior de tiempo antes señalado (1 año) se aplicaba a líneas cuyo tráfico bruto diario fuese superior a 50.000 toneladas; el límite superior de tiempo (3 años) correspondía a las líneas con menos de 20.000 toneladas brutas por día.

Con el paso del tiempo la filosofía de la conservación metódica quedó superada. En efecto, la desaparición de la traviesa de madera, de las juntas, el aumento del peso de los carriles, la implantación de nuevos desvíos de bajo mantenimiento, motivaron que la revisión de materiales perdiese importancia en beneficio del tratamiento de los parámetros geométricos de la vía, que a su vez se apoyó en la utilización sistemática de maquinaria pesada.

22.3 MAQUINARIA PARA EL MANTENIMIENTO DE VÍA

Al comenzar el siglo XX, la conservación de la vía se realizaba exclusivamente con ayuda de útiles rudimentarios como los bates que permitían situar el balasto bajo las traviesas. En realidad hubo que esperar hasta la década de los años 50 del citado siglo para disponer de los primeros equipos modernos de maquinaria de vía. Así, en 1949 existían ya bateadoras que tenían un rendimiento de 200 m/hora (Fig. 22.1). Veinte años más tarde, el citado rendimiento se multiplicó por cinco. Y tan sólo cuatro años después volvió a duplicarse. No sorprende, por tanto, el impacto que la mecanización tuvo en la reducción de los costes de mantenimiento por kilómetro de vía expresados en horas de trabajo (Fig. 22.2).

Una operación de bateo consiste en la introducción, en la capa de balasto, de unos bates que realizan un movimiento de cierre de las partículas granulares bajo las traviesas. A ese movimiento se superpone una vibración en forma de oscilación senoidal de frecuencia 35 Hz. La importancia de la frecuencia se refleja (Plasser y Theurer) en el hecho de que, para frecuencias más elevadas, la traviesa tiene a hundirse en el balasto por la fluidificación de este.

Inicialmente, las traviesas se bateaban de una en una, sin embargo nuevos sistemas hicieron posible el bateo simultáneo de dos o incluso tres traviesas (Fig. 22.3), aumentando de este modo el rendimiento de trabajo. La bateadora de avance continuo 09 – 3X (Fig. 22.4), aparecida en el mercado a finales del año 2001, es la máquina con mayores rendimientos de bateo, alcanzándose, en puntas, valores de hasta 2.200 m/hora. La inmediata aplicación del estabilizador dinámico proporciona las mejores características de calidad de vía, en términos de geometría y de resistencia lateral.

Por la propia configuración de la vía, en los cambios se requieren máquinas especiales. Como referencia, la máquina Unimat 08 - 475 de Plasser dispone de cuatro grupos de bateo independientes con un total de 16 bates. Los grupos de bateo exteriores van montados sobre brazos telescópicos que se adaptan a las dimensiones de la superestructura (en anchura) en los aparatos de vía.

22.4 EL MANTENIMIENTO EN LA ACTUALIDAD

En la actualidad el "mantenimiento cíclico" ha sido sustituido por el "mantenimiento según estado". Es decir, por realizar los trabajos de conservación en aquellos elementos o parámetros sobre los cuales existe la certeza de que se está desarrollando algún tipo de defecto. Es evidente que este sistema necesita para su implementación de un exhaustivo y continuo conocimiento del estado real de la línea. Para ello se cuenta, básicamente, con tres tipos de vehículos: de control de la calidad geométrica de la vía (vehículos de auscultación); de control de los defectos en los carriles (vehículos de auscultación ultrasónica), y de control del desgaste ondulatorio de carriles.

Por lo que respecta al primer tipo de vehículos, ya se han expuesto sus características y modo de utilización en el capítulo 11. En cuanto al vehículo de auscultación ultrasónica, la figura 22.5 muestra una imagen del mismo. La detección de anomalías se realiza mediante una técnica de ensayos no destructivos: ondas ultrasónicas emitidas en diferentes trayectorias que se propagan con facilidad a través de los materiales. En caso de fisuras en el carril, rebotan y vuelven al captador (Fig. 22.6). La información es recogida por ocho osciloscopios y se transmite a una gráfica con la ayuda de un ordenador en el que previamente se programan las características de la línea y el carril. Cuando se detecta una anomalía, el sistema arroja un chorro de pintura que marca el lugar exacto para una posterior reparación. En el caso del ferrocarril español, el vehículo de auscultación ultrasónica recorre las líneas principales una vez al año; en el resto de líneas, una vez cada año y medio.

Por último y en cuanto a la medida del desgaste ondulatorio, un ejemplo del cual se muestra en la figura 22.7, cabe señalar que se caracteriza por la aparición de ondas brillantes y oscuras más o menos anchas sobre la superficie de rodadura. Normalmente se caracteriza por la longitud de onda que presenta en cada situación. En general se habla de desgaste de onda corta para las longitudes de onda comprendidas entre 30 y 80 mm; de onda media, para longi-

EVOLUCIÓN HISTÓRICA DEL DESARROLLO DE LAS MÁQUINAS DE CONSERVACIÓN DE LA VÍA

	1949	Primera Bateadora Matisa. Rendimiento 200 m/hora
	1960	Primera Bateadora-niveladora. Rendimiento 400 m/hora
	1962	Primera Bateadora-niveladora-alineadora. Rendimiento 500 m/hora
	1962	Primera Bateadora de cambios
	1965	Primera Bateadora-niveladora-alineadora utilizable para dos traviesas. Rendimiento 1000 m/hora
	1967	Primera Bateadora-niveladora-alineadora utilizable en cambios (Plassermatic 275)
	1971	Primera Bateadora-niveladora-alineadora a bogies. Rendimiento 1100 m/hora
	1975	Primera Bateadora de cuatro traviesas simultáneamente, junto a la nivelación y alineación Rendimiento 2000 m/hora

Fuente: Weis, 1979

Fig. 22.1

INFLUENCIA DE LA MECANIZACIÓN DE LOS TRABAJOS DE VÍA EN LA REDUCCIÓN DE LOS COSTES DE CONSERVACIÓN

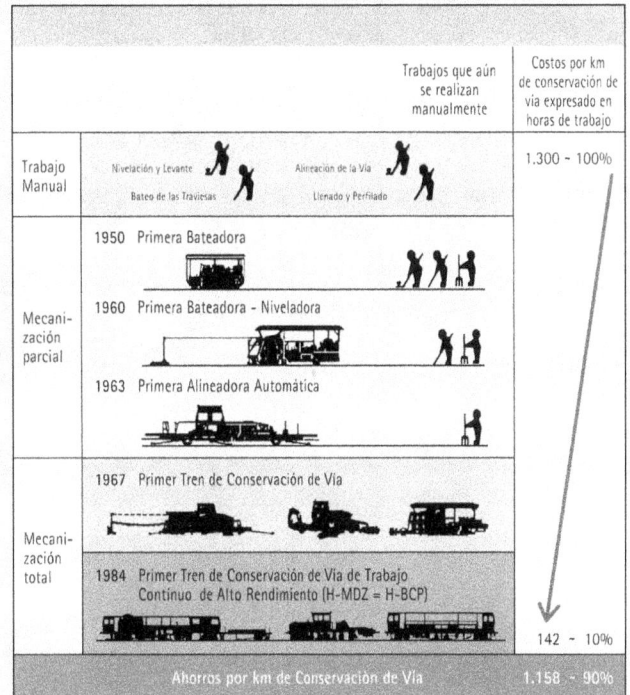

Fuente: Renfe

Fig. 22.2

GRUPO DE BATEO DE UNA TRAVIESA   GRUPO DE BATEO DUOMATIC   GRUPO DE BATEO DE TRES TRAVIESAS

a)

Fuente: Plasser

BATEADORA 09-16/4S

b)

Fuente: Plasser   *Fig. 22.3*

BATEADORA 09-3X

Fuente: Plasser   *Fig. 22.4*

VEHÍCULO DE DETECCIÓN DE DEFECTOS INTERNOS EN LOS CARRILES

Fuente: Renfe

Fig. 22.5

MEDIDA DE LOS DEFECTOS INTERNOS EN EL CARRIL

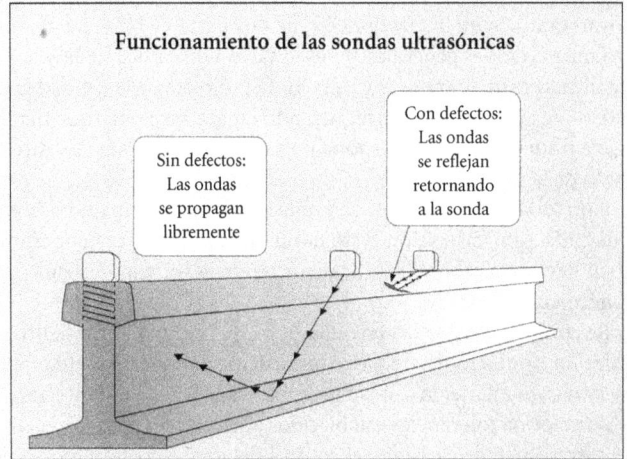

Funcionamiento de las sondas ultrasónicas

Sin defectos:
Las ondas
se propagan
libremente

Con defectos:
Las ondas
se reflejan
retornando
a la sonda

Fuente: Renfe

Fig. 22.6

DESGASTE ONDULATORIO DEL CARRIL

Onda larga (8 a 30 cm)

Onda corta (3 a 8 cm)

Fuente: Renfe

Fig. 22.7

tudes de onda de 80 a 300 mm y, finalmente, de onda larga, para valores de longitud de onda situados en el intervalo de 600 a 2.000 mm. Para la medida del desgaste existen diversos procedimientos.

Además de la utilización de los citados vehículos y de los resultados que de ellos se derivan, las decisiones de mantenimiento se apoyan también en inspecciones a pie por parte de brigadas de trabajo; inspecciónes generales, y auscultación dinámica de la vía. En este último caso, se trata de una medida indirecta de la calidad geométrica de la vía. En efecto, registrando las aceleraciones que tienen lugar en un vehículo se dispone de una cierta referencia sobre el estado de la vía.

Con toda la información obtenida los equipos de mantenimiento de cada administración ferroviaria deciden las operaciones que deben llevarse a cabo y planifican los recursos humanos, técnicos y económicos necesarios.

Se comprende que la actividad principal del mantenimiento se centre en operaciones de bateo, alineación, nivelación, etc., cuyo objetivo es mantener la calidad geométrica de la vía en el interior de los criterios de tolerancias establecidos al efecto. En general, el control ultrasónico de carriles y el control del desgaste ondulatorio no suelen dar como resultado actuaciones de entidad.

22.5 CRITERIOS DE INTERVENCIÓN EN LA VÍA

Como se expuso con anterioridad, los vehículos de auscultación geométrica de la vía proporcionan gráficos como los indicados en la figura 22.8, para cada parámetro de vía y para cada sección de línea considerada. A partir de los mismos, los expertos en vía deducían, por inspección visual de los registros y algunas medidas puntuales en los gráficos de los valores de ciertos defectos, la pertinencia o no de llevar a cabo operaciones de mantenimiento.

Es indudable que este modo de proceder, vigente hasta finales de los años 60 del siglo XX, tenía una cierta subjetividad en la toma de decisiones, a pesar de que la profesionalidad de los expertos que analizaban los registros dados por los vehículos de auscultación y su amplia experiencia en este ámbito redujese sensiblemente la subjetividad.

Los avances producidos en el tratamiento de datos posibilitaron la implementación de indicadores numéricos de calidad de la vía. Como referencia, Weigend et al. (1981) señalaron los criterios de base de los ferrocarriles alemanes, que resumimos a continuación.

De los registros de auscultación geométrica de la vía y para cada parámetro (nivelación longitudinal, alineación, etc.) básicamente son tres los conjuntos de valores con los que se puede operar matemáticamente (Fig. 22.9):

• Valores *aa'*: diferencias de amplitudes entre extremos sucesivos de la señal.

• Valores *bb'*: medidas hasta el extremos de la señal y a partir de un valor de referencia correspondiente a la vía perfecta.
• Valores *cc'*: medidas sucesivas de la amplitud de la señal en puntos equidistantes a lo largo de la vía.

Aun cuando para cada parámetro puede elegirse a voluntad unos valores *a a'* o *b b'*, se comprende que la adopción de unos u otros dependiese del parámetro considerado. Por ejemplo, si se deseaba conocer el peralte de una curva con vistas a determinar la velocidad de circulación, el criterio de valores *b b'* parece más adecuado. Los valores *cc'* fueron utilizados durante la década de los años 70 del siglo XX para tratar de encontrar leyes estadísticas de ajuste de los defectos [Juillerat y Rivier 1971) y G. Janin (1982) entre otros autores].

En cada parámetro se definían dos umbrales de insensibilidad (Fig. 22.9): el primero, flotante, que actuaba a modo de filtro eliminando los pequeños defectos superpuestos; el segundo, que actuaba de igual modo, trabajando alrededor del cero. Teniendo en cuenta las reflexiones precedentes las señales numéricas, se trataban del modo siguiente:

a) Los valores extremos del registro se agrupaban en clases según la magnitud de los mismos. La longitud de vía considerada se escogía libremente, pero como referencia se adoptaba $l = 500$ m.

b) Las distintas clases elegidas se correspondían con los valores límites de los defectos aceptados para la

• recepción de los trabajos
• conservación
• decisión de intervenir

La adición de los valores aislados de cada parámetro a lo largo de la sección de vía considerada se refería a una longitud estándar de vía (L), de valor, en general, igual a 25 m. Se obtenía de este modo un *indicador de estado de vía* (S_i), correspondiente al parámetro i de la geometría de vía (por ejemplo, la nivelación longitudinal) por la relación:

$$Si = (a_{i1} + a_{i1} - - + a_{i1})L/l$$

La consideración de los valores S para el resto de los parámetros (ancho de vía, alineación, etc.) permitía obtener un indicador global de calidad de vía (Q), definido por la expresión:

$$Q = K_1 S_1 + k_2 S_2 - - - K_j S_j \qquad (22.1)$$

Los coeficientes K_i pretendían reflejar la importancia que cada parámetro tiene en la calidad del conjunto de la vía. En otras palabras, responder al interrogante de saber que parámetro tiene más repercusión en la calidad de una vía.

RESULTADOS DEL COCHE DE REGISTRO DE LA VÍA

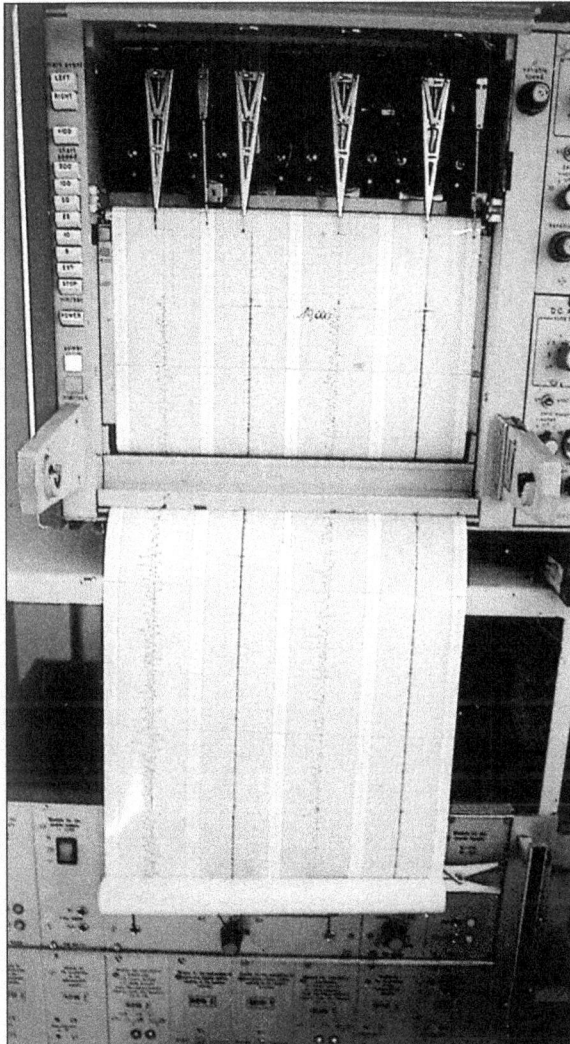

APRECIACIÓN SUBJETIVA DE LA CALIDAD GEOMÉTRICA DE UNA VÍA

Fuente: Renfe

Fuente: SNCF

Fig. 22.8

TRATAMIENTO NUMÉRICO DE LOS REGISTROS GEOMÉTRICOS DE LA VÍA

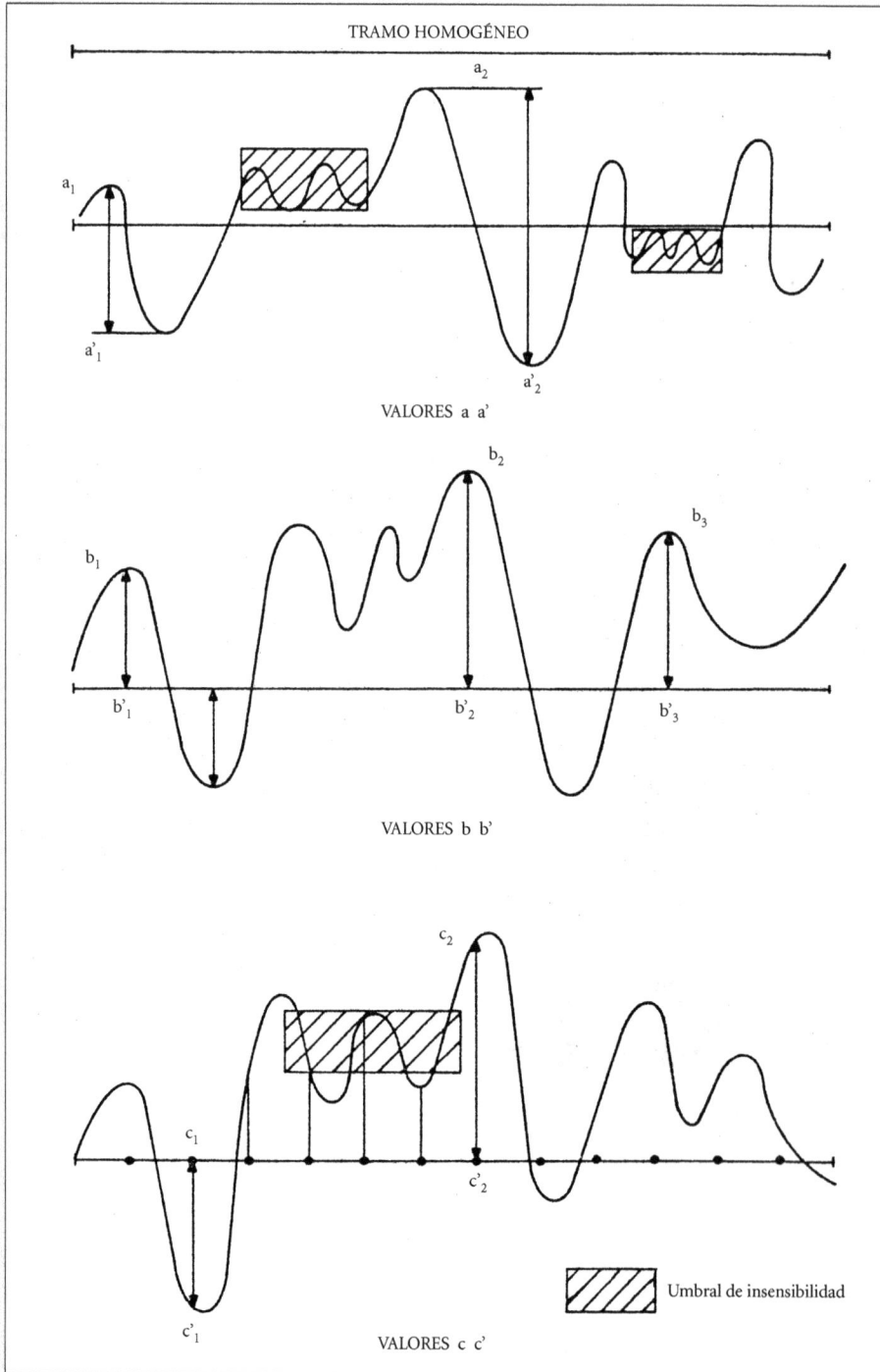

Fuente: R. Rivier

Fig. 22.9

Como referencia puede decirse que, a igualdad del resto de pará-metros, en una línea dedicada al tráfico sólo de mercancías, el concepto de seguridad es preponderante respecto al concepto de confort y, en consecuencia, el alabeo y el ancho serán los parámetros de mayor peso. Por el contrario, en una línea de alta velocidad, ciertos defectos de vía repercuten mucho antes en el confort que en los límites de seguridad; en este caso, los defectos de alineación y las variaciones de peralte pueden tener una importancia superior al ancho.

En el ferrocarril español la primera edición de la norma de vía N.R.V. 7-3-0.0/2 establecía los siguientes coeficientes K_i de ponderación:

K_i (nivelación longitudinal) = 0,25

K_2 (ancho de vía) = 0,12

K_3 (alineación) = 0,40

K_4 (nivelación transversal) = 0,12

K_5 (alabeo) = 0,60

De tal modo que la expresión 22.1 quedaba en la forma:

$$Q = 0,25\left(\frac{S_{1D} + S_{1I}}{2}\right) + 0,12\, S_2 + 0,40\left(\frac{S_{3D} + S_{3I}}{2}\right) + 0,12\, S_4 + 0,60\, S_5$$

en donde: S_{1D} y S_{1I} representaban los valores de la nivelación longitudinal en el hilo derecho e izquierdo respectivamente de la vía; en forma análoga sucedía con los valores S_{3I} y S_{3D} de la alineación existente en cada hilo. A título indicativo puede mencionarse que, en aquel momento temporal, inicio de los años 80 del siglo XX, se consideraba que para calificar una vía nueva con carril continuo soldado como buena, Q debía ser inferior a 102.

Por su parte, los ferrocarriles franceses, Janin (1982) basaban sus decisiones en dos gráficos: el primero, el proporcionado por el coche Mauzin de auscultación geométrica de la vía; es decir, un gráfico a la escala de 20 cm por kilómetro; el segundo, el gráfico denominado *Mauzin sintético*, a la escala de 1 cm por kilómetro. Este último proporcionaba la desviación media de la señal de cada parámetro en media ponderada deslizante sobre 300 m. Este gráfico no posibilita una imagen que permita su identificación en la vía, pero a cambio da un valor característico del estado global de la vía.

Para las líneas que conformaban en aquella época la red rápida de los ferrocarriles franceses (≈ 15.000 km de vía simple), el principio de la conservación se basaba en no dejar degradar la calidad geométrica de la vía más allá de un cierto valor óptimo, desde luego inferior al establecido por criterios de confort, disponiendo además de una buena homogeneidad de la calidad de la vía.

En este contexto, el gráfico Mauzin sintético era el documento de base utilizado para la toma de decisiones. Dado que el criterio de intervención "óptimo" no venía determinado por un imperativo de seguridad, los ferrocarriles franceses establecieron los dos límites L_1 y L_2 indicados a continuación en el cuadro 22.1.

CUADRO 22.1. CRITERIOS PARA LA DECISIÓN DE EFECTUAR OPERACIONES DE MANTENIMIENTO EN LAS VÍAS DE LA RED RÁPIDA FRANCESA

Parámetro	*Registro del Mauzin sintético. Desviación media de los defectos (mm) en tramos de vía de 300 m*	
	L_1	L_2
Nivelación longitudinal	0,7	1
Nivelación transversal	0,5	0,7
Alineación	1,0	1,6

Fuente: G. Janin (1982)

El primer límite (L_1) correspondía a un nivel de calidad de la vía por debajo del cual no era necesario prever ninguna operación de conservación, a excepción de que el registro del coche Mauzin detectase algunos defectos aislados superiores a los indicados en el cuadro precedente.

El segundo límite (L_2) correspondía a un nivel que era deseable no superar para no acelerar la velocidad de degradación de la vía. Por tanto, la decisión de conservar la vía se encontraba situada entre ambos límites.

Para la red clásica francesa, el criterio de intervención se basaba en dejar que la vía se deteriorase hasta las proximidades del límite de confort (cuadro 22.2).

Por lo que respecta al ferrocarril español [J. L. Villarroya (2002)], los criterios de intervención en la vía se basan en el análisis de la interacción vía-vehículo. En efecto, como se ha expuesto en el capítulo 11, cuando un vehículo circula por una vía a una velocidad V (km/h), las irregularidades geométricas de la vía se transforman en excitaciones temporales de frecuencia (f). Estas excitaciones armónicas actúan sobre el vehículo produciendo en sus diferentes elementos (masas suspendidas, no suspendidas y semisuspendidas) una respuesta dinámica cuya amplitud dependerá no sólo de las amplitudes de las excitaciones, sino también de la proximidad entre las frecuencias de las excitaciones y las frecuencias propias de los vehículos. Cuando las frecuencias de aquellas (las excitaciones) se encuentran próximas a alguna frecuencia propia del vehículo, se produce el fenómeno de resonancia.

Matemáticamente, la resonancia se producirá cuando:

f excitación temporal de los defectos de vía = F propia del vehículo

Por otro lado,

$$f = V/L \text{ espacial}$$

Luego la longitud de onda de los defectos de la vía que pueden provocar resonancia en una vía a una velocidad V será:

$$L_{\text{espacial}} = \frac{V}{f} = \frac{V}{F}$$

En consecuencia, resulta posible establecer las longitudes de onda espaciales en función de la frecuencia propia de oscilación de cada elemento del vehículo y de la velocidad de circulación de éste.

Por lo que respecta a la frecuencia propia de oscilación de cada masa, en el cuadro adjunto se explicita su intervalo normal de variación.

Masas	Frecuencia propia de oscilación (Hz)
No suspendidas	20 a 100
Semisuspendidas	5 a 20
Suspendidas	0,7 a 5

Para el ámbito de variación de las velocidades comerciales en las líneas de las redes principales (80 a 320 km/h), pueden establecerse las longitudes de onda espaciales asociadas a cada uno de los tres intervalos de frecuencias indicados en el cuadro precedente (Fig. 22.10).

La observación de la citada figura 22.10 muestra que para:

a) las masas no suspendidas, los defectos de mayor interés corresponden a los que presentan longitudes de onda comprendidas en la banda de 0 a 3 m (desgaste ondulatorio).

b) las masas semisuspendidas, los defectos de mayor interés corresponden a los que presentan longitudes de onda comprendidas entre 3 y 25 metros.

c) las masas suspendidas, resulta necesario considerar en cada caso la velocidad de circulación. En efecto, para V < 160 km/h, además de los defectos de la banda de 3 a 25 m (ondas cortas), pueden resultar también críticos los defectos de la banda de 25 a 70 m (ondas medias). Por el contrario, para una velocidad mayor, 200 a 320 km/h, además de las longitudes de onda antes mencionadas, los defectos de onda larga (70 a 120 m) pueden llegar a ser igualmente críticos.

Para garantizar una tasa reducida de deterioro de la vía, resulta necesario limitar la respuesta dinámica del vehículo ante la excitación causada por los defectos de la vía. En consecuencia, hay que corregir los defectos que puedan provocar resonancia en los diferentes elementos de los vehículos.

Para cuantificar el estado de calidad de una vía se procede a comparar los valores medidos (que proporcionan los vehículos de registro) con los valores máximos admisibles, que en el ámbito del mantenimiento de la vía son denominados *umbrales de intervención correctiva*, puesto que deberá intervenirse sobre la vía cuando se sobrepasen.

Como se ha expuesto en el capítulo 11, estos umbrales de intervención correctiva figuran en la ficha UIC 518. De acuerdo con el criterio de la citada ficha siempre que los valores medidos sobre una vía sean inferiores a los referidos umbrales, la respuesta dinámica de los vehículos se mantendrá en niveles aceptables.

En RENFE, la comparación entre los valores medidos y los valores límite se efectúa a través del concepto de *valor normalizado*, defi-

CUADRO 22.2. CRITERIOS PARA LA DECISIÓN DE EFECTUAR OPERACIONES DE MANTENIMIENTO EN LAS VÍAS DE LA RED CLÁSICA FRANCESA

Parámetro de vía	Registro obtenido con el coche Mauzin		Registro del Mauzin sintético. Desviación media de los defectos (mm) en tramos de vía de 300 m	
	Valor corriente (mm)	Defecto aislado (mm)	L1	L2
Nivelación longitudinal	3,5	6	0,8	1,2
Nivelación transversal	3,0	5	0,6	0,8
Alineación	5,0	8	1,2	2,0
Ancho de vía	3,0	7	0,8	1,0

Fuente: G. Janin (1982)

LONGITUDES DE ONDA ESPACIALES DE INTERÉS PARA LAS MASAS NO SUSPENDIDAS, SEMISUSPENDIDAS Y SUSPENDIDAS

MASAS NO SUSPENDIDAS							
Longitudes de onda espaciales Le (m.)							
	VELOCIDAD (km/h)						
Fp (Hz.)	80	120	160	200	240	280	320
20	1,11	1,67	2,22	2,78	3,33	3,89	4,44
30	0,74	1,11	1,48	1,85	2,22	2,59	2,96
40	0,56	0,83	1,11	1,39	1,67	1,94	2,22
50	0,44	0,67	0,89	1,11	1,33	1,56	1,78
60	0,37	0,56	0,74	0,93	1,11	1,30	1,48
70	0,32	0,48	0,63	0,79	0,95	1,11	1,27
80	0,28	0,42	0,56	0,69	0,83	0,97	1,11
90	0,25	0,37	0,49	0,62	0,74	0,86	0,99
100	0,22	0,33	0,44	0,56	0,67	0,78	0,89

MASAS SEMISUSPENDIDAS							
Longitudes de onda espaciales Le (m.)							
	VELOCIDAD (km/h)						
Fp (Hz.)	80	120	160	200	240	280	320
5	4,44	6,67	8,89	11,11	13,33	15,56	17,78
10	2,22	3,33	4,44	5,56	6,67	7,78	8,89
15	1,48	2,22	2,96	3,70	4,44	5,19	5,93
20	1,11	1,67	2,22	2,76	3,33	3,89	4,44

MASAS SUSPENDIDAS							
Longitudes de onda espaciales Le (m.)							
	VELOCIDAD (km/h)						
Fp (Hz.)	80	120	160	200	240	280	320
0,7	31,75	47,62	63,49	79,37	95,24	111,11	126,98
1	22,22	33,33	44,44	55,56	66,67	77,78	88,89
1,5	14,81	22,22	29,63	37,04	44,44	51,85	59,26
2	11,11	16,67	22,22	27,78	33,33	38,89	44,44
3	7,41	11,11	14,81	18,52	22,22	25,93	29,63
4	5,56	8,33	11,11	13,89	16,67	19,44	22,22
5	4,44	6,67	8,89	11,11	13,33	15,56	17,78

Fuente: J. L. Villaroya (2002)

Fig. 22.10

nido para cada parámetro de un tramo dado como el cociente entre el valor medido y el umbral de intervención. Matemáticamente.

$$\text{Valor normalizado} = \frac{\text{Valor medido}}{\text{Umbral de intervencion}}$$

que variará entre el valor 0 cuando la vía tenga una calidad perfecta y 1 cuando el defecto sea igual al valor límite admisible.

Resulta indudable que la utilidad del citado valor normalizado se deriva de

a) la posibilidad de comparar directamente el estado de un mismo parámetro en tramos de diferente velocidad.
b) la factibilidad de comparar el estado de parámetros diferentes en tramos iguales o diferentes.

Como referencia, considérese dos tramos de vía por donde la velocidad máxima autorizada sea 100 y 230 km/h respectivamente. Si los defectos de alineación en dichos tramos fuesen de 1,4 y 1,1 mm, se deduciría, al compararlos con los valores límites aceptables para cada velocidad (1,5 mm a 100 km/h y 1,0 mm a 230 km/h), que resultaría más perentorio corregir los defectos del segundo tramo, a pesar de que en términos absolutos su calidad geométrica fuese más elevada (defectos de 1,1 mm frente a defectos de 1,4 mm).

Por lo que respecta a la segunda posibilidad ofrecida por el *valor normalizado* resulta evidente que sólo a través de su cuantificación podría afirmarse, en un mismo tramo, que un defecto de alineación de 1,4 mm se encuentra más necesitado de ser corregido que otro defecto de nivelación longitudinal de 3,7 mm. En el primer caso, su valor normalizado sería 1,4/1,5 = 0,93 y en el segundo, 3,7/4,4 = 0,84.

Se establecen las siguientes prioridades de actuación en función del valor normalizado.

RELACIÓN VALOR NORMALIZADO - PRIORIDAD DE ACTUACIÓN

Valor normalizado	Prioridad de actuación
$V_N \leq 1$	No hay que actuar
$1 < V_N \leq 1,25$	Programada
$1,25 < V_N \leq 1,50$	Corto plazo
$1,50 < V_N$	Urgente

Fuente: J. L. Villarroya (2002)

Las reflexiones efectuadas hasta el momento se han realizado sobre la base de considerar defectos puntuales. Una medida de la calidad media de un parámetro puede obtenerse utilizando el valor de su desviación típica (σ).

En este ámbito se utiliza normalmente la magnitud de la misma, medida en tramos de 200 m de longitud. Procediendo en forma análoga a la indicada para los valores puntuales normalizados, se establece la siguiente prioridad de actuación en función del valor de la desviación típica normalizada.

Valor normalizado de la desviación típica	Prioridad de actuación
$0,6 < \sigma_n \leq 1$	No hay que actuar
$1 < \sigma_n \leq 1,5$	Actuar a corto plazo
$\sigma_n > 1,5$	Actuación urgente

Fuente: J.L. Villarroya (2002)

Para hacer más intuitiva la cuantificación de la calidad de la vía, se definen dos *Índices de calidad* en tramos de 200 m, a partir de los valores normalizados de σ.

Matemáticamente:

$$I_c = 10 - 5\sigma_n \quad \text{para } \sigma_n \leq 1$$

$$I_c = 10 \cdot (0,5)^{\sigma_n} \quad \text{para } \sigma_n > 1$$

En la primera expresión se comprueba que para una vía de calidad muy buena ($\sigma_n \approx 0$) el índice de calidad sería 10, es decir, la máxima puntuación. A medida que la vía deteriora su calidad, y por tanto σ_n aumenta, el indicador de calidad disminuiría, siendo nulo para $\sigma_n \approx 3,3$ Valor sin duda poco frecuente en la explotación comercial. Se establece entonces la siguiente apreciación sobre la calidad y sobre la necesidad de efectuar operaciones de mantenimiento.

Índice de calidad	Apreciación de la calidad de la vía
$10 > I_c \geq 8,5$	Buena
$8,5 > I_c \geq 6,5$	Aceptable
$6,5 > I_c \geq 5,0$	Regular
$5,0 > I_c \geq 3,5$	Deficiente
$3,5 > I_c \geq 0$	Mala

Fuente: J. L. Vilarroya (2002)

A partir de la relación precedente se infiere que en vías con $I_c > 6,5$ (calidad aceptable y buena) no sería necesario efectuar operaciones de conservación. Para vías con $I_c < 5$ resultaría preciso actuar y para vías en donde $6,5 > I_c > 5$, en principio no sería necesario actuar, salvo que los tramos afectados se encontrasen junto a otros que requiriesen intervención.

Dado que una línea está formada por secciones de vía de longitud superior a los 200 m que sirven para definir Ic, resulta obligado introducir un nuevo indicador que agrupe los diferentes valores de Ic correspondientes a cada tramo. Se define entonces el indicador I'c para: un trayecto entre dos estaciones, un conjunto de trayectos, etc. como el tanto por diez de tramos unitarios del conjunto considerado de longitud de vía en los que, para cada parámetro que participa en la calidad geométrica de una vía, el índice de calidad I_c alcanza alguno de los valores indicados en el cuadro precedente.

Como referencia, si en un trayecto de una línea el indicador I'_c tiene un valor de 7,5, significaría que en el 75% de los tramos unitarios de ese trayecto la calidad (del parámetro considerado) sería aceptable o buena. En consecuencia, desde el punto de vista práctico querría decir que no sería preciso actuar en el 75% de los tramos unitarios de dicho trayecto. I'_c es, por tanto, un indicador de la calidad global de la vía. A partir de los datos precedentes, resulta factible programar técnica y económicamente el mantenimiento de una línea. Para concluir queremos destacar el cierto paralelismo existente entre la pareja de valores I'_c e I_c con relación a la pareja Q, Si.

22.6 LA ORGANIZACIÓN DEL MANTENIMIENTO EN EL FERROCARRIL ESPAÑOL

La red ferroviaria española que está enmarcada en la responsabilidad del ADIF (Administración de Infraestructuras Ferroviarias) se caracteriza por tener una longitud de 14.347 km de vía (año 2000). En ella se encuentran 6.371 puentes que se extienden a lo largo de 101 km. La longitud de túneles es de 1.193 km, que se distribuyen en un total de 477 km.

Para hacer frente a las necesidades de mantenimiento de esta red, la Unidad de Negocio de Mantenimiento de Infraestructura se encuentra organizada en 6 gerencias de eje (Levante, Norte, Sur, Este, Noroeste, Madrid y Oeste) y 18 jefaturas territoriales (Fig. 22.11).

Por otro lado, desde 1992 la red ferroviaria se estructuró en torno a una serie de subredes con el objetivo de optimizar prestaciones y recursos económicos asociados a su mantenimiento. Por este motivo, el criterio fundamental en que se apoyó la clasificación de las distintas líneas estuvo basado en la demanda efectiva de utilización de las mismas en sus distintos trayectos. Demanda de uso que lógicamente viene condicionada por la propia distribución territorial de la población. La figura 22.12 muestra las distintas categorías existentes, de acuerdo con la actualización realizada en el año 2000.

Por sus singulares características, el primer grupo lo constituían las líneas de alta velocidad (Madrid – Sevilla en aquel entonces y en la actualidad también Madrid – Zaragoza – Lleida desde el año 2002). El grupo que define la red A está formado por el conjunto de las líneas que presentan mayores grados de utilización y prestaciones, en las cuales se concentran los principales núcleos de población y de actividad económica. En el interior de esta red aparecen dos subredes: A-1 corresponde a los trayectos interurbanos más relevantes y a las líneas de cercanías de algunas ciudades con elevado tráfico. Tal sucede con Madrid, Barcelona y Valencia, entre otras. La subred A-2 completa los itinerarios de la subred A-1 e incluye aquellas líneas de cercanías de menor dimensión.

Finalmente, las subredes B y C completan la asignación de las distintas líneas de la red ferroviaria española. Con criterio de síntesis, puede decirse que la subred A engloba 5.000 Km de líneas, equivalente a más de 7.500 km de vía. Es decir, aproximadamente el 50% de la longitud total de vías de la red. La figura 22.13 muestra la distribución de los costes de mantenimiento (del conjunto de instalaciones fijas (no sólo la vía) en las diferentes subredes (año 2000).

Para medir la eficacia de las operaciones de mantenimiento se utilizan habitualmente una serie de indicadores como los relacionados a continuación:

- *Fiabilidad de las instalaciones*: A través de la cuantificación del número de horas que una instalación (vía, catenaria, etc) ha estado fuera de servicio.
- *Calidad geométrica de la vía*: Porcentaje de la red en la que los defectos no superan el indicador (Q N 2).
- *Precauciones de velocidad*: A través de la cuantificación del número de precauciones existentes en la vía.
- *Regularidad de los trenes*: Porcentaje de trenes llegados con un retraso superior a (x) minutos por causa de la vía, catenaria, etc.

Es indudable que a los citados indicadores pueden fijarse unos límites máximos a no superar en función de la importancia de cada línea, en cuanto a nivel de prestaciones comerciales ofrecido se refiere.

22.7 CLASIFICACIÓN DE LÍNEAS Y MANTENIMIENTO DE VÍA: FICHA UIC 714 – R

Como se ha indicado al referirnos a la organización del mantenimiento de las instalaciones fijas en el ferrocarril español, parece razonable agrupar las distintas líneas de una red en función de las características e importancia del tráfico que soportan. En este contexto, la UIC (1989) estableció la última versión de la ficha UIC 714 R. El objetivo era diferenciar las necesidades de mantenimiento de cada línea en función del deterioro que podría generar en ella el tráfico existente. Es indudable que el tráfico bruto no es por sí mismo reflejo del posible deterioro, el cual será función también de la distribución de cargas por eje, de las velocidades de circulación, etc.

ORGANIZACIÓN TERRITORIAL DE LA CONSERVACIÓN DE INSTALACIONES FIJAS EN RENFE

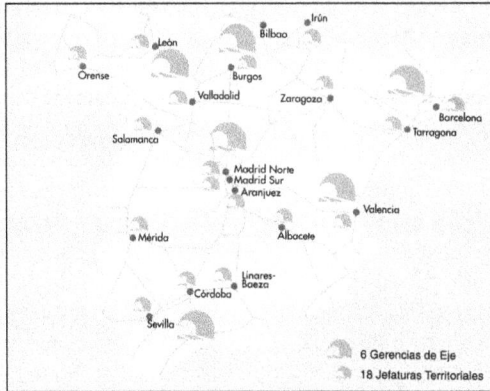

6 Gerencias de Eje
18 Jefaturas Territoriales

Fuente: Mantenimiento de Infraestructura de Renfe (2000)

Fig. 22.11

CLASIFICACIÓN DE LA RED FERROVIARIA ESPAÑOLA (RENFE)

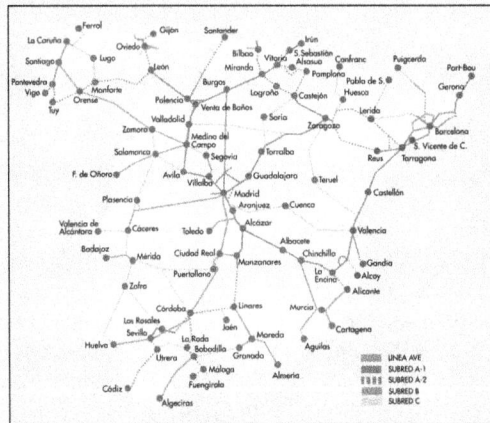

LÍNEA AVE
SUBRED A-1
SUBRED A-2
SUBRED B
SUBRED C

Fuente: Mantenimiento de Infraestructura de Renfe (2000)

Fig. 22.12

COSTES DE CONSERVACIÓN POR TIPO DE RED/KM DE VÍA (ÍNDICE)

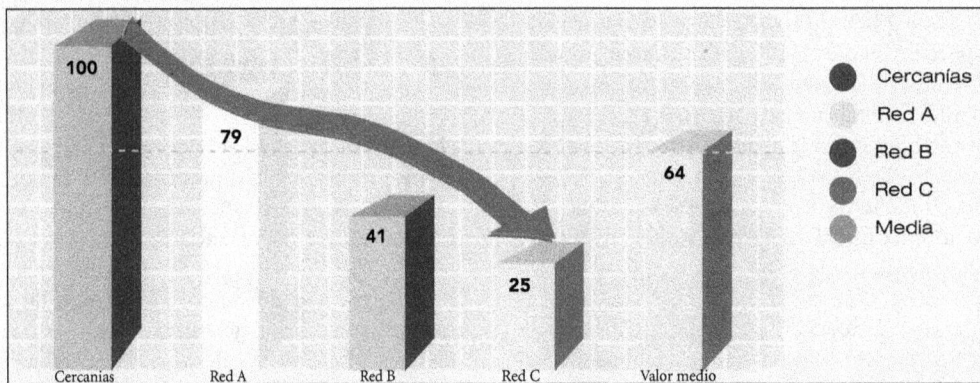

- Cercanías
- Red A
- Red B
- Red C
- Media

Cercanías	Red A	Red B	Red C	Valor medio
100	79	41	25	64

Fuente: Mantenimiento de Infraestructura de Renfe (2000)

Fig. 22.13

En consecuencia, la UIC propuso definir un tráfico ficticio *Tf* para cada línea (y vía) en función de la expresión:

$$Tf = Sv.(Tv + Kt.Ttv) + Sm\,(Km.Tm + Kt.Ttm) \qquad (22.2)$$

siendo:

Tv = tonelaje medio diario de los coches de viajeros en la vía (toneladas brutas remolcadas).

Ttv = tonelaje medio diario de las locomotoras que arrastran los coches de viajeros (toneladas)

Kt = coeficiente que tiene en cuenta la influencia en la agresividad sobre la vía de las locomotoras de viajeros.

Tm = tonelaje medio diario de los vagones de mercancías (toneladas brutas remolcadas)

Ttm = tonelaje medio diario de las locomotoras que arrastran los trenes de mercancías (toneladas)

Km = coeficiente que tiene en cuenta la influencia de la carga y de los ejes de mercancías en la agresividad sobre la vía.

Se adopta:

• Normalmente: Km = 1,15

• Vías con > 50% del tráfico con ejes de 20 t:
            Km = 1,30

• Vías con > 50% del tráfico con ejes de 22,5 t:
            Km = 1,45

Kt = coeficiente que tiene en cuenta la influencia de los ejes del material motor en la agresividad sobre la vía. Se adopta *Kt* = 1,40

Los coeficientes *Sv* y *Sm* pretenden incorporar el efecto de la velocidad de cada tren. Se adoptan los siguientes valores:

Sv (Sm) = 1	V < 60 km/h
Sv (Sm) = 1,05	60 km/h < V < 80 km/h
Sv (Sm) = 1,15	80 km/h < V < 100 km/h
Sv (Sm) = 1,25	100 km/h < V < 130 km/h
Sv = 1,35	130 km/h < V < 160 km/h
Sv = 1,40	160 km/h < V < 200 km/h
Sv = 1,45	200 km/h < V < 250 km/h
Sv = 1,50	V > 250 km/h

A partir del tráfico ficticio (*Tf*) obtenido, la UIC clasifica las vías de cada línea en los siguientes 6 grupos:

Grupo 1	130.000 toneladas/día < Tf
Grupo 2	80.000 t/día < Tf < 130.000 t/día
Grupo 3	40.000 t/día < Tf < 80.000 t/día
Grupo 4	20.000 t/día < Tf < 40.000 t/día
Grupo 5	5.000 t/día < Tf < 20.000 t/día
Grupo 6	Tf < 5.000 t/día

En relación con la exposición realizada hasta el momento, resulta de interés señalar:

a) Los valores adoptados para los coeficientes *Kt* y *Km* se derivan de la experiencia alcanzada en el marco del Comité D-71 del ORE.

b) Los valores adoptados para los coeficientes *Sv* y *Sm* pueden obtenerse de la aplicación de la fórmula de Eisenmann para mayorar las cargas estáticas de una vía de mediana calidad (*s* = 0,2) y seguridad estadística (*t* = 1). Como referencia

$$\frac{Qd}{Qe} = 1,30 \text{ para } V = 140 \text{ km/h}$$

$$\frac{Qd}{Qe} = 1,40 \text{ para } V = 200 \text{ km/h}$$

c) La aplicación de la expresión 22.2 permite comparar el comportamiento de vías en distintos países y homogeneizar las conclusiones que se obtienen en cada red.

22.8 MANTENIMIENTO DE LÍNEAS DE ALTA VELOCIDAD. AUSCULTACIÓN DINÁMICA

En relación con los principios generales de la conservación de las vías de alta velocidad, cabe subrayar que no hay sustanciales diferenciales respecto a los criterios ya utilizados en las líneas convencionales donde se circula a 160/200 km/h de velocidad máxima. Las diferencias se sitúan en el ámbito de los períodos de tiempo que transcurren entre dos observaciones consecutivas sobre el estado de la vía. A este respecto, Le Bihan (2001) estableció el cuadro 22.3.

De la información contenida en el citado cuadro 22.3 se destacan los siguientes aspectos:

a) El reconocimiento general de la operatividad de las líneas de alta velocidad se realiza al inicio de la explotación diaria (visita especial). Reconocimiento que se lleva a cabo a través de la circulación de un vehículo convencional que circula a 160 km/h para asegurar que el conjunto de las instalaciones fijas funcionan correctamente.

CUADRO 22.3. PERÍODOS DE TIEMPO ENTRE AUSCULTACIONES EN LAS LÍNEAS CONVENCIONALES Y EN LAS LÍNEAS DE ALTA VELOCIAD EN FRANCIA

	Líneas convencionales 160 km/h < V < 220 km/h	Líneas de alta velocidad V = 300 km/h
Inspecciones a pie por parte de las brigadas de trabajo	2 semanas	– Vía general: 10 semanas – Desvíos: 5 semanas – Obras de tierra, vallado: 5 semanas
Inspecciones generales por el Jefe de Distrito	– A pie: 2 meses – En cabina: 2 semanas	– A pie: 1 mes – En cabina: 2 semanas
Visita especial	—	Cada día al inicio del servicio con un TGV especial a 160 km/h
Auscultación geométrica (Mauzin)	6 meses	3 meses con base alargada
Auscultación dinámica	6 meses (dispositivo portátil)	3 semanas con vehículo Mélusine
Auscultación ultrasónica de los carriles	1 año	6 meses

Fuente: Le Bihan (2001)

b) La puesta a punto de vehículos capaces de ser acoplados a los trenes convencionales de alta velocidad y realizar la auscultación dinámica circulando hasta 300 km/h de velocidad máxima.

A este grupo pertenece el coche *Mélusine* (Fig. 22.14a) utilizado por los ferrocarriles franceses en sus líneas de alta velocidad desde finales de los años 80 del siglo XX, y el coche AVE de control (C.AVE. C) (Fig. 22.14b), que RENFE emplea para el control de la línea de alta velocidad Madrid – Sevilla.

El objetivo principal de estos vehículos es registrar las aceleraciones verticales y horizontales cuando circulan a una velocidad igual o próxima a la máxima en servicio comercial. Adicionalmente, disponen de un puesto de observación para comprobar el comportamiento de la catenaria (Fig. 22.14b$_2$).

En particular el *Coche AVE de Control* mide las aceleraciones en distintos puntos del vehículo: concretamente, las aceleraciones verticales (a_{vv}) y transversales (a_{lv}) en la caja del vehículo (para estudiar el grado de comodidad del viajero), las verticales (a_{vc}) en la caja de grasa y, por último, las laterales en el bogie (a_{lb}). Este proceso se realiza periódicamente cada 3 semanas. En función de la experiencia, se han fijado umbrales para cada aceleración registrada. El sistema proporciona un listado de los puntos kilométricos donde han sido rebasados dichos umbrales. En la tabla adjunta se recogen los valores de control correspondientes a las distintas aceleraciones medidas. Asimismo se indican las acciones recomendadas en cada caso.

De una manera general se establecen, *a priori*, una serie de valores límites con los que se comparan los valores que se obtienen, mediante el registro dinámico, para las aceleraciones. De menor a mayor repercusión, el significado práctico de cada valor límite es el siguiente:

NIVELES DE ACELERACIONES EN LA AUSCULTACIÓN DINÁMICA DE LA LÍNEA DEL AVE MADRID – SEVILLA

a_{lb}		a_{vc}		a_{lv}		a_{vv}		Acción recomendada
0,0	2,0	0	30	0.0	1,5	0,0	1,0	Nivel de control normal
2,0	4,0	30	50	1,5	2,0	1,0	2,0	Nivel de control intenso
4,0	6,0	50	70	2,0	2,5	2,0	2,5	Comprobación y corrección programadas
> 6,0		> 70		> 2,5		> 2,5		Comprobación y corrección inmediatas

Intervalos de aceleraciones (m/s²)

Fuente: Renfe

RAMAS DE ALTA VELOCIDAD PARA AUSCULTACIÓN DE VÍA

a) Coche de medida «Melusine»

b) Coche de control AVE

b_2) Sala de medidas

b_1) Puesto de observación catenaria

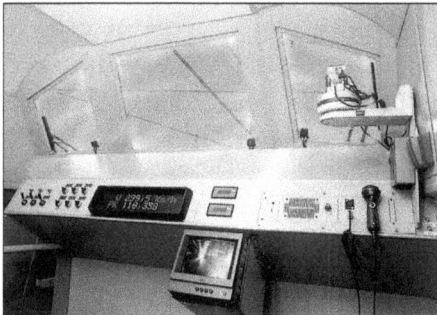

Proyecto SNCF de una rama de auscultación para líneas de alta velocidad
Tricorriente: 25kV/50Hz; 1,5 Kv y 3kV (c.c)

c)

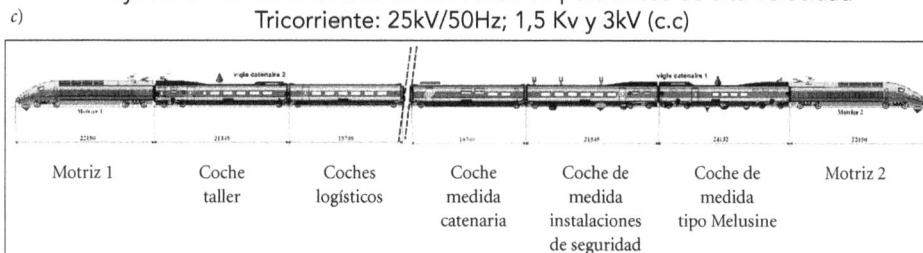

| Motriz 1 | Coche taller | Coches logísticos | Coche medida catenaria | Coche de medida instalaciones de seguridad | Coche de medida tipo Melusine | Motriz 2 |

Fig. 22.14

- *V0* (valor objetivo). Constituye información que se destina a los encargados del mantenimiento de la vía.
- *VA* (valor de alerta). Corresponde a un valor del registro que aconseja prestar atención a la evolución del defecto en la vía.
- *VI* (Valor de intervención). El valor registrado obliga a una intervención rápida de los equipos de mantenimiento para eliminar el defecto.
- *VR* (valor de reducción de velocidad). Se reduciría de forma inmediata la velocidad en esa zona a 230 km/h hasta que se subsanaran los defectos existentes en la vía.

Aun cuando este tipo de vehículos resultan útiles, desde hace años los ferrocarriles franceses preparan la puesta a punto de una rama de alta velocidad dedicada completamente a la auscultación del conjunto de las instalaciones existentes en una línea. Se espera que a principios del año 2006 se encuentre operativa la citada rama (Fig. 22.14d).

Resulta del mayor interés, para mostrar la utilidad de la auscultación dinámica de una vía, ver en la figura 22.15a la correlación existente entre las medidas de nivelación longitudinal que realiza el coche Mauzin y el nivel de las aceleraciones verticales registradas en los vehículos comerciales; en el caso de la figura 22.15a, se trata de las aceleraciones en la caja de la rama TGV.

En forma análoga, la figura 22.15b muestra la correlación existente entre los defectos de alineación de la vía y la magnitud de la aceleración lateral medida en la caja de los trenes Shinkansen. Nótese la influencia del sistema de medida (base de 10 a 40 metros) en la relación con la aceleración.

En todo caso cabe recordar que ya en 1974 la elevada densidad de tráfico existente en la red japonesa de alta velocidad condujo a la puesta en funcionamiento de un tren laboratorio, denominado *Dr. Yelow*, capaz de inspeccionar a 210 km/h la línea de alta velocidad entre Tokio, Osaka, Okayama y Hakata. En 1982 un segundo tren laboratorio fue construido para las líneas que entraron en servicio al este de Japón; también apto para 210 km/h. Por último, recientemente, desde el año 2001, los ferrocarriles japoneses disponen de la tercera generación del tren laboratorio que circula a 270 km/h (Fig. 22.16a). Para la auscultación de las líneas Tohoku (Tokio – Morioka) y Joetsu (Tokio – Omiya – Niigata) se dispone también de la rama *Fast i* (Fig. 22.16b).

Una de las principales preocupaciones en el mantenimiento de la calidad geométrica de las vías de alta velocidad es la rápida detección de defectos de corta longitud de onda, a causa de las importantes sobrecargas dinámicas que generan en la superficie del carril, lo que acelera el deterioro de la geometría. Sin embargo, los coches de auscultación geométrica no pueden detectar este tipo de defectos. Por esta causa, desde hace más de una década se ha puesto a punto un sistema de detección basado en el registro de las aceleraciones en las cajas de grasa de los vehículos.

Con carácter preliminar, en la figura 22.17 se comprueba la buena correlación existente entre las sobrecargas de rueda y la aceleración medida en la caja de grasa. (Y. Sunaga et al. 1997). Por otro lado, se demuestra que la sobrecarga de rueda debida al peso no suspendido puede ser evaluada por la expresión:

$$P = k_1 P_0 + K_2 M\alpha \qquad (22.3)$$

siendo:

P = carga dinámica por rueda

P_0 = carga estática por rueda

M = masa no suspendida

α = aceleración medida en la caja de grasa

K_1 = coeficiente igual a 1,2 para vía sobre balasto

K_2 = coeficiente igual a 0,6/0,7 para vía sin balasto

En consecuencia, dado que P_o y M son conocidas, la carga dinámica puede ser cuantificada sin más que sustituir α en la expresión 22.3.

Por otro lado, el espectro de densidad de potencia de las aceleraciones en la caja de grasa, para distintas velocidades de circulación, refleja la existencia de unos picos relevantes a distintas frecuencias. Nótese, en particular, el existente en el intervalo de 50 a 70 Hz a 270 km/h. Se deduce que la frecuencia espacial del defecto será:

$$f_{esp} = \frac{1}{t} = \frac{V}{S}$$

luego:

$$S = \frac{V}{f_{esp}} = \frac{270 \cdot 10^3 \, \text{m}}{50 \cdot 3600 \, \text{seg}} = 1,5 \text{ metros}$$

Se trata, por tanto, de defectos en la superficie del carril (defectos de corrugación).

Desde otra perspectiva, para una frecuencia del orden de 120 Hz se presenta también un pico en el espectro. Para 270 km/h, se obtiene:

$$S = \frac{270 \cdot 10^3}{120 \cdot 3600} = 62,5 \text{ cm}$$

Esta distancia corresponde a la separación existente entre traviesas en la línea japonesa considerada.

Finalmente, se observa que, en presencia de defectos de danza en las traviesas, el efecto del bateo es más efectivo en la zona de frecuencias de hasta 30 Hz (Fig. 22.17).

CORRELACIÓN ENTRE LA NIVELACIÓN DE LA VÍA Y LA ACELERACIÓN VERTICAL DE LA CAJA EN UNA RAMA TGV

a)

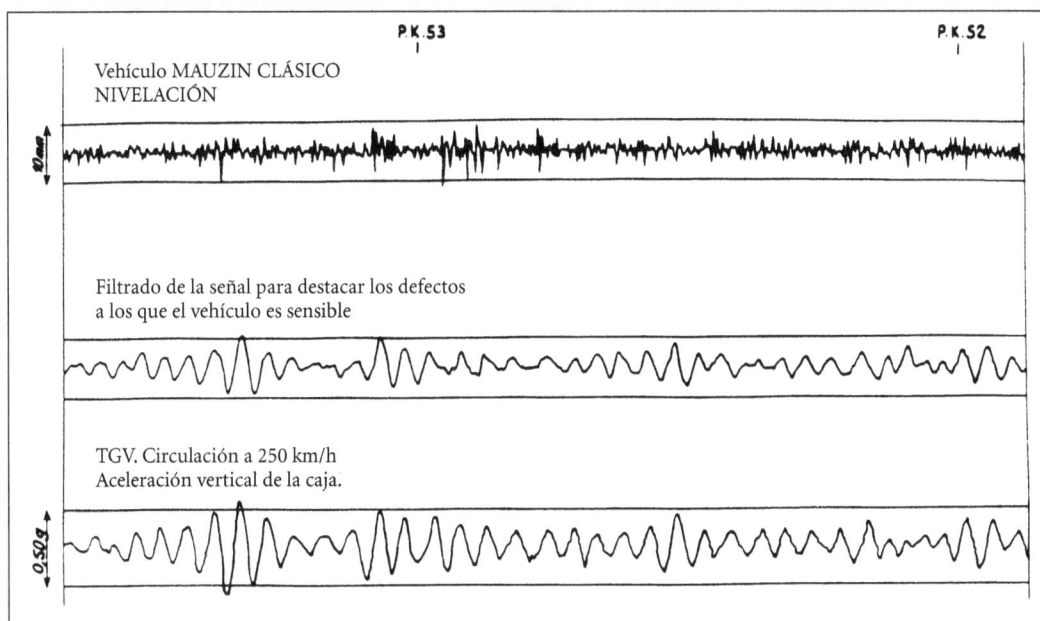

Fuente: SNCF

DEFECTOS DE VÍA Y ACELERACIONES EN LOS COCHES SHINKANSEN

b)

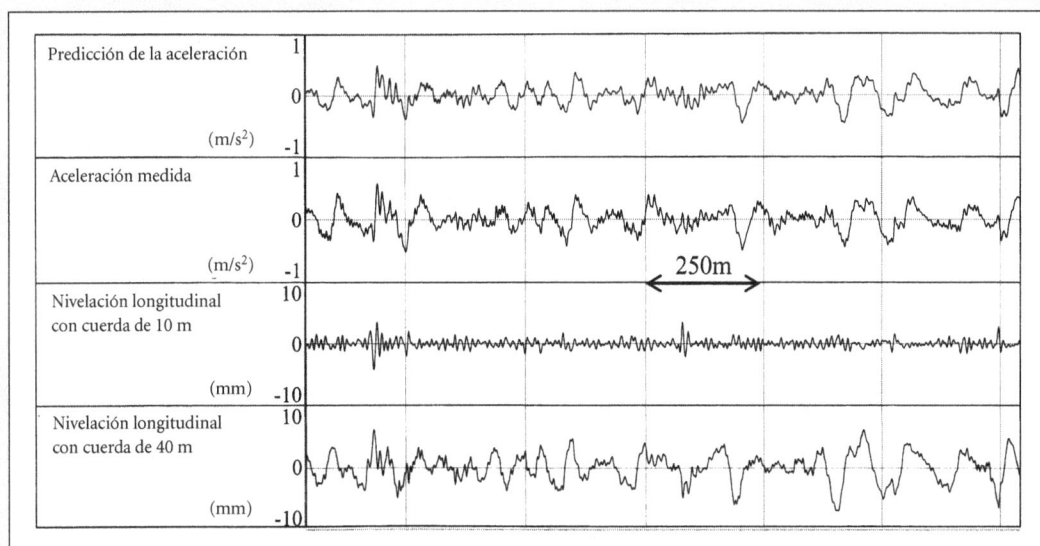

Fuente: Furukawa et al. (2004)

Fig. 22.15

RAMA DE REGISTRO DE UNA LÍNEA T-4 SHINKANSEN 923

TREN SHINKANSEN DE INSPECCIÓN (SERIE 923)

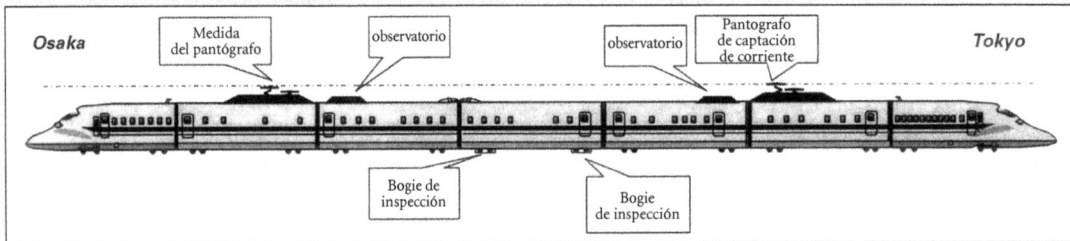

Fuente: Le Rail

Fig. 22.16a

RAMA DE REGISTRO DE UNA LÍNEA EAST I

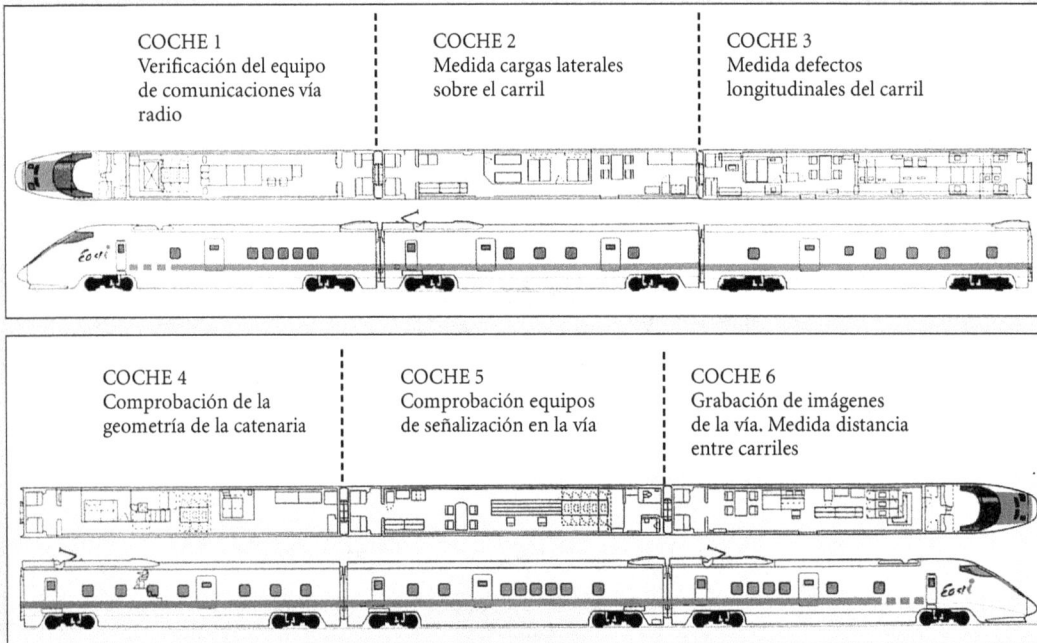

COCHE 1 Verificación del equipo de comunicaciones vía radio

COCHE 2 Medida cargas laterales sobre el carril

COCHE 3 Medida defectos longitudinales del carril

COCHE 4 Comprobación de la geometría de la catenaria

COCHE 5 Comprobación equipos de señalización en la vía

COCHE 6 Grabación de imágenes de la vía. Medida distancia entre carriles

Fuente: Vía Libre

Fig. 22.16b

DETECCIÓN DE DEFECTOS DE CORTA LONGITUD DE ONDA

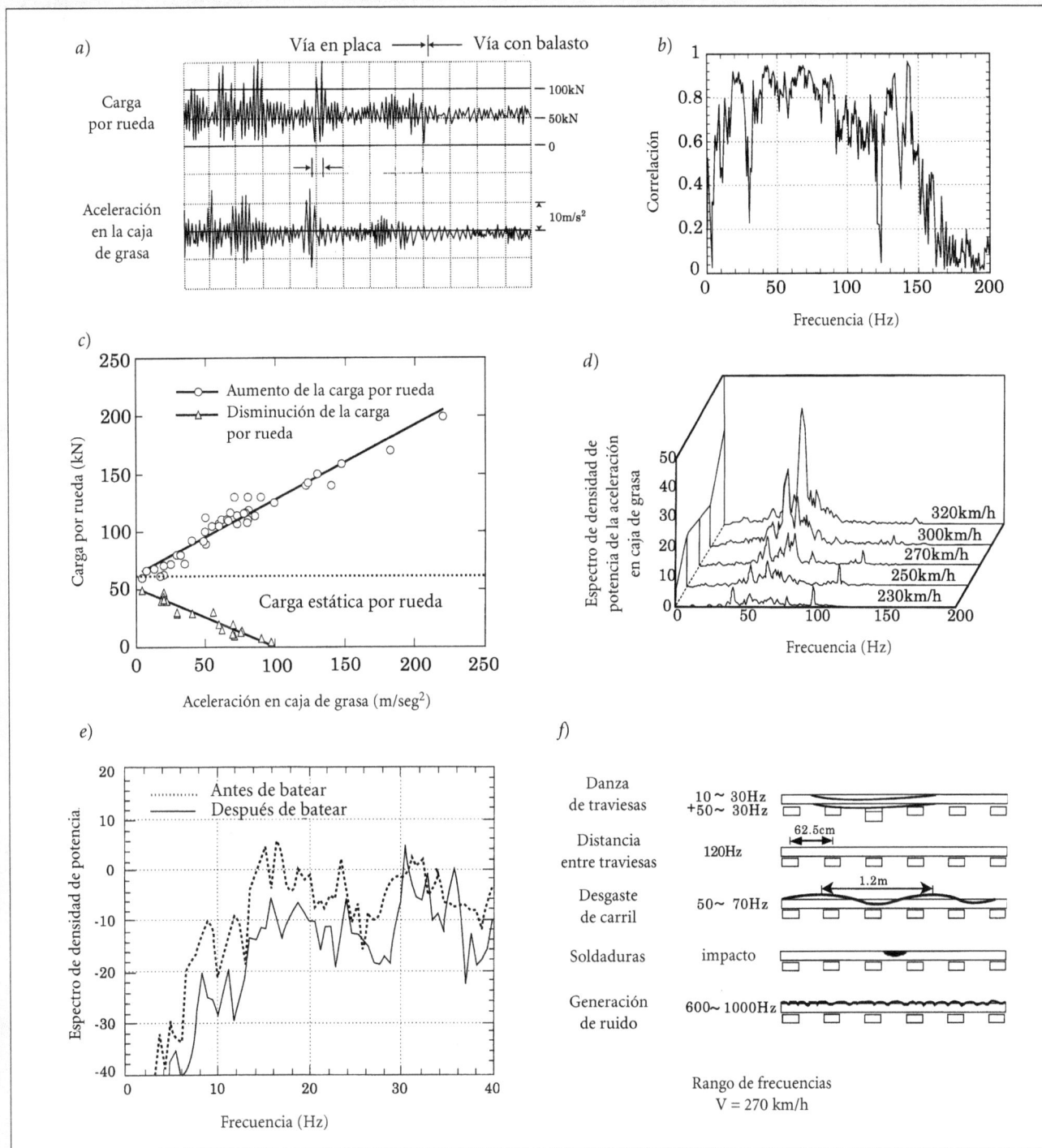

a) Vía en placa — Vía con balasto

Carga por rueda — 100kN — 50kN — 0

Aceleración en la caja de grasa — 10m/s²

b) Correlación / Frecuencia (Hz)

c) Carga por rueda (kN) / Aceleración en caja de grasa (m/seg²)
— Aumento de la carga por rueda
— Disminución de la carga por rueda
Carga estática por rueda

d) Espectro de densidad de potencia de la aceleración en caja de grasa / Frecuencia (Hz)
320km/h, 300km/h, 270km/h, 250km/h, 230km/h

e) Espectro de densidad de potencia / Frecuencia (Hz)
..... Antes de batear
— Después de batear

f)
Danza de traviesas — 10~30Hz +50~30Hz
Distancia entre traviesas — 120Hz — 62.5cm
Desgaste de carril — 50~70Hz — 1.2m
Soldaduras — impacto
Generación de ruido — 600~1000Hz

Rango de frecuencias
V = 270 km/h

Fuente: Y. Sunaga et al. (1997)

Fig. 22.17

En resumen, utilizando filtros adecuados para la señal de la aceleración registrada en la caja de grasa de los vehículos resulta posible detectar los defectos correspondientes a pequeñas longitudes de ondas. En función de la naturaleza del defecto (carril corrugado, danza de las traviesas, etc.), se decide el sistema de mantenimiento más indicado: amolado de los carriles, bateado de la vía, etc.

Para la línea del Shinkansen, los ferrocarriles japoneses adoptaron el rango de frecuencias indicado en la figura 22.17 para el análisis de las aceleraciones medidas en la caja de grasa de los vehículos.

22.9 LA REDUCCIÓN PRÁCTICA DE LOS DEFECTOS GEOMÉTRICOS DE UNA VÍA

Los defectos de nivelación longitudinal, alineación, etc. que son detectados y evaluados por los sistemas de auscultación que mencionamos anteriormente, se corrigen mediante operaciones de nivelación y alineación respectivamente.

Un esquema básico de una máquina niveladora se muestra en la figura 22.18a. Los elementos básicos son tres palpadores de contac-

ESQUEMA BÁSICO DE UNA NIVELADORA

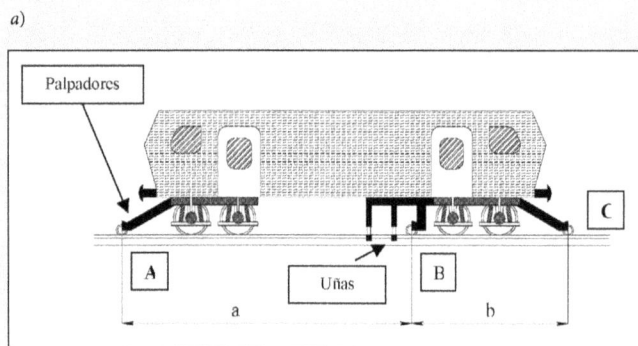

a)

Fuente: L. Ubalde (2004)

ESQUEMA DE NIVELACIÓN EN BASE RELATIVA

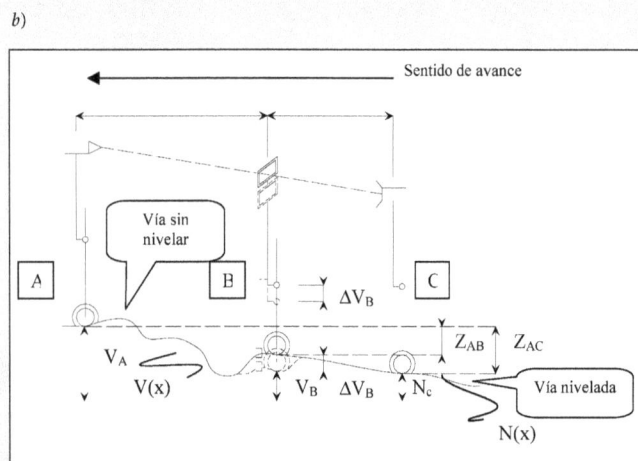

b)

Fuente: L. Ubalde (2004)

CORRECCIÓN DE DEFECTOS EN BASE RELATIVA

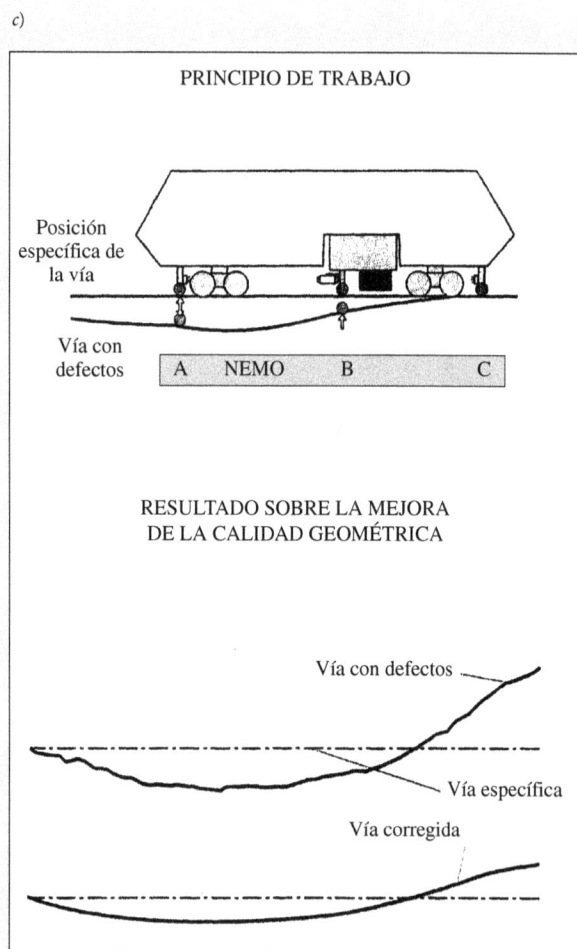

c)

Fuente: Palas (2000)

Fig. 22.18

to por cada carril, así como las uñas que sirven para sujetar la cabeza de éste y para colocarlo en su correcta posición utilizando la fuerza de unos gatos. Se señala que la niveladora puede levantar el carril y dejarlo a una cota más elevada, pero sin embargo no puede rebajar la cota ya existente.

22.9.1 Nivelación longitudinal en base relativa

En las niveladoras convencionales, entre los dos palpadores extremos (A y C) se tiende una cuerda de acero o bien un rayo de luz infrarroja. En el palpador B se mide la cota relativa a la cuerda de acero o bien se coloca una placa de sombra, para interceptar el rayo de luz infrarroja. La operación de nivelación consiste en levantar la vía en B (mediante el dispositivo de elevación del carril consistente en los gatos y las uñas señaladas y el bateo de la vía en dicha zona) de forma que el palpador B intercepte la cuerda o el rayo definido entre A y C. En la figura 22.18b se visualiza el proceso. De forma general se puede decir que, mediante un cierto número de sucesivas nivelaciones en un mismo tramo, se consigue un perfil que presenta una mayor suavidad en las irregularidades cóncavas de la vía (Fig. 22.18c). Esta forma de trabajo recibe el nombre de "nivelación en base relativa" o "bateo automático".

22.9.2 Nivelación longitudinal en base absoluta

El esquema de trabajo es análogo al indicado en el apartado anterior. Existe, sin embargo, la importante diferencia que se deriva de conocer previamente (por ejemplo a través de una nivelación topográfica) las cotas respectivas que han de tener A y C. De esta manera la cuerda o, en su caso, el rayo infrarrojo se coloca paralelo a la rasante del carril. Es entonces cuando el dispositivo de levante actúa hasta que el elemento interceptor correspondiente al palpador B quede alineado con la cuerda. A este sistema se le conoce como "nivelación en base absoluta con tres puntos" en tramo de rampa constante.

Una alternativa al método precedente, es disponer de un punto fijo adicional F, alejado de la niveladora, desde el cual se trace una cuerda (materializada en una visual o en un rayo láser) hasta los puntos A ó B de la máquina. Colocado el visor o el emisor del punto F a la cota correcta (Z_F), ya no resulta necesario introducir de forma

continua los valores de corrección Z_A en el palpador A, como sucedía en el caso anterior. Este sistema se conoce como método de "nivelación en base absoluta con punto fijo".

22.9.3 Limitaciones de los sistemas presentes y nuevos enfoques

La experiencia adquirida en la red francesa de alta velocidad en las dos últimas décadas ha permitido constatar (A. Le Bihan, 2004) que:

a) Los métodos de trabajo en base relativa, con intervenciones localizadas de bateo y elevada frecuencia, pueden dar lugar a faltas de confort puntuales en los viajeros.
b) Los defectos de longitud de onda elevados (50 a 200 metros) no son corregidos por los métodos precedentes.
c) Las operaciones clásicas de bateo en base absoluta, que son precedidas de levantamientos topográficos y de estudios de trazado, son económicamente costosas.

Por lo que respecta a la calidad geométrica de la vía, cabe señalar que el nivel logrado con los métodos clásicos es excelente (Fig. 22.19a). Sin embargo, este hecho no evita situaciones puntuales de falta de confort en los viajeros durante el paso de los vehículos por las curvas de transición (Fig. 22.19b). A causa de las limitaciones de los métodos clásicos y el elevado coste de los levantamientos topográficos, en los últimos años se han puesto a punto nuevos sistemas de referencia.

En este contexto cabe mencionar el proceso adoptado por los ferrocarriles franceses, basado en: la colocación de una clavija cilíndrica en los postes de la catenaria (Fig. 22.20a); el levantamiento topográfico (X, Y, Z) de la referencia de la vía, así como en el estudio de la geometría óptima del trazado para determinar los movimientos a dar a cada zona de la vía (Fig. 22.20b).

Los resultados que se obtienen utilizando el sistema clásico de base relativa y este nuevo método de base absoluta se muestran (Le Bihan, 2004) en la figura 22.21. Puede apreciarse el menor nivel de las aceleraciones, que se miden en el vehículo utilizando la metodología adoptada por los ferrocarriles franceses desde el año 2003 en la línea de alta velocidad TGV Norte. A partir del año 2007, se aplicará de forma generalizada en Francia el nuevo sistema de referencia indicado.

PROBLEMÁTICA DE LOS TRABAJOS DE VÍA EN BASE RELATIVA

CALIDAD GEOMÉTRICA DE LA VÍA EN LA LÍNEA PARÍS-SUD-EST

a)

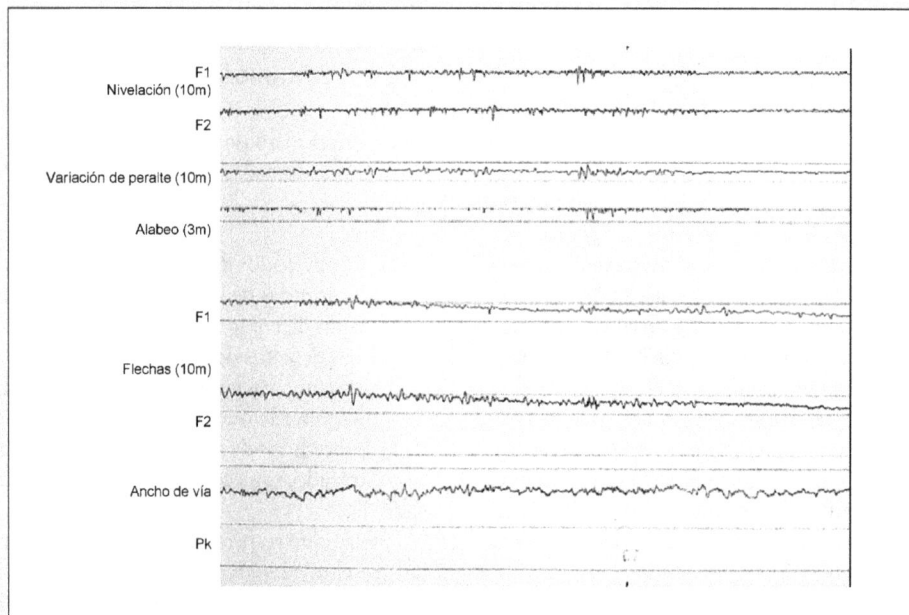

EFECTO DE LA ACELERACIÓN TRANSVERSAL SOBRE LOS VIAJEROS

b)

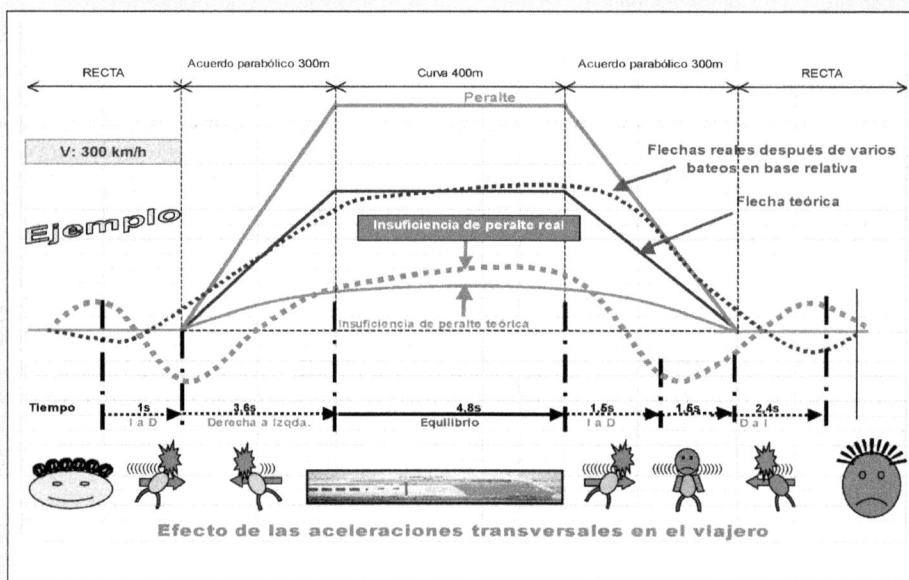

Fuente: A. Le Bihan (2004)

Fig. 22.19

PRINCIPIO DE FUNCIONAMIENTO DEL SISTEMA «PALAS» DE BATEO EN BASE ABSOLUTA

a)

Referencia

Poste
de catenaria

Espejo sobre la referencia

Control con el carro de medida láser

BATEO GUIADO SOBRE UNA GEOMETRÍA DEFINIDA

b)

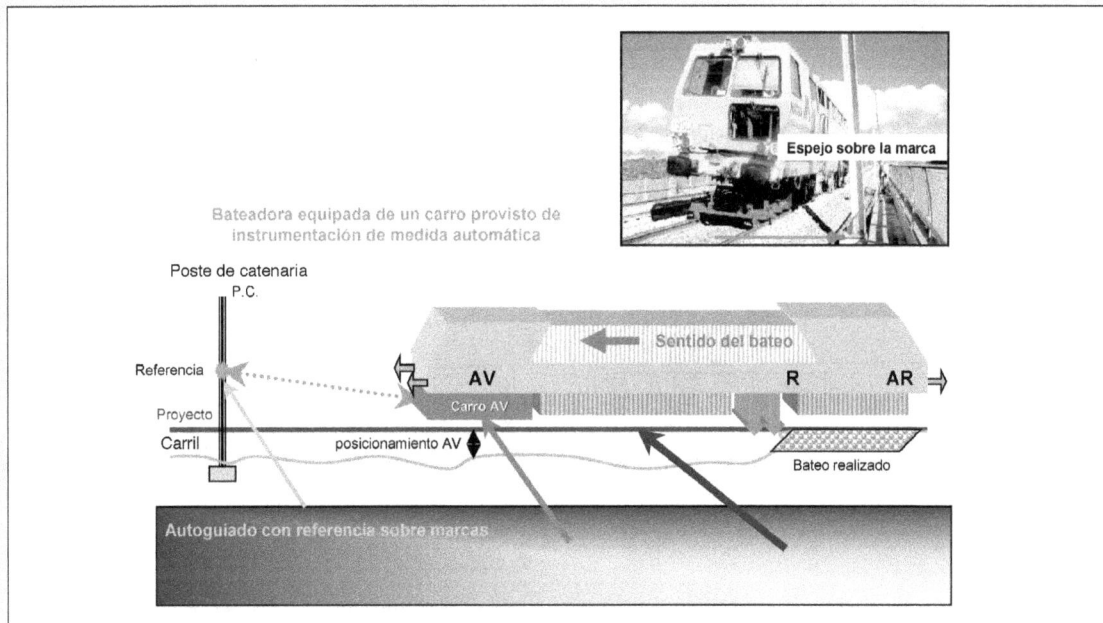

Espejo sobre la marca

Bateadora equipada de un carro provisto de
instrumentación de medida automática

Poste de catenaria
P.C.

Referencia

Proyecto

Carril

Sentido del bateo

AV

Carro AV

R

AR

posicionamiento AV

Bateo realizado

Autoguiado con referencia sobre marcas

Fuente: A. Le Bihan (2004)

Fig. 22.20

INFLUENCIA DEL BATEO DE UNA VÍA EN BASE RELATIVA Y ABSOLUTA

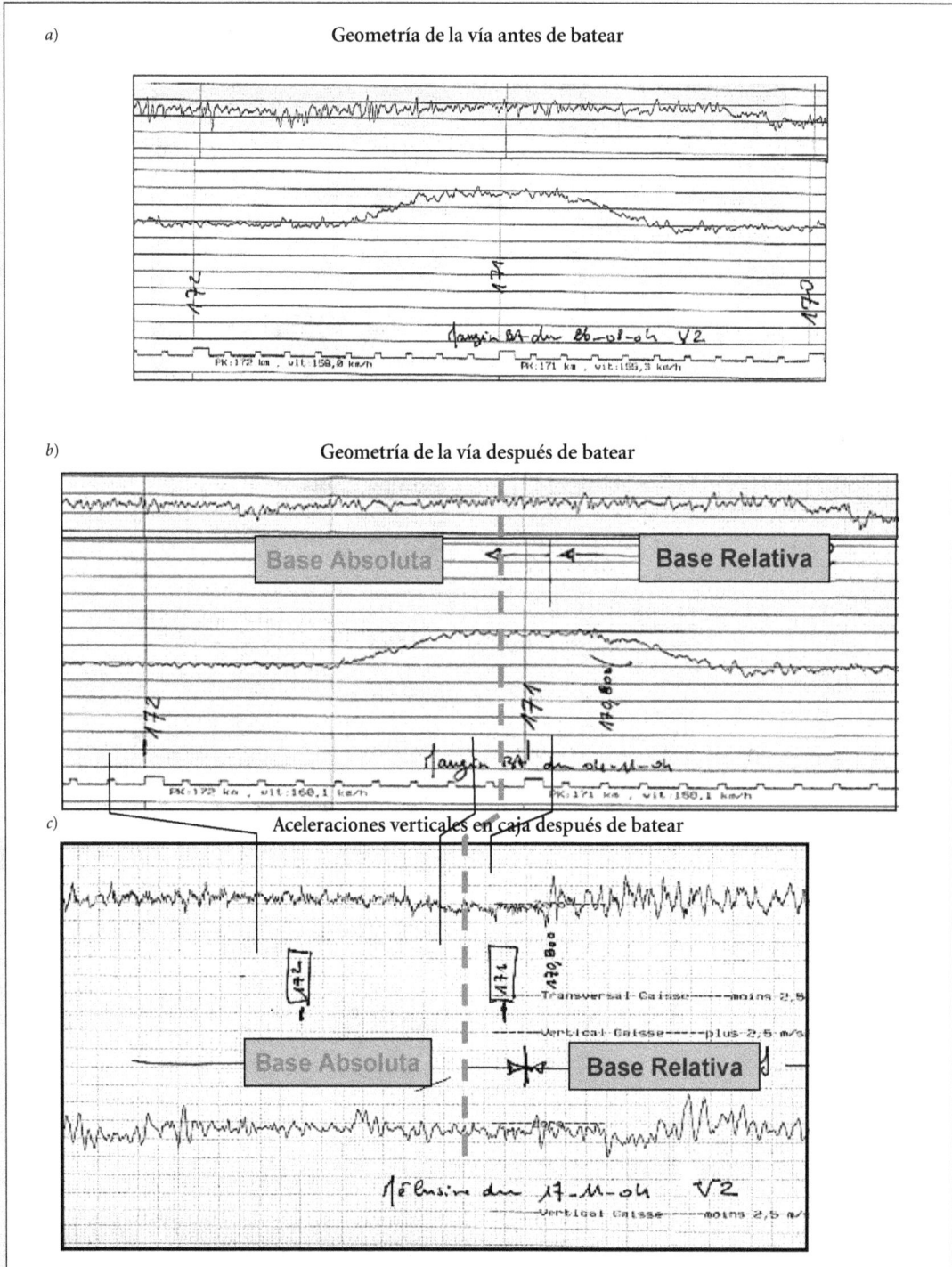

a) Geometría de la vía antes de batear

b) Geometría de la vía después de batear

Base Absoluta   Base Relativa

c) Aceleraciones verticales en caja después de batear

Base Absoluta   Base Relativa

Fig. 22.21

23

RENOVACIÓN DE VÍA

23.1 PLANTEAMIENTO GENERAL

Bajo la acción del tráfico y a pesar de las operaciones de conservación descritas en el capítulo precedente, los elementos de una vía experimentan un proceso de deterioro que, en su última fase, obligan a su sustitución, en un proceso que recibe el nombre de *renovación de vía*. En realidad la renovación puede ser total o parcial según que se reemplacen todos o algunos de sus componentes (carril, traviesas, sujeciones, balasto, etc.). En líneas principales la renovación significa la incorporación de materiales nuevos. En líneas secundarias es normal utilizar material regenerado procedente de otras líneas de mayor importancia.

La renovación de una vía de ferrocarril se deriva de algunos de los siguientes hechos:

a) A partir de un cierto estado de deterioro de los componentes de la vía, la conservación de ésta resulta muy costosa y obliga a intervenir con una frecuencia tal que incide negativamente en la calidad de la explotación ferroviaria.

b) El deterioro de algunos de los componentes de la vía alcanza niveles que pueden afectar a la seguridad de las circulaciones.

c) Modificaciones sustanciales de tráfico en una línea por diversas causas obligan a mejorar las características del armamento de la vía (empleo de carriles de mayor peso, traviesas de mayor superficie de apoyo, balasto con menor coeficiente de Los Ángeles, etc.).

d) Razones comerciales pueden hacer aconsejable aumentar la velocidad de circulación de los trenes o incrementar la carga por eje de los vagones de mercancías. En ocasiones, el armamento de la vía existente puede ser insuficiente para hacer frente a los citados incrementos.

En estas condiciones, la renovación de una vía se presenta como condición indispensable para limitar los efectos de los hechos a) y b), o bien, para lograr los objetivos de los hechos c) y d).

Es preciso destacar, no obstante, que la renovación de una vía presenta una serie de problemas que pueden agruparse en dos ámbitos, el económico y el técnico. El primero se pone de manifiesto con sólo señalar que el coste material de renovar un kilómetro de vía supera, en el momento actual, el millón de euros, lo que obliga a preparar en forma adecuada la financiación de la renovación. En el segundo ámbito, el técnico, confluyen varios aspectos entre los que cabe destacar los siguientes:

a) Las limitaciones de velocidad a que obliga en determinados períodos de tiempo la renovación de una vía.

b) Los intervalos en que la circulación debe interrumpirse para poder llevar a cabo los trabajos correspondientes.

c) Las repercusiones que los aspectos precedentes tienen en la explotación comercial de la línea afectada.

d) Los trabajos previos al comienzo de la renovación.

Por todo ello, se deduce que la renovación de una vía férrea exige una planificación precisa para conseguir el necesario sincronismo entre las inversiones y la incidencia en la explotación. Se justifica, por tanto, que las renovaciones de vía en una administración ferroviaria se programen en forma interanual. Para dar una idea de la planificación asociada a las renovaciones de vía, en el cuadro 23.1 se muestra el proceso temporal señalado por Naue (1982) para la renovación de vía en los ferrocarriles alemanes. En cuanto a la extensión de la renovación de vía en una red, puede indicarse, como orden de magnitud, una cifra comprendida entre 300 y 600 km de vías renovadas por año.

23.2 EL DETERIORO DE LOS COMPONENTES DE LA VÍA

La primera cuestión que se plantea en relación con la renovación de una vía es conocer el momento temporal en que resultará necesaria su realización. Es preciso para ello cuantificar el proceso que rige el deterioro de cada uno de los componentes de la vía, es decir, cuándo perderá el carril sus características geométrico-resistentes; las traviesas, su capacidad mecánica, y el balasto, sus propiedades para contribuir a la elasticidad y amortiguamiento de la vía, así como a la evacuación de las aguas de lluvia. Las reflexiones precedentes conducen al concepto intuitivo del período de vida útil de cada elemento de la vía.

23.2.1 Carril

La sustitución de un carril viene determinada por la existencia en él de defectos de distintas características o a causa de su desgaste vertical y lateral que le incapacita para continuar desarrollando su función soporte del material ferroviario y de guiado del mismo. En cuanto a los defectos, existe una amplia variedad de tipos que la UIC tiene recogidos en su ficha 712 R (versión 2002). Se habla de carriles rotos, fisurados y averiados en función de distintos criterios. Un amplio estudio de análisis y observaciones durante muchos años ha permitido conocer las circunstancias en que se producen los citados defectos y, en ocasiones, su evolución con el tráfico.

Por lo que respecta al desgaste de los carriles, se señala que se produce por causa de la acción de la carga dinámica de la rueda y de la existencia de fenómenos corrosivos. El control del desgaste de los carriles fue considerado tradicionalmente como factor fundamental en la economía ferroviaria, orientando las investigaciones hacia la fabricación de carriles cada vez más resistentes al desgaste. Diferenciaremos con carácter general el desgaste vertical y el desgaste lateral.

Respecto al primero, su origen reside en la abrasión causada por las ruedas de los vehículos y en los fenómenos de corrosión debidos a la intemperie. La influencia de este segundo hecho puede llegar a ser tal que sea el responsable de la mayor parte de la pérdida de material (en la superficie del carril), incluso en líneas con un tráfico intenso. En condiciones normales y bajo la acción del material, en la explotación comercial aparecen los desgastes tipo indicados en la figura 23.1, según se trate de un carril colocado en alineación recta o en alineación curva [a excepción de situaciones específicas con elevados desgastes (Fig. 23.1d)]. El criterio de sustitución de un carril vendrá determinado por la magnitud z de aplastamiento de la cabeza del carril, cuando alcance el límite admisible, o bien, por el área perdida de la sección transversal del carril. De acuerdo con los trabajos teóricos y experimentales llevados a cabo por los ferrocarriles de la antigua unión soviética, Shajunianz (1959) estableció hace ya más de cuatro décadas una expresión para relacionar el des-

CUADRO 23.1. PLANIFICACIÓN DE LAS RENOVACIONES DE VÍA EN LOS FERROCARRILES ALEMANES (NAUE, 1982)

Tiempo	Actividad
Mes 50 a 34	– Establecimiento de un programa plurianual de renovaciones
	– Determinación de tramos
Mes 38 a 27	– Primera visita a los tramos
	– Establecimiento ficha de trabajos
Mes 36 a 12	– Establecimiento plan de explotación anual provisional
	– Armonización de tramos
	– Armonización plan plurianual de renovación
Mes 12 a 5	– Armonización plan anual de renovación
	– Establecimiento plan de explotación anual definitivo
	– Planificación de recursos
Semana 20 a 8	– Establecimiento programa de avance de los trabajos
Semana 10 a 1	– Petición de personal y maquinaria
Días 5 a 1	– Puesta apunto general
	– Instrucciones al personal

DESGASTE VERTICAL Y LATERAL DE UN CARRIL

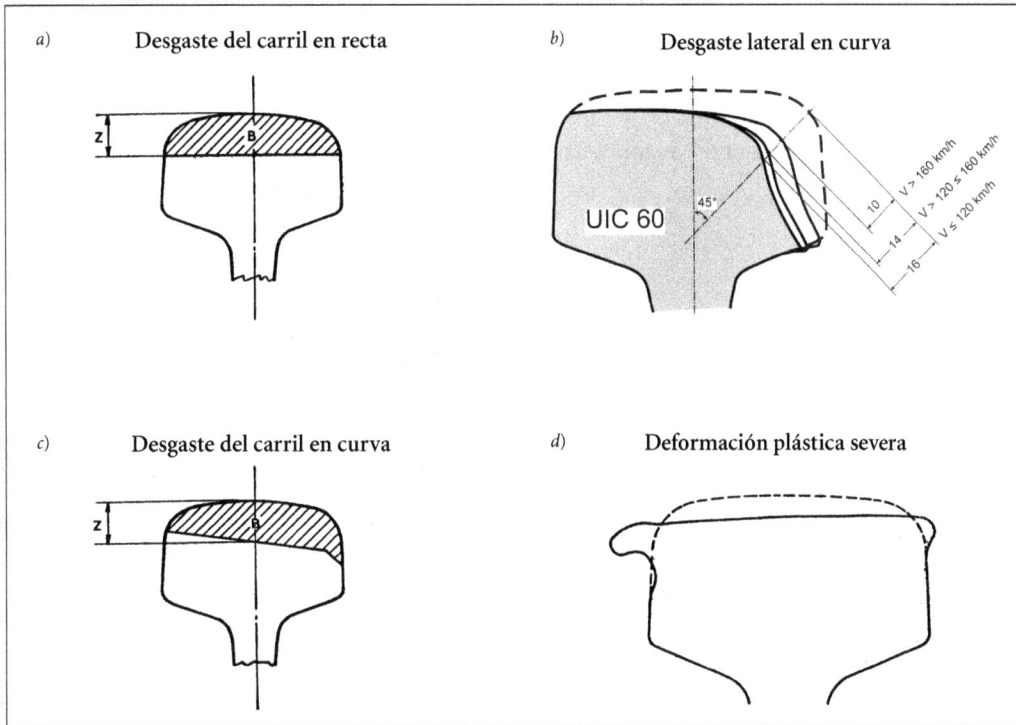

a) **Desgaste del carril en recta**

b) **Desgaste lateral en curva**

UIC 60

45°

10   V > 160 km/h
14   V > 120 ≤ 160 km/h
16   V ≤ 120 km/h

c) **Desgaste del carril en curva**

d) **Deformación plástica severa**

Fuente: Renfe

Fig. 23.1

VARIACIÓN DEL PERÍODO DE SERVICIO DE UN CARRIL EN FUNCIÓN DEL RADIO DE LA CURVA

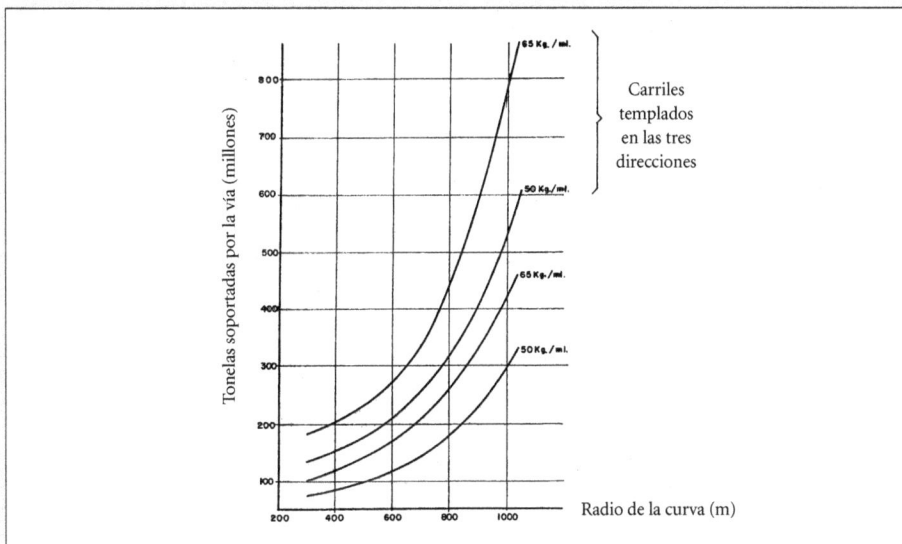

Toneladas soportadas por la vía (millones)

65 Kg./ml.

Carriles
templados
en las tres
direcciones

50 Kg./ml.

65 Kg./ml.

50 Kg./ml.

Radio de la curva (m)

Fuente: Tomado de Oliveros (1977)

Fig. 23.2

gaste (β) en mm², de la sección transversal del carril por millón de toneladas brutas soportadas, con las características de la vía y del tráfico. Matemáticamente:

$$\beta = f(K, Q, r, R, S)$$

siendo

β = desgaste específico del carril (mm2/millón de toneladas brutas)

K = rigidez vertical de la vía

Q = carga por rueda

r = radio de la rueda

R = radio de la curva

S = coeficiente dependiente del deslizamiento de la rueda sobre el carril.

Como órdenes de magnitud Shajunianz indicó los siguientes valores para β en una vía con carril de 65 kg/ml.

Radio de la curva (m)	β (mm²/10⁶t)
300	3,87
400	2,86
500	2,08
600	1,62
700	1,17
800	0,93
1.200	0,73

Conocido el valor de β, resulta posible conocer el tráfico a partir del cual será necesario sustituir el carril, sin más que fijar el valor máximo admisible para β.

$$T_{\text{admisible}} = \frac{\beta \max}{\beta}$$

siendo:

T = tráfico admisible antes de sustituir el carril

β_{max} = desgaste vertical máximo admisible (mm²)

Es de interés recordar que el desgaste vertical máximo admisible viene determinado por el hecho de que el carril continúe teniendo un momento resistente (W) suficiente para resistir las tensiones de flexión $\sigma = M/W$. Si consideramos en el carril UIC 60 un desgaste vertical del carril de 6 mm, significa una pérdida de sección del carril del orden de 380 mm².

Los resultados obtenidos con distintos tipos de carriles en vías sometidas a la explotación comercial normal permitieron a Shajunianz (1971) encontrar una sencilla relación entre el peso por metro lineal de un carril (q), el radio de la vía y el tráfico máximo ($T_{máx}$) bruto en toneladas que podría soportar antes de su sustitución por desgaste.

Matemáticamente:

$$T_{\max} \approx 0,95\sqrt{q^3}\left[\frac{1}{1+\dfrac{800}{R}}\right]$$

En la figura 23.2 se representa gráficamente la precedente expresión para algunos tipos de carriles y radios de curva, en el intervalo de variación donde se presentan mayores diferencias, es decir, aproximadamente de 300 a 1000 m.

Nótese que para una vía con radio reducido (R = 400 m), lo que implica una velocidad máxima de circulación en el entorno de 90 km/h, y para un carril de 60 kg/ml, el tráfico máximo soportable sería de aproximadamente 100 millones de toneladas brutas. Por el contrario, para una vía con radio 1000 m (velocidad máxima de circulación próxima a 140 km/h), el tráfico máximo admisible se elevaría a 340 millones de toneladas.

Si se tiene en cuenta que en una línea con tráfico importante el volumen soportado por cada vía puede ser diariamente de 50.000 a 60.000 toneladas, se deduce fácilmente que el período de vida del citado carril sería del orden de 20 años. En consecuencia, el intervalo de tiempo entre dos renovaciones de vía consecutivas en una línea se sitúa, en general, entre 20 y 25 años, por lo que respecta al carril.

Con independencia del fenómeno de desgaste vertical expuesto, cabe mencionar que los carriles, en zonas determinadas, sufren un desgaste singular por causas diversas. Entre ellas se pueden mencionar las producidas por la existencia de planos en las ruedas o por el patinado de los vehículos, mas allá del fenómeno de desgaste ondulatorio que se ha abordado con anterioridad.

Por lo que respecta al desgaste lateral (Fig. 23.1b), cabe mencionar que este tipo de desgaste tiene lugar en la cabeza de los carriles en curva, a causa del contacto de las pestañas de las ruedas con el flanco de la cabeza del carril. En la citada figura 23.1b se explicitan los criterios de los ferrocarriles alemanes (1983), en relación con los valores máximos admisibles para el desgaste lateral en función de la velocidad de circulación. Otra forma de desgaste es el que tiene lugar por deformación plástica de las superficie de rodadura del carril (Fig. 23.1d). Su origen se encuentra en la circulación de elevadas cargas por eje.

23.2.2 Traviesas

Por sus propias características cabe diferenciar el proceso de deterioro de las traviesas de madera de las de hormigón. En el primer caso, las traviesas se hacen inservibles a causa de los fenómenos de pudrición que tienen lugar en la vía, y también por el desgaste mecánico que se manifiesta sobre todo en la destrucción de la madera bajo la placa de asiento y en la zona de los taladros. Su vida útil depende de diversos factores, como el tratamiento inicial que se dé a la traviesa, el tipo de sujeción y la periodicidad de las operaciones de conservación. Una duración de 15 años podría servir como indicador de referencia. En cuanto a las traviesas de hormigón, se estima que tienen una duración de al menos 50 años. Sin embargo, en las líneas principales se suelen sustituir en el momento en que se renueva una vía por causa del desgaste de los carriles, lo que, como hemos visto, se produce cada 20 a 25 años. Las traviesas retiradas suelen utilizarse en líneas secundarias.

23.2.3 Balasto

Como se ha indicado en el capítulo 2, el balasto cumple una serie de funciones imprescindibles para asegurar el correcto funcionamiento del sistema rueda – carril. Entre ellas cabe recordar, en este momento, su contribución a la elasticidad vertical de la vía, a la reducción del nivel de presiones que llegue a la plataforma, y a la evacuación del agua de lluvias.

Con la apertura de una línea a la explotación comercial, la estructura granular que configura la capa de balasto se ve modificada por diversas causas (Fig. 23.3):

a) Trituración de las partículas por insuficiente resistencia del balasto o a causa de esfuerzos verticales sobre la vía superiores a los previstos.

b) Contaminación del balasto por las partículas de la plataforma por causa de un insuficiente respeto de las reglas de filtro entre materiales de distinta granulometría.

c) Contaminación del balasto por causas climatológicas, caída de materiales desde los vagones de mercancías o de la vegetación.

En las líneas convencionales y en tiempo pasado, cuando no se daba la importancia adecuada al correcto dimensionamiento del sistema balasto-plataforma, fueron frecuentes (y hoy día lo continúan siendo en algunas líneas) dos fenómenos característicos:

1. La formación de *manchas blancas* sobre la superficie de la capa de balasto

2. La contaminación de la capa de balasto con partículas procedentes de la plataforma

En el primer caso, un ejemplo del cual puede verse en la figura 23.4, el fenómeno se producía por utilizar balasto de poca calidad. En particular balasto calcáreo con coeficientes de Los Ángeles elevados (25 a 30). Bajo la acción del tráfico se producía una rápida trituración de las partículas de balasto y la formación de un polvo fino cuyo color daba lugar al fenómeno conocido como *manchas blancas*. Desde el punto de vista práctico la repercusión era la existencia de un apoyo insuficiente del emparrillado de la vía y por tanto unos mayores esfuerzos dinámicos producidos por los vehículos que aceleraban el deterioro de la geometría de la vía.

En cuanto al segundo caso, contaminación de la capa de balasto, el origen puede ser doble: por un lado, como consecuencia de la caída a la vía de partículas de materiales transportados en vagones de mercancías (es el caso especialmente de aquellas líneas sobre las que se transportan minerales); por otro lado, por la subida de las partículas finas de la infraestructura a la capa de balasto. Nótese como, desde el punto de vista práctico, el incremento del grado de contaminación del balasto lleva parejo una importante reducción de su capacidad de filtración del agua de lluvia (Fig. 23.5) y por tanto una menor duración de la calidad geométrica de la vía.

Como orden de magnitud la cantidad de balasto requerida por kilómetro, en vía única y alineación recta es de ≈ 2.100 m^3 (equivalente a 3.050 t). Para una alineación curva con peralte de 150 mm y vía doble, la cantidad de sitúa en el entorno de 5.700 m^3 (equivalente a 8.260 t).

23.2.4 Desguarnecido de la vía

La contaminación de la capa de balasto tiene su origen, como se ha expuesto precedentemente, en diversas causas. Es por tanto posible que la necesidad de eliminar la misma tenga lugar en un momento temporal en donde la sustitución del resto de los elementos del emparrillado de vía (carril, traviesas, placas de asiento o sujeciones) no sea necesaria. En este caso, se procede únicamente a la sustitución de la capa de balasto a través de las máquinas desguarnecedoras, que dan nombre a la operación.

Como se observa en la figura 23.6, disponen de una cadena excavadora que discurre por debajo de la vía dentro de una viga de excavación. El material de balasto contaminado se transporta hasta unas cribas que permiten (Fig. 23.6) eliminar las piedras gruesas y recuperar las piedras de tamaño mediano y las de tamaño pequeño eliminando el material fino. El balasto depurado se traslada a cintas de distribución, o bien se descarga nuevamente sobre la vía. Las máquinas pueden equiparse con dispositivos para la colocación de geotextiles que eviten la contaminación del balasto por los materiales de la plataforma (Fig. 23.7). En ocasiones también se coloca una mezcla de arena y gravilla, o bien se estabiliza la plataforma con cemento (Fig. 23.7). Existen sistemas que permiten tratar simultáneamente la capa de balasto y la infraestructura (Fig. 23.8).

CONTAMINACIÓN DE LA CAPA DE BALASTO

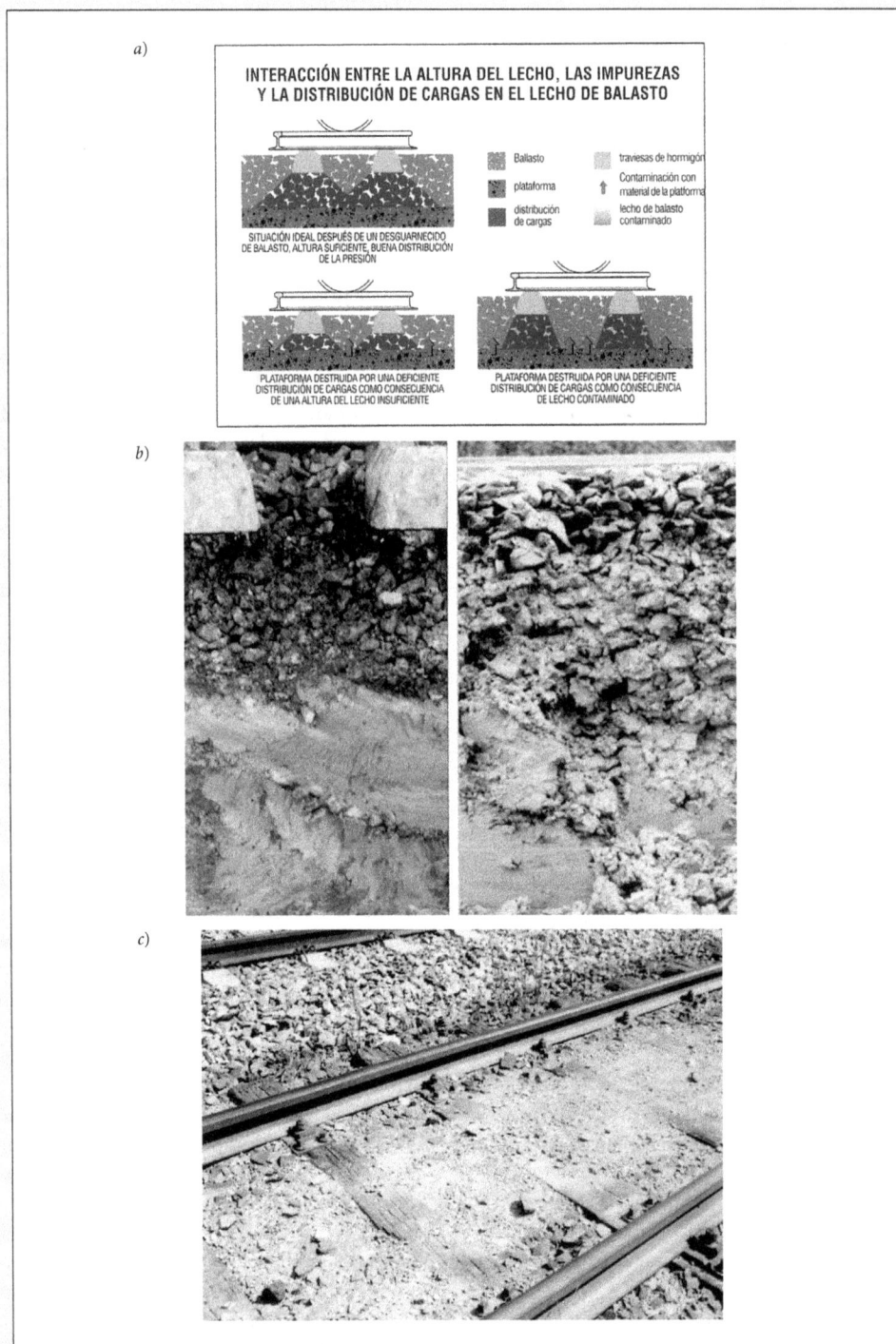

a)

INTERACCIÓN ENTRE LA ALTURA DEL LECHO, LAS IMPUREZAS Y LA DISTRIBUCIÓN DE CARGAS EN EL LECHO DE BALASTO

Ballasto
plataforma
distribución de cargas

traviesas de hormigón
Contaminación con material de la plataforma
lecho de balasto contaminado

SITUACIÓN IDEAL DESPUÉS DE UN DESGUARNECIDO DE BALASTO, ALTURA SUFICIENTE, BUENA DISTRIBUCIÓN DE LA PRESIÓN

PLATAFORMA DESTRUIDA POR UNA DEFICIENTE DISTRIBUCIÓN DE CARGAS COMO CONSECUENCIA DE UNA ALTURA DEL LECHO INSUFICIENTE

PLATAFORMA DESTRUIDA POR UNA DEFICIENTE DISTRIBUCIÓN DE CARGAS COMO CONSECUENCIA DE LECHO CONTAMINADO

b)

c)

Fuente: E. Selig, R. Schilder y Renfe respectivamente

Fig. 23.3

VISUALIZACIÓN DEL FENÓMENO DE FORMACIÓN DE MANCHAS BLANCAS EN LA CAPA DE BALASTO

Fuente: Renfe

Fig.23.4

INFLUENCIA DE LA CONTAMINACIÓN DEL BALASTO EN LA EVACUACIÓN DEL AGUA DE LLUVIA

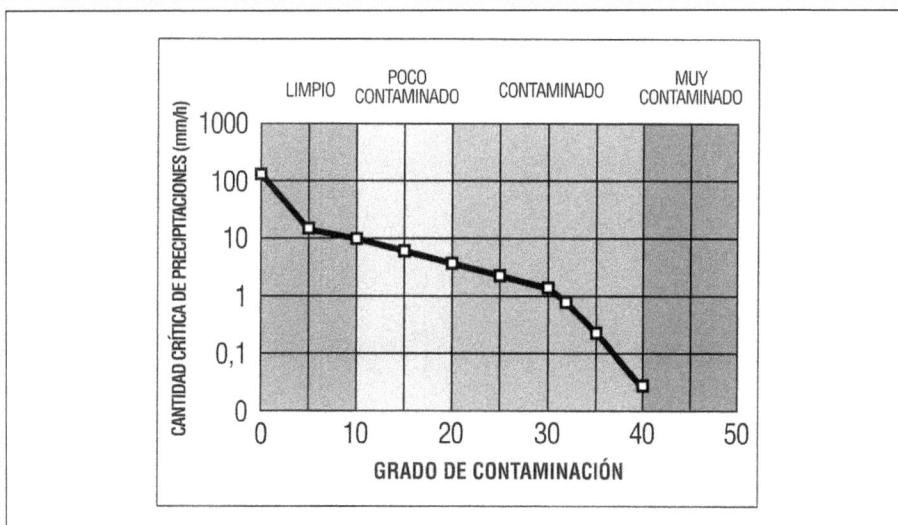

Fuente: Selig y Waters

Fig.23.5

PROCESO DE DESGUARNECIDO DE LA CAPA DE BALASTO DE UNA VÍA

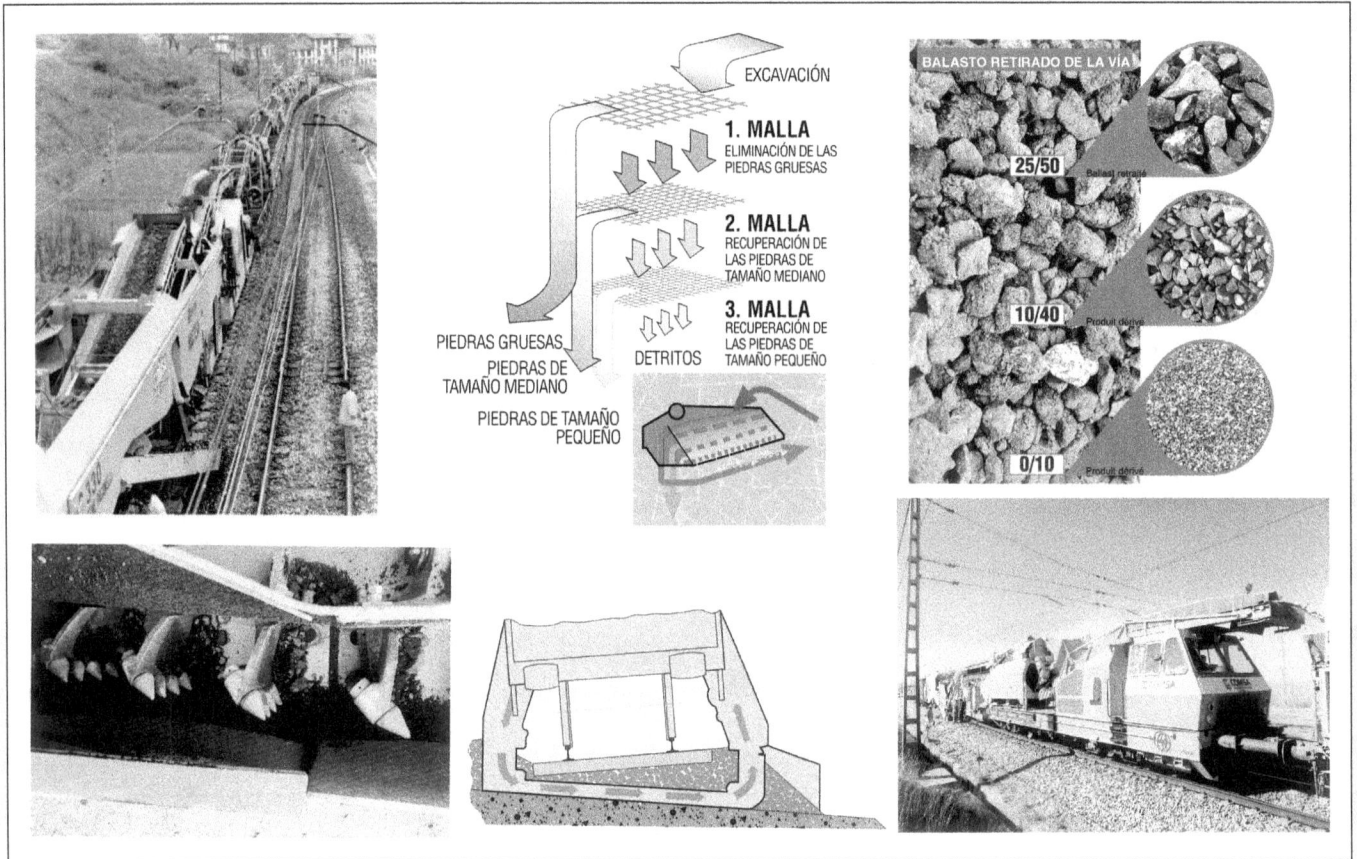

EXCAVACIÓN

1. MALLA
ELIMINACIÓN DE LAS PIEDRAS GRUESAS

2. MALLA
RECUPERACIÓN DE LAS PIEDRAS DE TAMAÑO MEDIANO

3. MALLA
RECUPERACIÓN DE LAS PIEDRAS DE TAMAÑO PEQUEÑO

PIEDRAS GRUESAS

PIEDRAS DE TAMAÑO MEDIANO

PIEDRAS DE TAMAÑO PEQUEÑO

DETRITOS

BALASTO RETIRADO DE LA VÍA

25/50   Balast retrait

10/40   Produit dérivé

0/10   Produit dérivé

COLOCACIÓN DE GEOTEXTILES Y UNA MEZCLA DE ARENA Y GRAVILLA

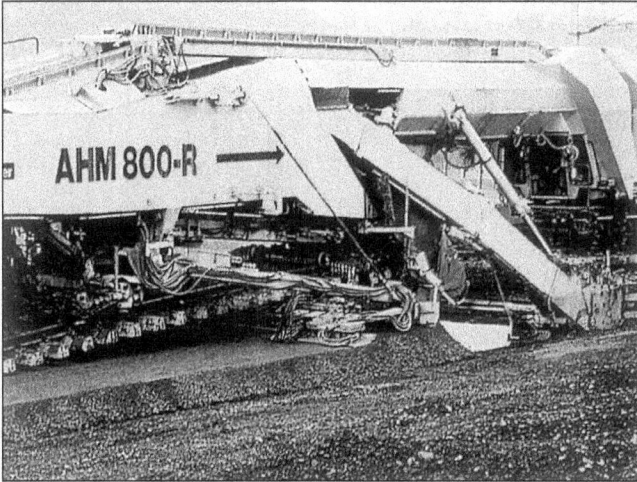

COLOCACIÓN DE LA MEZCLA DE ARENA Y GRAVILLA MEDIANTE UNA MÁQUINA DESGUARNECEDORA

COLOCACIÓN DE GEOTEXTILES CON UNA MÁQUINA DESGUARNECEDORA

ESTABILIZACION CON CEMENTO MEDIANTE UNA MÁQUINA DESGUARNECEDORA

Fuente: Plasser

Fig. 23.7

MAQUINARIA PARA TRABAJOS DE SANEADO DE LA VÍA

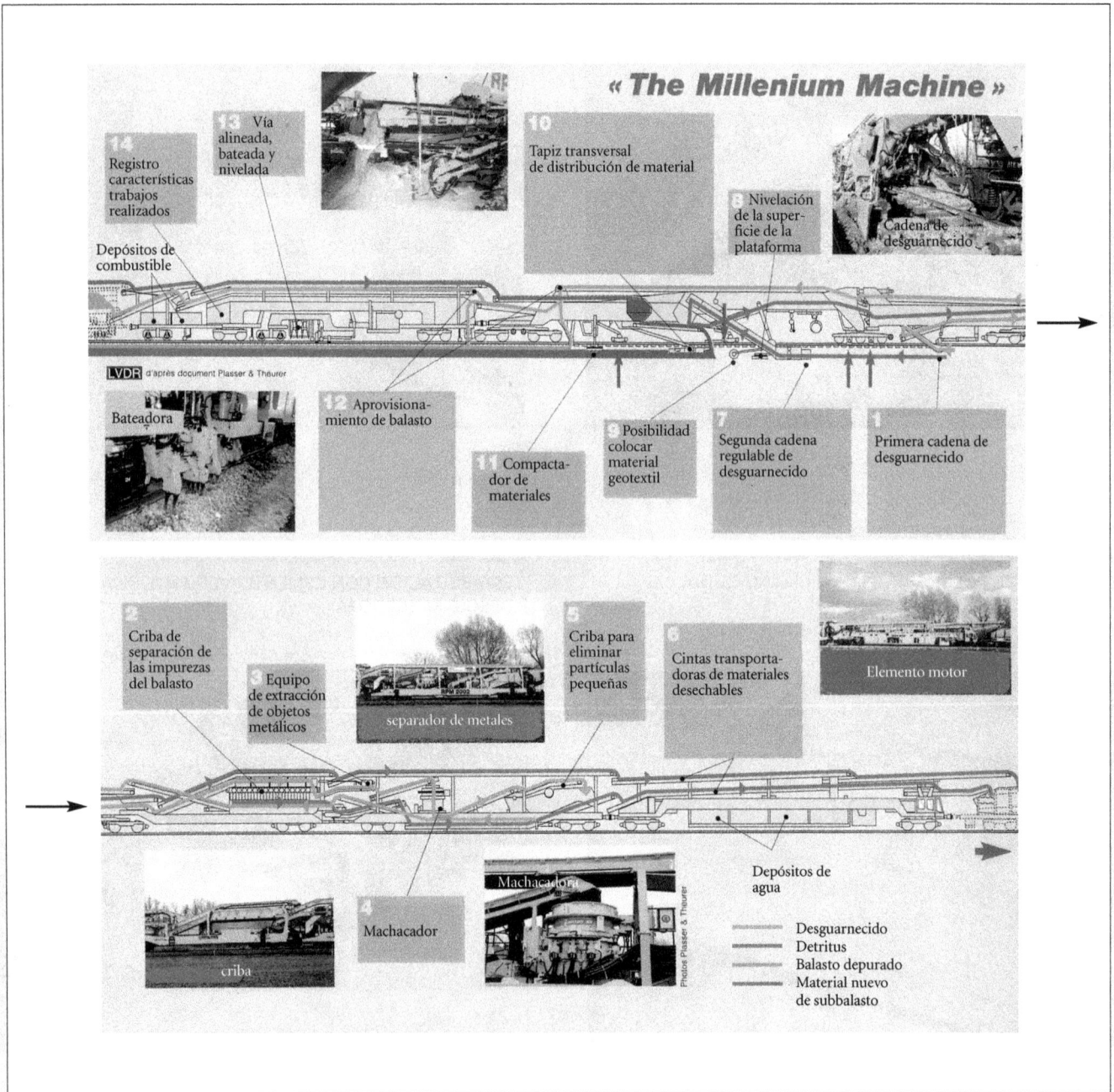

« The Millenium Machine »

14 Registro características trabajos realizados

13 Vía alineada, bateada y nivelada

10 Tapíz transversal de distribución de material

8 Nivelación de la superficie de la plataforma

Cadena de desguarnecido

Depósitos de combustible

LVDR d'après document Plasser & Theurer

Bateadora

12 Aprovisionamiento de balasto

11 Compactador de materiales

9 Posibilidad colocar material geotextil

7 Segunda cadena regulable de desguarnecido

1 Primera cadena de desguarnecido

2 Criba de separación de las impurezas del balasto

3 Equipo de extracción de objetos metálicos

separador de metales

5 Criba para eliminar partículas pequeñas

6 Cintas transportadoras de materiales desechables

Elemento motor

Machacadora

Depósitos de agua

criba

4 Machacador

Photos Plasser & Theurer

Desguarnecido
Detritus
Balasto depurado
Material nuevo de subbalasto

Fuente: La vie du rail

Fig. 23.8

Por lo que respecta a la utilización de geotextiles, se señala que su uso en el ámbito europeo se remonta a los años 70 del siglo XX. Inicialmente con la misión de actuar como elemento separador de la capa de balasto y la infraestructura, especialmente en el caso de plataformas de reducida capacidad portante y formadas también por materiales finos. Sin embargo, posteriormente se verificó también la contribución de este tipo de materiales a la resistencia vertical del sistema balasto – plataforma.

Un ejemplo de los geotextiles es el denominado *Tensar* (Fig. 23.9a), el cual, en función de su posición relativa en la sección transversal de la vía puede:

a) reforzar la capa de balasto, reduciendo su asiento y por tanto las necesidades de mantenimiento (Fig. 23.9b)
b) reforzar la capa de subbalasto incrementando la resistencia del terreno (Fig. 23 9c)

Es de interés comprobar (Fig. 23.9d) que, dada la forma del geotextil, éste limita el movimiento lateral de las partículas de balasto y por tanto el asiento de la capa de balasto. Por otro lado, la figura 23.9e muestra como el geotextil contribuye a aumentar el módulo de deformación de la plataforma, disminuyendo la flecha de la vía bajo cargas verticales (Fig. 23.9f). Este tipo de materiales se han empleado en diversas secciones de las líneas de alta velocidad construidas en Bélgica en dirección a Francia, Alemania y Holanda.

23.2.5 El desguarnecido de una línea de alta velocidad

La sustitución del balasto en una línea de alta velocidad no difiere sensiblemente, en términos conceptuales, de la que tiene lugar en una línea convencional. Sin embargo, las singularidades que se derivan de las exigencias comerciales de calidad en las líneas de alta velocidad (retraso máximo de los trenes) obligan a una cuidada planificación de la operación.

Como referencia ilustrativa, cabe mencionar las operaciones de sustitución de balasto llevadas a cabo en la línea París – Lyon, de forma concreta en la sección con mayor antigüedad, la comprendida entre Vergigny (km 119) y Mâcon-Loché (km 331) (Fig. 23.10a). Se dispuso para ello una operación basada en los siguientes criterios:

• Realización de los trabajos durante 23 semanas al año (de otoño a primavera)
• Desarrollo de los trabajos entre las 23h00 y las 5h00
• Actuación durante cinco noches por semana
• Rendimiento medio durante cada noche de 700 m
• Posibilidad de circular, inmediatamente después de los trabajos, las ramas TGV a 120 km/h (frente a los 60 km/h en líneas convencionales)

En relación con la planificación temporal establecida, veintitrés semanas, cabe subrayar las limitaciones de trabajo que imponen los períodos invernales, por las heladas, y los de verano a causa de los problemas que podrían ocasionar a la vía las elevadas temperaturas. Ello se traduce en que hayan sido necesarios cinco años (Fig. 23.10b) para completar el proceso de sustitución del balasto en esta sección de la línea.

Por lo que respecta a la calidad de los trabajos realizados, se destaca el hecho de circular a 120 km/h sobre los 700 m renovados cada noche (en lugar de los 270 km/h programados en servicio comercial) durante las veinticuatro horas siguientes. Se logra de este modo que el retraso medio de las ramas TGV se sitúe en torno a cuatro minutos.

Por último, cabe señalar que el espesor de la capa de balasto de esta línea (35 cm bajo traviesa) obliga a alcanzar dicha magnitud a través de diferentes pasadas de las máquinas de bateo actuando sobre incrementos relativos en el espesor de balasto no superiores a 8 o 9 cm (Fig. 23.10c). Con las sucesivas actuaciones sobre la vía en días posteriores al desguarnecido se posibilita la elevación de la velocidad máxima en servicio comercial a 160 km/h, en primer lugar, y finalmente a 270 km/h. Cabe mencionar que, aprovechando el desguarnecido de la capa de balasto, se procedió también a la sustitución de algunas traviesas deterioradas (Fig. 23.10d).

23.3 SISTEMAS DE RENOVACIÓN DE VÍA

A lo largo de la historia del ferrocarril, los procedimientos de renovación de vía fueron evolucionando en función de dos aspectos principales: la tipología estructural de la vía (con o sin juntas) y los plazos disponibles para su ejecución en función de la densidad de tráfico existente en cada línea. Con carácter de síntesis puede decirse, por tanto, que se pasó del montaje de vía por parejas a los trenes de renovación. Dada la variedad de sistemas existentes, en lo que sigue nos proponemos mostrar las principales características de algunos de ellos.

Hasta el momento temporal (años 50 a 60 del siglo XX) en que se generalizó el uso del carril continuo soldado, la renovación de una vía tenía como una de las primeras etapas el montaje en parque (en general, en una estación próxima al lugar de la renovación) de un conjunto de parrillas de vía (carril + traviesas + sujeciones) de 18 m de longitud. Trasladadas dichas parrillas en vagones al tramo de renovación, su colocación sobre la superficie de la plataforma se llevaba a cabo con ayuda de grúas o pórticos, tal como se muestra en la figura 23.11.

En la citada figura 23.11 se constata como una grúa de gran longitud, con los extremos en voladizo, podía tomar una tramo de vía antigua, depositarlo en un vagón al efecto y a continuación recoger una parrilla de vía nueva y colocarla sobre la plataforma. En la figura 23.12 se muestra el proceso completo de renovación de vía utili-

UTILIZACIÓN DE MATERIALES SINTÉTICOS COMO PROTECCIÓN ANTICONTAMINANTE DE LA CAPA DE BALASTO

a)

b)

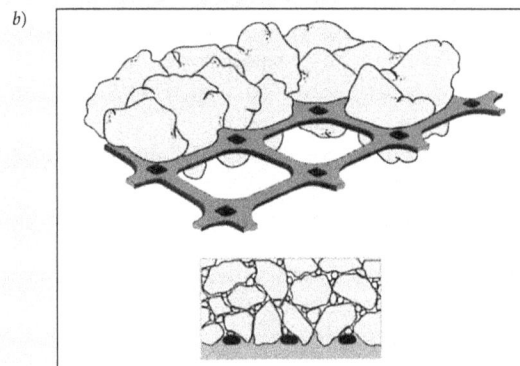

c)

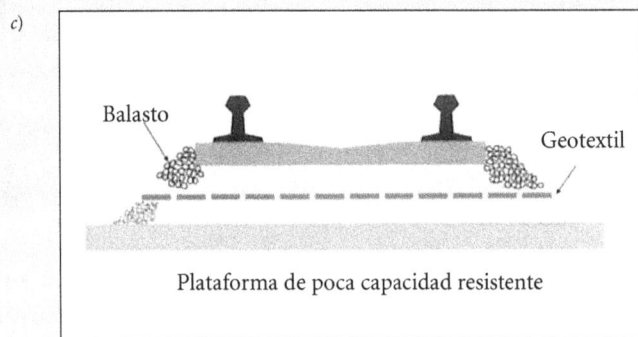

Balasto

Geotextil

Plataforma de poca capacidad resistente

d)

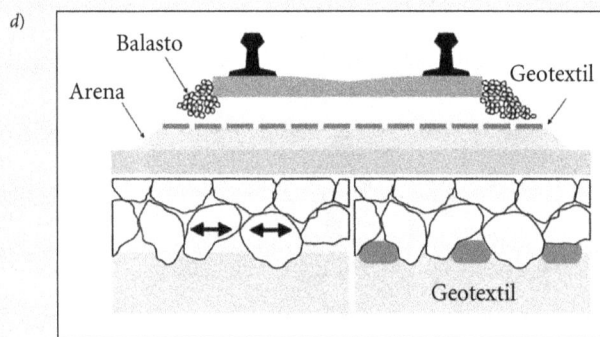

Balasto

Arena

Geotextil

Geotextil

e)

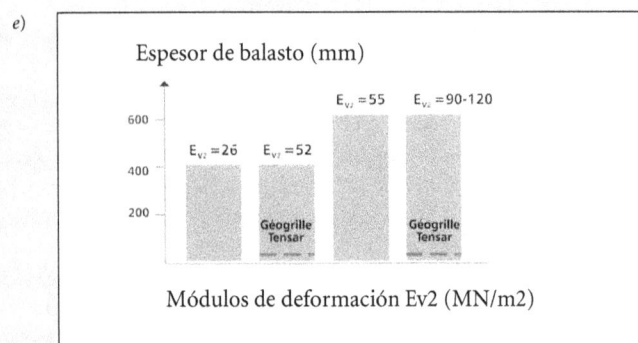

Espesor de balasto (mm)

$E_{v2} = 55$ $E_{v2} = 90\text{-}120$

600

$E_{v2} = 26$ $E_{v2} = 52$

400

Géogrille Tensar

200

Géogrille Tensar

Módulos de deformación Ev2 (MN/m2)

f)

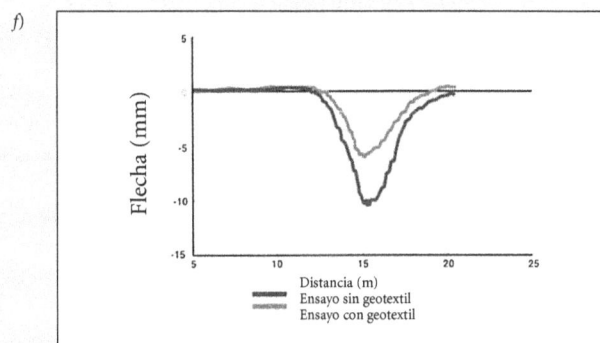

Flecha (mm)

Distancia (m)
Ensayo sin geotextil
Ensayo con geotextil

Fuente: TENSAR

Fig. 23.9

RENOVACIÓN DE BALASTO EN LA LÍNEA DE ALTA VELOCIDAD PARÍS-LYON

a) Línea París-Lyon

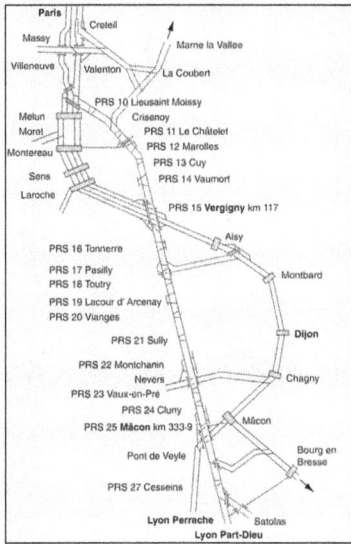

Fuente: A. Le Bihan (1997)

b) Desarrollo de los trabajos durante seis años (1996-2001)

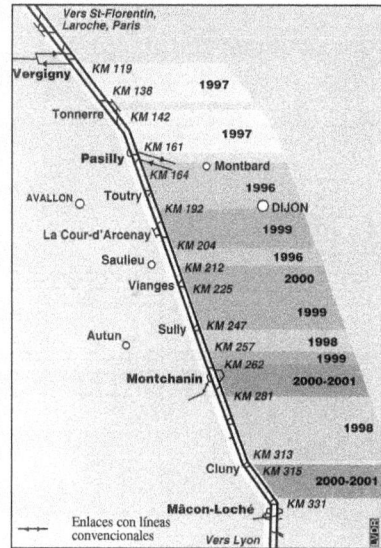

Fuente: La vie du rail (1997)

COLOCACIÓN PROGRESIVA DE LA CAPA DE BALASTO

c)

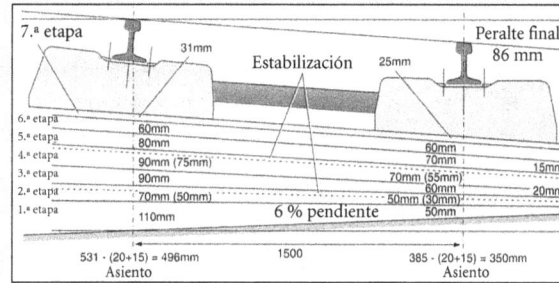

Fuente: André Le Bihan (1997)

SUSTITUCIÓN DE TRAVIESAS

d)

Fuente: La vie du rail (1997)

Fig.23.10

SISTEMA DE RENOVACIÓN DE VÍA MEDIANTE GRÚAS

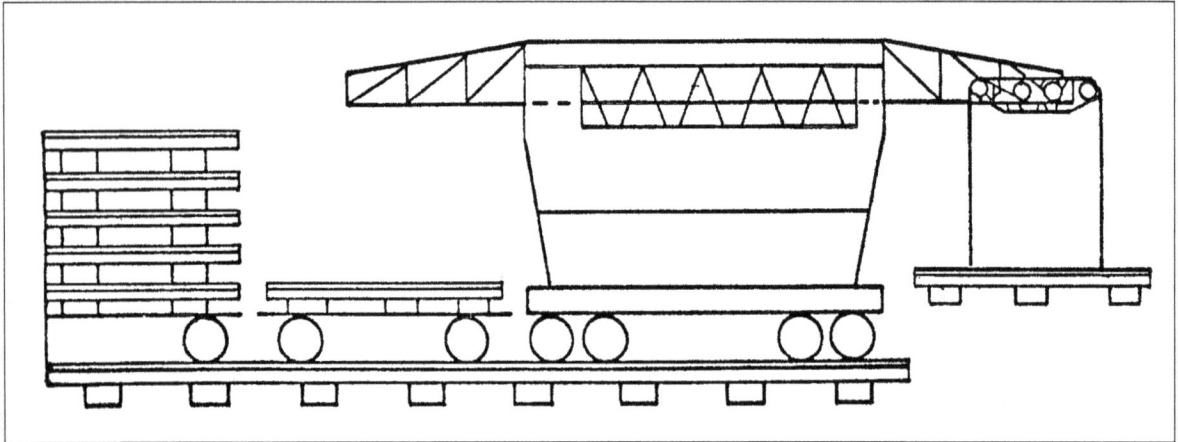

Fuente: A. López Pita (1984)

Fig. 23.11

SISTEMA DE RENOVACIÓN DE VÍA MEDIANTE GRÚAS DE GRAN LONGITUD

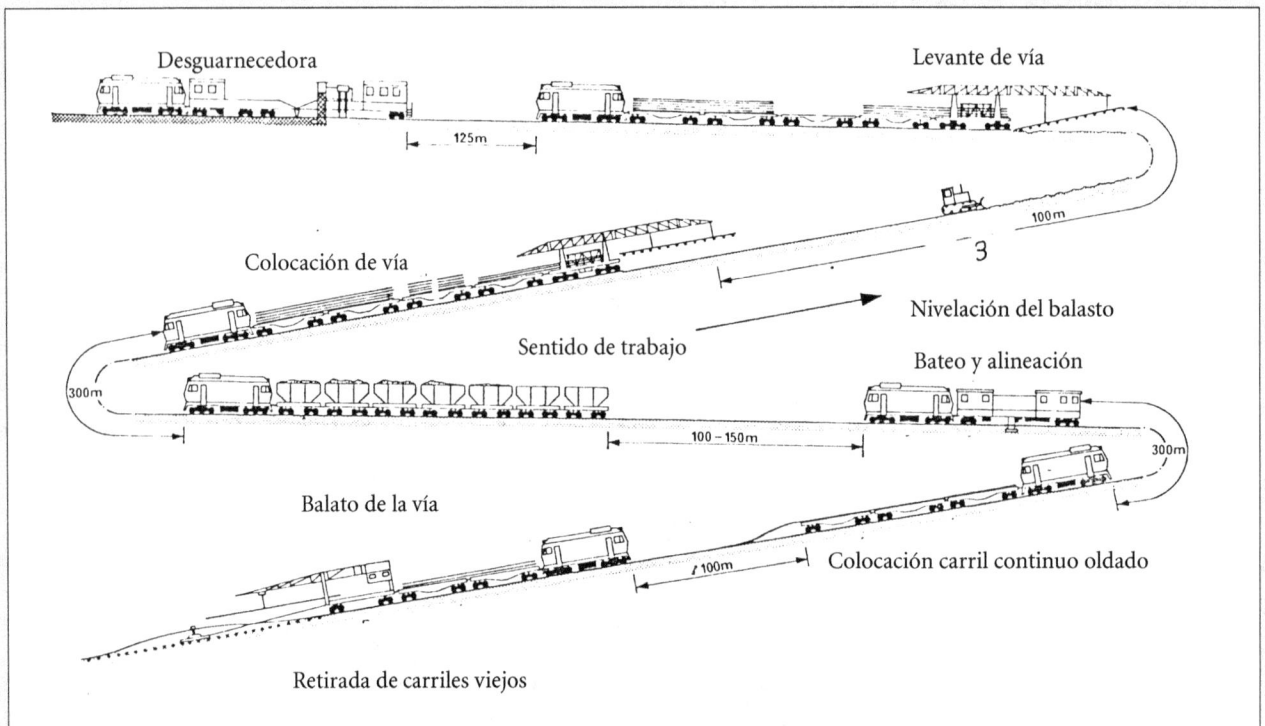

Fuente: A. López Pita (1984)

Fig. 23.12

zado en los años 80 del siglo XX en los ferrocarriles de la antigua Unión Soviética. Obsérvese como la primera operación consistía en el desguarnecido de la vía. El rendimiento medio que se obtenía con este sistema oscilaba entre 300 y 400 m/hora. En cuanto al uso de pórticos, puede señalarse el denominado *sistema Puma 18* que en su momento fue utilizado, entre otros, por los ferrocarriles suizos. Como puede observarse en la figura 23.13, el juego de pórticos se desplazaba sobre toda la longitud del tren elevando o descendiendo tramos de 18 m de vía.

El sistema de pórticos se aplica también en la renovación de vías dotadas de carril continuo soldado. El proceso comienza con el traslado de los carriles a la zona de vía a renovar mediante los denominados trenes carrileros (Fig. 23.14a). Se procede a su descarga de manera lenta sobre la vía para que no sufran golpes y de modo que queden verticales, paralelos a la vía existente y a poca distancia de la misma (Fig. 23.14b) para que por encima de ellos puedan circular los pórticos empleados para la renovación de vía.

A continuación, se procede a cortar la vía antigua en secciones de longitud tal (Fig. 23.14c) que los pórticos puedan retirar el emparrillado de vía y transportarlo hasta vagones colocados al efecto. Una vez retirado el emparrillado, se puede aprovechar para acondicionar la capa de balasto y también la plataforma (Fig. 23.14d). La fase siguiente (Fig. 23.15a) consiste en trasladar las nuevas traviesas mediante los citados pórticos, colocándolas sobre la capa de balasto que haya quedado en la vía (Fig. 23.15b y 23.15c). En ocasiones, las traviesas pueden haberse descargado ya al lado de la vía y por sistemas simples se colocan en el centro de la vía. Como se observa en la figura 23.15d, una máquina colocadora de carriles posiciona estos sobre las traviesas anteriormente dispuestas en la misma y se procede al apretado de las sujeciones (Fig. 23.16a) El conjunto del proceso de renovación de vía se esquematiza en la figura 23.16b. La descarga de balasto, el bateado de la vía (Fig. 23.16) y el paso de las máquinas de alineación y nivelación completan el proceso en sucesivas pasadas.

La necesidad de reducir los tiempos en que la explotación ferroviaria de una línea se encuentra paralizada por causa de la renovación de la vía llevó a la industria de fabricación de maquinaria a poner a punto los denominados trenes de renovación rápida (TRR). Esta tecnología puede decirse que comenzó a finales de los años 60 del pasado siglo, con la aparición del sistema denominado *Suz 2000* de la casa Plasser, inicialmente utilizado por los ferrocarriles alemanes. Este sistema constituyó una revolución en los procesos de renovación de vía, al hacer posible rendimientos de hasta 2.500 a 3.000 m de avance, para intervalos de corte de vía de 9 horas (Korber, 1979).

Este sistema (Fig. 23.17a), comprendía básicamente tres centros de actividad: la mecánica de elevación que permitía la retirada de la vía antigua, incluyendo la colocación de las traviesas de la vía existente en posición de transporte; la motoniveladora que colocaba la capa de balasto a la altura necesaria y, finalmente, la mecánica de colocación de traviesas nuevas. La casa Matisa, por su parte, fabricó el tren de renovación rápida denominado *P-811* (Fig. 23.17b). Con el paso del tiempo, estas primeras tecnologías experimentaron la lógica evolución. En la actualidad se dispone, respectivamente, de los sistemas *Suz 500* (Fig. 23.18) y *P95* (Fig. 23.19), entre otros, los cuales permiten rendimientos de entre 500 y 600 metros por hora.

SISTEMA PUMA DE RENOVACIÓN DE VÍA MEDIANTE PÓRTICOS

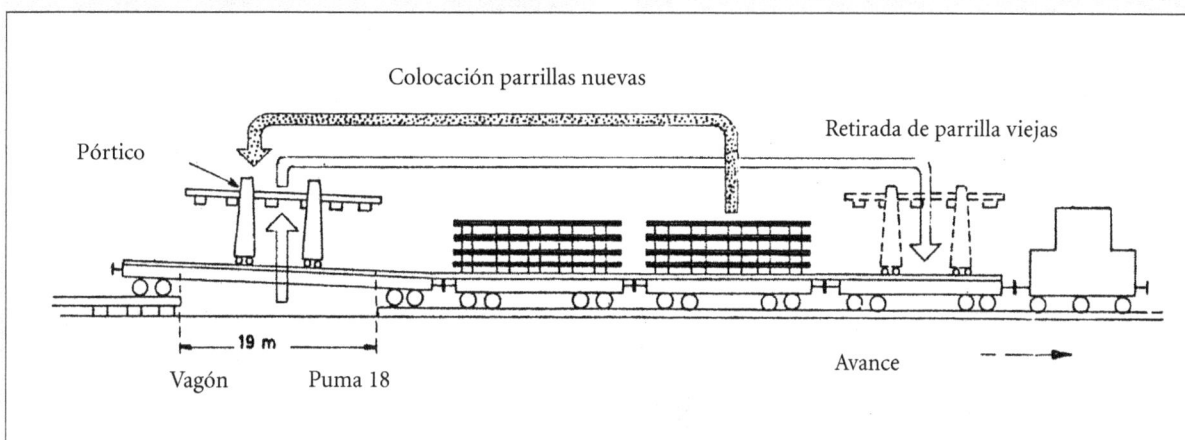

Fuente: A. López Pita (1984)

Fig. 23.13

TRANSPORTE DE CARRILES NUEVOS PARA LA RENOVACIÓN DE VÍA

a)

DESCARGA DE CARRILES SOBRE LA PLATAFORMA DE LA VÍA

b)

CORTE DE LA VÍA ANTIGUA EN SECCIONES TRANSPORTABLES

c)

TRATAMIENTO DE LA CAPA DE BALASTO Y DE LA PLATAFORMA

d)

RETIRADA DEL EMPARRILLADO ANTIGUO DE VÍA MEDIANTE PÓRTICOS

e)

Fuente: Diversas referencias

Fig. 23.14

TRASLADO DE LAS NUEVAS TRAVIESAS AL TRAMO
DE RENOVACIÓN

a)

COLOCACIÓN DE LAS TRAVIESAS NUEVAS

b)

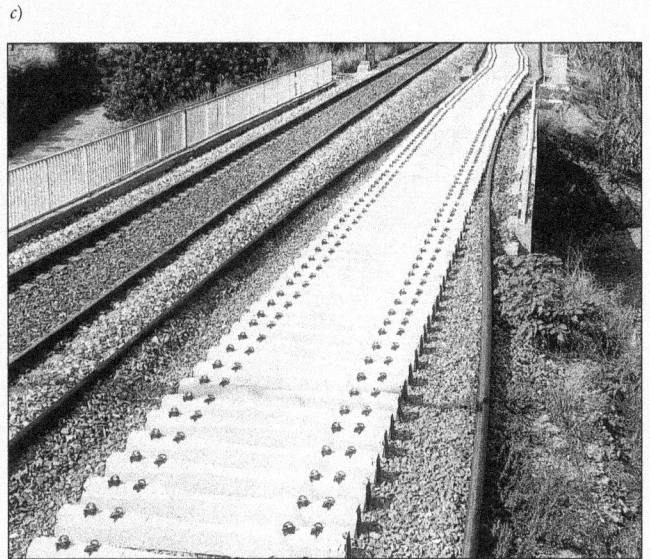

VISTA GENERAL DE LAS NUEVAS TRAVIESAS SOBRE EL BALASTO

c)

COLOCACIÓN DEL CARRIL NUEVO SOBRE LAS TRAVIESAS

d)

Fuente: Diversas referencias

Fig. 23.15

APRETADO DE LAS SUJECIONES

a)

PROCESO CONJUNTO DE RENOVACIÓN DE VÍA

b)

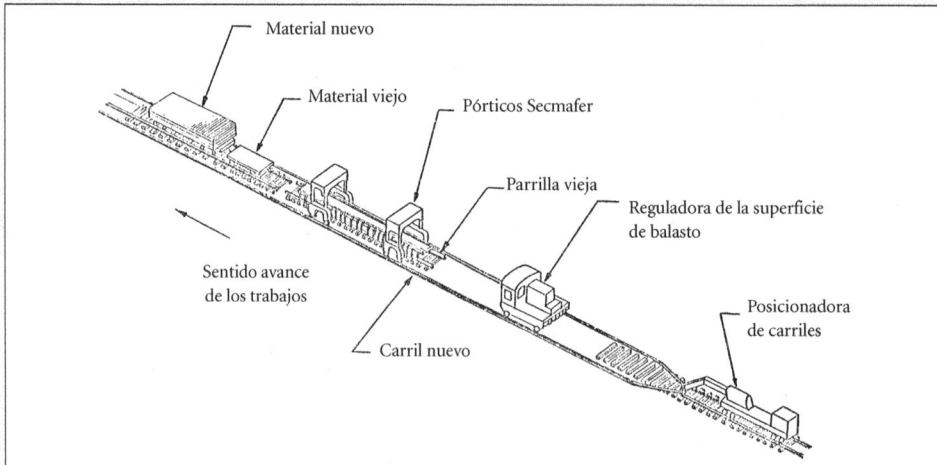

BATEADO DE LA NUEVA CAPA DE BALASTO

c)

Fuente: Diversas referencias

Fig. 23.16

TREN DE RENOVACIÓN RÁPIDA DE PLASSER SUZ 2000

a)

Fuente: PLASSER

TREN DE RENOVACIÓN RÁPIDA MATISA P811-S

b)

Fuente: COMSA

Fig. 23.17

TREN DE RENOVACIÓN DE PLASSER SUZ 500 (1992)

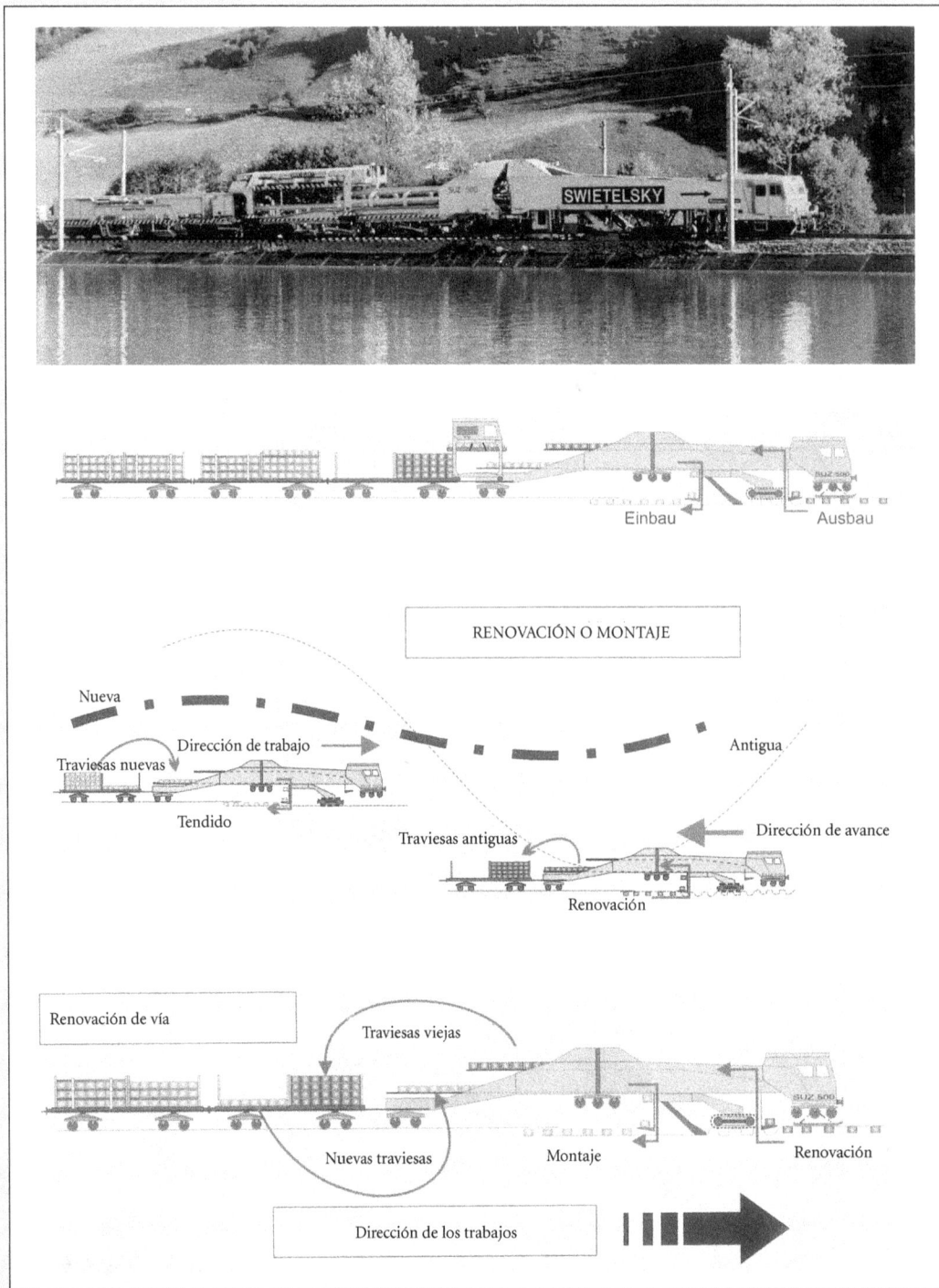

Fuente: R. Schilder y W. Schumergruber (2004)

Fig. 23.18

TREN DE RENOVACIÓN RÁPIDA DE MATISA (2001)

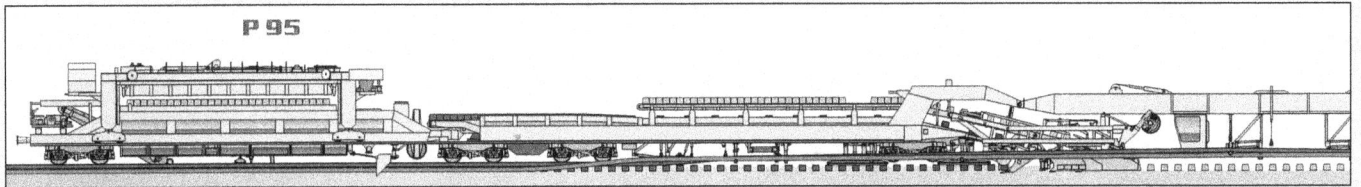

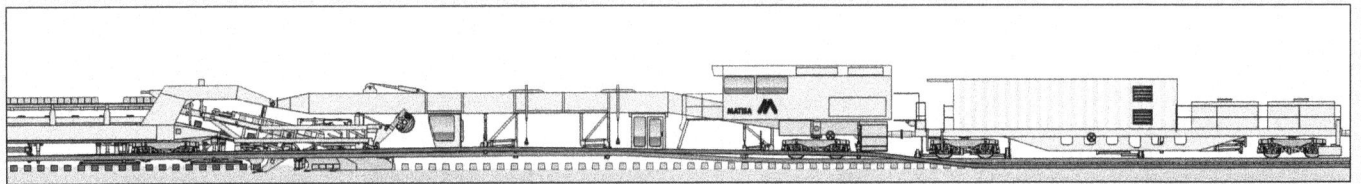

Fig. 23.19

23.4 CARACTERÍSTICAS DEL NUEVO ARMAMENTO DE LA VÍA

En el proceso de planificación de la renovación de vía, una de las cuestiones a definir es el tipo de emparrillado que se instalará en la nueva línea. De forma concreta el tipo de carril y su resistencia, la tipología de las traviesas y su separación, la sujeción y la placa de asiento. En general, cada administración ferroviaria tiene establecidas las citadas características en función de la importancia de la línea considerada, carga por eje máxima esperada y velocidad máxima de circulación prevista.

Por lo que respecta al carril, en el cuadro 23.2 se sintetiza la experiencia actualmente disponible en relación con el peso por eje aconsejable y la dureza del carril, en función del tráfico que circulará por la línea. En cuanto a las traviesas y su separación, en el capítulo 2 se expusieron las características de estos elementos utilizados en cada país. Análogamente, para la sujeción y la placa de asiento.

Con carácter de síntesis y a efectos orientativos, en el cuadro 23.3 se explicitan algunas de las principales características que, a efectos de diseño, diferencian una vía convencional de una vía para alta velocidad.

CUADRO 23.2. RECOMENDACIONES SOBRE EL TIPO DE CARRIL A UTILIZAR EN UNA LÍNEA

| Carril (kg/ml) | Tráfico anual (t) | | |
	$< 10^7$	$10^7 < t < 5.10^7$	$< 5.10^7$
50	X		
60		X	
70		P> 25 t	V = 160-200 km/h

Dureza del carril (kg/mm2)	$< 10^7$	$10^7 < t < 5.10^7$	$< 5.10^7$
Normal (75 a 80)	X		
Duro (90)		X	X
Extra duro (100 a 105)		X	X

Fuente UIC

CUADRO 23.3. CUADRO-RESUMEN DE LAS PRINCIPALES CARACTERÍSTICAS DIFERENCIADORAS ENTRE UNA LÍNEA DE ALTA VELOCIDAD Y UNA LÍNEA CONVENCIONAL

Elemento	Característica	Justificación
Carril	– UIC 60 frente a UIC 54 – Defectos verticales de fabricación de 0,3 mm, frente a 1 mm, en longitudes de onda de 1,7 a 1,8 m	– Para reducir los gastos de conservación de la vía – Para disminuir el nivel aceleraciones verticales en caja de grasa de los vehículos
Sujeción	– Frecuencia propia superior a 1500 Hz	– A 300 km/h, la frecuencia de vibración del carril puede ser > 1500 Hz
Placa de asiento	– Espesor de 9 mm frente a 4,5 mm – Rigidez vertical de 60 a 100 KN/mm frente a 500 KN/mm	– Para reducir la rigidez vertical de la vía e incrementar la capacidad de amortiguamiento de las vibraciones
Traviesa	– Mayor área de apoyo por hilo de carril (2500 a 2800 cm^2 frente a 2000 cm^2) – Mayor peso (300 a 380 kg frente a 180 a 250 kg)	– Disminución del nivel tensional transmitido a la capa de balasto – Incrementar la resistencia de la vía frente a esfuerzos transversales
Balasto	– Menores valores del coeficiente Los Ángeles (15 a 20 frente a 21 a 25) – Mayor espesor de balasto (30 a 35 cm frente a 20 o 25 cm)	– Mejorar la resistencia del balasto – Reducir el nivel de tensiones verticales sobre la plataforma e incrementar el amortiguamiento de la vía
Plataforma	– Mayor capacidad portante (> E$_2$) – Tratamiento de la infraestructura de débil capacidad resistente	– Reducir los asientos diferenciales – Evitar la contaminación de las distintas capas de asiento
Entrevía	– Mayor distancia entre ejes de vía (4 a 5 metros) frente a 3,6 o 3,8 m	– Limitar los efectos aerodinámicos durante el cruce de los trenes que afectan al confort de los viajeros
Aparatos de vía	– Incorporación de aparatos con corazón móvil	– Mejorar la seguridad de la circulación. – Limitar el incorfort sobre los viajeros

Fuente: A. López Pita (1988)

23.5 EL MONTAJE DE LA VÍA EN UNA LÍNEA NUEVA

Los procedimientos indicados para efectuar la renovación de una vía se fundamentan, lógicamente, en la existencia de un emparrillado sobre el que se pueden desplazar los distintos equipos.

Cuando se trata de una vía nueva, se parte de la infraestructura construida debiéndose apoyar el montaje sobre la misma. Esta diferencia esencial ha conducido a la puesta en práctica de algunos métodos para colocar las traviesas y los carriles. A continuación se muestran, gráficamente, algunas de las técnicas disponibles, con objeto de ilustrar el proceso que se sigue. En cada caso se realiza un estudio específico para determinar el procedimiento técnico y económico más aconsejable.

Como referencia, el método que se expone consiste en ubicar en el emplazamiento definitivo de las dos vías una vía auxiliar que se utilizará para el suministro de carriles y traviesas (Fig. 23.20). Se recurre para ello al empleo de pórticos sobre neumáticos, o bien a vigas de lanzamiento que permiten colocar paneles de vía de aproximadamente 18 m de longitud. A continuación los trenes carrileros (Fig. 23.21a) descargan el carril sobre la vía contigua, bien sobre la propia plataforma (Fig. 23.21b), o bien sobre una capa inicial de balasto (Fig. 23.21c) vertida sobre la infraestructura por camiones (Fig. 23.21d).

Se procede después a la descarga de las traviesas nuevas y a su colocación mediante diversos sistemas (Fig. 23.22). Con ayuda de las denominadas *máquinas colocadoras de carriles*, estos últimos se sitúan sobre las traviesas por intermedio de las placas de asiento, procediéndose al apretado de las sujeciones. Las fases siguientes consisten en la soldadura de carriles, el suministro del balasto, las operaciones de bateo y alineación de la vía, actuación del estabilizador y proceso de neutralización de tensiones.

MONTAJE DE VÍA CON VÍA AUXILIAR

Fuente: SNCF

Fig. 23.20

TREN DE TRANSPORTE DE CARRILES

a)

COLOCACIÓN DE LA PRIMERA CAPA DE BALASTO

d)

DESCARGA DE CARRILES SOBRE EL BALASTO

c)

DESCARGA DE CARRILES SOBRE PLATAFORMA

b)

Fuente: Diversas referencias

Fig. 23.21

MONTAJE DE VÍA EN UNA LÍNEA NUEVA (1.ª parte)

1. Vía auxiliar y carriles de la nueva vía
2. Descarga de traviesas desde la vía auxiliar
3. Colocación de traviesas en la nueva vía
4. Colocación del carril sobre la nueva vía
5. Detalle de la colocación del carril sobre las traviesas y las placas de asiento

1.

Fuente: COMSA

2.

Fuente: COMSA

3.

Fuente: L. Charlier (2004)

4.

Fuente: SNCF (1981)

5.

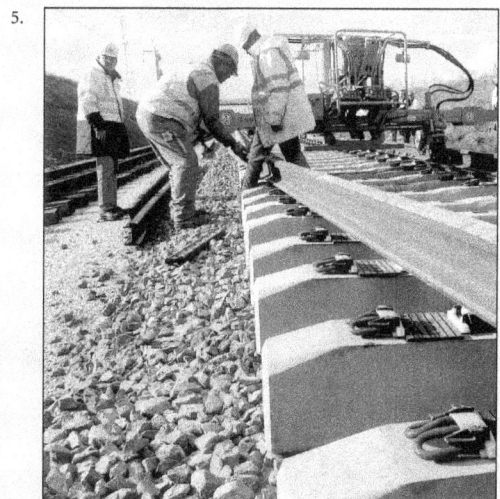

Fuente: M. Barberon (20041)

Fig.23.22

MONTAJE DE VÍA EN UNA LÍNEA NUEVA (2.ª parte)

6. Apretado de las sujeciones
7. Soldadura de carriles
8. Aprovisionamiento de balasto
9. Bateo de la vía
10. Estabilización dinámica
11. Neutralización de tensiones
12. Línea en explotación comercial

Fuente: Diversas referencias

Fig. 23.22

La necesidad de homogeneizar a nivel europeo los criterios de diseño de las nuevas infraestructuras de ferrocarril aptas para la circulación a alta velocidad se deriva de forma inmediata del papel vertebrador que, atravesando fronteras, se desea que juegue este nuevo modo de transporte.

Para lograr el citado objetivo, la Comunidad Europea ha establecido (año 2002) una serie de especificaciones técnicas (ETI) que deberán respetar las citadas nuevas infraestructuras. Cabe señalar que las ETI afectan también a los restantes subsistemas ferroviarios (material, energía, instalaciones de seguridad, etc.).

En el ámbito específico del subsistema infraestructura, los parámetros fundamentales que se consideran, entre otros, son los siguientes:

GÁLIBO

El gálibo mínimo de las infraestructuras en las líneas de alta velocidad de nueva construcción ha de respetar el contorno de referencia cinemático GC.

RADIO DE LA CURVA EN PLANTA

El radio mínimo de las vías por las que se circula a alta velocidad deberá elegirse de forma que el peralte y la insuficiencia de peralte no superen los siguientes límites:

• *Peralte*: Para líneas de alta velocidad de nueva construcción se limitará a 180 mm. Este valor podrá elevarse a 200 mm como máximo en las vías reservadas exclusivamente al tráfico de viajeros.

• *Insuficiencia de peralte*: Se tendrán en cuenta los criterios numéricos siguientes en función de la velocidad:

Velocidad (Km/h)	Insuficiencia de peralte Valor límite (mm)
$250 < V \leq 300$	100
$300 < V$	80

Para inferiores velocidades de circulación, se respetarán los siguientes criterios:

$$230 < V < 250 \text{ km/h} \longrightarrow 130 \text{ mm}$$
$$200 < V < 230 \text{ km/h} \longrightarrow 140 \text{ mm}$$
$$160 < V < 200 \text{ km/h} \longrightarrow 150 \text{ mm}$$
$$V < 160 \text{ km/h} \longrightarrow 160 \text{ mm}$$

Para el caso en que se trate del paso por vía desviada de los aparatos de vía, se fijan los valores siguientes:

Velocidad por vía desviada (km/h)	Insuficiencia de peralte admisible (mm)
$170 < V \leq 230$	85
$70 < V \leq 170$	105
$30 \leq V \leq 70$	120

ANCHO DE VÍA

La distancia nominal entre carriles (ancho de vía) será de 1435 mm. Esta distancia se mediará entre las dos caras activas de las cabezas de los carriles, a una altura de 14,5 mm por debajo del plano de rodadura.

FUERZAS MÁXIMAS SOBRE LA VÍA

• *Fuerzas verticales*: La carga estática máxima (P_o) correspondiente a un eje motor no sobrepasará los valores siguientes:

$P_0 \leq$ que 170 kN/eje para V > 250 km/h

$P_0 \leq$ que 180 kN/eje para V = 250 km/h

siendo *V* la velocidad máxima de servicio. La carga estática correspondiente a un eje no motor no sobrepasará las 170 kN.

La *carga dinámica* máxima por rueda no rebasará los siguiente límites:

180 kN para 250 < V < 300 km/h

160 kN para V > 300 km/h

• *Fuerzas laterales*

El esfuerzo transversal máximo dinámico total ejercido por un *eje* sobre la vía será tal que:

$$\sum Y_{\max} = 10 + \frac{P}{3} (kN)$$

siendo *P* la carga estática máxima por eje en *kN* de los vehículos admitidos en la línea.

El cociente entre las fuerza transversales y las verticales de una *rueda* será tal que:

$$\left(\frac{Y}{Q} \right)_{\text{limite}} \leq 0,8$$

siendo *Y* y *Q*, respectivamente, la fuerza dinámica transversal y la fuerza vertical ejercida por una rueda sobre el carril.

Fuerzas longitudinales

La vía y los aparatos de vía deberán ser capaces de soportar las fuerzas longitudinales correspondientes a aceleraciones y deceleraciones máximas de 2,5 m/seg2 de los trenes interoperables de alta velocidad, así como los efectos anejos de elevación de la temperatura.

Variación máxima de presión en túnel

Los túneles deberán diseñarse de forma que la variación máxima de presión (diferencia entre los valores cresta extremos de sobrepresión y depresión) a lo largo de un tren interoperable no exceda de 10 Kpascal durante el tiempo de franqueo del túnel a la velocidad máxima prevista. Esta condición se aplicará asimismo a los cruces de trenes de todo tipo que estén autorizados a circular por la línea.

Pendientes y rampas máximas

Las pendientes y rampas máximas de las nuevas líneas de alta velocidad deberán limitarse a 35 mm/m respetándose las condiciones siguientes.

→ La pendiente del perfil medio sobre 10 km deberá ser inferior o igual a 25‰.

→ La longitud máxima en rampa o pendiente continua de 35‰ no deberá superar los 6 km.

Distancia entre ejes de vías (entrevía)

En las líneas nuevas de alta velocidad, la distancia entre ejes de vías deberá ser como mínimo de 4,5 m.

Para velocidades inferiores a 300 km/h, se respetará el siguiente criterio:

250 < V < 300 km/h ———> 4,2 m

V < 250 km/h ———> 4,0 m

Calidad geométrica de la vía

Los defectos en la geometría de la vía no deberán superar los límites siguientes (mm), en función de la velocidad de circulación:

Velocidad de circulación (km/h)	Defectos de alineación		Defectos de nivelación longitudinal	
	QN1	QN2	QN1	QN2
200 < V ≤ 300	4	6	4	8
	0,7	1,0	1,0	1,3

El valor superior corresponde a la magnitud del defecto absoluto medido desde la línea media a pico, y el valor inferior a la desviación típica.

Para los siguientes escalones de velocidad de las líneas principales (120 a 200 km/h), se respetarán los criterios adjuntos (también en mm):

Velocidad de circulación (km/h)	Defectos de alineación		Defectos de nivelación longitudinal	
	QN1	QN2	QN1	QN2
120 < V < 160	6	8	6	10
	1,0	1,3	1,4	1,7
160 < V < 200	5	7	5	9
	0,8	1,1	1,2	1,5

Sujeciones y placas de asiento

La resistencia mínima al deslizamiento longitudinal del carril sobre el sistema de sujeción deberá ser superior a 9 kN.

La rigidez dinámica de la placa elástica del carril en el caso de traviesas de hormigón no excederá de 600 MN/m.

Conicidad equivalente

Dada la interacción vía – vehículo, se establecen los siguientes valores de referencia para velocidades de circulación comprendidas entre 230 y más de 280 km/h:

Intervalo de velocidades	Conicidad equivalente	
	En proyecto	En servicio, a causa del desgaste de ruedas y carril
V > 280 km/h	0,25	0,30
250 < V < 280	0,20	0,25
230 < V < 250	0,10	0,15

BIBLIOGRAFÍA

ALARCÓN, E. (1971). «El coeficiente de impacto en puentes de ferrocarril». *Revista de Obras Públicas*. Septiembre.

ALARCÓN, E. et al. (1985). «Efectos dinámicos en puentes de ferrocarril». *Hormigón y acero* 155, 173-186.

ALIAS, J. et PRUD'HOMME, A. (1981). *La dynamique ferroviaire à grande vitesse*. Bulletin de l'Association des Ingénieurs des Ponts et Chaussées. Octobre, n.º 10, 18-22.

ALIAS, J. (1984). *La voie ferrée*. Eyrolles.

ALIAS, J. (1987). *Le rail*. Eyrolles.

ALIAS, J. y VALDES, A. (1990). *La vía del ferrocarril*. Editorial Bellisco, ISBN 84-85198-43-3.

ALPETUNNEL GEIE (1998). *Nouvelle liaison ferroviaire transalpine Lyon-Turin*. Rapport d'étape. Juin.

ASTIZ, M. A. (2004). «Algunos problemas de cálculo específicos de los puentes para ferrocarril de alta velocidad». *Revista de Obras Públicas*, junio, 75-80.

BACHILLER, A. (2002). *Optimización del diseño de rampas de líneas de alta velocidad*. V Congreso de Ingeniería del Transporte, Santander, 2009-2016, ISBN 84-699-7739-3.

BACHILLER, A. et al. (2004). *Analogías y diferencias de la alta velocidad y la muy alta velocidad: repercusiones prácticas en el deterioro de la vía*. VI Congreso de Ingeniería del Transporte, Zaragoza, 125-132, ISBN 84-609-1360-0.

BACHMANN, H. et al. (2003). «Wide-Sleeper Track-Gains Official Approval». *International Railway Journal*, May, 45-47.

BAEBLER, M. (2005). «Los efectos de las aceleraciones verticales de las superestructuras de los puentes ferroviarios sobre la superestructura de balasto». (TE 003/05 de la Fundación de los Ferrocarriles Españoles) del original alemán en Der Eisenbahn Ingenieur, vol. 56, n.º 1, 14-22.

BARRON, I. (2005). «Reducing journey times on conventional railway routes». *Railway Technical Review*, vol. 45, 7-12.

BLIER, G. (1991). «Nouvelle Géographie Ferroviaire de la France», *La Vie du Rail*, ISBN 2-902808-34-8.

BONADERO, A. (2003). «Riesame dei problemi relativi a concita equivalenti e velocità critiche per sale con cerchioni usurati», *Ingegneria Ferroviaria*, 9, 769-787.

BONO, G. et al. (1997). *La Sovrastruttura Ferroviaria*. Collegio Ingegneri Ferroviari Italiani.

BOURDON, Y. (2003). «Les rails des voies pour la grande vitesse». *Revue Générale des Chemins de Fer*, Juin, 53-59.

CARTAGENA, J. J. (1992). «Consideraciones en el diseño de puentes de hormigón para líneas de alta velocidad ferroviaria». *Informes de la construcción*, julio-agosto, vol. 44, 15-20.

CARRIL (1992). «Alta velocidad española». *Revista Carril* n.º 38, 3-55.

CASAS, C. et al. (2004). *Importancia en el deterioro de la vía de las líneas de alta velocidad de las vibraciones inducidas en la capa de balasto*. VI Congreso de Ingeniería del Transporte. Zaragoza, 141-146, ISBN 84-609-1360-0.

CICOGNANI, M. (2002). «Interventi infrastrutturali nelle gallerie ferrovarie di nuova realizzazione a difesa dal rischio di incendio». *Ingegneria Ferroviaria*, n.º 5, 363-370.

CIRY, B. (2005). «Entretien des voies. Matisa: 60 ans de contribution à l'optimisation des voies ferrées». *Revue Générale des Chemins de Fer*, novembre, 43-47.

COLELLA, M. et al. (1998). «La nuova linea ad alta velocità Roma-Napoli». *Ponti e viadotti. Ingegneria Ferroviaria*, 9, 615-628.

COLLARDEY, B. (1998). «L'itinéraire du Semmering aura son tunnel de base». *Rail Passion*, Août-Septembre, n.º 22, 30-32.

COLLARDEY, B (2000). «Les rames pendulaires ICN suisses en service». *Rail Passion*, septembre, 20-21.

COMITÉ ERRI D- 214 (1999). *Ponts-Rails pour vitesses > 200 km/h*. Rapport final.

COMITÉ ERRI D-214 (1999). *Design of Railway Bridges for Speed up to 350 km/h.*

COMMISSIÓN EUROPÉENNE (2003). *Réseau Transeuropéen de Transport.* RTE-T projets prioritaires.

CONSEIL, A. (1993). «Les vitesses du TGV Atlantique». *Revue Chemins de Fer*, n.º 420, 4-7.

CUADRADO. M. et al. (2004). «Consideración de las deformaciones por retracción y fluencia en el estudio del fenómeno de interacción vía-tablero en el proyecto de puentes ferroviarios». *Revista de Obras Públicas*, Julio-agosto, 45-51.

DALHBERT, T. (2001). «Some Railroad Settlement Models: a critical review». *Proc. Instn. Mech Engrs.* Vol. 215, Part F, 289-300.

DÍAZ-DE-VILLEGAS, J. M. G. y RODRÍGUEZ BUGARIN, M. (1995). *Desvíos ferroviarios.* ISBN 84-605-4337-4.

DÍAZ-DE-VILLEGAS, J. M. G. (2001). *Ferrocarriles.* Apuntes de clase. Universidad de Cantabria.

DODDS, C. J. et al. (1973). «The description of road surface roughness». *Journal of Sound and Vibration*, 31, 175-183.

DOMÍNGUEZ, J. (2001). *Dinámica de puentes de ferrocarril para alta velocidad: métodos de cálculo y estudio de la resonancia.* Tesis doctoral. Universidad Politécnica de Madrid. Escuela Técnica Superior de Ingenieros de Caminos, Canales y Puertos.

EBERSBACH, D. et al. (1998). «Aumento de la disponibilidad de la vía por medio de la optimización en el mantenimiento de los carriles» (en alemán). *ETR*, April, 205-214.

EISENMANN, J. (1977). *Adaptación de la vía sobre balasto a altas velocidades.* Simposio sobre Dinámica Ferroviaria, AIT, 125-141.

EISENMANN, J. (1995). *La vía sobre losa, una alternativa a la vía clásica sobre balasto.* (Traducción española de la Fundación de los Ferrocarriles Españoles, del original alemán).

ESTRADÉ, J. M. (1989). *Contribución al conocimiento del mecanismo de deterioro de la geometría de la vía por el análisis del comportamiento a rotura de los materiales que forman la capa de balasto.* Tesis Doctoral. Escuela Técnica Superior de Ingenieros de Caminos, Canales y Puertos de Barcelona.

ESVELD, C. (2001). *Modern Railway Track.* Second Edition. MRT-Productions, ISBN 90-800324-3-3.

FASCIATI, S. (2002). «Les Chemins de fer rhétiques deux ans après l'ouverture de la ligne de la Vereina». *Rail International*. Mars, 28-35.

FÉLIX, J. (2003). «El sistema SIBI de basculación activa». *Carril* 59, 3-14.

FIEUX, L. «Irremplaçable ballast?». *La vie du rail*, 3 mai, 43-49.

FORTÍN, J. P. (1982). «La déformée dynamique de la voie». *Revue Générale des Chemins de Fer*, Février, 93-102.

FORTIN, J. P. (1998). «Interaction voie en longs rails soudés (LRS)-ouvrages d'art dilatables». *Revue Générale des Chemins de Fer*, Mai, 5-16.

FREDERICH, V. H. (1984). *Die Gleislage aus Fahrzeugtechnischer Sicht* (Traducción de la Fundación de los Ferrocarriles Españoles TE-148/02. Fundación de los Ferrocarriles españoles (1986). Actas del seminario sobre el incremento de la velocidad comercial en el ferrocarril. ISBN 84-398-7403-0.

FRYBA, L. (1996). *Dynamics of Railway bridges.* Thomas Telford.

FURUKAWA, A. (2004). *A method to predict track geometry-induced vertical vehicle motion.* QR of RTRI, Vol. 45, n.º 3., 142-148.

GARCÍA LOMAS, J. M.ª (1956). *Tratado de explotación de ferrocarriles.* Escuela Especial de Ingenieros de Caminos, Canales y Puertos.

GARCÍA MATEO, J. L. et al. (2004). *Inventario de puentes ferroviarios de España.* Fundación de los Ferrocarriles Españoles. ISBN 84-88675-92-5.

GAYON, F et al. (1998). *150 años de infraestructura ferroviaria. Mantenimiento de Infraestructura de RENFE.* Fundación de los Ferrocarriles españoles. ISBN 84-88675-57-7.

GENT, L. et al. (1981). «La qualité de la voie ferrée. Comment la définir quantitativement?». *Revue Générale des Chemins de Fer.* Décembre.

GETZNER. *Designed Elasticity for Railway Superestructures.*

GIANNAKOS, K. S. (2004). *Actions on the railway track.* Papazissis Publication, ISBN 960-02-1813-7.

GIROTTO, J. B. (1990). «Les appareils de voie». *Le Rail*, n.º 20, Juin/Juillet, 33-35.

GLATZEL, L. (1980). «Considérations relatives à quelques paramètres d'infrastructure de la planification des lignes nouvelles de la Deutsche Bundesbahn», *Rail International*. Octobre, 605-614.

GOICOLEA, J. M. et al. (2002). *Nuevos métodos de cálculo dinámico para puentes de ferrocarril en las instrucciones IAPF y Eurocódigo 1.* Puentes de Ferrocarril. Grupo Español de IABSE. Junio, 43 pág.

GRABE, P. J. et al. (1997). «Use of a Dynamic Track Stabilizer to Improve Track Maintenance and Optimization of Track Camping». *Railway Technical Review*, 4, 27-32.

GUIDAT, A. (2005). «La maintenance du rail: une nécessité». *Revue Générale des Chemins de Fer*, novembre, 17-33.

HAAS, P. (2000). *Aerodynamique des trains rapides. Exposes des phenomenes relevant de la circulation en tunnel.* Ecole d'Ingénieurs de Genève.

HIRANO, M. (1972). *Theoretical Analysis of variation of wheel load.* QR of RTIR vol. 13.

HÖHNE, H. (2004). «Advanced rail technology for the new high-speed line from Madrid to the French border». *Railway Technical Review*, 2, 16-21.

HUNT, H. E. M. (1997). «Settlement of railway track near bridge abutment». *Proc. Instn. Civil Engrs.* Trans. 123, 68-73.

HUNT, G.A. (2000). «Eurobalt optimizes ballasted track». *Railway Gazette International.* December, 813-816.

IGARASHI, K. et al (2002). «Le nouveau train d'inspection multiple type 923 pour Shinkansen». *Rail International*, Juin, 24-29.

JANIN, G. (1982). «La maintenance de la géométrie de la voie». *Revue Générale des Chemins de Fer*, Juin, 331-346.

JÄNSCH, E. (1999). «High-speed Rail Transport in Germany». *Railway Technical Review*, 3/4, 2-16.

KAINA, A.M. et al. (2000). «Ground vibration from high-speed trains: prediction and countermeasure». *Journal of Geotechnical and Geoenvironmental Engineering*, June, 531-536.

KERR, A. D. (1975). *RailTrack Mechanics and Technology* (Proceedings of a Symposium Held at Princeton University) ISBN: 0-08-021923-3.

KEER, A. D. et al. (1993). *Track transition problems and remedies.* Proc. AREA, vol. 94, 267-297.

KERR, A. D. (2003). *Fundamentals of Railway Track Engineering.* Simmons-Boardman Books, ISBN 0-911382-40-2.

KISH, A. (2001). «New track shift limits for high-speed rail». *Rail International*, August-September, 36-41.

KLOTZINGER, E. (2002). «Further Development of Mechanized Ballast Cleaning». *Railway Technical Review*, 2/3, 21-28.

KNUTTON, M. (2004). *Archimedes gets the measure of Italian track*, IRJ, 43-44.

KRUSE, H. et al. (2001). *Tratamiento del balasto como un sistema de cuerpos múltiples con ligaduras variables*. Eisenbahingenieur, 2/2001, 30-34. (Traducción española TE 6570/01).

KRYLOV, V. (1995). «Generation of Ground Vibrations by Superfast Trains». *Applied Acoustics*, n.º 44, 149-164.

LALOT, P. (1986). *Gabarits: Réalités et Perspectives*. Document SNCF.

LE BIHAN, A. (1996). «La voie, l'expérience acquise sur la LGV SUD-EST. Les premiers renouvellements de composants». *Revue Générale des Chemins de Fer*, novembre, 40-43.

LE BIHAN, A. (1997). «SNCF starts to renew the first TGV line». *Railway Gazette International*, February, 91-93.

LE BIHAN, A. (2001). «Track monitoring on the TGV network». *Railway Gazette International*, March, 165-167.

LE BIHAN, A. (2004). *Maintenance de la geométrie des lignes à grande vitesse: Expérience de la SNCF*. 2ème Conférence Internationale Voie et Maintenance. Paris.

LER et al. (2000). *Evaluation of the first series of long-term measurements on the Hanover-Berlin high-speed line*. Wave 2000, 185-194.

LEYKAUF, G. et al. (1998). «Mediciones de vibraciones con piedras instrumentadas en el balasto». (Traducción española 178/98 por la Fundación de los Ferrocarriles Españoles, del original en alemán, en *ETR*, 1, 37-41).

LEYKAUF, G. et al. (2004). «Investigaciones y experiencias con traviesas provistas de almohadillas». (Traducción española de la F. Ferrocarriles del original alemán) *Eisenbahn Ingenieur*, 6.

LICHTBERGER, B. (2001). «La influencia del estabilizador dinámico de la vía sobre la nivelación de esta». (Traducción española TE 52/02 de la Fundación de Ferrocarriles, del original en alemán), *Der Eisenbahn Ingenieur*, vol. 52, n.º 6, 14-19.

LICHTBERGER, B. (2002). «Dynamic stabilization keeps geometry in shape». *Railway Gazette International*. July, 374-377.

LINDAHL, M (2001). *Track geometry for high-speed railways*. Royal Institute of Technology. Railway Technology, Stockholm.

LÓPEZ PITA, A. (1976). «El coeficiente de balasto y su aplicación al estudio de la mecánica de una vía férrea». *Revista AIT* n.º 12. Agosto, 67-77.

LÓPEZ PITA, J. J. (1976). *Criterios para la planificación óptima de la conservación y renovación de una vía férrea a partir de la evolución de su geometría*. Tesis Doctoral. Escuela Técnica Superior de Ingenieros de Caminos, Canales y Puertos de Madrid.

LÓPEZ PITA, A. (1976). «Un nuevo método para la determinación del espesor de balasto». *Revista AIT*. Diciembre, 77-89.

LÓPEZ PITA, A. y OTEO, C. (1977). «Análisis de la deformabilidad vertical de una vía férrea mediante el método de elementos finitos». *Revista AIT*, Abril, 33-40.

LÓPEZ PITA, A. (1978). «Diseño y modificación de la geometría de una vía férrea: influencia de las características del tráfico». *Revista AIT*, Febrero, 11-25.

LÓPEZ PITA, A. (1978). «El diseño integral del sistema balasto-plataforma (catálogo de secciones estructurales)». *Revista AIT*, n.º 23, 8-24.

LÓPEZ PITA, A. (1983). «La heterogeneidad resistente de una vía y su incidencia en la evolución de la nivelación longitudinal: una aproximación al problema». *Revista de Obras Públicas*. Octubre, 719-735.

LÓPEZ PITA, A. (1983). *Material remolcado*. Escuela Técnica Superior de Ingenieros de Caminos, Canales y Puertos de Barcelona. Tomo 3, ISBN 84-7493-078-2.

LÓPEZ PITA, A. (1983). *Puentes y túneles*. Tomo 2, ISBN 84-7493-079-0. Escuela Técnica Superior de Ingenieros de Caminos, Canales y Puertos de Barcelona.

LÓPEZ PITA, A. (1984). «Parámetros fundamentales en el asiento de la vía: su influencia relativa». *Revista AIT*, Enero/Febrero, 40-57.

LÓPEZ PITA, A. (1984). *Posibilidades en la reducción de los costes de mantenimiento de la calidad geométrica de una vía, mediante la introducción de nuevos criterios en su diseño*. XVI Pan American Railway Congress, Washington D.C. 416-463.

LÓPEZ PITA, A. (1984). *Interacción vía-vehículo*. Curso de Ferrocarriles. Escuela Técnica Superior de Ingenieros de Caminos, Canales y Puertos de Barcelona, Tomo VIII, ISBN 84-7493-09.

LÓPEZ PITA, A. (1984). *Calidad, conservación y renovación de vía*, Curso de Ferrocarriles. Tomo 1. Escuela Técnica Superior de Ingenieros de Caminos, Canales y Puertos de Barcelona.

LÓPEZ PITA, A. (1988). *El desarrollo de nuevas infraestructuras en el ferrocarril*. SEOPAN, 181 págs.

LÓPEZ PITA, A. et al. (1990). «Planteamiento de una nueva metodología para el estudio del mecanismo de deterioro de la capa de balasto bajo la acción de las cargas del tráfico ferroviario». *Revista de Obras Públicas*, Abril, 23-36.

LÓPEZ PITA, A. (1992). «L'exploitation des lignes à grande vitesse en trafic mixte: une exigence technico-commerciale pour certains itinéraires européennes». *Rail International*, Juillet, 145-148.

LÓPEZ PITA, A. et al. (1973). «Prospettive delle ricerche sul ballast: I metode numerici offrono una alternativa da tenere presente». *Ingegneria Ferroviaria*, Settembre, 575-587.

LÓPEZ PITA, A. (1993). «Criterios de planificación de las nuevas infraestructuras ferroviarias». *Revista Situación*. Banco Bilbao Vizcaya, 37-64.

LÓPEZ PITA, A. (1996). *Hacia una nueva orientación en los proyectos de líneas de ferrocarril*. III Congreso Internacional de Ingeniería de Proyectos, Barcelona, Septiembre, 1285-1294. ISBN 84-89349-66-5.

LÓPEZ PITA, A. y ESTRADÉ J. M. (1997). «Il progetto di nuove infrastructture ferroviarie per l'alta velocitá: il tracciato e la sovrastrutura della linea». *Ingegneria Ferroviaria*, 529-553.

LÓPEZ PITA, A. (1998). *Pendulación, basculación y construcción de infraestructuras ferroviarias*. Ministerio de Fomento. Colegio de Ingenieros de Caminos, Canales y Puertos, ISBN 84-380-0136 X.

LÓPEZ PITA, A. (1998). «Opciones alternativas y complementarias en la mejora de la oferta de los servicios interurbanos de viajeros por ferrocarril». *Revista de Obras Públicas*, Diciembre, 11-19.

LÓPEZ PITA, A. (1998). *De la teoría a la práctica en la utilización de vehículos de caja inclinable*. III Congreso Internacional de Ingeniería del Transporte, Barcelona, 954-961, ISBN 84-89925-14-3.

LÓPEZ PITA, A. (2001). «La rigidez vertical de la vía y el deterioro de las líneas de alta velocidad». *Revista de Obras Públicas*, noviembre 7-26.

LÓPEZ PITA, A. (2001). «Compatibility and constraints between high-speed passenger trains and traditional freight train». *Transportation Research Record*. N.º 1742, 17-24.

LÓPEZ PITA, A. and TEIXEIRA, P. F. (2001). *Resistant track homogeneity: a way to reduce maintenance costs*. Railway Engineering. London.

LÓPEZ PITA, A. and TEIXEIRA, P. F. (2002). *Influence of ballast density on track deformation*. 5th International Conference "Railway Engineering 2002". London. ISBN 0-947644-49-0.

LÓPEZ PITA, A. (2002). *Los proyectos de trazado en líneas de alta velocidad: dos décadas de experiencias*. VII Congreso Internacional sobre Proyectos de Ingeniería. Barcelona, Octubre, 221-229. ISBN 84-600-9800-1.

LÓPEZ PITA, A. (2002). *Contribución a la modelización de la mecánica vía-vehículo en líneas de alta velocidad*. XV Congreso Nacional de Ingeniería Mecánica, Cádiz, Diciembre, 38-47.

LÓPEZ PITA, A. and TEIXEIRA, P. F. (2003). *Very high-speed running and track design*. Proceedings of the International Conference "Railway Engineering. London, ISBN 0-947644-51-2.

LÓPEZ PITA, A. and TEIXEIRA, P. F. (2003). *Track-vehicle interaction on very high-speed lines*. Proceedings of the International Conference on Speed-up and Service Technology for Railway and Maglev System-STECH'03. The Japan Society of Mechanical Engineers. JSME n.º 03.205. Tokyo.

LÓPEZ PITA, A. and TEIXEIRA, P. F. (2003). *New criteria in embankment-bridge transitions on high-speed lines*. Proceedings of the IABSE 2003. Symposium "Structures for high-speed railway transportation, Antwerp, ISBN 3-85748-109-9.

LÓPEZ PITA, A. (2003). «Effect of very high-speed traffic on the deterioration of track geometry». *Journal of the transportation Research Board*, n.º 1825, 22-27, ISBN 03611981.

LÓPEZ PITA, A. and UBALDE. L. (2004). «Evolution of track deterioration in high-speed railways, depending on the main parameters of traffic and characteristics of infrastructure». *Railway Engineering*. ISBN 0947644-54-7.

LÓPEZ PITA, A. (2004). *Ferrocarril, ingeniería y sociedad*. Real Academia de Ingeniería, Madrid, ISBN 84-95662-23-X.

LÓPEZ PITA, A. (2004). *Proyectos singulares en el desarrollo de la red europea de alta velocidad*. VIII Congreso Internacional de Ingeniería de Proyectos, Octubre, Bilbao, 213-221, ISBN 84-95809-22-2.

LÓPEZ PITA, A. (2005). «Very high-speed track design and cost optimisation». *Railway Technical Review*, n.º 3, vol. 45, 8-12.

LOSADA, M. (1987). Curso de ferrocarriles. Escuela Técnica Superior de Ingenieros de Caminos, Canales y Puertos de Madrid.

LOZANO, A. (1998) (2000). «El dimensionamiento de túneles ferroviarios en líneas de alta velocidad». *Revista de Obras Públicas*. Noviembre 1998 y Octubre 2000.

LOZANO, P. (2004). *El libro del tren*. Fundación de los Ferrocarriles Españoles. ISBN 84-96052-84-2.

MACHEFERT-TASSIN, Y. et al. (1994). «Les locomotives électriques des navettes». *Revue Générale des Chemins de Fer*, février, 41-69.

MAFFEI, G. et al. (2004). «Diagnostica mobile e manutenzione armamento». *La Técnica Professionale*, n.º 3, Marzo, 5-12.

MANTEROLA, J. et al. (1999). «Puentes de ferrocarril de alta velocidad». *Revista de Obras Públicas*, Abril, 43-77.

MARBACH, J. (1999). «Saving money with absolute track geometry». *International Railway Journal*. December, 30-31.

MARCHISELLA, R. (1998). «La nuova linea ad alta velocità Roma-Napoli: Le gallerie». *Ingegneria Ferroviaria*, 523-551.

MASSE J. P. (1997). «La sécurité dans les tunnels». *La Vie du Rail*, n.º 2588, 14-24.

MATHIEU, G. (2000). «Le matériel remorqué voyageurs de la SNCF». *La Vie du Rail*. ISBN 2-902808-92-5.

MATHIEU, G. (2000). «Le matériel moteur de la SNCF». *La Vie du Rail*. ISBN 2-915034-15-X.

MATISA. Depuis 1945 à l'écoute de l'industrie ferroviaire.

MEILLASSON, S. (2004). «Le suivi et la maintenance des voies ferrées». *Rail Pasión*, n.º 82, 44-53.

MEJÍA, M. J. (1984). «Análisis de las sujeciones elásticas del carril a la traviesa a través de los valores de sus parámetros funcionales básicos». *Revista AIT*, Enero/Febrero, 24-37.

MELIS, M. et al. (2001). «Diseño de túneles para trenes de alta velocidad. Rozamiento tren-aire-túnel y ondas de presión». *Revista de Obras Públicas*, Noviembre, 45-53.

MELIS, M. (2006). «Terraplenes y balasto en alta velocidad ferroviaria». *Revista de Obras Públicas*, Marzo, n.º 3.464, 7-36.

MINISTERIO DE FOMENTO (1999). *Recomendaciones para el proyecto de plataformas ferroviarias*. ISBN 84-498-0411-6.

MINISTERIO DE FOMENTO (2001). *Recomendaciones para dimensionar túneles ferroviarios por efectos aerodinámicos de presión sobre viajeros*. ISBN 84-498-0547-3.

MONTAGNÉ, S. (1988). «Five years experience with French high-speed track: achievements and future prospects». *Rail International*, October, 43-48.

MOREAU, A. et al. (1981). «Méthodes d'appréciation du confort vibratoire». *Revue Générale des Chemins de Fer*, Octobre, 609-614.

MOREAU, A. (1991). «Le contact roué-rail». *Revue Générale des Chemins de Fer*, Juillet/Août.

MORON, P. (2005). La péndulation des trains de voyageurs. Les matériels. *Revue Générale des Chemins de Fer*, septembre, 33-67.

MULLER, F. H. et al. (2001). «Traviesas de hormigón con suela elástica. Experiencias y conocimientos con un nuevo componente». *ETR*, marzo, 90-98. (Traducción española TE 004/05).

MUSEROS, P. Y ALARCÓN, E. (2005). «Influence of the Second Bending Mode on the Response of High-Speed Bridges at Resonance». *Journal of Structural Engineering*, March, 405-415.

NASARRE, J. (2004). «Estados límite de servicio en relación con la vía en puentes de ferrocarril». *Revista de Obras Públicas*. Junio, 65-74.

NATONI, F. (1992). «Sperimentazioni sul vibroconsolidamento del binario tramite DGS 62N». *Ingegneria Ferroviaria*. Febbraio, 78-82.

NAUE, K. H. et al. (1980). «Apreciación objetiva del estado de la superestructura». *ETR* n.º 9, (Traducción española TE 167/80).

NOVOA, X. (1992). «Los ingenieros y el ferrocarril: líneas, pasos y puentes». *Revista Obras Públicas*, n.º 24, 104-127.

OKAMOTO, I. (1998). «How bogies work». *Japan Railway and Transport Review* 18, December, 52-61.

OLIVEROS, F. et al. (1977). *Tratado de ferrocarriles I. Vía.* Editorial Rueda. ISBN 84-7207-005-0.

OLIVEROS, F. et al. (1980). *Tratado de ferrocarriles II. Ingeniería civil e instalaciones.* Editorial Rueda. ISBN 84-7207-015-8.

ORIOL, L. M. de (1983). «El TALGO, un capítulo en la historia del ferrocarril». *Revista AIT*, n.º 51, 6-19.

ORLANDI, D. (1984). «Il fenomeni di fatica nella structtura sotto binario». Ingegneria Ferroviaria, Giugno, 317-322.

OWEN, W. (1975). *La roue.* Editions TIME-LIFE.

PAEZ, A. BARDESI, A. et al. (2005). *Aplicación de mezclas asfálticas a líneas ferroviarias de alta velocidad.* XIII Congreso Ibero-Latinoamericano del Asfalto. Costa Rica.

PANAGIN, R. (1996). «Progettazione delle sospensioni dei rotabili». *Ingegneria Ferroviaria*, n.º 6, 361-376.

PANAGIN, R. (1997). *La dinámica del veicolo ferroviario.* Editrice Universitaria Levrotto.

PANAGIN, R. et al. (2004). «L'evoluzione dei carrelli ferroviari per carrozze». *Ingegneria Ferroviaria*, 7/8, 659-674.

PATENTES TALGO. S.A.*Talgo Pendular.*

PIRO, G. (2001). *Il materiale rotable rimorchiato.* CIFI.

PLASSER and THEURER. *Dynamic Track Stabilisation: The Way to lower Costs.*

PLASSER and THEURER (1993). «Technologie de la stabilisation dynamique de la voie». *Rail International*, Avril, 2-5.

PLASSER AND THEURER. *Máquinas desguarnecedoras de balasto.*

POLLARD, M. (1984). «Passenger tolerance of high-speed curving». *Railway Gazette International.* November, 870-873.

PRUD'HOMME, A. (1969). «La voie». *Revue Générale des Chemins de Fer*, 56-72.

PRUD'HOMME, A. (1977). *Solicitaciones de la vía en el intervalo de velocidad de 250 a 300 km/h, y adaptación de la vía clásica a estas velocidades.* Simposio sobre Dinámica Ferroviaria, AIT, 21-58.

PROFILLIDIS, V.A. (2000). Railway Engineering. Ashgate Publishing Company. ISBN 0-754612791.

PROFILLIDIS, V.A. (2000). «L'effet de renforcement des géotextiles sur les plates-formes de voie». *Rail International.* Juillet-Août, 11-14.

PUEBLA, J. y GILABERT, M. (1999). *La vía sobre balasto y su comportamiento elástico.* III Congreso Nacional de la Ingeniería Civil. Barcelona, 811-817. ISBN 84-605-9799-7.

RAHN, T. (1988). «Development of new high-speed motor train units to be operated on the German Federal Railway network». *Proc. Instn. Mech. Engrs.* Vol. 102 No D2, 9-23.

REDOUTEY, D. (2003). «Les CC7100. Les premières électriques universelles». *La Vie du Rail*, ISBN 2-915034-04-4.

REGUERO, A. (2004). «Tipología de viaductos en la LAV Madrid-Barcelona-frontera francesa». *Revista de Obras Públicas.* Junio, 109-114.

REHFELD, E. (2000). «Efectos del paso de los trenes sobre la vía, la plataforma y el subsuelo». (Traducción de la Fundación de los Ferrocarriles Españoles TE-112/01, del original alemán), *Eisenbehningenieur* 12, 30-33.

RENFE. (1978). *Nota sobre el coche de control geométrico de vía. Interpretación de los resultados.* Febrero.

RENFE (1982). *Infraestructura de alta velocidad española.* Gestión de Infraestructura.

RENFE. (1983). *El análisis de la geometría de la vía mediante el coche de control geométrico LLV-1001.* Mantenimiento de RENFE.

RENFE. (2000). Mantenimiento de infraestructuras. UN de mantenimiento.

REVISTA DE OBRAS PÚBLICAS (2004). *Puentes de ferrocarril.* Número especial, 4-130.

RIESSBERGER, K. (2002). «Vía más sólida sobre balasto». *Eisenbahn Technische Rundschan*, Vol. 51, abril, 183-192. (Traducción española TE 159/02).

RIESSBERGER , K. (2002). «Frame-sleeper track promise a longer life». *Railway Gazette International.* July, 369-372.

RIESSBERGER , K. (2003). «Les traverses-cadres: un perfectionnement de la voie sur ballast». *Rail International.* Décembre, 10-19.

RIESSBERGER , K. (2004). «The project Frame Sleeper Track» (en alemán). *Glassers Annalen* 128, 60-64.

RIESSBERGER , K. (2005). «The project "Frame Sleeper Track"» *ZEV Rail Glassers Annals*, 56-60. February. Special edition ÖVG.

RUIZ OJEDA, J. M. (2000). *Optimización de la interoperabilidad del ferrocarril español en el marco europeo.* Tesis Doctoral. Universidad Politécnica de Madrid. Escuela Técnica Superior de Ingenieros de Caminos, Canales y Puertos.

RODRÍGUEZ, J. I. (1992). «Allanar el camino». *Revista MOPT*, n.º 400, 104-117.

RUMP, R. et al. (1996). «Influencia de las vibraciones originadas por el tráfico sobre obras de tierra y capas portantes de la superestructura no aglomerada». *ETR*, julio-agosto, 485-491. (Traducción española TE 97/97).

SACKL, E. (2004). «The EM-SAT 120 Track Survey Car: an integrated part of the track geometry data base of the Austrian Federal Railway». *OBB Railway Technical Review*, n.º 2, 39-43.

SALIGER, W. (2000). «Gauge-adjustable wheelsets». *Rail International*, march, 7-14.

SATO, Y. (1988). «Theoretical Analyses on Vibration of Ballasted Track». *Quaterly Report*, vol. 29, n.º 1, 30-32.

SATO, Y. (1995). «Japanese Studies on Deterioration of Ballasted Track». *Vehicle System Dynamics* 24, 197-208.

SCHMUTZ, G. (2000). «Ballast et récupération de vieux ballast». *Rail International*, Juillet-Août, 2-10.

SERRA, M. et al. (2002). «La nuova línea ad alta velocità Roma-Napoli». *La Técnica Professionale*, marzo, 5-42.

SETEC TPI (2004). *Critères de conception et de dimensionnement des sections de tunnels de lignes à grande vitesse.* Réseau Ferré de France, 43 pages.

SHENTON, M.J. (1978). *An explanatory note on track spectra.* British Railway Board.

SNCF, (1999). *Politique de maintenance des installations fixes et principales évolutions envisages.* Direction de l'Equipement et de l'Aménagement.

SPENO. *La meuleuse RR 32.*

STALDER, O. (2001). «Les "Life Cycle Costs" au niveau des réseaux». *Rail International.* Avril, 26-31.

STEENBERGEN, M. et al. (2005). «New Dutch assessment of rail welding geometry». *European Railway Review*, 71-70.

SUNAGA, Y. et al. (1997). «A metod to control the short wave track irregularities utilizing axlebox acceleration». *QR of RTRI*, vol. 38, n.º 4, 176-181.

SUZUKI, H. et al. (1997). «Pressure Change in Tunnel and Complaints of Aural Discomfort by Railway Passengers». *QR of RTRI*, vol. 38, n.º 3, 147-154.

SUZUKI, H. (1998). «Research trends on riding comfort evaluation in Japan». *Proc. Instn. Mech. Engrs*, vol. 212, part F, 61-72.

SUZUKI, H. et al. (2000). «Psychophysical Evaluation of Railway Vibrational Discomfort on Curved Sections». *QR of RTRI* vol. 41, n.º 3, 106-111.

TEIXEIRA, P. F. (2003). *Contribución a la reducción de los costes de mantenimiento de vías de alta velocidad mediante la optimización de su rigidez vertical*. Tesis Doctoral. Escuela Técnica Superior de ingenieros de Caminos, Canales y Puertos de Barcelona. Universidad Politécnica de Cataluña.

TEIXEIRA, P. F. and LÓPEZ PITA, A. (2005). *New possibilities to reduce track maintenance costs on high-speed line by using a bituminosus subballast layer*. Railway Engineering. ISBN 0-947644-56-3.

TESSIER, M. (1978). *Traction électrique et termo-électrique*. Editions Scientifiques Riber.

THOMAS, C. (1991). «10 ans de progresse. L'infrastructure, la voie». *Revue Générale des Chemins de Fer*, Octobre, 51-55.

THOMAS, C. (1991). «La maintenance de la voie de la ligne à grande vitesse Paris-Sud-Est». *Rail International*, Juin/Juillet, 42-47.

UBALDE, L. (2004). *La auscultación y los trabajos de vía en la línea del AVE Madrid-Sevilla: análisis de la experiencia y deducción de nuevos criterios de mantenimiento*. Escuela Técnica Superior de Ingenieros de Caminos, Canales y Puertos de Barcelona. Universidad Politécnica de Cataluña.

UBALDE, L. y LÓPEZ PITA, A. (2004). *El mantenimiento de vía en líneas de alta velocidad: experiencia disponible y su posible extrapolación a las líneas de muy alta velocidad*. VI Congreso de Ingeniería del Transporte, Zaragoza, 117-124. ISBN 84-609-1360-0.

UIC (1979). *UIC Code 776-1 R: Charges à prendre en considération dans le calcul de ponts-rails*.

UIC (1991). *L'admission de vitesses élevées dans les courbes pour des trains spéciaux*. Commission Installations, Fixes, juin, IF 5/91.

UIC (1994). *Ouvrages en terre et couches d'assise ferroviaires*. Fiche 714 R.

UIC (1996). *Maintenance des lignes à grande vitesse*. Rapport Comité "Installations Fixes".

UIC (1998). *Premier Rapport sur l'état de l'art de la technologie de la caisse inclinable*.

UIC (1999). *High-speed rail development in Spain*. ISBN 2-7461-0122-X.

UIC (2000). *Interaction voie/ouvrages d'art. Recommandations pour les calculs*. Code UIC 774-3 R.

UIC (2003). *Modèles de charge à prendre en considération dans le calcul des ouvrages sous rail sur les lignes internationales*. Code UIC, 702 OR.

UIC (2005). *Essais et homologation de véhicules ferroviaires du point de vue de comportement dynamique-sécurité-fatigue de la voie-qualité de marche*. Fiche. 518, (3e édition).

UNBEAHUN, O. (2000). «La vía con traviesas anchas. Primeros resultados de ensayo». (Traducción española del original alemán, por la Funda-ción de los Ferrocarriles Españoles TE-99/01) *DerEisenbahn Ingenieur*, vol. 51, n.º 9, 106-113.

VAN DEN BOSCH, R. A. (2002). «Les stratégies de meulage des chemins de fer néerlandais». *Revue Générale des Chemins de Fer*, Novembre, 40-43.

VEIT, P. W. (1999). «Evaluation model optimizes track renewal and maintenance strategis». *Railway Gazette International*, October, 648-650.

VEIT, P. (2002). «Stratégies de maintenance de la voie». *Rail International*. Juin, 2-10.

WEIGEND, M. et al. (1981). «Quantification numérique de l'état géométrique de la superestructure de la voie». *Der Eisenbahningenieur*, n.º 3. Traduction française n.º 34/81.

WENTY, R. (1999). «Optimización de las estrategias de mantenimiento de las vías de transporte» (en alemán). *ETR*, Mayo, 285-296.

WICKENS, A. M. (2003). *Fundamentals of rail vehicle dynamics*. Swet and Zeitlinger.

YANG, Y. B. et al. (2004). «Vehicle-Bridge-Interaction Dynamics, with applications to high-speed railway». *World Scientific Publishing*, ISBN 981-238-847-8.

ZAREMBSKI, A. M. (1991). «Vertical wheel loads: The distribution on crossties». *Railway Track and Structures*, November, 10-11.

ZAREMBSKI, A. (1997). «Intelligent use of rail grinding». *Railway Gazette International*, February, 95-97.

www.ingramcontent.com/pod-product-compliance
Lightning Source LLC
Chambersburg PA
CBHW080135220326

41598CB00032B/5073

* 9 7 8 8 4 8 3 0 1 8 7 7 4 *